BIM算量系列教程

建筑工程BIM造价应用

朱溢镕　肖跃军　赵华玮　主编

化学工业出版社
·北京·

本书按照情境任务模式展开，主要分为BIM应用概述、BIM造价应用（基础篇）及BIM造价应用（高级篇）三部分，以实际案例为基础，采取一讲一练两套案例模式贯穿始终，依托于广联达BIM系列软件展开BIM造价应用（基础篇）及BIM造价应用（高级篇）的案例讲解及实训。BIM应用概述部分系统介绍BIM技术的应用案例，同时重点剖析了造价阶段的BIM应用点及应用模式；BIM造价应用（基础篇）主要按照目前市场造价业务场景展开，围绕讲解案例对其建模计量计价操作精讲，结合业务知识，通过案例操作学习，使读者掌握BIM造价基本技术应用；BIM造价应用（高级篇）主要按照BIM应用场景展开，重点关注设计模型到造价软件中的打通应用，一次建模多次利用，重点分析造价的成本控制，探索造价课程授课的新模式。

本书以情境任务化模式展开，结合新版清单及江苏省最新定额进行本地化模式编制，可以作为高等院校工程管理、造价管理、房地产经营管理、审计、公共事业管理、资产评估等专业的教材，同时也可以作为建设单位、施工单位、设计及监理单位工程造价人员学习的参考资料。

图书在版编目（CIP）数据

建筑工程BIM造价应用（江苏版）/朱溢镕，肖跃军，赵华玮主编.—北京：化学工业出版社，2017.5（2024.7 重印）
BIM算量系列教程
ISBN 978-7-122-29331-2

Ⅰ.①建… Ⅱ.①朱… ②肖… ③赵… Ⅲ.①建筑工程-工程造价-应用软件-教材 Ⅳ.①TU723.3-39

中国版本图书馆CIP数据核字（2017）第059630号

责任编辑：吕佳丽　　　　装帧设计：张　辉
责任校对：吴　静

出版发行：化学工业出版社（北京市东城区青年湖南街13号　邮政编码100011）
印　　装：北京盛通数码印刷有限公司
787mm×1092mm　1/16　印张25¼　字数624千字　2024年7月北京第1版第4次印刷

购书咨询：010-64518888　　　　售后服务：010-64518899
网　　址：http://www.cip.com.cn
凡购买本书，如有缺损质量问题，本社销售中心负责调换。

定　　价：49.00元

编审委员会名单

编写人员名单

主　编　朱溢镕　广联达工程教育

肖跃军　中国矿业大学

赵华玮　盐城工业职业技术学院

副主编　董留群　淮阴师范学院

李文娟　江苏徐州技术学院

张　会　金肯职业技术学院

参　编　(排名不分先后)

张珂峰　南通开放大学

陆　路　盐城工学院

丁维华　江苏建筑职业技术学院

宋　玲　南通职业大学

史晓燕　扬州市职业大学

刘如兵　泰州职业技术学院

张克纯　江苏信息职业技术学院

万孝军　江苏农林职业技术学院

陈　炜　无锡城市职业技术学院

李燕秋　盐城高等师范学校

丁以喜　南京工业职业技术学院

曹干军　东台中等专业学校

石知康　杭州宾谷科技

樊　娟　黄河建工集团

李维娟　南京秦淮河建设

崔　明　广联达 BIM 造价

徐亚娟　广联达 BIM 造价

序

建设行业作为国民经济支柱产业之一，转型升级的任务十分艰巨，BIM 技术作为建设行业创新可持续发展的重要技术手段，其应用与推广对建设行业发展来说，将带来前所未有的改变，同时也将给建设行业带来巨大的前进动力。

伴随着 BIM 技术理念不断深化，范围不断拓展，价值不断彰显，呈现出了以下特点：一是应用阶段从以关注设计阶段为主向工程建设全过程扩展；二是应用形式从单一技术向多元化综合应用发展；三是用户使用从电脑应用向移动客户端转变；四是应用范围从标志性建筑向普通建筑转变。它对建设行业是一次颠覆性变革，对参与建设的各方，无论从工作方式、工作思路、工作路径都将发生革命性的改变。

面对新的趋势和需求，从技术技能应用型人才培养角度出发，需要我们更多地理解和掌握 BIM 技术，将 BIM 技术与其他先进技术融合到人才培养方案，融合到课程，融合到课堂之中，创新培养模式和教学手段，让课堂变得更加生动，使之受到更多学生的喜爱和欢迎。

本套 BIM 算量系列教程，主要围绕 BIM 技术深入应用到建筑工程造价计价与控制全过程这一主线展开，突出了以下特色：

一是项目导向，注重理论与实际融合。通过项目阶段任务化的模式，以情景片段展开，在完善基础知识的同时开展项目化实训教学，通过项目化任务的训练，让学生快速掌握计量计价手算技能。

二是通俗易懂，注重知识与技能融合。教材立足于学生能通过 BIM 技术在计量计价中学习与训练，形成完整知识架构，并能熟练掌握操作过程的目标，通过完整的项目案例为载体，利用“一图一练”的模式进行讲解，将复杂项目过程更加直观化，学生也更容易理解内容与提升技能。

三是创新引领，注重技术与信息融合。本套教材在编写过程中，大量应用了二维码、三维实体动画、模拟情景中展开等多种形式与手段，将二维课本以三维立体的形式呈现于学生面前，从而提升学生实习兴趣，加快掌握造价技能与技巧。

四是校企合作，注重内容与标准融合。有多家企业共同参与策划与编写本系列教材，尤其是计价软件教材依托于广联达 BIM 系列软件为基础，按照 BIM 一体化课程设计思路，围绕设计打通造价应用展开编制，较好地做到了教材内容与实际职业标准、岗位职责相一致，真正让学生做到学以致用、学有所用。

本套教材是在现代职业教育有关改革精神指导下，以能力培养为主线，根据 BIM 技术发展趋势与毕业生就业岗位方向、生源实际情况编写的，教学思路清晰，设计理念先进，突破了传统的计量计价课程模式，为 BIM 技术在工程造价行业落地应用提供了很好的资源，探索了特色教材编写的新路径，值得向广大读者推荐。

浙江建设职业技术学院院长 何辉 教授

2017 年 5 月 8 日于钱塘江畔

前言

随着土建类专业人才培养模式的转变及教学方法的改革，目前学校的人才培养目标主要以技能型人才培养为主。本书围绕全国高等教育建筑工程造价及工程管理专业教育标准和培养方案及主干课程教学大纲的基本要求，在结合编者多年教学经验的基础上，确定了本书的编写思路。

本书初步尝试将信息化手段（如AR、仿真等）融入传统的理论教学，以提升学生的学习兴趣，降低教学难度。本书内容设计以项目化案例为主导，以任务驱动教学模式，采取一图一练的讲练形式进行贯穿，理论与实训相结合，有效解决课堂教学与实训环节的脱节问题，从而达到提升技能应用型人才的培养目标。

本书基于“教、学、做一体化，任务驱动导向，学生实践为中心”的设计思维，符合现代化职业能力迁移理念。教材通过一个典型、完整的实际工程项目案例，以任务为导向，从任务说明—任务分析—任务实施—任务结果四个层次展开实例精讲。同时根据课程设计，配套有完整的实训练习案例，学生可以根据教材中设计的实训案例任务引导要求，独立完成练习案例的实训。

《建筑工程BIM造价应用（江苏版）》为基于BIM技术的建筑项目造价应用实操教程，以《房屋建筑与装饰工程计量规范》（GB 50854—2013）、《建设工程工程量清单计价规范》（GB 50500—2013）和《江苏省建筑与装饰工程计价定额》（2014）为依据进行案例编制。本书分为BIM应用概述、BIM造价应用（基础篇）及BIM造价应用（高级篇）三部分内容，基于16G新钢筋平法规则和营改增模式下的取费新规则，利用一讲一练两套案例贯穿BIM实操讲解及项目实训；BIM造价应用软件实操部分，主要依托广联达BIM系列软件展开BIM造价应用（基础篇）及（高级篇）的案例讲解及实训。BIM应用概述系统介绍BIM技术在多领域、多模块的应用案例介绍，同时重点剖析造价阶段的BIM应用点及BIM造价应用模式；BIM造价应用（基础篇）主要按照目前市场造价业务场景展开，围绕精讲案例对工程项目进行工程计量计价操作讲解，结合业务知识，通过案例操作学习使读者掌握BIM造价基础技术应用；BIM造价应用（高级篇）主要按照BIM全生命周期中的造价应用场景展开，重点关注BIM设计—施工阶段的造价应用，利用BIM软件平台进行案例设计到造价招投标及施工全过程模型的互通应用讲解，结合BIM模型设计软件、BIM土建算量软件以及BIM5D施工管理软件展开BIM场景下的造价应用。从原有的利用软件进行造价确定的模式逐步向基于BIM平台的全过程造价控制及成本分析模式转变，在梳理BIM模式下的BIM造价应用的同时，也为学校提供基于BIM模式下BIM造价应用的学习课程，满足新形势下BIM造价应用的学习要求。

BIM算量系列教程-建筑部分由《BIM算量一图一练》、《建筑工程计量与计价》、《建筑工程 BIM 造价应用》组成。该系列是基于案例的理论与实践，手算分析与软件实操相结合的一体化 BIM 教材。主要针对建筑类相关专业建筑识图、建筑工程计量与计价及 BIM 造价软件应用课程学习使用，可以作为高等院校工程管理、造价管理、房地产经营管理、审计、公共事业管理、资产评估等专业的教材，同时也可以作为建设单位、施工单位、设计及监理单位工程造价人员学习的参考资料。

教材提供有配套的授课 PPT、一讲一练案例图纸等电子授课资料包，读者可以扫码加入 BIM 教学应用交流群【QQ 群号：273241577（该群为实名制，入群读者申请以“姓名＋单位”命名）】，读者可以在群内获得下载链接，我们也希望搭建该平台为广大读者就 BIM 技术落地应用、BIM 系列教程优化改革等展开交流合作。编委会为方便广大读者及 BIM 爱好者学习需要，打造有 BIM 系列教程案例的配套案例视频辅助教程学习，同时还打造有基于 BIM 一体化的案例实操学习视频。读者可以登录以下网址“建才网校”在线学习（百度“建才网校”即可找到）。我们针对这份图纸做了 AR 模拟，http：//fir.im/arbook 是安卓版本的下载地址，ios 的正在提交审核，读者可以下载使用。

由于编者水平有限，书中难免有不足之处，恳请广大读者批评指正，以便及时修订与完善。

（扫码可加入）

【BIM 教学应用交流 QQ 群】

编者

2017 年 5 月

BIM 算量系列教程使用说明

BIM 算量系列教程作为 BIM 应用系列教程的一部分，主要用于 BIM 一体化实践课程的教学。该教程由识图部分、理论部分及软件实操三个部分组成，有《BIM 算量一图一练》、《建筑工程计量与计价》、《建筑工程 BIM 造价应用》三本教材，从建筑工程案例识图到工程手工算量继而发展到 BIM 造价应用，三者之间相辅相成，形成一体。

《BIM 算量一图一练》为 BIM 算量系列教程案例图集，本图集为两套图纸，主要为《建筑工程计量与计价》的图纸，也是《建筑工程 BIM 造价应用》的软件案例图纸；通过一讲一练两套案例模式，满足《建筑工程计量与计价》及《建筑工程 BIM 造价应用》课程的教学讲解与实操实训需求。BIM 精讲案例讲解图纸，融入教材授课教学，案例结合实际的建筑工程各分部分项具体内容，进行造价全过程细化分析讲解。学生在学习专业基础知识的同时，通过完整的案例分析讲解可以有效地把握分部分项模块化训练及整体知识框架结构体系的搭建，提升学生整体建筑工程计量计价能力；BIM 实操案例实训图纸，融入教材的实训教学，通过任务实战引导设计及要求，使学生可以通过实训任务引导独立完成案例工程的各分部分项工程实训内容的实操，从而提升学生编制建筑工程投标报价能力。AR 模型的安卓版本的下载地址是 http://fir.im/arbook，ios 的正在提交审核，读者可以根据需要配套使用。

《建筑工程计量与计价》为 BIM 算量系列造价理论课程，课程以情景任务模式展开，主要分为：建筑工程计量计价概述、建筑工程计量计价实例的编制讲解、建筑工程计量计价案例实训。三大情景围绕“基础理论知识—案例业务分析讲解—独立案例实训练习”分层次展开，每个章节根据任务划分，有明确的学习目标及学习要求。依托于《BIM 算量一图一练》两个案例工程，分别展开建筑工程分部分项案例精讲及项目任务化实训，精讲案例编制有分部详细的计算式，设计有课堂练习表格，满足课堂精讲，也符合课堂练习需要；结合信息化手段，利用 4D 微课模式展开施工工艺与算量结合模式进行讲解，针对复杂分部分项组价环节，对其构件相关节点施工工艺进行施工动画模拟，以二维码形式穿插于各个章节中，师生学习只要扫码即可完成，从而实现将施工现场场景搬进造价课堂，使得施工与造价有效结合，使学生在学习建筑工程计量计价的同时，进一步了解建筑工程结构施工工艺，深化专业知识学习，提升学习效果。本书精讲案例计量与计价编制根据前言说明要求的清单规范以及区域化的定额标准为依据进行编制，老师同学们在学习过程中，请参考该地区相关规范进行配套学习。

《建筑工程 BIM 造价应用》为 BIM 算量系列造价软件实操课程，该课程按照情景任务模式展开，主要分为：BIM 概述，BIM 造价应用（基础篇）及 BIM 造价应用（高级篇）三部分。以实际案例为基础，一讲一练两套案例展开理论实操讲解及项目实训，依托于广联达 BIM 系列软件展开 BIM 造价应用（基础篇）及（高级篇）的案例讲解及实训。BIM 概论部分系统介绍 BIM 技术的应用案例，同时重点剖析造价阶段的 BIM 应用点及 BIM 造价应用模式；BIM 造价应用

（基础篇）主要按照目前市场造价业务场景展开，围绕精讲案例对工程项目进行计量计价操作讲解，结合业务知识，通过案例操作学习，使读者掌握BIM造价基础技术应用；BIM造价应用（高级篇）主要按照BIM全生命周期中的造价应用场景展开，重点关注BIM设计-施工阶段的造价应用，利用BIM软件平台进行案例设计到造价招投标以及施工全过程模型互通应用讲解，结合BIM模型设计软件、BIM土建算量软件以及BIM5D施工管理软件展开BIM场景下的造价应用。从原有的利用软件进行造价确定的模式逐步向基于BIM平台的全过程造价控制及成本分析模型转变，在梳理BIM模式下的BIM造价应用的同时，也进一步落地BIM时代下造价课程的授课新模式的探索。本书精讲案例根据前言说明要求的清单规范以及区域化的定额标准为依据进行编制，老师同学们在学习过程中，请参考该地区相关规范进行配套学习。

BIM算量系列教程为理论实操整体设计模式，建议读者一起购买学习。

目录

情境一　BIM应用概述

情境二　BIM 造价应用（基础篇）

情境三 BIM 造价应用（高级篇）

情境一

BIM 应用概述

第一章

BIM 整体应用概述

在过去的20多年中，CAD技术使建筑师、工程师们甩掉图板，从传统的手工绘图、设计和计算中解放出来，可以说是工程设计领域的第一次数字革命。而现在，建筑信息模型（Building Information Modeling，BIM）的出现将引发整个工程建设领域的第二次数字革命。BIM不仅带来现有技术的进步和更新换代，也间接影响了生产组织模式和管理方式，并将更长远地影响人们思维模式的转变。

以下是目前国内建筑市场典型的BIM应用，供大家学习参考。

一、BIM 模型

根据项目建设进度建立和维护BIM模型，实质是使用BIM平台汇总各项目团队所有的建筑工程信息，消除项目中的信息孤岛，并且将得到的信息结合三维模型进行整理和储存，以备在项目全寿命周期的各个阶段中项目各相关利益方随时共享。

由于BIM的用途决定了BIM模型细节的精度，同时仅靠一个BIM工具并不能完成所有的工作，所以目前业内主要采用“分布式”BIM模型的方法，建立符合工程项目现有条件和使用用途的BIM模型。这些模型根据需要包括设计模型、施工模型、进度模型、成本模型、制造模型、操作模型等。

BIM“分布式”模型还体现在BIM模型往往由相关的设计单位、施工单位或者运营单位根据各自工作范围单独建立，最后通过统一标准合成。这将增加对BIM建模标准、版本管理、数据安全的管理难度，所以有时候业主也会委托独立的BIM服务商统一规划、维护和管理整个工程项目的BIM应用，以确保BIM模型信息的准确性、时效性和安全性。

二、场地分析

场地分析是研究影响建筑物定位的主要因素，是确定建筑物的空间方位和外观、建立建筑物与周围景观的联系的过程。在规划阶段，场地的地貌、植被、气候条件都是影响设计决策的重要因素，往往需要通过场地分析来对景观规划、环境现状、施工配套及建成后交通流量等各种影响因素进行评价及分析。

传统的场地分析存在诸如定量分析不足、主观因素过重、无法处理大量数据信息等弊端，通过BIM结合地理信息系统（geographic information system，简称GIS），对场地及拟建的建筑物空间数据进行建模，利用BIM及GIS软件的强大功能，迅速得出令人信服的分析结果，帮助项目在规划阶段评估场地的使用条件和特点，从而做出新建项目最理想的场地规划、交通流线组织关系、建筑布局等关键决策。

三、建筑策划

建筑策划是在总体规划目标确定后，根据定量分析得出设计依据的过程。相对于根据经验确定设计内容及依据（设计任务书）的传统方法，建筑策划利用对建设目标所处社会环境及相关因素的逻辑数据分析，研究项目任务书对设计的合理导向，制定和论证建筑设计依据，科学地确定设计的内容，并寻找达到这一目标的科学方法。

在这一过程中，除了运用建筑学的原理，借鉴过去的经验和遵守规范，更重要的是要以实态调查为基础，用计算机等现代化手段对目标进行研究。BIM 能够帮助项目团队在建筑规划阶段，通过对空间进行分析来理解复杂空间的标准和法规，从而节省时间，提供对团队更多增值活动的可能。特别是在客户讨论需求、选择及分析最佳方案时，能借助 BIM 及相关分析数据，做出关键性的决定。

BIM 在建筑策划阶段的应用成果还能帮助建筑师在建筑设计阶段随时查看初步设计是否符合业主的要求，是否满足建筑策划阶段得到的设计依据，通过 BIM 连贯的信息传递或追溯，大大减少在详图设计阶段发现不合格需要修改设计而造成的巨大浪费。

四、方案论证

在方案论证阶段，项目投资方可以使用 BIM 来评估设计方案的布局、视野、照明、安全、人体工程学、声学、纹理、色彩及规范的遵守情况。BIM 甚至可以做到建筑局部的细节推敲，迅速分析设计和施工中可能需要应对的问题。

方案论证阶段可以借助 BIM 提供方便的、低成本的不同解决方案供项目投资方进行选择，通过数据对比和模拟分析，找出不同解决方案的优缺点，帮助项目投资方迅速评估建筑投资方案的成本和时间。

对设计师来说，通过 BIM 来评估所设计的空间，可以获得较高的互动效应，以便从使用者和业主处获得积极的反馈。设计的实时修改往往基于最终用户的反馈，在 BIM 平台下，项目各方关注的焦点问题比较容易得到直观的展现并迅速达成共识，相应的决策需要的时间也会比以往减少。

五、可视化设计

3D max、Sketchup 这些三维可视化设计软件的出现有力地弥补了业主及最终用户因缺乏对传统建筑图纸的理解能力而造成的和设计师之间的交流鸿沟，但由于这些软件设计理念和功能上的局限，使得这样的三维可视化展现无论是用于前期方案推敲还是用于阶段性的效果图展现，与真正的设计方案之间都存在相当大的差距。同时，对于设计师而言，除了用于前期推敲和阶段展现，大量的设计工作还是要基于传统 CAD 平台，使用平、立、剖等三视图的方式表达和展现自己的设计成果。这种由于工具原因造成的信息割裂，在遇到项目复杂、工期紧的情况下，非常容易出错。

BIM 的出现使得设计师不仅拥有了三维可视化的设计工具，所见即所得，更重要的是通过工具的提升，使设计师能使用三维的思考方式来完成建筑设计，同时也使业主及最终用户真正摆脱了技术壁垒的限制，随时知道自己的投资能获得什么，如图 1-1 所示。

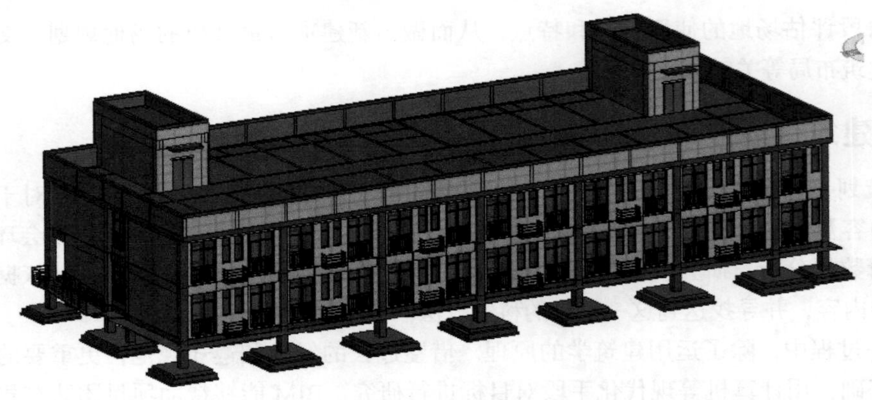

图 1-1

六、协同设计

协同设计是一种新兴的建筑设计方式，它可以使分布在不同地理位置及不同专业的设计人员通过网络的协同展开设计工作。协同设计是在建筑业环境发生深刻变化、建筑的传统设计方式必须得到改变的背景下出现的，也是数字化建筑设计技术与快速发展的网络技术相结合的产物。

现有的协同设计主要是基于 CAD 平台，并不能充分实现专业间的信息交流，这是因为 CAD 的通用文件格式仅仅是对图形的描述，无法加载附加信息，导致专业间的数据不具有关联性。

BIM 的出现使协同已经不再是简单的文件参照，BIM 技术为协同设计提供底层支撑，大幅提升协同设计的技术含量。借助 BIM 的技术优势，协同的范畴也从单纯的设计阶段扩展到建筑全生命周期，需要规划、设计、施工、运营等各方的集体参与，因此具备了更广泛的意义，从而带来综合效益的大幅提升，如图 1-2 所示。

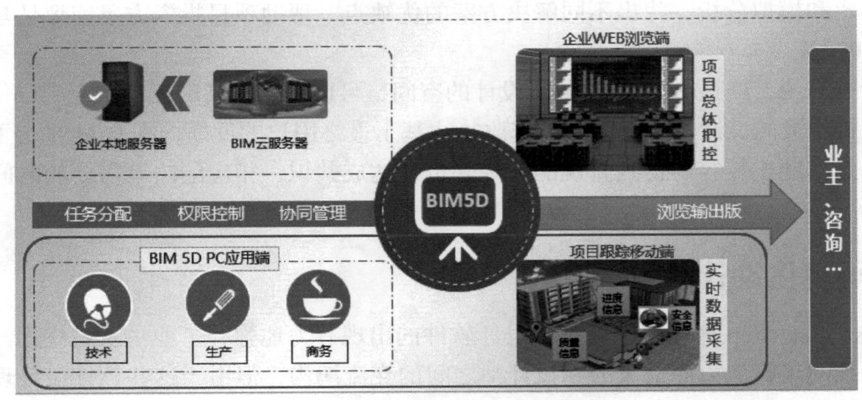

图 1-2

七、性能化分析

利用计算机进行建筑物理性能化分析始于 20 世纪 60 年代甚至更早，早已形成成熟的理论支持，开发出丰富的工具软件。但是在 CAD 时代，无论什么样的分析软件都必须通过手工的方式输入相关数据才能开展分析计算，而操作和使用这些软件不仅需要专业技术人员经过培训才能完成，同时由于设计方案的调整，造成原本就耗时耗力的数据录入工作需要经常性的重复录入或者校核，导致包括建筑能量分析在内的建筑物理性能化分析通常被安排在设计的最终阶段，成为一种象征性的工作，使建筑设计与性能化分析计算之间严重脱节。

利用 BIM 技术，建筑师在设计过程中创建的虚拟建筑模型已经包含了大量的设计信息（几何信息、材料性能、构件属性等），只要将模型导入相关的性能化分析软件，就可以得到相应的分析结果。原本需要专业人士花费大量时间输入大量专业数据的过程，如今可以自动完成，这大大降低了性能化分析的周期，提高了设计质量。

八、工程量统计

在 CAD 时代，由于 CAD 无法存储可以让计算机自动计算工程项目构件的必要信息，所以需要依靠人工根据图纸或者 CAD 文件进行测量和统计，或者使用专门的造价计算软件根据图纸或者 CAD 文件重新进行建模后由计算机自动进行统计。前者不仅需要消耗大量的人工，而且比较容易出现手工计算带来的差错，而后者同样需要不断地根据调整后的设计方案及时更新模型，如果滞后，得到的工程量统计数据也往往失效了。

而 BIM 是一个富含工程信息的数据库，可以真实地提供造价管理需要的工程量信息，借助这些信息，计算机可以快速对各种构件进行统计分析，大大减少了繁琐的人工操作和潜在错误，非常容易实现工程量信息与设计方案的完全一致。

通过 BIM 获得的准确的工程量统计可以用于前期设计过程中的成本估算、在业主预算范围内不同设计方案的探索或者不同设计方案建造成本的比较，以及施工开始前的工程量预算和施工完成后的工程量结（决）算。

九、管线综合

随着建筑物规模和使用功能复杂程度的增加，无论设计企业还是施工企业甚至是业主，对机电管线综合的要求愈加强烈。在 CAD 时代，设计企业主要由建筑或者机电专业牵头，将所有图纸打印成硫酸图，然后各专业将图纸叠在一起进行管线综合；由于二维图纸的信息缺失以及缺少直观的交流平台，导致管线综合成为建筑施工前让业主最不放心的技术环节。

利用 BIM 技术，通过搭建各专业的 BIM 模型，设计师能够在虚拟的三维环境下方便地发现设计中的碰撞冲突，如图 1-3 所示。从而大大提高了管线综合的设计能力和工作效率。这不仅能及时排除项目施工环节中可以遇到的碰撞冲突，显著减少由此产生的变更申请单，更大大提高了施工现场的生产效率，降低了由于施工协调造成的成本增加和工期延误。

图 1-3

十、施工进度模拟

建筑施工是一个高度动态的过程，随着建筑工程规模不断扩大，复杂程度不断提高，使得施工项目管理变得极为复杂。当前建筑工程项目管理中经常用于表示进度计划的甘特图，由于专业性强、可视化程度低，无法清晰描述施工进度以及各种复杂关系，难以准确表达工程施工的动态变化过程。

通过将 BIM 与施工进度计划相链接，将空间信息与时间信息整合在一个可视的 4D（3D+Time）模型中，可以直观、精确地反映整个建筑的施工过程（如图 1-4 所示）。4D 施工模拟技术可以在项目建造过程中合理制定施工计划、精确掌握施工进度，优化使用施工资源以及科学地进行场地布置，对整个工程的施工进度、资源和质量进行统一管理和控制，以缩短工期、降低成本、提高质量。

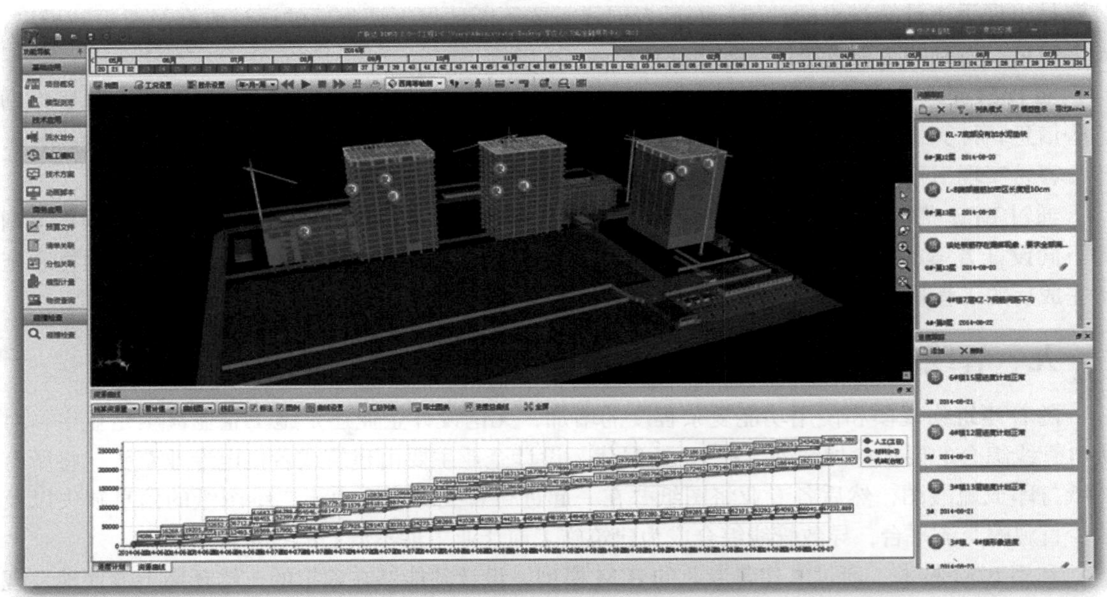

图 1-4

此外，借助 4D 模型，施工企业在工程项目投标中将获得竞标优势。在评标过程中，评标专家可以从 4D 模型中很快了解投标单位对投标项目主要施工的控制方法、施工安排是否均衡、总体计划是否基本合理等，从而对投标单位的施工经验和实力做出有效评估。

十一、施工组织模拟

施工组织是对施工活动实行科学管理的重要手段，它决定了各阶段的施工准备工作内容，协调了施工过程中各施工单位、各施工工种、各项资源之间的相互关系。施工组织设计是用来指导施工项目全过程各项活动的技术、经济和组织的综合性解决方案，是施工技术与施工项目管理有机结合的产物。

通过 BIM 可以对项目的重点或难点部分进行可建性模拟，按月、日、时进行施工安装方案的分析优化。对于一些重要的施工环节或采用新施工工艺的关键部位、施工现场平面布置等施工指导措施进行模拟和分析，以提高计划的可行性；也可以利用 BIM 技术结合施工组织计划进行预演以提高施工人员对复杂建筑体系的理解程度。

借助 BIM 对施工组织的模拟，项目管理方能够非常直观地了解整个施工安装环节的时间节点和安装工序，并清晰把握在安装过程中的难点和要点。施工方也可以进一步对原有安装方案进行优化和改善，以提高施工效率和施工方案的安全性，如图 1-5 所示。

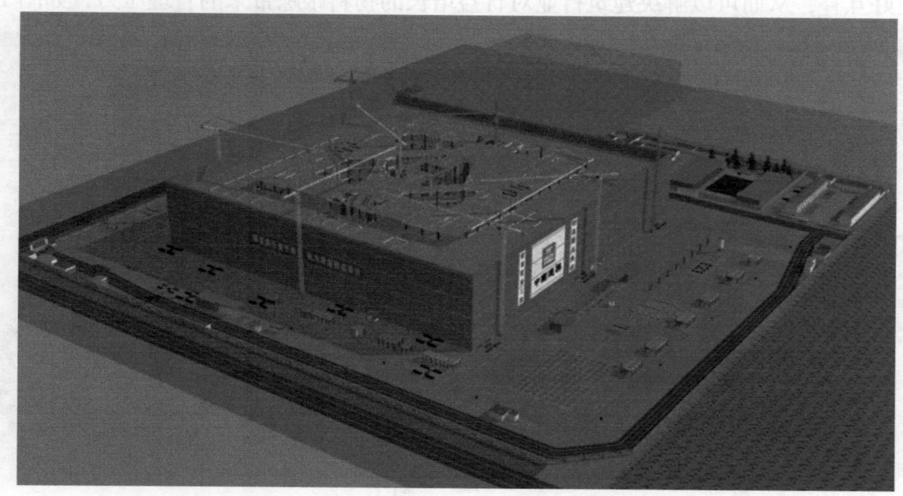

图 1-5

十二、数字化建造

制造行业目前的生产效率极高，其中部分原因是利用数字化数据模型实现了制造方法的自动化。同样，BIM 结合数字化制造也能够提高建筑行业的生产效率。通过 BIM 模型与数字化建造系统的结合，建筑行业也可以采用类似的方法来实现建筑施工流程的自动化。

建筑中的许多构件可以异地加工，然后运到建筑施工现场，装配到建筑中（例如门窗、预制混凝土结构和钢结构等构件）。通过数字化建造，可以自动完成建筑物构件的预制，这些通过工厂精密机械技术制造出来的构件不仅降低了建造误差，而且大幅度提高构件制造的生产效率，使得整个建筑建造的工期缩短并容易掌控。

BIM 模型直接用于制造环节，还可以在制造商与设计人员之间形成一种自然的反馈循环，即在建筑设计流程中提前考虑尽可能多地实现数字化建造。同样与参与竞标的制造商共享构件模型也有助于缩短招标周期，便于制造商根据设计要求的构件用量编制更为统一的投标文件。同时标准化构件之间的协调也有助于减少现场发生的问题，降低建造、安装成本。

十三、物料跟踪

随着建筑行业标准化、工厂化、数字化水平的提升，以及建筑使用设备复杂性的提高，越来越多的建筑及设备构件通过工厂加工并运送到施工现场进行高效的组装。而这些建筑构件及设备是否能够及时运到现场，是否满足设计要求，质量是否合格将成为整个建筑施工建造过程中影响施工计划关键路径的重要环节。

在 BIM 出现以前，建筑行业往往借助较为成熟的物流行业的管理经验及技术方案，例如 RFID（Radio Frequency Identification，无线射频识别电子标签），通过 RFID 可以把建筑物内各个设备构件贴上标签，以实现对这些物体的跟踪管理。但 RFID 本身无法进一步获取物体更详细的信息（如生产日期、生产厂家、构件尺寸等），而 BIM 模型恰好详细记录了建筑物及构件和设备的所有信息。

此外，BIM 模型作为一个建筑物的多维度数据库，并不擅长记录各种构件的状态信息，而基于 RFID 技术的物流管理信息系统对物体的过程信息都有非常好的数据库记录和管理功能，这样 BIM 与 RFID 正好互补，从而可以解决建筑行业对日益增长的物料跟踪带来的管理压力，如图 1-6 所示。

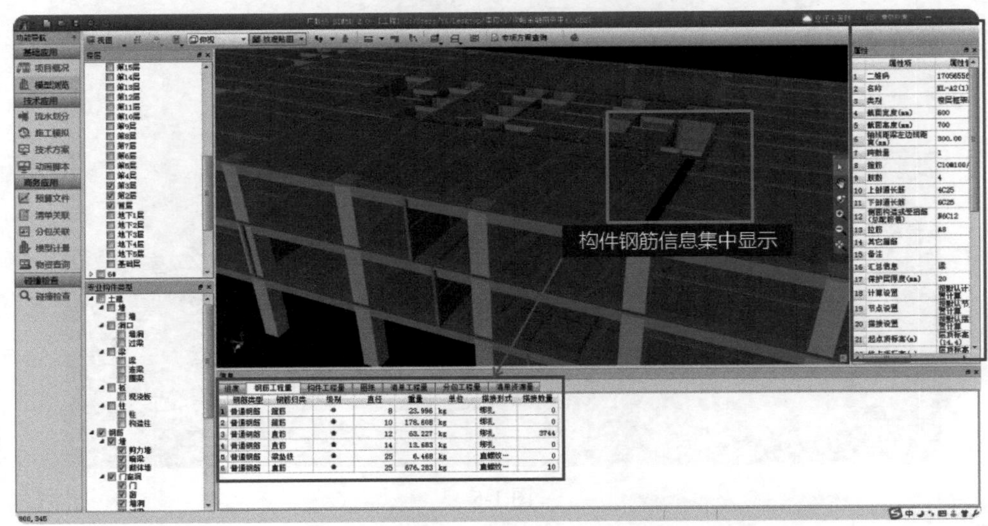

图 1-6

十四、施工现场配合

BIM 不仅集成了建筑物的完整信息，同时还提供了一个三维的交流环境。与传统模式下项目各方人员在现场从图纸堆中找到有效信息后再进行交流相比，效率大大提高。

BIM 逐渐成为一个便于施工现场各方交流的沟通平台，可以让项目各方人员方便地协调项目方案，论证项目的可建性，及时排除风险隐患，减少由此产生的变更，从而缩短施工时间，提高施工现场生产效率。

十五、竣工模型交付

建筑作为一个系统，当完成建造过程准备投入使用时，首先需要对建筑进行必要的测试和调整，以确保它可以按照当初的设计来运营。在项目完成后的移交环节，物业管理部门需要得到的不只是常规的设计图纸、竣工图纸，还需要能正确反映真实的设备状态、材料安装使用情况等与运营维护相关的文档和资料。

BIM 能将建筑物空间信息和设备参数信息有机地整合起来，从而为业主获取完整的建筑物全局信息提供途径。通过 BIM 与施工过程记录信息的关联，甚至能够实现包括隐蔽工程资料在内的竣工信息集成，不仅为后续的物业管理带来便利，还可以在未来进行的翻新、改造、扩建过程中为业主及项目团队提供有效的历史信息。

十六、维护计划

在建筑物使用寿命期间，建筑物结构设施（如墙、楼板、屋顶等）和设备设施（如设备、管道等）都需要不断得到维护。一个成功的维护方案将提高建筑物性能，降低能耗和修理费用，进而降低总体维护成本。

BIM 模型结合运营维护管理系统可以充分发挥空间定位和数据记录的优势，合理制定维护计划，分配专人专项维护工作，以降低建筑物在使用过程中出现突发状况的概率。对一些重要设备还可以跟踪维护工作的历史记录，以便对设备的适用状态提前作出判断。

十七、资产管理

一套有序的资产管理系统将有效提升建筑资产或设施的管理水平，但由于建筑施工和运营的信息割裂，使得这些资产信息需要在运营初期依赖大量的人工操作来录入，而且很容易出现数据录入错误。

BIM 中包含的大量建筑信息能够顺利导入资产管理系统，大大减少了系统初始化在数据准备方面的时间及人力投入。此外，通过 BIM 结合 RFID 的资产标签芯片，还可以使资产在建筑物中的定位及相关参数信息一目了然。

十八、空间管理

空间管理是为节省空间成本、有效利用空间，为最终用户提供良好工作生活环境而对建筑空间所做的管理。BIM 不仅可以用于有效管理建筑设施及资产等资源，也可以帮助管理团队记录空间使用情况，处理最终用户要求空间变更的请求，分析现有空间的使用情况，合理分配建筑物空间，确保空间资源的最大利用率。

十九、建筑系统分析

建筑系统分析是对照业主使用需求及设计规定来衡量建筑物性能的过程，包括机械系统如何操作和建筑物能耗分析、内外部气流模拟、照明分析、人流分析等涉及建筑物性能的评估。

BIM 结合专业的建筑物系统分析软件避免了重复建立模型和采集系统参数。通过 BIM 可以验证建筑物是否按照特定的设计规定和可持续标准建造，通过这些分析模拟，最终确定、修改系统参数甚至系统改造计划，以提高整个建筑的性能。

二十、灾难应急模拟

利用 BIM 及相应灾害分析模拟软件，可以在灾害发生前，模拟灾害发生的过程，分析灾害发生的原因，制定避免灾害发生的措施，以及发生灾害后人员疏散、救援支持的应急预案。

当灾害发生后，BIM 模型可以向救援人员提紧急状况点的完整信息，这将有效提高突发状况应对措施。此外楼宇自动化系统能及时获取建筑物及设备的状态信息，通过 BIM 和楼宇自动化系统的结合，使得 BIM 模型能清晰地呈现出建筑物内部紧急状况的位置，甚至到紧急状况点最合适的路线，救援人员可以由此做出正确的现场处置，提高应急行动的成效。

第二章

BIM 工程造价应用概述

随着我国从计划经济体制走向市场经济体制的历史进程变化，工程造价管理也经历了以下几个时期：计划经济体制时期，统一进行定额计价、由政府确定价格；计划经济向市场经济转轨时期，量价分离、在一定范围内引入市场价格；尚不完善的市场经济时期，工程量清单计价与定额计价并存、市场确定价格等阶段，并将走向市场经济时期，市场决定价格、企业自主竞争、工程造价全面管理的进程。

工程造价行业信息化的发展同样见证了从手工绘图计算工程造价、20 世纪 90 年代计算机二维辅助计算、到 21 世纪初计算机三维建模计算、正逐步走入以 BIM 为核心技术工程造价管理阶段。

工程造价行业，正向精细化、规范化和信息化的方向迅猛发展，BIM 技术将对工程造价行业产生什么样的影响，BIM 技术如何支撑全过程造价管理，如何利用以 BIM 技术为核心的信息技术，促进工程造价行业的可持续健康发展，这对每一位从业者来说，都是值得思考和深入研究的问题。

第一节　BIM 在工程造价行业应用现状分析

BIM 技术作为创新发展的新技术，正在改变和颠覆建筑业。BIM 技术的应用和推广，必将对建筑业的可持续健康发展起到至关重要的作用，同时还将极大地提升项目的精益化管理程度，同时减少浪费、节约成本，促进工程效益的整体提升。因此，BIM 技术也被誉为是继 CAD 之后建筑业的第二次科技革命。

BIM 技术的应用和推广已经是大势所趋，但是基于工程造价行业如何理解 BIM 技术，BIM 对工程造价管理有什么样的价值，BIM 技术在工程造价行业的应用现状如何，本章将从以下三个方面进行阐述。

一、BIM 的基本概念

BIM 是 building information modeling 的缩写，即建筑信息模型的简称。BIM 技术是在目前已经广泛应用的 CAD 等计算机技术的基础上发展起来的多维模型信息集成技术，是对建筑及基础设施物理特性和功能特性的数字化表达，能够实现建筑工程项目在全生命周期各阶段、多参与方和多专业之间信息的自动交换和共享。

BIM 提供了一个集成管理的环境，让参建各方协同工作，同时这些信息也可以贯穿和应用于项目的全生命周期各个阶段。

二、BIM 技术对工程造价管理的价值

（一）BIM 有助于建设项目全过程的造价控制

众所周知，我国现有的工程造价管理在决策阶段、设计阶段、交易阶段、施工阶段和竣工阶段，阶段性造价管理与全过程造价管理并存，不连续的管理方式使各阶段、各专业、各环节之间的数据难以协同和共享。

BIM 技术基于其本身的特征，可以提供涵盖项目全生命周期及参建各方的集成管理环境，基于统一的信息模型，进行协同共享和集成化的管理；对于工程造价行业，可以使各阶段数据流通，方便实现多方协同工作，为实现全过程、全生命周期、全要素的造价管理提供可靠的基础和依据。

（二）BIM 有助于工程造价管理水平的提升

基于对参建各方主体的调研，BIM 技术对工程造价管理水平的提升，已经得到各方的一致认同，具体详见以下三组调研数据。

1. BIM 技术对相关企业管理的影响

调查显示，47.9% 的受访者认为 BIM 技术在提高成本控制能力方面最有帮助，21.8% 的受访者认为其在提高进度控制能力方面最有帮助，16.0% 的受访者认为在提高沟通协同能力方面最有帮助，也有 9.6% 的受访者认为在提高质量控制能力方面最有帮助，如图 2-1 所示。

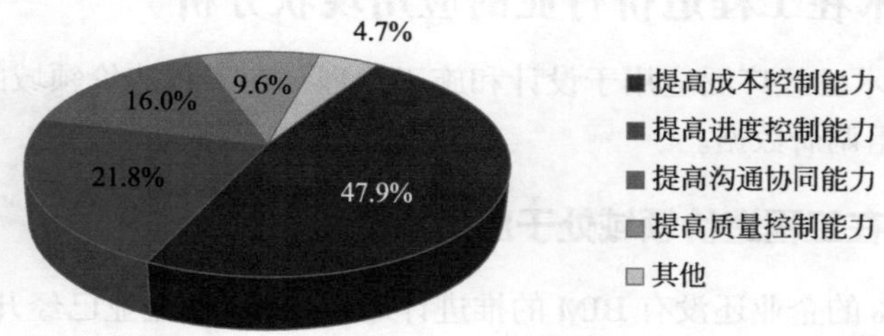

图 2-1

2. BIM 技术对从业人员的影响

调查显示，81.2% 的受访者认为应用 BIM 能够提高造价从业人员的工作效率，63.1% 的受访者认为能够提高造价从业人员的工作质量；此外，接近五成的受访者认为能够提高造价从业人员的能力要求、个人竞争力。由此可见，BIM 技术在工程造价领域不仅能够提升工程质量，还能够提升造价从业人员的工作素质，如图 2-2 所示。

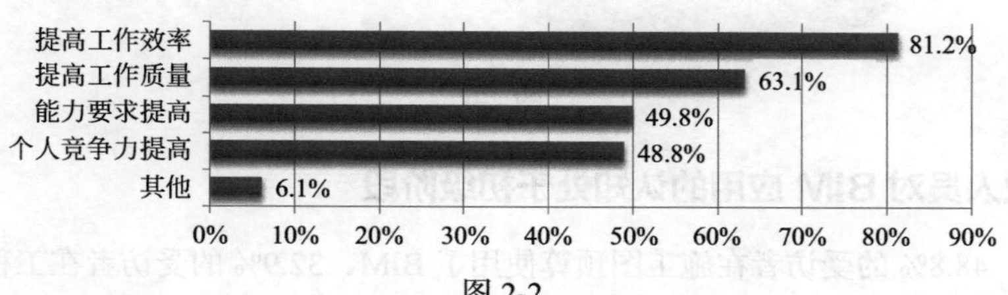

图 2-2

3. BIM 技术对工程造价工作的主要价值

调查显示，66.0% 的企业认为 BIM 对工程造价工作的主要价值在于提高工程量计算效率，53.8% 企业认为其主要价值在于施工成本测算，也有四成以上的企业认为其主要价值在于提高估算概算预算结算的精度和成本实时控制，如图 2-3 所示。通过数据分析，BIM 技术对企业、对从业人员和对造价业务方面均有很大的提升和帮助。综合来看，BIM 技术可以显著提升工程造价管理水平。

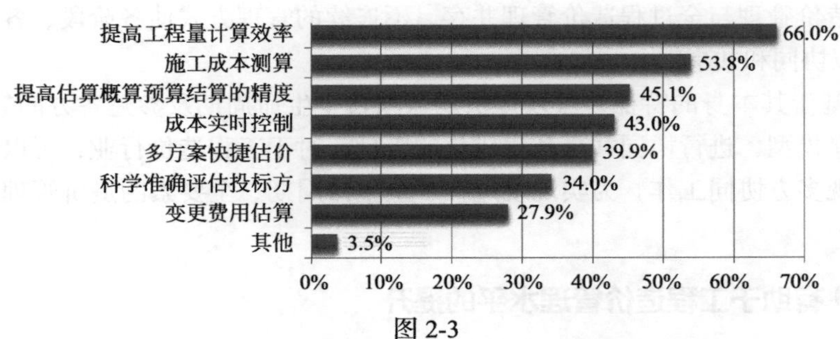

图 2-3

（三）BIM 技术有助于造价数据积累，为可持续发展奠定基础

各企业已经认识到，数据库将是企业的核心竞争力之一，以前迫于资源、精力和技术等方面的限制，很难形成良好的积累。BIM 技术提供了很有利的条件，有了这个载体，企业可以更加方便的沉淀信息、积累数据，为可持续发展奠定基础。

三、BIM 技术在工程造价行业的应用现状分析

现阶段，BIM 技术已经广泛应用于设计和施工管理，在工程造价领域的应用未能跟上前者的步伐，详见以下三组调研数据。

（一）BIM 技术在工程造价领域处于应用初期

调查显示，38.1% 的企业还没有 BIM 的推进计划，42.4% 的企业已经开始概念普及，15.6% 的企业正在进行项目试点，只有 3.9% 的企业目前正大面积推广 BIM，如图 2-4 所示，这一数值低于施工中应用 BIM 的调研数据。

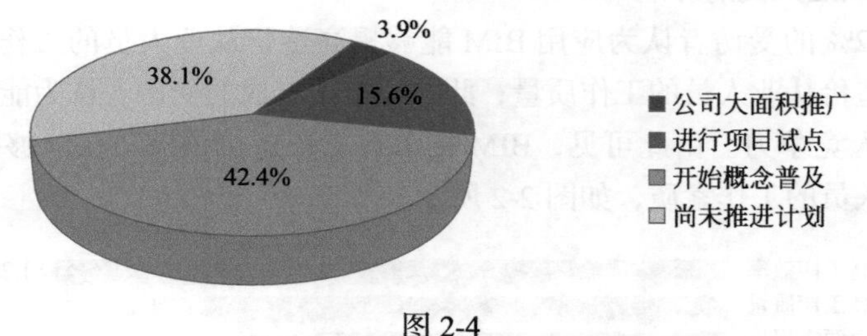

图 2-4

（二）从业人员对 BIM 应用的认知处于初级阶段

调查显示，48.8% 的受访者在施工图预算使用了 BIM，32.9% 的受访者在工程量清单编制使用了 BIM，32.4% 的受访者在工程结算使用了 BIM；此外，也有两成以上的受访者在投资估算、

工程审计领域使用了 BIM；相比来看，仅有 12.0% 的受访者在变更控制领域使用 BIM，如图 2-5 所示。这组数据反映受访者对于 BIM 在工程造价管理中应用的认知还停留在初级阶段，并没有真正认识到 BIM 的价值。

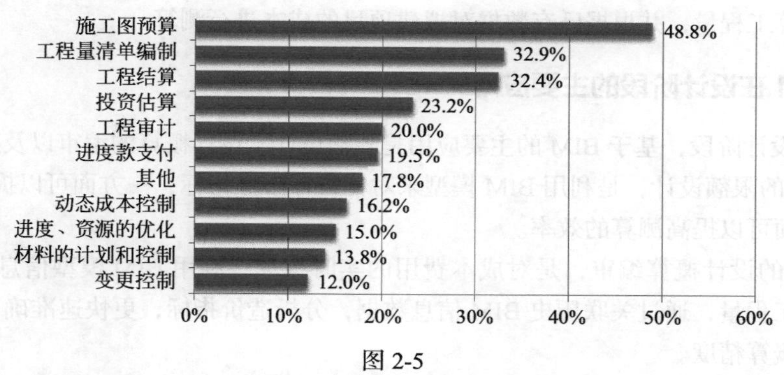

图 2-5

（三）BIM 在应用中存在的困难

在实施 BIM 过程中，64.9% 的企业反映标准不统一，54.1% 的企业反映缺乏 BIM 人才，四成以上企业反映软件不成熟、缺乏资源共享和协同，三成以上企业反映建模工作复杂、缺乏 BIM 咨询，如图 2-6 所示。

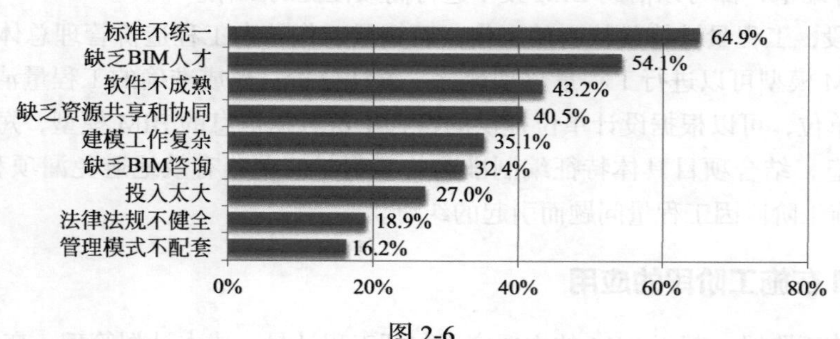

图 2-6

第二节 基于 BIM 的全过程造价管理

BIM 技术涵盖了建设项目全生命周期。不同阶段的模型，承载着不同的信息，是动态生长的，直至竣工、交付、运维。工程造价亦可依托于这一媒介，开展全过程造价管理。BIM 模型承载了建筑物的物理特征（如几何尺寸）、功能特征、时间特性等大量的信息，这些信息也是工程造价管理中的必备信息，BIM 同样能够给工程造价管理带来极大的提升。

一、基于 BIM 的全过程造价管理解决方案

基于 BIM 的全过程造价管理，包括了决策阶段依据方案模型进行快速的估算、方案比选；设计阶段，根据设计模型组织限额设计、概算编审和碰撞检查；招投标阶段，根据模型编制工程量清单、招标控制价、施工图预算的编审；施工阶段，进行成本控制、进度管理、变更管理、材料管理；竣工阶段，基于模型的结算编审和审核。

（一）BIM 在决策阶段的主要应用

建设项目决策阶段，基于 BIM 的主要应用是投资估算的编审以及方案比选。基于 BIM 的投资估算编审，主要依赖于已有的模型库、数据库，通过对库中模型的应用可以实现快速搭建可视化模型，测算工程量，并根据已有数据对拟建项目的成本进行测算。

（二）BIM 在设计阶段的主要应用

建设项目设计阶段，基于 BIM 的主要应用是限额设计、设计概算的编审以及碰撞检查。

基于 BIM 的限额设计，是利用 BIM 模型来对比设计限额指标，一方面可以提高测算的准确度，另外一方面可以提高测算的效率。

基于 BIM 的设计概算编审，是对成本费用的实时核算，利用 BIM 模型信息进行计算和统计，快速分析工程量，通过关联历史 BIM 信息数据，分析造价指标，更快速准确分析设计概算，大幅提升设计概算精度。

基于 BIM 的碰撞检查，通过三维校审减少“错、碰、漏、缺”现象，在设计成果交付前消除设计错误可以减少设计变更，降低变更费用。

（三）BIM 在交易阶段的应用

建设项目招投标阶段也是 BIM 应用最集中的环节之一，工程量清单编制、招标控制价编制、施工图预算编审，都可以借助 BIM 技术进行高效便捷的工作。

招投标阶段，工程量计算是核心的工作，而算量工作约占工程造价管理总体工作量的 60% 左右，利用 BIM 模型可以进行工程量自动计算、统计分析，形成准确的工程量清单。建设单位或者造价咨询单位，可以根据设计单位提供的富含丰富数据信息的 BIM 模型，短时间内快速抽调出工程量信息，结合项目具体特征编制准确的工程量清单，有效地避免漏项和错算等情况，最大程度减少施工阶段因工程量问题而引起的纠纷。

（四）BIM 在施工阶段的应用

建设项目施工阶段，基于 BIM 的主要应用包括工程计量、成本计划管理、变更管理。

建设项目施工阶段，需要将各专业的深化模型集成在一起，形成一个全专业的模型再进行信息的关联，关联进度、资源、成本的相关信息，以此为基础进行过程控制。

首先是基于进度计划这条主线去进行过程的中期结算，辅助中期的支付。传统模式下的工程计量管理，申报集中、额度大、审核时间有限，无论是初步计量还是审核都存在与实际进度不符的情况。根据 BIM 5D 的概念，基于实际进度快速计算已完工程量，并与模型中的成本信息关联，迅速完成工程计量工作，解决实际工作中存在的问题。

其次是成本计划管理，将进度计划与成本信息关联，则可以迅速完成各类时点（如年度、季度、月度、周或日）的资源需求、资金计划，同时支持构件、分部分项工程或流水段的信息查询，支撑时间和成本维度的全方位管控。

变更管理是全过程造价管理的难点，传统的变更管理方式，工作量大、反复变更时易发生错漏、易发对相关联的变更项目扣减产生疏漏等情况。基于 BIM 技术的变更管理，力求最大程度减少变更的发生；当变更发生时，在模型上直接进行变更部位的调节，可以通过可视化对比，形象直观高效，发生变更费用可预估、变更流程可追溯，有关联的变更清晰，对投资的影响可实施获得。

（五）BIM 在竣工阶段的应用

建设项目结算阶段，基于 BIM 的主要应用包括结算管理、审核对量、资料管理和成本数据库积累。

基于 BIM 技术的结算管理，是基于模型的结算管理，对于变更、暂估价材料、施工图纸等可调整项目统一进行梳理，不会有重复计算或漏算的情况发生。

基于 BIM 技术的审核对量可以自动对比工程模型，是更加智能更加便捷的核对手段，可以实现智能查找量差、自动分析原因、自动生成结果等需求，不但可以得到提高工作效率，同时也将减少核对中争议情况的发生。

二、平台软件支撑基于 BIM 的全过程造价管理

目前阶段，还没有一个大而全的软件可以涵盖建设项目全过程造价管理中所有的应用，也没有一家软件公司能提供各个阶段的产品；如果采用不同的软件组合实施基于 BIM 的全过程造价管理，各个软件本身要遵从国际的标准、行业的标准，例如 IFC、GFC 等标准，并依据这些标准进行数据的交换和协同的共享。

同时，模型之间的交换、模型之间的版本控制、基于模型的协同工作需要平台级的软件，例如 BIM 模型服务器。通过这个平台软件，承载和集成各个阶段的 BIM 应用软件、进行数据交换、形成协同共享和集成网管理，这样才能够使基于 BIM 的全过程造价管理的应用是一个连贯的、集成的、持续的过程。

三、BIM 模型的建立

建设项目的各个阶段都会产生相应的模型，由上一阶段的模型直接导入本阶段进行信息复用、通过二维 CAD 图进行翻模和重新建模是形成本阶段模型的主要方式。

BIM 设计模型和 BIM 算量模型因为各自用途和目的不同，导致携带的信息存在差异：BIM 设计模型存储着建设项目的物理信息，其中最受关注的是几何尺寸信息，而 BIM 算量模型不仅关注工程量信息，还需要兼顾施工方法、施工工序、施工条件等约束条件信息，因此不能直接复用到招投标阶段和施工阶段。

现阶段，基于 IFC 标准的模型和应用插件，可以实现设计阶段或者设计软件与产生模型有效地导入算量模型中形成算量模型。例如，广联达基于 IFC 标准来开发的在 Revit 上嵌入的插件，对模型进行了相应的信息转化和匹配后再导入进行复用，已经进入实际应用阶段，偏差能控制在 2% 以内。

第三节　BIM 对建设项目各参与方的影响与建议

随着 BIM 技术的推广应用，基于 BIM 的工程造价管理，颠覆了传统计量计价工作模式，对建设项目的参建各方都将产生不同的影响。调查显示，81.1% 的受访者认为建设单位受 BIM 技术影响最大，10.8% 的受访者认为施工单位受 BIM 技术影响最大，5.4% 的受访者认为咨询服务单位受 BIM 技术影响最大，也有 2.7% 的受访者认为设计单位受 BIM 技术影响最大。针对中介咨询企业而言，建设单位是其上游企业，施工单位是下游企业；针对建设单位、施工单位和中

介咨询企业进行分析，正是对受 BIM 技术影响最大参与方的分析，如图 2-7 所示。

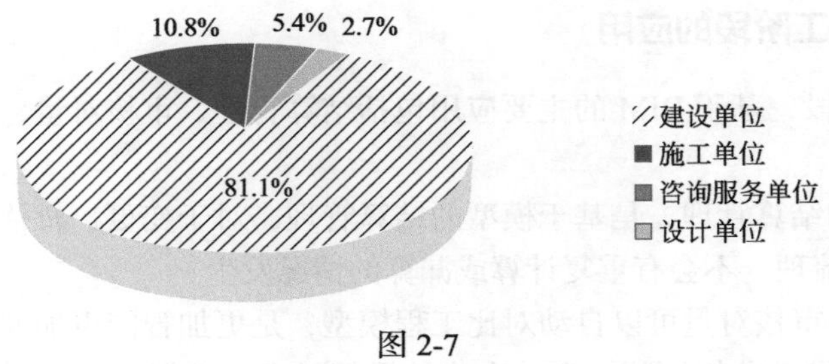

图 2-7

一、BIM 技术对建设单位的影响

根据调研数据，BIM 技术对建设单位产生的价值是最大的，也是 BIM 实施的主要推动力。BIM 技术的实施，使建设单位的管理能力得以提升，给建设单位也提出了更高的要求，因此对中介咨询单位和施工单位也相应提高了要求。

（一）BIM 技术给建设单位带来的机遇

决策阶段，BIM 技术有助于投资估算的编制、方案比选，使建设单位达到获取最高投资效益的目的；通过 BIM 技术提高设计管理水平，可以让建设项目准确定位、精细施工，取得预期的效益；基于 BIM 技术的造价管理可以明显改进成本管理的精细化程度，帮助建设单位提高项目管理水平并有助于建设单位的成本数据积累。

（二）BIM 技术给建设单位带来的挑战

BIM 技术作为一项新兴技术，它的应用必将造成成本增加，同时对人员管理提出更高的要求，同时对建设单位已有或拟建的 ERP 系统产生相应的影响。

（三）给建设单位的建议

调研数据显示，BIM 技术的应用给建设单位带来的效益是最明显的，因此建设单位应当克服困难、承担起社会责任，积极推广 BIM 技术的应用，良好的项目管理能力将给建设单位带来更高的效益。

二、BIM 技术对施工单位的影响

施工单位在 BIM 技术的应用中起步很早，在一些高、新、难的建设项目中已经有了很多成功的经验，在成本管理中应用程度不高，但 BIM 技术对于施工单位的价值同样很大。

（一）BIM 技术给施工单位带来的机遇

BIM 技术可帮助施工单位更加深入地了解拟投标项目，快速复核工程量和快速投标，从而帮助施工单位完成更具竞争力的理性投标；BIM 技术可以促进施工单位在计量支付环节的精准计量，摒弃原有粗放管理的方式；BIM 技术促进施工单位成本的精细化管理，做好每一项开源、节流工作。

（二）BIM 技术给施工单位带来的挑战

BIM 技术应用需要增加成本的支出，例如硬件投入、教育成本等；要求具有相应的能力以适应 BIM 技术实际应用中的要求；同时 BIM 技术的实施，将增加施工单位企业成本的透明程度，出现例如企业定额可能被公开、隐含利益可能被挤压等风险。

（三）给施工单位的建议

BIM 技术可以帮助施工单位进行精细化的施工和成本管理，给企业带来非常明显的效益。施工单位可以通过管理水平的提高提升效益，应尽快推广 BIM 技术在项目实施中的应用。

三、BIM 技术对中介咨询单位的影响

（一）BIM 技术给中介咨询单位带来的机遇

BIM 技术有助于中介咨询单位增强企业竞争力，例如提高企业承接业务的能力、提高服务水平、提高全过程造价管控能力等；BIM 技术有助于提高工作效率，节约人员成本；BIM 技术有助于中介咨询单位从传统造价管理模式向全过程造价管理模式转变；BIM 技术有助于中介咨询单位核心数据库的积累，也有助于中介咨询单位开拓新兴业务。

（二）BIM 技术给中介咨询单位带来的挑战

BIM 技术的实施使行业竞争更加激烈，可能导致咨询行业洗牌；中介咨询单位需要提高企业技术能力，例如 BIM 建模和应用能力；BIM 应用初期将增加企业的成本，如硬件投入和教育成本等。

在 BIM 技术为核心的信息技术支撑下，作为从业的各方主体，从业人员要以更积极的心态拥抱这种变革，借助 BIM 之势，明 BIM 建设之道，优 BIM 应用之术，提升企业竞争力，促进工程造价行业可持续的健康发展。

情境二
BIM 造价应用（基础篇）

第三章

BIM 钢筋算量软件案例实务

第一节　BIM 钢筋算量软件算量原理及操作流程

一、BIM 钢筋算量软件介绍及原理

（一）广联达 BIM 钢筋算量软件介绍

广联达 BIM 钢筋算量 2013 基于国家规范和平法标准图集，采用绘图方式，整体考虑构件之间的扣减关系，辅以表格输入，实现在招投标、施工过程提量和结算阶段钢筋工程量计算。GGJ 2013 自动考虑构件之间的关联和扣减，使用者只需要完成绘图即可实现钢筋量计算。内置计算规则并可修改，计算过程有据可依，便于查看和控制，软件还有助于学习和应用平法，降低了钢筋算量的难度。

广联达 BIM 钢筋算量 2013 新增 BIM 应用，通过导入 / 导出算量数据交换文件实现 BIM 算量；增加了“导入 BIM 模型”、“导出 BIM 文件（IGMS)”功能，可以将 Revit 软件建立的三维模型导入到 GGJ 2013 软件中进行算量。

（二）广联达 BIM 钢筋算量 2013 工作原理

广联达 BIM 钢筋算量 2013 工作原理如图 3-1 所示。

算量软件的实质是将钢筋的计算规则内置，通过建立工程、定义构件的钢筋信息、建立结构模型、钢筋工程量汇总计算，最终形成报表。将方法内置在软件中，过程可利用软件实现；依靠已有的计算扣减规则，利用计算机快速、完整地计算出所有的细部工程量。

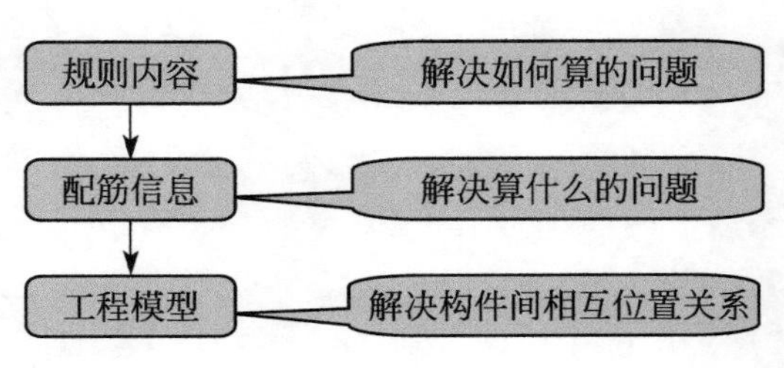

图 3-1

广联达钢筋算量软件能够智能导入结构设计软件 GICD 的 BIM 模型直接进行算量，打通从建筑设计 BIM 模型→结构受力分析模型→结构设计 BIM 模型 + 建筑设计 BIM 模型→算量 BIM 模型→现场施工翻样模型的 BIM 应用链。成倍提高算量效率，做到模型全生命周期应用、多业务协同。

钢筋的主要计算依据为《混凝土结构施工图

平面整体表示方法制图规则和构造详图（现浇混凝土框架、剪力墙、梁、板）》(16G101—1)、《混凝土结构施工图平面整体表示方法制图规则构造详图（现浇混凝土板式楼梯）》(16G101—2)、《混凝土结构施工图平面整体表示方法制图规和构造详图（独立基础、条形基础、筏板基础及桩承台）》(16G101—3)。

(三) 广联达 BIM 钢筋算量 2013 软件的特点

广联达 BIM 钢筋算量 2013 软件综合考虑了平法系列图集、结构设计规范、施工验收规范以及常见的钢筋施工工艺，能够满足不同的钢筋计算要求，不仅能够完整地计算工程的钢筋总量，而且能够根据工程要求按照结构类型、楼层、构件，汇总相应的钢筋明细量。

广联达 BIM 钢筋算量 2013 软件内置了平法系列图集、结构设计规范，综合了施工验收规范以及常见的钢筋施工工艺。内置的平法和规范，可根据用户需求自行设置和修改，满足多样的需求。

广联达 BIM 钢筋算量 2013 通过画图的方式，快速建立建筑物的计算模型，实现自动扣减，在计算过程中工程造价人员能够快速准确地计算和校对，算量过程可视，算量结果准确。

二、BIM 钢筋算量软件操作流程及要点

(一) 广联达 BIM 钢筋算量 2013 软件算钢筋的流程

1. 钢筋算量软件操作流程

新建工程→工程设置→楼层设置→绘图输入→单构件输入→汇总计算→报表打印。

2. 不同结构类型的绘制流程

砖混结构：砖墙→门窗洞→构造柱→圈梁。

框架结构：柱→梁→板→基础。

剪力墙结构：剪力墙→门窗洞→暗柱 / 端柱→暗梁 / 连梁。

框剪结构：柱→剪力墙板块→梁→板→砌体墙板块。

总的绘制顺序为：首层→地上→地下→基础。

(二) 广联达 BIM 钢筋算量 2013 软件学习注意事项

1. 计算影响因素

建筑工程钢筋的计算影响因素多，如图 3-2 所示。根据图 3-2 的分析，预算人员要求掌握《混凝土结构设计规范》和平法图集对构件的构造要求，能够解读个性化节点的钢筋布置，并在计算过程中自动考虑锚固及相关构件尺寸的关系。钢筋软件算量流程图见图 3-3。

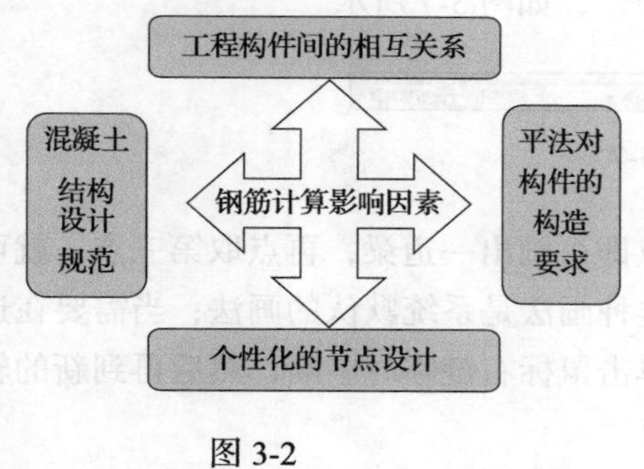

图 3-2

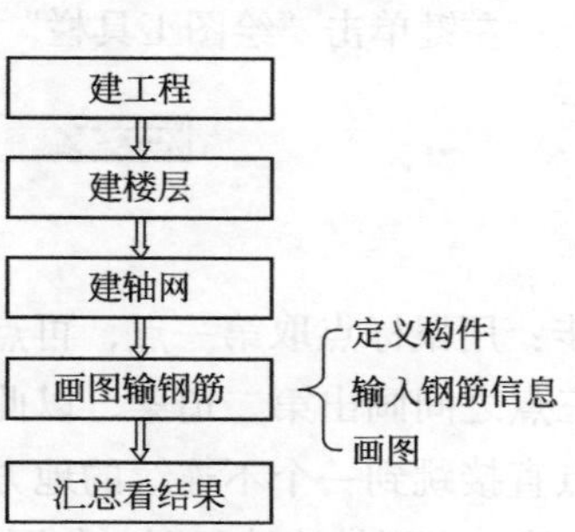

建工程
建楼层
建轴网
画图输钢筋
汇总看结果
定义构件
输入钢筋信息
画图

图 3-3

2. 软件学习的重点

广联达BIM钢筋算量2013软件主要是通过绘图输入建立模型的方式计算钢筋工程量，构件图元的绘制是软件使用中的重要部分。掌握绘图方式是学习软件算量的基础，下面概括介绍软件中构件的图元形式和常用的绘制方法。

（1）构件图元的分类　按照图元，工程实际中的构件可以划分为点状构件、线状构件和面状构件。点状构件包括柱、门窗洞口、独立基础、桩、桩承台等；线状图元包括梁、墙、条基等；面状构件包括现浇板、筏板等。不同形状的构件有不同的绘制方法。对于点式构件，主要是“点”画法；线状构件可以使用“直线”画法和“弧线”画法，也可以使用“矩形”画法在封闭局域内绘制；对于面状构件，可以采用直线绘制边线围城面状图元的画法，也可以采用弧线画法以及点画法。下面介绍最常用的“点”画法和“直线”画法。

（2）“点”画法和“直线”画法

①“点”画法　“点”画法适用于点式构件（例如柱）和部分面状构件（现浇板、筏板基础等），操作方法如下：

第一步：在“构件工具条”中选择一种已经定义的构件（见图3-4），如KZ1。

图3-4

第二步：在“绘图工具栏”选择“点”，如图3-5所示。

图3-5

第三步：在绘图区，鼠标左键单击一点作为构件的插入点，完成绘制。

注意：对于面状构件的点式绘制（现浇板、筏板基础等），必须在有其他构件（例如梁和墙）围成的封闭空间内才能进行点式绘制。

②“直线”画法　“直线”绘制主要用于线状构件（如梁和墙），当需要绘制一条或多条连续的直线时，可以采用绘制“直线”的方式。操作方法如下：

第一步：在“构件工具条”中选择一种已经定义的构件（见图3-6），如KL1。

图3-6

第二步：左键单击“绘图工具栏”中的“直线”，如图3-7所示。

图3-7

第三步：用鼠标点取第一点，再点取第二点即可画出一道梁，再点取第三点，就可以在第二点和第三点之间画出第二道梁，以此类推。这种画法是系统默认的画法；当需要在连续画的中间从一点直接跳到一个不连续的地方时，请单击鼠标右键临时中断，然后再到新的轴线交点上继续点取第一点开始连续画图，如图3-8所示。

使用直线绘制现浇板等面状图元时，采用与直线绘制梁相同的方法，不同的是要连续绘制，使绘制的线围成一个封闭的区域，形成一块面状图元，绘制结果如图 3-9 所示。

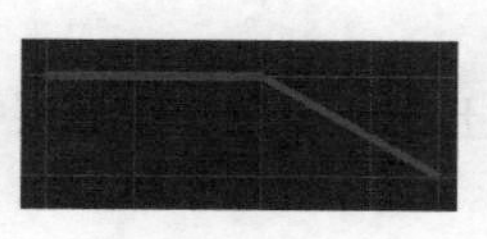

图 3-8

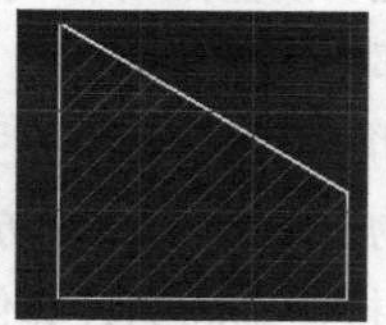

图 3-9

（3）软件学习要领

① 掌握节点设置、构件设置对钢筋计算的实质性影响；

② 完成构件的几何属性与空间属性定义或绘制；

③ 学习各类构件的配筋信息的输入格式及便捷方法；

④ 掌握个性化节点或构件的变通应用。

第二节 BIM 钢筋工程工程信息设置

一、钢筋算量案例工程图纸及业务分析

学习目标

学会分析图纸内容，提取钢筋算量关键信息。

学习要求

了解结构施工图的构成，具备结构施工图识图能力。

本教程配套图纸为《BIM 算量一图一练》专用宿舍楼案例工程，现浇混凝土框架结构，基础为钢筋混凝土独立基础。该宿舍楼总建筑面积 1675.62m^2，基地面积 810.4m^2。建筑高度 7.65m（按自然地坪计到结构屋面顶板），1～2 层为宿舍。钢筋工程量的计算主要依据结构施工图，而结构施工图大多由结构说明、基础平面图及基础详图、柱平面定位图、柱配筋表及节点详图、各层梁平法配筋图、各层楼板配筋平面图、楼梯配筋详图、节点详图等组成。下面就这些分类分别对其功能、特点逐一介绍。

（一）分析图纸业务分析

1. 结构设计总说明

（1）主要内容

① 工程概况：建筑物的位置、面积、层数、结构抗震类别、设防烈度、抗震等级、建筑物合理使用年限等。

② 工程地质情况：土质情况、地下水位等。

③ 设计依据。

④ 结构材料类型、规格、强度等级等。

⑤ 分类说明建筑物各部位设计要点、构造及注意事项等。

⑥ 需要说明的隐蔽部位的构造详图，如后浇带加强、洞口加强筋、锚拉筋、预埋件等。

⑦ 重要部位图例等。

（2）与钢筋工程量计算有关的信息

① 建筑物抗震等级、设防烈度、檐高、结构类型、混凝土强度等级、保护层等信息，作为计算钢筋的搭接、锚固的计算依据。

② 钢筋接头的设置要求，影响钢筋计算长度。

③ 砌体构造要求，包括构造柱、圈梁的设置位置及配筋、过梁的参考图集、砌体加固钢筋的设置要求或参考图集，作为计算圈梁、构造柱、过梁钢筋量计算的依据。

④ 其他文字性要求或详图，有时不在结构平面图纸中画出，但要应计算其工程量，例如现浇板分布钢筋，施工缝止水带，次梁加筋、吊筋，洞口加强筋，后浇带加强钢筋等。

2. 基础平面图及其详图

（1）基础详图情况，帮助理解基础构造，特别注意基础标高、厚度、形状等信息，了解在基础上生根的柱、墙等构件的标高及插筋情况。

（2）注意基础平面图及详图的设计说明，有些内容设计人员不再画在平面图上，而是以文字的形式表现，比如筏板厚度、筏板配筋、基础混凝土的特殊要求（如抗渗）等。

3. 柱子平面布置图及柱表

（1）对照柱子位置信息（*b* 边、*h* 边的偏心情况）及梁、板、建筑平面图墙体梁的位置，从而理解柱子作为支座类构件的准确位置，为以后计算梁、墙、板等钢筋工程量做准备。

（2）柱子不同标高部位的配筋及截面信息（常以柱表或平面标注的形式出现）。

（3）特别注意柱子生根部位及高度截止信息，为理解柱子高度信息做准备。

4. 梁平面布置图

（1）结合各层梁配筋图，了解各梁集中标注、原位标注信息。

（2）结合柱平面图、板平面图综合理解梁的位置信息。

（3）结合柱子位置，理解梁跨的信息，进一步理解主梁、次梁的概念及在计算工程量过程中的次序。

（4）注意图纸说明，捕捉关于次梁加筋、吊筋、构造钢筋的文字说明信息，防止漏项。

5. 板平面布置图

（1）结合图纸说明，了解不同板厚的位置信息、配筋信息。

（2）结合图纸说明，理解受力筋范围信息。

（3）结合图纸说明，理解负弯矩钢筋的范围及其分布筋信息。

（4）仔细阅读图纸说明，捕捉关于洞口加强筋、阳角加筋、温度筋等信息，防止漏项。

6. 楼梯结构详图

（1）结合建筑平面图，了解不同楼梯的位置。

（2）结合建筑立面图、剖面图，理解楼梯的使用性能。

（3）结合建筑楼梯详图及楼层的层高、标高等信息，理解不同踏步板的数量、休息平台、平台的标高及尺寸。

（4）结合图纸说明及相应踏步板的钢筋信息，理解楼梯钢筋的布置状况，注意分布筋的特殊要求。

（二）本章任务说明

后续章节任务实施均以案例图纸《BIM 算量一图一练》中专用宿舍楼案例工程的首层构件展开讲解，其他楼层请读者在通读本章之后自行完成。

（三）问题思考

请结合案例图纸思考以下问题：

（1）本工程结构类型是什么？

（2）本工程的抗震等级及设防烈度是多少？

（3）本工程不同位置混凝土构件的混凝土强度等级是多少？有无抗渗等特殊要求？

（4）本工程砌体的类型及砂浆强度等级是多少？

（5）本工程的钢筋保护层有什么特殊要求？

（6）本工程的钢筋接头及搭接有无特殊要求？

（7）本工程各构件的钢筋配置有什么要求？

（8）仔细阅读每张结构施工图，提取柱、梁、板、基础、楼梯等构件钢筋算量的关键信息。

二、BIM 钢筋工程工程信息设置

学习目标

能够用 BIM 算量软件完成任一工程的信息设置。

学习要求

了解工程图纸中哪些参数信息影响钢筋工程量的计算。

（一）任务说明

完成案例图纸中新建工程的各项设置。

（二）任务分析

新建工程前，要先分析图纸的结构说明，工程图纸设计所依据的图集年限，提取建筑物抗震等级、设防烈度、檐高、结构类型、混凝土强度等级、保护层、钢筋接头的设置要求等信息。

（三）任务实施

1. 新建工程

（1）双击桌面“广联达BIM钢筋算量软件”图标，启动软件后，点击“新建向导”，进入新建工程界面，输入工程名称，本工程名称为“专用宿舍楼”如图 3-10 所示。

（2）单击“下一步”，进入“工程信息”界面，如图 3-11 所示。

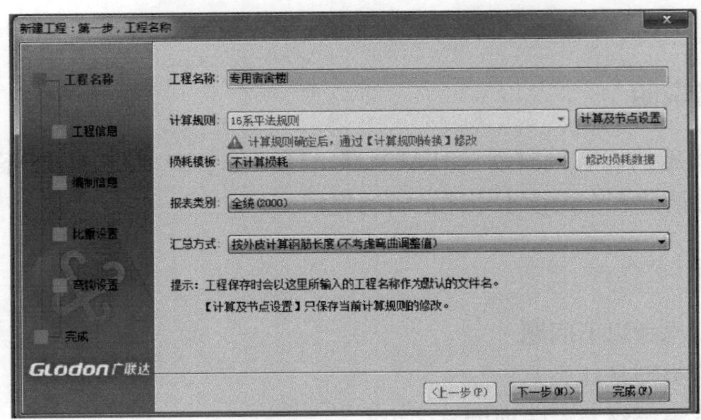

图 3-10

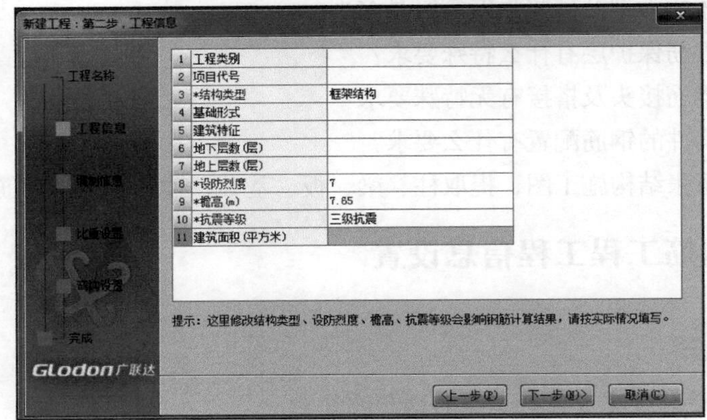

图 3-11

在工程信息中，抗震等级会影响钢筋的搭接和锚固，而结构类型、设防烈度、檐高决定建筑的抗震等级。因此，要根据实际工程的情况输入，且该内容会链接到报表中。

“《BIM 算量一图一练》专用宿舍楼”的相关信息如下：

① 结构类型：钢筋混凝土框架结构，依据结施 -01。

② 设防烈度：抗震设防烈度为 7 度，依据结施 -01。通俗地讲就是建筑物需要抵抗地震波对建筑物的破坏程度，要区别于地震震级。

③ 檐高：本建筑物檐口高度为 7.65m，依据建施 -01。

抗震等级：三级，依据结施 -01。工程信息中的抗震等级的确定是根据图纸中的抗震等级来输入的；抗震等级影响搭接和锚固的长度，抗震等级分为四级，一级抗震等级最高，接下来是二到四级，最后是非抗震。

（3）单击“下一步”，进入“编制信息”界面，如图 3-12 所示。根据实际情况填写，该内容也会链接到报表中。

（4）单击“下一步”，进入“比重设置”界面，对钢筋的比重进行设置，如图 3-13 所示。

比重设置对钢筋质量的计算是有影响的，需要准确设置。直径为 6mm 的钢筋，一般用直径为 6.5mm 的钢筋代替，即把直径为 6mm 的钢筋的比重修改为直径为 6.5mm 的钢筋比重，通过在表格中复制、粘贴可完成。

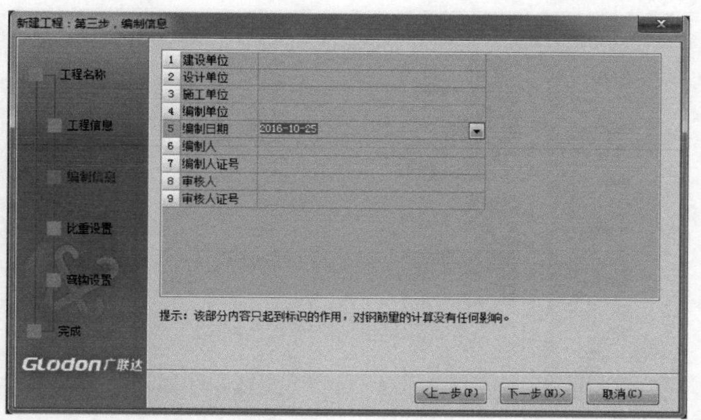

图 3-12

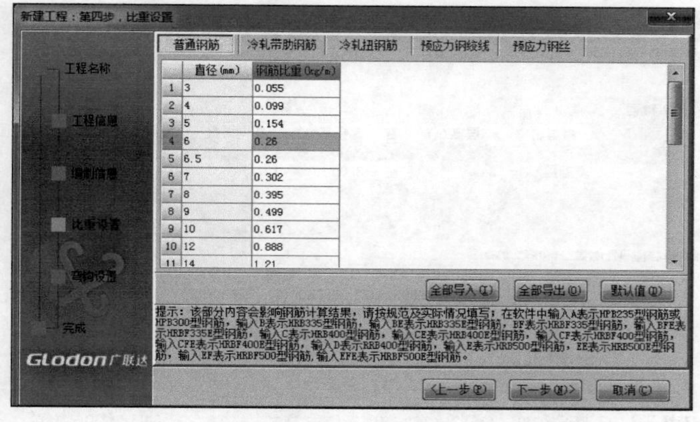

图 3-13

（5）单击“下一步”，进入“弯钩设置”界面，如图 3-14 所示可根据实际需求对弯钩进行设置。

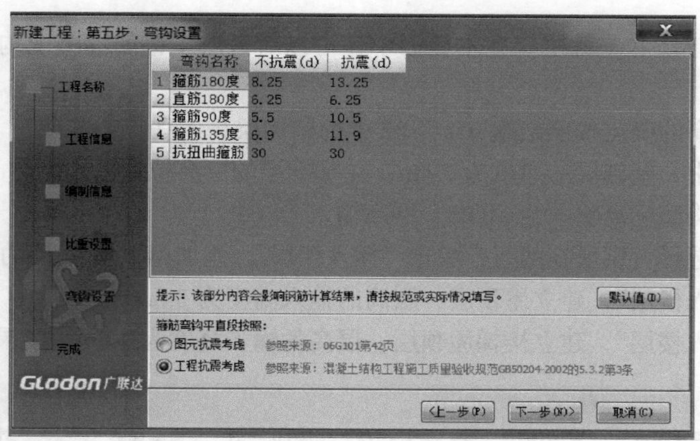

图 3-14

（6）单击“下一步”，前面输入的内容全部显示在窗口中，如图 3-15 所示。

（7）单击“完成”界面，完成新建工程。软件自动转到“楼层设置”界面，如图 3-16 所示。

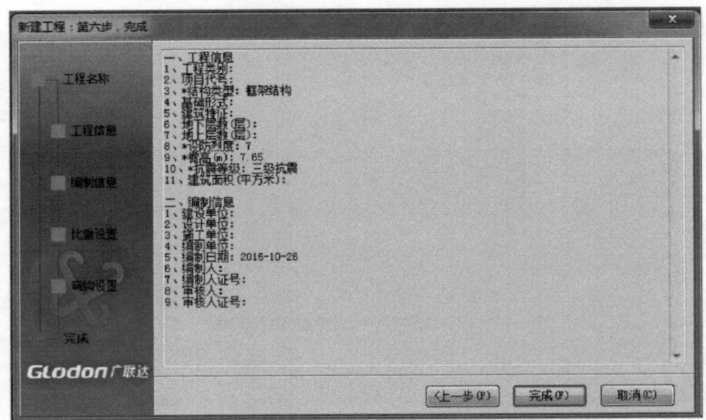

图 3-15

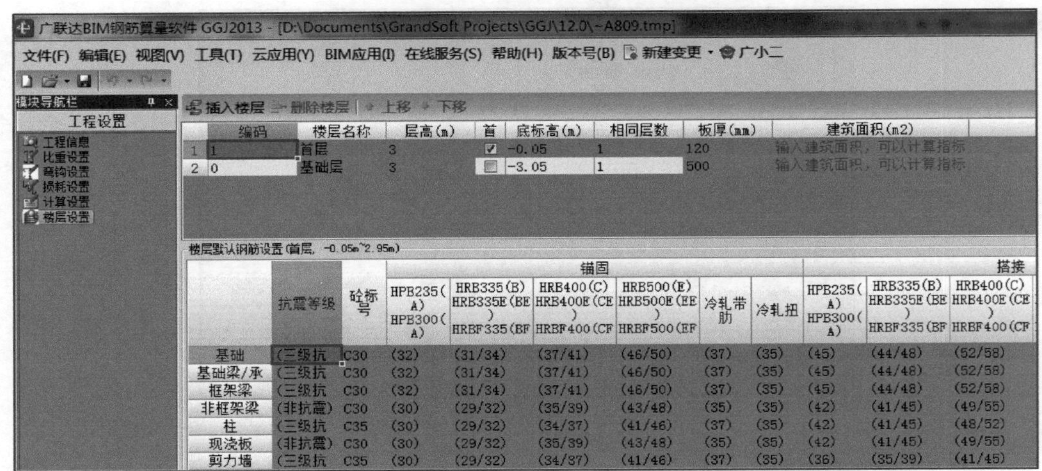

	编码	楼层名称	层高(m)	首	底标高(m)	相同层数	板厚(mm)	建筑面积(m2)
1	1	首层	3	☑	-0.05	1	120	输入建筑面积，可以计算指标
2	0	基础层	3	☐	-3.05	1	500	输入建筑面积，可以计算指标

	抗震等级	砼标号	锚固 HPB235(A) HPB300(A)	HRB335(B) HRB335E(BE) HRBF335(BF	HRB400(C) HRB400E(CE) HRBF400(CF	HRB500(E) HRB500E(EE) HRBF500(EF	冷轧带肋	冷轧扭	搭接 HPB235(A) HPB300(A)	HRB335(B) HRB335E(BE) HRBF335(BF	HRB400(C) HRB400E(CE) HRBF400(CF
基础	(三级抗	C30	(32)	(31/34)	(37/41)	(46/50)	(37)	(35)	(45)	(44/48)	(52/58)
基础梁/承	(三级抗	C30	(32)	(31/34)	(37/41)	(46/50)	(37)	(35)	(45)	(44/48)	(52/58)
框架梁	(三级抗	C30	(32)	(31/34)	(37/41)	(46/50)	(37)	(35)	(45)	(44/48)	(52/58)
非框架梁	(非抗震)	C30	(30)	(29/32)	(35/39)	(43/48)	(35)	(35)	(42)	(41/45)	(49/55)
柱	(三级抗	C35	(30)	(29/32)	(34/37)	(41/46)	(37)	(35)	(42)	(41/45)	(48/52)
现浇板	(非抗震)	C30	(30)	(29/32)	(35/39)	(43/48)	(35)	(35)	(42)	(41/45)	(49/55)
剪力墙	(三级抗	C35	(30)	(29/32)	(34/37)	(41/46)	(37)	(35)	(36)	(35/39)	(41/45)

图 3-16

2. 楼层管理

软件默认给出首层和基础层。在本界面中还可以对各层中钢筋混凝土构件中的钢筋锚固和搭接数据进行设置。

建立楼层，层高的确定按照结施 -01、-02 中的结构层高建立。

（1）在本工程中，基础层的厚度为 2.4m，在基础层的层高位置输入 2.4；

（2）首层的结构底标高输入为 –0.05，层高输入为 3.6；

（3）鼠标左键选择首层所在的行，单击“插入楼层”，添加第 2 层，2 层的输入高度为 3.65m；

（4）单击“插入楼层”，建立屋顶层，层高的输入高度为 3.6m；

（5）单击“插入楼层”，建立楼梯屋顶层，层高的输入高度为 3.6m，结果如图 3-17 所示。

插入楼层 删除楼层 上移 下移

	编码	楼层名称	层高(m)	首	底标高(m)	相同层数	板厚(mm)	建筑面积(m2)
1	4	楼梯屋顶层	3.6	☐	10.8	1	120	输入建筑面积，可以计算指标
2	3	屋顶层	3.6	☐	7.2	1	120	输入建筑面积，可以计算指标
3	2	二层	3.65	☐	3.55	1	120	输入建筑面积，可以计算指标
4	1	首层	3.6	☑	-0.05	1	120	输入建筑面积，可以计算指标
5	0	基础层	2.4	☐	-2.45	1	500	输入建筑面积，可以计算指标

图 3-17

注意：

① 基础层与首层楼层编码及其名称不能修改；

② 建立楼层必须连续；

③ 顶层必须单独定义（涉及屋面工程量的问题）；

④ 软件中的标准层指每一层的建筑部分相同、结构部分相同、每一道墙体的混凝土强度等、砂浆强度等级相同、每一层的层高相同。

3. 楼层缺省钢筋设置

根据结构设计说明，本工程混凝土强度等级基础垫层为 C15，基础、框架柱、结构梁板、楼梯为 C30，构造柱、过梁、圈梁为 C25，保护层厚度基础 50mm、柱 30mm、梁 25mm、板 15mm，首层设置如图 3-18 所示。

楼层默认钢筋设置(首层, -0.05m~3.55m)

	抗震等级	砼标号	锚固						搭接						保护层厚(mm)
			HPB235(A) HPB300(A)	HRB335(B) HRB335E(BE) HRBF335(BF) HRBF335E(BFE)	HRB400(C) HRB400E(CE) HRBF400(CF) HRBF400E(CFE) RRB400(D)	HRB500(E) HRB500E(EE) HRBF500(EF) HRBF500E(EFE)	冷轧带肋	冷轧扭	HPB235(A) HPB300(A)	HRB335(B) HRB335E(BE) HRBF335(BF) HRBF335E(BFE)	HRB400(C) HRB400E(CE) HRBF400(CF) HRBF400E(CFE) RRB400(D)	HRB500(E) HRB500E(EE) HRBF500(EF) HRBF500E(EFE)	冷轧带肋	冷轧扭	
基础	(三级抗震)	C30	(32)	(31/34)	(37/41)	(46/50)	(37)	(35)	(45)	(44/48)	(52/58)	(65/70)	(52)	(49)	50
基础梁/承台梁	(三级抗震)	C30	(32)	(31/34)	(37/41)	(46/50)	(37)	(35)	(45)	(44/48)	(52/58)	(65/70)	(52)	(49)	(40)
框架梁	(三级抗震)	C30	(32)	(31/34)	(37/41)	(46/50)	(37)	(35)	(45)	(44/48)	(52/58)	(65/70)	(52)	(49)	25
非框架梁	(非抗震)	C30	(30)	(29/32)	(35/39)	(43/48)	(35)	(35)	(42)	(41/45)	(49/55)	(61/68)	(49)	(49)	25
柱	(三级抗震)	C30	(32)	(31/34)	(37/41)	(46/50)	(37)	(35)	(45)	(44/48)	(52/58)	(65/70)	(52)	(49)	30
现浇板	(非抗震)	C30	(30)	(29/32)	(35/39)	(43/48)	(35)	(35)	(42)	(41/45)	(49/55)	(61/68)	(49)	(49)	(15)
剪力墙	(三级抗震)	C35	(30)	(29/32)	(34/37)	(41/46)	(37)	(35)	(36)	(35/39)	(41/45)	(50/56)	(45)	(42)	(15)
人防门框墙	(三级抗震)	C30	(32)	(31/34)	(37/41)	(46/50)	(37)	(35)	(45)	(44/48)	(52/58)	(65/70)	(52)	(49)	(15)
墙梁	(三级抗震)	C35	(30)	(29/32)	(34/37)	(41/46)	(37)	(35)	(42)	(41/45)	(48/52)	(58/65)	(52)	(49)	(20)
墙柱	(三级抗震)	C35	(30)	(29/32)	(34/37)	(41/46)	(37)	(35)	(42)	(41/45)	(48/52)	(58/65)	(52)	(49)	(20)
圈梁	(三级抗震)	C25	(36)	(35/39)	(42/47)	(51/56)	(42)	(40)	(51)	(49/55)	(59/66)	(72/79)	(59)	(56)	(25)
构造柱	(三级抗震)	C25	(36)	(35/39)	(42/47)	(51/56)	(42)	(40)	(51)	(49/55)	(59/66)	(72/79)	(59)	(56)	(25)
其它	(非抗震)	C15	(39)	(38/42)	(40/44)	(48/53)	(45)	(45)	(55)	(54/59)	(56/62)	(68/75)	(63)	(63)	(25)

图 3-18

（四）总结拓展

把“楼层缺省钢筋设置”中的内容“复制到其他楼层”，根据实际情况进行修改。需要注意的是，在楼层列表中选择哪一层，下面显示的就是该层的楼层钢筋缺省设置，不同的层对应不同的表。

（五）思考与练习

（1）对照图纸新建工程，思考哪些参数会影响到后期的计算结果。

（2）思考软件中计算设置的特点、意义及使用。

（3）对照图纸完成本工程的楼层设置。

第三节　BIM 钢筋工程构件绘图输入

一、轴网布置

（1）了解轴网的分类和建立方法；

（2）能够应用 BIM 算量软件定义不同类别的轴网。

学习要求

（1）掌握看图识别轴网的定位和分类的基本知识；

（2）能够快速地从图纸中读出最全的轴网信息。

（一）基础知识

1. 轴网介绍

轴网分直轴网、斜交轴网和弧线轴网。轴网由定位轴线（建筑结构中的墙或柱的中心线）、标致尺寸（用标注建筑物定位轴线之间的距离大小）和轴号组成。

轴网是建筑制图的主体框架，建筑物的主要支承构件按照轴网定位排列，达到井然有序。

2. 轴网绘制

（1）基本操作步骤　先分析图纸，确定轴网数据；定义轴网；绘制轴网。

（2）功能介绍　软件将轴网分为正交轴网、圆弧轴网和斜交轴网三种，根据轴线的形式不同，又分为轴网和辅助轴线两种类型。

（3）具体操作　在模块导航栏中“轴网”的定义界面下，点击“新建”按钮或者在空白处右键选择自己需要建立的轴网的种类；再在右边的属性编辑器中根据图纸输入对应的上开间、下开间、左进深和右进深的尺寸；定义完成后点击“绘图”按钮或者双击轴网名称进入绘图界面。

注意：绘制轴网时只在首层绘制，绘制完成后就会整栋楼层生成轴网。但是如果不同的楼层有部分的轴网不一致的话，则使用模块导航栏中的“辅助轴线(O)”来进行增加轴网需要偏移的尺寸。

（二）任务说明

本节的任务根据《BIM算量一图一练》专用宿舍楼案例工程在首层完成轴网的建立。

（三）任务分析

完成本任务需要分析轴网的特点，综合考虑如何建立轴网，确保轴网的全面。查看本工程的轴网可知，本工程的轴网为正交轴网，并且上下开间相同，左右进深相同，所有图纸的尺寸标注中建施-03“一层平面图”的轴距标注更全面，所以我们以建施-03作为建立轴网的依据。

（四）任务实施

1. 轴网的定义

（1）切换到“绘图输入”，软件默认为轴网定义界面或者点击“轴线”下的轴网。

（2）根据任务分析选择建施-03作为建立轴网的依据。

（3）单击“新建”，选择“新建正交轴网”，新建“轴网-1”。

（4）输入下开间。在“常用值”下面的列表中选择要输入的轴距，或者在“添加”按钮下的输入框输入相应的轴网间距；单击“添加”按钮或者点击回车键确定输入的数据，按照图纸以从左到右的顺序，下开间依次输入3600、3600、3600、3600、3600、3600、3600、3600、3600、3600、3600、3600、3600，结果如图3-19所示。

（5）输入上开间。鼠标选择“上开间”页签，切换到上开间的输入界面；按照同样的做法，在“常用值”下面的列表中选择（或在添加按钮下的输入框中输入）相应的轴网间距，单击“添

加”按钮；上开间依次输入为3600、3600、3600、3600、3600、3600、3600、3600、3600、3600、3600、3600、3600。

（6）输入左进深和右进深。鼠标单击“左进深”，切换到“左进深”的输入界面，按照图纸从下到上的顺序，依次输入左进深的轴距为1800、5400、2400、5400、1800。右进深同左进深的输入方法。

（7）右进深输入完成之后，绘制区域显示定义的轴网，如图3-20所示，轴网定义完成。

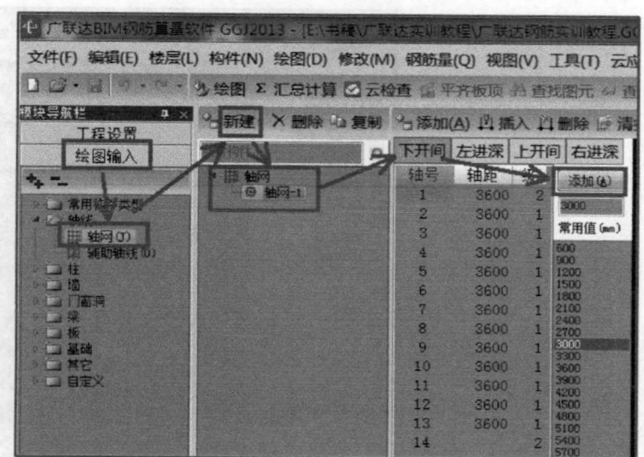

图3-19

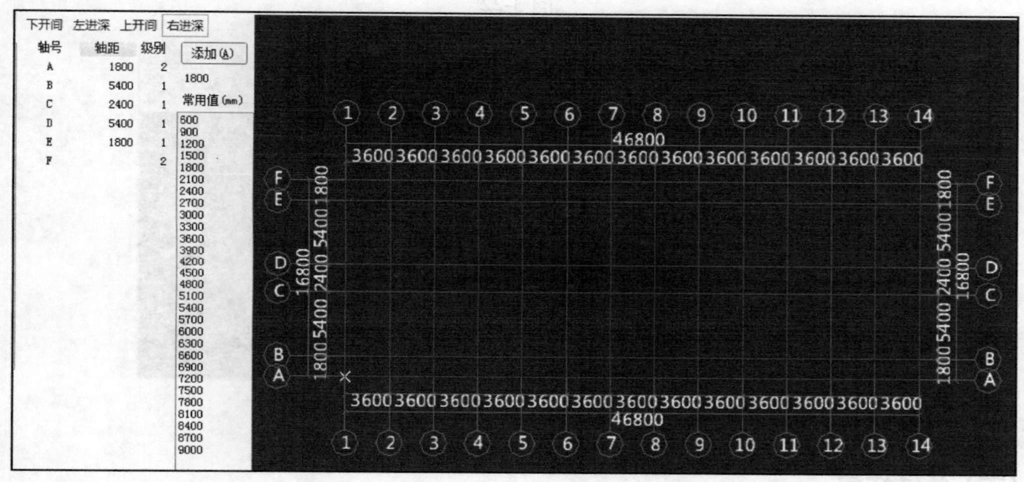

图3-20

知识拓展：① 在定义轴网的过程中，回车键执行的是确定的命令，所以在输入下开间、左进深、上开间和右进深的时候每选择一个对应的值后可以点击回车键确定。

② 在输入下开间、左进深、上开间和右进深的时候，如果有连续一样的间距（比如此案例中的下开间，有13个连续一样的间距），这种情况的话，在“添加”按钮下的输入框内输入“3600×13”点击回车键即可。

2. 轴网的绘制

（1）轴网定义完毕后，单击模块导航栏右上角的“绘图”按钮，切换到绘图界面。

（2）弹出“请输入角度”对话框（见图3-21），提示用户输入定义轴网需要旋转的角度。本工程轴网为水平竖直的正交轴网，旋转角度按软件默认输入为“0”即可。

（3）单击“确定”，绘图区显示轴网（图3-22），绘制完成。

（4）辅助轴网。在“绘图输入”定义下的模块导航栏中的“轴线”下点击到“辅助轴线”的界面，点击图元上方“平行”，然后点击要偏移的轴线（本工程中要偏移的是F轴的轴线即点击F轴的轴线即可），在弹出的对话框中“偏移距离”输入600（注意：向上、向右偏移时输入正值，向下、向左偏移时输入负值），“轴号”输入1/F（也可以为空），点击“确定”即可，如图3-23所示。

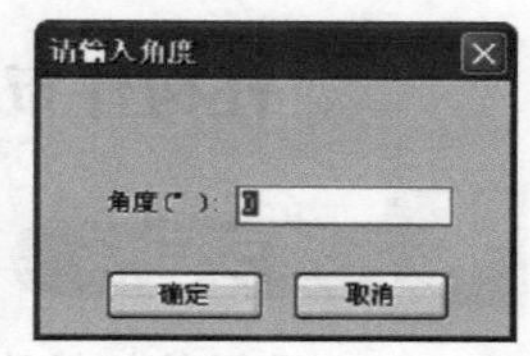

图3-21

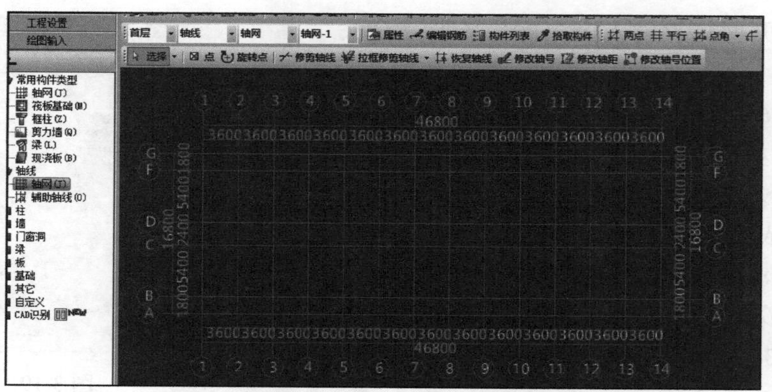

图 3-22

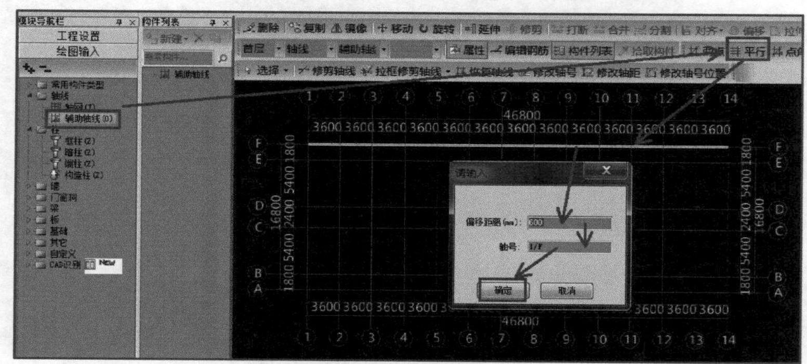

图 3-23

（五）总结拓展

（1）设置轴网的插入点　轴网的绘制，可以针对插入点进行设置，使用轴网定义界面的“设置插入点”功能，选择轴网中的某一点为绘制时的插入点，单击要选择的插入点即可。

（2）“旋转点”绘制轴网　如果轴网的方向与定义时的方向不同，需要做调整旋转时，可以使用“旋转点”绘制方法。要注意角度的偏移用“Shift+ 左键”。

（3）当工程轴网比较复杂、直接建立一个轴网不能满足实际工程的需要时　还可分别建立多个轴网，然后在绘图时进行拼接，可以做到对复杂轴网的建立。

（六）练习与思考

（1）对照图纸，完成本工程轴网的绘制。

（2）讨论弧形轴网的定义及绘制方法。

（3）思考拼接轴网的绘制方法。

二、柱构件布置

（1）了解柱钢筋的类型及计算规则；

（2）能够应用造价软件定义各种柱的属性并绘制柱，准确计算柱钢筋工程量。

（1）具备相应柱钢筋平法知识；

（2）能读懂柱结构平面图。

（一）基础知识

1. 相关平法知识

柱类型有框架柱、框支柱、芯柱、梁上柱、剪力墙柱等。从形状上可分为圆形柱、矩形柱、异形柱等。柱钢筋的平法表示有两种，一是列表注写方式，二是截面注写方式。

（1）列表注写　在柱表中注写柱编号、柱段起始标高、几何尺寸（含柱截面对轴线的偏心情况）与配筋信息、箍筋信息，如图 3-24 所示。

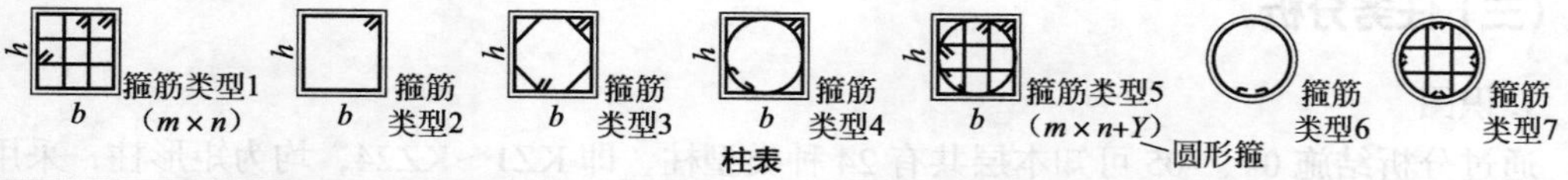

箍筋类型1 (m×n)　箍筋类型2　箍筋类型3　箍筋类型4　箍筋类型5 (m×n+Y)　圆形箍　箍筋类型6　箍筋类型7

柱表

柱号	标高/m	b×h/mm（圆柱直径D）	b_1/mm	b_2/mm	h_1/mm	h_2/mm	全部纵筋	角筋	b边一侧中部筋	h边一侧中部筋	箍筋类型号	箍筋	备注
KZ1	−0.030～19.470	750×700	375	375	150	550	24Φ25				1(5×4)	Φ10@100/200	
	19.470～37.470	650×600	325	325	150	450		4Φ22	5Φ22	4Φ20	1(4×4)	Φ10@100/200	
	37.470～59.070	550×500	275	275	150	350		4Φ22	5Φ22	4Φ20	1(4×4)	Φ8@100/200	
XZ1	−0.030～8.670						8Φ25				按标准构造详图	Φ10@100	③×Ⓑ轴KZ1中设置

图 3-24

（2）截面注写　在同一编号的柱中选择一个截面，以直接注写截面尺寸、柱纵筋和箍筋信息如图 3-25 所示。

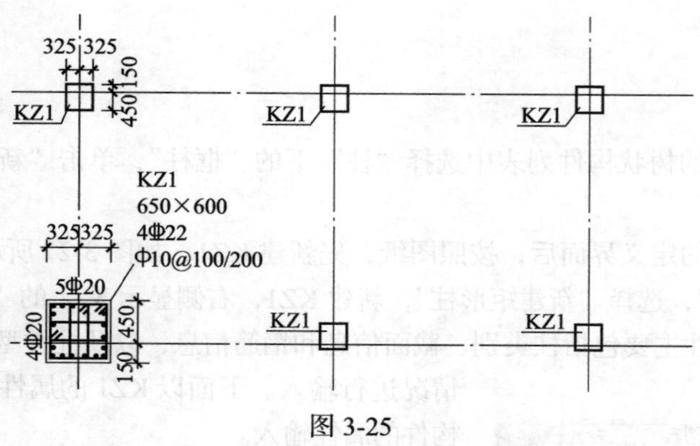

图 3-25

2. 软件功能介绍

（1）操作基本步骤　先进行构件定义，编辑属性，然后绘制构件，最后汇总计算得出相应工程量。

（2）功能介绍　软件将柱分为框柱、暗柱、端柱、构造柱四种，根据截面形状的不同又将上述四种柱分为矩形、圆形、异形、参数化四种。具体操作在模块导航栏中根据工程实际情况选择框柱、暗柱、端柱、构造柱其中的一种进行新建，可单击 新建 按钮或右击新建，然后在右边的属性编辑器根据图纸的实际情况输入柱的截面尺寸、柱纵筋、箍筋、类型等信息，如是异形柱需要通过 多边形编辑器 或 从CAD选择截面图 进行绘制，异形柱钢筋信息一般需要通过截面编辑手动布置，不能简单地在构件属性器中输入钢筋信息。属性定义完成后双击柱名称回到绘图界面进行柱的绘制，柱的绘制方式有 点 旋转点 智能布置 三种，根据实际情况任选其中一种，但要注意，如果柱的中心点不在轴线与轴线交点上，可通过 Shift+ 左键、 对齐 、 批量查改标注 三种方法进行准确定位，如果是参数化柱或异形柱还可以通过 调整柱端头 准确定位。所有柱绘制完成后，点击 汇总计算 ，软件会自动计算柱钢筋工程量。计算完成后可通过 查看钢筋量 或报表预览进行柱钢筋工程量的查询。

（二）任务说明

本节的任务是完成首层柱的钢筋工程量的计算（不包括构造柱）。

（三）任务分析

1. 识图

通过分析结施 04、-05 可知本层共有 24 种类型柱，即 KZ1～KZ24，均为矩形柱，采用的是列表注写方式。

2. 首层柱钢筋的计算

柱钢筋工程量需要计算的是纵筋和箍筋。纵筋工程量跟纵筋根数、钢筋直径、连接方式、节点锚固有关，纵筋根数、钢筋直径可通过结施 -05 柱表获取；连接方式根据结施 -02，梁柱纵筋优先采用机械连接，因此本工程柱纵筋考虑采用机械连接；本工程涉及的节点锚固主要有两处，一是柱插筋在基础处的锚固，二是顶层节点锚固。前者根据 16G101-3 第 66 页规定执行，后者根据 16G101-1 第 67～68 页设置。箍筋工程量跟箍筋直径和根数有关，而箍筋的根数又跟箍筋间距及柱构件抗震等级有关，根据图纸结构设计说明，本工程抗震等级为三级，按 16G101-1 第 70 页执行。

（四）任务实施

1. 直接定义柱

（1）在绘图输入的树状构件列表中选择“柱”下的“框柱”，单击“新建”按钮，如图 3-26 所示。

（2）进入框架柱的定义界面后，按照图纸，先新建 KZ1，如图 3-27 所示。

（3）单击“新建”，选择“新建矩形柱”，新建 KZ1，右侧显示 KZ1 的“属性编辑”供用户输入柱的信息。柱的属性主要包括柱类别、截面信息和钢筋信息，以及柱类型等，需要按图纸实际情况进行输入。下面以 KZ1 的属性输入为例，来介绍柱构件的属性输入。

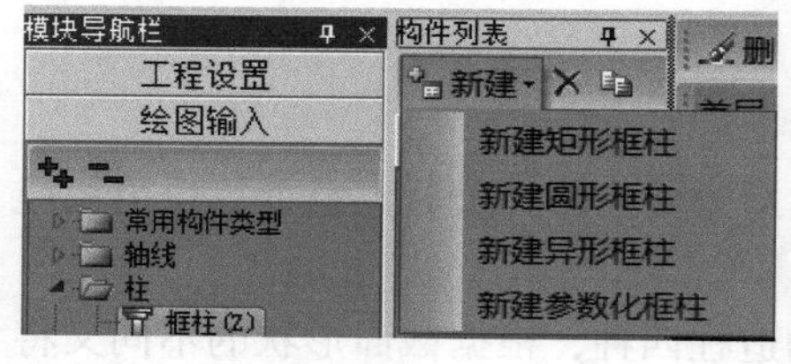

图 3-26

2. 属性编辑

名称：软件默认 KZ1、KZ2 顺序生成，可根据图纸实际情况，手动修改名称。此处按默认名称 KZ1 即可。

类别：柱的类别有框架柱、框支柱、暗柱和端柱几种。不同类别的柱在计算的时候会采用不同的规则需要

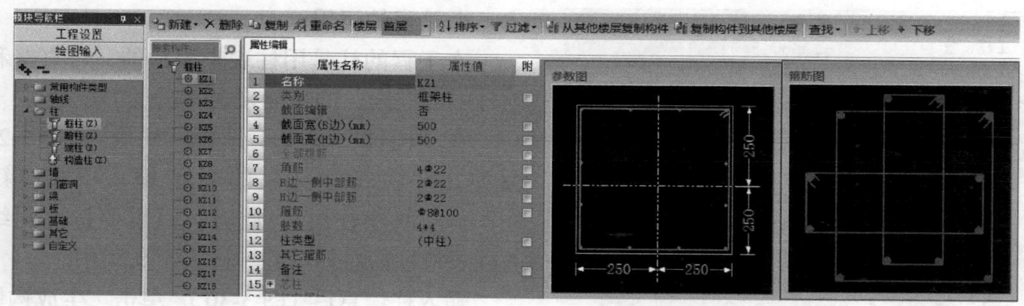

图 3-27

对应图纸准确设置。对于 KZ1，在下拉框中选择“框架柱”类别。

截面高和截面宽：按图纸输入“500”、“500”。

全部纵筋：输入柱的全部纵筋，该项“角筋”、“*B* 边一侧中部筋”、“*H* 边一侧中部筋”均为空时才允许输入，不允许和这三项同时输入。

角筋：输入柱的角筋，按照柱表，KZ1 此处输入“4C22”。

B 边一侧中部筋：输入柱的 *B* 边一侧中部筋，按照柱表，KZ1 此处输入“2C22”。

H 边一侧中部筋：输入柱的 *H* 边一侧中部筋，按照柱表，KZ1 此处输入“2C22”。

箍筋：输入柱的箍筋信息，按照柱表，KZ1 此处输入“C8@100”。

肢数：输入柱的箍筋肢数，按照柱表，KZ1 此处输入“4 × 4”。

柱类型：柱类型分为中柱、边柱和角柱，对顶层柱的顶部锚固和弯折有影响，直接关系到计算结果。中间层均按中柱计算。在进行柱定义时，不用修改，在顶层绘制完柱后，使用软件提供的“自动判断边角柱”功能来判断柱的类型。

其他箍筋：如果柱中有何与参数不同的箍筋或者拉筋，可以在“其他箍筋”中输入。新建箍筋，输入参数和钢筋信息来计算钢筋量，本构件没有则不输入。

附加：是指列在每个构件属性的后面显示可选择的方框，被勾选的项将被附加到构件名称后面，方便用户查找和使用。例如 KZ1 的截面高和截面宽勾选上，KZ1 的名称就显示为“ KZ1 500 × 500”。

3. 新建 TZ

以一号楼梯 TZ1 为例，其详细信息见图纸结施 -12，其属性编辑如图 3-28 所示。（TZ1 为梁上柱，由于软件中为设置这种类型，案例中定义为框架柱）。

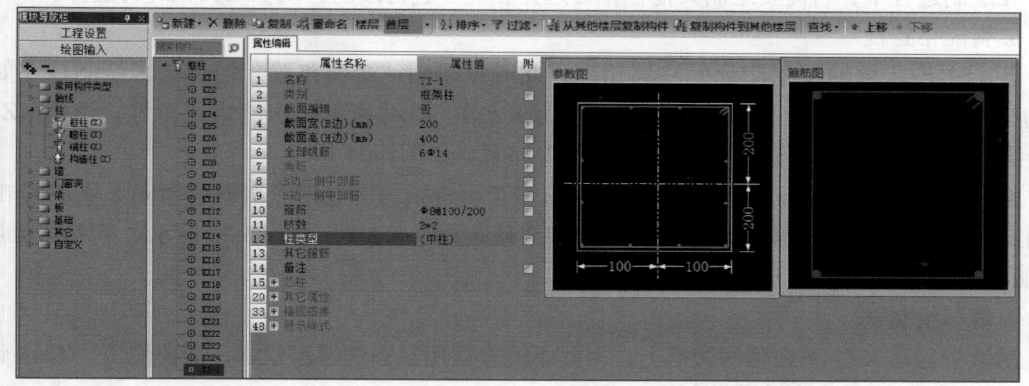

图 3-28

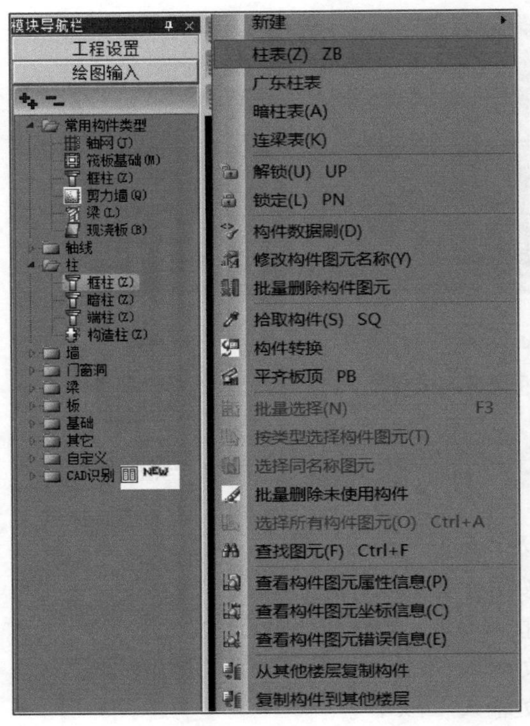

图 3-29

4. 柱表的运用

本工程的柱是用柱表来表示的，可直接利用软件中“柱表”的功能来定义。

在“构件”菜单下选择“柱表”（图 3-29），会弹出“柱表定义”的对话框，单击“新建柱”→“新建柱层”，此时，只需要按照图纸中的柱表将柱信息抄写到“柱表定义”中。

输入柱信息后（图 3-30），单击“生成构件”，软件自动在对应的层新建柱构件，即通过“柱表”完成的定义。图中所示为 KZ1 的定义，在柱表定义对话框中可以同时将所有柱子一次定义完成，需要绘制时选择即可。

5. 绘制柱

框架柱 KZ1 定义完毕后，单击“绘图”按钮，切换到绘图界面。

“定义”和“绘图”之间的切换有以下几种方法：

① 单击“定义/绘图”按钮切换。

② 在“构件列表区”双击鼠标左键，定义界面切换到绘图界面。

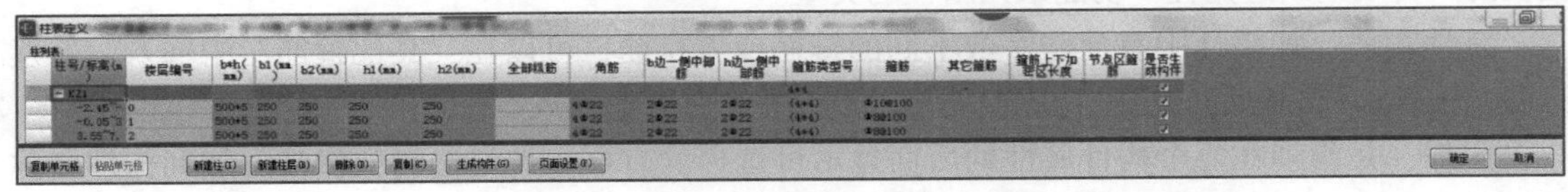

图 3-30

③ 双击左侧的树状构件列表中的构建名称，如“柱”，进行切换。

切换到绘图界面后，软件默认的是“点”画法，鼠标左键选择①轴和Ⓐ轴的交点，绘制 KZ1。“点”绘制是柱最常用的绘制方法，采用同样的方法可绘制其他名称为 KZ1 的柱。

在绘制过程中，若需要绘制其他柱，可选择相应柱进行绘制，或在工具栏进行选择。

6. 智能布置柱

若图中某区域轴线相交处的柱都相同，此时可采用“智能布置”的方法来绘制柱。如结施 -04 中，⑤、⑦、⑨轴与Ⓐ轴的交点处都为 KZ10，即可利用此功能快速布置，选择 KZ10，单击绘图工具栏“智能布置”，选择按“轴线”布置，如图 3-31 所示。

然后，在图框选要布置柱的范围（如果有多个不连续的区域则依次框选相应区域），单击右键确定，则软件自动在所有范围内所有轴线相交处布置上 KZ10，如图 3-32 所示。单击右键退出“智能布置绘图方式。”

7. 偏移绘制柱

图纸中显示 KZ1 不在轴网交点上，因此不能直接用鼠标选择点绘制，需要使用“ Shift 键 + 鼠标左键”相对于基准点偏移绘制。

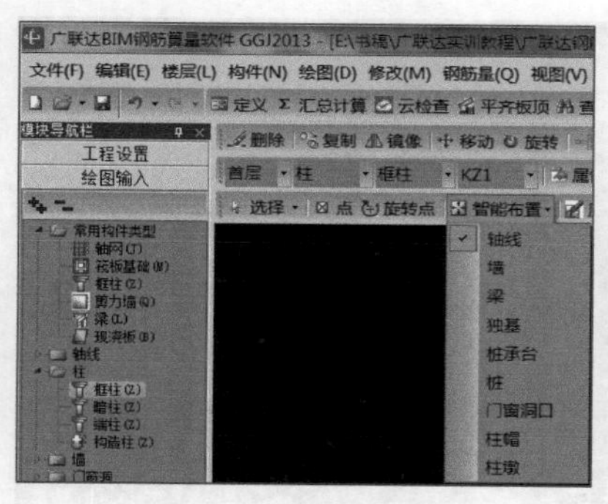

图 3-31

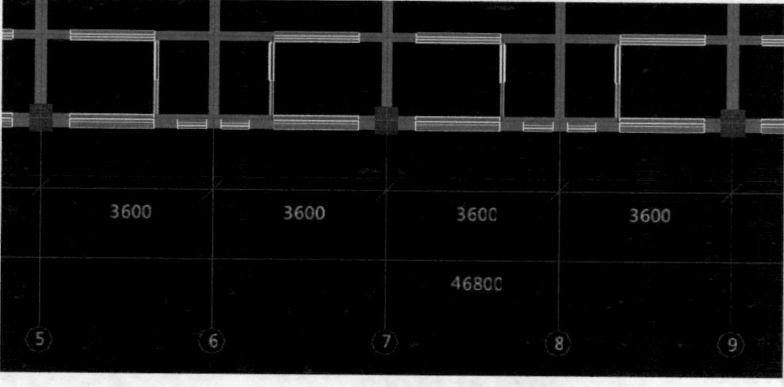

图 3-32

把鼠标放在①轴和Ⓐ轴的交点处，显示为 ✚；同时按下键盘上的“Shift”键和鼠标左键，弹出“输入偏移量”对话框。

由图纸可知，KZ1 的中心相对于Ⓐ轴与①轴交点向下偏移 150mm，向左偏移为 100mm，故在对话框中输入“X=–100”，“Y=–150”，表示水平方向向左偏移 100mm，竖直方向向下偏移 150mm。

X 输入为正时表示相对于基准点向右偏移，输入为负表示相对于基准点向左偏移；*Y* 输入为正时表示相对于基准点向上偏移，输入为负表示相对于基准点向下偏移，如图 3-33 所示。

单击“确定”按钮，就绘制上了 KZ1，如图 3-34 所示。

图 3-33

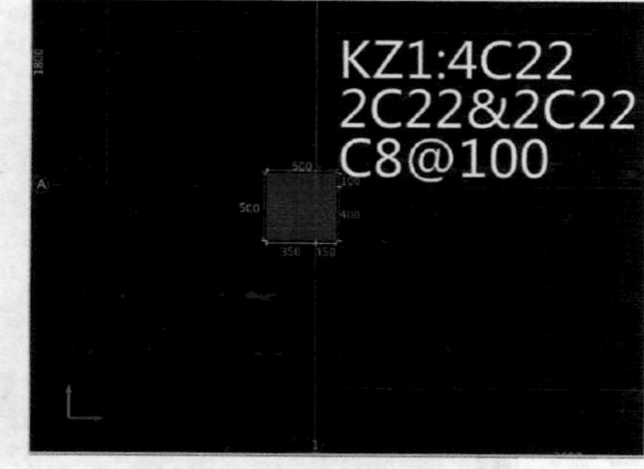

图 3-34

8. 镜像

分析结施 -04 的柱平面图，发现首层一部分柱是对称分布的，此时可以使用“修改”菜单下“工具栏”或“右键快捷菜单”的“镜像”功能来进行对称复制，能成倍的提高工作效率。例如Ⓕ轴与②、③轴上的 KZ6 与Ⓕ轴与 ⑫、⑬ 轴上的 KZ6 是完全对称的，这时便可使用镜像功能快速复制。选择两个框柱 KZ6，然后运行“镜像”功能，利用鼠标选择两个点对称轴，单击右键确定，即可通过“镜像”达到快速复制的操作，如图 3-35 与图 3-36 所示。

在实际做工程时，应先分析图纸，找出图纸的特点，然后灵活运用软件的功能，就可以大大提高工作效率。

9. 工程量参考

（1）KZ1 的钢筋计算明细，如图 3-37 所示。

按上述步骤，完成首层其他框柱、梯柱的定义及绘制，最终结果如图 3-38 所示。

图 3-35

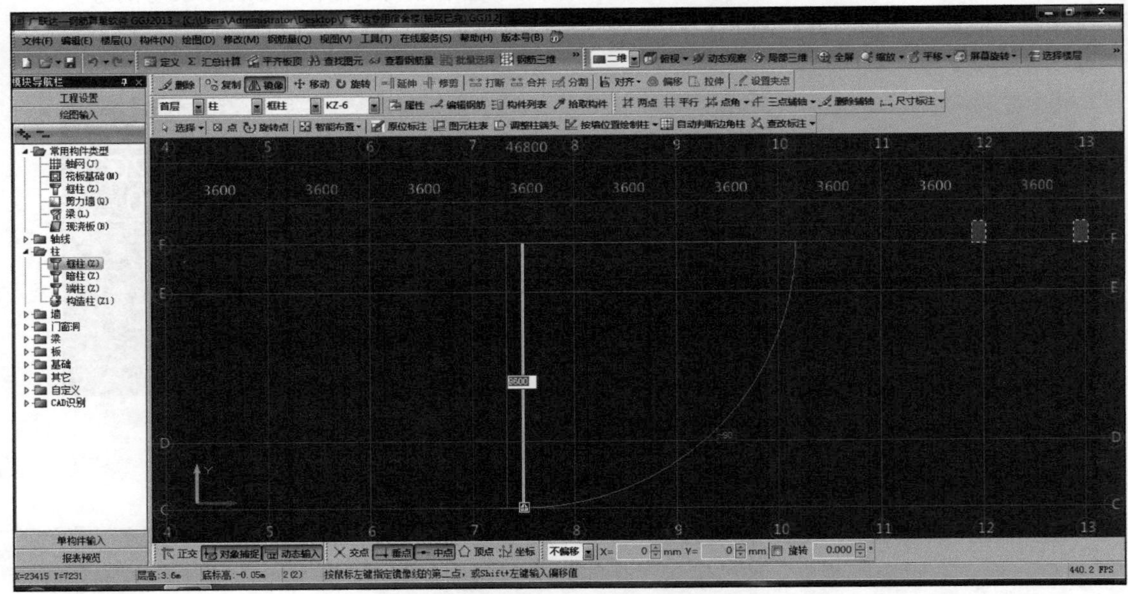

图 3-36

钢筋总重量（Kg）：197.494					
	构件名称	钢筋总重量（Kg）	HRB400		
			8	22	合计
1	KZ1[35]	197.494	69.83	127.663	197.494
2	合计	197.494	69.83	127.663	197.494

图 3-37

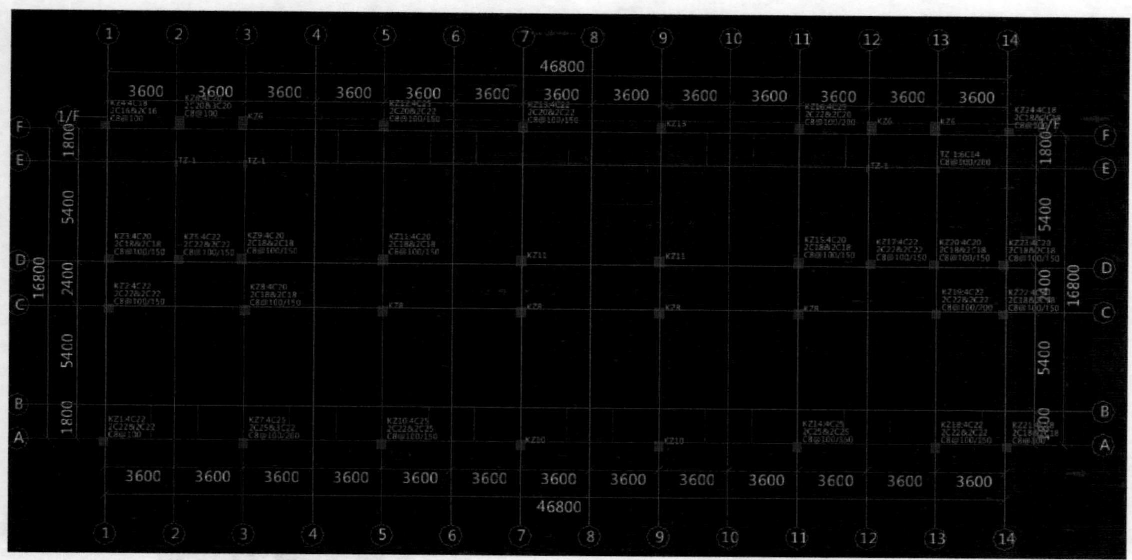

图 3-38

（2）首层所有的框架柱的钢筋工程量统计表（点击软件导航栏“报表预览”，再点击“构件汇总信息明细表”）如图 3-39 所示（注意：此值亦非最终值）。

构件汇总信息明细表(包含措施筋)

工程名称：专用宿舍楼　　编制日期：2016-09-28　　单位：kg

汇总信息	汇总信息钢筋总重kg	构件名称	构件数量	HRB400
楼层名称：首层（绘图输入）				6512.872
柱	6512.872	KZ4[0]	1	143.369
		KZ6[1]	4	884.666
		KZ12[3]	1	192.977
		KZ13[4]	2	360.924
		KZ16[6]	1	184.677
		KZ24[9]	1	155.364
		KZ3[10]	1	147.078
		KZ5[11]	1	182.395
		KZ9[12]	1	155.085
		KZ11[13]	3	465.254
		KZ15[16]	1	155.085
		KZ17[17]	1	182.395
		KZ20[18]	1	147.078
		KZ23[19]	1	147.078
		KZ2[20]	1	182.395
		KZ8[21]	5	775.424
		KZ19[26]	1	174.846
		KZ22[27]	1	147.078
		KZ7[28]	1	227.3
		KZ10[29]	3	638.051
		KZ14[32]	1	225.107
		KZ18[33]	1	187.745
		KZ21[34]	1	155.364
		KZ1[35]	1	197.494
		TZ-1[67]	4	98.643
		合计		6512.872

图 3-39

（五）总结拓展

1. 归纳总结

（1）框架柱的绘制主要使用“点”绘制。如果有相对于轴线偏心的柱，则可以使用以下两种方法进行偏心的设置和修改。

① 如 KZ1 可使用柱“属性编辑”中的“参数图”(图 3-40)，进行偏心的设置，再绘制到图上。

② 也可绘制完图元后，选中图元，使用“绘图”菜单中的“查改标注”来修改偏心。具体操作请参考软件内置的《文字帮助》中的相关内容，如图 3-41 所示。

(2)“构件列表”功能：绘图时，如果有多个构件，可以通过“构件工具条”选择构件，也可以通过“视图”菜单下的“构建列表”来显示所有的构件，方便绘图时选择使用，如图 3-42 所示。

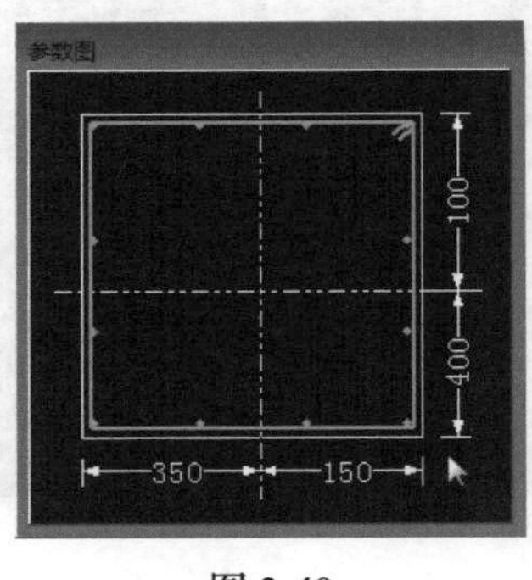

图 3-40

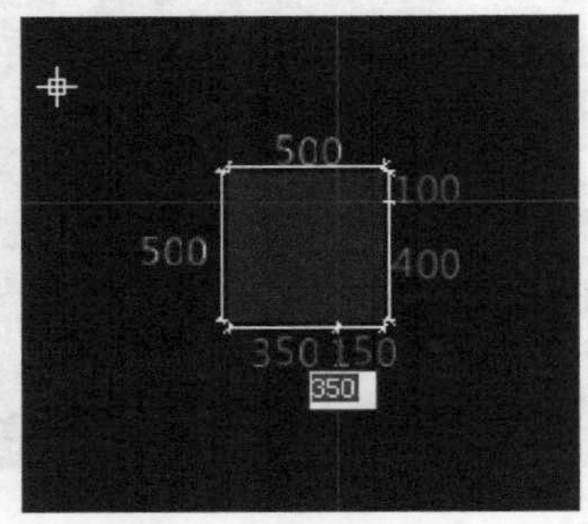

图 3-41

(3) 如果需要修改已经绘制的图元的名称，可以采用以下两种方法：

①“修改构件图元名称”功能　如果需要把一个构件的名称替换为另外的名称，例如要把 KZ6 修改为 KZ1，可以使用“构件”菜单下的“修改构件图元名称”功能，具体操作请参照软件内置的《文件帮助》。

② 选中图元，点开图元属性框，在弹出的“属性编辑器”对话框中显示图元的属性，点开下拉名称列表，选择需要的名称，如图 3-43 所示。

图 3-42

(4)“构件图元名称显示”功能：柱构件绘制到图上后，如果需要在图上显示图元名称，可以使用“视图”菜单下的“构件图元显示设置”功能，在图上显示图元的名称，方便查看和修改。

（5）柱的属性中有标高的设置，包括底标高和顶标高，软件默认竖向构件的标高是层底标高和层顶标高，用户可以根据实际情况修改构件或者图元的标高。

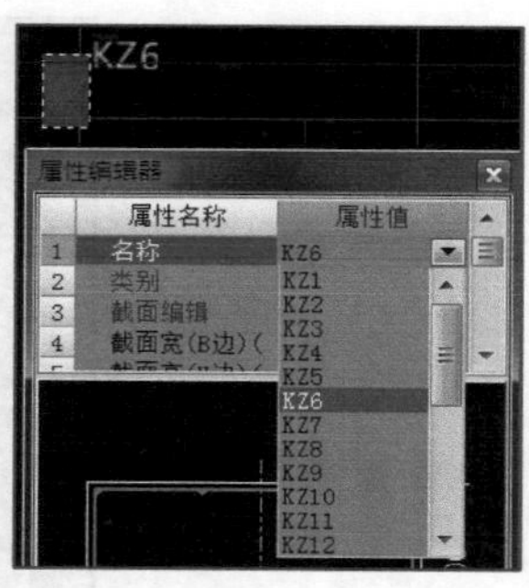

图 3-43

（6）在构件属性中的“其他箍筋”部分，除了可以输入箍筋外，还可以输入其他各种形式的钢筋，供用户根据实际情况添加，具体输入方法如下：

在“其他箍筋”属性值框中单击鼠标左键，出现 … 按钮，点击此按钮，出现“其他箍筋类型设置”对话框，如图 3-44 所示。点击“新建”按钮就可以在系统图库中选择需要的钢筋形状了。

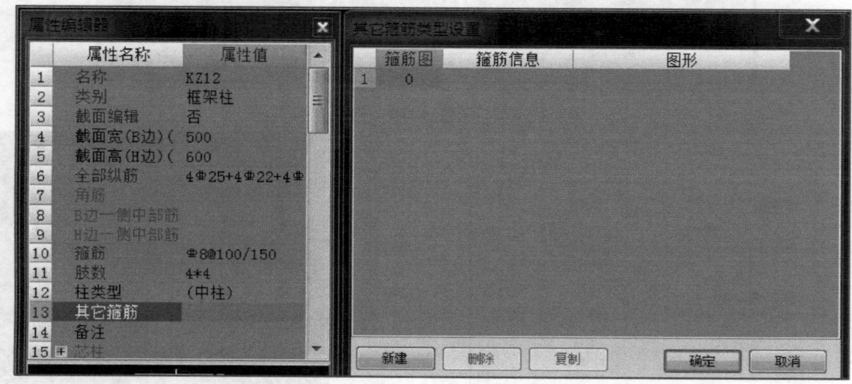

图 3-44

2. 拓展延伸

（1）参数化柱　一般暗柱参数化形状较多，假设如图 3-45 所示暗柱 GJZ1，在绘图输入的树状构件列表中选择“柱”下的“暗柱”，单击“新建”按钮，选择参数化暗柱。软件参数化提供了 L 形、T 形、十字形、一字形、Z 形柱、端柱、其他七种柱，由案例信息可知，应选择 L-a 形，修改属性值（图 3-46），通过分析其配筋情况属性定义如图 3-47 所示以标高（-0.100 ～ 7.700 为例），最后根据工程实际情况具体布置即可。

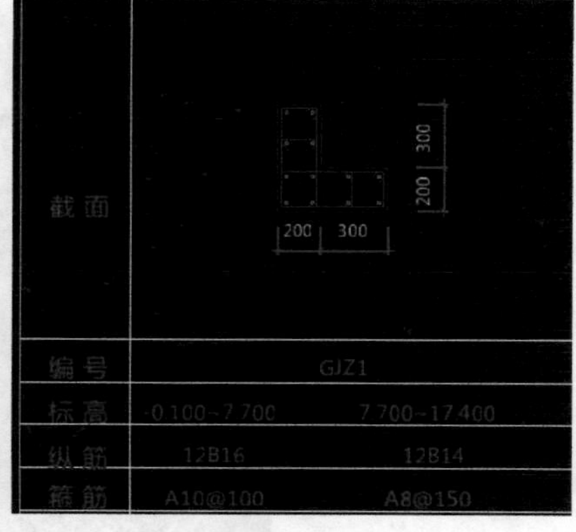

图 3-45

（2）异形柱　以如图 3-48 所示的柱为例：在绘图输入的树状构件列表中选择“柱”下的“端柱”，单击“新建”按钮，选择异形端柱。进入异形柱编辑界面，如图 3-49 所示，点击定义网格按钮 定义网格，弹出定义对话框，进行网格定义如图 3-50 所示；网格定义好后通过“画直线”、“画弧”两者结合编辑出案例截面如图 3-51 所示；单击确定，进入配筋信息输入（声明：先全部纵筋直径按 16mm 布置，布置好再进行纵筋信息的修改）。先布置角筋，在钢筋信息中输入角筋信息 1B16，单击鼠标右键生成角筋。再布置边筋，在钢筋信息中输入边筋信息 4B16，使用鼠标选择角筋之间的圆弧联系单击左键生成边筋，依次类推，布置其他边筋；全部布置好后，拉框选择圆形箍筋部分的纵筋，点击鼠标右键修改纵筋信息为 B20 即可；最后

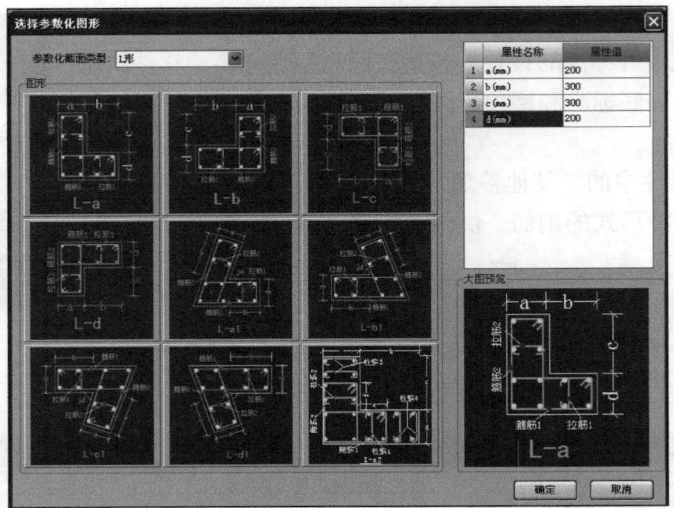

图 3-46

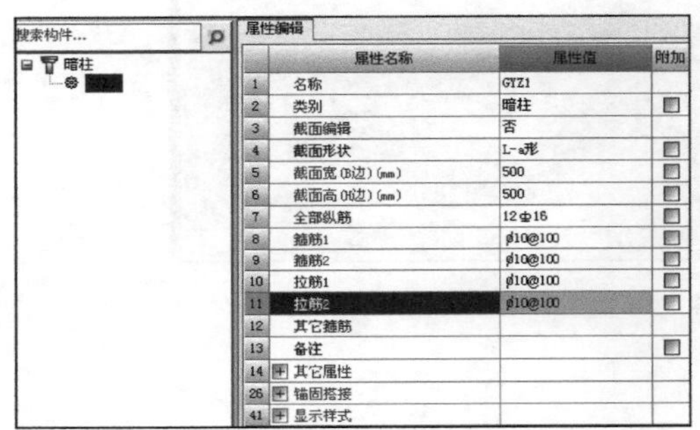

	属性名称	属性值	附加
1	名称	GYZ1	
2	类别	暗柱	□
3	截面编辑	否	
4	截面形状	L-a形	□
5	截面宽(B边)(mm)	500	□
6	截面高(H边)(mm)	500	□
7	全部纵筋	12⌀16	□
8	箍筋1	⌀10@100	□
9	箍筋2	⌀10@100	□
10	拉筋1	⌀10@100	□
11	拉筋2	⌀10@100	□
12	其它箍筋		
13	备注		□
14	其它属性		
26	锚固搭接		
41	显示样式		

图 3-47

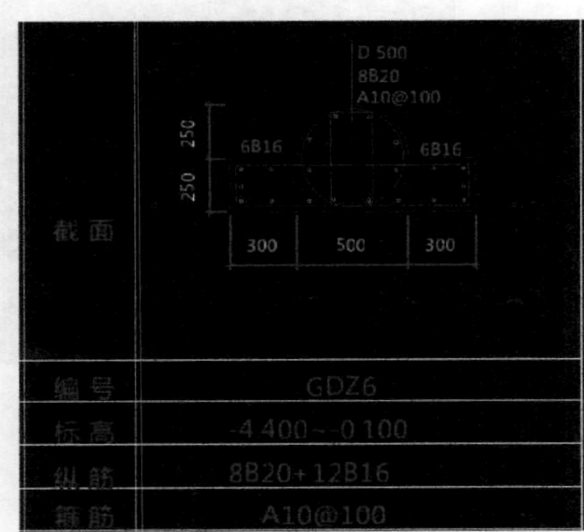

图 3-48

图 3-49

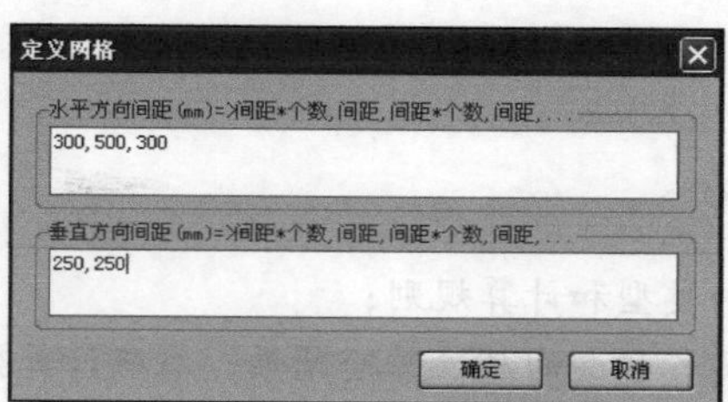

图 3-50

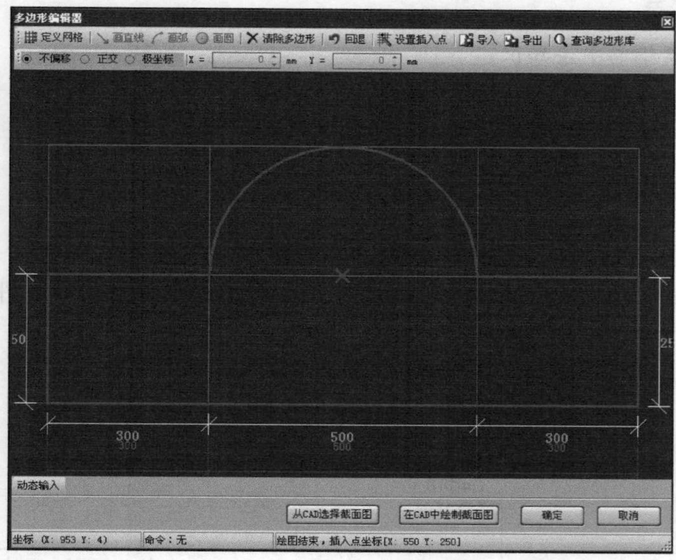

图 3-51

一步就是画箍筋，在钢筋信息中输入箍筋信息 A10@100，绘制两个矩形箍和一个圆形箍，结果如图 3-52 所示，根据工程实际情况布置即可。

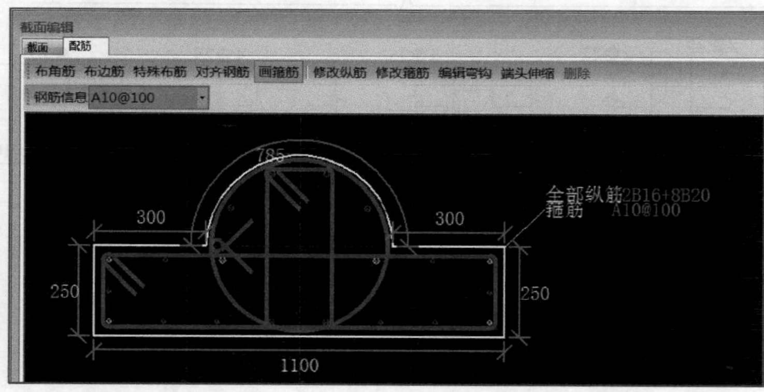

图 3-52

（六）思考与练习

（1）柱构件在绘制时有哪些绘制方法?

（2）柱构件在绘制后修改时有哪些方法?

（3）圆形、异形、参数化柱的定义与绘制。

三、梁构件布置

（1）了解梁的种类及钢筋的类型和计算规则；

（2）能够应用造价软件定义各种梁的属性并绘制梁，准确计算梁钢筋工程量。

（1）具备相应梁钢筋平法知识；

（2）能读懂梁结构平面图；

（3）能够熟练地掌握梁的集中标注和原位标注，并且能够准确地录入。

（一）基础知识

1. 相关平法知识

梁分为多种形式，包括矩形梁、异形梁、T形梁、弧形梁、连续梁等。图纸标注中，一般使用平面注写或者界面注写的方式表达。

梁的平面注写方式有梁类型代号、序号、跨数及有无悬挑代号几项组成，如图3-53所示。

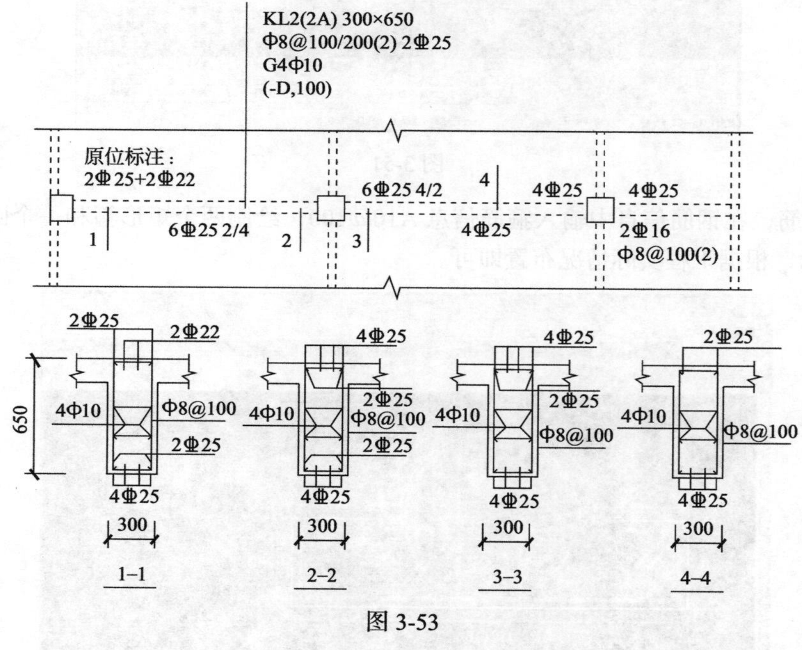

图3-53

梁的截面注写方式，系在分标准层绘制的梁平面布置图上，分别在不同编号的梁中各选择一根梁用剖面号引出配筋图，并在其上注写截面尺寸和配筋具体数值的方式来表达，如图3-54所示。

2. 软件功能介绍

（1）操作基本步骤　先进行构件定义，编辑属性，然后绘制构件，最后汇总计算得出相应工程量。

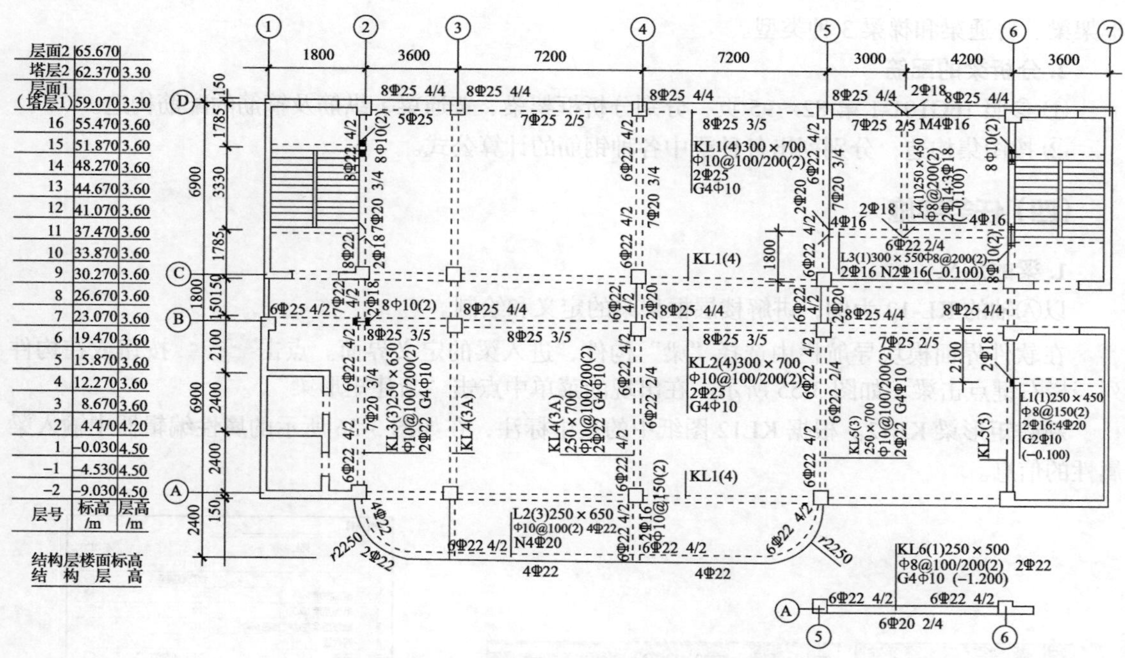

图 3-54

注意：*在定义楼层时，每个楼层是从层底的板顶面到本层上面的板顶面的。所以，框架梁和楼层板一般绘制在层顶，在本工程中应把位于首层层顶的框架梁（即 3.550 的框架梁）绘制在首层。*

（2）功能介绍　软件将梁分为梁和圈梁以及在门窗洞的下拉菜单下的连梁和过梁，根据截面形状的不同又分为矩形、异形、参数化三种。具体操作在模块导航栏中梁的界面中，点击 新建 按钮或右击新建某一种梁，然后在右边的属性编辑器根据图纸的实际情况输入梁的截面尺寸、梁的箍筋、通长筋等信息。属性定义完成后双击梁名称回到绘图界面进行梁的绘制，梁的绘制方式有 直线 点加长度 三点画弧 三种，根据实际情况任选其中一种，但要注意，如果梁相对于轴线有偏移的话，可通过 Shift+ 左键、对齐 两种方法进行绘制。绘制完成后，点击 原位标注 按钮，选择要原位标注的某一根梁进行原位标注。所有梁绘制完成后，点击 Σ 汇总计算，软件会自动计算梁钢筋工程量。计算完成后可通过 查看钢筋量 或报表预览进行梁钢筋工程量的查询。

（二）任务说明

本节的任务是完成首层梁定义与绘制。

（三）任务分析

首先根据结施 -07 分析一下首层梁钢筋的计算，梁钢筋标注有集中标注和原位标注：集中标注的钢筋信息主要是在定义中的属性编辑框中输入，而原位标注的钢筋信息，则是在绘图界面的原位标注定义下输入。

1. 分析图纸

参照图纸：结施 -07“二层梁配筋图”和结施 -12“楼梯结构详图”中分析可知，本层梁有框架梁、普通梁和梯梁 3 种类型。

2. 分析梁的配筋

① 参照 16G101-1 第 82～95 页，分别分析框架梁、普通梁、纵筋及箍筋的配筋构造。

② 按图集构造，分别列出各种梁中各种钢筋的计算公式。

（四）任务实施

1. 梁的定义

以Ⓐ轴的 KL-12 为例，讲解楼层框架梁的定义和绘制。

在软件界面模块导航栏中选择“梁”构件，进入梁的定义界面。点击“新建”按钮或在构件列表栏右键点击梁，如图 3-55 所示。在出现的菜单中点击“新建矩形梁”。

新建矩形梁 KL12。根据 KL12 图纸中的集中标注，在如图 3-56 所示的属性编辑器中输入梁属性的信息。

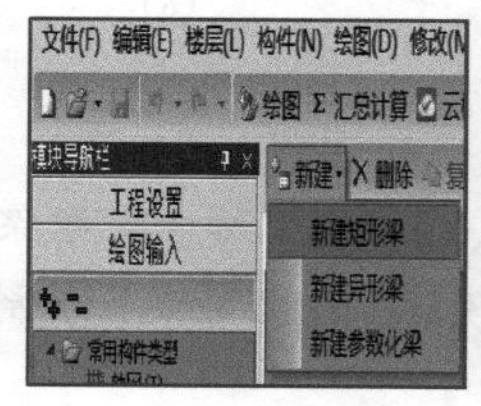

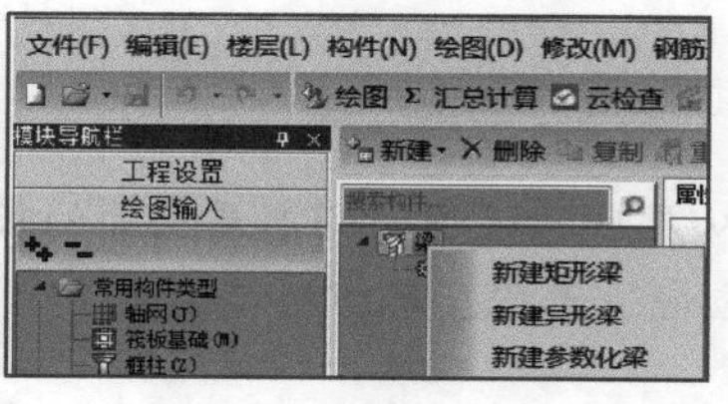

图 3-55

属性编辑

	属性名称	属性值	附加
1	名称	KL12(7)	
2	类别	楼层框架梁	☐
3	截面宽度(mm)	300	☐
4	截面高度(mm)	600	☐
5	轴线距梁左边线距离(mm)	(150)	☐
6	跨数量	7	☑
7	箍筋	Ф8@100/200(2)	☐
8	肢数	2	
9	上部通长筋	2Ф22	☐
10	下部通长筋		☐
11	侧面构造或受扭筋(总配筋值)	N4Ф12	☐
12	拉筋	(Ф6)	☐
13	其它箍筋		
14	备注		☐
15	其它属性		
23	锚固搭接		
38	显示样式		

图 3-56

名称：按照图纸输入“KL12（7）”。

类别：梁的类别下拉框选项中有 7 类，按照实际情况，此处选择“楼层框架梁”。

截面尺寸：KL12 的截面尺寸为 300mm × 600mm，截面高度和高度分别输入“300”和“600”。

轴线距梁左边线的距离：按照软件默认，保留“（150）”，用来设置梁的中心线相对于轴线的偏移。软件默认梁中心线与轴线重合，即 300mm 的梁，轴线距左边线的距离为 150mm。

跨数量：输入 7，即 7 跨。

箍筋：输入“C8@100/200（2）”。

箍筋肢数：自动取箍筋信息中旳肢数，箍筋信息中不输入“（2）”时，可以手动在此输入“2”。

上部通长筋：按照图纸输入“2C22”。

下部通长筋：输入方式与上部通长筋一致，KL12 没有下部通长筋，此处不输入。

侧面纵筋：格式“G/N+ 数量 + 级别 + 直径”，此外输入“N4C12”。

拉筋：按照计算设置中设定的拉筋信息，见框架梁的计算设置第 34 项。

按照同样的方法，根据不同的类别，定义本层所有的梁，输入属性信息。

2. 梁的绘制

梁在绘制时，要先主梁后次梁。在识别梁时，主梁为次梁的支座，当次梁相互为支座时，要设置其中一道梁箍筋贯通。通常在画梁时，按先下后上、先左后右的方式来绘制，以保证所有的梁都能够全部计算。

（1）直线绘制　梁为线状图元，直线型的梁采用“直线”绘制的方法比较简单，如 KL12 采用“直线”绘制即可。

（2）偏移绘制　对于部分梁而言，如果端点不在轴线的交点或其他捕捉点上，可以采用偏移绘制的方法，也就是采用“Shift+ 左键”的方法捕捉轴线以外的点来绘制。

绘制Ⓐ轴的 KL12 时，左边端点为：Ⓐ轴、①轴交点向下偏移 X=0，Y=−50。

鼠标放在Ⓐ轴和①轴的交点上，同时按下“ Shift”键和鼠标左键，在弹出的“输入偏移值”对话框中输入相应的数值，单击确定，这样就选定了第一个端点，如图 3-57 所示。

采用同样的方法确定第 2 个端点来绘制 KL12，绘制完成如图 3-58 所示。

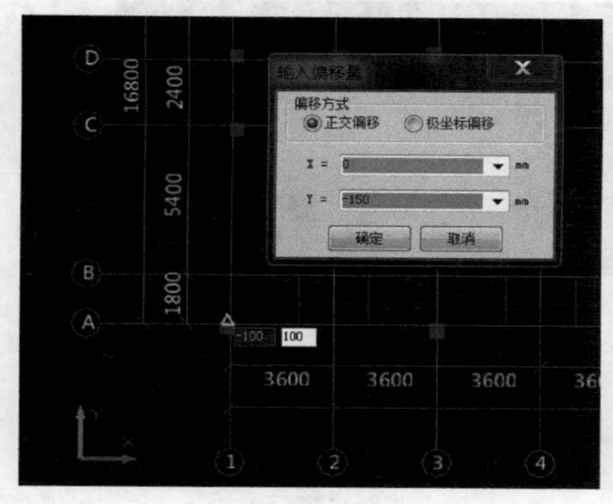

图 3-57

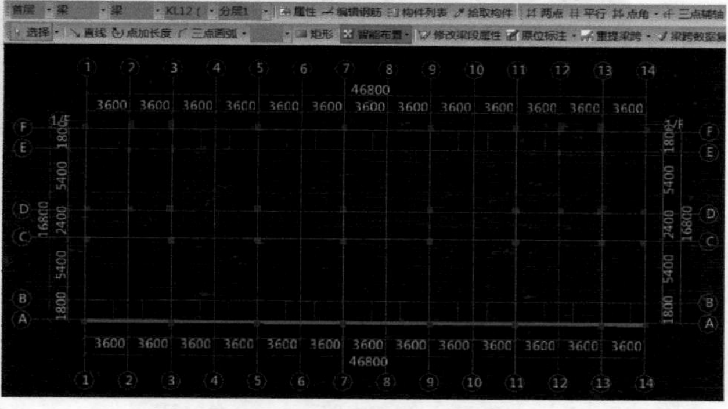

图 3-58

3. 梁的原位标注

梁绘制完毕后，只是对梁集中标注的信息进行了输入，还需要进行原位标注的输入，并且由于梁是以柱和墙为支座的，提取梁跨和原位标注之前，需要绘制好所有的支座。图中梁显示为粉红色时，表示还没有进行梁跨的提取和原位标注的输入，也不能正确地对梁钢筋进行计算。

在 GGJ 2013 中，可以通过 3 种方式来提取梁跨：一是使用“原位标注”；二是使用“跨设置”中的“重新提取梁跨”；三是可以使用“批量识别梁支座”的功能。

（1）对于没有原位标注的梁，可以通过提取梁跨来把梁的颜色变为绿色。

（2）有原位标注的梁，可以通过输入原位标注来把梁的颜色变为绿色。

软件中用粉色和绿色对梁进行区别，目的是提醒用户哪些梁已经进行了原位标注的输入，便于用户检查，防止出现忘记输入原位标注，影响计算结果的情况。

梁的原位标注主要有：支座钢筋、跨中筋、下部钢筋、架立筋、次梁加紧，另外，变截面也需要在原位标注中输入。

将所有的梁绘制完成后，可点击“原位标注”，然后选择需要进行原位标注的梁。

再对照数据，先输入①轴 4C20，如图 3-59 所示；全部输完后，如图 3-60 所示。

4. 梁表格输入

除上述梁原位标注方法外，还有就是表格输入法，即在原位标注表格中相应位置对应输入相应数据即可，如图 3-61 所示。

5. 吊筋和次梁加筋

在结施 -06“二层梁配筋图”下方的注明可以看到“主梁跨中与次梁相交处附加箍筋根数为每边 3 根”，说明在主梁与次梁相交处在主梁中每边都要加 3 根的次梁加筋，图中未注明次梁加筋的具体规格，则按与主梁箍筋一致的规格作为次梁加筋。

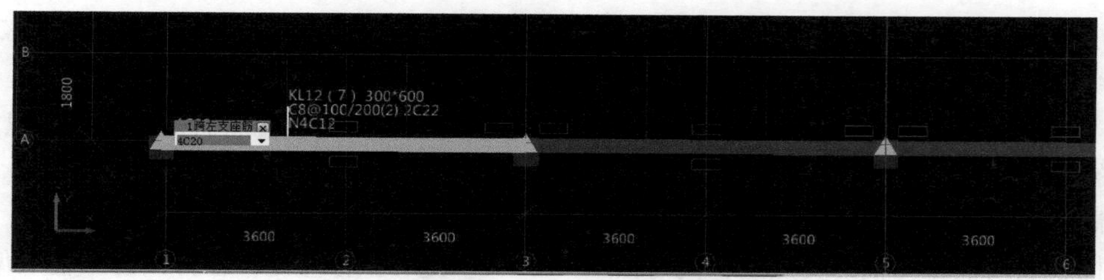

图 3-59

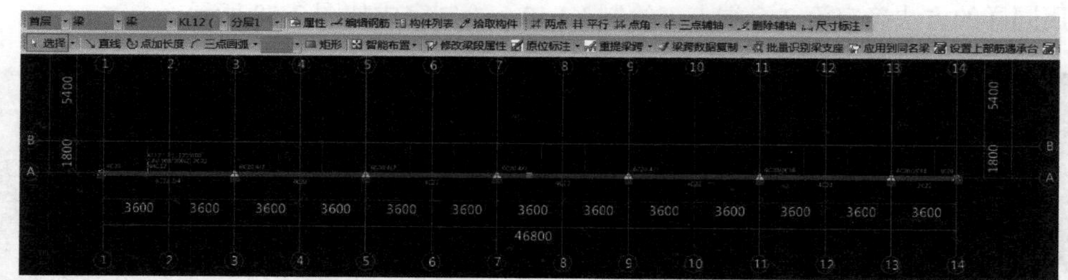

图 3-60

	跨号	标高(m)		构件尺寸(mm)							上通长筋	上部钢筋			下部钢筋		侧面钢筋			箍筋	肢数	次梁宽度	次梁加筋	吊筋
		起点标	终点标	A1	A2	A3	A4	跨长	截面(B*	距左边线距		左支座钢筋	跨中钢筋	右支座钢筋	下通长筋	下部钢筋	侧面通长筋	侧面原位标注	拉筋					
1	1	3.55	3.55	(250	(250	(250		(730	(300*60	(150)	2⌀22	4⌀20				6⌀22 2/4	N4⌀12		(Φ6)	⌀8@100/	2			
2	2	3.55	3.55		(250	(250		(720	(300*60	(150)		6⌀20 4/2				4⌀22			(Φ6)	⌀8@100/	2			
3	3	3.55	3.55		(250	(250		(720	(300*60	(150)		6⌀20 4/2				4⌀22			(Φ6)	⌀8@100/	2			
4	4	3.55	3.55		(250	(250		(720	(300*60	(150)		6⌀20 4/2				4⌀22			(Φ6)	⌀8@100/	2			
5	5	3.55	3.55		(250	(250		(720	(300*60	(150)		6⌀20 4/2				4⌀22			(Φ6)	⌀8@100/	2			
6	6	3.55	3.55		(250	(250		(720	(300*60	(150)		4⌀20/2⌀1				4⌀22			(Φ6)	⌀8@100/	2			
7	7	3.55	3.55		(250	(150	(350	(360	(300*60	(150)		4⌀20/2⌀1		3⌀20		2⌀22			(Φ6)	⌀8@100/	2			

图 3-61

首先点击“自动生成吊筋”的按钮（如在“构件工具栏”中看不到此按钮可以点击“构件工具栏”后的），弹出自动布置吊筋的对话框，如图 3-62 所示，此对话框中有吊筋和次梁加筋两个属性值的信息，根据图纸的要求，我们只需要输入次梁两侧共增加的数量“6”即可。

注意： *本案例中的次梁加筋只是增加在了主梁与次梁相交的位置，所以不需要选择“同截面同类型次梁，均设置”。*

自动布置吊筋

生成位置

☑ 主梁与次梁相交，主梁上。

☐ 同截面同类型次梁，均设置

（主梁是指梁相交处为支座的梁。次梁是指相交处不为支座的梁）

钢筋信息

吊筋：

次梁加筋： 6

（此处指次梁两侧共增加数量，信息取自计算设置，可修改）

☐ 整楼生成

说明：1、梁和梁相交处有柱或墙时，不生成吊筋和次梁加筋。
2、未提取梁跨的梁不布置吊筋和次梁加筋。

确定　取消

图 3-62

6. 梯梁的绘制

梯梁简单地说就是楼梯的横梁，具体是指在楼梯的上部结构中，沿楼梯轴横向设置并支承于主要承重构件上的梁。软件中设置梯梁时除标高不一样外，与框架梁的设置是一致的。首先在定义的界面将梯梁的集中标注输入，然后在“属性编辑”框下，点开“其他属性”，在“起点顶标高”和“终点顶标高”里输入正确的梯梁标高，如图 3-63 所示。本案例中根据建施 -08 和结施 -12 可知，首层梯梁的标高是 1.8m，由于楼层设置中是按照结施标高定义的，所以此处的“起点顶标高”和“终点顶标高”应输入“1.75”或“层底标高 +1.8”或“层顶标高 −1.8”。

属性编辑

	属性名称	属性值	附加
1	名称	TL1	
2	类别	楼层框架梁	☐
3	截面宽度(mm)	200	☐
4	截面高度(mm)	400	☐
5	轴线距梁左边线距离(mm)	(100)	☐
6	跨数量		☐
7	箍筋	⌀8@100/200(2)	☐
8	肢数	2	
9	上部通长筋	2⌀14	☐
10	下部通长筋	4⌀16	☐
11	侧面构造或受扭筋(总配筋值)		☐
12	拉筋		☐
13	其它箍筋		
14	备注		☐
15	− 其它属性		
16	汇总信息	梁	☐
17	保护层厚度(mm)	(25)	☐
18	计算设置	按默认计算设置计算	
19	节点设置	按默认节点设置计算	
20	搭接设置	按默认搭接设置计算	
21	起点顶标高(m)	层顶标高-1.8	☐
22	终点顶标高(m)	层顶标高-1.8	☐
23	+ 锚固搭接		
38	+ 显示样式		

图 3-63

7. 工程量参考

按照以上的步骤将本层所有的梁都绘制完成后，点击“汇总计算”按钮，计算完毕后，通过“报表预览”→明细表→构件汇总信息明细表，一层梁的钢筋量参考如表 3-1 所示。

表 3-1 一层梁钢筋工程量汇总表

汇总信息	汇总信息钢筋总重 /kg	构件名称	构件数量	HPB300	HRB400
梁	14637.591	KL16（1）[75]	2	3.519	159.362
		KL15（5）[77]	1	17.817	1201.85
		KL11（1）[78]	2	4.399	179.983
		KL12（7）[80]	1	25.735	1622.549
		KL3（1）[81]	2	6.983	441.728
		KL2（1）[82]	2	4.655	151.164
		KL1（1）[83]	2	6.983	419.288
		KL4（1）[87]	2	6.983	521.829
		KL14（9）[89]	1	22.305	1543.03
		KL13（7）[90]	1	22.693	1695.802
		KL8（3）[91]	1	10.28	601.659
		KL9（3）[92]	1	10.28	561.232
		KL10（3）[93]	1	9.31	560.885
		KL7（3）[94]	1	9.31	600.324
		KL5（3）[95]	1	9.31	558.404
		KL6（3）[96]	1	9.31	555.891
		L4（1）[97]	1		218.201
		L5（1）[98]	1		192.045
		L3（1）[99]	1		168.101
		L3（1）-2[100]	1		170.989
		L2（1）[101]	1		161.2
		L2（1）-4[102]	1		164.088
		L2（1）-5[103]	1		164.088
		L2（1）-6[104]	1		164.088
		L1（1）[105]	1		161.2
		L1（1）-2[106]	1		164.088
		L9（1）[107]	2		92.199
		L7（7）[109]	1		636.218
		L10（4）[110]	1		182.146
		L11（2）[111]	1		93.474
		L8（1）[115]	2		80.949
		TL1[117]	2		90.563
		TL1[118]	2		80.171
		TL1[119]	4		98.933
		合计		179.872	14457.719

（五）总结拓展

1. 归纳总结

（1）梁的原位标注复制 把某位置的原位标注钢筋信息复制到其他位置时，输入格式相同的位置之间可以进行复制。

操作方法：运行“梁原位标注复制”功能，选择一个原位标注，单击右键确定，然后选中需要复制的原位标注目标框，右键确定即完成操作。

（2）梁跨数据复制　把某一跨的原位标注复制到另外的跨，可以跨图元进行操作，复制内容主要是钢筋信息。

操作方法：运行“梁跨数据复制”功能，选择一段已经进行原位标注的梁跨，单击右键确定，然后单击要复制上标注的目标跨，单击右键确定，完成复制。

（3）应用到同名梁　如果本层存在同名称的梁，且原位标注信息完全一致，就可以采用“应用到同名梁”功能来快速地实现梁的原位标注的输入。

操作方法：运行“应用到同名梁”功能，选择以完成原位标注的梁，则会弹出“应用范围选择”的对话框，选择对应的应用范围，点击确定即可。

2. 拓展延伸

弧形梁的绘制

第一步，先定义该弧形梁，定义方法同矩形梁；

第二步，绘制弧形梁。软件提供了三种方法，分别是两点画弧（逆小弧、顺小弧、逆大弧、顺大弧），三点画弧，起点圆心终点画弧。

如三点画弧，用鼠标左键选中弧形梁的第一点、第二点、第三点，按右键结束，如图 3-64 所示。

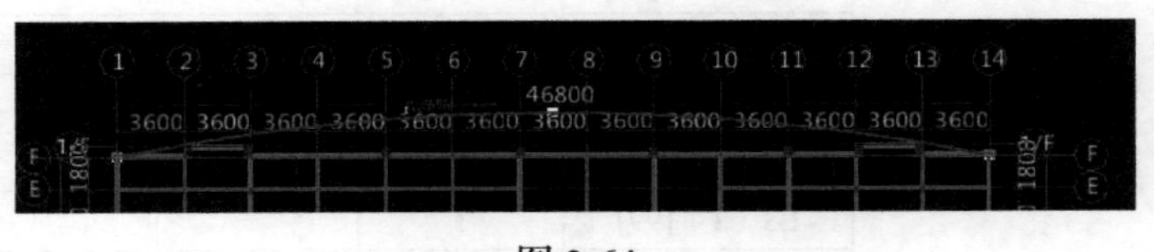

图 3-64

（六）练习与思考

（1）完成本楼层全部框架梁的钢筋工程量计算（包括梯梁）。

（2）思考弧形梁定义与绘制的方法与技巧。

四、板构件布置

（1）了解板钢筋的类型及计算规则；

（2）能够应用造价软件定义板及板筋的属性与绘制，准确计算板的钢筋工程量。

学习要求

（1）具备相应板钢筋平法知识；

（2）能读懂板配筋图。

（一）基础知识

1. 相关平法知识

板分多种形式，包括有梁板、无梁板、平板、弧形板、悬挑板等。

板的标注方式通常按照平面注写方式标注，平面注写方式中包括有板带集中标注和板带支座原位标注两种方式，如图 3-65 所示。

2. 软件功能介绍

（1）操作基本步骤 先进行构件定义，编辑属性，然后绘制构件，最后汇总计算得出相应工程量。

（2）功能介绍 软件中板的界面下包含有现浇板、板配筋等一些的内容，具体操作首先在模块导航栏中点击现浇板的界面下，点击 新建 按钮或右击新建，然后在右边的属性编辑器中根据图纸的实际情况输入板的厚度、马凳筋等信息。属性定义完成后双击板名称回到绘图界面进行板的绘制。板的绘制方式有点、直线和矩形三种，根据实际情况任选其中一种进行准确定位。所有板绘制完成后，这回到板的定义界面，切换到板受力筋的定义下，同样在右边的属性编辑器里面输入板受力筋的钢筋的信息，定义完成后，双击回到绘图的界面，利用单板或是多板，垂直或是水平或是 *XY* 方向进行板的布置。将板的受力筋布置完成后，用同样的方法将板的跨板受力筋和板负筋依次布置完毕。然后点击 Σ 汇总计算 计算工程量，点击 查看钢筋量 进行钢筋量的查询。

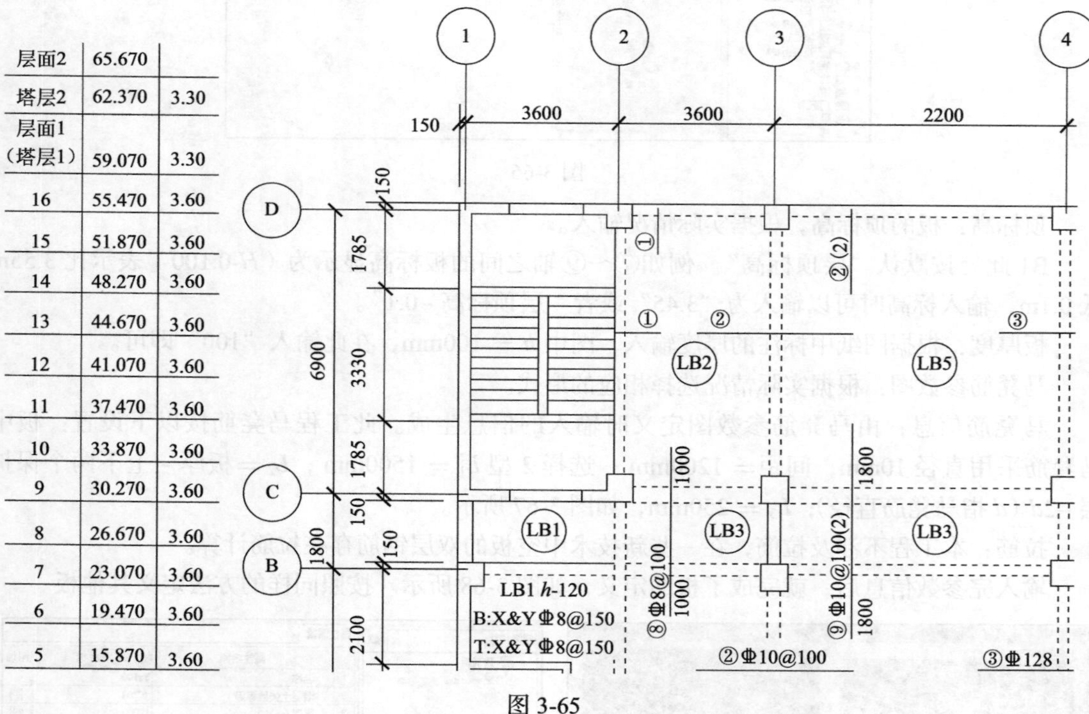

图 3-65

（二）任务说明

本节的任务是完成首层板钢筋的定义与绘制。

（三）任务分析

完成本任务需要分析板的形式，钢筋布置的特点。

根据结施 -09 的二层板配筋图来定义和绘制板的钢筋。

按结构设计说明，本工程板的配筋依据 16G101-1 第 99～103 页的要求，分析板的受力钢筋、分布筋、负筋、跨板负筋的长度与根数计算公式。

在钢筋软件里，板构件的建模和钢筋计算包括以下两部分：板的定义和绘制、钢筋的布置（含板受力筋、板负筋）。

（四）任务实施

下面以①～②轴与Ⓓ～Ⓕ轴之间的平板为例，介绍板构件的定义。分析图纸可知，未标明板厚度为 100mm。

1. 现浇板的定义

进入“板”→“现浇板”，在构件列表栏，右键“现浇板”，点击“新建现浇板”，定义一块板，如图 3-66 所示。

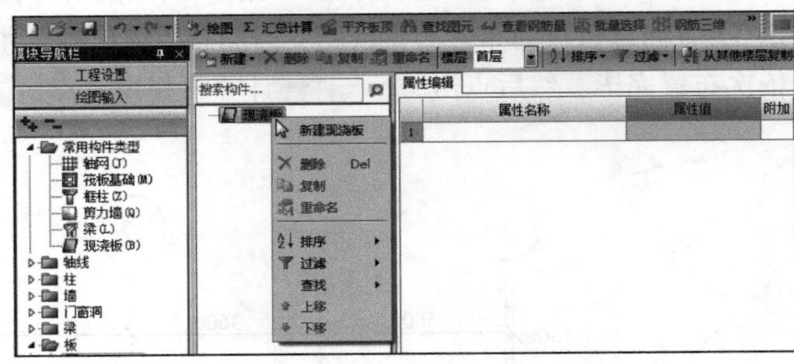

图 3-66

顶标高：板的顶标高，根据实际情况输入。

B1 此处按默认“层顶标高”。例如⑦～⑨轴之间的板标高显示为（H-0.100）表示比 3.55m 低 0.1m，输入标高时可以输入为“3.45”或者“层顶标高 -0.1”。

板厚度：根据图纸中标注的厚度输入，图中 h = 100mm，在此输入“100”即可。

马凳筋参数图：根据实际情况选择相应的形式。

马凳筋信息：由马凳筋参数图定义时输入的信息生成。此工程马凳筋按以下设置：板中马凳筋采用直径 10mm，间距 = 1200mm；选择 2 型 L_1 = 1500mm；L_2 = 板厚 - 上下两个保护层 -2d（d 指马凳筋直径）；L_3 = 250mm，如图 3-67 所示。

拉筋：本工程不涉及拉筋，在一些新技术中空板的双层钢筋存在拉筋计算。

输入完参数信息后，就完成了板的定义，如图 3-68 所示。按照同样的方法定义其他板。

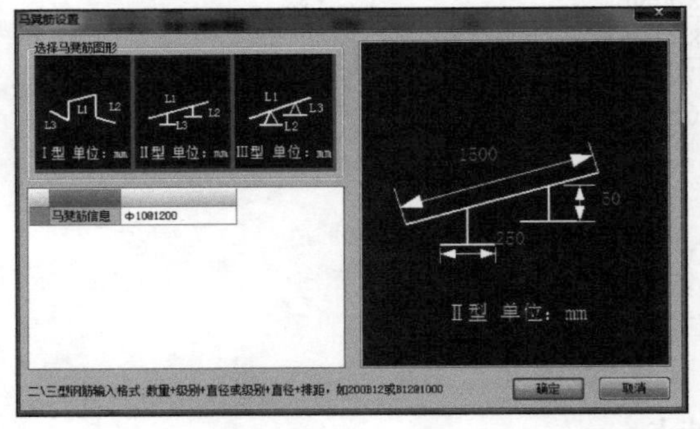

图 3-67

搜索构件...

现浇板
- B-100

属性编辑

	属性名称	属性值	附加
1	名称	B-100	
2	混凝土强度等级	(C30)	☐
3	厚度(mm)	100	☐
4	顶标高(m)	层顶标高	☐
5	保护层厚度(mm)	(15)	☐
6	马凳筋参数图	Ⅱ型	
7	马凳筋信息	Φ10@1200	☐
8	线形马凳筋方向	平行横向受力筋	☐
9	拉筋		☐
10	马凳筋数量计算方式	向上取整+1	☐
11	拉筋数量计算方式	向上取整+1	☐
12	归类名称	(B-100)	☐
13	汇总信息	现浇板	☐
14	备注		☐
15	显示样式		

图 3-68

2. 现浇板的绘制

板定义好之后，需要将板绘制到图上；在绘制之前，需要将板下的支座如梁或者墙绘制完毕。

（1）点绘制　在本工程中，板下的墙或梁都已经绘制完毕，围成了封闭区域的位置，可以采用“点”画法来布置板图元。在“绘图工具栏”选择“点”按钮，在梁或墙围成的封闭区域单击鼠标左键，就轻松布置了板图元，如图 3-69 所示。

（2）矩形绘制　如图中没有围成封闭区域的位置，可以采用“矩形”画法来绘制板。选择“矩形”按钮，选择板图元的一个顶点，再选择对角的顶点，即可绘制一块矩形的板，如图 3-70 所示。

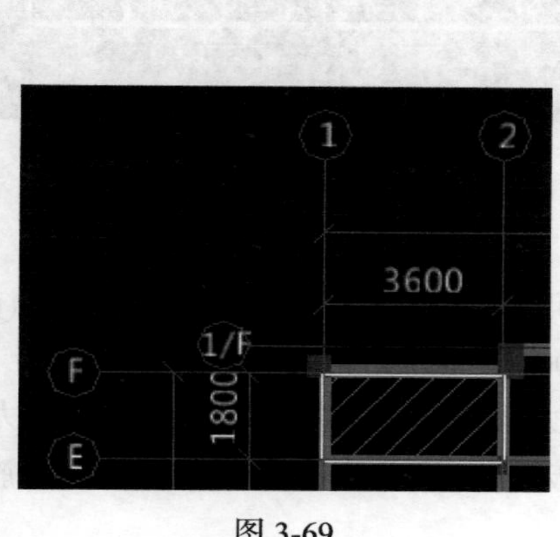

图 3-69

图 3-70

（3）自动生成板　当板下的梁、墙绘制完毕，且图中板类别较少时，可使用“自动生成板”，软件会自动根据图中梁和墙围成的封闭区域来生成整层的板。自动生成完毕之后，需要检查图纸，将与图中板信息不符的修改过来，对图中没有板的地方进行删除。

首层板绘制完成后，如图 3-71 所示。空调板绘制完成后如图 3-72 所示。

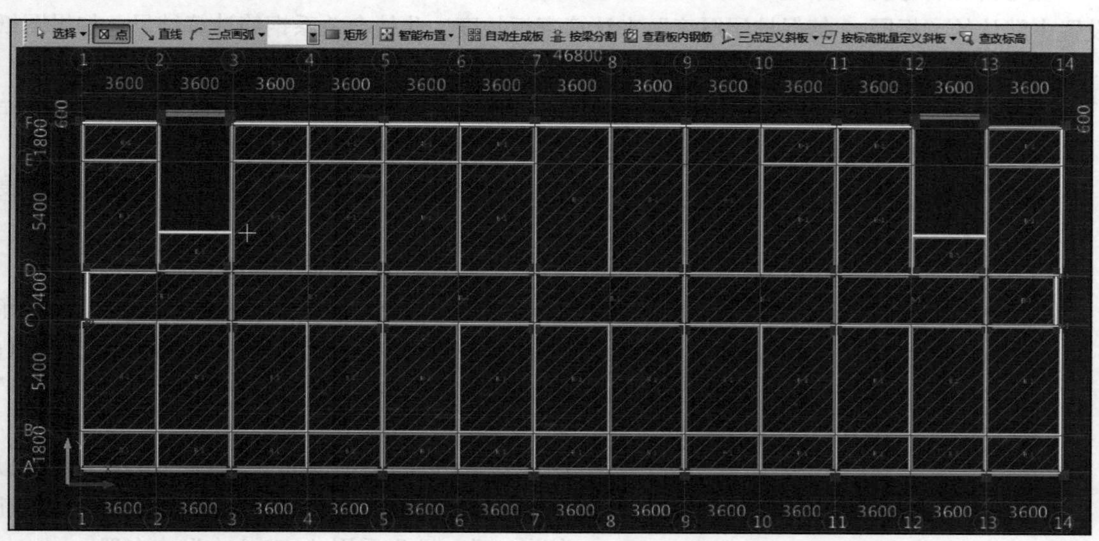

图 3-71

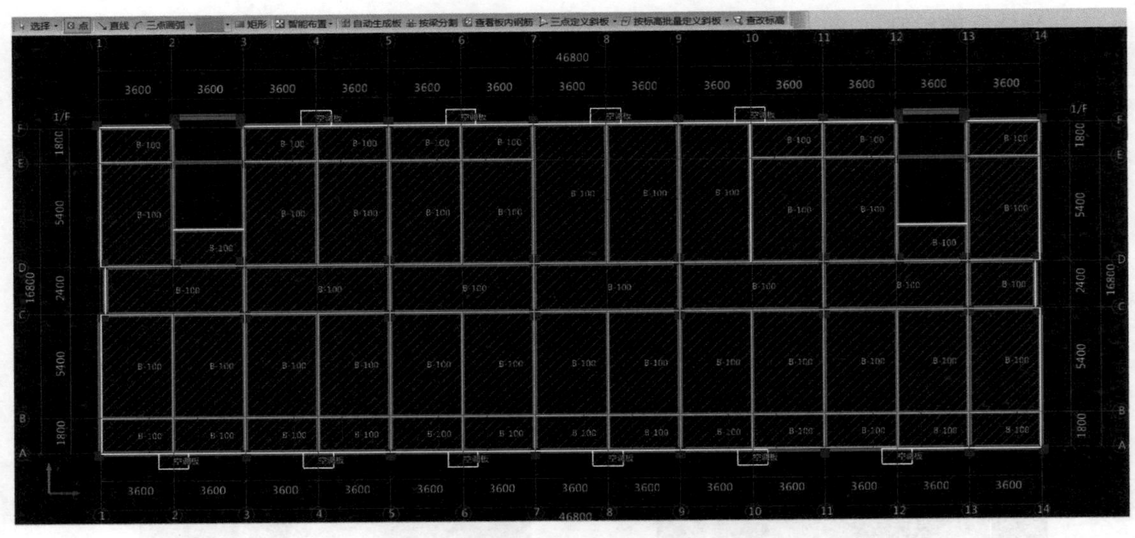

图 3-72

3. 板受力筋的定义和绘制

现浇板绘制完成之后，接下来布置板上的钢筋，步骤还是先定义再绘制。分析图纸①～②轴 + Ⓓ～Ⓕ轴 B-100 配筋为：底筋为双向 K8 即 C8@200。

（1）定义受力筋　以 B100 的受力筋为例来介绍受力筋的定义。进入“板”→“板受力筋”。单击 新建 或在“板受力筋”上右键，点击“新建板受力筋”，按施工图定义板受力筋，如图 3-73 所示。

名称：结施图中没有定义受力筋的名称，用户可以根据实际情况输入较容易辨认的名称，这里按钢筋信息输入“K8”。

钢筋信息：按照图中钢筋信息，输入“C8@200”。

类别：在软件中可以选择底筋、面筋、中间层筋和温度筋，在此根据钢筋类别，选择“底筋”。

左弯折和右弯折：按照实际情况输入受力筋的端部弯折长度。软件默认为 0，表示按照计算设置中默认的“板厚 -2 倍保护层厚度”来计算弯折长度。此处会关系钢筋计算结果，如果图纸中没有特殊说明，不需要修改。

属性编辑

	属性名称	属性值	附
1	名称	K8	
2	钢筋信息	⌀8@200	☐
3	类别	底筋	☐
4	左弯折(mm)	(0)	☐
5	右弯折(mm)	(0)	☐
6	钢筋锚固	(35)	
7	钢筋搭接	(49)	
8	归类名称	(K8)	☐
9	汇总信息	板受力筋	☐
10	计算设置	按默认计算设置计	
11	节点设置	按默认节点设置计	
12	搭接设置	按默认搭接设置计	
13	长度调整(mm)		☐
14	备注		☐
15	⊞ 显示样式		

图 3-73

钢筋锚固和搭接：取楼层设置中设定的初始值，可以根据实际图纸情况进行修改。

长度调整：输入正值或负值，对钢筋的长度进行调整，此处不输入。

按照同样的方法定义其他的受力筋。

（2）绘制受力筋　布置板的受力筋，按照布置范围，有“单板”“多板”和“自定义板”布置；按照钢筋方向，有“水平”、“垂直”和“XY 方向”布置，以及“其他方式”。

以 B100 的受力筋布置为例，由施工图可以知道，B100 的底筋在“X”与“Y”方向的钢筋信息一致，这里采用“XY 方向”来布置。

选择“单板”，再选择“XY 向布置”，再选择 B100，弹出如图 3-74 所示智能布置对话框。

由于 B100 的 X、Y 方向钢筋信息相同，选择“XY 方布置”，在“钢筋信息”中选择相应的受力筋名称，单击“确定”，即可布置上单板的受力筋，如图 3-75 所示。

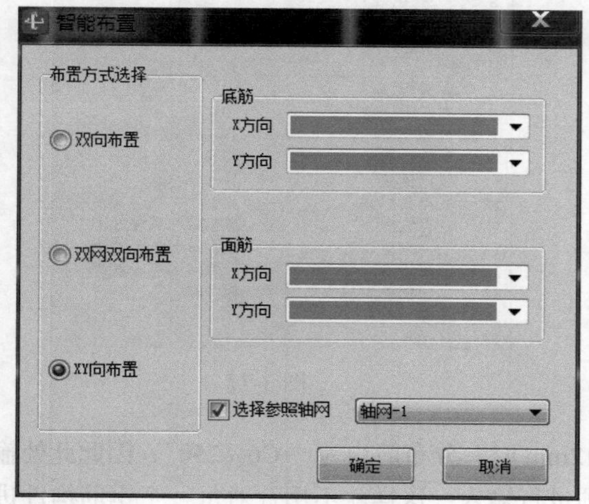

图 3-74

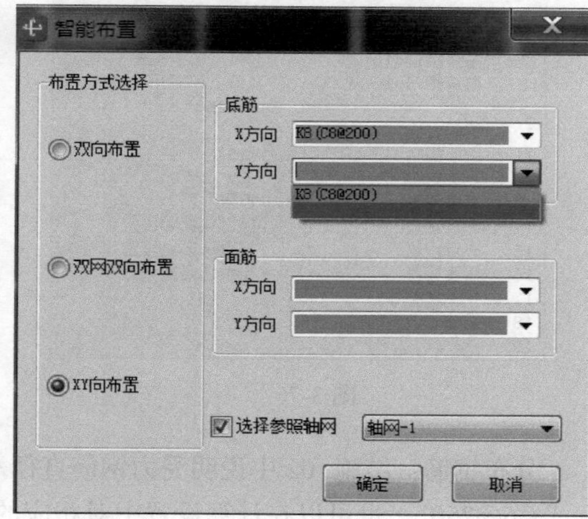

图 3-75

双向布置：底筋与面筋配筋不同，但底筋或面筋的 X、Y 方向配筋相同时使用。

双网双向布置：当底筋和面筋的 X、Y 方向配筋均相同时使用。

“垂直布置”由于 K8 在 Y 方向跨过两块 B100，故可用垂直布置方式。先选“多板”，然后点击两块相连的 B100，再选“垂直”，再在所选区域点击一下即可。

（3）应用同名称板　由于 B100 的钢筋信息都相同，下面使用“应用同名称板”来布置其他同名称板的钢筋。选择“应用同名称板”命令，选择已经布置上钢筋的 WB1 图元，单击鼠标右键确定，其他同名称的板就都布置上了相同的钢筋信息。

对于其他板的钢筋，可以采用相应的布置方式布置。设置完毕之后，单击“确定”按钮，然后用鼠标框选要布筋的板范围，单击右键确定，则进行自动配筋。

注意： 该功能只对未配筋的板有效。使用此功能可对全楼进行自动配筋。

4. 跨板受力筋的定义和绘制

分析图纸可知：在Ⓕ轴和Ⓔ轴之间、①轴和②轴之间，B100 的跨板受力筋信息 C8@125 沿支座中心线伸出 900mm，一边为 0。此类跨过一块板、并且在两端有标注（或者一端有标注）的钢筋，实际工程中一般称为跨板受力筋，在软件中用跨板受力筋来定义。

下面以 B100 的跨板受力筋为例，介绍跨板受力筋的定义和绘制。

（1）跨板受力筋的定义　在受力筋的定义中，单击“新建”，选择“新建跨板受力筋”，在弹出的“新建跨板受力筋”界面按照施工图依次输入各个属性，如图 3-76 所示。

左标注和右标注：左右两边伸出支座的长度，根据图纸中的标注进行输入。一边为“0”，一边为“900”。

马凳筋排数：根据实际情况输入。

标注长度位置：可以选支座作中心线、支座内边线和支座外边线，根据图纸中标注的实际情况进行选择。根据此工程中结施 09“板配筋表示方法”的说明，应选择“支座内边线”。

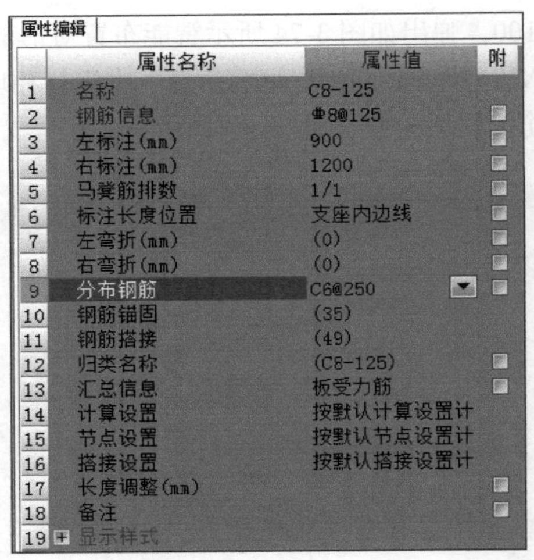

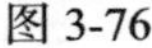
图 3-76

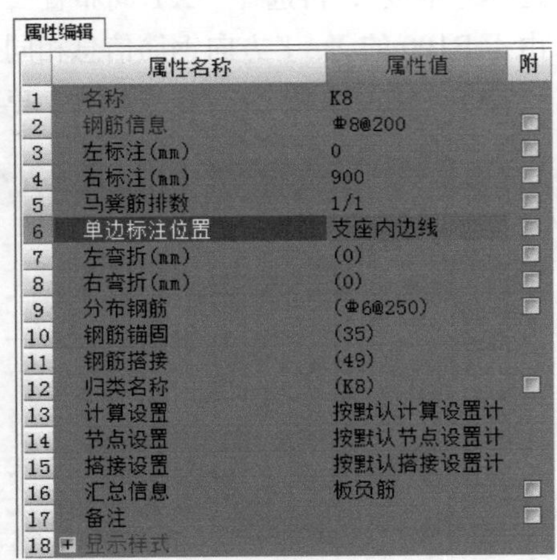

图 3-77

分布钢筋：结施 -02 中说明受力钢筋直径 <12mm 时，分布筋均为“C6@250”，因此此处输入“C6@250”，也可以在计算设置中对相应的项进行输入，这样就不用针对每一个钢筋构件进行输入了。

（2）跨板受力筋的绘制　跨板受力筋可采用“单板”和“垂直”布置的方式来绘制。选择“单板”，选择“垂直”，单击 B-100，布置垂直方向的跨板受力筋。若左右标注不一致，可采用点击“交换左右标注”交换左右标注处理。

其他位置的跨板受力筋可采用同样的布置方式。

5. 负筋的定义和绘制

（1）负筋的定义　以 B100 的①轴上负筋为例，介绍负筋的定义和绘制。

进入导航栏“板”→“板负筋”，右键点击“板负筋”，点击“新建板负筋”根据图纸标注定义板负筋如图 3-77 所示。左标注和右标注：K8 负筋只有一侧标注，左标注输入“0”，右标注输入“900”。单边标注位置：根据图中实际情况，选择“支座内边线”。

（2）负筋的绘制　负筋定义完毕后，回到绘图区，对于①轴和Ⓓ～Ⓔ轴之间的 K8 进行负筋的布置。可选择“按板边布置”，再选择相应板边，按提示栏的提示，单击板右侧确定，布置成功。

本工程中的负筋也可以按墙或按梁布置，也可以选择画线布置。

（3）自动生成负筋　在工程中，板负筋是常用构件，且具有规格多、数量多、尺寸不一致、布置情况复杂的特点。因此，每个板块的每条支座边均需布置不同规格、不同尺寸的板负筋。所以为提高板负筋的布置效率软件设置了“自动生成负筋”功能来完成。即在绘图界面的上方点击“自动生成负筋”弹出来自动生成负筋的对话框，如图 3-78 所示，选择某一种布筋的方式，设置布筋线长度，点击“确定”。

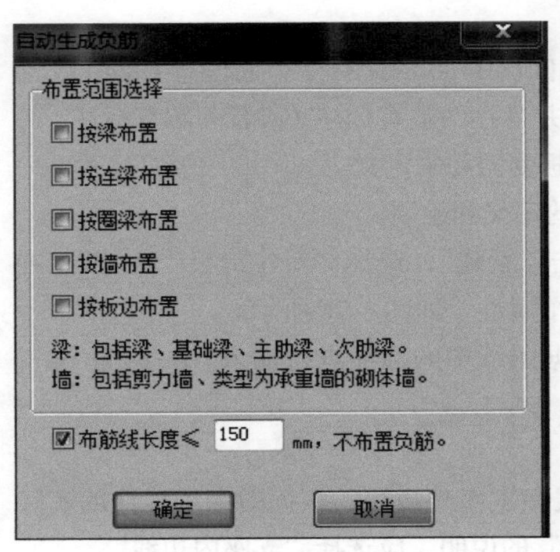

图 3-78

注意：此种方法生成的钢筋的左右标注与图纸的

信息会不完全一样，还要与图纸中实际的信息核对然后修改才可。

6. 工程量参考

板负筋和受力筋的工程量参考如图 3-79 所示。

汇总信息	汇总信息钢筋总重kg	构件名称	构件数量	HPB300	HRB400
楼层名称：首层（绘图输入）				179.872	29761.422
板负筋	1384.632	FJ-C8@200	1		485.143
		FJ-C8@125	1		164.702
		FJ-C8@150	1		510.259
		FJ-C8@100	1		29.059
		FJ-C12@200	1		15.672
		FJ-C12@150	1		179.798
		合计			1384.632
板受力筋	6993.543	B-100[137]	1		2798.787
		B-100[1535]	1		85.488
		B-100[1537]	1		85.231
		B-100[1540]	1		160.716
		B-100[1527]	1		36.972
		B-100[1558]	1		85.488
		B-100[1508]	1		45.833
		B-100[1509]	1		85.745
		B-100[1510]	1		171.906
		B-100[1512]	1		99.054
		B-100[1511]	1		36.972
		B-100[1514]	1		85.488
		B-100[1513]	1		38.431
		B-100[1515]	1		25.211
		B-100[1517]	1		38.431
		B-100[1520]	1		37.229
		B-100[1518]	1		85.488
		B-100[1521]	1		94.349
		B-100[1519]	1		144.967
		B-100[1522]	1		38.431
		B-100[1525]	1		86.947
		B-100[1524]	1		36.972
		B-100[1523]	1		85.488

图 3-79

（五）总结拓展

1. 归纳总结

（1）对于跨板受力筋，也可以看作跨板的负筋，但定义时，要用受力筋中的跨板受力筋来定义，不能按负筋定义，因为跨板受力筋和板中受力筋的布置方式相同，而负筋则不同。

（2）板的绘制，除了点画法，还有直线画法和弧线画法。实际工程中，应根据具体情况选用相应的画法，具体操作可以参照软件内置的“文字帮助”。

（3）交换左右标注：对于跨板受力筋和负筋，存在左标注和右标注，绘图时如果要绘制反向，可以通过“交换左右标注”的功能来调整。

2. 拓展延伸

斜板定义　软件中提供了三种方式定义斜板如图 3-80 所示，选择要定义的斜板，以利用坡度系数定义斜板为例，先按鼠标左键选择要定义的板，然后按左键选择斜板基准边，可以看到选中的板边缘变成淡蓝色，输入坡度系数如图 3-81 所示，斜板就形成了如图 3-82 所示，但此时墙、梁、板等构件并未跟斜板平齐。右键单击“平齐板顶”，选择梁、墙、柱图元，弹出确认对话框询问“是否同时调整手动修改顶标高后的柱、梁、墙的顶标高”，点击“是”，然后利用三维查看斜板的效果。

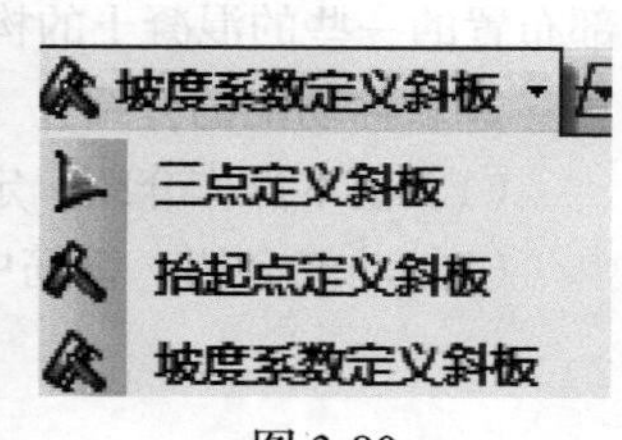

图 3-80

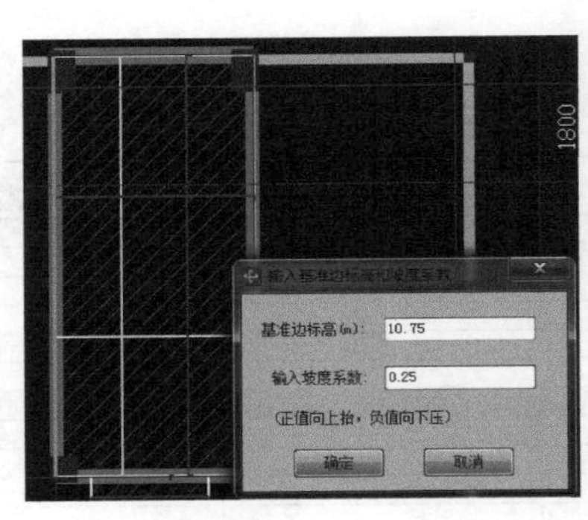

图 3-81

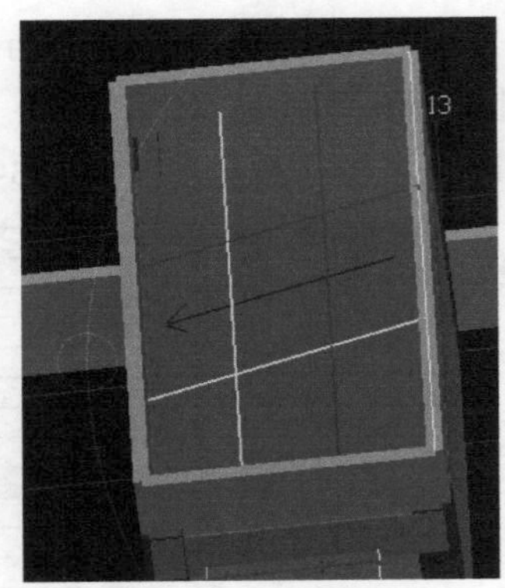

图 3-82

（六）练习与思考

（1）请描述并操作练习板钢筋在软件中计算的步骤及画法。

（2）完成首层结构板的钢筋工程量计算。

（3）思考板中不同钢筋在软件中的绘制的方法和要求。

五、砌体结构构件布置

学习目标

1. 了解其他构件钢筋布置规则和计算要求；

2. 能够应用算量软件定义零星构件的属性并绘制，能够根据建筑施工说明和结构施工说明掌握零星构件的钢筋的布置情况。

学习要求

1. 具备相应零星构件的基本知识；

2. 能读懂零星构件的位置说明。

（一）基础知识

1. 其他构件的内容

砌体结构构件包括砌体加筋、构造柱、过梁、圈梁等，为了增强主体结构的承受力度在局部布置的一些的混凝土的构件。

2. 软件功能的介绍

（1）基本操作介绍　定义构件，编辑属性，然后绘制构件，最后汇总计算得出相应工程量。

（2）功能介绍　钢筋中的其他的构件都被包含在了大构件的定义的下面，例如构造柱，则是在模块导航栏中的柱子的下拉菜单下面（柱：框柱(Z)、暗柱(Z)、端柱(Z)、构造柱(Z)）。切换到不同的构件的下面，同样点击“新建”按钮或者右键选择实际工程中需要的构件，在右边的属性编辑器中输入对应的图纸中的信息即定义完成，然后双击或是点击“绘图”按钮，回到绘图的界面绘制图元。同样绘制完成后要汇总计算之后才能够查看工程量。

（二）任务说明

本节的任务是完成首层砌体加筋，构造柱，过梁的定义与绘制。

（三）任务分析

（1）分析结施 -02 结构设计说明，分析关于砌体填充墙的加筋的配置；
（2）分析对过梁、构造柱的位置及配筋要求。

（四）任务实施

1. 砌体墙的定义和绘制

首先进行砌体墙的定义和绘制。进入“墙”→“砌体墙”，新建砌体墙在属性框中按照施工图纸依次输入相应属性值，定义完成例如图 3-83 所示。

图 3-83

其中，砌体通长筋是指砌体长度方向的钢筋，输入格式为“排数 + 级别 + 直径 + 间距”，本工程中五砌体通长筋，所以不用输入。

横向短筋：按照提示栏提示的输入格式输入，本工程无要求。

砌体墙类别：软件中分为填充墙、承重墙和框架间填充墙三种类别。

填充墙：一般用于施工洞填充墙的绘制。

承重墙：当工程中有承重墙时，选用此类别。

框架间填充墙：一般作为框架结构的填充墙使用。

注意：剪力墙的绘制和砌体墙一致，这里不再重复介绍。

2. 构造柱的定义与绘制

分析图纸结施 -01 结构设计总说明，查看对构造柱做法的说明。

对于构造柱的定义和绘制，可以采用与柱相同的方法，不再重复介绍，在此介绍不同的部分。

（1）构造柱的定义　进入“柱”→“构造柱”，右键点击构造柱新建矩形构造柱如图 3-84、图 3-85 所示。

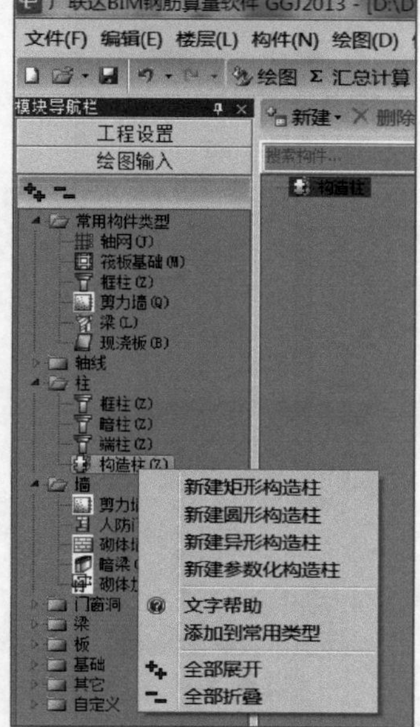

图 3-84

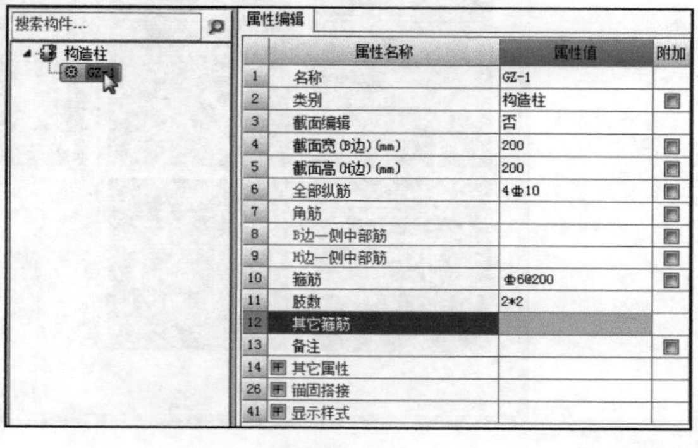

图 3-85

（2）构造柱的绘制　构造柱的绘制参考框架柱的绘制方法，此处不再赘述。构造柱绘制完成后如图 3-86 所示。

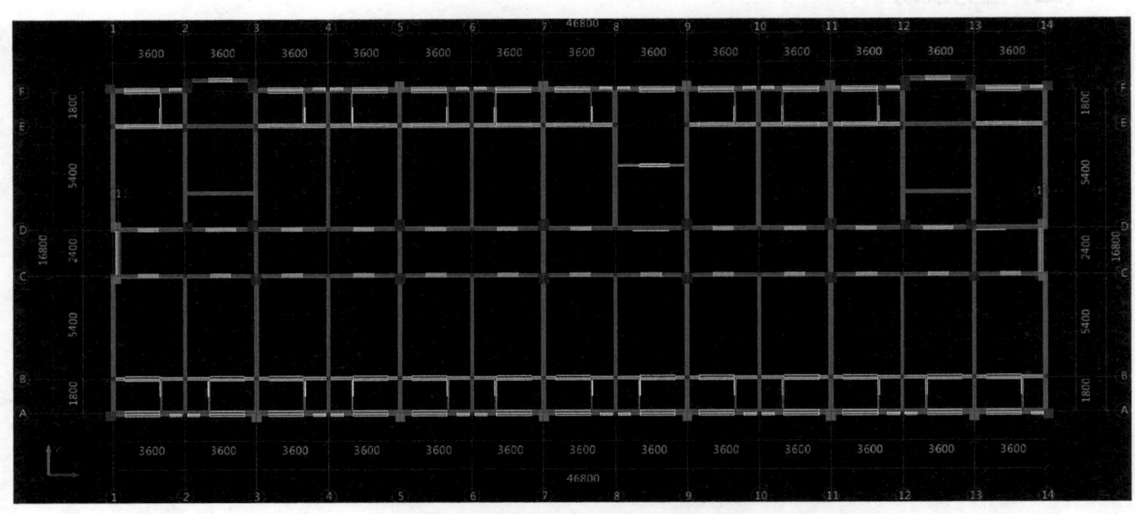

图 3-86

3. 砌体加筋的定义和绘制

分析图纸结施 -02 结构设计总说明，填充墙与混凝土柱、墙间应设置拉筋。此处仅介绍砌体加筋定义和绘制的方法。

（1）砌体加筋的定义　下面以③轴和Ⓒ轴交点下方 T 形砌体墙位置的加筋为例，介绍定义和绘制。

在“砌体加筋”的图层的定义界面下，右键点击“砌体加筋”，点击“新建砌体加筋”的按钮，弹出选择参数化图形的对话框，选择所对应的砌体加筋，如图 3-87 所示。

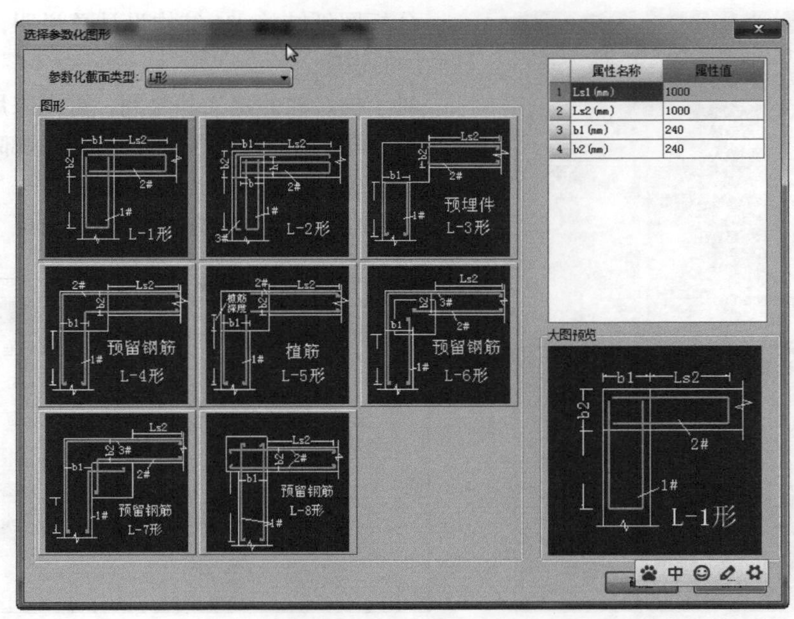

图 3-87

根据砌体加筋所在的位置选择参数图形，软件中有 L 形、T 形、十字形和一字形供选择使用，适用于相应形状的砌体相交形式。例如，选择 T 形的砌体加筋定义和绘制。

新建砌体加筋，选择与总说明中对应的形式，选择“T-1”形。砌体加筋参数图的选择，主要根据钢筋的形式，只要选择钢筋形式与施工图中完全一致的即可。

参数输入：Ls1、Ls2 和 Ls3 指三个方向的加筋伸入砌体墙内的长度，输入“700”；b_1 是指竖向砌体墙的厚度，输入“200”；b_2 指横向墙的厚度，输入“200”，如图 3-88 所示。

根据需要输入名称。按照总说明中要求，每侧钢筋信息为 C6@500,1# 筋和 2# 筋分别输入“2C6@500”，如图 3-89 所示。

（2）砌体加筋的绘制　切换到绘图界面，在③轴和Ⓒ轴交点下方位置绘制砌体加筋。采用“点”绘制，绘制成功，如图 3-90 所示。其他位置加筋的绘制可以根据实际情况，选择点画法或者旋转点画法。

	属性名称	属性值
1	Ls1 (mm)	700
2	Ls2 (mm)	700
3	Ls3 (mm)	700
4	b1 (mm)	200
5	b2 (mm)	200

图 3-88

属性编辑

	属性名称	属性值	附加
1	名称	LJ-1	
2	砌体加筋形式	T-1形	☐
3	1#加筋	2Φ6@500	☐
4	2#加筋	2Φ6@500	☐
5	其它加筋		
6	计算设置	按默认计算设置计算	
7	汇总信息	砌体拉结筋	☐
8	备注		☐
9	显示样式		

图 3-89

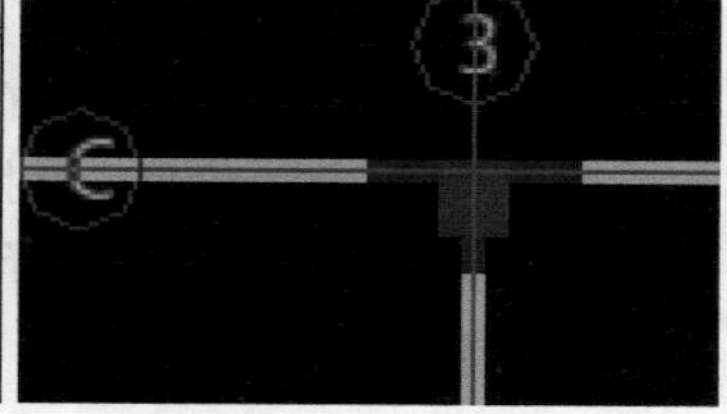

图 3-90

所有砌体加筋绘制完成后如图 3-91 所示。

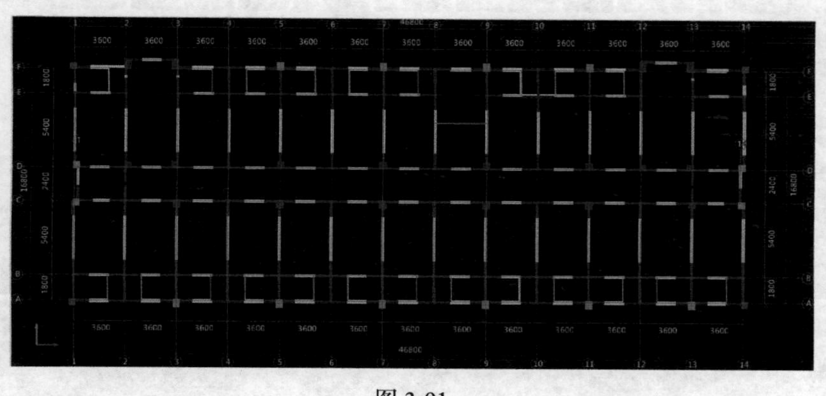

图 3-91

4. 过梁的定义和绘制

本工程的门窗洞上方按要求需布置过梁。由于绘制过梁需要提前绘制好相对应的门窗洞口，故先介绍门窗洞口的定义和绘制。

（1）门的定义　以 M-1 为例，进入“门窗洞”→“门”，新建 M-1。M-1 的尺寸：1000mm×2700mm。

（2）门的绘制　以Ⓒ轴、③～④轴间 M-1 为例，采用点绘制。从图上可知，M-1 距③轴 1300mm，右距④轴 1300mm，当放在③轴时，如图 3-92 所示，在左对话框输入“1300”，点击即可。其他门窗定义绘制方法同 M-1，不再论述。

（3）过梁的定义　以 M-1 过梁为例，进入“门窗洞”→“过梁”，新建一道过梁，如图 3-93 所示。

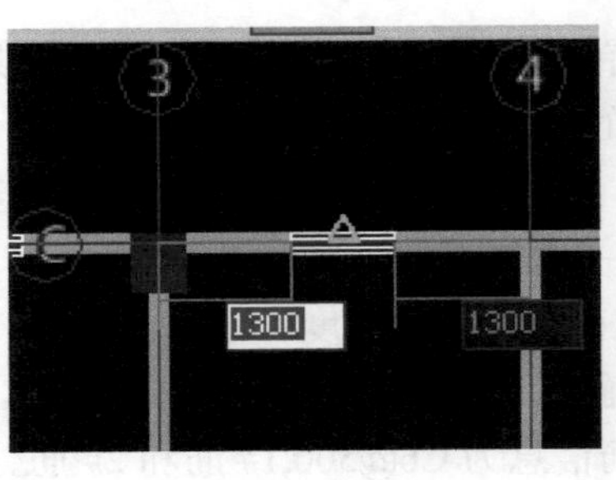

图 3-92

图 3-93

截面宽度：绘制时自动取墙厚。

截面高度：输入“120”，上部纵筋“3C12”，下部纵筋“3C12”，箍筋“C6.5@200”，按照同样的方法定义其他过梁。

（4）过梁的绘制　过梁定义完毕后，回到绘图界面，绘制过梁。过梁的布置可以采用“点”画法，或者在门窗洞口“智能布置”。

按照不同的洞口宽度，选择不同的过梁进行绘制。这里介绍点绘制法。

点绘法：选择“点”，选择要布置过梁的门窗洞口，单击左键即可布置上过梁。

全部过梁绘制完成后如图 3-94 所示。

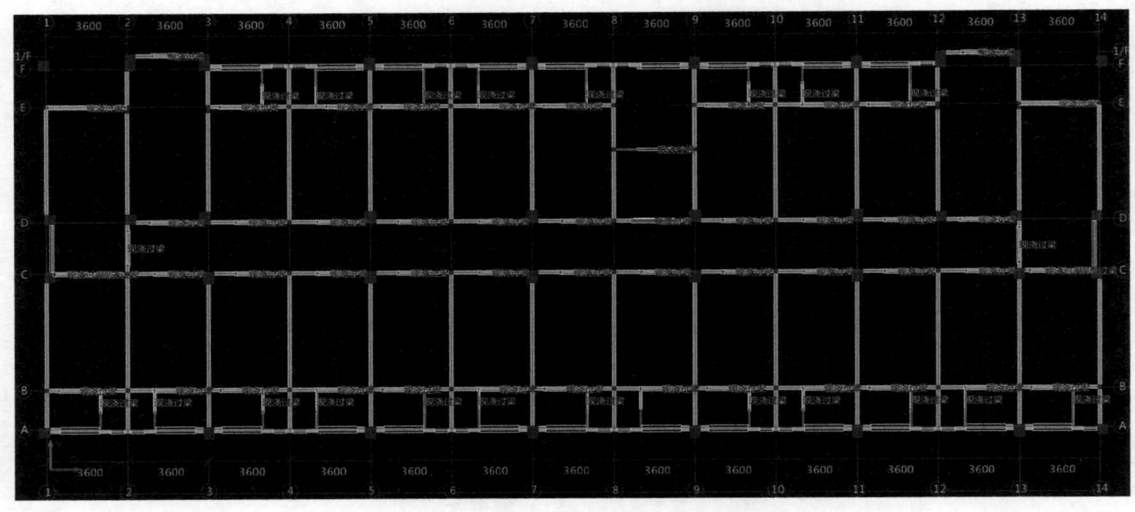
图 3-94

5. 工程量参考

首层构造柱的工程量参考如图 3-95 所示。

汇总信息	汇总信息钢筋总重kg	构件名称	构件数量	HPB300	HRB400
板受力筋	6993.543	B-100[1557]	1		37.885
		合计			6993.543
构造柱	482.287	GZ-1[920]	25		333.979
		GZ-1[935]	11		148.308
		合计			482.287

图 3-95

首层砌体拉结筋与过梁的工程量参考如图 3-96 所示（砌体拉结筋只截取了一部分）。

汇总信息	汇总信息钢筋总重kg	构件名称	构件数量	HPB300	HRB400
砌体拉结筋	744.022	LJ-T1[1024]	1		11.562
		LJ-T1[1031]	1		11.285
		LJ-T1[1033]	1		13.25
		LJ-T1[1034]	1		13.541
		LJ-T1[1035]	1		9.854
		合计			744.022
现浇过梁	674.984	现浇过梁[905]	1		7.651
		现浇过梁[906]	1		7.694
		现浇过梁[1189]	20		119.508
		现浇过梁[1191]	1		10.137
		现浇过梁[1192]	2		47.89
		现浇过梁[1194]	20		242.97
		现浇过梁[1198]	2		17.583
		现浇过梁[1208]	1		6.287
		现浇过梁[1214]	19		142.745
		现浇过梁[1217]	4		42.626
		现浇过梁[1223]	2		17.477
		现浇过梁[1254]	1		12.415
		合计			674.984

图 3-96

（五）总结拓展

（1）圈梁的定义与绘制　圈梁的定义类似于梁。在绘制方法上可采用智能布置或直线布置的方式。

（2）过梁的智能布置　选择要布置的过梁构件，选择“智能布置”命令，拉框选择或者点选要布置过梁的门窗洞口，单击右键确定，即可布置上过梁。

（六）练习与思考

（1）完成首层砌体墙和砌体加筋、构造柱、过梁的钢筋工程量计算。

（2）尝试圈梁的定义与绘制。

（3）考虑圈梁与过梁的区别。

六、基础布置

学习目标

1. 掌握不同基础类型的钢筋计算规则；
2. 能够应用软件定义各种基础的属性并绘制基础以便准确计算基础钢筋工程量。

学习要求

1. 具备相应的基础钢筋平法知识；
2. 能读懂基础结构平面图；
3. 能够将不同种类的基础运用软件中定义的属性进行灵活的应用。

（一）基础知识

1. 相关平法知识

基础分为多种形式，包括独立基础、桩基础、条形基础、筏板基础等。

基础平法施工图，有平面注写与截面注写两种表达方式，设计者可根据具体工程情况选择一种，或是两种方式相结合进行基础的施工图设计。图纸中常见的是平面注写的方式，如

图 3-97 所示。不同基础的平面注写方式，具体内容详见 16G101-3 第 7-37 页。

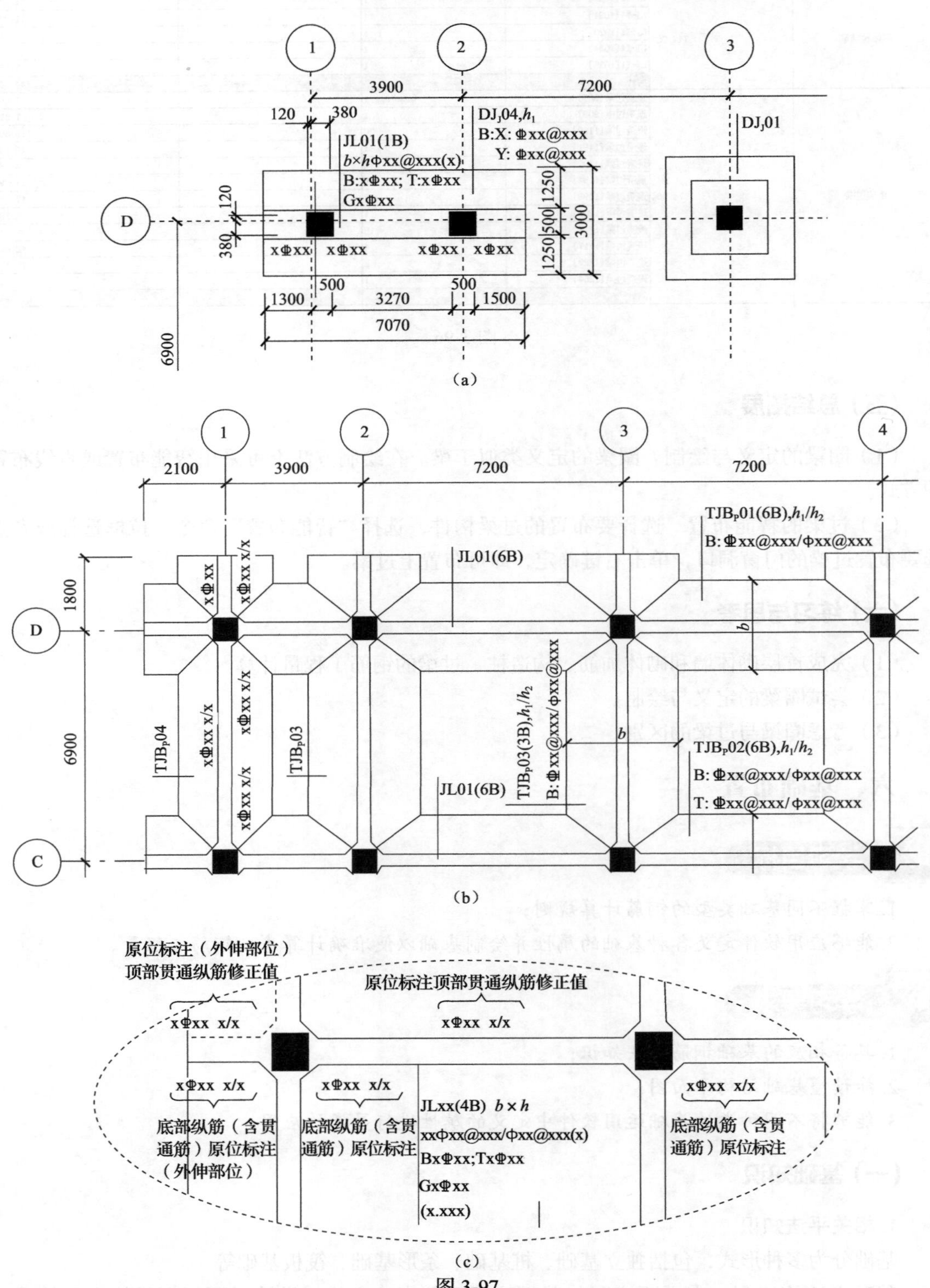

图 3-97

2. 软件功能介绍

（1）操作基本步骤　先定义构件，编辑属性，然后绘制构件，最后汇总计算得出相应工程量。

（2）功能介绍　软件将基础分为筏板基础、独立基础、条形基础和桩基础四种，根据截面形状不同分为矩形、异性、参数化三种。具体操作在模块导航栏中根据工程实际情况选择筏板基础、独立基础、条形基础和桩基础其中的一种进行新建，可单击“新建”按钮或右击新建，然后再单击“新建”或者右键建立基础单元（筏板基础除外），然后在右边的属性编辑器中根据图纸的实际情况在基础单元定义下输入基础的截面尺寸、钢筋等信息。属性定义完成后双击基础名称回到绘图界面进行基础的绘制，基础的绘制方式有“点”“旋转点”“智能布置”这几种，根据实际情况任选其中一种；但要注意如果基础的中心点不在轴线与轴线交点上，可通过 Shift+ 左键、查改标注、对齐三种方法进行准确定位。所有基础绘制完成后，点击“汇总计算”，软件会自动计算基础钢筋工程量。计算完成后可通过“查看钢筋量”或报表预览进行基础钢筋工程量的查询。

（二）任务说明

本节的任务是完成基础层独立基础钢筋量的定义与绘制。

（三）任务分析

完成本任务需要分析基础的形式和特点。根据图纸结施 -03“基础平面布置图”可知，本工程的基础为钢筋混凝土的两阶独立基础，独立基础的底标高是 –2.45m，并且有 8 种相似形状不同尺寸的独基，所以在基础层绘制基础时选择基础的布置形式为两阶的独立基础。

（四）任务实施

1. 定义独立基础

分析本案例图纸中的基础是独立基础，以 DJ-1 为例，在定义界面下，点击模块导航栏里面的基础，在基础下选择“独立基础”，单击“新建”按钮下的“新建独立基础”。再点击“新建”按钮下的“新建矩形独立基础单元”，生成顶、底两个单元，如图 3-98 所示。

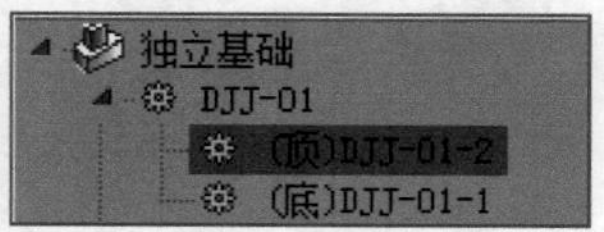

图 3-98

2. 属性编辑

名称：软件默认 DJ-1、DJ-2 顺序生成，可根据图纸实际情况，手动修改名称。此处按默认名称 DJJ-10 输入即可。

底的截面长度和截面宽度：按图纸输入“2700”、“2700”。

底的高度：250mm。

横向受力筋：此处输入“C12@150”。

纵向受力筋：此处输入“C12@150”，如图 3-99 所示。

由于独立基础顶部单元无钢筋配置，只需要输入尺寸即可。

顶的截面长度和截面宽度：按图纸输入“2300”、“2300”。

顶的高度：200mm，如图 3-100 所示。

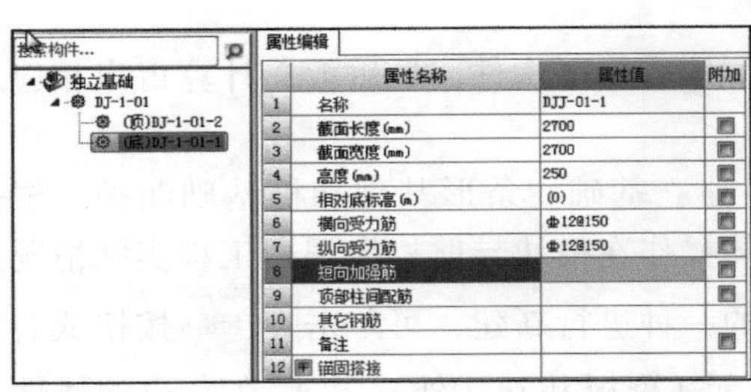

图 3-99

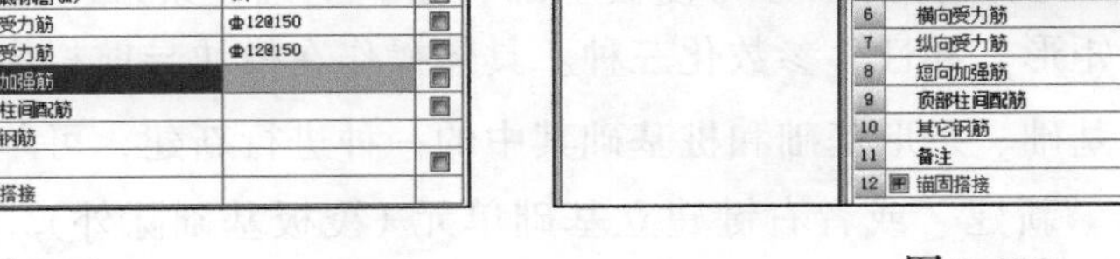

图 3-100

说明:（1）在 GGJ 2013 中，用 A、B、C、D 分别代表一、二、三、四级钢筋，输入“4B22”表示 4 根直径 22mm 的二级钢筋。软件中箍筋输入时，可以用“-”来代替“@”输入，输入更方便。

（2）蓝色属性是构件的公有属性，在属性修改中修改，会对图中所有同名构件生效；黑色属性为私有属性，修改时，只是对选中构件生效。

3. 绘制独立基础

定义完毕后，单击“绘图”按钮，切换到绘图界面。

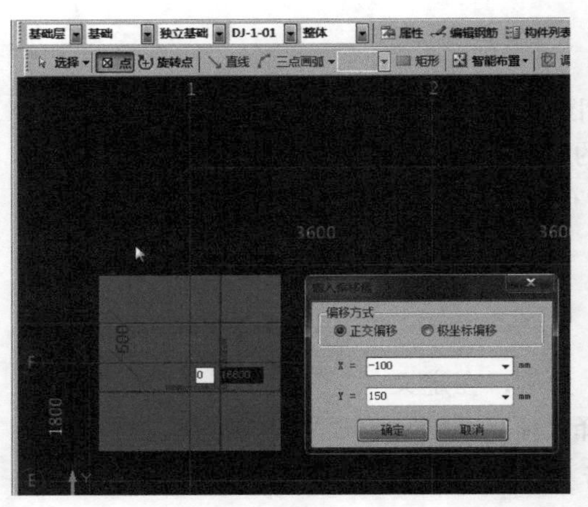

图 3-101

图纸中显示 DJ$_J$-01 不在对应的轴网交点上，因此不能直接用鼠标选择点绘制，需要使用“Shift 键 + 鼠标左键”相对于基准点偏移绘制。

把鼠标放在①轴和Ⓕ轴的交点处，显示为✚；同时按下键盘上的“Shift”键和鼠标左键，弹出“输入偏移量”对话框。

由图纸可知，DJ$_J$-01 的中心相对于Ⓕ轴与①轴交点向上偏移量为 150mm，向左偏移量为 100mm，故在对话框中输入“X=-100，Y=150”，表示水平方向向左偏移量为 100mm，竖直方向向上偏移 150mm。

X 输入为正时表示相对于基准点向右偏移，输入为负表示相对于基准点向左偏移；*Y* 输入为正时表示相对于基准点向上偏移，输入为负表示相对于基准点向下偏移，如图 3-101 所示。

4. 汇总计算后的工程量参考

汇总计算后，独立基础的钢筋工程量在报表预览中如图 3-102 所示。

工程名称：专用宿舍楼　　编制日期：2016-09-28　　单位：kg

汇总信息	汇总信息钢筋总重kg	构件名称	构件数量	HPB300	HRB400
楼层名称：基础层（绘图输入）					6852.737
独立基础	6852.737	DJJ 01, 250/200[127056]	5		391.786
		DJJ 05, 350/250[127061]	4		807.506
		DJJ 06, 300/250[127076]	1		127.479
		DJJ 03, 350/250[127081]	2		478.144
		DJJ 08, 400/300[127084]	5		2420.02
		DJJ 07, 350/250[127095]	1		264.334
		DJJ 02, 300/250[127102]	1		154.493
		DJJ 04, 350/250[127160]	10		2208.976
		合计			6852.737

图 3-102

（五）总结拓展

（1）当独立基础已经绘制完成，若需要修改基础与轴线的位置关系，可直接选中要移动的图元，点击右键用“移动”命令进行处理，或者使用“查改标注”的命令进行修改。

（2）当独立基础已经绘制完成，若需要修改基础的名称或属性，可以选中相应基础，点击右键选择“属性编辑”的命令进行处理。

（3）绘制基础时，可以使用快捷方式，点击“F4”来切换插入点。

（六）练习与思考

（1）完成本工程中所有基础工程量的计算。

（2）考虑新建独立基础单元下，新建异型独立基础单元和新建参数化独立基础单元的原理和方法。

（3）考虑其他类型的基础的绘制方法。

七、单构件输入

学习目标

（1）了解楼梯的类型及计算规则；

（2）能够应用造价软件定义楼梯的属性并进行绘制，准确计算楼梯钢筋工程量。

学习要求

（1）具备相应楼梯钢筋知识；

（2）能读懂楼梯详图及剖面图。

（一）基础知识

1. 相关知识

工程中除了柱、梁、墙、板等主体结构以外，还存在其他一些零星的构件（例如楼梯）。这类的构件和零星的构件的钢筋在绘图输入的部分不方便绘制，因此该软件提供了“单构件输入”的方法。单构件输入的主要方式之一就是参数输入，单构件输入一般适用于楼梯的钢筋的输入。

2. 软件功能介绍

参数输入的方式，是指通过选择软件内置的构件的参数图，输入钢筋信息，进行计算。下面以楼梯为例，介绍参数输入的使用方法。

首先在软件的模块导航栏的界面下切换到 单构件输入 的界面，在单构件输入的界面下点击“构件管理”按钮，弹出来“单构件输入构件管理”的对话框，如图 3-103 所示，然后点击楼梯 楼梯，点击 添加构件 按钮，添加构件时，按照图纸中的确定的要求修改构件的名称、构件的数量以及构件预制的类型，然后点击确定。确定之后点击 参数输入(C)，再点击 选择图集 按钮，在图集列表中选择对应图集下的楼梯的类型，选择图纸中要求的楼梯的形状，根据楼梯的平面图和剖面图，将楼梯中的信息输入，然后点击 计算退出 即可。

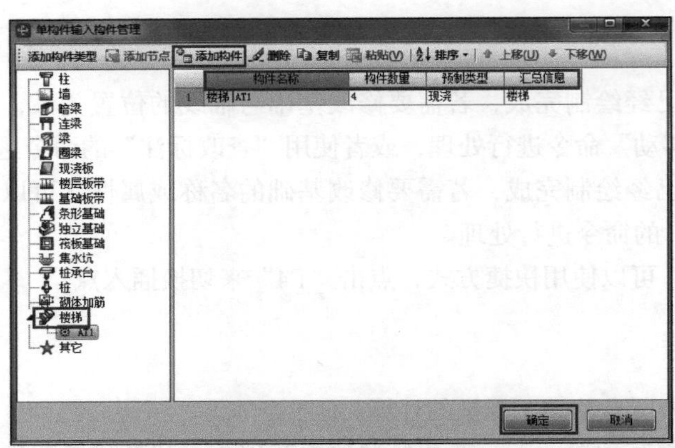

图 3-103

（二）任务说明

本节的任务是完成楼梯的定义与绘制。

（三）任务分析

根据建施-08“1-1剖面图”和结施-12“楼梯结构详图”分析楼梯的钢筋信息，一般在楼梯的钢筋信息都在详图中标明，所以根据楼梯的详图来分析楼梯的钢筋。

（1）由图纸可知，楼梯的钢筋信息中主要包括有梯板的厚度、上部钢筋信息和下部钢筋信息、分布筋的信息等。

（2）由剖面图可知，踏步段的总高度和台阶踏步高度等。

（四）任务实施

（1）在左侧的模块导航栏中，切换到“单构件输入”，单击“构件管理”，在“单构件输入构件管理”界面选择“楼梯”构件类型，单击“添加构件”，添加“一号楼梯”，单击确定即可。

图 3-104

（2）新建构件后，选择工具条上的“参数输入”，进入“参数输入法”界面，单击“选择图集”选择相应的楼梯类型，以本工程案例中的AT型楼梯为例，如图3-104所示。

（3）在楼梯的参数图中，以首层楼梯为例，参考结施-12图，按照图纸标注输入各个位置的钢筋信息和截面信息，如图3-105所示。输入完毕后，选择“计算退出”。

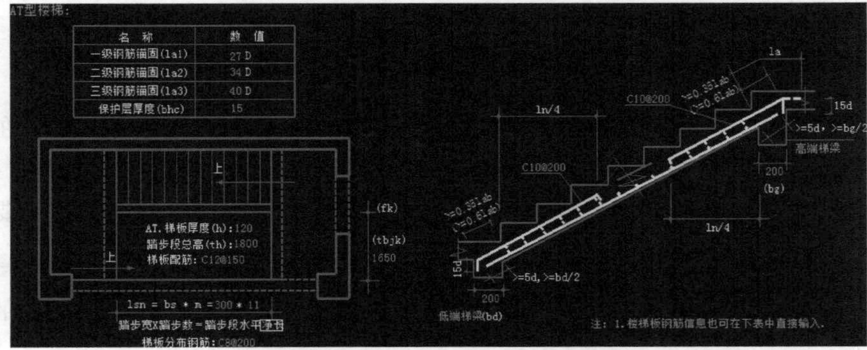

图 3-105

（4）软件按照参数图中的输入计算钢筋，显示结果如图 3-106 所示。

平法输入(P)　参数输入(C)　插入　删除　缩尺配筋　钢筋信息　钢筋图库　其他

	筋号	直径(	级别	图	图形	计算公式	公式描述	长度(mm	根数	搭接	损耗(	单重(kg	总重(kg	钢筋归类	搭接形式	钢筋类型
1*	梯板下部纵筋	12	Φ	3	3733	3080*1.134+2*120		3733	12	0	0	3.315	39.779	直筋	绑扎	普通钢筋
2	下梯梁端上部纵筋	12	Φ	149	198 1083 600 90	3080/4*1.134+408+120-2*15		1371	14	0	0	1.217	17.044	直筋	绑扎	普通钢筋
3	上梯梁端上部纵筋	12	Φ	149	180 1083 450 90	3080/4*1.134+343.2+90		1306	14	0	0	1.16	16.236	直筋	绑扎	普通钢筋
4	梯板分布钢筋	8	Φ	3	1570	1570+12.5*d		1670	30	0	0	0.66	19.79	直筋	绑扎	普通钢筋
5																

图 3-106

如果参数图中所示的钢筋信息不能满足实际工程的需要，可以在计算结果的下方手动输入钢筋。参数输入的其他内容请参照软件内置的“文字帮助”。

（5）工程量参考

楼梯钢筋工程量参考，如图 3-107 所示。

工程名称：广联达算量大赛专用宿舍楼　　编制日期：2016-09-28　　单位：kg

汇总信息	汇总信息钢筋总重/kg	构件名称	构件数量	HRB400
楼层名称：首层（单构件输入）				314.292
楼梯	314.292	楼梯|AT-1	4	314.292
		合计		314.292

图 3-107

（五）总结拓展

（1）除了参数输入法和直接输入法，单构件输入部分还有“平法输入”的方式，来定义平法梁和平法柱，具体操作请参照软件内置的“文字帮助”。

（2）做工程时，可以根据实际情况，采用绘图输入和单构件输入结合的方式。主体的构件，绘制完成即可算量，采用绘图比较方便；绘图不方便或者比较零星的构件，可以使用单构件输入中的几种方法，也可根据需要，两种方法结合，快速准确地算量。

（六）练习与思考

（1）完成首层楼梯工程量计算。

（2）尝试弧形楼梯等其他楼梯的定义与计算方法。

第四节　BIM 钢筋工程文件报表设置

一、钢筋表格的导出

（1）理解算量软件中钢筋报表导出和图形报表导出的作用及意义；

（2）熟练掌握算量软件中钢筋报表导出和图形报表导出的基本操作流程；

（3）根据实际工程图纸，计算出图纸的钢筋工程量，并根据实际将需要用到的钢筋工程量报表和图形工程量报表导出到 Excel 表格，从而计算出钢筋和图形的各项指标。

（1）掌握钢筋算量软件中钢筋报表的作用及操作步骤；

（2）学习和掌握钢筋算量软件中报表导出的操作难点和技巧；

（3）根据实际工程图纸，对钢筋导表进行操作，熟练掌握各命令按钮的操作及作用。

（一）基础知识

（1）钢筋导表的定义　钢筋导表，亦称钢筋工程量表的导出，是指在广联达钢筋算量软件中将钢筋的工程量导出到Excel中，然后对表格进行修改，最终得出钢筋的各项指标信息的一种操作方法。

（2）钢筋导表的作用

① 操作过程简单明了。

② 在操作过程中可以实时地对工程的各项指标进行检查和校核。

③ 直观反映了钢筋的用量及各部位钢筋的明细。

④ 有利于对工程施工材料采购进行指导以及工程钢筋工程量指标的分类、统计和汇总。

⑤ 有利于工程指标的存档，为以后进行类似工程的筹划、建造提供依据。

（二）任务说明

结合《BIM算量一图一练》专用宿舍楼案例工程，完成钢筋工程量的导表操作流程。

（三）任务分析

（1）针对钢筋工程量导表，在实际中应首先明确哪些钢筋报表是需要的，哪些是不需要的，然后选择工程实际需要的表导出即可。

（2）根据任务，结合实际案例，提取出工程需要的表格（例如：钢筋的工程技术经济指标、

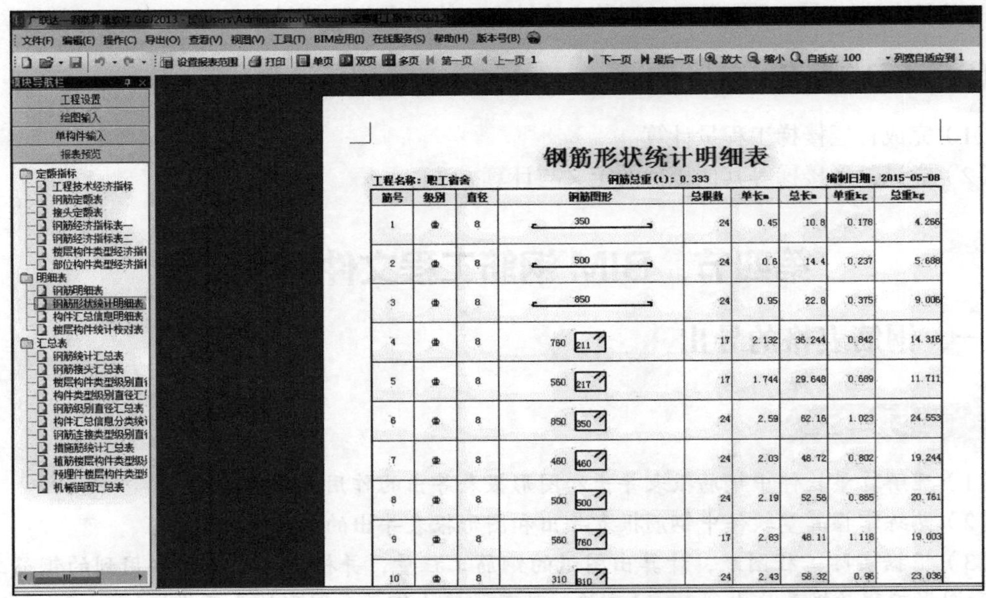

图3-108

钢筋明细表、钢筋汇总统计表等)，然后将其导入到 Excel 表格中即可。

(四) 任务实施

(1) 报表预览　进入报表预览界面。最先看到的工程技术经济指标，如果我们想预览其他的表格，就需要在该界面的左边模块导航栏中点击相应的命令按钮查看钢筋的信息（点击钢筋明细统计表就会出现相应表格，如图 3-108 所示）。通过菜单栏中的导出按钮，可将所选中的报表导出到 Excel 文件中。在工具栏一行可以设置报表范围，自适应列宽，可以直接打印表格。

(2) 选择报表，导出报表　在选择导出报表之前，可以按图 3-108 中的自适应列宽按钮，调整列宽，使导出的表格更加标准、规范；然后点击导出按钮在下拉框中选择导出到 Excel 即可，如图 3-109 所示。

(3) 本案例图纸钢筋工程量导表成果如图 3-110 所示。

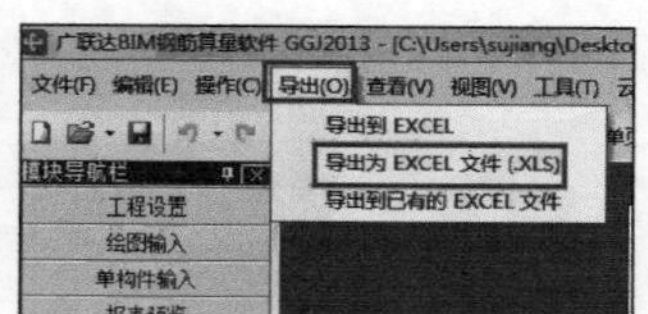

图 3-109

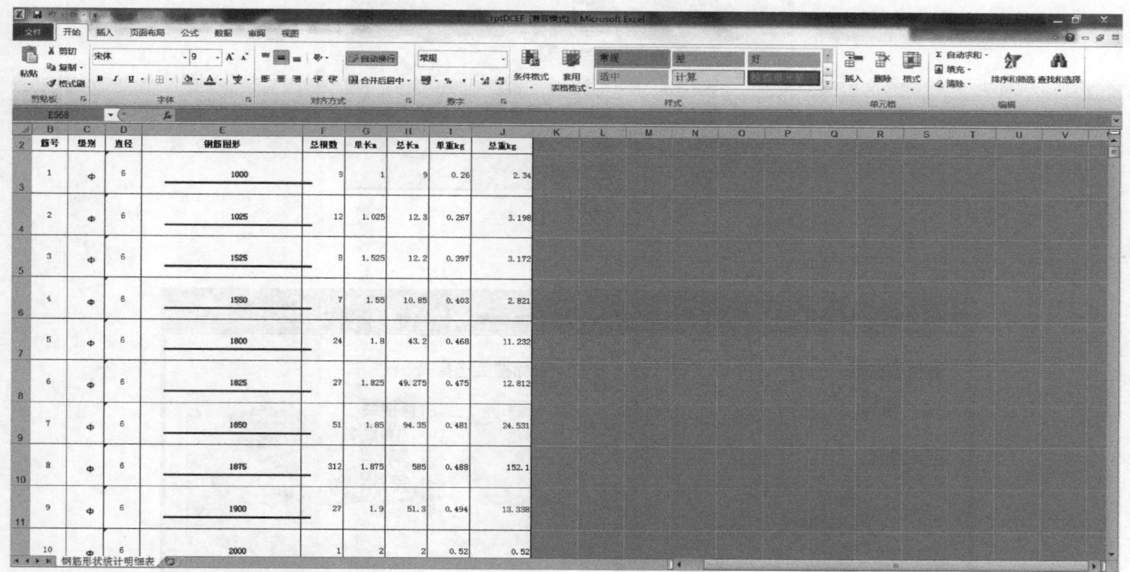

筋号	级别	直径	钢筋图形	总根数	单长m	总长m	单重kg	总重kg
1	Φ	6	1000	9	1	9	0.26	2.34
2	Φ	6	1025	12	1.025	12.3	0.267	3.198
3	Φ	6	1525	8	1.525	12.2	0.397	3.172
4	Φ	6	1550	7	1.55	10.85	0.403	2.821
5	Φ	6	1800	24	1.8	43.2	0.468	11.232
6	Φ	6	1825	27	1.825	49.275	0.475	12.812
7	Φ	6	1850	51	1.85	94.35	0.481	24.531
8	Φ	6	1875	312	1.875	585	0.488	152.1
9	Φ	6	1900	27	1.9	51.3	0.494	13.338
10	Φ	6	2000	1	2	2	0.52	0.52

图 3-110

(五) 总结拓展

(1) 需要重点掌握的知识点　钢筋导表的作用及意义。

(2) 本章节比较容易出错的知识点　在钢筋导表的过程中应先对表格进行设置修改，确定无误后再将表格导出，这样既准确又高效。

二、钢筋案例工程结果报表

首层所有构件绘制完成后，其他楼层可通过楼层下拉菜单中“从其他楼层复制构件图元”如图 3-111 所示，软件弹出如图 3-112 所示对话框，选择需要复制的构件快速完成其他楼层构件绘制，在复制之前要充分考虑首层跟其他楼层的构件的异同点，有针对性地复制，一些完全不同的构件需要在其他楼层再新建（如基础层的构件跟首层都不同），通过新建、复制等方法最终完成案例工程钢筋工程量的计算，结果见表 3-2。上述所讲方法都是基于手动建模的基础上的，实际工程中如果有 CAD 图，也可通过软件中的 CAD 导入功能实现建模（具体操作详见第六章 BIM 算量 CAD 导图案例实务）。

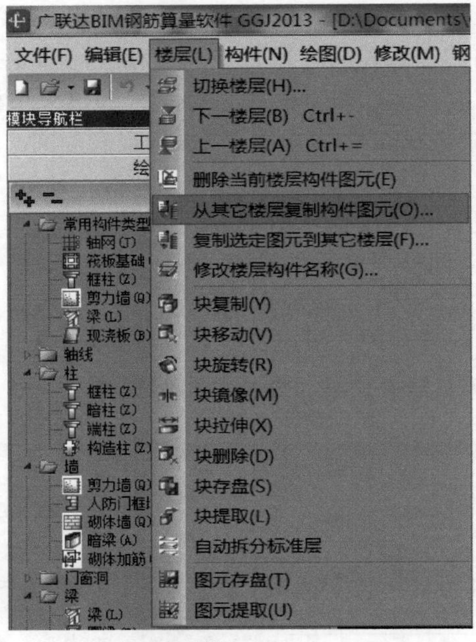

图 3-111

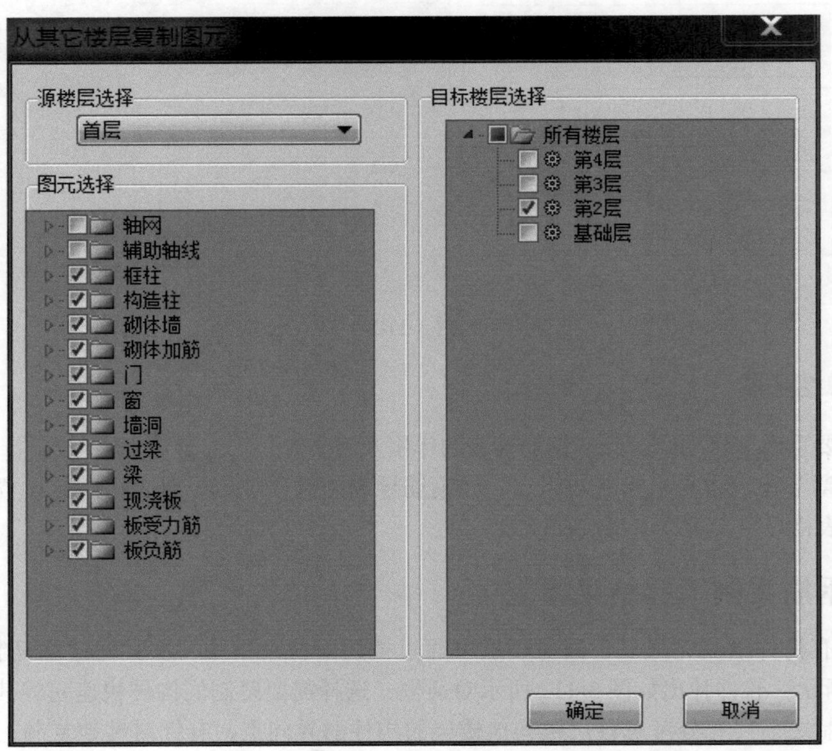

图 3-112

表 3-2 钢筋工程量汇总表

楼层名称	构件类型	钢筋总重/kg	HPB300		HRB400										
			6	10	6	6.5	8	10	12	14	16	18	20	22	25
基础层	柱	7646.961						1451.795	1530.244		49.043	1022.28	1228.183	1530.081	835.335
	梁	7983.458	176.565				2151.482		1241.182	43.889	177.655	1273.794	1716.255	1181.075	21.56
	独立基础	6852.737					64.116	412.156	391.786	3750.685	2233.994				
	合计	22483.155	176.565				2215.598	1863.951	3163.212	3794.575	2460.692	2296.074	2944.438	2711.156	856.895
首层	柱	6610.382					2677.462				39.184	883.008	1010.457	1359.631	640.64
	构造柱	51.497			6.431			45.066							
	砌体加筋	352.633			352.633										
	过梁	674.984				92.378			582.606						
	梁	14637.591	179.872				2180.578		1240.685	106.519	318.313	1508.322	7021.4	1856.677	225.225
	现浇板	6641.693	524.67	790.377			4370.62		956.025						
	楼梯	455.07					220.126	67.475	167.47						
	板底加筋	183.177							183.177						
	放射筋	84.668					51.35	33.318							
	合计	29691.694	704.542	790.377	359.064	92.378	9500.136	145.859	3129.963	106.519	357.497	2391.33	8031.857	3216.308	865.865
二层	柱	5506.057					2488.455				434.674	832.544	1352.745	397.639	
	构造柱	126.785					41.001			85.784					
	砌体加筋	412.847			412.847										
	过梁	630.631				86.797			543.834						
	梁	11232.169	173.585				1878.513		1241.182	83.132	140.911	2830.902	4755.545		128.398
	现浇板	6286.596	647.701	593.431	463.936		4029.024		552.505						
	合计	24195.085	821.286	593.431	876.783	86.797	8436.993		2337.521	168.916	575.585	3663.446	6108.29	397.639	128.398

续表

楼层名称	构件类型	钢筋总重/kg	HPB300		HRB400										
			6	10	6	6.5	8	10	12	14	16	18	20	22	25
屋顶层	柱	1337.604					635.342				36.959	121.236	544.067		
	构造柱	241.783			51.451			190.332							
	砌体加筋	155.298			155.298										
	过梁	24.297				3.518			20.779						
	梁	852.827	20.588				202.149		144.673	168.257	71.7	245.46			
	圈梁	594.157			123.603				470.555						
	现浇板	608.297		80.333	5.746		522.217								
	合计	3814.263	20.588	80.333	336.098	3.518	1359.708	190.332	636.007	168.257	108.66	366.696	544.067		
楼梯屋顶层	圈梁	223.014			47.431				175.582						
	合计	223.014			47.431				175.582						
全部层汇总	柱	21101.003					5801.258	1451.795	1530.244		559.86	2859.068	4135.452	3287.351	1475.975
	构造柱	420.065			57.882		41.001	235.398		85.784					
	砌体加筋	920.778			920.778										
	过梁	1329.913				182.693			1147.22						
	梁	34706.044	550.61				6412.722		3867.723	401.796	708.579	5858.478	13493.2	3037.752	375.183
	圈梁	817.171			171.034				646.137						
	现浇板	13536.585	1172.37	1464.141	469.682		8921.862		1508.53						
	独立基础	6852.737					64.116	412.156	391.786	3750.685	2233.994				
	楼梯	455.07					220.126	67.475	167.47						
	板底加筋	183.177							183.177						
	放射筋	84.668					51.35	33.318							
	合计	80407.212	1722.981	1464.141	1619.376	182.693	21512.435	2200.142	9442.286	4238.266	3502.433	8717.546	17628.652	6325.104	1851.157

第五节 钢筋算量综合实训

学习目标

利用钢筋算量软件独立完成练习案例的钢筋工程量的计算。

学习要求

熟读结构施工图、建筑施工图，钢筋算量软件相关功能操作熟练。

（一）实训的性质和目的

通过实训使学生更好地应用软件建模并计算钢筋工程量。训练学生动手能力，达到理论与实际联系的目的。

（二）实训需掌握的知识点

（1）16G101 系列平法图集（现浇混凝土框架柱、梁、板、板式楼梯、条形基础）制度规则及标准；

（2）钢筋算量软件中柱、梁、板计算原理及基本操作命令。

（三）实训任务

完成《BIM 算量一图一练》中员工宿舍楼案例工程钢筋工程的计算。

（四）实训组织及成绩评定

1. 实训时间安排

（1）实训的时间安排：教师根据练习工程的难易程度可将实训时间定为一周或两周，或根据学校培养大纲所确定的时间安排。

（2）实训的主要组织形式可以为集中安排，也可以分散安排，可以分组进行，也可以每个人独立完成。

（3）实训的管理：由任课教师负责实训指导与检查、督促与验收。

2. 成绩评定

建议强化学生自我管理，实施二级考核，具体考核评价人为实训小组的组长和实训指导老师。成绩比例构成：实训成绩 = 实训过程 ×50%+ 实训成果 ×40%+ 实训报告 ×10%。其中：

（1）实训过程（50%）：依据学生实训过程中的学习态度、考勤、实训任务完成进度；学生对所学专业理论知识的应用能力，独立思考问题和处理问题的能力，团队协作、沟通协调能力方面考核，具体由各小组长进行每天一考核，由实训指导负责人抽查审核，实训结束后，由实训指导负责人在各小组长考核的基础上结合实训教学中学生的总体表现，最终综合评定学生的过程考核评分。

（2）实训成果（40%）：依据所完成练习工程的钢筋工程量计算书内容的完整性、计算结果的准确率进行评分，可借助评分软件测评。

（3）实训报告（10%）：依据实训报告表述是否清楚、层次是否分明，是否能清楚表达有自己的想法，条理、逻辑性是否合理等方面评分。

（五）实训步骤

（1）熟悉并认真研究结构图，读懂图纸中如柱、梁、板、基础、楼梯等构件的平法标注。

（2）确定软件新建工程相关信息，练习工程的檐高、设防烈度、抗震等级、各构件混凝土强度等级、保护厚度、钢筋的连接方式、各构件的节点构造、层高、层数等。

（3）建立轴网，根据结构施工图定义并绘制构件，绘制完成后，检查确认信息输入无误后汇总计算。

（六）实训指导要点

1. 条形基础中需计算的钢筋种类（表 3-3）

表 3-3　条形基础中需计算的钢筋种类

构件	钢筋种类	
基础底板	底部钢筋	受力筋
		分布筋
基础梁 JCL、地梁 DL	纵筋	底部贯通纵筋
		端部及柱下区域底部非贯通筋
		顶部贯通纵筋
		架立筋
		侧面构造筋
	箍筋	
	其他	附加吊筋
		附加箍筋
		加腋筋

2. 柱需计算的钢筋种类（表 3-4）

表 3-4　柱需计算的钢筋种类

钢筋种类	构造情况	
纵筋	底层或地下室底层	基础内插筋
	中间层	无截面变化
		变截面
		变钢筋
	顶层	边、角柱
		中柱
箍筋	箍筋	

3. 梁需计算的钢筋种类（表 3-5）

表 3-5　梁需计算的钢筋种类

钢筋种类	构造情况
楼层框架梁 KL	抗震楼层框架梁一般构造
	非抗震楼层框架梁一般构造
	不伸入支座的下部钢筋构造
	中间支座变截面钢筋构造
	一级抗震时箍筋构造
	二～四级抗震时箍筋构造
	非抗震时箍筋构造
	侧面纵筋、附加吊筋或箍筋
屋面框架梁 WKL	抗震屋面框架梁一般构造
	非抗震屋面框架梁一般构造
	不伸入支座的下部钢筋构造
	中间支座变截面钢筋构造
	一级抗震时箍筋构造
	二～四级抗震时箍筋构造
	非抗震时箍筋构造
	侧面纵筋、附加吊筋或箍筋
非框架梁 L	纵筋、箍筋

4. 板需计算的钢筋种类（表 3-6）

表 3-6　板需计算的钢筋种类

钢筋种类	构造情况
板底筋	端部及中间支座锚固
	板挑檐
	悬挑板
	板翻边
	局部升降板
板顶筋	端部锚固
	悬挑板
	板翻边
	局部升降板
支座负筋	端支座负筋
	中间支座负筋
	跨板支座负筋
其他钢筋	板开洞
	悬挑阴、阳角附加筋
	温度筋

5. 软件建模顺序

钢筋算量软件操作流程：新建工程→工程设置→楼层设置→绘图输入→单构件输入→汇总计算→报表打印。不同结构类型，绘制顺序不同，总的来说绘制的顺序为一般遵循先地上后地下的建模顺序。本工程为框架结构，建议构件建模顺序：柱→梁→板→基础→砌体结构→门窗→其他构件。

第四章

BIM 土建算量软件案例实务

第一节　BIM 土建算量原理及操作

一、BIM 土建算量软件介绍

广联达 BIM 土建算量软件 GCL 2013 是一款算量软件，软件内置全国各地现行清单、定额计算规则，第一时间响应全国各地行业动态。软件采用 CAD 导图算量、绘图输入算量、表格输入算量等多种算量模式，三维状态自由绘图、编辑，具有高效、直观、简单的特点。软件运用三维计算技术，轻松处理跨层构件计算问题；提量简单，无需套做法亦可出量；报表功能强大、提供了做法及构件报表量，满足招标方、投标方各种报表需求。

广联达土建算量软件 GCL 2013 支持国际通用交换标准 IFC 文件的一键读取，同时通过广联达三维设计模型与造价算量模型交互插件 GFC 可以实现将 Revit 三维模型中的主体、基础、装修、零星等构件一键导入土建算量 GCL 2013 中，构件导入率可以达到 100%。

二、BIM 土建算量软件算量原理

(一) BIM 土建算量软件算量原理

图形算量软件是将手工的思路完全内置在软件中，将过程利用软件实现，依靠已有的计算扣减规则，利用计算机这个高效的运算工具快速、完整地计算出所有的细部工程量。软件中层高确定高度，轴网确定位置，属性确定截面；我们只需把点形构件、线形构件和面形构件画到软件当中，就能根据相应的计算规则快速、准确的计算出所需要的工程量。

算量软件能够计算的工程量包括：土石方工程量、砌体工程量、混凝土及模板工程量、屋面工程量、天棚及其楼地面工程量、墙柱面工程量等。手工算量与软件算量的过程对比如图 4-1 所示。

(二) BIM 土建算量软件算量的流程

1. 软件基本操作流程步骤

软件算量的基本流程如图 4-2 所示。

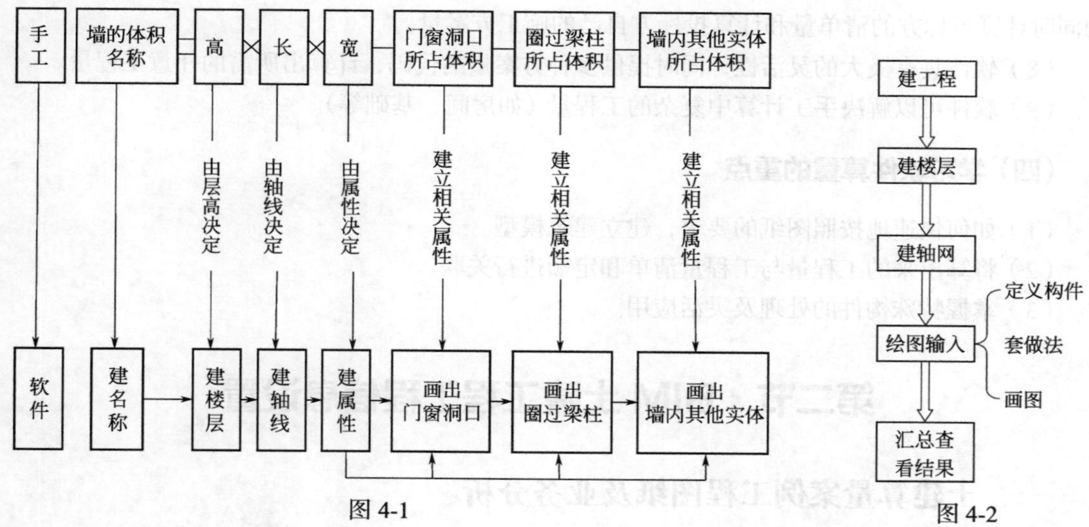

图 4-1　　图 4-2

2. 绘图顺序

按施工图的顺序：先结构后建筑，先地上后地下，先主体后屋面，先室内后室外。图形算量将一套图分成建筑、装饰、基础、其他四个部分，再把每部分的构件分组，分别一次性处理完每组构件的所有内容，做到清楚、完整。不同结构类型，绘制构件顺序有所区别。

砖混结构：砖墙→门窗洞→构造柱→圈梁。

框架结构：柱→梁→板→基础。

剪力墙结构：剪力墙→门窗洞→暗柱 / 端柱→暗梁 / 连梁。

框剪结构：柱→梁→剪力墙板块→门窗洞→暗柱 / 端柱→暗梁 / 连梁→板→砌体墙板块。

3. 构件画法

按照图元，工程实际中的构件可以划分为点状构件、线状构件和面状构件。点状构件包括柱、门窗洞口、独立基础、桩、桩承台等；线状图元包括梁、墙、条基等；面状构件包括现浇板、筏板等。不同形状的构件有不同的绘制方法。对于点式构件，主要是“点”画法；线状构件可以使用“直线”画法和“弧线”画法，也可以使用“矩形”画法在封闭局域内绘制；对于面状构件，可以采用直线绘制边线围成面状图元的画法，也可以采用弧线画法以及点画法。考虑到各构件之间均有相互关联，软件也对应提供了多种“智能布置”方式，具体操作同 BIM 钢筋算量软件，不再赘述。

（三）BIM 土建算量软件算量的特点

（1）各种计算全部内容不用记忆规则，软件自动按规则扣减。

（2）一图两算，清单规则和定额规则平行扣减，画一次图同时得出两种工程量。

（3）按图读取构件属性，软件按构件完整信息计算代码工程量。

（4）内置清单规范、形成完善的清单报表。

（5）属性不仅可以做施工方案，而且随时看到不同方案下的方案工程量。

（6）CAD 导图：完全导入设计院图纸，不用画图，直接出量，让算量更轻松。

（7）软件直接导入清单工程量，同时提供多种方案量的代码，在复核招标方提供的清单量的同时计算投标方的清单量和计算投标方自己的施工方案量。

（8）软件具有极大的灵活性，同时提供多种方案量的代码，计算出所需的任意工程量。

（9）软件可以解决手工计算中复杂的工程量（如房间、基础等）。

（四）学习软件算量的重点

（1）如何快速地按照图纸的要求，建立建筑模型。

（2）将算出来的工程量与工程量清单和定额进行关联。

（3）掌握特殊构件的处理及灵活应用。

第二节　BIM土建工程工程信息设置

一、土建算量案例工程图纸及业务分析

学会分析图纸内容，提取土建算量关键信息。

了解建筑、结构施工图的构成，具备一般施工图识图能力。

对于预算的初学者，拿到图纸及造价编制要求后，往往面对手中的图纸、要求等大量资料无从下手，究其原因，主要集中在如下两个方面：

① 看着密密麻麻的建筑说明、结构说明中的文字，有关预算的“关键字眼”是哪些呢？

② 针对常见的框架、框剪、砖混三种结构，分别应从哪里入手开始进行算量工作？

下面就针对这些问题，结合案例图纸从读图、列项等方面逐一进行图纸业务分析。

（一）建筑施工图

对于房屋建筑土建施工图纸，大多分为建筑施工图和结构施工图。建筑施工图纸大多由总平面布置图，建筑设计说明，各楼层平面图、立面图、剖面图，节点详图和楼梯详图等组成。

1. 总平面布置图

（1）概念　建筑总平面布置图，是表明新建房屋所在基础有关范围内的总体布置，它反映新建、拟建、原有和拆除的房屋、构筑物等的位置和朝向，室外场地、道路、绿化等的布置，地形、地貌、标高，以及原有环境的关系和邻界情况等。建筑总平面图也是房屋及其他设施施工的定位、土方施工以及绘制水、暖、电等管线总平面图和施工总平面图的依据。

（2）对编制工程预算的作用

① 结合拟建建筑物位置，确定塔吊的位置及数量。

② 结合场地总平面位置情况，考虑是否存在二次搬运。

③ 结合拟建工程与原有建筑物的位置关系，考虑土方支护、放坡、土方堆放调配等问题。

④ 结合拟建工程之间的关系，综合考虑建筑物的共有构件等问题。

2. 建筑设计说明

（1）概念　建筑设计说明，是对拟建建筑物的总体说明。

（2）包含的主要内容

① 建筑施工图目录。

② 设计依据：设计所依据的标准、规定、文件等。

③ 工程概况：一般应包括建筑名称、建设地点、建设单位、建筑面积，建筑基底面积、建筑工程等级、设计使用年限、建筑层数和建筑高度、防火设计建筑分类和耐火等级，人防工程防护等级、屋面防水等级、地下室防水等级、抗震设防烈度等，以及能反映建筑规模的主要技术经济指标，如住宅的套型和套数（包括每套的建筑面积、使用面积，阳台建筑面积；房间的使用面积可在平面图中标注）、旅馆的客房间数和床位数、医院的门诊人次和住院部的床位数、车库的停车泊位数等。

④ 建筑物定位及设计标高、高度。

⑤ 图例。

⑥ 用料说明和室内外装修。

⑦ 对采用新技术、新材料的做法说明及对特殊建筑造型和必要的建筑构造的说明。

⑧ 门窗表及门窗性能（防火、隔声、防护、抗风压、保温、空气渗透、雨水渗透等）、用料、颜色，玻璃、五金件等的设计要求。

⑨ 幕墙工程（包括玻璃、金属、石材等）及特殊的屋面工程（包括金属、玻璃、膜结构等）的性能及制作要求，平面图、预埋件安装图等以及防火、安全、隔音构造。

⑩ 电梯（自动扶梯）选择及性能说明（功能、载重量、速度、停站数、提升高度等）。

⑪ 墙体及楼板预留孔洞需封堵时的封堵方式说明。

⑫ 其他需要说明的问题。

（3）编制预算必须思考的问题

① 该建筑物的建设地点在哪里？（涉及税金等费用问题）

② 该建筑物的总建筑面积是多少？地上、地下建筑面积各是多少？（可根据经验，对此建筑物估算大约造价金额）

③ 图纸中的特殊符号表示什么意思？（帮助我们读图）

④ 层数是多少？高度是多少？（是否产生超高增加费？）

⑤ 填充墙体采用什么材质？厚度有多少？砌筑砂浆强度等级是多少？特殊部位墙体是否有特殊要求？（查套填充墙子目）

⑥ 是否有关于墙体粉刷防裂的具体措施？（比如在混凝土构件与填充墙交接部位设置钢丝网片）

⑦ 是否有相关构造柱、过梁、压顶的设置说明？（此内容不在图纸上画出，但也需计算造价）

⑧ 门窗采用什么材质？对玻璃的特殊要求是什么？对框料的要求是什么？有什么五金？门窗的油漆情况？是否需要设置护窗栏杆？（查套门窗、栏杆相关子目）

⑨ 有几种屋面？构造做法分别是什么？或者采用哪本图集？（查套屋面子目）

⑩ 屋面排水的形式？（计算落水管的工程量及查套子目）

⑪ 外墙保温的形式？保温材料及厚度？（查套外墙保温子目）

⑫ 外墙装修分几种？做法分别是什么？（查套外装修子目）

⑬ 室内有几种房间？它们的楼地面、墙面、墙裙、踢脚、天棚（吊顶）装修做法是什么？或者采用哪本图集？（查套房间装修子目）

请结合案例图纸，思考以上问题。

3. 各层平面图

在窗台上边用一个水平剖切面将房子水平剖开，移去上半部分、从上向下透视它的下半部分，可看到房子的四周外墙和墙上的门窗、内墙和墙上的门，以及房子周围的散水、台阶等。将看到的部分都画出来，并标注上尺寸，就是平面图。编制预算时必须思考的问题如下。

（1）首层平面图

① 通看平面图，是否存在对称的情况？

② 台阶、坡道的位置在哪里？台阶挡墙的做法是否有节点引出？台阶的构造做法采用哪本图集？坡道的位置在哪里？坡道的构造做法采用哪本图集？坡道栏杆的做法？（台阶、坡道的做法有时也在“建筑说明”中明确）

③ 散水的宽度是多少？做法采用的图集号是多少？（散水做法有时也在“建筑说明”中明确）

④ 首层的大门、门厅位置在哪里？（与二层平面图中雨篷相对应）

⑤ 首层墙体的厚度？材质？砌筑要求？（可结合“建筑说明”对照来读）

⑥ 是否有节点详图引出标志？（如有节点引出标志，则需对照相应节点号找到详图，以助全面理解图纸）

⑦ 注意图纸下方对此楼层的特殊说明。

（2）二层平面图

① 是否存在平面对称或户型相同的情况？

② 二层墙体的厚度、材质、砌筑要求？（可结合“建筑说明”对照来读）

③ 是否有节点详图引出标志？（如有节点引出标志，则需对照相应节点号找到详图，以助全面理解图纸）

④ 注意图纸下方对此楼层的特殊说明。

（3）其他层平面图

① 是否存在平面对称或户型相同的情况？

② 当前层墙体的厚度、材质、砌筑要求？（可结合“建筑说明”对照来读）

③ 是否有节点详图引出标志？（如有节点引出标志，则需对照相应节点号找到详图，以帮助全面理解图纸）

④ 注意当前层与其他楼层平面的异同，并结合立面图、详图、剖面图综合理解。

⑤ 注意图纸下方对此楼层的特殊说明。

（4）屋面平面图

① 屋面结构板顶标高是多少？（结合层高、相应位置结构层板顶标高来读）

② 屋面女儿墙顶标高是多少？（结合屋面板顶标高计算出女儿墙高度）

③ 查看屋面女儿墙详图。（理解女儿墙造型、压顶造型等信息）

④ 屋面的排水方式？落水管位置及根数是多少？

⑤ 注意屋面造型平面形状，并结合相关详图理解。

⑥ 注意屋面楼梯间的信息。

4. 立面图

在房子的正面看，将可看到房子的正立面形状、门窗、外墙裙、台阶、散水、挑檐等都画出来，即形成建筑立面图。编制预算是必须注意的问题如下。

① 室外地坪标高是多少？

② 查看立面图中门窗洞口尺寸、离地标高等信息，结合各层平面图中门窗的位置，思考过梁的信息；结合建筑说明中关于护窗栏杆的说明，确定是否存在护窗栏杆。

③ 结合屋面平面图，从立面图上理解女儿墙及屋面造型。

④ 结合各层平面图，从立面图上理解空调板、阳台拦板等信息。

⑤ 结合各层平面图，从立面图理解各层节点位置及装饰位置的信息。

⑥ 从立面图上理解建筑物各个立面的外装修信息。

⑦ 结合平面图理解门斗造型信息。

请结合案例图纸，思考以上问题。

5. 剖面图

剖面图的作用是对无法在平面图及立面图中表述清楚的局部剖切，以清楚表述建筑内部的构造，从而补充说明平面图、立面图所不能显示的建筑物内部信息。编制预算需注意以下问题：

① 结合平面图、立面图、结构板的标高信息、层高信息及剖切位置，理解建筑物内部构造的信息。

② 查看剖面图中关于首层室内外标高信息，结合平面图、立面图理解室内外高差的概念。

③ 查看剖面图中屋面标高信息，结合屋面平面图及其详图，正确理解屋面板的高差变化。

请结合案例图纸思考以上问题。

6. 楼梯详图

楼梯详图由楼梯剖面图、平面图组成。由于平面图、立面图只能显示楼梯的位置，而无法清楚显示楼梯的走向、踏步、标高、栏杆等细部信息，因此设计中一般以楼梯详图展示。编制预算时需注意以下问题：

① 结合平面图中楼梯位置、楼梯详图的标高信息，正确理解楼梯作为竖向交通工具的立体状况。(思考关于楼梯平台、楼梯踏步、楼梯休息平台的概念，进一步理解楼梯及楼梯间装修的工程量计算及定额套用的注意事项)

② 结合楼梯详图，了解楼梯井的宽度，进一步思考楼梯工程量的计算规则。

③ 了解楼梯栏杆的详细位置、高度及所用到的图集。

请结合案例图纸，思考以上问题。

7. 节点详图

(1) 表示方法　为了补充说明建筑物细部的构造，从建筑物的平面图、立面图中特意引出需要说明的部位，对相应部位进一步详细描述，就构成了节点详图。下面就节点详图的表示方法做简要说明。

① 被索引的详图在同一张图纸内，如图 4-3 所示。

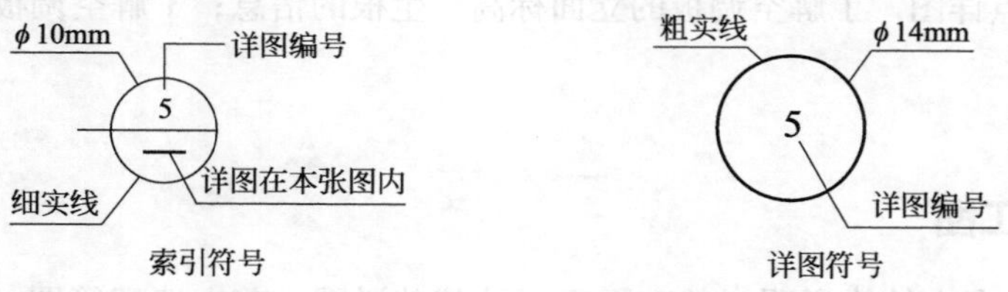

图 4-3

② 被索引的详图不在同一张图纸内，如图 4-4 所示。

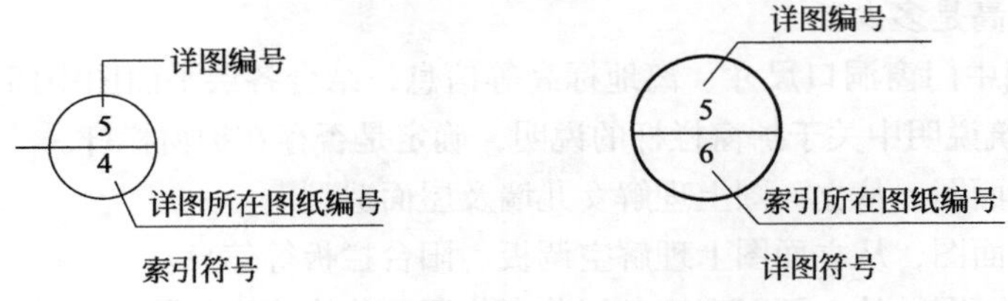

图 4-4

③ 被索引的详图参见图集，如图 4-5 所示。

④ 索引的剖视详图在同一张图纸内，如图 4-6 所示。

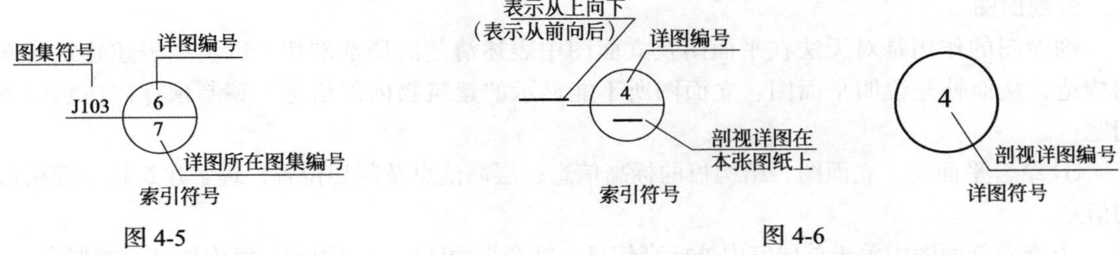

图 4-5　　图 4-6

⑤ 索引的剖视详图不在同一张图纸内，如图 4-7 所示。

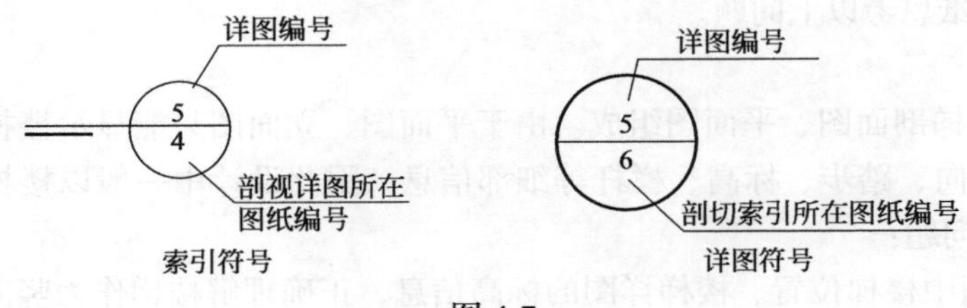

图 4-7

（2）编制预算时需注意的问题

1）墙身节点详图

① 墙身节点详图底部　查看关于散水、排水沟、台阶、勒脚等方面的信息，对照散水宽度是否与平面图一致。参照的散水、排水沟图集是否明确。（图集有时在平面图或建筑设计说明中明确）

② 墙身节点详图中部　了解墙体各个标高处外装修、外保温信息；理解外窗中关于窗台板、窗台压顶等信息；理解关于圈梁位置、标高的信息。

③ 墙身节点详图顶部　理解相应墙体顶部关于屋面、阳台、露台、挑檐等位置的构造信息。

2）压顶节点详图　了解压顶的形状、标高、位置等信息；

3）空调板节点详图　了解空调板的立面标高、生根的信息；了解空调板栏杆（或百叶）的高度及位置信息。

4）其他详图。

（二）结构施工图

结构施工图大多由结构说明、基础平面图及基础详图、剪力墙配筋图、各层剪力墙暗柱、端柱配筋表、各层梁平法配筋图、各层楼板配筋平面图、楼梯配筋详图、节点详图等组成。下面就结合案例图纸分别对其功能、特点逐一介绍。

1. 综述

结构施工图纸一般包括：图纸目录、结构设计总说明、基础平面图及其详图、墙柱定位图、各层结构平面图（模板图、板配筋图、梁配筋图）、墙柱配筋图及其留洞图、楼梯及其他构筑物详图（水池、坡道、电梯机房、挡土墙等）。

作为造价工作者来讲，结构施工图主要为了计算混凝土、模板工程量，进而计算其造价；而为了计算这些工程量，需要了解建筑物的基础及其垫层、墙、梁、板、柱、楼梯等的混凝土标号、截面尺寸、高度、长度、厚度、位置等信息。从预算角度，也应着重从这些方面对结构施工图加以详细阅读。

2. 结构设计总说明

（1）主要包括内容

① 工程概况：建筑物的位置、面积、层数、结构抗震类别、设防烈度、抗震等级、建筑物合理使用年限等。

② 工程地质情况：土质情况、地下水位等。

③ 设计依据。

④ 结构材料类型、规格、强度等级等。

⑤ 分类说明建筑物各部位设计要点、构造及注意事项等。

⑥ 需要说明的隐蔽部位的构造详图，如后浇带加强、洞口加强筋、锚拉筋、预埋件等。

⑦重要部位图例等。

（2）编制预算需要注意的问题

① 土质情况，作为针对土方工程组价的依据。

② 地下水位情况，考虑是否需要采取降排水措施。

③ 混凝土标号，作为查套定额依据。

④ 砌体的材质及砌筑砂浆要求，作为套砌体定额的依据。

⑤ 其他文字性要求或详图，有时不在结构平面图纸中画出，但也应计算其工程量，例如现浇板分布钢筋、次梁加筋、吊筋、洞口加强筋。

1）基础平面图及其详图　编制预算需要注意以下问题：

① 基础类型是什么？决定查套的子目。例如需要注意去判断是有梁式条基还是无梁式条基。

② 基础详图情况，帮助理解基础构造，特别注意基础标高、厚度、形状等信息，了解在基础上生根的柱、墙等构件的标高及插筋情况。

③ 注意基础平面图及详图的设计说明，有些内容设计人员不标注在平面图上，而是以文字的形式加以说明。

2）柱子平面布置图及柱表　编制预算需要注意以下问题：

① 对照柱子位置信息（b 边、h 边的偏心情况）及梁、板、建筑平面图墙体梁的位置，从而理解柱子作为支座类构件的准确位置，为以后计算梁、板等工程量做准备。

② 柱子不同标高部位的配筋及截面信息（常以柱表或平面标注的形式出现）。

③ 特别注意柱子生根部位及高度截止信息，为理解柱子高度信息做准备。

3）梁平面布置图　编制预算需要注意以下问题：

① 结合柱平面图、板平面图综合理解梁的位置信息。

② 结合柱子位置，理解梁跨的信息，进一步理解主梁、次梁的概念及在计算工程量过程中的次序。

4）板平面布置图　编制预算需注意以下问题：

结合图纸说明，阅读不同板厚的位置信息。

5）楼梯结构详图　编制预算需注意以下问题：

① 结合建筑平面图，了解不同楼梯的位置。

② 结合建筑立面图、剖面图，理解楼梯的使用性能

③ 结合建筑楼梯详图及楼层的层高、标高等信息，理解不同踏步板的数量、休息平台、平台的标高及尺寸。

④ 结合详图及位置，阅读梯板厚度、宽度及长度；平台厚度及面积；楼梯井宽度等信息，为计算楼梯工程量做好准备。

请结合案例图纸，思考以上问题。

3. 本章任务说明

后续章节任务实施均以案例图纸《BIM 算量一图一练》中专用宿舍楼工程的首层构件展开讲解，其他楼层请读者在通读本章之后自行完成。

4. 图纸修订

（1）室内装修如表 4-1 所示。

表 4-1　室内装修做法表

<table>
<tr><th>部位
名称</th><th>地面</th><th>楼面</th><th>踢脚板</th><th>内墙面</th><th>顶棚</th></tr>
<tr><td rowspan="3">门厅</td><td colspan="2">花岗岩地面（楼面）
1.20 厚花岗岩石材
2.30 厚 1：3 干硬性水泥砂浆结合层，表面撒水泥粉
3. 水泥砂浆一道（内掺建筑胶）</td><td rowspan="3">大理石踢脚（100 高）
1.10～15 厚大理石石材板（涂防污剂），稀水泥浆擦缝
2.12 厚 1：2 水泥砂浆（内掺建筑胶）黏结层
3. 素水泥砂浆一道（内掺建筑胶）</td><td rowspan="3">水泥石灰浆墙面
1. 白色面浆墙面
2.2 厚纸筋石灰罩面
3.12 厚 1:3:9 水泥石灰膏砂浆打底分层抹平
4. 素水泥砂浆一道甩毛（内掺建筑胶）</td><td rowspan="3">白色乳胶漆顶棚
1. 白色乳胶漆涂料
2.3 厚 1：0.5：2.5 水泥石灰膏砂浆找平
3.5 厚 1：0.5：3 水泥石膏砂浆打底扫毛
4. 素水泥砂浆一道甩毛（内掺建筑胶）</td></tr>
<tr><td>4.60 厚 C15 混凝土垫层</td><td rowspan="2">4. 现浇钢筋混凝土楼板</td></tr>
<tr><td>5.150 厚碎石夯入土中</td></tr>
<tr><td rowspan="3">走道、阳台、宿舍</td><td colspan="2">地砖地面（楼面）
1.10～15 厚地砖，干水泥擦缝
2.30 厚 1：3 干硬性水泥砂浆结合层，表面撒水泥粉
3. 水泥砂浆一道（内掺建筑胶）</td><td rowspan="3">水泥踢脚（100 高）
1.6 厚 1：2.5 水泥砂浆抹面压实赶光
2. 素水泥砂浆一道
3.8 厚 1：3 水泥砂浆打底压出纹道
4. 素水泥砂浆一道（内掺建筑胶）</td><td rowspan="3">水泥石灰浆墙面
1. 白色面浆墙面
2.2 厚纸筋石灰罩面
3.12 厚 1：3：9 水泥石灰膏砂浆打底分层抹平
4. 素水泥砂浆一道甩毛（内掺建筑胶）</td><td rowspan="3">白色乳胶漆顶棚
1. 白色乳胶漆涂料
2.3 厚 1：0.5：2.5 水泥石灰膏砂浆找平
3.5 厚 1：0.5：3 水泥石膏砂浆打底扫毛
4. 素水泥砂浆一道甩毛（内掺建筑胶）</td></tr>
<tr><td>4.60 厚 C15 混凝土垫层</td><td rowspan="2">4. 现浇钢筋混凝土楼板</td></tr>
<tr><td>5.150 厚碎石夯入土中</td></tr>
</table>

续表

<table>
<tr><th>部位
名称</th><th>地面</th><th>楼面</th><th>踢脚板</th><th>内墙面</th><th>顶棚</th></tr>
<tr><td rowspan="3">开水房、洗浴室、公用卫生间、宿舍卫生间</td><td colspan="2">防水地面（楼面）
1.10～15 厚地砖，干水泥擦缝
2.20 厚 1：3 干硬性水泥砂浆结合层，表面撒水泥粉
3.1 厚聚合物水泥基防水涂料
4.1：3 水泥砂浆或最薄处 30 厚 C20 细石混凝土找坡层抹平
5. 水泥砂浆一道（内掺建筑胶）</td><td rowspan="3">水泥踢脚（100 高）
1.6 厚 1：2.5 水泥砂浆抹面压实赶光
2. 素水泥砂浆一道
3.8 厚 1：3 水泥砂浆打底压出纹道
4. 素水泥砂浆一道（内掺建筑胶）</td><td rowspan="3">面砖防水墙面
1. 白水泥擦缝
2.10 厚墙面砖（粘贴前墙砖充分水湿）
3.4 厚强力胶粉泥黏结层，揉挤压实
4.1.5 厚聚合物水泥基复合防水涂料防水层
5. 刷素水泥砂浆一道甩毛
6. 聚合物水泥砂浆修补墙基面</td><td rowspan="3">白色乳胶漆顶棚
1. 白色乳胶漆涂料
2.3 厚 1：0.5：2.5 水泥石灰膏砂浆找平
3.5 厚 1：0.5：3 水泥石膏砂浆打底扫毛
4. 素水泥砂浆一道甩毛（内掺建筑胶）</td></tr>
<tr><td>6.60 厚 C15 混凝土垫层</td><td rowspan="2">6. 现浇钢筋混凝土楼板</td></tr>
<tr><td>7.150 厚碎石夯入土中</td></tr>
<tr><td rowspan="3">楼梯间</td><td colspan="2">地砖地面（楼面）
1.10～15 厚地砖，干水泥擦缝
2.30 厚 1：3 干硬性水泥砂浆结合层，表面撒水泥粉
3. 水泥砂浆一道（内掺建筑胶）</td><td rowspan="3">水泥踢脚（100 高）
1.6 厚 1：2.5 水泥砂浆抹面压实赶光
2. 素水泥砂浆一道
3.8 厚 1:3 水泥砂浆打底压出纹道
4. 素水泥砂浆一道（内掺建筑胶）</td><td rowspan="3">水泥石灰浆墙面
1. 白色面浆墙面
2.2 厚纸筋石灰罩面
3.12 厚 1：3：9 水泥石灰膏砂浆打底分层抹平
4. 素水泥砂浆一道甩毛（内掺建筑胶）</td><td rowspan="3">白色乳胶漆顶棚
1. 白色乳胶漆涂料
2.3 厚 1：0.5：2.5 水泥石灰膏砂浆找平
3.5 厚 1：0.5：3 水泥石膏砂浆打底扫毛
4. 素水泥砂浆一道甩毛（内掺建筑胶）</td></tr>
<tr><td>4.60 厚 C15 混凝土垫层</td><td rowspan="2">4. 现浇钢筋混凝土楼板</td></tr>
<tr><td>5.150 厚碎石夯入土中</td></tr>
<tr><td rowspan="3">管理室</td><td colspan="2">地砖地面（楼面）
1.10～15 厚地砖，干水泥擦缝
2.30 厚 1：3 干硬性水泥砂浆结合层，表面撒水泥粉
3. 水泥砂浆一道（内掺建筑胶）</td><td rowspan="3">花岗石踢脚（100mm 高）
1.10～15 厚花岗石石材板（涂防污剂），稀水泥浆擦缝
2.12 厚 1：2 水泥砂浆（内掺建筑胶）黏结层
3. 素水泥砂浆一道（内掺建筑胶）</td><td rowspan="3">水泥石灰浆墙面
1. 白色面浆墙面
2.2 厚纸筋石灰罩面
3.12 厚 1：3：9 水泥石灰膏砂浆打底分层抹平
4. 素水泥砂浆一道甩毛（内掺建筑胶）</td><td rowspan="3">白色乳胶漆顶棚
1. 白色乳胶漆涂料
2.3 厚 1：0.5：2.5 水泥石灰膏砂浆找平
3.5 厚 1：0.5：3 水泥石膏砂浆打底扫毛
4. 素水泥砂浆一道甩毛（内掺建筑胶）</td></tr>
<tr><td>4.60 厚 C15 混凝土垫层</td><td rowspan="2">4. 现浇钢筋混凝土楼板</td></tr>
<tr><td>5.150 厚碎石夯入土中</td></tr>
</table>

注：1. 表中未涉及的室外需要抹灰的情况均按 12 厚 1：3 水泥砂浆打底，8 厚 1：2 水泥砂浆抹光处理。
2. 连通室内的热桥（如空调板、挑檐板）表面均贴 30 厚 A 级挤塑保温板，表面做法同所在构件。
3. 阳台部分只计混凝土防水坎台，不计地面防水层。

（2）屋面做法

1）屋面 1

① 40 厚 C20 细石混凝土

② SBS 卷材防水层（防水卷材上翻 500mm）

③ 20 厚 1：3 水泥砂浆找平层

④ 50 厚挤塑泡沫保温板

⑤ 1：8 水泥珍珠岩找坡最薄处 30 厚

2）屋面 2

① SBS 卷材防水层（防水卷材上翻 500mm）

② 20 厚 1：3 水泥砂浆找平层

③ 50 厚挤塑泡沫保温板

④ 1：8 水泥珍珠岩找坡最薄处 30 厚

3）屋面 3

① 20 厚 1：2 水泥砂浆保护层

② 1.5 厚聚氨酯防水涂膜一道

③ 1：3 水泥砂浆找平层

④ 1：8 水泥珍珠岩找坡最薄处 20 厚

（3）外墙做法

1) 外墙 1：饰面砖墙面

① 1：1 水泥砂浆（细沙）勾缝

② 贴 8～10 厚白色（或红色）外墙饰面砖（粘贴前要先将墙砖用水浸湿）

③ 8 厚 1：2 建筑胶水泥砂浆结合层

④ 50 厚挤塑泡沫保温板

⑤ 15 厚 1：3 水泥砂浆打底扫毛

2）外墙 2：涂料墙面（女儿墙内外两侧）

① 白色外墙弹性乳胶涂料

② 12 厚 1：2.5 水泥砂浆抹光，白水泥腻子二遍

③ 刷素水泥砂浆一道

④ 5 厚 1：3 水泥砂浆找底扫毛

⑤ 刷聚合物水泥砂浆一遍

二、BIM 土建工程工程信息设置

能够用 BIM 算量软件完成任一工程的信息设置。

了解工程图纸中哪些参数信息影响钢筋工程量的计算。

（一）任务说明

完成案例图纸的新建工程的各项设置。

（二）任务分析

新建工程前，要先分析图纸的结构说明，工程图纸设计所依据的图集年限，提取建筑物抗震等级、设防烈度、檐高、结构类型、混凝土标号、保护层、钢筋接头的设置要求等信息。

(三) 任务实施

1. 新建工程

(1) 双击桌面“广联达图形算量软件 GCL 2013”图标(如图 4-8 所示),启动软件,进入新建界面;

图 4-8

(2) 鼠标左键点击“新建向导”按钮,弹出新建工程向导窗口,输入工程名称“专用宿舍楼”,清单规则选择“建设工程工程量清单计价规范计算规则”,清单库选择“工程量清单项目设置规则”,做法模式选择纯做法模式,如图 4-9 所示。

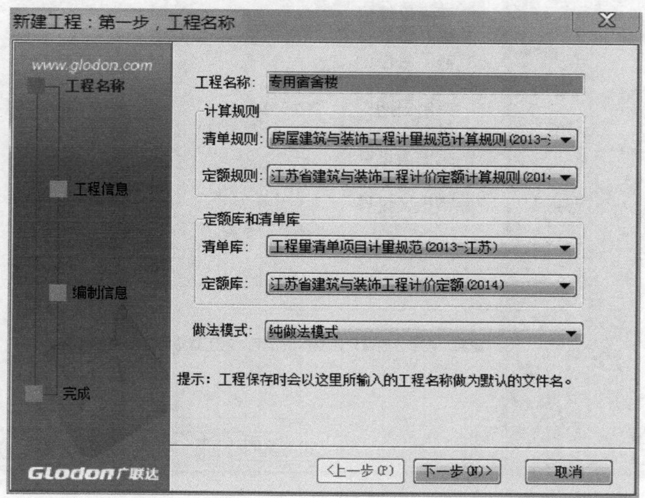

图 4-9

注意: ① 工程量清单招标模式模式,选择“清单规则”和“清单库”;

② 清单控制价模式或清单投标模式,应同时选“清单规则”、“定额规则”、“清单库”和“定额库”;

③ 根据所在的地区,选择相应的计算规则及定额库。(本工程以江苏省计算规则为例。)

(3) 点击“下一步”,进入“工程信息”编辑界面,图 4-10 所示。

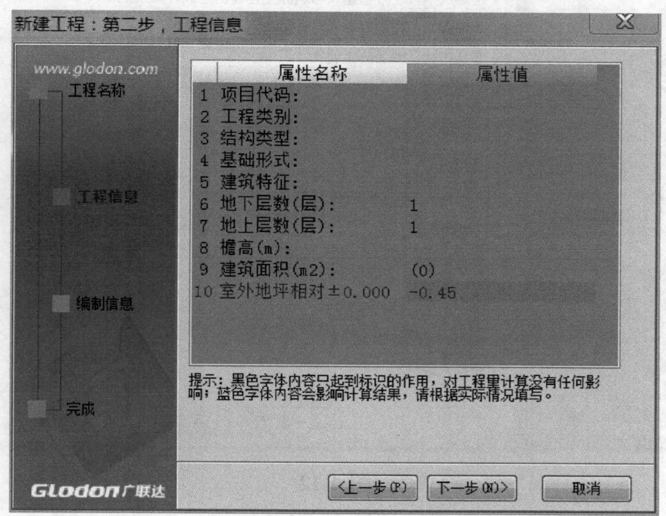

图 4-10

在工程信息中，室外地坪相对 ±0.000 的标高，要根据实际工程的情况输入，本工程为 –0.45。

注意： 黑色字体内容只起到标识的作用，蓝色字体会影响计算结果，需根据工程实际情况填写。

（4）点击“下一步”，进入“编制信息”编辑界面，如图 4-11 所示。

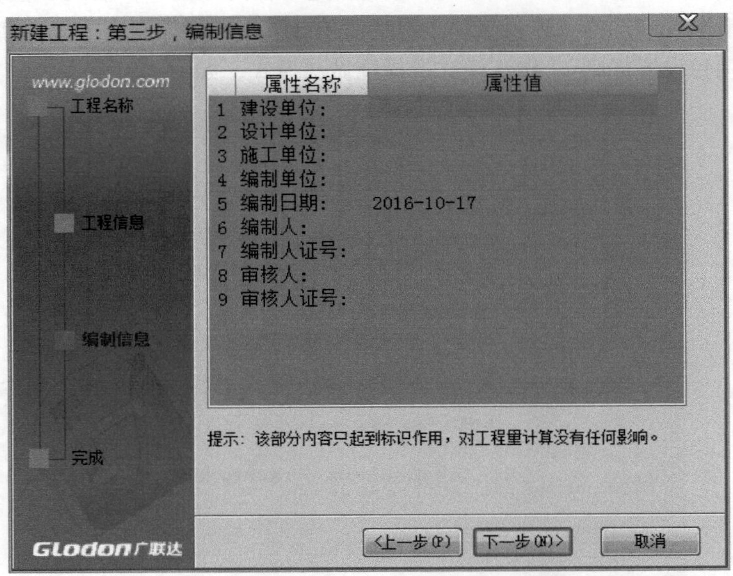

图 4-11

该部分内容均可以不填写，也可以根据实际情况填写，输入内容汇总时汇总在报表部分。

（5）点击“下一步”，进入“完成”界面，如图 4-12 所示。

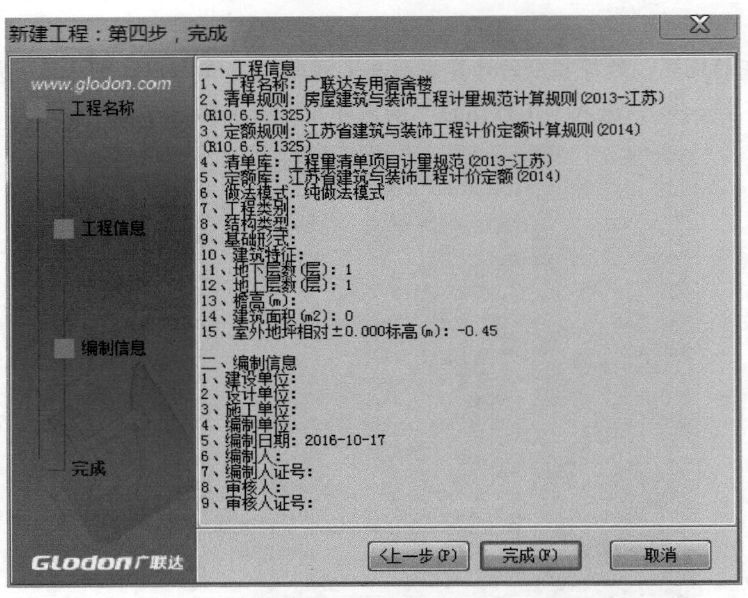

图 4-12

（6）点击“完成”，完成新建工程，切换至“工程信息”界面，该界面显示了之前输入的工程信息，可查看和修改，如图 4-13 所示。

	属性名称	属性值
1	⊟ 工程信息	
2	工程名称:	广联达专用宿舍楼
3	清单规则:	房屋建筑与装饰工程计量规范计算规则(2013-江苏)(R10.6
4	定额规则:	江苏省建筑与装饰工程计价定额计算规则(2014)(R10.6.5.
5	清单库:	工程量清单项目计量规范(2013-江苏)
6	定额库:	江苏省建筑与装饰工程计价定额(2014)
7	做法模式:	纯做法模式
8	项目代码:	
9	工程类别:	
10	结构类型:	
11	基础形式:	
12	建筑特征:	
13	地下层数(层):	1
14	地上层数(层):	1
15	檐高(m):	
16	建筑面积(m2):	(0)
17	室外地坪相对±0.000标	-0.45
18	⊟ 编制信息	
19	建设单位:	
20	设计单位:	
21	施工单位:	
22	编制单位:	
23	编制日期:	2016-10-17
24	编制人:	
25	编制人证号:	
26	审核人:	
27	审核人证号:	

图 4-13

2. 工程设置

用户在新建完工程后，可以在导航栏中的工程设置查看做法模式，计算规则的版本号及定额库和清单库等信息。

3. 楼层管理

建立楼层，层高的确定按照结施 -01，结施 -02 中的结构层高建立。

（1）软件默认给出首层和基础层。在本工程中，基础层的厚度为 2.4m，在基础层的层高位置输入“2.4”；

（2）首层的底标高输入为“-0.05”，层高输入为“3.6”；

（3）鼠标左键选择首层所在的行，单击“插入楼层”，添加第 2 层，第 2 层的输入高度为 3.6m；

（4）单击“插入楼层”，建立屋顶层，层高的输入高度为 3.6m；

（5）单击“插入楼层”，建立楼梯屋顶层，层高的输入高度为 3.6m。

注意：

① 基础层与首层楼层编码及其名称不能修改；

② 建立楼层必须连续；

③ 顶层必须单独定义（涉及屋面工程量的问题）；

④ 软件中的标准层指每一层的建筑部分相同、结构部分相同、每一道墙体的混凝土强度等级、砂浆强度等级相同、每一层的层高相同。

4. 强度等级设置

从结施图 -01 可知，各层各类构件混凝土强度等级如表 4-2 所示。

表 4-2　混凝土强度等级

构件类型	混凝土强度等级
基础垫层	C15
基础、框架柱、结构梁板、楼梯	C30
构造柱、过梁、圈梁	C25

各层各构件混凝土强度等级设置完成后如图 4-14 所示。

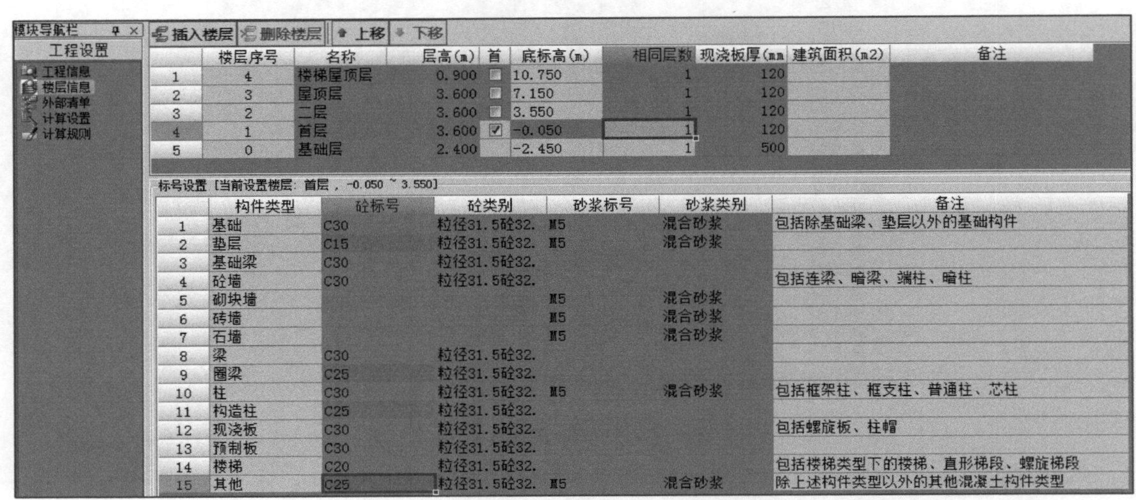

图 4-14

（四）总结拓展

在楼层信息的标号设置中，如大多数构件混凝土强度等级相同，可修改一个，其他的可下拉统一修改。首层混凝土强度等级，砂浆类别等修改好后通过“复制到其他楼层”命令快速完成其他楼层的强度等级设置。

（五）思考与练习

（1）对照图纸新建工程，思考哪些参数会影响到后期的计算结果。

（2）思考软件中计算设置的特点、意义及使用。

（3）对照图纸完成本工程的信息设置。

第三节　BIM 土建工程构件绘图输入

（1）熟练掌握柱构件相关的命令操作；

（2）能够应用算量软件定义并绘制柱构件，能够准确套用清单及定额，并计算柱混凝土及模板工程量。

学习要求

（1）了解混凝土柱的施工工艺；

（2）具备相应混凝土柱的手工计算知识；

（3）能读懂柱结构平面图及柱表的信息；

（4）能够熟练掌握清单和定额的计算规则。

一、柱构件布置

（一）基础知识

1. 柱的分类

按照制造和施工方法分为现浇柱和预制柱。现浇钢筋混凝土柱整体性好，但支模工作量大。预制钢筋混凝土柱施工比较方便，但要保证节点连接质量。

按配筋方式分为普通钢箍柱、螺旋形钢箍柱和劲性钢筋柱。普通钢箍柱适用于各种截面形状的柱，是基本的、主要的类型；普通钢箍用以约束纵向钢筋的横向变位。螺旋形钢箍柱可以提高构件的承载能力，柱截面一般是圆形或多边形。劲性钢筋混凝土柱在柱的内部或外部配置型钢，型钢分担很大一部分荷载，用钢量大，但可减小柱的断面和提高柱的刚度；在未浇灌混凝土前，柱的型钢骨架可以承受施工荷载和减少模板支撑用材。用钢管作外壳，内浇混凝土的钢管混凝土柱，是劲性钢筋柱的另一种形式。

按受力情况分为中心受压柱和偏心受压柱，后者是受压兼受弯构件。工程中的柱绝大多数都是偏心受压柱。

按形状分又可分为圆形柱、矩形柱、异形柱等。

2. 计算规则

（1）清单计算规则　《房屋建筑与装饰工程工程量计算规范》（GB 50854—2013）将柱分为现浇柱和预制柱，本教材以现浇矩形柱和构造柱为例介绍混凝土柱的编号、名称、计量单位和工程量计算规则，如表 4-3 所示。

表 4-3　现浇混凝土柱清单工程量计算规则

编号	名称	计量单位	工程量计算规则
010502001	矩形柱	m^3	按图示尺寸以体积计算。 柱高： 有梁板的柱高，应自柱基上表面（或楼板上表面）至上一层楼板上表面之间的高度计算； 无梁板的柱高应自柱基上表面（或楼板上表面）至是一个帽下表面之间的高度计算； 框架柱的柱高，应自柱基上表面至柱顶高度计算； 构造柱按全高计算，嵌入墙体部分（马牙槎）并入柱身体积； 依附于柱上的牛腿和升板的柱帽，并入柱身体积计算
010502002	构造柱	m^3	
011702002	柱模板	m^2	按模板与混凝土柱的接触面积计算，柱、梁、墙、板相互连接的重叠部分均不计算模板面积
011702003	构造柱模板	m^2	

（2）定额计算规则 《江苏省建筑与装饰工程计价定额》（2014版）将混凝土构件分为自拌混凝土构件、商品混凝土泵送构件、商品混凝土非泵送构件三部分，各部分又包括了现浇构件、现场预制构件、加工厂预制构件等。本教材以现浇混凝土矩形柱和构造柱为例介绍柱及模板的编号、名称、计量单位和工程量计算规则，如表4-4所示。

表4-4 现浇混凝土矩形柱及模板工程量计算规则

编号	名称	计量单位	工程量计算规则
6-190	矩形柱	m^3	按图示断面尺寸乘柱高以体积计算，应扣除构件内型钢体积；柱高计算规则同清单计算规则
21-27	现浇构件 矩形柱 复合木模板	$10m^2$	按混凝土与模板的接触面积计算
21-32	现浇构造柱 复合木模板	$10m^2$	构造柱外露均应按外露部分计算面积（锯齿形则按锯齿形最宽面计算模板宽度），构造柱与墙接触面不计算模板面积

注：1.《江苏省建筑与装饰工程计价定额》（2014版）规定，模板工程量的计算方法有两种，第一种是按模板与混凝土的接触面积计算，第二种是按含模量计算，且在同一项工程中只能采用其中一种计算方法，两种方法不得混用。本教材以第一种计算方法为例进行介绍。

2. 模板构成的材料包括木模板和钢模板，本教材以木模板为例进行介绍。

3. 支模高度以净高在3.6m以内为准，净高超过3.6m的，要区分不同净高对钢支撑、零星卡具和人工进行调整，所以列项时要注意区分支模净高。

3. 软件基本操作步骤

完成柱构件布置的基本步骤是：先进行构件定义，编辑属性，套用清单项目和定额子目，然后绘制构件，最后汇总计算得出相应工程量。

（二）任务说明

本节的任务是：

（1）绘制并套用首层框架柱的清单项目；

（2）描述框架柱的清单项目特征和定额子目的做法。

（三）任务分析

（1）分析图纸 本工程中的柱子需要计算混凝土和模板的工程量。分析结施-03、结施-04，首层层高3.6m，本层框架柱、构造柱、梯柱均为矩形，框架柱为KZ1～KZ24，梯柱从施工的角度来分析，它的施工方法与框架柱相同。所以在本例中，梯柱按框架柱来处理。主要信息如表4-5所示。

表4-5 框架柱信息表

序号	类型	名称	混凝土强度等级	截面尺寸/mm	标高/m
1	框架柱	KZ1	C30	500×500	层顶标高（3.55）
		KZ2	C30	500×500	层顶标高（3.55）
		KZ3	C30	500×500	层顶标高（3.55）
		KZ4	C30	500×500	层顶标高（3.55）
		KZ5	C30	500×500	层顶标高（3.55）
		KZ6	C30	500×800	层顶标高（3.55）
		KZ7	C30	500×600	层顶标高（3.55）

续表

序号	类型	名称	混凝土强度等级	截面尺寸 /mm	标高 /m
1	框架柱	KZ8	C30	500×600	层顶标高（3.55）
		KZ9	C30	500×600	层顶标高（3.55）
		KZ10	C30	500×600	层顶标高（3.55）
		KZ11	C30	500×600	层顶标高（3.55）
		KZ12	C30	500×600	层顶标高（3.55）
		KZ13	C30	500×600	层顶标高（3.55）
		KZ14	C30	500×600	层顶标高（3.55）
		KZ15	C30	500×600	层顶标高（3.55）
		KZ16	C30	500×600	层顶标高（3.55）
		KZ17	C30	500×500	层顶标高（3.55）
		KZ18	C30	500×600	层顶标高（3.55）
		KZ19	C30	500×500	层顶标高（3.55）
		KZ20	C30	500×500	层顶标高（3.55）
		KZ21	C30	500×500	层顶标高（3.55）
		KZ22	C30	500×500	层顶标高（3.55）
		KZ23	C30	500×500	层顶标高（3.55）
		KZ24	C30	500×500	层顶标高（3.55）
2	梯柱	TZ	C30	200×400	顶标高（1.75）

（2）分析柱在软件中的画法　软件中柱的画法常用的有点画法和智能布置两种方法，也可按墙位置或自动适应布置柱。一般工程柱的中心线都不在轴线的位置，可以通过“设置偏心柱”和“对齐”的方式调整柱的位置；异形柱还可通过“调整柱端头”来调整柱的位置。

（四）任务实施

1. 框架柱定义

（1）框架柱的属性定义

① 新建框架柱　在绘图输入的树状构件列表中选择“柱”，单击“定义”按钮，如图 4-15 所示。

进入柱的定义界面后，按照图纸，先来新建 KZ1（图 4-16）。单击“新建”，选择“新建矩

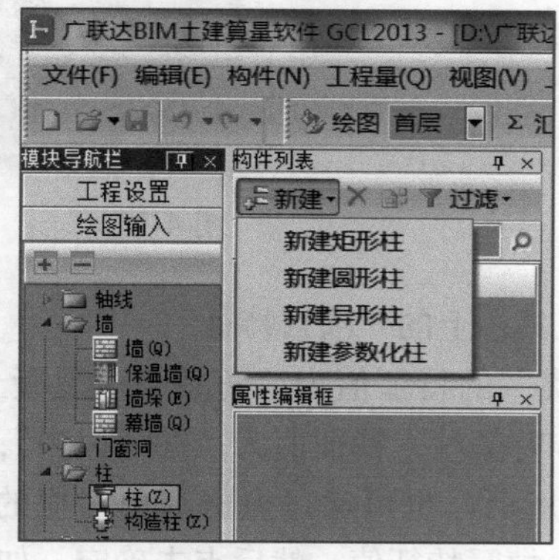

图 4-15

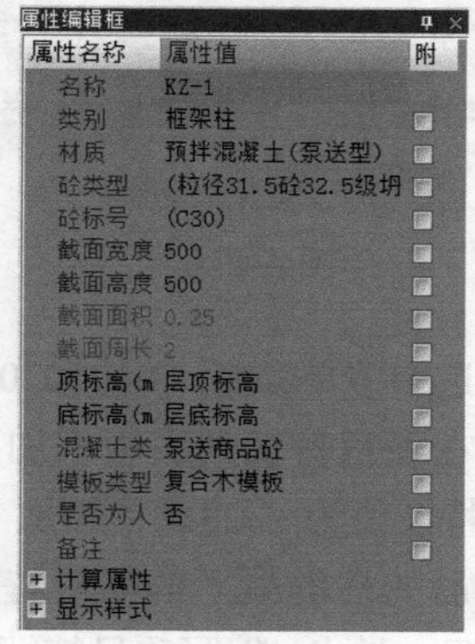

图 4-16

形柱"，新建 KZ1，右侧显示 KZ1 的"属性编辑"供用户输入柱的信息。柱的属性主要包括柱类别、截面信息和标高信息等，需要按图纸实际情况进行输入。下面以 KZ1 的属性输入为例，来介绍柱构件的属性输入。

② 属性编辑　名称：软件默认 KZ-1、KZ-2 顺序生成，可根据图纸实际情况，手动修改名称为 KZ1。类别：KZ1 的类别选框架柱。不同类别的柱在计算的时候会采用不同的规则，需要对应图纸准确设置。截面高和截面宽：按图纸输入"500"、"500"。

按照同样的方法，根据不同的类别，定义本层所有的柱，输入属性信息。当然如果不考虑钢筋的信息，柱也可以按照截面尺寸来定义，如本工程虽然 KZ 有 24 种，但其截面就只有三种 500mm × 500mm，500mm × 600mm，500mm × 800mm，按照截面定义三种柱即可。

（2）做法套用　柱构件定义好后，需要进行做法套用，才能计算对应清单、定额工程量。

① 清单套用

第一步：在"定义"页面，选中 KZ1。

第二步：套混凝土清单。点击"查询匹配清单"页签，弹出匹配清单列表，在匹配清单列表中双击"010502001"将其添加到做法表中；软件默认的是"按构件类型过滤"，此处选择"按构件属性过滤"查询匹配清单，这样查找的范围会更小些，如图 4-17 所示。

第三步：套模板清单。点击"查询措施"页签，在如图 4-18 所示的混凝土模板及支架的清单列表中双击"011702002"将其添加到做法表中。

② 描述框架柱混凝土项目特征并套用定额　根据《房屋建筑与装饰工程工程量计算规范》（GB 50854—2013）推荐的梁混凝土项目特征需描述混凝土的种类和强度等级两项内容，而《江苏省建筑与装饰工程计价定额》（2014 版）定额中混凝土的泵送高度是按 30m 以内进行编制的，泵送高度超过 30m 后，输送泵车台班需要调整。因此，除描述这两项特征外还要补充描述"泵送高度"这项特征。

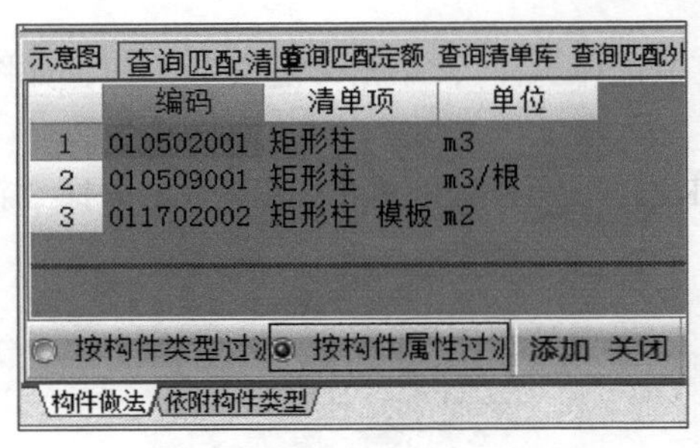

图 4-17

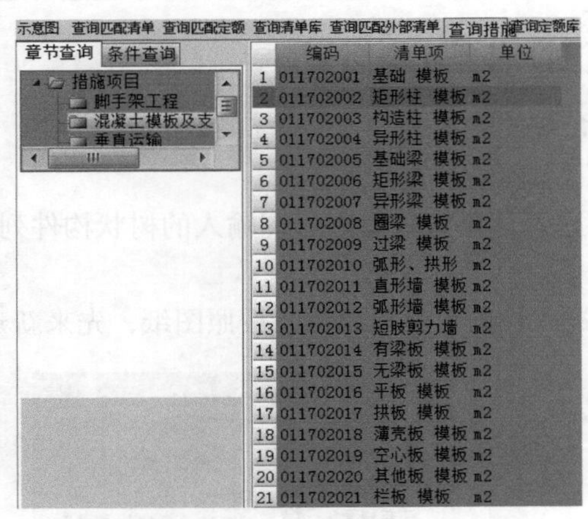

图 4-18

第一步：选中清单项目"010502001"，点击工具栏上的"项目特征"；

第二步：在项目特征列表中添加"混凝土种类"的特征值为"商品泵送混凝土"，"混凝土强度等级"的特征值为"C30"，添加"泵送高度"特征项，特征值为"30m 以内"；

填写完成后的柱混凝土的项目特征如图 4-19 所示。也可通过点击清单对应的项目特征列，再点击三点按钮，弹出'编写项目特征'的对话框，填写特征值，然后点击确定，如图 4-20 所示；

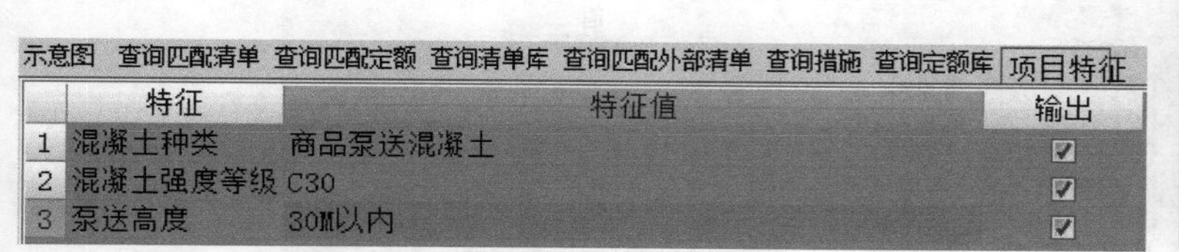

图 4-19

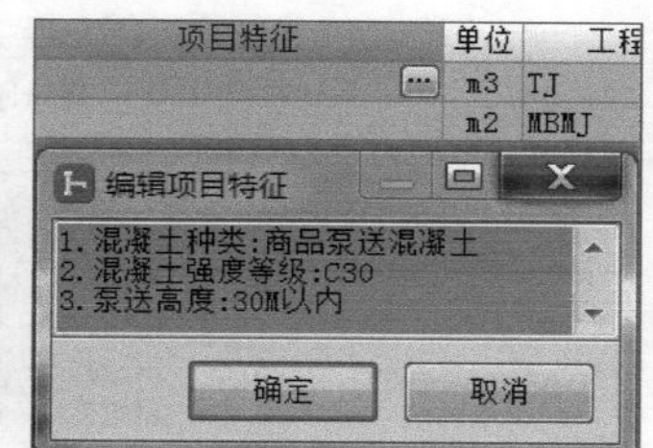

图 4-20

第三步：选择匹配定额。点击“查询匹配定额”页签，由于软件默认的是“按构件类型过滤”，弹出的匹配定额较多，选择“按构件类型过滤”查询匹配定额，这样查找的范围会更小些，弹出的匹配定额，如图 4-21 所示；在匹配定额列表中双击“6-190”定额子目，将其添加到清单“010502001”项下。

示意图 查询匹配清单 查询匹配定额 查询清单库 查询匹配外部清单 查询措施 查询定额库 项目特征 标准换算

	编码	名称	单位	单价
1	6-190	(C30泵送商品砼) 矩形柱	m3	468.12
2	6-191	(C30泵送商品砼) 圆形 多边形柱	m3	493.58
3	6-192	(C30泵送商品砼) L、T、十型柱	m3	503.1
4	6-223	(C20泵送商品砼) 扶手、下嵌、轴线柱	10m	245.77
5	6-225	(C20泵送商品砼) 柱接柱及框架柱接头	m3	566.44
6	6-252	(C30商品砼泵送) 钢筋砼水塔 柱式塔身	m3	536.96
7	6-279	(C30防水商品砼泵送) 贮水(油)池 无梁盖池柱	m3	506.26
8	6-292	(C30泵送商品砼) 柱、梁钢筋砼捣制支架	m3	496.61
9	6-293	(C30泵送商品砼) 柱、梁带操作台钢筋砼捣制支架	m3	497.83
10	6-296	(C30泵送商品砼) 栈桥 柱、连系梁 板顶高度在12m内	m3	525.12
11	6-298	(C30泵送商品砼) 栈桥 柱、连系梁板顶高度在20m内	m3	535.22
12	21-18	现浇框架设备基础 底板、墩、柱 复合木模板	10m2	633.98
13	21-27	现浇矩形柱 复合木模板	10m2	616.33
14	21-29	现浇十、L、T形柱 复合木模板	10m2	940.44
15	21-30	现浇圆、多边形柱 木模板	10m2	992.4
16	21-97	现浇框架柱接头 木模板	10m2	812.3
17	21-98	现浇框架柱接头 复合木模板	10m2	489.28
18	21-202	钢筋砼水塔柱式塔身模板	10m2	915.67
19	21-233	贮水(油)池无梁盖池柱模板	10m2	786.62
20	21-246	柱、梁钢筋砼捣制支架	10m2	800.36
21	21-247	柱、梁带操作台钢筋砼捣制支架	10m2	749.41
22	21-253	柱、连系梁栈桥模板板顶高度在12m内	10m2	1053.1
23	21-255	柱、连系梁栈桥模板板顶高度在20m内	10m2	1282.55
24	21-257	柱、连系梁栈桥模板高度超过20m每增加2m	10m2	76.75

图 4-21

第四步：定额换算。定额换算包括混凝土强度等级换算、材料种类换算、输送泵车换算等。选中“6-190”定额子目，点击工具栏上“换算”→“标准换算”，弹出如图 4-22 所示的窗口，本项定额所用混凝土的强度等级为 C30，所以不需要对混凝土的强度等级进行换算；如需进行换算，则可在材料应替换那一行，选择泵送混凝土的强度等级。泵送高度在 30m 以内，也不需对泵送高度进行换算；如需换算，则可在相应换算项目后的方框内打钩即可。换算完成后，点击窗口下方的“应用换算”退出定额换算窗口，即完成了该定额子目的换算。

③ 描述框架柱模板的项目特征并套用定额 《房屋建筑与装饰工程工程量计算规范》（GB 50854—2013）没有推荐矩形柱的项目特征描述，而《江苏省建筑与装饰工程计价定额》（2014 版）按照复合木模板和组合钢模板分别编列定额子目，同时还规定现浇钢筋混凝土柱（不含构造柱）的支模高度按净高 3.6m 以内编制，净高超过 3.6m 的构件其钢支撑、零星卡具和人工分别乘以相应系数。规定截面周长超过 3.6m 时，对其对拉螺栓进行调整；为了保证钢筋保护层厚度采取

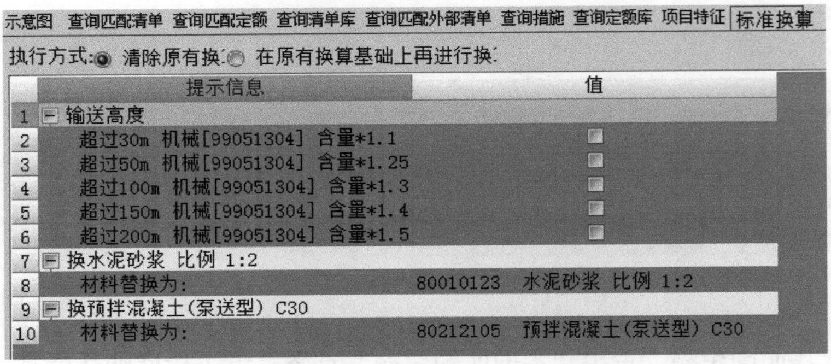

示意图 查询匹配清单 查询匹配定额 查询清单库 查询匹配外部清单 查询措施 查询定额库 项目特征 标准换算

执行方式：◉ 清除原有换算 ○ 在原有换算基础上再进行换算

	提示信息	值
1	⊟ 输送高度	
2	超过30m 机械[99051304] 含量*1.1	☐
3	超过50m 机械[99051304] 含量*1.25	☐
4	超过100m 机械[99051304] 含量*1.3	☐
5	超过150m 机械[99051304] 含量*1.4	☐
6	超过200m 机械[99051304] 含量*1.5	☐
7	⊟ 换水泥砂浆 比例 1:2	
8	材料替换为：	80010123 水泥砂浆 比例 1:2
9	⊟ 换预拌混凝土(泵送型) C30	
10	材料替换为：	80212105 预拌混凝土(泵送型) C30

图 4-22

的措施定额中，是按砂浆垫块进行编制的，目前施工现场采用塑料卡已很普遍，所以定额规定可以调整。为结合江苏省计价定额，因此对于柱模板的项目特征建议描述“模板种类”、“支撑净高”、“截面周长”和“钢筋保护层措施材料”。

柱、梁、板、墙的支撑净高：无地下室底层是指设计室外地面至上层板底面、楼层板顶面至上层板底面之间的高度。

第一步：选中清单项目“011702002”，点击工具栏上“项目特征”。

第二步：填写项目特征值。在“项目特征列表”中，填写“模板种类”的特征值为“复合木模板”，“支撑高度”的特征值为“3.95m”（层高3600mm+室内外高差450mm–板厚100mm=3950mm），“截面周长”的特征值为“2.0m”，“钢筋保护层措施材料”的特征值为“塑料卡”；或者通过项目特征页签下方的“添加”按钮增加四项特征，然后填写特征值，如图 4-23 所示。

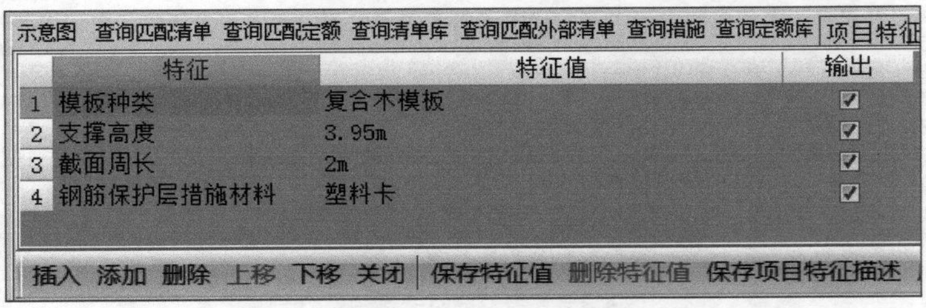

示意图 查询匹配清单 查询匹配定额 查询清单库 查询匹配外部清单 查询措施 查询定额库 项目特征

	特征	特征值	输出
1	模板种类	复合木模板	☑
2	支撑高度	3.95m	☑
3	截面周长	2m	☑
4	钢筋保护层措施材料	塑料卡	☑

插入 添加 删除 上移 下移 关闭 保存特征值 删除特征值 保存项目特征描述

图 4-23

第三步：选择匹配定额。点击“查询匹配定额”页签，双击“21-27”定额子目将其添加到“011702002”清单项目下，完成如图 4-24 所示。

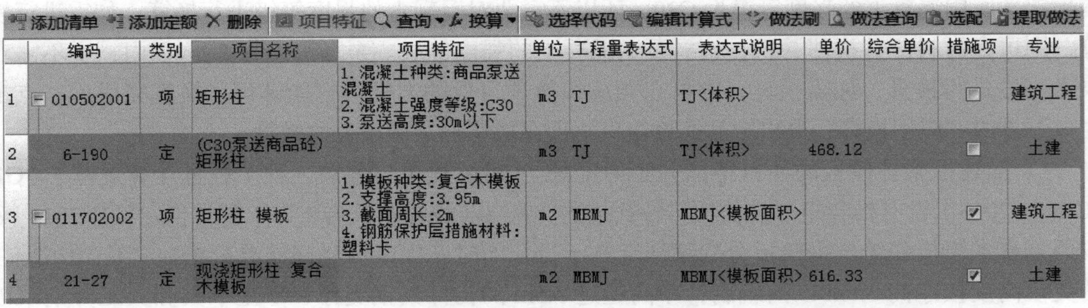

添加清单 添加定额 删除 项目特征 查询 换算 选择代码 编辑计算式 做法刷 做法查询 选配 提取做法

	编码	类别	项目名称	项目特征	单位	工程量表达式	表达式说明	单价	综合单价	措施项	专业
1	⊟ 010502001	项	矩形柱	1. 混凝土种类:商品泵送混凝土 2. 混凝土强度等级:C30 3. 泵送高度:30m以下	m3	TJ	TJ<体积>			☐	建筑工程
2	6-190	定	(C30泵送商品砼)矩形柱		m3	TJ	TJ<体积>	468.12		☐	土建
3	⊟ 011702002	项	矩形柱 模板	1. 模板种类:复合木模板 2. 支撑高度:3.95m 3. 截面周长:2m 4. 钢筋保护层措施材料:塑料卡	m2	MBMJ	MBMJ<模板面积>			☑	建筑工程
4	21-27	定	现浇矩形柱 复合木模板		m2	MBMJ	MBMJ<模板面积>	616.33		☑	土建

图 4-24

第四步：模板定额子目换算。换算的过程与柱混凝土定额子目的换算过程相同，不再赘述。换算内容如图 4-25 所示，换算完成后如图 4-26 所示。

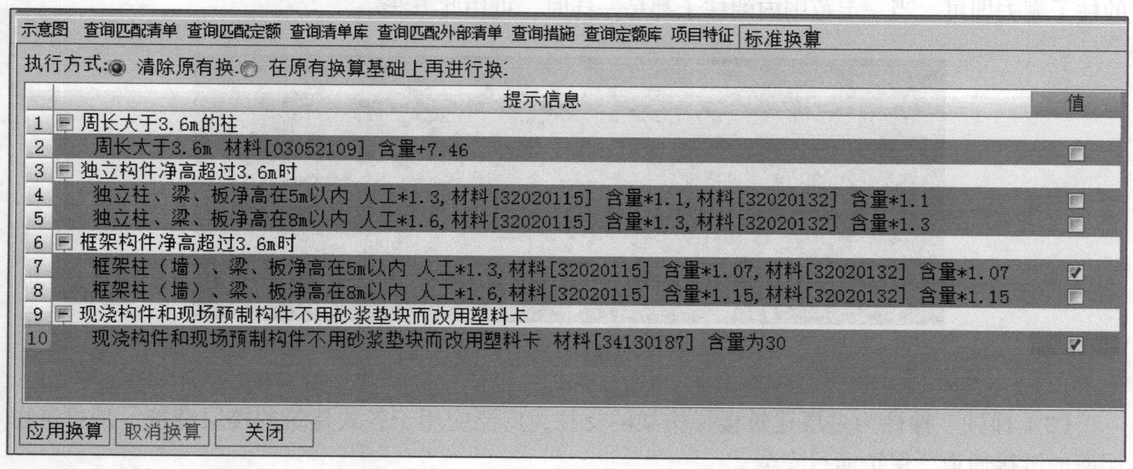

图 4-25

添加清单 添加定额 删除 项目特征 查询 换算 选择代码 编辑计算式 做法刷 做法查询 选配 提取做法 当前构件自动套用

	编码	类别	项目名称	项目特征	单位	工程量表达式	表达式说明	单价	综合单价	措施项	专业
1	010502001	项	矩形柱	1.混凝土种类:商品泵送混凝土 2.混凝土强度等级:C30 3.泵送高度:30m以下	m3	TJ	TJ<体积>			☐	建筑工程
2	6-190	定	(C30泵送商品砼) 矩形柱		m3	TJ	TJ<体积>	468.12		☐	土建
3	011702002	项	矩形柱 模板	1.模板种类:复合木模板 2.支撑高度:3.95m 3.截面周长:2m 4.保护层措施:塑料卡	m2	MBMJ	MBMJ<模板面积>			☑	建筑工程
4	21-27 R*1.3,H32020115 32020115 *1.07,H32020132 32020132 *1.07,H	换	现浇矩形柱 复合木模板 框架柱（墙）、梁、板净高在5m以内 人工*1.3,材料[32020115] 含量*1.07,材料[32020132] 含量*1.07 现浇构件和现场预制构件不用砂浆垫块而改用塑料卡 材料[34130187] 含量为30		m2	MBMJ	MBMJ<模板面积>	616.33		☑	土建

图 4-26

依次类推，完成其他柱的定义及做法套用。

2. 绘制柱

（1）直接布置 框架柱 KZ1 定义完毕后，单击“绘图”按钮，切换到绘图界面。

注意： *在绘制柱构件之前要先定义轴网，轴网定义前面钢筋算量软件中已做描述，方法一样。*

定义和绘图之间的切换有以下几种方法：

① 单击“定义 / 绘图”按钮切换。

② 在“构件列表区”双击鼠标左键，定义界面切换到绘图界面。

③ 双击左侧的树状构件列表中的构件名称（如“柱”），进行切换。

切换到绘图界面后，软件默认的是“点”画法，鼠标左键选择①轴和Ⓐ轴的交点，绘制 KZ1”。“点”绘制是柱最常用的绘制方法，采用同样的方法可绘制其他名称为 KZ1 的柱。在绘制过程中，若需要绘制其他柱，可选择相应柱进行绘制，或在工具栏进行选择。

（2）智能布置柱 若图中某区域轴线相交处的柱都相同，此时可采用“智能布置”的方法来绘制柱。如结施 -03 中，⑤、⑦、⑨轴与Ⓐ轴的交点处都为 KZ10，即可利用此功能快速布置，选择 KZ10，单击绘图工具栏“智能布置”，选择按“轴线”布置。然后，拉框选择要布置柱的范围，则软件会自动在所选范围内所有轴线相交处布置上 KZ10，如图 4-27 所示。然后将不需要的柱子删去即可。当一定范围内的柱子都是一样时，可用此方法。

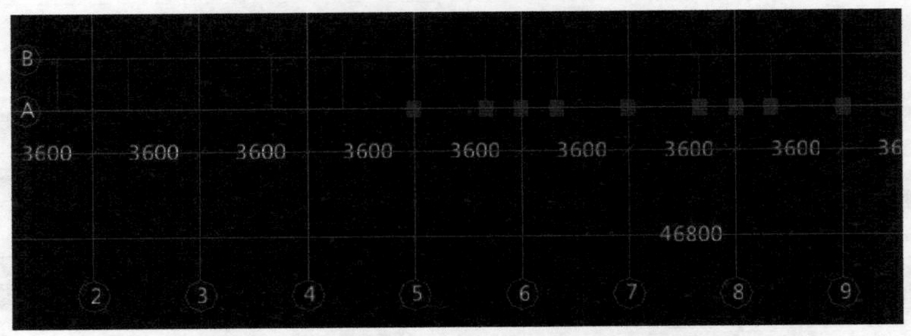

图 4-27

（3）梯柱　梯柱为多层建筑楼梯构架的支柱，广泛应用于各式建筑的楼层链接，是建筑物层面的链接通道，保护通行安全。

梯柱在软件中的属性定义、清单和定额的套用以及在绘图界面的绘制除标高不一样外其他同框架柱都是一致的，这里不再赘述，按照框架柱的属性定义和绘制的方法绘制构件即可。只是梯柱的标高与楼层中的框架柱相比较低，所以要在定义中设置，如图 4-28 所示，在其他的属性都设置完成之后，只需要对“顶标高”按照实际标高进行修改即可。

（4）构造柱　构造柱是指在砌体结构中增加的只承担自身荷载、主要用于抵抗剪力、增加抗震性能的钢筋混凝土构件，这种构件施工时先砌墙后浇筑混凝土。构造柱有带马牙槎和不带马牙槎之分。

构造柱在软件中属于柱大类下的专门类别，属性定义如图 4-29 所示。构造柱清单项目的选用和项目特征的描述以及定额子目套用、换算的方法均与框架柱相同，完成后如图 4-30 所示。构造柱的绘制方法与框架柱相同，不再赘述。

属性编辑框

属性名称	属性值	附
名称	TZ1	
类别	框架柱	☐
材质	预拌混凝土(泵送型)	☐
砼类型	(粒径31.5砼32.5级坍	☐
砼标号	(C30)	☐
截面宽度	200	☐
截面高度	400	☐
截面面积	0.08	☐
截面周长	1.2	☐
顶标高(m	层顶标高-1.8	☐
底标高(m	层底标高	☐
混凝土类	泵送商品砼	☐
模板类型	复合木模板	☐
是否为人	否	☐
备注		☐
+ 计算属性		
+ 显示样式		

图 4-28

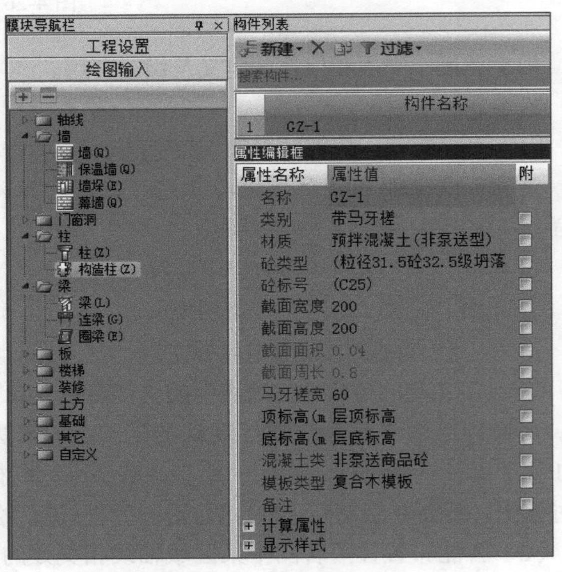

图 4-29

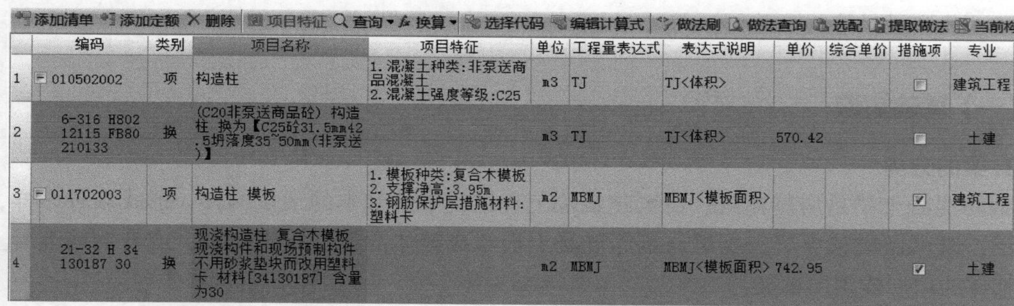

添加清单 添加定额 删除 项目特征 查询 换算 选择代码 编辑计算式 做法刷 做法查询 选配 提取做法 当前构

	编码	类别	项目名称	项目特征	单位	工程量表达式	表达式说明	单价	综合单价	措施项	专业
1	010502002	项	构造柱	1. 混凝土种类:非泵送商品混凝土 2. 混凝土强度等级:C25	m3	TJ	TJ<体积>			☐	建筑工程
2	6-316 H802 12115 FB80 210133	换	(C20非泵送商品砼) 构造柱 换为【C25砼31.5mm42.5坍落度35~50mm(非泵送)】		m3	TJ	TJ<体积>	570.42		☐	土建
3	011702003	项	构造柱 模板	1. 模板种类:复合木模板 2. 支撑净高:3.95m 3. 钢筋保护层措施材料:塑料卡	m2	MBMJ	MBMJ<模板面积>			☑	建筑工程
4	21-32 H 34 130187 30	换	现浇构造柱 复合木模板 现浇构件和现场预制构件不用砂浆垫块而改用塑料卡 材料[34130187] 含量为30		m2	MBMJ	MBMJ<模板面积>	742.95		☑	土建

图 4-30

(五) 总结拓展

本节主要介绍了框架柱需要计算的工程量，以及套用清单项目的方法；介绍了如何根据当地定额的规定补充完善工程量清单项目特征的方法，如何根据项目特征的描述套用定额子目的方法。

快速套用做法的方法除“做法刷”功能外，还有“选配”功能。在定义构件做法时，灵活运用“构件过滤”功能提供的选项会使工作效率大幅度提高。

圆形柱、异形柱、参数化柱的定义可参考钢筋软件的描述，除不需要输入钢筋信息外，其他属性定义方法相同，做法套用同矩形柱，不再赘述。

(六) 思考与练习

(1) 构件过滤功能有哪几个过滤选项?

(2) 柱混凝土清单需要描述哪几个项目特征?

(3) 柱模板清单需要描述哪几个项目特征?

(4) 清单项目的过滤方法有哪几种?

(5) 定额项目的过滤方法有哪几种?

(6) 如何增加项目特征项和特征值?

(7) 如何保存项目特征的特征值?

(8) 暗柱和暗梁是否需要从钢筋工程导入到土建算量工程中? 为什么?

(9) 地下室外墙上的端柱套用哪项清单和定额? 为什么?

(10) 在土建软件中手动绘制柱子的时候与在钢筋软件中绘制的区别是什么?

二、梁构件布置

学习目标

(1) 熟练掌握梁构件相关的命令操作;

(2) 能够应用造价软件定义并绘制梁构件，准确套用清单及定额，并计算梁混凝土及模板工程量。

学习要求

(1) 了解混凝土梁的施工工艺;

(2) 具备相应混凝土梁的手工计算知识;

（3）能读懂梁结构平面图。

（一）基础知识

1. 梁的分类

钢筋混凝土梁是房屋建筑、桥梁建筑等工程结构中最基本的承重构件，形式多种多样，应用广泛，既可做成独立梁，也可与钢筋混凝土板组成整体的梁—板式楼盖，或与钢筋混凝土柱组成整体的单层或多层框架。

钢筋混凝土梁按其截面形式，可分为矩形梁、异形梁（如T形、L形、十字形、工字梁、槽形梁和箱形梁）、弧形梁和拱形梁等；按其施工方法，可分为现浇梁、预制梁和预制现浇叠合梁；按其配筋类型，可分为钢筋混凝土梁和预应力混凝土梁；按其结构简图，可分为简支梁、连续梁、悬臂梁等。下面以矩形梁为例介绍其混凝土和模板工程量的清单和定额计算规则。

2. 计算规则

（1）清单计算规则 见表4-6。

表4-6

编号	项目名称	计量单位	计算规则
010503002	矩形梁	m^3	按设计图示尺寸以体积计算，不扣除构件内钢筋、预埋铁件所占体积。伸入墙内的梁头、梁垫并入梁体积内。梁长：①梁与柱连接时，梁长算至柱侧面；②主梁与次梁连接时，次梁长算至主梁侧面。
011702006	矩形梁 模板	m^2	按模板与现浇混凝土构件的接触面积计算，柱、梁、墙、板相互连接的重叠部分均不计算模板面积。

（2）定额计算规则 见表4-7。

表4-7

编号	项目名称	计量单位	计算规则
6-194	单梁、连续梁、框架梁	m^3	同清单计算规则
21-36	现浇挑梁、单梁、连续梁、框架梁复合木模板	m^2	按模板与混凝土的接触面积计算，或用构件体积乘以含模量

3. 软件操作基本步骤

完成梁构件布置的基本步骤是：先进行构件定义，编辑属性，然后绘制构件，最后汇总计算得出相应工程量。

在定义楼层时，每个楼层是指从层底的板顶面到本层上面的板顶面，所以框架梁和楼层板一般绘制在层顶，在本工程中应把位于首层层顶的框架梁（即3.55m的框架梁）绘制在首层。

（二）任务说明

本节的任务是完成首层框架梁的绘制。

（1）定义框架梁的构件属性并绘制框架梁；

（2）套用梁的清单项目并描述梁的项目特征和套用定额子目；

（3）套用框架梁的措施项目并描述梁的项目特征和套用定额子目。

（三）任务分析

（1）分析图纸　分析结施 -07 可知，本层有框架梁和非框架梁两种类型梁，框架梁 KL1～KL16，非框架梁 L1～L11。主要信息如表 4-8 所示。

表 4-8

序号	类型	名称	混凝土标号	截面尺寸 /mm	标高 /m	备注
1	框架梁	KL1	C30	250×600	层顶标高（3.55）	
		KL2	C30	250×600	层顶标高（3.55）	
		KL3	C30	250×600	层顶标高（3.55）	
		KL4	C30	250×600	层顶标高（3.55）	
		KL5	C30	250×500	层顶标高（3.55）	
		KL6	C30	250×500	层顶标高（3.55）	
		KL7	C30	250×600	层顶标高（3.55）	
		KL8	C30	250×500	层顶标高（3.55）	
		KL9	C30	250×600	层顶标高（3.55）	
		KL10	C30	250×600	层顶标高（3.55）	
		KL11	C30	300×600	层顶标高（3.55）	
		KL12	C30	300×600	层顶标高（3.55）	
		KL13	C30	250×600	层顶标高（3.55）	
		KL14	C30	250×600	层顶标高（3.55）	
		KL15	C30	300×600	层顶标高（3.55）	
		KL16	C30	300×600	层顶标高（3.55）	
2	非框架梁	L1	C30	200×550	层顶标高（3.55）	
		L2	C30	200×550	层顶标高（3.55）	
		L3	C30	200×550	层顶标高（3.55）	
		L4	C30	250×550	层顶标高（3.55）	
		L5	C30	250×550	层顶标高（3.55）	
		L6	C30	200×550	层顶标高（3.55）	
		L7	C30	200×500	层顶标高（3.55）	
		L8	C30	200×400	层顶标高（3.55）	
		L9	C30	200×500	层顶标高（3.55）	
		L10	C30	200×400	层顶标高（3.55）	
		L11	C30	200×400	层顶标高（3.55）	

（2）分析梁在软件中的画法　软件中梁的画法有直线和智能布置两种方法，绘制梁的时候要根据图纸中梁的实际位置将梁进行相对量的偏移。

（四）任务实施

1. 框架梁的定义

（1）框架梁属性定义　在软件界面左侧的树状构件列表中选择“梁”构件，进入梁的定义界面。点击“新建矩形梁”，以 KL12 为例，新建矩形梁 KL12。根据 KL12 图纸中的标注，在属性编辑器中输入相应属性的值。

名称：按照图纸输入“KL12”。

类别：按照实际情况，此处选择“框架梁”。

截面尺寸：KL12 的截面尺寸为 300mm×600mm，截面高度和高度分别输入“300”和“600”，如图 4-31 所示。

按照同样的方法，根据不同的类别，定义本层所有的梁，输入属性信息。

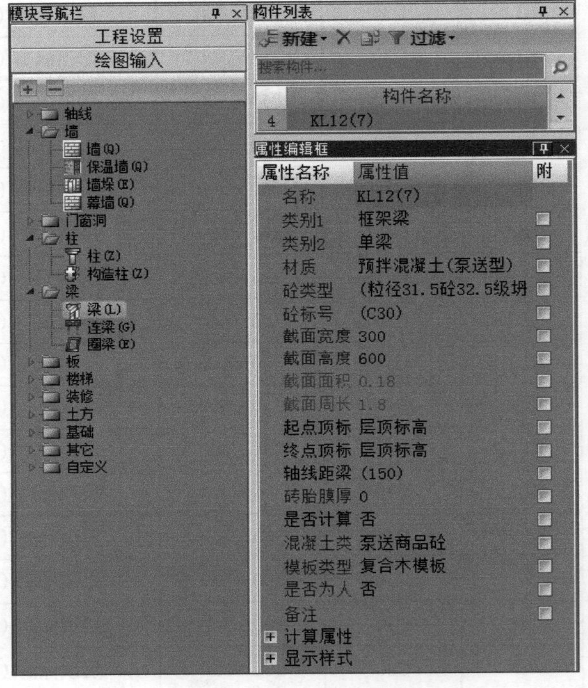

图 4-31

（2）做法套用　梁构件定义好后，需要进行做法套用，才能计算对应清单、定额工程量。

① 清单套用

第一步：在“定义”页面，选中 KL12；

第二步：选择匹配清单，点击“查询”窗口的“查询匹配清单”页签，如图 4-32 所示。分别双击编号为“010503002”和“011702006”的清单项目将其添加到构件 KL12 的做法表中；

查询匹配清单　查询匹配定额　查询清单库　查询匹配外部清单　查询措施　查询定额库

	编码	清单项	单位
1	010503002	矩形梁	m3
2	010503006	弧形、拱形梁	m3
3	010510001	矩形梁	m3/根
4	010510004	拱形梁	m3/根
5	010510005	鱼腹式吊车梁	m3/根
6	010510006	其他梁	m3/根
7	011702006	矩形梁 模板	m2
8	011702010	弧形、拱形梁 模板	m2

按构件类型过滤　按构件属性过滤　添加　关闭

图 4-32

② 描述梁混凝土清单项目特征并套定额　根据《房屋建筑与装饰工程工程量计算规范》（GB 50854—2013）推荐的梁混凝土项目特征需描述混

凝土的种类和强度等级两项内容，而《江苏省建筑与装饰工程计价定额》(2014 版) 除按混凝土类别编列定额子目外，还可对混凝土的强度等级和泵送高度以及梁的坡度进行换算，因此，除描述这两项特征外还要描述混凝土的泵送高度和梁的坡度。

第一步：选中清单项目“010503002”，点击工具栏上的“项目特征”；

第二步：在项目特征列表中添加“混凝土种类”的特征值为“商品泵送混凝土”，“混凝土强度等级”的特征值为“C30”；添加“泵送高度”属性，填写其属性为“30m 以内”；添加“梁的坡度”属性，填写其属性值为“0”；填写完成后的梁混凝土的项目特征如图 4-33 所示。

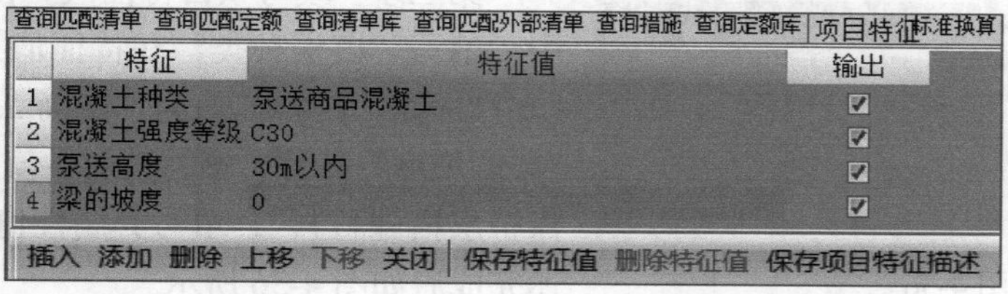

查询匹配清单 查询匹配定额 查询清单库 查询匹配外部清单 查询措施 查询定额库 项目特征 标准换算

	特征	特征值	输出
1	混凝土种类	泵送商品混凝土	☑
2	混凝土强度等级	C30	☑
3	泵送高度	30m以内	☑
4	梁的坡度	0	☑

插入 添加 删除 上移 下移 关闭 保存特征值 删除特征值 保存项目特征描述

图 4-33

第三步：选择匹配定额。点击“查询匹配定额”页签，弹出的匹配定额如图 4-34 所示。

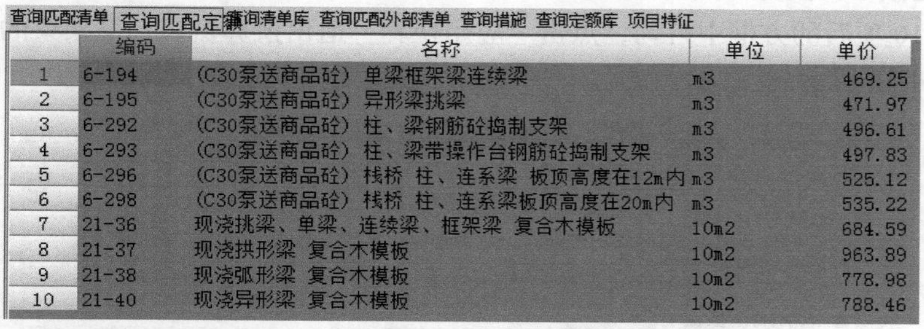

查询匹配清单 查询匹配定额 查询清单库 查询匹配外部清单 查询措施 查询定额库 项目特征

	编码	名称	单位	单价
1	6-194	(C30泵送商品砼) 单梁框架梁连续梁	m3	469.25
2	6-195	(C30泵送商品砼) 异形梁挑梁	m3	471.97
3	6-292	(C30泵送商品砼) 柱、梁钢筋砼捣制支架	m3	496.61
4	6-293	(C30泵送商品砼) 柱、梁带操作台钢筋砼捣制支架	m3	497.83
5	6-296	(C30泵送商品砼) 栈桥 柱、连系梁 板顶高度在12m内	m3	525.12
6	6-298	(C30泵送商品砼) 栈桥 柱、连系梁板顶高度在20m内	m3	535.22
7	21-36	现浇挑梁、单梁、连续梁、框架梁 复合木模板	10m2	684.59
8	21-37	现浇拱形梁 复合木模板	10m2	963.89
9	21-38	现浇弧形梁 复合木模板	10m2	778.98
10	21-40	现浇异形梁 复合木模板	10m2	788.46

图 4-34

在匹配定额列表中双击“6-194”定额子目，将其添加到清单“010503002”项下；

第四步：定额子目换算。选中“6-194”定额子目，点击工具栏上“换算”→“标准换算”，弹出如图 4-35 所示的窗口。本项定额不需要进行换算，直接点击窗口下方的“关闭”退出定额换算窗口。如需要换算则在相应换算项目后的方框中打勾，然后点击窗口下方的“应用换算”后，退出定额换算窗口。

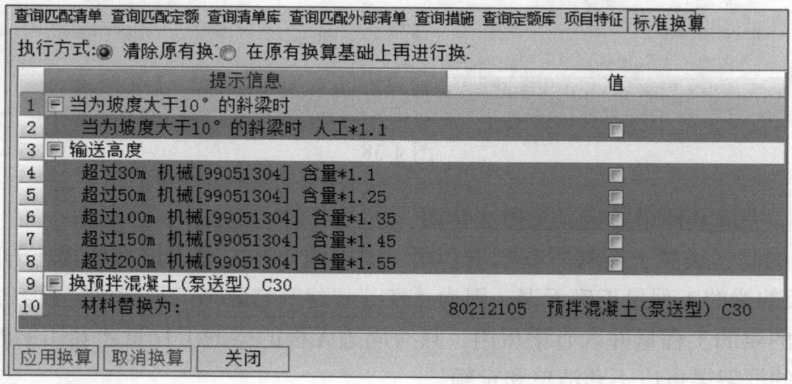

查询匹配清单 查询匹配定额 查询清单库 查询匹配外部清单 查询措施 查询定额库 项目特征 标准换算

执行方式：◉ 清除原有换算 ○ 在原有换算基础上再进行换算

	提示信息	值
1	⊟ 当为坡度大于10° 的斜梁时	
2	当为坡度大于10° 的斜梁时 人工*1.1	☐
3	⊟ 输送高度	
4	超过30m 机械[99051304] 含量*1.1	☐
5	超过50m 机械[99051304] 含量*1.25	☐
6	超过100m 机械[99051304] 含量*1.35	☐
7	超过150m 机械[99051304] 含量*1.45	☐
8	超过200m 机械[99051304] 含量*1.55	☐
9	⊟ 换预拌混凝土(泵送型) C30	
10	材料替换为：	80212105 预拌混凝土(泵送型) C30

应用换算 取消换算 关闭

图 4-35

③ 描述梁模板项目特征并套定额 《房屋建筑与装饰工程工程量计算规范》（GB 50854—2013）规定推荐的梁模板项目特征描述为“支撑高度”,《江苏省建筑与装饰工程计价定额》(2014 版）按照复合木模板和组合钢模板分别编列定额子目，同时还规定现浇钢筋混凝土梁（不含圈、过梁）的支模净高按 3.6m 以内编制，超过 3.6m 时区分高度区间进行换算，还可对梁的坡度和钢筋保护层措施材料进行换算。因此对于梁模板的项目特征需要描述“模板种类”、“支撑净高”、“梁的坡度”和“钢筋保护层措施材料”四项内容。

第一步：选中清单项目“011702006”，点击工具栏上“项目特征”。

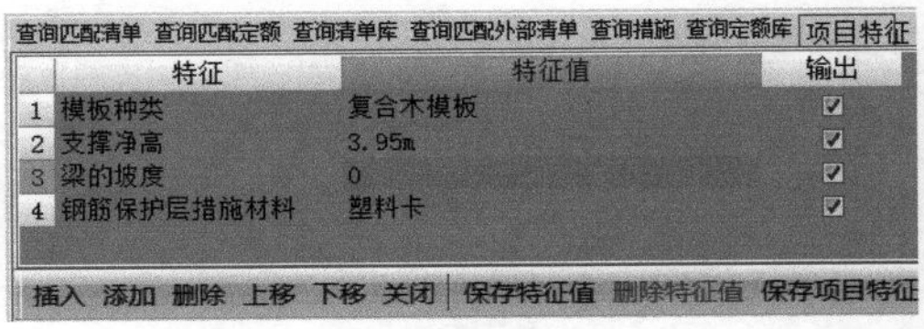

查询匹配清单 查询匹配定额 查询清单库 查询匹配外部清单 查询措施 查询定额库 项目特征

	特征	特征值	输出
1	模板种类	复合木模板	✓
2	支撑净高	3.95m	✓
3	梁的坡度	0	✓
4	钢筋保护层措施材料	塑料卡	✓

插入 添加 删除 上移 下移 关闭 保存特征值 删除特征值 保存项目特征

图 4-36

第二步：填写项目特征值。在“项目特征列表”中，填写“模板种类”和特征值为“复合木模板”，“支撑净高”的特征值为“层高 3.95m 以内”；添加“梁的坡度”属性，填写其属性值“0”；添加“钢筋保护层措施材料”，填写其属性值为“塑料卡”。描述完成后如图 4-36 所示。

第三步：选择匹配定额。点击“查询匹配定额”页签，双击“21-36”定额子目将其添加到“011702006”清单项目下。

第四步：定额子目换算。点击工具栏上“换算”→“标准换算”，出现如图 4-37 所示的页面，在第 7 项和第 10 项后的方框中打勾，点击“应用换算”退出换算窗口，框架梁的清单和定额套用完成，如图 4-38 所示。

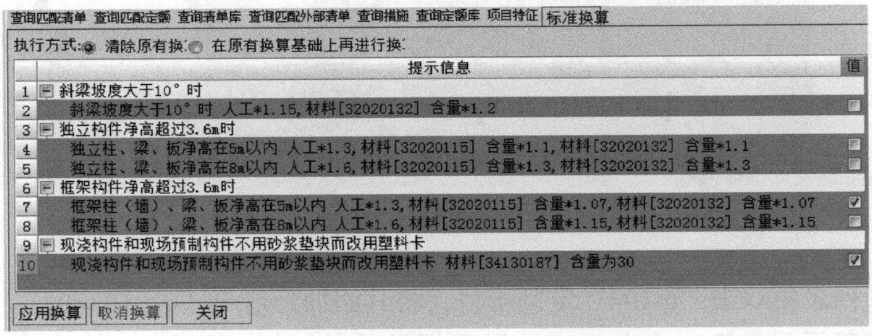

查询匹配清单 查询匹配定额 查询清单库 查询匹配外部清单 查询措施 查询定额库 项目特征 标准换算

执行方式：清除原有换: 在原有换算基础上再进行换:

	提示信息	值
1	斜梁坡度大于10°时	
2	斜梁坡度大于10°时 人工*1.15,材料[32020132] 含量*1.2	☐
3	独立构件净高超过3.6m时	
4	独立柱、梁、板净高在5m以内 人工*1.3,材料[32020115] 含量*1.1,材料[32020132] 含量*1.1	☐
5	独立柱、梁、板净高在8m以内 人工*1.6,材料[32020115] 含量*1.3,材料[32020132] 含量*1.3	☐
6	框架构件净高超过3.6m时	
7	框架柱（墙）、梁、板净高在5m以内 人工*1.3,材料[32020115] 含量*1.07,材料[32020132] 含量*1.07	✓
8	框架柱（墙）、梁、板净高在8m以内 人工*1.6,材料[32020115] 含量*1.15,材料[32020132] 含量*1.15	☐
9	现浇构件和现场预制构件不用砂浆垫块而改用塑料卡	
10	现浇构件和现场预制构件不用砂浆垫块而改用塑料卡 材料[34130187] 含量为30	✓

应用换算 取消换算 关闭

图 4-37

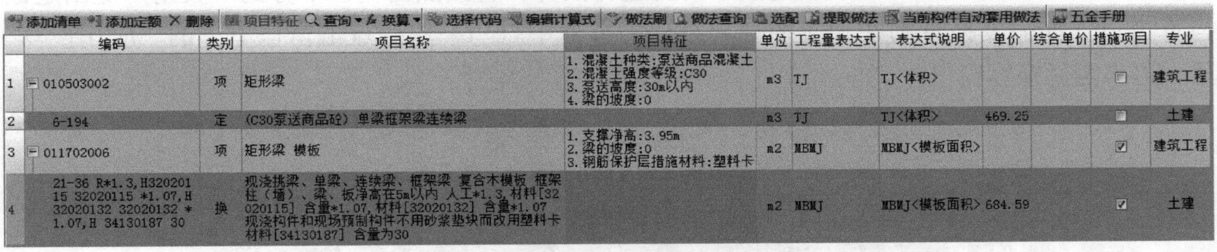

添加清单 添加定额 删除 项目特征 查询 换算 选择代码 编辑计算式 做法刷 做法查询 选配 提取做法 当前构件自动套用做法 五金手册

	编码	类别	项目名称	项目特征	单位	工程量表达式	表达式说明	单价	综合单价	措施项目	专业
1	010503002	项	矩形梁	1.混凝土种类:泵送商品混凝土 2.混凝土强度等级:C30 3.泵送高度:30m以内 4.梁的坡度:0	m3	TJ	TJ<体积>			☐	建筑工程
2	6-194	定	(C30泵送商品砼）单梁框架梁连续梁		m3	TJ	TJ<体积>	469.25		☐	土建
3	011702006	项	矩形梁 模板	1.支撑净高:3.95m 2.梁的坡度:0 3.钢筋保护层措施材料:塑料卡	m2	MBMJ	MBMJ<模板面积>			✓	建筑工程
4	21-36 R*1.3,H32020115 32020115 *1.07,H 32020132 32020132 *1.07,H 34130187 30	换	现浇挑梁、单梁、连续梁、框架梁 复合木模板 框架柱（墙）、梁、板净高在5m以内 人工*1.3,材料[32020115] 含量*1.07,材料[32020132] 含量*1.07 现浇构件和现场预制构件不用砂浆垫块而改用塑料卡 材料[34130187] 含量为30		m2	MBMJ	MBMJ<模板面积>	684.59		✓	土建

图 4-38

依此类推，完成其他梁的定义及做法套用。

值得说明的是，虽然上面将所有梁均套用了梁的清单和定额，但与板相连的梁的工程量为 0，而周边无板的梁的工程量正确无误。因为《江苏省建筑与装饰工程计价定额》(2014 版）中规定，与板相连的梁的工程量并入有梁板内，只有周边无板的梁的工程量才套用梁的清单和定额，因此与板相连的框架梁可以不套清单和定额。

2. 梁的绘制

（1）直线绘制　在绘图界面，点击直线，点击 KL12 的起点Ⓐ轴与①轴的交点，点击梁的终点Ⓐ轴与 ⑭ 轴的交点即可。

（2）偏移绘制　考虑到 KL12 的内侧与柱平齐，故需用偏移画法，绘制Ⓐ轴的 KL12 时，左边端点为：Ⓐ轴、①轴交点向下偏移 50，如图 4-39 所示。

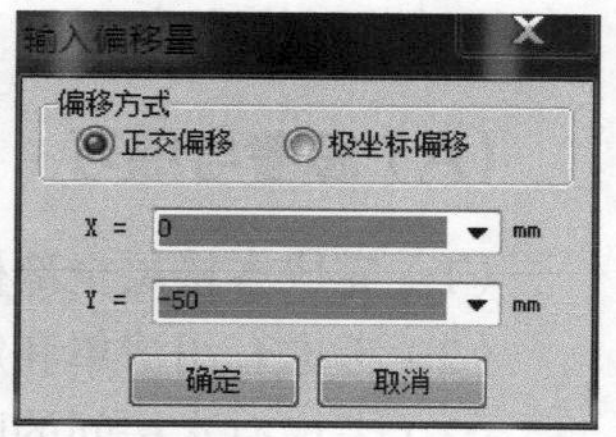

图 4-39

（3）智能布置　绘制梁的时候，为了加快绘制速度，一般都会使用一些快捷的方法，例如智能布置。在绘制梁的界面，点击绘图界面的“智能布置”下的“轴线”按钮，然后选择需要绘制梁的轴线即可，但是此时绘制的梁并没有偏移，所以还需要选中之后手动进行偏移，具体操作与框架柱的智能绘制方法相似。

（4）梯梁　梯梁：简单的说就是梯子的横梁，具体是指在梯子的上部结构中，沿梯子轴横向设置并支撑于主要承重构件上的梁。梯梁的主要承重构件是梯柱。

梯梁在软件中的属性定义和绘制同框架梁的绘制，同梯柱一样也只是标高的不同，一般梯梁的标高与梯柱的标高是一样的，即在属性定义梯梁的时候仅是将梯梁的“起点顶标高”和“终点顶标高”修改为与梯柱的顶标高一样就即可。但《江苏省建筑与装饰工程计价定额》(2014 版)的楼梯混凝土及模板工程量都是按水平投影面积计算的，包括休息平台、平台梁（梯梁)、楼梯段、楼梯与楼面板连接的梁的投影，所以一般梯梁在土建算量软件中不需单独绘制。

参照 KL12 的绘制方法，绘制其他梁；绘制完成所有首层梁的结果如图 4-40 所示。

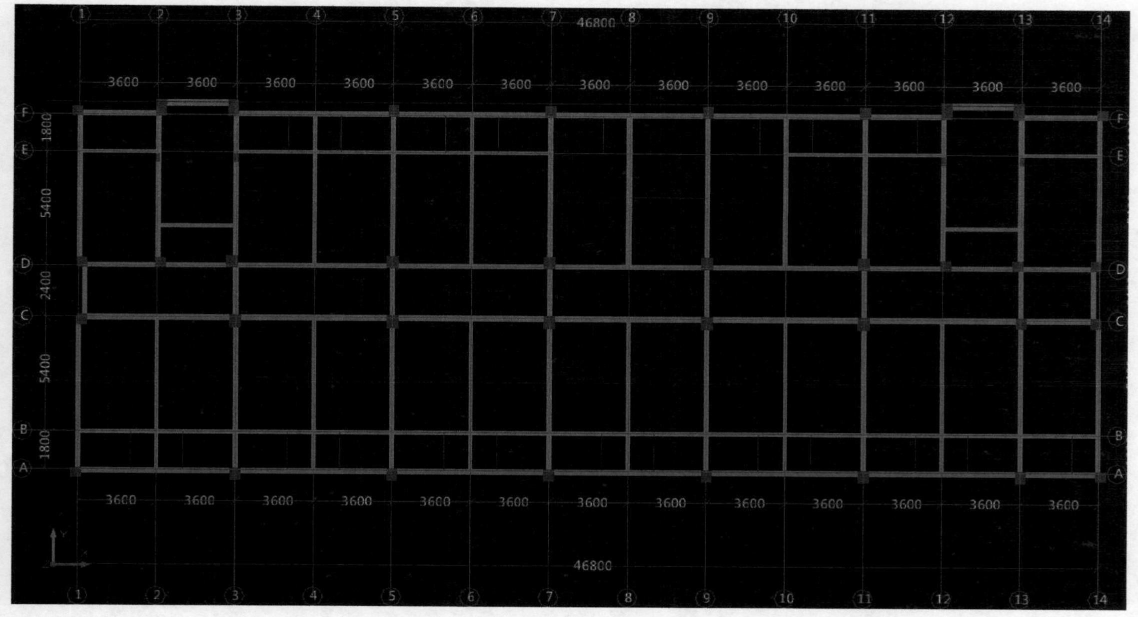

图 4-40

（五）总结拓展

（1）若有梁的顶标高不一致，可在绘制完成后选择图元，右键点击属性编辑框可以单独修改该梁的私有属性，改变标高。

（2）在绘制梁时要注意梁与柱的尺寸对齐方式。

（3）绘制梁构件时，一般先横向后竖向，先框架梁后次梁，避免遗漏。

（六）思考与练习

（1）完成本楼层全部框架梁的工程量计算。

（2）考虑套用清单和定额的时候应注意哪些问题?

（3）考虑有水房间的防水坎台用什么构件定义，结合本工程的特点进行绘制。

三、板构件布置

（1）熟练掌握板构件相关的命令操作；

（2）能够应用算量软件定义并绘制板构件，准确套用清单及定额，并计算板混凝土及模板工程量。

（1）了解混凝土板的施工工艺；

（2）具备相应混凝土板的手工计算知识；

（3）能读懂板结构平面图。

（一）基础知识

1. 板的分类

板分多种形式，包括梁板、无梁板、平板、薄壳板、栏板、天沟板、挑檐板、空心板和悬挑板等。

有梁板：指由梁和板连成一体的钢筋混凝土板，它包括梁板式肋形板和井字肋形板。

无梁板：指板无梁、直接用柱头支撑，包括板和柱帽。

平板：指既无柱支承，又非现浇板板结构，而周边直接由墙来支承的现浇钢筋混凝土板。通常这种板多用于较小跨度的房间，如建筑中的浴室、卫生间、走廊等跨度在3m以内，板厚60～80mm的板。

混凝土薄壳板是跨度比较大而板厚比较薄、浇筑时主要采用弧线模板来支撑板，有暗截面比较小的密肋梁。由于薄壳结构能够承受很大的压力，所以建筑师们用它们做成很大、很薄的屋顶。这不但能减轻屋顶重量，节约大量材料，而且内部空间很大且没有柱子，所以大型建筑如大厅、体育场馆多首选薄壳结构。

栏板：指建筑物中起到围护作用的一种构件，供人在正常使用建筑物时防止坠落的防护措施，是一种板状护栏设施，封闭连续，一般用在阳台或屋面女儿墙部位，高度一般在1m左右。

天沟：指建筑物屋面两跨间的下凹部分。屋面排水分有组织排水和无组织排水（自由排水），有组织排水一般是把雨水集到天沟内再由雨水管排下，集聚雨水的沟就被称为天沟；天沟分内天沟和外天沟，内天沟是指在外墙以内的天沟，一般有女儿墙；外天沟是挑出外墙的天沟，一般没女儿墙。

挑檐：指屋面挑出外墙的部分，一般挑出宽度不大于50cm，主要是为了方便做屋面排水，对外墙也能起到保护作用。

空心板由混凝土浇筑而成，板的横截面是空心的，故称为空心板。

悬挑的板称为悬挑板，一般用于阳台板、室外空调搁板、雨篷板和屋面挑檐板等。

下面以有梁板为例介绍其混凝土和模板工程量的清单和定额计算规则。

2. 计算规则

（1）清单计算规则见表 4-9。

表 4-9

编号	名称	计量单位	计算规则
010505001	有梁板	m^3	按设计图示尺寸以体积计算，不扣除单个面积在 $0.3m^2$ 以内的柱、垛以及孔洞所占体积；应扣除构件中压型钢板所占的体积。 有梁板（包括主、次梁和板）按梁板体积之和计算
011702014	有梁板模板	m^2	按模板与现浇混凝土的接触面积计算，柱、梁、墙、板相互重叠部分均不计算模板面积。不扣除单孔面积在 $0.3m^2$ 以内的孔洞所占面积，侧壁面积也不增加；扣除单孔面积在 $0.3m^2$ 以上的孔洞所占面积，洞口侧壁面积并入板模板工程量内

（2）定额计算规则 见表 4-10。

表 4-10

编号	名称	计量单位	计算规则
6-207	有梁板	m^3	按设计图示尺寸以体积计算，不扣除单个面积在 $0.3m^2$ 以内的柱、垛以及孔洞所占体积，应扣除构件中压型钢板所占的体积。 有梁板（包括主、次梁和板）按梁板体积之和计算；有后浇板带时（包括主次梁）应扣除。厨房、卫生间墙下设有素混凝土防水坎时，工程量并入板内
21-57	板厚 10cm 以内，复合木模板	m^2	按模板与现浇混凝土的接触面积计算，柱、梁、墙、板相互重叠部分均不计算模板面积。不扣除单孔面积在 $0.3m^2$ 以内的孔洞所占面积，侧壁面积也不增加；扣除单孔面积在 $0.3m^2$ 以上的孔洞所占面积，洞口侧壁面积并入板模板工程量内

3. 软件操作基本步骤

完成板构件布置的基本步骤是：先进行构件定义，编辑属性，然后绘制构件，最后汇总计算得出相应工程量。

（二）任务说明

本节的任务是：

（1）完成首层板的定义与绘制。

（2）完成板的清单项目和定额子目的套用和描述。

（三）任务分析

1. 分析图纸

本工程中首层层高 3.6m，板需要计算混凝土和模板的工程量，分析结施 -09，板厚 100mm，均为有梁板。

2. 分析板在软件中的画法

软件中板的画法常用的有“点”画和按“梁生成最小板”两种方法，不规则的板可按“直线”画法布置板，未形成封闭区域的板可按“直线”或“矩形”布置板，如是弧形板可通过“三点画弧”绘制。

（四）任务实施

1. 现浇板的定义

（1）现浇板的属性定义　以①～②＋Ⓓ～Ⓕ 轴之间的板为例，介绍板构件的定义。土建软件中主要是计算构件的混凝土的量，所以在属性定义的时候我们只需要将所需要的属性进行准确的定义即可。进入“板”→“现浇板”，定义一块板，如图 4-41 所示。

顶标高：板的顶标高，根据实际情况输入，一般按照默认“层顶标高”即可，如图 4-41。

厚度：根据图纸中标注的厚度输入，图中“$h=100$”，在此输入“100”即可。

（2）做法套用

① 套用清单　以首层板 B-100 为例介绍板的清单做法套用、工程量清单项目特征描述和定额做法套用的方法。

第一步：选择板 B-100。切换到定义界面，在模块导航栏选择“板”→“现浇板”→在构件列表中选择“B-100”。

第二步：选择匹配清单。点击“查询”窗口的“查询匹配清单”页签，如图 4-42 所示。分别双击编号为“010505001”和“011702014”的清单项目将其添加到构件“B-100”的做法表中。

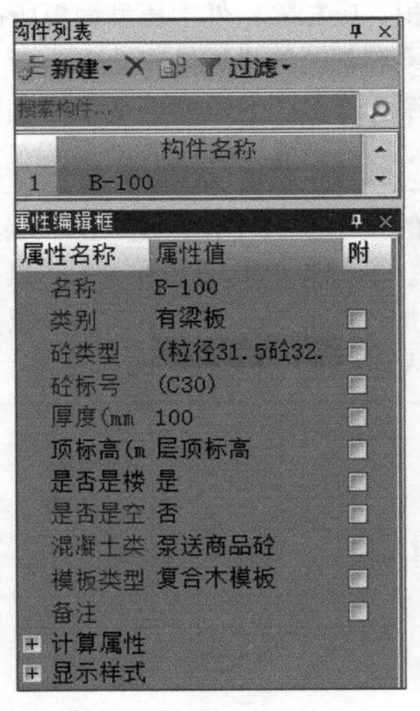

图 4-41

查询匹配清单　查询匹配定额　查询清单库　查询匹配外部清单

	编码	清单项	单位
1	010505001	有梁板	m3
2	010505002	无梁板	m3
3	010505003	平板	m3
4	010505004	拱板	m3
5	010505006	栏板	m3
6	010505009	空心板	m3
7	011702014	有梁板 模板	m2
8	011702015	无梁板 模板	m2
9	011702016	平板 模板	m2
10	011702017	拱板 模板	m2
11	011702019	空心板 模板	m2

图 4-42

② 描述板混凝土的项目特征并套用匹配定额　根据《房屋建筑与装饰工程工程量计算规范》（GB 50854—2013）推荐的梁混凝土项目特征需描述混凝土的种类和强度等级两项内容，而《江苏省建筑与装饰工程计价定额》（2014 版）还可以对混凝土泵送高度、板底面是否为锯齿形、板的坡度等进行调整，因此需要描述混凝土的种类、混凝土的强度等级、混凝土的泵送高度、板的底面是否为锯齿形、板的坡度五项特征。当然，如果工程中无斜板，也无板底为锯齿形的板，为方便也可不描述后面两项项目特征。

第一步：选中清单项目“010505001”，点击工具栏上的“项目特征”；

第二步：在项目特征列表中添加“混凝土种类”的特征值为“商品泵送混凝土”，“混凝土强度等级”的特征值为“ C30”，“泵送高度”的特征值为“30m 以内”，“板底是否为锯齿形”的特征值为“否”，“板的坡度”的特征值为“0”；填写完成后的板混凝土的项目特征如图 4-43 所示。

查询匹配清单　查询匹配定额　查询清单库　查询匹配外部清单　查询措施　查询定额库　项目特征

	特征	特征值	输出
1	混凝土种类	商品泵送混凝土	☑
2	混凝土强度等级	C30	☑
3	泵送高度	30M以内	☑
4	板底是否为锯齿形	否	☑
5	板的坡度	0	☑

图 4-43

第三步：选择 B-100 的定额子目。点击“查询匹配定额”，双击图 4-44 所示的匹配定额列表中编号为“6-207”的定额子目，将其添加到编号为“010505001”的清单项目下；

查询匹配清单　查询匹配定额　查询清单库　查询匹配外部清单　查询措施　查询定额库　项目特征　标准换算

	编码	名称	单位	单价
1	6-207	(C30泵送商品砼) 有梁板	m3	461.46
2	6-211	(C30泵送商品砼) 后浇板带	m3	479.54
3	6-215	(C20泵送商品砼) 水平挑檐 板式雨篷	10m2水平投影面积	454.66
4	6-219	(C20泵送商品砼) 天、檐沟竖向挑板	m3	516.21
5	6-286	(C30商品砼泵送) 圆形贮仓 底板	m3	487.49
6	6-287	(C30商品砼泵送) 圆形贮仓 顶板	m3	532.88
7	6-297	(C30泵送商品砼) 栈桥 有梁板 板顶高度在12m内	m3	490.95
8	6-299	(C30泵送商品砼) 栈桥 有梁板 板顶高度在20m内	m3	496.56
9	21-57	现浇板厚度＜10cm 复合木模板	10m2	503.57
10	21-59	现浇板厚度＜20cm 复合木模板	10m2	567.37
11	21-61	现浇板厚度＜30cm 复合木模板	10m2	626.46
12	21-63	现浇板厚度＜50cm 复合木模板	10m2	728.65

○ 按构件类型过滤　◉ 按构件属性过滤　添加　关闭

图 4-44

第四步：混凝土定额子目换算。选中“6-207”定额子目，点击工具栏上“换算”→“标准换算”，弹出如图 4-45 所示的窗口，本项定额不需要进行换算，直接点击“关闭”退出定额换算窗口；如需换算材料，则可在材料替换那一行，选择需要替换成的材料；如需换算其他项目，可在相应项目后面的方框中打勾，然后点击窗口下方的“应用换算”，退出定额换算窗口。

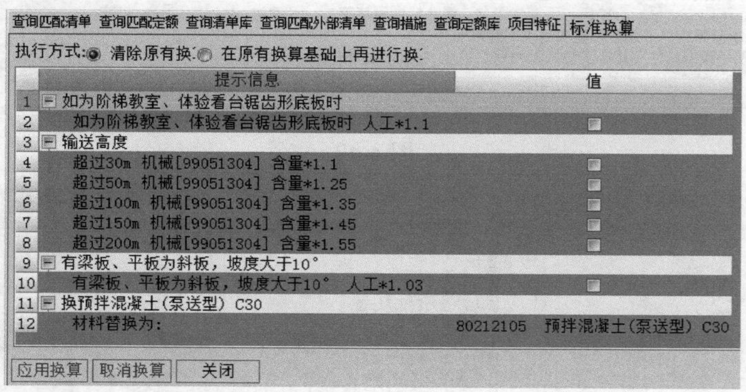

图 4-45

③ 描述板模板项目特征并套定额 《房屋建筑与装饰工程工程量计算规范》（GB 50854—2013）规定推荐的板模板项目特征描述为“支撑高度”，《江苏省建筑与装饰工程计价定额》（2014 版）按照复合木模板和组合钢模板分别编列定额子目，同时还规定现浇钢筋混凝土板的支模高度净高按 3.6m 以内编制；超过 3.6m 时，按不同高度区间进行调整，同时还可对钢筋保护层措施

材料、板的坡度、板底是否为锯齿形、板做地面是否抹灰进行调整。因此对于有梁板模板的项目特征需要描述“模板种类”、“支撑高度净高”、“钢筋保护层措施材料”、“板的坡度”、“板底是否为锯齿形”和“板做地面是否抹灰”。

第一步：选中清单项目“011702014”，点击工具栏上“项目特征”。

第二步：填写项目特征值。在“项目特征列表”中，依次填写各项项目特征的特征值如图 4-46 所示；

查询匹配清单 查询匹配定额 查询清单库 查询匹配外部清单 查询措施 查询定额库 项目特征

	特征	特征值	输出
1	模板种类	复合木模板	☑
2	支撑高度净高	3.95m	☑
3	钢筋保护层措施材料	塑料卡	☑
4	板的坡度	0	☑
5	板底面是否为锯齿形	否	☑
6	板做地面是否抹灰	否	☑

插入 添加 删除 上移 下移 关闭 保存特征值 删除特征值 保存项目特征

图 4-46

第三步：选择模板匹配定额子目。点击“查询匹配定额”页签，双击“21-57”的定额子目将其添加到板模板的清单项目下；

第四步：模板定额子目换算。选择“21-57”定额子目，点击工具栏上“换算”→“标准换算”，在出现的换算界面上选择第 9、14 项，如图 4-47 所示。点击“应用换算”退出换算窗口，如图 4-48 所示。

查询匹配清单 查询匹配定额 查询清单库 查询匹配外部清单 查询措施 查询定额库 项目特征 标准换算

执行方式：◉ 清除原有换 ○ 在原有换算基础上再进行换

	提示信息	值
1	⊟ 坡度大于10°的斜板(包括肋形板)	
2	坡度大于10°的斜板(包括肋形板) 人工*1.3,材料[32020132] 含量*1.5	☐
3	⊟ 阶梯教室、体育看台板(包括斜梁、板或斜梁、锯齿形板)	
4	阶梯教室、体育看台板(包括斜梁、板或斜梁、锯齿形板) 人工*1.2,材料[32020132] 含量*1.1,材料[32020115] 含量*1.1	☐
5	⊟ 独立构件净高超过3.6m时	
6	独立柱、梁、板净高在5m以内 人工*1.3,材料[32020115] 含量*1.1,材料[32020132] 含量*1.1	☐
7	独立柱、梁、板净高在8m以内 人工*1.6,材料[32020115] 含量*1.3,材料[32020132] 含量*1.3	☐
8	⊟ 框架构件净高超过3.6m时	
9	框架柱（墙）、梁、板净高在5m以内 人工*1.3,材料[32020115] 含量*1.07,材料[32020132] 含量*1.07	☑
10	框架柱（墙）、梁、板净高在8m以内 人工*1.6,材料[32020115] 含量*1.15,材料[32020132] 含量*1.15	☐
11	⊟ 现浇有梁板、无梁板、平板、楼梯、雨篷及阳台，设计地面不抹灰	
12	现浇有梁板、无梁板、平板、楼梯、雨篷及阳台，设计地面不抹灰 人工[00010302] 含量+0.27	☐
13	⊟ 现浇构件和现场预制构件不用砂浆垫块而改用塑料卡	
14	现浇构件和现场预制构件不用砂浆垫块而改用塑料卡 材料[34130187] 含量为30	☑

应用换算 取消换算 关闭

图 4-47

添加清单 添加定额 × 删除 项目特征 查询 换算 选择代码 编辑计算式 做法刷 做法查询 选配 提取做法 当前构件

	编码	类别	项目名称	项目特征	单位	工程量表达式	表达式说明	单价	综合单价	措施项	专业
1	⊟ 010505001	项	有梁板	1. 混凝土种类:商品泵送混凝土 2. 混凝土强度等级:C30 3. 泵送高度:30M以内 4. 板底是否为锯齿形:否 5. 板的坡度:0	m3	TJ	TJ<体积>			☐	建筑工程
2	6-207	定	(C30泵送商品砼) 有梁板		m3	TJ	TJ<体积>	461.46		☐	土建
3	⊟ 011702014	项	有梁板 模板	1. 模板种类:复合木模板 2. 支撑高度净高:3.95m 3. 钢筋保护层措施材料:塑料卡 4. 板的坡度:0 5. 板底面是否为锯齿形:否 6. 板做地面是否抹灰:否	m2	MBMJ	MBMJ<底面模板面积>			☑	建筑工程
4	21-57 R*1.3,H32020115 32020115 *1.07,H32020132 32020132 *1.07,H	换	现浇板厚度<10cm 复合木模板 框架柱（墙）、梁、板净高在5m以内 人工*1.3,材料[32020115] 含量*1.07,材料[32020132] 含量*1.07 现浇构件和现场预制构件不用砂浆垫块而改用塑料卡 材料[34130187] 含量为30		m2	MBMJ	MBMJ<底面模板面积>	503.57		☑	土建

图 4-48

利用做法刷功能将 B-100 的做法复制到二层、屋顶层的同名板，但要根据二层和屋顶层的支模高度净高修改模板的项目特征，并对相应定额子目进行换算，操作过程不再赘述。

2. 现浇板的绘制

板定义好之后，需要将板绘制到图上，在绘制之前，需要将板下的支座如梁或墙绘制完毕。

（1）点绘制　在本工程中，板下的梁已经绘制完毕，围成了封闭区域的位置，可以采用“点”画法来布置板图元。在“绘图工具栏”选择“点”按钮，在梁围成的封闭区域单击鼠标左键，就轻松布置了板图元。

（2）矩形绘制　如图中没有围成封闭区域的位置，可以采用“矩形”画法来绘制板。选择“矩形”按钮，选择板图元的一个顶点，再选择对角的顶点，即可绘制一块矩形的板。

注意：不论是现浇板还是平台板或是楼板，板的属性定义和画法都与现浇板的定义和画法是一样的。参照现浇板的画法将其他需要绘制的板绘制完成。

根据以上的绘制方法绘制首层其他的板，绘制完成之后的结果如图 4-49 所示。

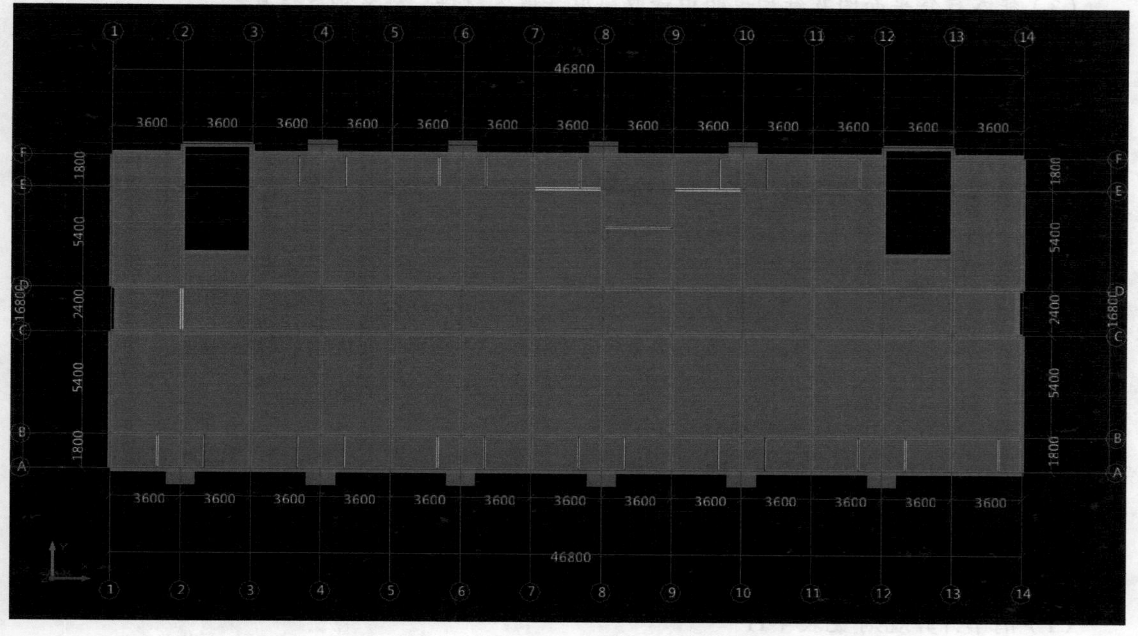

图 4-49

（五）总结拓展

（1）自动生成板　当板下的梁或墙绘制完毕，且图中板类别较少时，可使用“自动生成板”功能，软件会自动根据图中梁或墙围成的封闭区域来生成整层的板。自动生成完毕之后，需要检查图纸，将与图中板信息不符的修改过来，对图中没有板的地方进行删除。

（2）板的绘制除了点画法，还有直线画法和弧线画法。实际工程中，应根据具体情况选用相应的画法，具体操作可以参照软件内置的“文字帮助”。

（六）思考与练习

（1）请描述现浇板的混凝土量在软件中计算的步骤。

（2）完成首层结构板的工程量计算。

（3）思考现浇板的清单项目和定额子目的套用方法。

四、墙构件布置

（1）熟练掌握墙构件相关的命令操作；

（2）能够应用算量软件定义并绘制墙构件，准确套用清单及定额，并计算墙构件工程量。

（1）了解砌体墙的施工工艺；

（2）具备相应墙的手工计算的知识；

（3）能在建筑平面图及结构说明中读取墙厚、墙体材料、砂浆种类信息。

（一）基础知识

1. 墙的分类

墙体是建筑物的重要组成部分，它的作用是承重、围护或分隔空间。

（1）按墙体所处的位置分。可以分为内墙和外墙两种。外墙是指建筑物四周与外界交接的墙体；内墙是指建筑物内部的墙体。

（2）按墙布置方向分。可以分为纵墙和横墙两种。纵墙是指与屋长轴方向一致的墙；横墙是指与房屋短轴方向一致的墙。外纵墙通常称为檐墙，外横墙通常称为山墙。

（3）按受力情况分，可以分为承重墙和非承重墙。承重墙是指承受来自上部传来荷载的墙，非承重墙是指不承受上部传来荷载的墙。

（4）按墙体的构成材料分，可以分为砖墙、石墙、砌块墙、混凝土墙、钢筋混凝土墙、轻质板材墙等。

2. 计算规则

下面以砌块墙为例介绍其工程量的清单和定额计算规则。

（1）清单计算规则 见表 4-11

表 4-11

编号	名称	计量单位	计算规则
010402001	砌块墙	m^3	按设计图示尺寸以体积计算，扣除门窗、洞口、嵌入墙内的钢筋混凝土柱、梁、圈梁、挑梁、过梁及凹进墙内的壁龛、管槽、暖气槽、消火栓箱所占体积，不扣除梁头、板头、檩条、垫木、木楞头、沿椽木、木砖门窗走头、砌体墙内加固钢筋、木筋、铁件、钢管及单个面积≤ 0.3m^2 的孔洞所占的体积。凸出墙面的腰线、挑檐、压顶、窗台线、虎头砖、门窗套的体积亦不增加。凸出墙面的砖垛并入墙体体积内计算

（2）定额计算规则 《江苏省建筑与装饰工程计价定额》（2014 版）将加气混凝土砌块墙按不同厚度进行编制，且分为用于无水房间、底无混凝土坎台和用于多水房间、底有混凝土坎台两种情况。其定额编号、名称、计量单位和计算规则如表 4-12 所示。

表 4-12

编号	名称	计量单位	计算规则
4-6	普通砂浆砌筑加气混凝土砌块墙 100 厚（用于无水房间、底无混凝土坎台）	m^3	同清单计算规则
4-7	普通砂浆砌筑加气混凝土砌块墙 200 厚（用于无水房间、底无混凝土坎台）	m^3	
4-8	普通砂浆砌筑加气混凝土砌块墙 200 厚以上（用于无水房间、底无混凝土坎台）	m^3	
4-9	普通砂浆砌筑加气混凝土砌块墙 100 厚（用于前期水房间、底有混凝土坎台）	m^3	
4-10	普通砂浆砌筑加气混凝土砌块墙 200 厚（用于多水房间、底有混凝土坎台）	m^3	
4-11	普通砂浆砌筑加气混凝土砌块墙 200 厚以上（用于多水房间、底有混凝土坎台）	m^3	

3. 软件操作说明

完成墙构件布置的基本步骤是：先进行构件定义，编辑属性，然后绘制构件，最后汇总计算得出相应工程量。

（二）任务说明

本节的任务是：

（1）定义砌体墙的构建属性并绘制砌体墙；

（2）套用墙的清单项目并描述墙的项目特征和套用定额子目。

（三）任务分析

1. 分析图纸

分析图纸建施 -03“一层平面图”可知本工程 +0.00 以上墙体为 200mm 厚加气混凝土砌块，其中南北面的外墙部分为 300mm 厚（除宿舍卫生间、楼梯间、门厅、管理室所在的外墙外，其他均为 300mm 厚），宿舍卫生间隔墙为 100m 厚加气混凝土砌块。

分析图纸结施 -01 ± 0.00 以下采用烧结煤矸石实心砖。

2. 分析墙在软件中的画法

软件中墙的画法有直线画法和智能布置画法。绘制墙的时候与梁的画法是一样的，有需要偏移的墙，要根据图纸的实际尺寸将墙进行偏移。

同柱、梁、板构件定义将一层所有墙体套完做法后，为二层及以上各层墙体套用做法时，可以使用软件提供的“做法刷”功能和“选配”功能；在使用“做法刷”功能时还可以结合构件“过滤”功能进行。

（四）任务实施

1. 砌体墙的定义

（1）砌体墙的属性定义　首先进行砌体墙的定义和绘制。以内墙为例，进入“墙”→“新建内墙”。

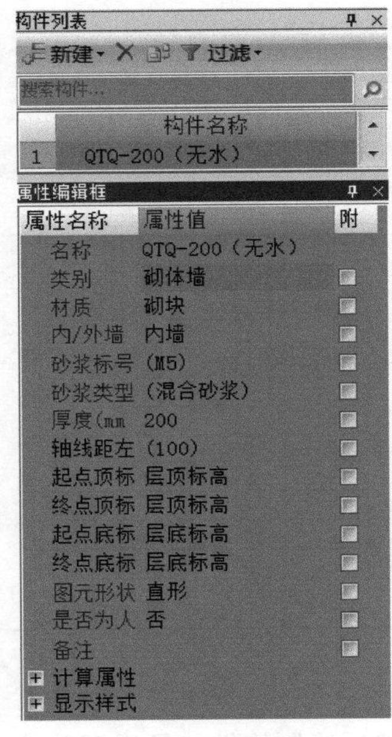

图 4-50

软件默认为Q-1，这里为了区分不同厚度和位置的墙，将其改为QTQ-200（无水），墙厚输入200，定义完成后如图4-50所示。外墙和内墙要区别定义，墙的属性除了对自身工程量有影响外，还影响其他构件的智能布置。

（2）做法套用　同柱、梁、板构件一样，只是定义和绘制汇总之后是没有工程量的，工程量的依据是根据套用的清单项目和定额子目，墙体的清单和定额的套用方法同柱、梁、板三大主要构件套用方法相同，需要注意的是因墙厚不同套用的定额子目不一样，要根据不同墙厚分别套清单。

第一步，在定义界面选中要套用的某个墙（以本工程中的QTQ-200（无水）墙为例）。

第二步，点击“查询匹配清单”页签，选中对应的清单项，即双击编码为“010402001”的清单项目，将其添加到做法中。

第三步，将添加完成的清单项目进行项目特征的添加然后套用定额。

砌块内墙的套用做法如图4-51所示：

添加清单　添加定额　删除　项目特征　查询　换算　选择代码　编辑计算式　做法刷　做法查询　选配　提取做法

	编码	类别	项目名称	项目特征	单位	工程量表达式	表达式说明	单价	综合单价	措施项	专业
1	010402001	项	砌块墙	1.砌块品种、规格、强度等级:200厚加气混凝土砌块 2.墙体类型:内墙 3.砂浆强度等级:水泥石灰砂浆M5.0	m3	TJ	TJ<体积>			☐	建筑工程
2	4-7	定	(M5混合砂浆) 普通砂浆砌筑加气砼砌块墙 200厚（用于无水房间、底无砼坎台）		m3	TJ	TJ<体积>	359.41		☐	土建

图 4-51

2. 砌体墙的绘制

（1）直线画法　以Ⓒ轴与①～③轴的内墙为例，选择“直线”画法，点击Ⓒ轴与①轴交点，再点击Ⓒ轴与③轴交点即可。

（2）智能布置　砌体墙的智能布置同梁的智能布置是一样的道理，在绘图的界面，点击智能布置下的“轴线”或者是“梁轴线”，然后选择要布置的位置的轴线或者梁即可。

按照其中的一种方法或者两种方法结合的方式绘制首层的其他墙体，首层绘制完成的结果如图4-52所示。

（五）归纳总结

本节主要讲述了土建软件中绘制砌体墙定义和绘图时的一些的方式和方法，定义砌体墙时一些主要的属性的修改及清单项目和定额子目的套用，还有绘制时的方法；与梁构件的绘制方法是相似，都是直线绘制方法或者智能绘制方法。

在绘制的时候需要注意的是：墙的底标高和顶标高分别有两个即“起点底标高”和“终点底标高”、“起点顶标高”和“终点顶标高”，所以如果修改墙的底标高或者是顶标高的时候就要修改两个高度。

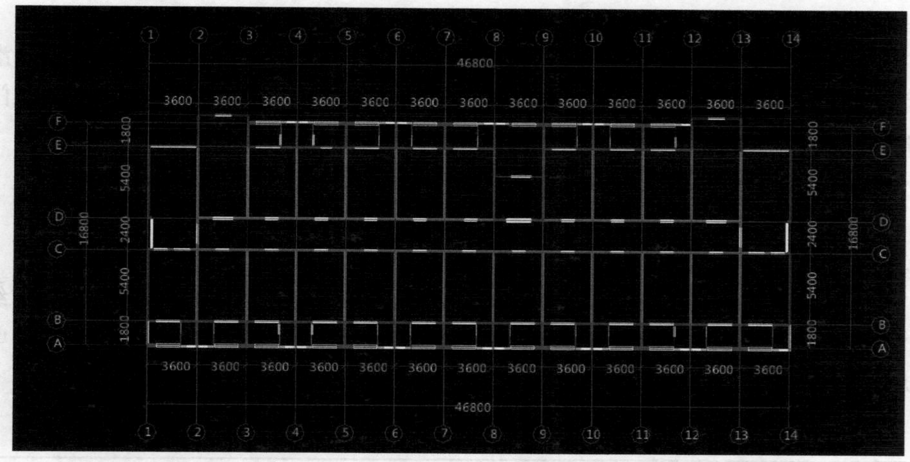

图 4-52

(六) 思考与练习

(1) 砌体墙必须描述的清单项目特征有哪几项?

(2) 做法刷功能如何使用?

(3) 选配功能如何使用?

(4) 构件过滤功能有几种过滤方式? 分别如何使用?

五、门窗构件布置

学习目标

(1) 熟练掌握门窗构件相关的命令操作;

(2) 能够应用算量软件定义并绘制门窗构件,准确套用清单及定额,并计算门窗工程量。

学习要求

(1) 了解门窗工程的施工工艺;

(2) 能从门窗表并结合平面图、立面图中了解门窗材质、尺寸、离地高度等信息;

(3) 掌握门窗工程清单、定额计算规则并具备相应手工算量知识。

(一) 基础知识

1. 门窗的分类

门窗按其所处的位置不同分为围护构件和分隔构件,根据不同的设计要求要分别具有保温、隔热、隔声、防水、防火等功能。此外要求节能,寒冷地区由门窗缝隙而损失的热量,占全部采暖耗热量的25%左右。门和窗是建筑物围护结构系统中重要的组成部分。门窗的密闭性要求,是节能设计中的重要内容。

(1) 依据门窗材质,大致可以分为以下几类:木门窗、钢门窗、塑钢门窗、铝合金门窗、玻璃钢门窗、不锈钢门窗、隔热断桥铝门窗、木铝复合门窗、铝木复合门窗、实木门窗。

（2）按门窗功能分为防盗门、自动门、旋转门。

（3）按开启方式分为：固定窗、上悬窗、中悬窗、下悬窗、立转窗、平开门窗、滑轮平开窗、滑轮窗、平开下悬门窗、推拉门窗、推拉平开窗、折叠门、地弹簧门、提升推拉门、推拉折叠门、内倒侧滑门。

（4）按性能分为：隔声型门窗、保温型门窗、防火门窗、气密门窗。

（5）按应用部位分为：内门窗、外门窗。

2. 计算规则

（1）清单计算规则　《房屋建筑与装饰工程工程量计算规范》（GB 50854—2013）中编列的门窗工程量清单项目较多，仅以教材中涉及的几种门窗为例，介绍其编号、名称、计量单位和工程量计算规则，如表4-13所示。

表4-13

编号	名称	计量单位	计算规则
010801004	木质防火门	樘/m^2	①以樘计算，按设计图示数量计算； ②以平方米计量，按设计图示洞口尺寸以面积计算
010802001	塑钢门	樘/m^2	
010807001	金属窗	樘/m^2	
010807002	金属防火窗	樘/m^2	

（2）定额计算规则　门窗制作安装工程量按洞口面积计算，特种门按设计门扇外围面积计算；《江苏省建筑与装饰工程计价定额》（2014版）中木质防火门属于特种门，具体定额项目见门窗做法表。

3. 软件操作基本步骤

完成门窗构件布置的基本步骤是：先进行构件定义，编辑属性，套用清单项目和定额子目，然后绘制构件，最后汇总计算得出相应工程量。

由于门窗是在墙上面掏的洞，所以在绘制门窗洞口的时候一定要在墙体绘制完成的情况下在墙上绘制门窗洞口。

（二）任务说明

本节的任务是：

（1）定义并绘制首层门窗及洞口；

（2）套用门窗的清单项目和定额子目的做法。

（三）任务分析

1. 图纸分析

分析图纸建施-09，本工程中共有五种门、五种窗和两种门洞，共12个构件，具体信息如表4-14所示。

2. 画法分析

门窗的画法有“点画”、“智能布置”、“精确布置”三种，实际工程中根据工程实际情况灵活采用三种绘制方法中的一种绘制，绘制完成后根据实际工程要求“设置门窗立樘位置”，立樘位置也可在门窗属性编辑器中设置。

表 4-14

类别	名称	洞口尺寸	数量	备注
窗	C-1	1200×1450	4	墨绿色塑钢窗　中空玻璃
	C-2	1750×2850	48	墨绿色塑钢窗　中空安全玻璃
	C-3	600×1750	46	墨绿色塑钢窗　中空玻璃
	C-4	2200×2550	4	墨绿色塑钢窗　中空安全玻璃
门	M-1	1000×2700	40	塑钢门
	M-2	1500×2700	6	塑钢门
	M-3	800×2100	40	塑钢门
	M-4	1750×2700	44	墨绿色塑钢中空安全门
	M-5	3300×2700	2	墨绿色塑钢中空安全门
防火门	FHM 乙	1000×2100	2	乙级防火门，向有专业资质的厂家定制
	FHM-1	1500×2100	2	乙级防火门，向有专业资质的厂家定制
防火窗	FHC	1200×1800	2	乙级防火窗，向有专业资质的厂家定制（距地 600mm）
洞	JD1	1800×2700	2	洞口高 2700mm
	JD2	1500×2700	2	洞口高 2700mm

（四）任务实施

1. 门窗的定义

（1）门窗的属性定义　首先新建门窗类型，软件提供了矩形窗、异形窗、参数化窗和标准窗四种类型，本工程所有门窗均为矩形门窗。以 C-1 为例，在模块导航栏中选择窗，在构件列表中选择新建矩形窗，软件弹出如图 4-53 所示对话框，根据图纸信息输入对应属性值。

名称：C-1；

类别：普通窗；

洞口宽度：1200；

洞口高度：1450。

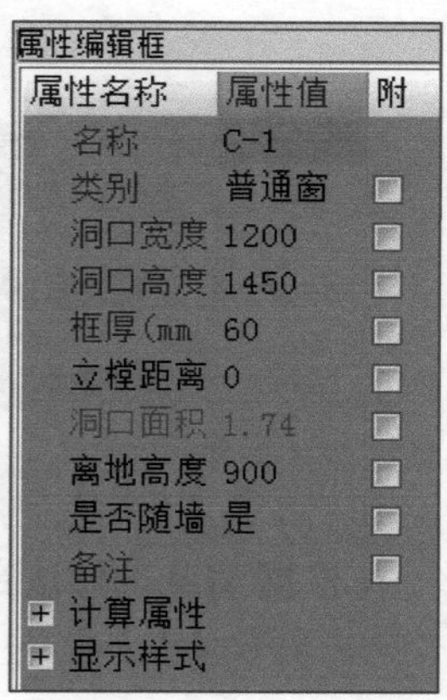

图 4-53

框厚：图纸中未规定按软件默认值，这对墙面、墙裙块料面积的计算有影响。立樘距离统一调整，其他按默认值。以此类推，根据门窗表的数值将对应的门窗属性值输入到定义界面，定义好所有门窗。

（2）门的套用做法

① 门的清单项目套用　下面以首层 M-4 为例介绍门的做法定义过程。点击“查询匹配清单”页签，双击如图 4-54 所示的编号为“010802001”的清单项目，将其添加到 M-4 的做法中，计量单位选“m^2”；

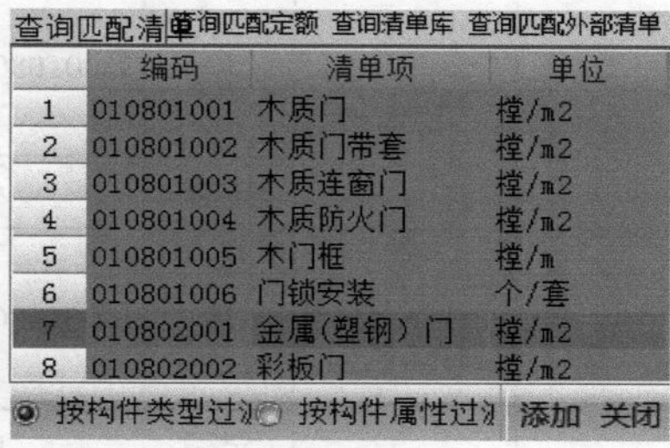

	编码	清单项	单位
1	010801001	木质门	樘/m2
2	010801002	木质门带套	樘/m2
3	010801003	木质连窗门	樘/m2
4	010801004	木质防火门	樘/m2
5	010801005	木门框	樘/m
6	010801006	门锁安装	个/套
7	010802001	金属(塑钢)门	樘/m2
8	010802002	彩板门	樘/m2

图 4-54

② 门的清单项目特征的描述及定额的套用

第一步：描述 M-4 门项目特征。选中“010802001”清单项目，点击工具栏上“项目特征”；在弹出的项目特征列表中，逐项填写特征值，如图 4-55 所示。

查询匹配清单 查询匹配定额 查询清单库 查询匹配外部清单 查询措施 查询定额库 项目特征

	特征	特征值	输出
1	门代号及洞口尺寸	M-4,1750*2700	☑
2	门框或扇外围尺寸		☐
3	门框、扇材质	塑钢	☑
4	玻璃品种、厚度	中空安全玻璃（5+9A+5）	☑

图 4-55

第二步：匹配 M-4 门定额子目。点击“查询匹配定额”页签，在弹出的如图 4-56 所示的匹配定额列表中双击编号为“16-11”的定额子目，将其添加到 M-4 的清单项目中；M-4 套用清单定额做法的结果如图 4-57 所示。

查询匹配清单 查询匹配定额 查询清单库 查询匹配外部清单 查询措施 查询定额库 项目特征

	编码	名称	单位	单价
45	9-73	推拉 钢大门	樘	2527.99
46	9-74	钢折叠门	樘	349.33
47	9-75	钢管 铁丝网门	樘	441.25
48	9-76	角钢 铁丝网门	樘	505.59
49	9-77	防火门	樘	292.19
50	9-78	保温隔音门	樘	64.6
51	9-79	变电间门	樘	642.5
52	9-80	冷藏门	樘	294.09
53	9-81	冻结间门	樘	462.95
54	16-1	铝合金门 地弹簧门安装	10m2	3540.74
55	16-2	铝合金门 平开门及推拉门安装	10m2	3986.78
56	16-11	塑钢门安装	10m2	3570.78

图 4-56

添加清单 添加定额 删除 项目特征 查询 换算 选择代码 编辑计算式 做法刷 做法查询 选配 提取做法

	编码	类别	项目名称	项目特征	单位	工程量表达式	表达式说明	单价	综合单价	措施项	专业
1	010802001	项	金属(塑钢)门	1.门代号及洞口尺寸:M-4,1750*2700 2.门框、扇材质:塑钢 3.玻璃品种、厚度:中空安全玻璃（5+9A+5）	樘	SL	SL<数量>			☐	建筑工程
2	16-11	定	塑钢门安装		m2	DKMJ	DKMJ<洞口面积>	3570.78		☐	土建

图 4-57

根据 M-4 的做法定义首层其他的门，首层门的完整做法如表 4-15 所示。

表 4-15

序号	构件名称	类别	编号	项目名称 + 项目特征	计量单位
1	FHM 乙	项	010801004001	木质防火门 门代号及洞口尺寸：FHM 乙，1000mm×2100mm	樘
		定额	9-32	木质防火门成品门扇	m^2
2	FHM 乙 -1	项	010801004002	木质防火门 门代号及洞口尺寸：FHM 乙 -1，1500mm×2100mm	樘
		定额	9-32	木质防火门成品门扇	m^2

续表

序号	构件名称	类别	编号	项目名称 + 项目特征	计量单位
3	M-4	项	010802001001	金属（塑钢）门 ① 门代号及洞口尺寸 :M-4,1750mm × 2700mm ② 门框、扇材质 : 塑钢 ③ 玻璃品种、厚度 : 中空安全玻璃（5+9A+5）	樘
		定额	16-11	塑钢门安装	m^2
4	M-1	项	010802001002	金属（塑钢）门 ① 门代号及洞口尺寸：M-1，1000mm × 2700mm ② 门框、扇材质：塑钢 ③ 玻璃品种、厚度：中空安全玻璃（5+9A+5）	樘
		定额	16-11	塑钢门安装	m^2
5	M-2	项	010802001003	金属（塑钢）门 ① 门代号及洞口尺寸：M-2，1500mm × 2700mm ② 门框、扇材质：塑钢 ③ 玻璃品种、厚度：中空安全玻璃（5+9A+5）	樘
		定额	16-11	塑钢门安装	m^2
6	M-3	项	010802001004	金属（塑钢）门 ① 门代号及洞口尺寸：M-3，800mm × 2100mm ② 门框、扇材质：塑钢 ③ 玻璃品种、厚度：中空安全玻璃（5+9A+5）	樘
		定额	16-11	塑钢门安装	m^2
7	M-5	项	010802001005	金属（塑钢）门 ① 门代号及洞口尺寸：M-5，3300mm × 2700mm ② 门框、扇材质：塑钢 ③ 玻璃品种、厚度：中空安全玻璃（5+9A+5）	樘
		定额	16-11	塑钢门安装	m^2

（3）窗的做法定义　下面以首层 C-1 为例介绍窗的工程量计算过程。

① 套用 C-1 的清单项目　点击“查询匹配清单”页签，双击图 4-58 中编号为“010807001”和“010807004”的清单项目将其添加到 C-1 的清单中。

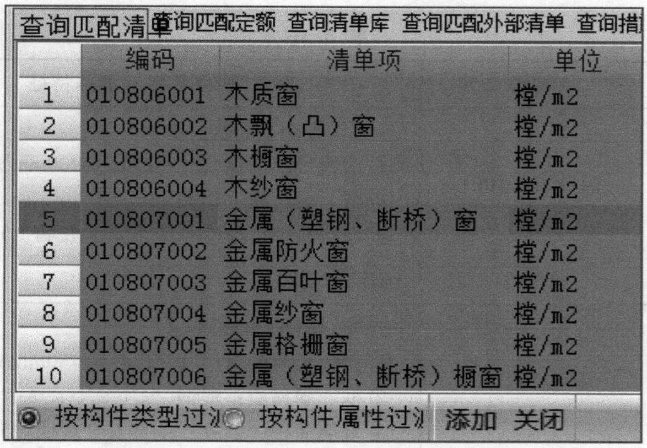

查询匹配清单　查询匹配定额　查询清单库　查询匹配外部清单　查询措

	编码	清单项	单位
1	010806001	木质窗	樘/m2
2	010806002	木飘（凸）窗	樘/m2
3	010806003	木橱窗	樘/m2
4	010806004	木纱窗	樘/m2
5	010807001	金属（塑钢、断桥）窗	樘/m2
6	010807002	金属防火窗	樘/m2
7	010807003	金属百叶窗	樘/m2
8	010807004	金属纱窗	樘/m2
9	010807005	金属格栅窗	樘/m2
10	010807006	金属（塑钢、断桥）橱窗	樘/m2

按构件类型过滤　按构件属性过滤　添加　关闭

图 4-58

② 描述项目特征及套用定额子目

第一步：描述 C-1 窗的项目特征。选中“010807001”清单项目，点击工具栏上的“项目特征”或点击“查询窗口”中的“项目特征”页签，在弹出的项目特征列表中逐项填写项目特征，如图 4-59 所示。

查询匹配清单 查询匹配定额 查询清单库 查询匹配外部清单 查询措施 查询定额库 项目特征

	特征	特征值	输出
1	窗代号及洞口尺寸	C-1，1200*1450	☑
2	框、扇材质	塑钢	☑
3	玻璃品种、厚度	中空安全玻璃（5+9A+5）	☑

图 4-59

第二步：匹配 C-1 定额子目。选中编号为“010807001”的清单项目，点击“查询匹配定额”，双击弹出的图 4-60 匹配定额列表中编号为“16-12”的定额子目将其添加到清单中。

查询匹配清单 查询匹配定额 查询清单库 查询匹配外部清单 查询措施 查询定额库 项目特征

	编码	名称	单位	单价
1	16-3	铝合金窗 推拉窗安装	10m2	3018.13
2	16-4	铝合金窗 固定窗安装	10m2	2795.04
3	16-5	铝合金窗 平开窗/悬窗安装	10m2	3924.06
4	16-6	铝合金窗 百页窗安装	10m2	2891.03
5	16-7	防盗窗 铝合金安装	10m2	2150.23
6	16-8	防盗窗 鱼鳞网状安装	10m2	2264.98
7	16-9	防盗窗 方管安装	10m2	1848.28
8	16-10	防盗窗 不锈钢管安装	10m2	2681.68
9	16-12	塑钢窗安装	10m2	3306.13
10	16-13	塑钢纱窗安装	10m2扇面积	835.84

图 4-60

C-1 的做法套用结果如图 4-61 所示。

添加清单 添加定额 删除 项目特征 查询 换算 选择代码 编辑计算式 做法刷 做法查询 选配 提取做法

	编码	类别	项目名称	项目特征	单位	工程量表达式	表达式说明	单价	综合单价	措施项	专业
1	010807001	项	金属（塑钢、断桥）窗	1.窗代号及洞口尺寸:C-1，1200*1450 2.框、扇材质:塑钢 3.玻璃品种、厚度:中空安全玻璃（5+9A+5）	樘	SL	SL<数量>			☐	建筑工程
2	16-12	定	塑钢窗安装		m2	DKMJ	DKMJ<洞口面积>	3306.13		☐	土建

图 4-61

根据 C-1 的做法定义首层其他的窗，首层窗的完整做法如表 4-16 所示。（本书中未考虑纱窗，请读者自行完成纱窗的定义）。根据 M-4 和 C-1 的做法绘制首层其他的门窗。

表 4-16

构件名称	类别	编号	项目名称 + 项目特征	计量单位
C1	项	010807001001	金属（塑钢、断桥）窗 ① 窗代号及洞口尺寸：C-1，1200mm × 1450mm ② 框、扇材质：塑钢 ③ 玻璃品种、厚度：中空安全玻璃（5+9A+5）	樘
	定	16-12	塑钢窗安装	m^2
C2	项	010807001002	金属（塑钢、断桥）窗 ① 窗代号及洞口尺寸：C-2，1750mm × 2850mm ② 框、扇材质：塑钢 ③ 玻璃品种、厚度：中空安全玻璃（5+9A+5）	樘
	定	16-12	塑钢窗安装	m^2

续表

构件名称	类别	编号	项目名称 + 项目特征	计量单位
C3	项	010807001003	金属（塑钢、断桥）窗 ① 窗代号及洞口尺寸：C-3，600mm × 1750mm ② 框、扇材质：塑钢 ③ 玻璃品种、厚度：中空安全玻璃（5+9A+5）	樘
	定	16-12	塑钢窗安装	m^2
C4	项	010807001004	金属（塑钢、断桥）窗 ① 窗代号及洞口尺寸：C-4，2200mm × 2550mm ② 框、扇材质：塑钢 ③ 玻璃品种、厚度：中空安全玻璃（5+9A+5）	樘
	定	16-12	塑钢窗安装	m^2
FHC	项	010807002001	金属防火窗 ① 窗代号及洞口尺寸：FHC,1200mm × 1800mm, 乙级防火窗	樘
	定	16-12H	乙级防火窗安装	m^2

2. 门窗的绘制

门窗的绘制，在软件中有“点绘制”、“精确布置”和“智能布置”三种方法，下面分别讲述三种绘制方法。

（1）点绘制　点绘制是绘制门窗洞口时候的常用绘制方法，类似于柱子的绘制方法。

第一步：在绘图的界面，选择好要布置的门或者窗的构件名称（例如：M-4），如图 4-62 所示；

第二步：选择完成之后绘图的界面就会自动的显示点绘制的方法，通过图纸找到 M-4 具体的位置，我们以③轴、④轴之间与Ⓔ轴相交的 M-4 为例，通过图纸可知，M-4 到③轴之间的距离为 600mm，所以如图 4-63 所示输入“600”点击回车键即可绘制上。

注意： *左右边的尺寸可使用 TAB 建进行切换输入。*

（2）精确布置　精确布置是较点绘制更加方便快捷的一种绘制方法。

第一步：点击绘图界面“精确布置”的按钮，此时鼠标的点会变成一个小方块，会有如图 4-64 所示的提示。

第二步：根据提示选择要布置门的墙，此处以Ⓔ轴与③轴、④轴相交的地方进行绘制，即选择Ⓔ轴的墙，根据提示选择插入点，即选择④轴与Ⓔ轴的交点作为插入点。

第三步：如图 4-65 所示，弹出“请输入偏移值”的对话框，根据图纸的偏移量输入正确的

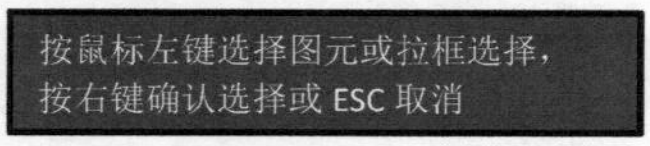

按鼠标左键选择图元或拉框选择，
按右键确认选择或 ESC 取消
图 4-64

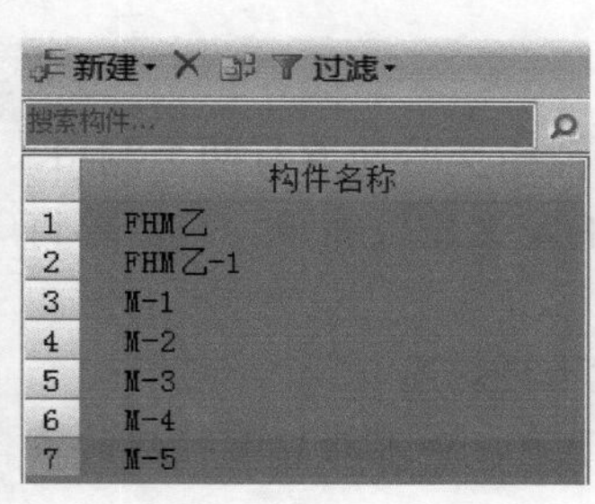

新建
过滤
搜索构件...
构件名称
1 FHM乙
2 FHM乙-1
3 M-1
4 M-2
5 M-3
6 M-4
7 M-5
图 4-62

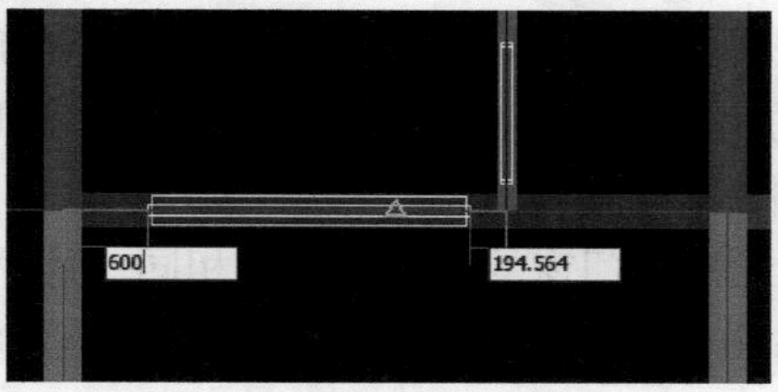

600
194.564
图 4-63

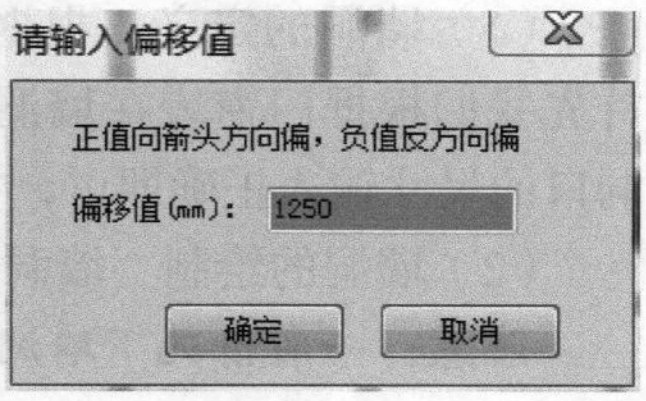

请输入偏移值
正值向箭头方向偏，负值反方向偏
偏移值(mm)：
1250
确定
取消
图 4-65

数值，点击确定即可。

（3）智能布置　智能布置中，只有按照“墙段中点”的布置，这种方法适合于柱子与柱子之间的墙是打断的情况下使用，如果墙是贯通画的，则不能准确的布置。由图纸建施-03可知，M-1都是位于墙的中心的位置上，所以此处我们以M-1为例介绍智能布置。

第一步：检查墙是否贯通还是断开的。在墙的定义下我们可以看到，Ⓓ轴和Ⓒ轴的墙都是贯通的不是断开的，所以我们需要将用到的墙体都要进行打断。以Ⓓ轴为例将墙体按照M-1的布置位置进行打断。

选择Ⓓ轴的墙体→右键点击“单打断”→点击此墙中需要进行打断的所有的点→右键点击确定即可。

第二步：切换到门的界面，选择M-1点击智能布置下的“墙段中点”，选择所有需要布置M-1的墙体，然后点击右键即可布置完成。

窗的绘制与门的绘制是一样的方法，即切换到窗的界面，选择对应的窗进行绘制即可，此处就不做详细叙述。

（4）门窗立樘位置调整　根据建施01“建筑设计总说明”中关于门窗立樘位置的说明，所有外窗的立樘均居中，所有平开内门的立樘均与开启方向平齐，首先调整首层门的“立樘距离”属性，Ⓑ轴、Ⓒ轴上的门以及Ⓓ轴上的楼梯间门靠下对齐，选中Ⓑ轴、Ⓒ轴上所有门以及楼梯间的门，在“属性编辑器”上将“立樘距离”属性值修改为“70”，如图4-66所示。Ⓓ轴、Ⓔ轴上的门（除楼梯间门外）靠上对齐，所以选中Ⓓ轴和Ⓔ轴上的所有门，在“属性编辑器”中将“立樘距离”属性值修改为“-70”。卫生间门是与内侧平齐的，所以分别选中各个卫生间门，在“属性编辑器”中将“立樘距离”属性值修改为“-20”或“20”。同样，二层及屋顶层所有门的“立樘距离”属性按照同样的方法修改。

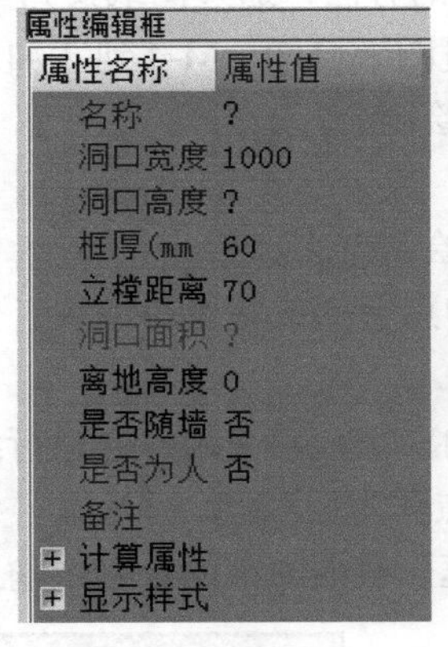

图4-66

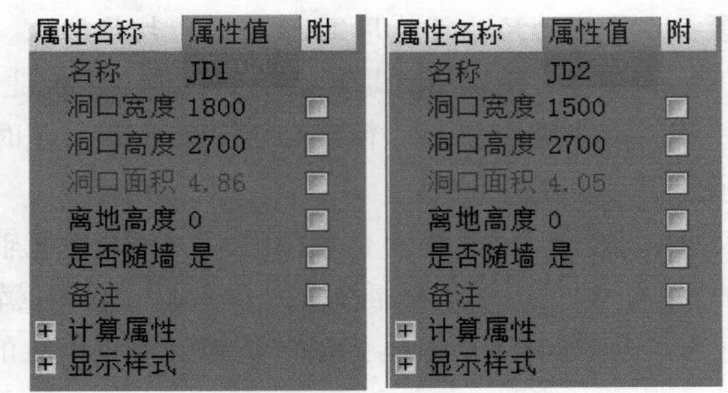

图4-67

3. 墙洞的定义与绘制

（1）墙洞的定义　根据图纸可知，本工程中在⑧轴、⑨轴与Ⓓ轴相交的地方有两个洞口。首先我们根据门窗表在墙洞的定义属性下面定义JD1和JD2，洞口的定义比较简单，只需要将洞口的尺寸输入正确即可，如图4-67所示。

（2）墙洞的绘制　墙洞的绘制与门窗的绘制的方法相同，这里就不再赘述。

注意： 一般情况下墙洞在定义界面不需要套用清单项目和定额子目，如果洞口有特殊的装修则需要套用相应的清单和定额子目。

（3）总结拓展

① 计算门窗的工程量时，“立樘距离”和“框厚”属性值，不会影响门窗的工程量；如果立樘两侧的装修做法相同，则不会影响立樘两侧各自的装修工程量；如果立樘两侧的装修做法不同，则会影响立樘两侧各自的装修工程量。在绘制门窗的时候根据不同的门窗选择对应的门窗绘制方法进行绘制即可。

② 灵活利用软件中的构件去组合图纸上复杂的构件。以组合飘窗为例，讲解组合构件的操作步骤。飘窗是由底板、顶板、带形窗、墙洞组成。

第一步，先新建飘窗底板、顶板，建立方法同普通板，注意修改板的标高。

第二步，新建带形窗如图 4-68 所示；飘窗墙洞，如图 4-69 所示。

第三步，绘制底板、顶板、带形窗、墙洞。

绘制完飘窗底板，在同一位置绘制飘窗顶板，图元标高不相同，可以在同一位置进行绘制。绘制带形窗时，可直接采用偏移画法绘制，接着绘制飘窗墙洞，如图 4-70 所示。

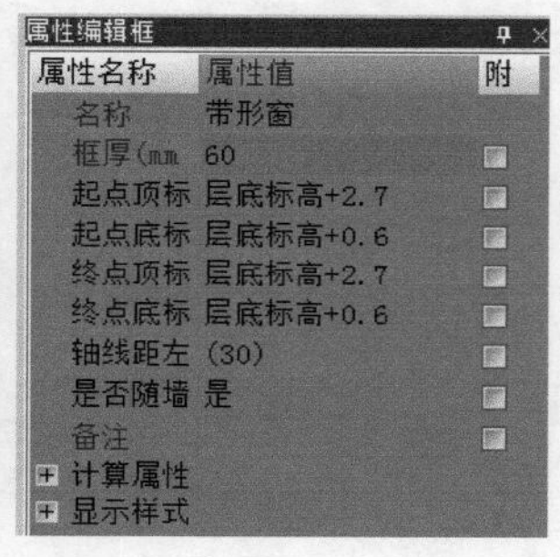

图 4-68

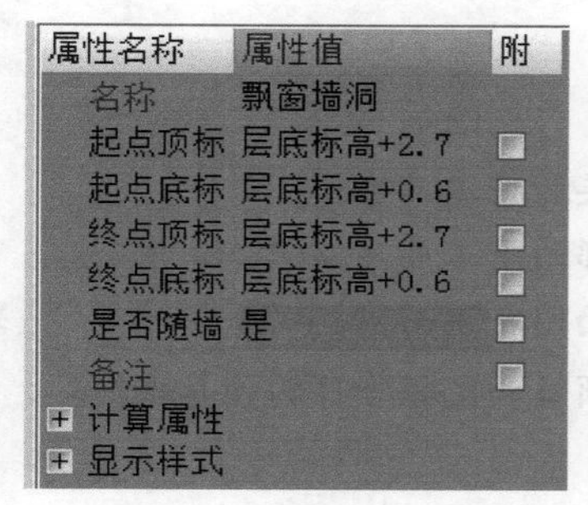

图 4-69

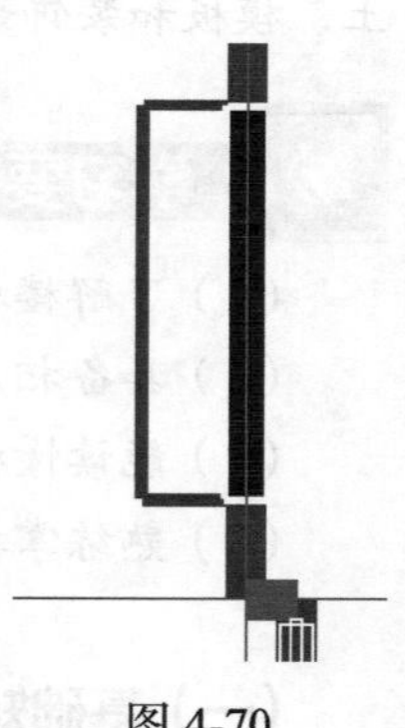

图 4-70

（4）组合构件　进行右框选，弹出新建组合构件对话框，查看是否有多余或缺少的构件，右键单击确定，组合构件完成如图 4-71 所示。

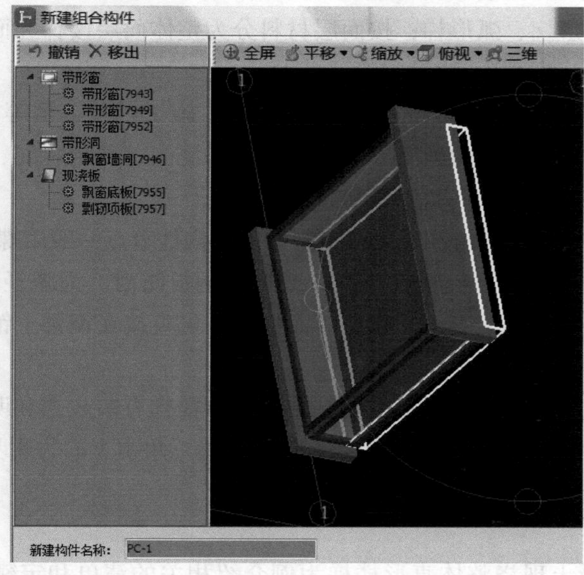

图 4-71

（五）思考与练习

（1）门窗“立樘距离”属性影响哪些工程量？

（2）门窗绘制时的偏移量会对什么构件的工程量有影响？

（3）考虑墙洞为什么不需要套用清单项目和定额子目？

（4）完成纱窗工程量清单的项目特征描述与清单定额套用。

六、楼梯构件布置

（1）熟练掌握参数化楼梯、普通楼梯相关的命令操作；

（2）能够应用造价软件定义并绘制楼梯构件，能够准确套用清单及定额，并计算楼梯混凝土、模板和装饰部分的工程量。

（1）了解楼梯的不同种类和施工工艺；

（2）具备相应混凝土楼梯的手工计算知识；

（3）能读懂楼梯结构平面图及立面图；

（4）熟练掌握楼梯清单项目和定额子目的计算规则。

（一）基础知识

1. 楼梯的分类

楼梯由连续梯级的梯段（又称梯跑）、平台（休息平台）和围护构件等组成。楼梯的最低和最高一级踏步间的水平投影距离为梯长，梯级的总高为梯高。

按形状可以分为直形梯、弧形梯；按面层材料分为整体面层楼梯和面层楼梯等；按主体材料分为钢筋混凝土楼梯、钢楼梯、木楼梯等。

（1）钢筋混凝土楼梯：在结构刚度、耐火、造价、施工以及造型等方面都有较多的优点，应用最为普遍。钢筋混凝土楼梯的施工方法有整体现场浇注、预制装配、部分现场浇注和部分预制装配三种施工方法。

（2）钢楼梯　钢楼梯的承重构件可用型钢制作，各构件节点一般用螺栓连接、锚接或焊接。构件表面用涂料防锈。踏步和平台板宜用压花或格片钢板防滑。为减轻噪声和考虑饰面效果，可在钢踏板上铺设弹性面层或混凝土、石料等面层；也可直接在钢梁上铺设钢筋混凝土或石料踏步，这种楼梯称为组合式楼梯。

（3）木楼梯　因不能防火，应用范围受到限制。木楼梯有暗步式和明步式两种。踏步镶嵌于楼梯斜梁（又称楼梯帮）凹槽内的为暗步式；钉于斜梁三角木上的为明步式。木楼梯表面用涂料防腐。

2. 计算规则

本教材以钢筋混凝土现浇整体直形楼梯为例介绍相关的清单和定额项目以及工程量计算

规则。

（1）清单计算规则　清单计算规则如表 4-17 所示。

表 4-17

编号	项目名称	计量单位	计算规则
010506001	直形楼梯	m^2	按设计图示尺寸以楼梯（包括踏步、休息平台、平台梁、斜梁、楼梯的连接梁及小于等于 500mm 的楼梯井）水平投影面积计算，伸入墙内部分不计算。当整体楼梯与现浇楼板无梯梁连接时，以楼梯的最后一个踏步边沿加 300mm 为界。
011106001	石材楼梯面层	m^2	
011702024	楼梯模板	m^2	
011503001	金属扶手、栏杆、栏板	m	按设计图示尺寸以扶手中心线长度（包括弯头长度）计算。

（2）定额计算规则　定额计算规则如表 4-18 所示。

表 4-18

编号	项目名称	计量单位	计算规则
6-213	（C20 泵送商品混凝土）直形楼梯	m^2	同清单计算规则
21-74	现浇楼梯 复合木模板	m^2	
13-48	石材块料面板水泥砂浆楼梯	m^2	
13-106	踏步面上嵌（钉）防滑铜条	m	按延长米计算
13-149	不锈钢管栏杆 不锈钢管扶手	m	同清单计算规则

3. 软件基本操作步骤

完成楼梯构件布置的基本步骤是：先进行构件定义，编辑属性，套用清单项目和定额子目，然后绘制构件，最后汇总计算得出相应工程量。

（二）任务说明

本节的任务是：

（1）定义并套用首层楼梯的清单项目；

（2）描述楼梯的清单项目特征和定额子目的做法。

（三）任务分析

广联达 BIM 土建算量软件，提供了楼梯、直形梯段、螺旋楼梯和楼梯井四种构件供计算工程量时使用。

楼梯包括楼梯和参数化楼梯，楼梯只提供“投影面积”一项代码；参数化楼梯提供了 47 种工程量代码，其中前 13 项为常用代码，中间 13 项为中间量代码，后 21 项为原始参数代码，如图 4-72 所示。是否显示中间量代码和原始参数代码可以通过“显示中间量”复选框来控制。

工程量代码列表　☑显示中间量

	工程量名称	工程量代码
1	水平投影面积	TYMJ
2	砼体积	TTJ
3	模板面积	MBMJ
4	底部抹灰面积	DBMHMJ
5	梯段侧面面积	TDCMMJ
6	踏步立面面积	TBLMMJ
7	踏步平面面积	TBPMMJ
8	踢脚线长度（直）	TJXCD
9	靠墙扶手长度	KQFSCD
10	栏杆扶手长度	LGCD
11	防滑条长度	FHTCD
12	踢脚线面积（斜）	TJXMMJ
13	踢脚线长度（斜）	TJXCDX
14	原始水平投影面积	YSSPTYMJ
15	扣墙水平投影面积	KQSPTYMJ
16	楼梯井水平投影面积	LTJTYMJ
17	原始梯段侧面面积	YSTDCMMJ
18	原始踏步立面面积	YSTBLMMJ
19	原始踏步平面面积	YSTBPMMJ
20	原始踢脚线长度	YSTJXCD
21	原始靠墙扶手长度	YSKQFSCD
22	原始栏杆长度	YSLGCD
23	原始防滑条长度	YSFHTCD
24	原始踢脚斜面面积	YSTJXMMJ
25	原始体积	YSTJ
26	原始底部抹灰面积	YSDBMHMJ

工程量代码列表　☑显示中间量

	工程量名称	工程量代码
27	LTKD	楼梯宽度
28	N1	梯段级数
29	PTCD	平台长度
30	LBKD	楼板宽度
31	LBHD	楼板厚度
32	TBKD	踏步宽度
33	TBGD	踏步高度
34	PTBHD	平台板厚度
35	TBHD	梯板厚度
36	TL1KD	梯梁1宽度
37	TL1GD	梯梁1高度
38	TL2KD	梯梁2宽度
39	TL2GD	梯梁2高度
40	TL3KD	梯梁3宽度
41	TL3GD	梯梁3高度
42	TJKD	梯井宽度
43	TJXGD	踢脚线高度
44	BGZCD	板搁置长度
45	LGZCD	梁搁置长度
46	LGJB	栏杆距边
47	KTJ	扣梯井

图 4-72

直形梯段提供了 24 种工程量代码，其中前 10 项为常用代码，后 14 项是中间代码，如图 4-73 所示。是否显示中间量代码可以通过“显示中间量”复选框来控制。

螺旋梯段提供了 21 种工程量代码，其中前 9 项为常用代码，后 12 项为中间量代码，如图 4-74 所示。是否显示中间量代码可以通过“显示中间量”复选框来控制。

	工程量名称	工程量代码
1	投影面积	TYMJ
2	底部面积	DBMJ
3	体积	TJ
4	侧面面积	CMMJ
5	踏步立面面积	TBLMMJ
6	踏步平面面积	TBPMMJ
7	踏步数	TBS
8	矩形梯段单边斜长	JXTDDBXC
9	梯形梯段左斜长	TXTDZXC
10	梯形梯段右斜长	TXTDYXC
11	梯段净宽	TDJK
12	梯段净长	TDJC
13	加梁内侧面面积	JLNCMMJ
14	扣矩形直梯段面积	KJXZTDMJ
15	扣梯段与墙相交面积	KTDYQXJMJ
16	原始矩形梯段单边斜长	YSJXTDDBXC
17	原始梯形梯段左斜长	YSTXTDZXC
18	原始梯形梯段右斜长	YSTXTDYXC
19	实际踏步数	SJTBS
20	原始体积	YSTJ
21	原始底部面积	YSDBMJ
22	原始侧面面积	YSCMMJ
23	原始踏步立面面积	YSTBLMMJ
24	原始踏步平面面积	YSTBPMMJ

图 4-73

	工程量名称	工程量代码
1	投影面积	TYMJ
2	底部面积	DBMJ
3	体积	TJ
4	侧面面积	CMMJ
5	踏步立面面积	TBLMMJ
6	踏步平面面积	TBPMMJ
7	踏步数	TBS
8	螺旋楼梯踏步段内侧长	LXLTTBDNCC
9	螺旋梯段踏步段外侧长	LXLTTBDWCC
10	原始螺旋梯段投影面积	YSLXLTTYMJ
11	扣楼梯井投影面积	KLTJTYMJ
12	螺旋梯段实际底部面积	LXTDSJDBMJ
13	螺旋梯段实际体积	LXTDSJTJ
14	实际踏步立面面积	SJTBLMMJ
15	实际踏步平面面积	SJTBPMMJ
16	实际踏步数	SJTBS
17	旋转角度	XZJD
18	楼梯内半径	LTNBJ
19	楼梯高度	LTGD
20	楼梯宽度	LTKD
21	原始侧面面积	YSCMMJ

图 4-74

楼梯井构件提供两个工程量代码，其中一项为常用代码，一项为中间量代码，如图 4-75 所示。

	工程量名称	工程量代码
1	水平投影面积	TYMJ
2	原始水平投影面积	YSSPTYMJ

图 4-75

《房屋建筑与装饰工程工程量计算规范》(GB 50854—2013）规定整体楼梯包括休息平台、平台梁、斜梁及楼梯梁，混凝土工程量按水平投影面积计算，不扣除宽度在 500mm 以内的楼梯井，伸入墙内的部分不另增加，楼梯与楼板连接时，楼梯算至楼梯梁外侧面；当现浇楼板无梯梁连接时，以楼梯的最后一个踏步边缘加 300mm 为界。圆弧形楼梯包括圆弧形梯段、圆弧形边梁及与楼板连接的平台，按楼梯的水平投影面积计算；模板和楼梯面层的工程量也按水平投影面积计算；楼梯底面的抹灰和油漆工程量按斜面面积计算。

《江苏省建筑与装饰工程计价定额》(2014 版）规定的楼梯混凝土、模板工程量的计算规则与《房屋建筑与装饰工程工程量计算规范》(GB 50854—2013）相同。楼梯整体面层按楼梯的水平投影面积以平方米计算，包括踏步、踢脚板、中间休息平台、踢脚线、梯板侧面及堵头。楼梯井宽度在 200mm 以内时不扣除，超过 200mm 者，应扣除其面积，楼梯间与走廊连接的，应算至楼梯梁的外侧。楼梯块料面层按展开实铺面积以平方米计算，踏步板、踢脚板、休息平台、踢脚线、堵头工程量应合并计算。

(四) 任务实施

本工程中的楼梯分别按照参数化楼梯和直形楼梯两种方式进行定义和绘制，建议采用第一种方法定义。

1. 参数化楼梯

(1) 参数化楼梯的定义

① 参数化楼梯的属性定义

第一步：点击构件导航栏“楼梯”下的“楼梯”，点击“新建”按钮，再点击弹出的“新建参数化楼梯”，弹出“选择参数化图形”的对话框，如图 4-76 所示，由图纸可知需要选择标准双跑 1 的参数化楼梯符合本工程中的内容，然后点击确定即可。

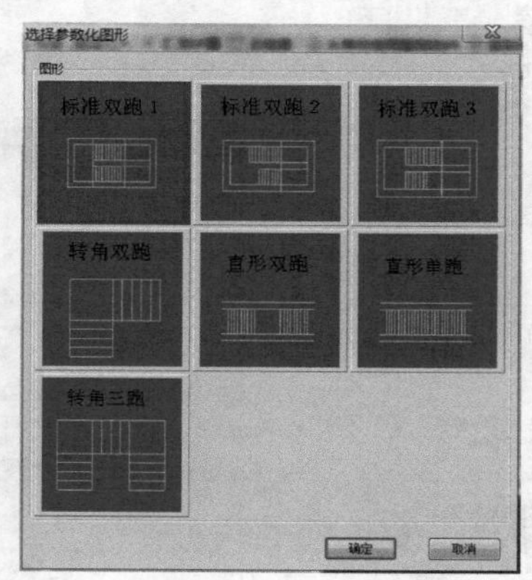

图 4-76

第二步：编辑“图形参数”即将选择好的楼梯按照工程中的要求设定工程要求的数值，设置好的参数如图 4-77 所示，输入完成之后，点击“保存退出”即可。

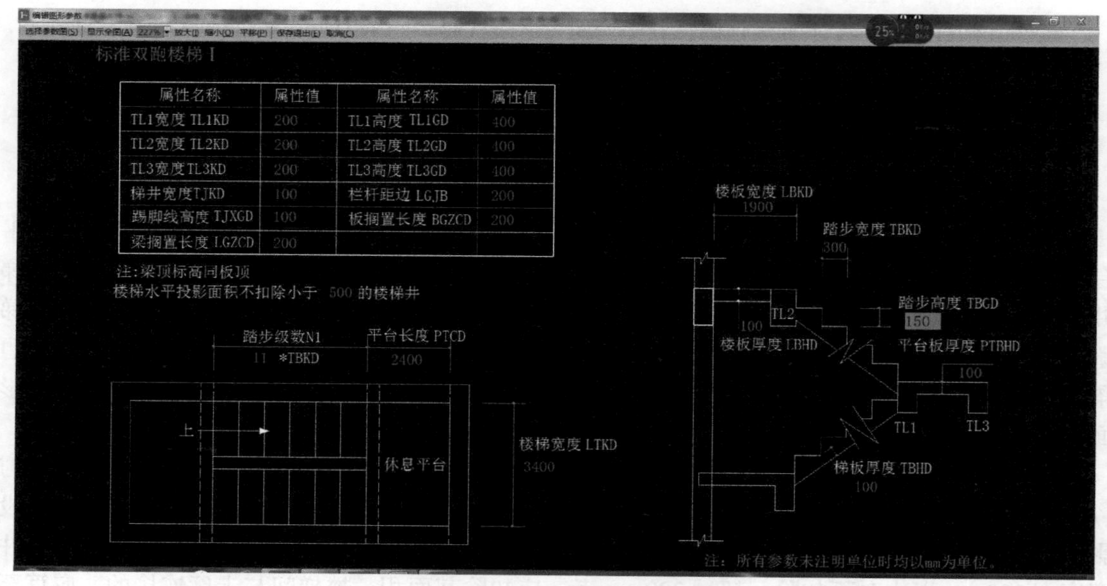

图 4-77

② 做法套用　楼梯的清单、定额套用相对于其他构件的做法比较复杂，即除了需要套用相应的混凝土的量、模板的量之外，楼梯还应套用相应的梯面、栏杆扶手、踢脚的清单项目和定额子目的做法。清单项目、定额子目套用和项目特征的描述与前面已讲述的做法的套用方法是一样的，即查找匹配的清单项目和定额子目，然后进行相应的绘制，根据建施 -02、建施 -11 “节点大样二” 楼梯（含不锈钢靠墙扶手）的完整做法如图 4-78 所示（楼梯栏杆的顶层水平段在表格输入中处理）。

添加清单　添加定额　删除　项目特征　查询　换算　选择代码　编辑计算式　做法刷　做法查询　选配　提取做法　当前构件自动套用做法　五金

	编码	类别	项目名称	项目特征	单位	工程量表达式	表达式说明	单价	综合单价	措施项	专业
1	010506001	项	直形楼梯	1.混凝土种类:泵送商品混凝土 2.混凝土强度等级:C30 3.泵送高度:30M以内	m2	TYMJ	TYMJ<水平投影面积>			☐	建筑工程
2	6-213 H8 0212103 80212105	换	(C20泵送商品砼) 直形楼梯 换为【预拌混凝土(泵送型) C30】		m2水平投影面	TYMJ	TYMJ<水平投影面积>	995.07		☐	土建
3	011702024	项	楼梯 模板	1.类型:复合木模板	m2	TYMJ	TYMJ<水平投影面积>			☑	建筑工程
4	21-74	定	现浇楼梯 复合木模板		m2水	MBMJ	MBMJ<模板面积>	1613.02		☑	土建
5	011106001	项	石材楼梯面层	1.粘结层厚度、材料种类:1:2水泥砂浆 2.面层材料品种、规格、颜色:花岗岩 3.防滑条材料种类、规格:铜质防滑条	m2	TYMJ	TYMJ<水平投影面积>			☐	建筑工程
6	13-48 H8 0010121 80010123	换	石材块料面板水泥砂浆楼梯 换为【水泥砂浆 比例 1:2】 换为【水泥砂浆 比例 1:2】		m2	TBLMMJ+TBPMMJ	TBLMMJ<踏步立面面积>+TBPMMJ<踏步平面面积>	3497.12		☐	土建
7	13-106	定	踏步面上嵌(钉) 防滑铜条		m	FHTCD	FHTCD<防滑条长度>	490.02		☐	土建
8	011503001	项	金属栏杆(楼梯)	1.扶手材料种类、规格:不锈钢管 Φ60*2 2.栏杆材料种类、规格:不锈钢管斜栏杆 Φ30*1.5，不锈钢管立柱 Φ40*2 3.栏板材料种类、规格、颜色:不锈钢管竖直栏杆 Φ20*1.5，，不锈钢管立柱 Φ40*2	m	LGCD	LGCD<栏杆扶手长度>			☐	建筑工程
9	13-149	定	不锈钢管栏杆 不锈钢管扶手		m	LGCD	LGCD<栏杆扶手长度>	5025.16		☐	土建
10	011503005	项	金属靠墙扶手	1.扶手材料种类、规格:不锈钢管 Φ60*2	m	KQFSCD	KQFSCD<靠墙扶手长度>			☐	建筑工程
11	13-158	定	靠墙扶手 不锈钢管		m	KQFSCD	KQFSCD<靠墙扶手长度>	1557.16		☐	土建
12	011105001	项	水泥砂浆踢脚线	1.踢脚线高度:100mm 2.底层厚度、砂浆配合比:素水泥砂浆一道（内掺建筑胶），8厚1：3水泥砂浆打底压出纹道 3.面层厚度、砂浆配合比:素水泥砂浆一道，6厚1：2.5水泥砂浆抹面压实抹光	m	TJXCD	TJXCD<踢脚线长度（直）>			☐	建筑工程
13	13-27 H8 0010123	换	水泥砂浆 踢脚线 换为【水泥砂浆 比例 1:2.5】		m	TJXCD	TJXCD<踢脚线长度（直）>	62.94		☐	土建

图 4-78

（2）参数化楼梯的绘制　参数化楼梯的绘制主要是找到楼梯的插入点之后使用偏移的功能进行楼梯的绘制，同时还会用到旋转、镜像、移动等的功能进行绘制。需要注意的是在绘制的时候参数化的楼梯中是有平台板和梯梁的，所以如果在现浇板和框架梁的界面下已经绘制过平台板和梯梁，则需要将梁和板删除再绘制楼梯即可。绘制完成的楼梯如图 4-79 所示。

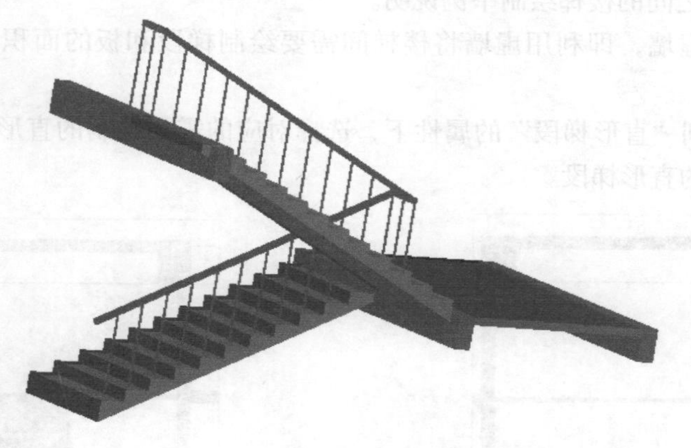

图 4-79

2. 直形楼梯

（1）楼梯的属性定义

第一步：点开模块导航栏中的“楼梯”按钮，选中“直形梯段”，在“直形梯段”的下面定义楼梯的属性值，如图 4-80 所示。

绘制直形梯段的时候，还应该对楼梯中的平台板进行绘制，而绘制平台板的时候，则需要在现浇板的定义下进行绘制。

第二步：在现浇板的定义界面下设置板的属性，如图 4-81 所示。

属性编辑框

属性名称	属性值	附
名称	ZLT-1	
材质	预拌混凝土(泵送型)	
砼类型	(粒径31.5砼32.5级坍	
砼标号	(C20)	
踏步总高	3600	
踏步高度	150	
梯板厚度	100	
底标高(m	层底标高	
建筑面积	不计算	
混凝土类	泵送商品砼	
模板类型	复合木模板	
备注		
+ 计算属性		
+ 显示样式		

图 4-80

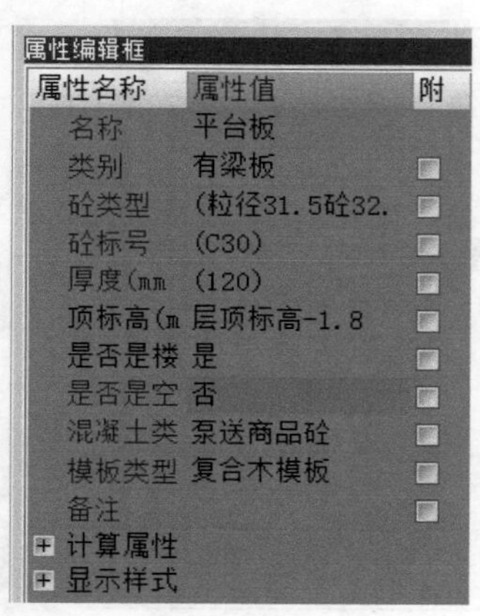
属性编辑框

属性名称	属性值	附
名称	平台板	
类别	有梁板	
砼类型	(粒径31.5砼32.	
砼标号	(C30)	
厚度(mm	(120)	
顶标高(m	层顶标高-1.8	
是否是楼	是	
是否是空	否	
混凝土类	泵送商品砼	
模板类型	复合木模板	
备注		
+ 计算属性		
+ 显示样式		

图 4-81

（2）做法套用　直形楼梯做法套用与参数化楼梯的清单项目和定额子目是一样，参照参数化楼梯的清单项目和定额子目的套用进行楼梯做法的套用即可，这里不再重复介绍。

（3）楼梯的绘制　绘制首层直形梯段的方法有多种，可以利用虚墙的分割功能采用“点式”绘制，也可以结合偏移功能采用“矩形”绘制。绘制时将一个楼梯分为左右两个梯段，绘制完成后，将其中一个梯段的底标高修改为“层底标高+1.8”。然后选中刚刚绘制完成的两个梯段将其复制到另一个楼梯所在的位置，再利用楼层间复制构件的方法将首层楼梯复制到二层。

下面我们以绘制虚墙的方式举例说明绘制楼梯时的操作步骤。由建施-08“楼梯详图”可知，在② 轴～③轴与 Ⓓ 轴～Ⓕ 轴之间和 ⑫ 轴～⑬ 轴与 Ⓓ 轴～Ⓕ 轴之间，此两处分别绘制楼梯，我们以② 轴～③ 轴之间的楼梯绘制举例说明。

第一步：绘制虚墙，即利用虚墙将楼梯间需要绘制梯段和板的面积分隔出来。如图4-82所示。

第二步：切换到“直形梯段”的属性下，选择对应的需要绘制的直形梯段的定义，绘制如图4-83所示的楼梯的直形梯段。

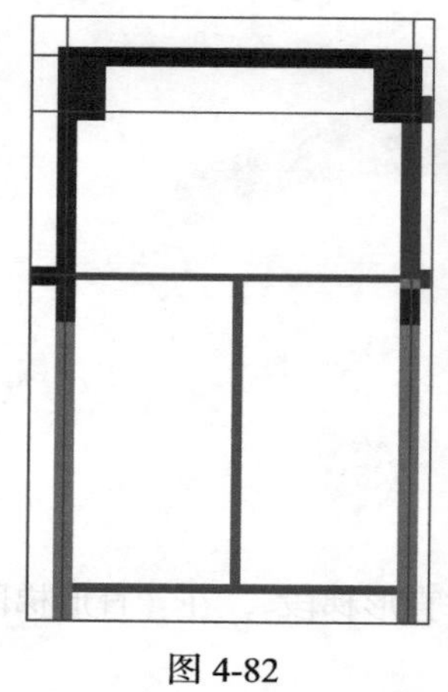

图4-82

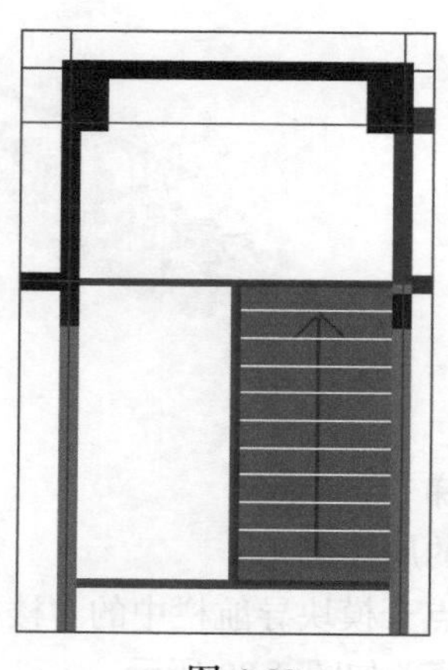

图4-83

第三步：绘制与之对应的另一半的直行梯段，如图4-84所示。

注意： *在绘制左边的直行梯段的时候我们需要在属性的里面设置层底标高，即如图4-85所示。*

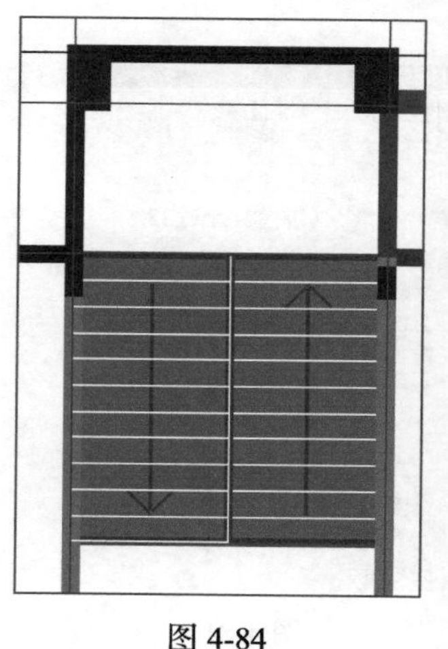

图4-84

属性编辑框

属性名称	属性值
名称	ZLT-1
材质	预拌混凝土(泵送型)
砼类型	(粒径31.5砼32.5级坍落
砼标号	(C20)
踏步总高	1800
踏步高度	150
梯板厚度	100
底标高(m	层底标高+1.8(1.75)
建筑面积	不计算
混凝土类	泵送商品砼
模板类型	复合木模板
备注	
+ 计算属性	
+ 显示样式	

图4-85

第四步：切换到现浇板的界面进行平台板的定义和绘制，平台板的定义和绘制同现浇板的定义和绘制，这里就不详细叙述，绘制完成之后的结果如图4-86所示。

第五步，新建楼梯井，点击新建楼梯井如图4-87，在楼梯布置通过画“矩形”将梯井布置上去即可。

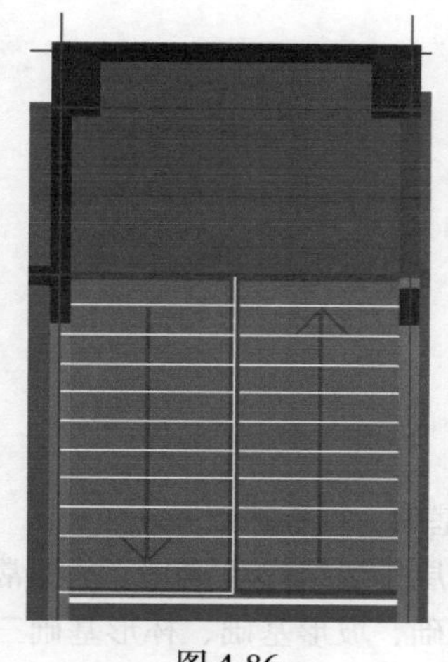
图 4-86

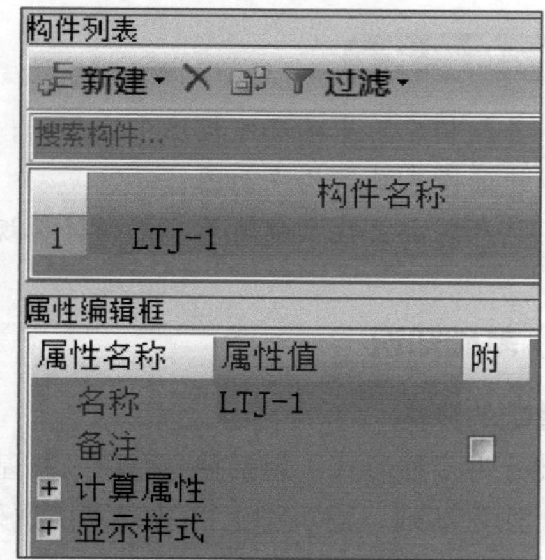

图 4-87

第六步，组合楼梯，在模块导航栏中切换到楼梯界面，在点选工具栏上新建组合构件，拉框选择梯段、平台、楼梯井进行组合楼梯，完成如图 4-88 所示。

此时，楼梯的绘制就已经完成。通过图纸可知，② 轴～③ 轴之间的楼梯与 ⑫ 轴～⑬ 轴之间的楼梯的定义和绘制是一样的，所以我们可以利用复制的功能将已绘制成的楼梯复制到 ⑫ 轴～⑬ 轴之间即可。

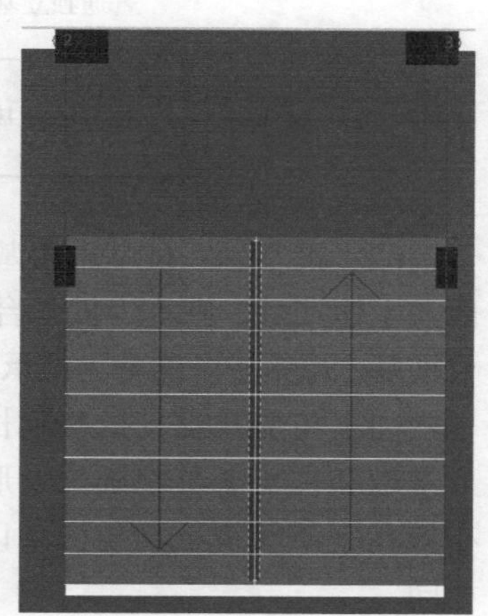
图 4-88

（五）总结拓展

（1）在楼梯中套用清单和定额的时候除了要套用混凝土和模板的工程量之外，还应该根据详图说明套用楼梯装饰做法的清单项目和定额子目。

（2）针对于工程中定义和绘制一样的图元，我们还可以使用复制、旋转、移动等的方法进行绘制。

（六）思考与练习

（1）直形梯段的边界在何处？其混凝土含量应该如何调整？

（2）考虑楼梯清单的套用中为什么要进行装饰方面的清单项目套用？

（3）考虑绘制楼梯其他方式方法。

（4）思考参数化楼梯与直形楼梯的优缺点。

七、基础构件布置

学习目标

（1）掌握不同基础类型的混凝土计算规则；

（2）能够应用软件定义各种基础的属性并能够准确的绘制；

（3）能够准确的选取基础的清单项目和定额子目进行套用。

学习要求

（1）具备相应的基础尺寸标注平法知识；

（2）能读懂基础结构平面图；

（3）熟悉基础工程工程清单和定额计算规则。

（一）基础知识

1. 基础的分类

基础分为多种形式，包括独立基础、桩基础、条形基础、筏板基础等。

（1）独立基础　建筑物上部结构采用框架结构或单层排架结构承重时，基础常采用圆柱形和多边形等形式的独立式基础；独立基础又分为阶形基础、坡形基础、杯形基础三种形式。独立基础的表示形式如表4-19所示。

表4-19

类型	基础底板截面形状	代号	序号
普通独立基础	阶形	DJ_J	XX
	坡形	DJ_P	XX
杯口独立基础	阶形	BJ_J	XX
	坡形	BJ_P	XX

（2）桩基础　桩基础由基桩和连接于桩顶的承台共同组成。若桩身全部埋于土中，承台底面与土体接触，则称为低承台桩基；若桩身上部露出地面而承台底位于地面以上，则称为高承台桩基。建筑桩基通常为低承台桩基础。一般在高层建筑中，桩基础应用广泛。

（3）条形基础　指基础长度远远大于宽度的一种基础形式。按上部结构不同分为墙下条形基础和柱下条形基础。条形基础的长度大于或等于10倍基础的宽度。条形基础的特点是，布置在一条轴线上且与两条以上轴线相交，有时也和独立基础相连，但截面尺寸与配筋不尽相同。

（4）筏板基础　筏板基础由底板、梁等整体组成。建筑物荷载较大，地基承载力较弱，常采用混凝土底板，承受建筑物荷载，形成筏基，其整体性好，能很好的抵抗地基不均匀沉降。

2. 计算规则

本教材以独立基础为例介绍其混凝土与模板的清单和定额工程量计算规则。

（1）清单计算规则见表4-20。

表4-20

编号	项目名称	计量单位	计算规则
010501003	独立基础	m^3	按设计图示尺寸以体积计算，不扣除伸入承台基础的桩头所占体积。
011702001	基础模板	m^2	按模板与混凝土构件的接触面积计算

（2）定额计算规则见表4-21。

表 4-21

编号	项目名称	计量单位	计算规则
6-185	（C20 泵送商品混凝土）桩承台独立柱基	m^3	同清单计算规则
21-12	现浇各种柱基、桩承台 复合木模板	m^2	

3. 软件操作基本步骤

完成基础构件布置的基本步骤是：先进行构件定义，编辑属性，然后绘制构件，最后汇总计算得出相应工程量。

绘制基础层的时候，应该注意要将楼层切换到基础层的界面下，然后进行定义和绘制。

（二）任务说明

本节的任务：

（1）完成基础层独立基础的定义和绘制；

（2）完成基础层独立基础的清单项目和定额子目的套用。

（三）任务分析

1. 图纸分析

完成本任务需要分析基础的形式和特点。根据案例图纸结施 -02“基础平面布置图”可知，本工程的基础为钢筋混凝土的两阶独立基础，独立基础的底标高是 –2.45m，并且有 8 种形状相似尺寸不同的独基及垫层。具体信息如表 4-22 所示。

表 4-22

序号	类型	名称	混凝土强度等级	阶高（下 / 上）/mm	截面信息（下 / 上）/mm	底标高 /m
1	独立基础	DJ_J 01	C30	250/200	2700 × 2700/2300 × 2300	–2.45
2		DJ_J 02	C30	300/250	3200 × 3200/2800 × 2800	–2.45
3		DJ_J 03	C30	350/250	3900 × 2800/3500 × 2400	–2.45
4		DJ_J 04	C30	350/250	3600 × 3600/3000 × 3000	–2.45
5		DJ_J 05	C30	350/250	3100 × 3800/2700 × 3400	–2.45
6		DJ_J 06	C30	300/250	2900 × 4800/2500 × 4400	–2.45
7		DJ_J 07	C30	350/250	3600 × 5600/3200 × 5200	–2.45
8		DJ_J 08	C30	400/300	4400 × 6400/4000 × 6000	–2.45

2. 分析独立基础在软件中的画法

独立基础为点式构件，采用“点画”或“智能布置”均可。但要注意独立基础的定义不同于其他构件，一般都是分阶式的，新建独立基础后要通过新建阶式单元来完成独立基础的定义，构件绘制完成后可通过“设置偏心独立基础”来调整独立基础的位置。垫层采用点式垫层来定义即可。

（四）任务实施

1. 独立基础定义

（1）独立基础属性定义

① 新建独立基础　以 DJ_J 01 为例，在绘图输入的树状构件列表中选择“独立基础”，单击“定义”按钮。然后点击“新建”按钮，弹出如图 4-89 所示的菜单，再点击“新建矩形独基单元”子菜单，依次生成底、顶两个单元。

② 属性编辑

名称：软件默认 DJ-1、DJ-2 顺序生成，可根据图纸实际情况，手动修改名称。此处按图纸名称 DJ_J01。

截面长度和截面宽度：按图纸在底部独基单元输入“2700”，“2700”以及顶部独基单元中输入“2300”，“2300”。高度分别输入“250”和“200”，如图 4-90 所示。

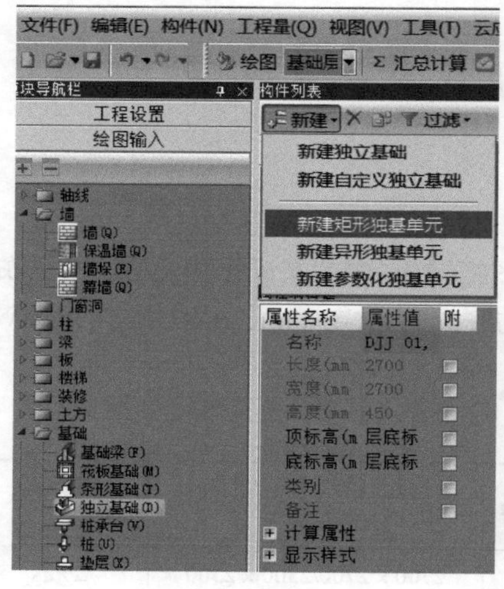

图 4-89

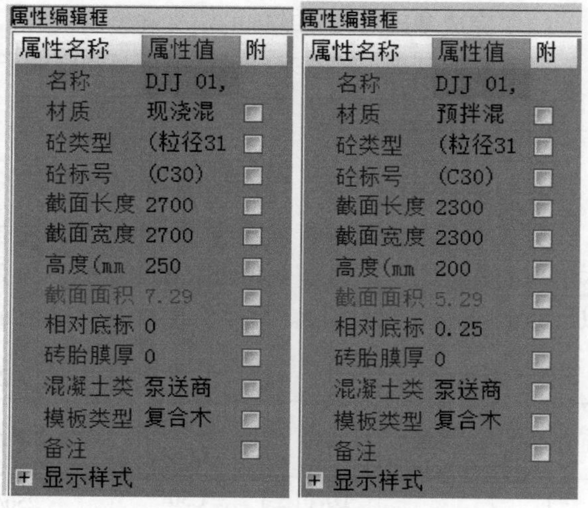

图 4-90

根据同样的方法和图纸中基础的平法标注，完成基础层其他基础的属性定义。

（2）做法套用　基础构件定义好后，需要进行做法套用，在汇总计算之后才能计算对应清单、定额工程量。清单的套用如下。

第一步：在“定义”页面，选中 DJJ01 下的某个单元。

第二步：套混凝土清单。点击“查询匹配清单”，弹出如图 4-91 所示，分别双击清单项“独立基础”，将其添加到该独基单元的做法表中；或者点击“查询清单库”页签，点击“混凝土及钢筋混凝土”目录下的“现浇混凝土基础”，双击对应的“独立基础”的清单项，如图 4-92 所示。

查询匹配清单　查询匹配定额　查询清单库　查询匹配外部清单　查询措施　查询定额库

	编码	清单项	单位
1	010501003	独立基础	m3
2	011702001	基础 模板	m2

图 4-91

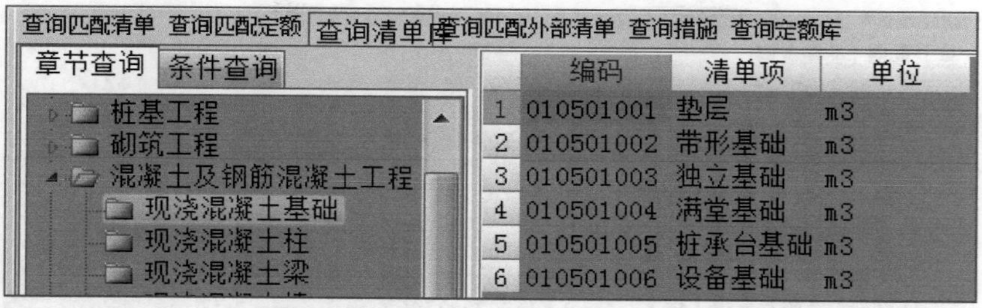

	编码	清单项	单位
1	010501001	垫层	m3
2	010501002	带形基础	m3
3	010501003	独立基础	m3
4	010501004	满堂基础	m3
5	010501005	桩承台基础	m3
6	010501006	设备基础	m3

图 4-92

在选择完成清单项目之后，要检查单位和工程量表达式是否输入的一致，尤其是工程量表达式是否选择正确，如果工程量表达式选择的不正确则单击工程量表达式，再单击选择符号“…”，弹出如图 4-93 所示的“选择工程量代码”对话框，点击选择正确的工程量表达式即可。

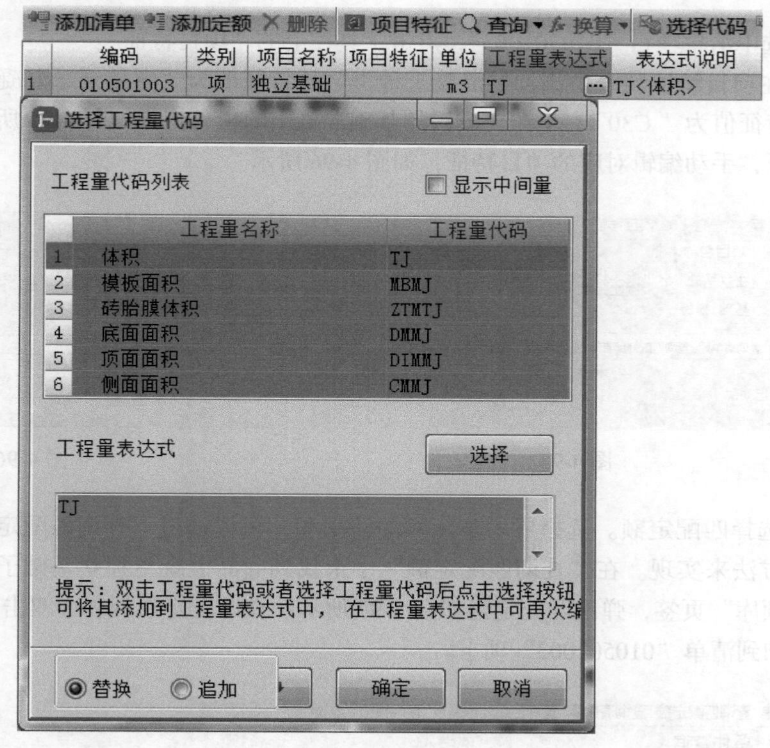

图 4-93

第三步：套模板清单。点击“查询匹配清单”，弹出如图 4-91 所示，分别双击清单项“独立基础”，将其添加到该独基单元的做法表中；或者点击“措施项目”下的“混凝土模板及支架（撑）”目录，双击对应的“基础模板”清单项目，如图 4-94 所示。按照与独立基础同样的方法选择正确的单位和工程量表达式。

（3）描述混凝土独立基础项目特征并套定额

根据《房屋建筑与装饰工程工程量计算规范》（GB 50854—2013）基础混凝土项目特征需描述混凝土的种类和强度等级两项内容，与《江苏省建筑与装饰工程计价定额》（2014 版）一致，所以项目特征描述这两项即可。

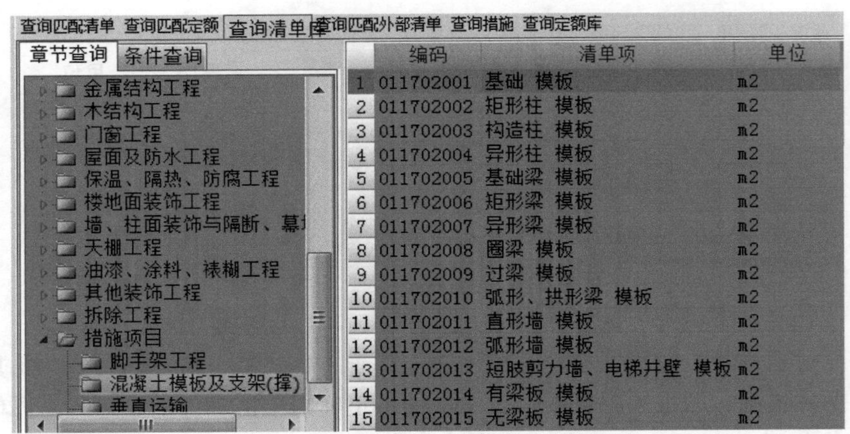

	编码	清单项	单位
1	011702001	基础 模板	m2
2	011702002	矩形柱 模板	m2
3	011702003	构造柱 模板	m2
4	011702004	异形柱 模板	m2
5	011702005	基础梁 模板	m2
6	011702006	矩形梁 模板	m2
7	011702007	异形梁 模板	m2
8	011702008	圈梁 模板	m2
9	011702009	过梁 模板	m2
10	011702010	弧形、拱形梁 模板	m2
11	011702011	直形墙 模板	m2
12	011702012	弧形墙 模板	m2
13	011702013	短肢剪力墙、电梯井壁 模板	m2
14	011702014	有梁板 模板	m2
15	011702015	无梁板 模板	m2

图 4-94

第一步：选中清单项目“010501003”，点击工具栏上的“项目特征”。

第二步：在项目特征列表中添加“混凝土种类”的特征值为“商品泵送混凝土”，“混凝土强度等级”的特征值为“ C30”；填写完成后的基础混凝土的项目特征如图 4-95 所示。或者双击对应的项目特征，手动编辑对应的项目特征，如图 4-96 所示。

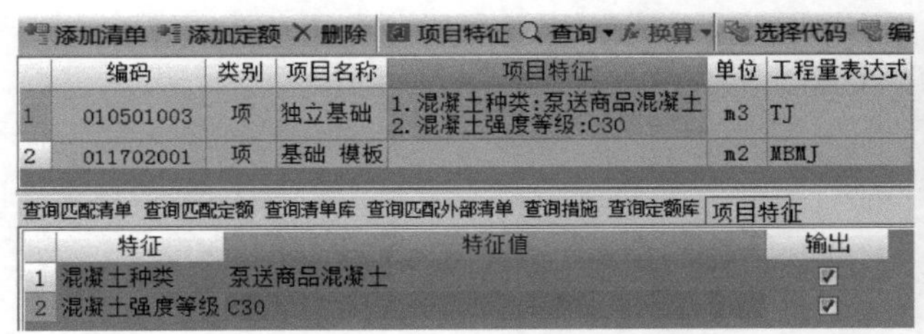

	编码	类别	项目名称	项目特征	单位	工程量表达式
1	010501003	项	独立基础	1. 混凝土种类:泵送商品混凝土 2. 混凝土强度等级:C30	m3	TJ
2	011702001	项	基础 模板		m2	MBMJ

	特征	特征值	输出
1	混凝土种类	泵送商品混凝土	✓
2	混凝土强度等级	C30	✓

图 4-95

图 4-96

第三步：选择匹配定额。选择要增加定额的清单项，可以通过“查询匹配定额”和“查询定额库”两种方法来实现。在“查询匹配定额”中未找到商品混凝土独立基础子目，只有通过点击“查询定额库”页签，弹出匹配定额如图 4-97 所示。在匹配定额列表中双击“6-185”定额子目，将其添加到清单“010501003”项下。

	编码	名称	单位	单价
1	6-178	(C10泵送商品砼) 基础无筋砼垫层	m3	409.1
2	6-178-1	(C15泵送商品砼) 基础无筋砼垫层	m3	412.14
3	6-179	(C20泵送商品砼) 毛石混凝土条形	m3	370.86
4	6-180	(C20泵送商品砼) 无梁式混凝土条	m3	407.65
5	6-181	(C20泵送商品砼) 有梁式混凝土条	m3	407.16
6	6-182	(C20泵送商品砼) 高颈杯形基础	m3	409.86
7	6-183	(C20泵送商品砼) 无梁式满堂(板	m3	401.17
8	6-184	(C20泵送商品砼) 有梁式满堂(板	m3	404.7
9	6-185	(C20泵送商品砼) 桩承台独立柱基	m3	405.83
10	6-186	(C20泵送商品砼) 毛石混凝土设备	m3	372.06
11	6-187	(C20泵送商品砼) 毛石混凝土设备	m3	368.19
12	6-188	(C20泵送商品砼) 混凝土设备基础	m3	405.04
13	6-189	(C20泵送商品砼) 混凝土设备基础	m3	402.34

图 4-97

（4）描述基础模板项目特征并套定额　根据《房屋建筑与装饰工程工程量计算规范》（GB 50854—2013）推荐的基础模板项目特征只需描述基础的类型，但是根据《江苏省建筑与装饰工程计价定额》（2014 版），模板按组合钢模板和复合木模板分别编列子目，所以除描述基础类型外还需要描述模板种类。

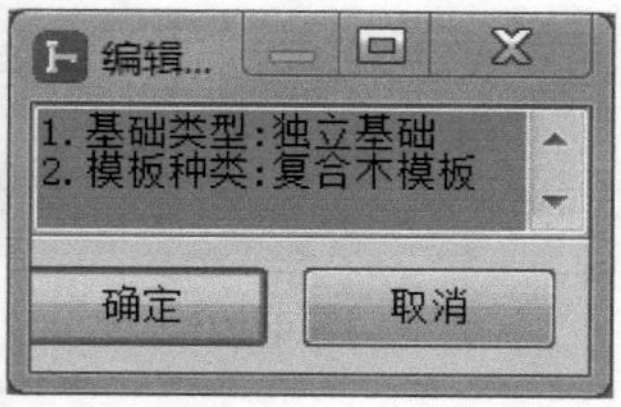

编辑...

1. 基础类型:独立基础
2. 模板种类:复合木模板

确定　取消

图 4-98

第一步：选中清单项目“011702001”，点击“项目特征”列，在编辑项目特征的对话框中输入对应的基础类型，再添加“模板种类”特征项，将其特征值填写为“复合木模板”，点击确定即可，如图 4-98 所示。

第二步：选择匹配定额。点击“查询匹配定额”页签，双击“21-12”定额子目将其添加到“011702001”清单项目下，完成如图 4-99。

添加清单　添加定额　删除　项目特征　查询　换算　选择代码　编辑计算式　做法刷　做法查询　选配　提取做法

	编码	类别	项目名称	项目特征	单位	工程量表达式	表达式说明	单价	综合单价	措施项	专业
1	010501003	项	独立基础	1. 混凝土种类:泵送商品混凝土 2. 混凝土强度等级:C30	m3	TJ	TJ<体积>			☐	建筑工程
2	6-185	定	(C20泵送商品砼)桩承台独立柱基		m3	TJ	TJ<体积>	405.83		☐	土建
3	011702001	项	基础 模板	1. 基础类型:独立基础 2. 模板种类:复合木模板	m2	MBMJ	MBMJ<模板面积>			☑	建筑工程
4	21-12	定	现浇各种柱基、桩承台 复合木模板		m2	MBMJ	MBMJ<模板面积>	605.78		☑	土建

图 4-99

依此类推，完成其他基础的定义及做法套用。

2. 独立基础的绘制

定义完毕后，单击“绘图”按钮，切换到绘图界面。

（1）直接绘制　图纸中显示 DJJ01 不在轴网交点上，因此不能直接用鼠标选择点绘制，需要使用“ Shift 键 + 鼠标左键”相对于基准点偏移绘制。

把鼠标放在①轴和Ⓕ轴的交点处，显示为✚；同时按下键盘上的“Shift”键和鼠标左键，弹出“输入偏移量”对话框。

由图纸可知，DJJ01 的中心相对于Ⓕ轴与①轴交点向上偏移量为 150mm，向左偏移量为 100mm，故在对话框中输入 X= “ −100”，Y= “150”，表示水平方向向左偏移量为 100，竖直方向向上偏移 150。点击确定，即可将 DJJ01 绘制到图上，具体操作与绘制偏心柱相同，不再赘述。DJJ01 绘制完成后如图 4-100 所示。

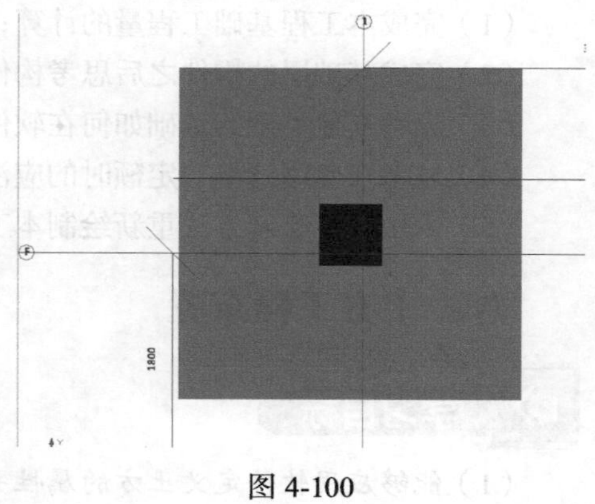

图 4-100

注意：X 输入为正时表示相对于基准点向右偏移，输入为负表示相对于基准点向左偏移；Y 输入为正时表示相对于基准点向上偏移，输入为负表示相对于基准点向下偏移。

（2）设置偏心基础　绘制偏心基础较为麻烦，也可以将基础按照定义时的交点捕捉轴网交点的方法一一的进行绘制，待将所有的基础都按照轴网交点的位置绘制

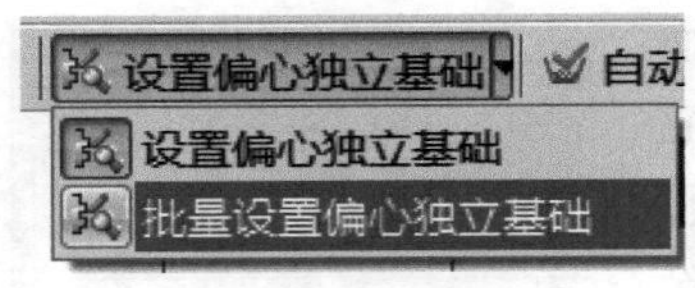

图 4-101

完成之后，点击“设置偏心独立基础”的按钮，将显示的偏心尺寸按照图纸逐一修改即可。设置偏心时可以单个设置，也可以批量设置，通过工具栏上“设置偏心独立基础”下的子菜单来实现，如图 4-101 所示。修改后的基础如图 4-102 所示。

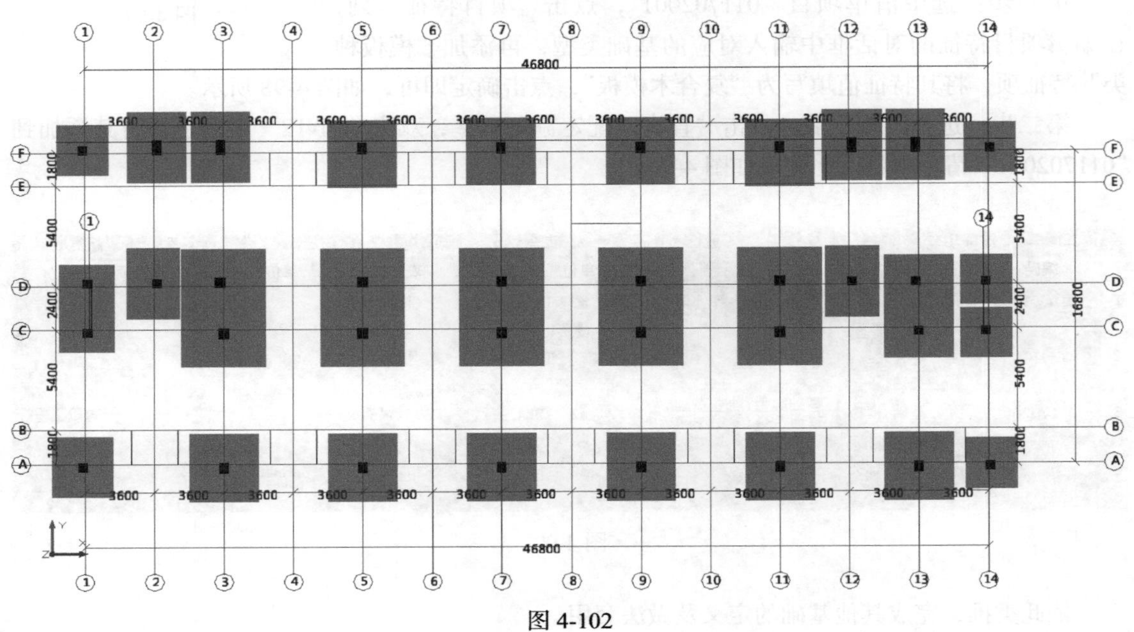

图 4-102

（五）总结拓展

（1）独立基础已经绘制完成，若需要修改基础与轴线的位置关系，可直接选中用“移动”命令进行处理，或者点击绘图界面上方的“设置偏心独立基础”的功能修改。

（2）独立基础已经绘制完成，若需要修改基础的名称或属性，可以选中相应基础，直接采用“属性编辑”的命令进行处理。

（六）思考与练习

（1）完成本工程基础工程量的计算；

（2）完成基础层的构件之后思考构件套用清单和定额时应注意的问题；

（3）思考其他类型的基础如何在软件中定义、绘制；

（4）思考在套用清单、定额时的应注意哪些事项？

（5）采用智能绘制方法重新绘制本工程的独立基础。

八、土方工程布置

（1）能够应用软件定义土方的属性并准确的绘制；

（2）能够准确的选取土方的清单项目和定额子目进行套用，准确设置放坡系数、工作面宽度等参数，利用软件准确计算土方工程量。

学习要求

（1）了解土方施工施工方法；

（2）能从图纸说明并结合定额准确判断土方类别、放坡系数、工作面宽度、地下水位标高等；

（3）掌握土方工程清单、定额计算规则并具备相应手工算量知识。

（一）基础知识

1. 土方的分类

在做基础的时候往往会伴随着挖土方、回填土方等土方施工工程。

（1）基础土方开挖　基础土方开挖是工程初期以至施工过程中的关键工序，是将土和岩石进行松动、破碎、挖掘并运出的工程。

（2）基础回填土　开挖后的基坑和基槽四周做好基础后留下的空隙就是基础回填，即室内地坪与室外地坪的高差需要通过填土，来达到图纸规定的高度要求。

（3）基础垫层　基础垫层是钢筋混凝土基础与地基土的中间层，作用是使其表面平整便于在上面绑扎钢筋，也起到保护基础的作用，都是素混凝土的，无需加钢筋。如有钢筋则应视为基础底板。

2. 计算规则

（1）清单计算规则见表 4-23。

表 4-23

编号	项目名称	计量单位	计算规则
010101002	挖一般土方	m^3	按设计图示尺寸以体积计算
010101003	挖沟槽土方	m^3	按设计图示尺寸以基础垫层底面积乘以挖土深度计算
010101004	挖基坑土方	m^3	
010501001	垫层	m^3	按设计图示尺寸以体积计算。不扣除伸入承台基础的桩头所占体积。其中外墙基础垫层长度按外墙中心线长度计算，内墙基础垫层长度按内墙基础垫层净长计算
011702001	基础 模板	m^2	按模板与现浇混凝土构件的接触面积计算
010103001	回填方	m^3	按设计图示尺寸以体积计算 ① 场地回填：回填面积乘平均回填厚度； ② 室内回填：主墙间面积乘回填厚度，不扣除间隔墙； ③ 基础回填：按挖方清单项目工程量减去自然地坪以下埋设的基础体积（包括基础垫层及其他构筑物）
010103002	余方弃置	m^3	按挖方清单项目工程量减利用回填方体积（正数）计算

（2）定额计算规则见表 4-24。

表 4-24

编号	项目名称	计量单位	计算规则
1-205	反铲挖掘机（1m³ 以内）挖土不装车	m³	按图示尺寸以体积计算
1-104	回填土夯填基（槽）坑	m³	以挖土体积减去室外地坪以下埋设的基础及垫层的体积之差以体积计算
6-178-1	（C15 泵送商品混凝土）基础无筋混凝土垫层	m³	同清单计算规则
21-2	混凝土垫层 复合木模板	m²	

《江苏省建筑与装饰工程计价定额》（2014 版）中土方开挖按人工和机械开挖分别编列定额子目，工程量的计算规则是一致的。人工挖土又按土壤类别、挖土深度和干湿土等分别编列定额子目，机械挖土按斗容量等分别编列定额子目。本教材以人工开挖基坑土方为例进行介绍。

底宽小于等于 7m 且底长大于 3 倍底宽的为沟槽。套用定额计价时应根据底宽的不同，分别按 3～7m 间、3m 以内，套用对应的定额子目。

底长小于等于 3 倍底宽且面积小于等于 150m² 的为基坑。套用定额计价时应根据底面积的不同，分别按底面积 20～150m² 间、20m² 以内，套用对应的定额子目。

凡沟槽底宽 7m 以上，基坑底面积 150m² 以上，按挖一般土方计算。

3. 软件操作基本步骤

完成基础土方构件布置的基本步骤是：先进行构件定义，编辑属性，然后绘制构件，最后汇总计算得出相应工程量。

绘制基础层的时候，应该注意要将楼层切换到基础层的界面下，然后进行定义和绘制。土建软件里面的基础层不仅包含有基础构件，还有相关基础的土石方和回填土的工程，都要在基础层定义并且绘制。

（二）任务说明

（1）完成基础土方的绘制和清单项目和定额子目的套用；

（2）绘制基础垫层构件并且套用清单项目和定额子目；

（3）计算基坑回填土工程量并套用相应的清单项目和定额子目。

（三）任务分析

完成本任务需要分析基础的形式和特点。本工程为独立基础，所以垫层采用面式垫层来定义。按照《江苏省建筑与装饰工程计价定额》（2014 版）的规定，当基础底面在三类土中的埋深超过 1.5m 时，同时独立基础底面积超过 16m² 时应按基坑土方规定放坡工作面后的底面积计算满堂脚手架（使用泵送商品混凝土时不得计算）。由于本工程采用泵送商品混凝土，因此均不需要计算此项工程量。如果不使用泵送商品混凝土，则 DJ_J07 和 DJ_J08 需要计算此项工程量。土方从垫层底部开始放坡，所以根据垫层构件自动生成土方构件。

（四）任务实施

1. 基础垫层

（1）基础垫层的属性定义　混凝土的垫层采用“面式垫层”进行定义，根据图纸结施 -03“基础平面布置图”中垫层属性设置的要求可知将垫层的厚度修改为 100mm 即可，其他属性均符合图纸的要求可不做修改，如图 4-103 所示。

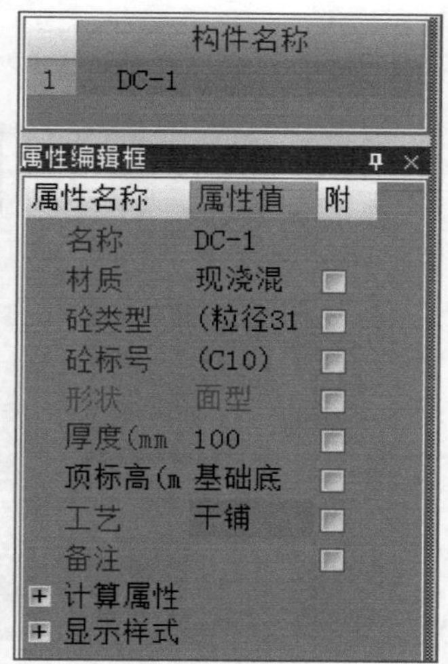

图 4-103

注意：由于垫层的属性中并没有涉及垫层长度和宽度的属性定义，仅是涉及垫层的厚度，所以在定义垫层的时候只定义一个垫层属性，到绘图界面进行智能布置即可。

（2）套用清单

① 清单的套用　在“定义”页面，选中 DC-1；点击“查询匹配清单”如图 4-104，将对应混凝土清单“010501001”和模板 清单“011702001 ”分别双击添加到垫层做法列表中。

在选择完成清单项目之后，要检查单位和工程量表达式是否输入一致，尤其是工程量表达式是否选择正确，如果工程量表达式选择的不正确则单击工程量表达式，点击进行选择正确的工程量表达式。

② 描述垫层项目特征并套定额　根据《建筑与装饰工程工程量计算规范》（GB 50854—2013）基础混凝土项目特征需描述混凝土的种类和强度等级两项内容，模板要描述的是基础类型，结合《江苏省建筑与装饰工程计价定额》（2014 版）定额子目编列情况，混凝土垫层和模板的项目特征描述内容与方法同独立基础，结果如图 4-105。

查询匹配清单　查询匹配定额　查询清单库　查询匹配外部清单　查询措施　查询定额库

	编码	清单项	单位
1	010201001	换填垫层	m3
2	010404001	垫层	m3
3	010501001	垫层	m3
4	011702001	基础 模板	m2

图 4-104

添加清单　添加定额　删除　项目特征　查询　换算　选择代码　编辑计算式　做法刷　做法查询　选配　提取做法　当前构件自动套

	编码	类别	项目名称	项目特征	单位	工程量表达式	表达式说明	单价	综合单价	措施项	专业
1	010501001	项	垫层	1. 混凝土种类:泵送商品混凝土 2. 混凝土强度等级:C15	m3	TJ	TJ<体积>			☐	建筑工程
2	6-178-1	定	(C15泵送商品砼) 基础无筋砼垫层		m3	TJ	TJ<体积>	412.14		☐	土建
3	011702001	项	基础 模板	1. 基础类型:独立基础垫层 2. 模板种类:复合木模板	m2	MBMJ	MBMJ<模板面积>			☑	建筑工程
4	21-2	定	混凝土垫层 复合木模板		m2	MBMJ	MBMJ<模板面积>	699.25		☑	土建

图 4-105

（3）基础垫层的绘制　定义完基础垫层的属性之后，切换到绘图界面，采用独立基础智能布置的方法绘制。即点击绘图界面的“智能布置”下的“独基”，然后拉框选择所有的独立基础，右键弹出“请输入出边距”的对话框，输入“100”点击确定即可，如图 4-106 所示。

46800
请输入出边距离
出边距离(mm): 100
确定
取消
16800
46800

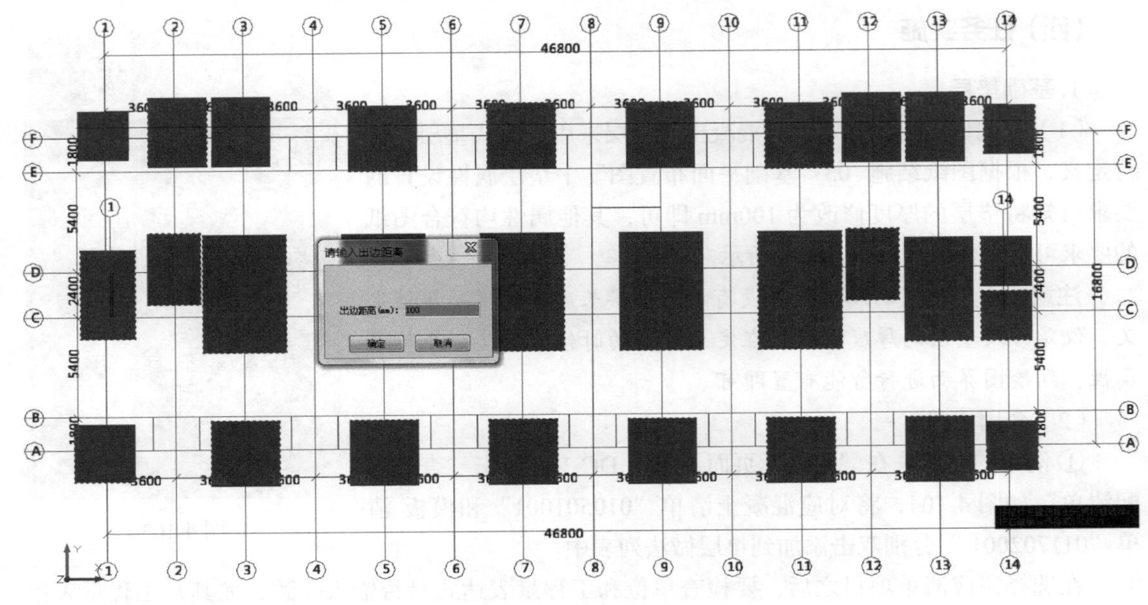

图 4-106

2. 生成土方构件

（1）土方构件自动生成　在绘制完成基础垫层界面之后，在垫层的绘图界面下，是可以智能生成土方的。点击“自动生成土方”按钮，弹出“选择生成的土方类型”对话框，选择对应的“土方类型”（基坑土方、基槽土方或大开挖土方）和“起始放坡位置”（垫层底面或垫层顶面），点击确定，弹出“生成方式及相关属性”对话框，按照说明将属性进行如图 4-107 的定义，点击确定即可自动生成土方。生成的土方构件如图 4-108 所示。

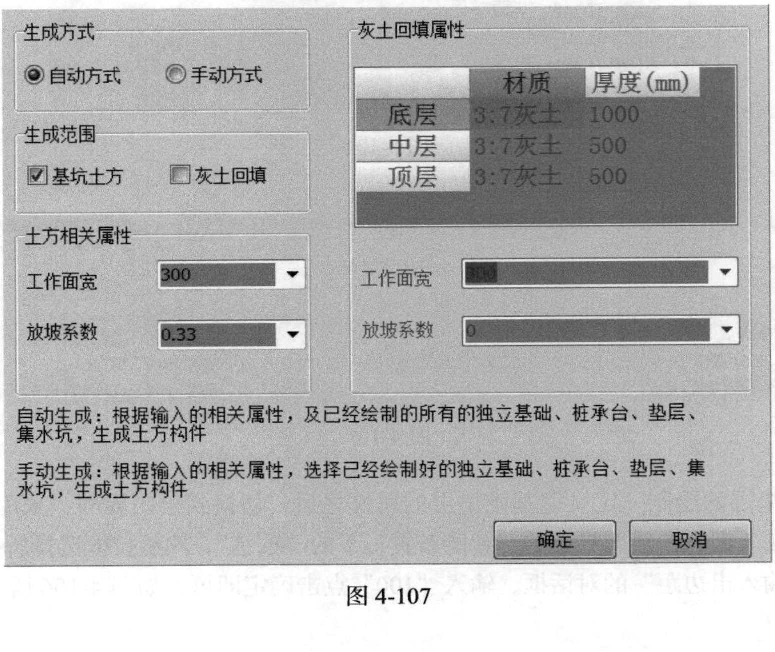

生成方式
自动方式
手动方式
生成范围
基坑土方
灰土回填
土方相关属性
工作面宽 300
放坡系数 0.33
灰土回填属性
材质 厚度(mm)
底层 3:7灰土 1000
中层 3:7灰土 500
顶层 3:7灰土 500
工作面宽 300
放坡系数 0
自动生成：根据输入的相关属性，及已经绘制的所有的独立基础、桩承台、垫层、集水坑，生成土方构件
手动生成：根据输入的相关属性，选择已经绘制好的独立基础、桩承台、垫层、集水坑，生成土方构件
确定
取消

图 4-107

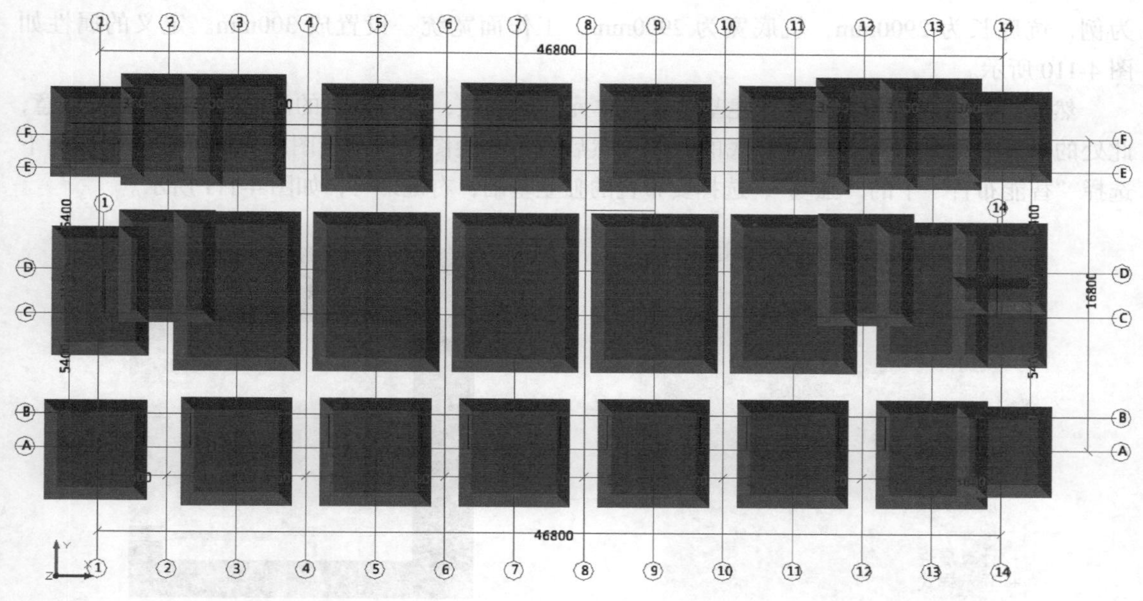

图 4-108

从图中可以看到，有些图元发生重叠，不重叠的图元相距也较近，所以，实际施工过程中为了施工操作的方便很可能采用就是大开挖土方。

（2）套用清单　在自动生成土方之后，点击到“土方”下面的“基坑土方”的界面就可以看到自动生成的土方的定义，在定义界面只需将基坑土方的清单和定额按照要求选择对应的清单项目和定额子目进行套用即可，套用后的结果如图 4-109 所示。值得注意的是“余方弃置”清单中的工程量不是最终量，还应该减去房芯回填土方的工程量，它的调整留待在“第七章　BIM 建筑工程计价案例实务”中进行。

添加清单　添加定额　删除　项目特征　查询　换算　选择代码　编辑计算式　做法刷　做法查询　选配　提取做法　当前构件自动套用做法　五金手

	编码	类别	项目名称	项目特征	单位	工程量表达式	表达式说明	单价	综合单价	措施项	专业
1	010101004	项	挖基坑土方	1. 土壤类别:三类土 2. 挖土深度:3m 内	m3	TFTJ	TFTJ<土方体积>			☐	建筑工程
2	1-205	定	反铲挖掘机(1m3以内)挖土不装车		m3	TFTJ*0.9	TFTJ<土方体积>*0.9	4007.54		☐	土建
3	1-7	定	人工挖三类干土深<1.5m		m3	TFTJ*0.1	TFTJ<土方体积>*0.1	32.7		☐	土建
4	1-14	定	人工挖土深>1.5m增加费 深<3m		m3	TFTJ*0.1	TFTJ<土方体积>*0.1	9.49		☐	土建
5	010103002	项	余方弃置	1. 废弃料品种:素土 2. 运距:1km以内	m3	TFTJ-STHTTJ	TFTJ<土方体积>-STHTTJ<素土回填体积>			☐	建筑工程
6	1-202	定	正铲挖掘机(1m3以内)挖土装车		m3	TFTJ-STHTTJ	TFTJ<土方体积>-STHTTJ<素土回填体积>	4443.06		☐	土建
7	1-262	定	自卸汽车运土运距在<1km		m3	TFTJ-STHTTJ	TFTJ<土方体积>-STHTTJ<素土回填体积>	10223.58		☐	土建

图 4-109

3. 基础回填土

（1）基础回填的属性定义　根据工程的实际我们需要进行基础层的土方回填才能够进行首层的施工，在软件中实现土方回填是在基坑土方开挖和基础垫层布置完成之后进行的。具体操作为：在定义界面点击土方目录下的“基坑灰土回填”，由图纸可知所有的基础都是矩形的，所以在回填土的时候也应选择矩形的基坑回填；点击“新建”下的“新建矩形基坑灰土回填”然后按照图示的尺寸将属性中的坑底长、宽以及工作面宽度进行修改，以本工程中的 DJ_J01

为例，坑底长为 2900mm，坑底宽为 2900mm，工作面宽统一设置成 300mm。定义的属性如图 4-110 所示。

然后点击新建按钮下的“新建基坑灰土单元”的按钮，设置基坑的深度为 2100mm，注意，此处的深度是从室外地坪到垫层底的深度。然后点击“绘图”回到绘图的界面，在绘图界面下选择“智能布置”下的“独基”，选择要布置的独立基础，右键即可，如图 4-111 所示。

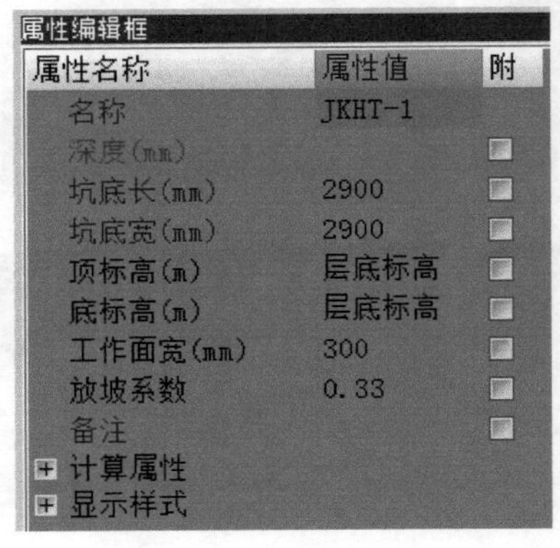

图 4-110

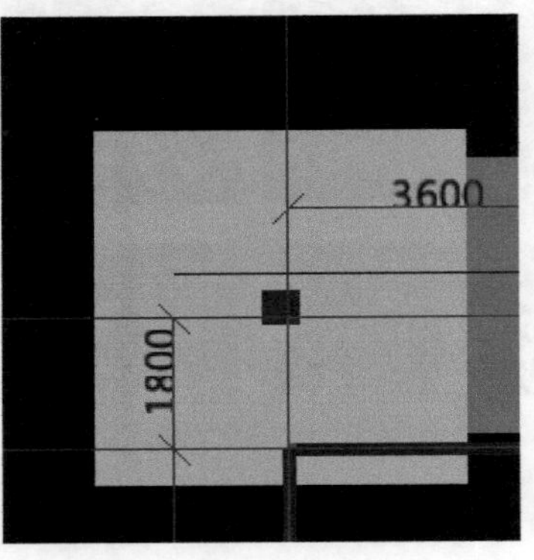

图 4-111

（2）套用清单和定额　在完成回填土的定义之后，我们需要进行回填土的清单和定额的套用，套用的清单项目和定额子目如图 4-112 所示。

添加清单　添加定额　删除　项目特征　查询　换算　选择代码　编辑计算式　做法刷　做法查询　选配　提取做法　当前构件自动套用做法　五金

	编码	类别	项目名称	项目特征	单位	工程量表达式	表达式说明	单价	综合单价	措施项	专业
1	010103001	项	回填方	1. 密实度要求:0.94以上 2. 填方材料品种:素土 3. 填方来源、运距:1KM以内	m3	STHTTJ	STHTTJ<素土回填体积>				建筑工程
2	1-100	定	原土打底夯 基(槽)坑		m2	JKTFDMMJ	JKTFDMMJ<基坑土方底面面积>	15.08			土建
3	1-104	定	回填土夯填基(槽)坑		m3	STHTTJ	STHTTJ<素土回填体积>	31.17			土建

图 4-112

除非有灰土回填，我们不建议采用绘制回填基坑图元的方法计算土方回填工程量，而是直接在“基坑土方”单元中直接添加素土回填的清单和定额项目，以免造成数据的重复输入如图 4-113 所示。

添加清单　添加定额　删除　项目特征　查询　换算　选择代码　编辑计算式　做法刷　做法查询　选配　提取做法　当前构件自动套用做法　五金

	编码	类别	项目名称	项目特征	单位	工程量表达式	表达式说明	单价	综合单价	措施项	专业
1	010101004	项	挖基坑土方	1. 土壤类别:三类土 2. 挖土深度:3m 内	m3	TFTJ	TFTJ<土方体积>				建筑工程
2	1-205	定	反铲挖掘机(1m3以内)挖土不装车		m3	TFTJ*0.9	TFTJ<土方体积>*0.9	4007.54			土建
3	1-7	定	人工挖三类干土深<1.5m		m3	TFTJ*0.1	TFTJ<土方体积>*0.1	32.7			土建
4	1-14	定	人工挖土深>1.5m增加费 深<3m		m3	TFTJ*0.1	TFTJ<土方体积>*0.1	9.49			土建
5	010103001	项	回填方	1. 密实度要求:0.94以上 2. 填方材料品种:素土 3. 填方来源、运距:1KM以内	m3	STHTTJ	STHTTJ<素土回填体积>				建筑工程
6	1-100	定	原土打底夯 基(槽)坑		m2	JKTFDMMJ	JKTFDMMJ<基坑土方底面面积>	15.08			土建
7	1-104	定	回填土夯填基(槽)坑		m3	STHTTJ	STHTTJ<素土回填体积>	31.17			土建
8	010103002	项	余方弃置	1. 废弃料品种:素土 2. 运距:1km以内	m3	TFTJ-STHTTJ	TFTJ<土方体积>-STHTTJ<素土回填体积>				建筑工程
9	1-202	定	正铲挖掘机(1m3以内)挖土装车		m3	TFTJ-STHTTJ	TFTJ<土方体积>-STHTTJ<素土回填体积>	4443.06			土建
10	1-262	定	自卸汽车运土运距在<1km		m3	TFTJ-STHTTJ	TFTJ<土方体积>-STHTTJ<素土回填体积>	10223.58			土建

图 4-113

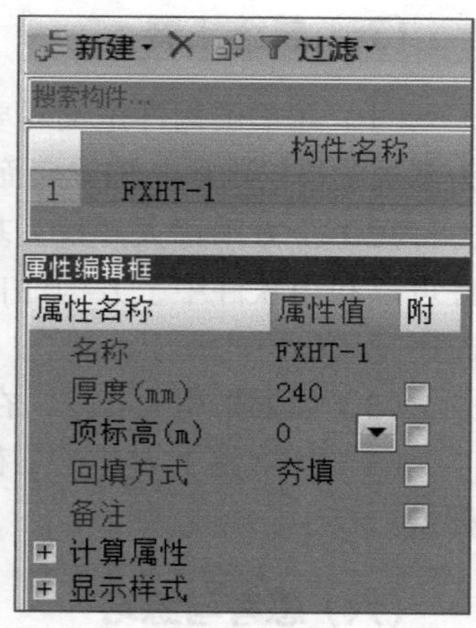

图 4-114

4. 房芯回填土

（1）房芯回填土的属性定义　房芯回填土是在室内墙体工程完成后，首层地面施工以前，根据施工图纸的要求从室外地坪到室内地坪之间扣除地面面层厚度后的土方回填。在软件中提供了“房芯回填”构件，我们可以通过对其属性进行定义并绘制到图形中，即可完成复杂的房芯回填土工程量的计算工作。

具体操作为：在定义界面，点击土方下的“房芯回填”，再点击弹出的“新建房芯回填”子菜单；在弹出的房芯回填构件属性对话框中，将厚度修改为240mm（室内外高差450mm-150厚碎石-60厚混凝土垫层–30厚水泥砂浆结合层–20厚面层），如图4-114所示。

（2）套用清单和定额　在完成房芯回填的定义之后，需要进行房芯回填土的清单和定额的套用，套用的清单项目和定额子目如图4-115所示。

添加清单　添加定额　删除　项目特征　查询　换算　选择代码　编辑计算式　做法刷　做法查询　选配　提取做法　当前

	编码	类别	项目名称	项目特征	单位	工程量表达式	表达式说明	单价	综合单价	措施项	专业
1	010103001	项	回填方(房芯)	1. 密实度要求:0.94以上 2. 填方材料品种:素土	m3	FXHTTJ	FXHTTJ<房心回填体积>				建筑工程
2	1-100	定	原土打底夯 基(槽)坑		m2	FXHTTJ/HTHD*1000	FXHTTJ<房心回填体积>/HTHD<房心回填厚度>*1000	15.08			土建
3	1-104	定	回填土夯填基(槽)坑		m3	FXHTTJ	FXHTTJ<房心回填体积>	31.17			土建

图 4-115

（3）房芯回填的绘制　本工程中-0.05标高有梁，可以直接采用“智能布置”下的“拉框布置”方式进行房芯回填的绘制。如果在首层地面标高处无梁，则必须将底层的主墙延伸到基础层，再采用智能布置的方式进行绘制。绘制完成后如图4-116所示。

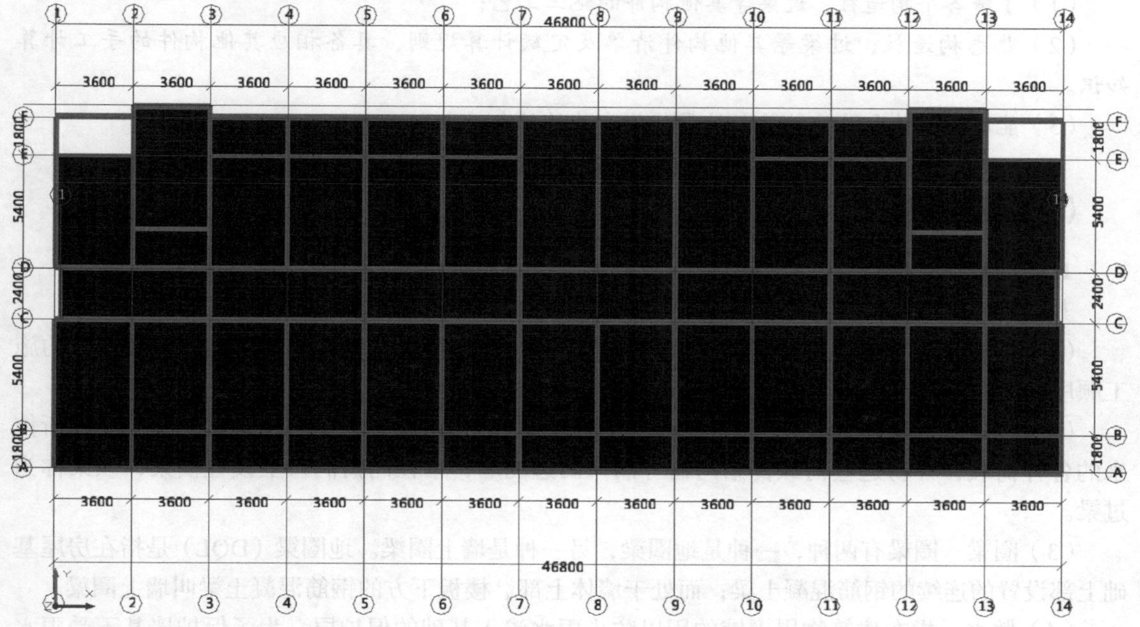

图 4-116

（五）总结拓展

（1）在垫层构件定义时要注意其顶标高属性的取值，如为基础垫层则取基础底面标高，如为基础梁垫层则取基础梁底面标高，如为其他零星构件的垫层则要注意调整其标高到相应位置。

（2）土方采用大开挖、基坑或基槽构件来计算则取决于工程的施工组织设计，相应土方构件可以利用软件中土方构件自动生成的功能来完成，但要注意选择生成的标高是从垫层顶面算起还是从垫层的底面算起。

（3）如果采用大开挖，在套定额时还要注意对定额做出相应调整。

（4）计算完土方开挖工程量后，还要计算土方运输、土方回填和余土外运或缺土运进的工程量。

（六）思考与练习

（1）完成本工程基础土方工程量的计算；

（2）完成基础土方工程之后思考构件套用清单和定额时应注意的问题。

九、其他构件布置

（1）熟练掌握构造柱、过梁等构件的相关操作命令；

（2）能够应用造价软件定义并绘制构造柱、过梁等构件，准确套用清单及定额，并计算模板工程量。

（1）了解各个构造柱、过梁等其他构件的施工工艺；

（2）熟悉构造柱、过梁等其他构件清单及定额计算规则，具备相应其他构件的手工计算知识。

（3）能从图纸读取其他构件与计量计价有关的信息。

（一）基础知识

1. 其他构件的种类

其他构件除构造柱外，还包括过梁、圈梁、散水、台阶、平整场地、建筑面积等。

（1）构造柱　在砌体房屋墙体的规定部位，按构造配筋，并按先砌墙后浇灌混凝土柱的施工顺序制成的混凝土柱，通常称为混凝土构造柱，简称构造柱。

（2）过梁　当墙体上开设门窗洞口且墙体洞口大于300mm时，为了支撑洞口上部砌体所传来的各种荷载，并将这些荷载传给门窗等洞口两边的墙，常在门窗洞口上设置横梁，该梁称为过梁。

（3）圈梁　圈梁有两种，一种是地圈梁，另一种是墙上圈梁。地圈梁（DQL）是指在房屋基础上部设置的连续的钢筋混凝土梁；而处于墙体上部、楼板下方的钢筋混凝土梁叫墙上圈梁。

（4）散水　指在建筑物周围铺的用以防止雨水渗入基础的保护层。为了保护墙基不受雨水

侵蚀，常在外墙四周将地面做成向外倾斜的坡面，以便将屋面的雨水排至远处，称为散水，这是保护房屋基础的有效措施之一。

（5）平整场地　是指室外设计地坪与自然地坪平均厚度在 ±0.3m 以内的就地挖、填、找平。

2. 计算规则

构造柱计算规则在“柱构件布置”一节已经进行了介绍，本节根据《建筑与装饰工程工程量计算规范》（GB 50854—2013）介绍除构造柱以外的所有现浇混凝土其他构件的编号、项目名称、计量单位和工程量计算规则。

（1）清单计算规则见表 4-25。

表 4-25

编号	项目名称	计量单位	计算规则
010503005	过梁	m^3	按设计图示尺寸以体积计算
010507005	扶手、压顶	m/m^3	① 按设计图示的中心线延长米计算 ② 按设计图示尺寸以体积计算
011702008	过梁模板	m^2	按模板与现浇混凝土构件的接触面积计算
011702025	其他现浇构件模板	m^2	
010507001	散水、坡道	m^2	按设计图纸尺寸以水平投影面积计算。不扣除单个小于等于 $0.3m^2$ 的孔洞所占面积
010507004	台阶 混凝土	m^2	按设计图纸尺寸以水平投影面积计算（包括最上部踏步边沿加 300mm）
011107001	台阶石材面层	m^2	
011107004	台阶整体面层	m^2	
011702027	台阶 模板	m^2	按设计图纸尺寸以水平投影面积计算，两侧端头不再计算模板面积
010101001	平整场地	m^2	按设计图纸尺寸以建筑物首层建筑面积计算

（2）定额计算规则见表 4-26。

表 4-26

编号	项目名称	计量单位	计算规则
6-321	（C20 非泵送商品混凝土）过梁	m^3	同清单计算规则
21-44	现浇过梁 复合木模板	m^2	
6-349	（C20 非泵送商品混凝土）压顶	m^3	
21-94	现浇压顶 复合木模板	m^2	
13-163	混凝土散水、坡道	m^2	按水平投影面积计算
6-351	混凝土台阶	m^2	
21-82	台阶模板	m^2	
13-25	水泥砂浆 台阶	m^2	
1-98	人工平整场地	m^2	按建筑物外墙外边线每边各加 2m 以面积计算

3. 软件操作基本步骤

先进行构件定义，编辑属性、套用清单项目和定额子目，然后绘制构件，最后汇总计算得出相应工程量。

（二）任务说明

本节的任务是完成首层过梁、圈梁、散水、台阶、平整场地、建筑面积的定义与绘制。

（三）任务分析

通过建筑设计说明和结构设计说明分析其他构件的相关设置。通过建施 -03“一层平面图”和结施 -10“屋顶层板配筋图”找到相对应的零散构件的位置。

（四）任务实施

1. 过梁

本工程的门窗洞上方按要求需布置过梁。

（1）过梁的定义

① 过梁的属性定义　以 M-1 过梁为例，点击“过梁”，新建矩形过梁，如图 4-117 所示。

② 做法套用　过梁做法的套用结果如图 4-118 所示。按照同样的方法定义其他过梁。

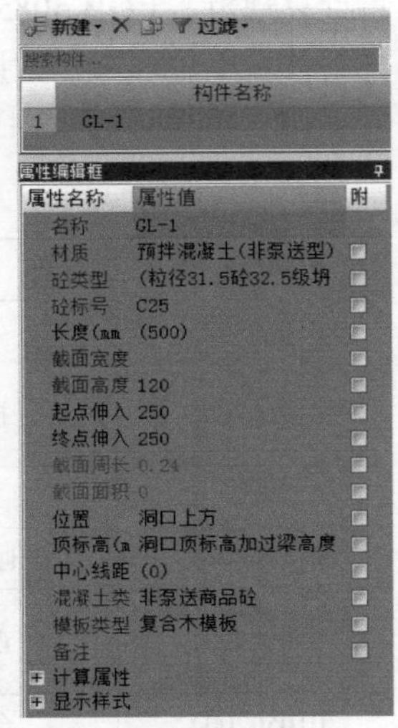

图 4-117

添加清单　添加定额　删除　项目特征　查询　换算　选择代码　编辑计算式　做法刷　做法查询　选配　提取做法　当前构件

	编码	类别	项目名称	项目特征	单位	工程量表达式	表达式说明	单价	综合单价	措施项目	专业
1	010503005	项	过梁	1. 混凝土种类:非泵送商品混凝土 2. 混凝土强度等级:C25	m3	TJ	TJ<体积>			☐	建筑工程
2	6-321 H80212115 FB802101	换	(C20非泵送商品砼) 过梁 换为【C25砼16mm42.5坍落度35~50mm(非泵送)】		m3	TJ	TJ<体积>	526.65		☐	土建
3	011702009	项	过梁 模板	1. 构件类型:过梁 2. 模板种类:复合木模板	m2	MBMJ	MBMJ<模板面积>			☑	建筑工程
4	21-44	定	现浇过梁 复合木模板		m2	MBMJ	MBMJ<模板面积>	729.41		☑	土建

图 4-118

（2）过梁的绘制　过梁定义完毕后，回到绘图界面，绘制过梁。过梁的布置可以采用“点”绘制，或者在门窗洞口“智能布置”。选择“点”，选择要布置过梁的门窗洞口，点击左键即可布置上过梁。

2. 散水

（1）散水的定义

① 散水的属性定义　结合建施 -3、建施 -10 可以从平面图、剖面图得到散水的信息，本层散水的宽度为 900mm，沿建筑物周围布置。新建散水 1，根据散水图纸中的尺寸标注，在属性编辑器中输入相应的属性值，如图 4-119 所示。

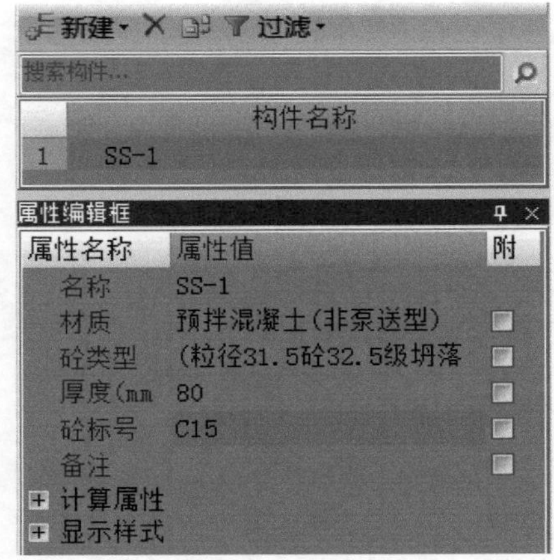

图 4-119

② 做法套用 散水做法的结果如图 4-120 所示。

添加清单 添加定额 × 删除 项目特征 查询 换算 选择代码 编辑计算式 做法刷 做法查询 选配 提取做法 当前构件自

	编码	类别	项目名称	项目特征	单位	工程量表达式	表达式说明	单价	综合单价	措施项目	专业
1	010507001	项	散水	1.垫层材料种类、厚度:素土夯实,80厚压实碎石 2.面层厚度:70厚C15混凝土提浆抹光 3.混凝土种类:非泵送商品混凝土 4.混凝土强度等级:C15 5.变形缝填塞材料种类:沥青胶结料	m2	MJ	MJ<面积>			☐	建筑工程
2	13-163	定	混凝土散水		m2水平投影面积	MJ	MJ<面积>	622.39		☐	土建
3	10-171	定	沥青砂浆伸缩缝		m	TQCD+0.9*int(TQCD/10)+1.414*0.9*4	TQCD<贴墙长度>+0.9*int(TQCD<贴墙长度>/10)+1.414*0.9*4	186.26		☐	土建

图 4-120

值得注意的是，定额子目 12-163 是按苏 J08—2006 进行编制的，本工程的做法与该图集稍有不同，其调整内容及方法留待《第七章 BIM 建筑工程计价案例实务》中进行。

（2）散水的绘制 散水定义完毕后，回到绘图界面进行绘制。散水属于面式构件，因此可以采用点绘制、直线绘制、矩形绘制和智能绘制。这里采用智能布置法，即先将外墙进行延伸或收缩处理，让外墙与外墙形成封闭区域；点击“智能布置”按外墙外边线，在弹出对话框输入“900”确定即可，绘制完成如图 4-121 所示。对有台阶及坡道部分，可用分割的方式处理。如果不做分割，软件也会自动进行工程量的扣减。

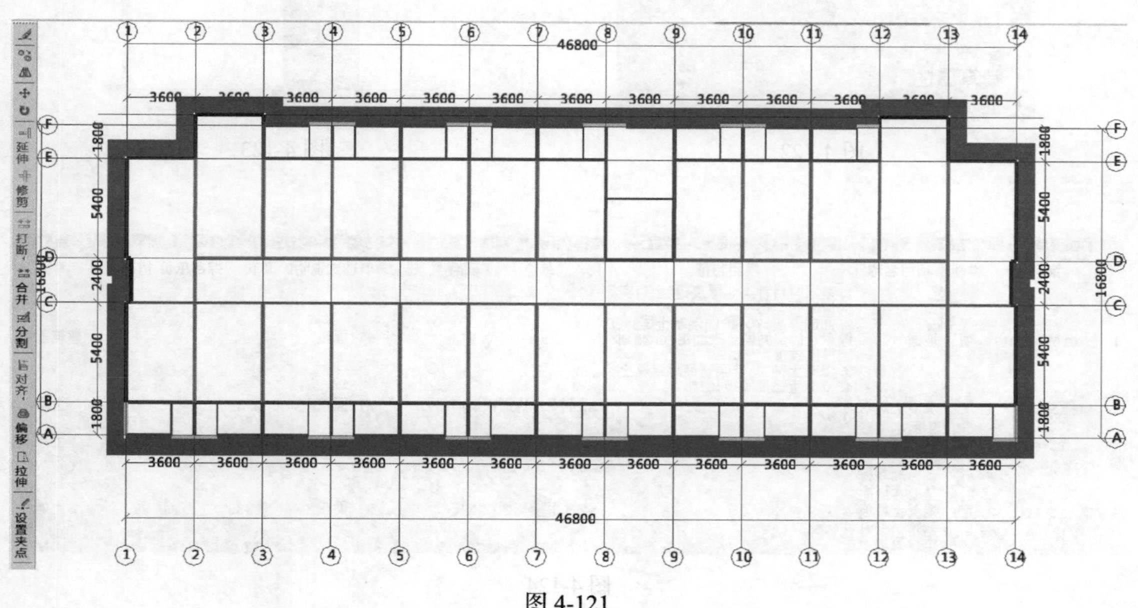

图 4-121

3. 无障碍坡道

（1）坡道的属性定义 结合建施 -03、建施 -11 可以从平面图、剖面图知坡道 1200mm 宽，位于建筑物东侧入口。由于软件中未提供坡道构件，但是它的工程量计算规则与散水相同，所以采用散水构件代替坡道。在散水构件下新建一个散水，将其名称修改为“无障碍坡道”，按图纸中的尺寸标注，在属性编辑器中输入相应的属性值，方法同散水。定义界面如图

4-122 所示。

（2）做法套用　值得注意的是，定额子目 12-163 是按苏 J08—2006 进行编制的，本工程的做法与该图集稍有不同，其调整内容及方法留待第七章 BIM 建筑工程计价案例实务中进行讲解。

（3）坡道的绘制　坡道定义完毕后，回到绘图界面进行绘制。由于本文中坡道是采用散水构件代替的，所以直接在有散水的位置绘制坡道是不可以的。需要将已经绘制完成的散水根据坡道所在的位置，利用“分割”功能将其分割开来并删除，此过程请读者自行完成。

坡道属于面式构件，因此可以直线绘制、点绘制和矩形绘制。点式需要封闭的空间，坡道在建筑物外侧，采用直线画法较方便。绘制完成后的无障碍坡道如图 4-123 所示。坡道做法的结果如图 4-124 所示。

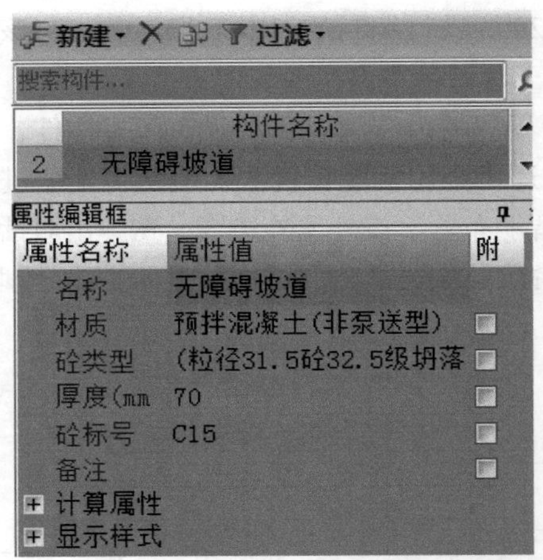

图 4-122

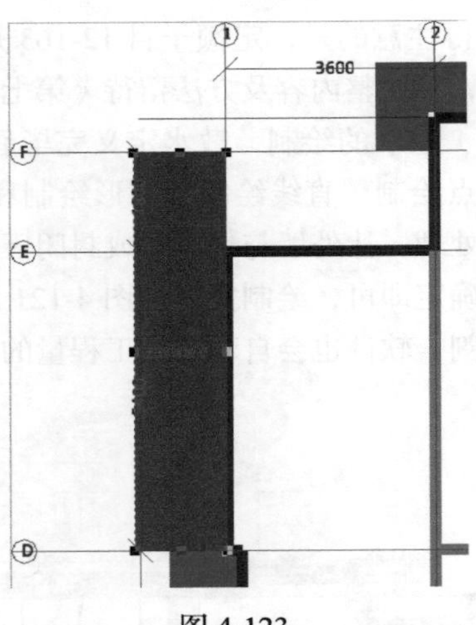

图 4-123

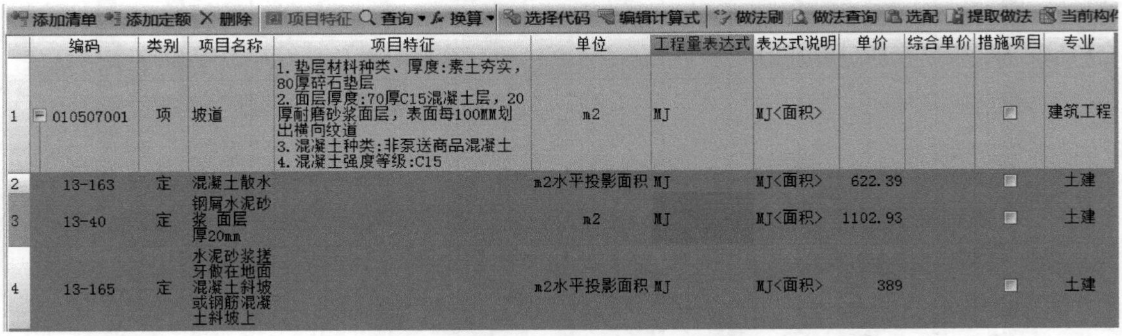

	编码	类别	项目名称	项目特征	单位	工程量表达式	表达式说明	单价	综合单价	措施项目	专业
1	010507001	项	坡道	1. 垫层材料种类、厚度:素土夯实，80厚碎石垫层 2. 面层厚度:70厚C15混凝土层，20厚耐磨砂浆面层，表面每100MM划出横向纹道 3. 混凝土种类:非泵送商品混凝土 4. 混凝土强度等级:C15	m2	MJ	MJ<面积>			□	建筑工程
2	13-163	定	混凝土散水		m2水平投影面积	MJ	MJ<面积>	622.39		□	土建
3	13-40	定	钢屑水泥砂浆 面层厚20mm		m2	MJ	MJ<面积>	1102.93		□	土建
4	13-165	定	水泥砂浆搓牙做在地面混凝土斜坡或钢筋混凝土斜坡上		m2水平投影面积	MJ	MJ<面积>	389		□	土建

图 4-124

4. 台阶

结合建施 -3、建施 -10，可以从平面图、剖面图得到台阶的信息，本层台阶的踏步宽度为 300mm，踏步个数为 3，顶标高为首层层底标高。

（1）台阶的定义

① 台阶的属性定义　新建台阶 1，根据台阶图纸中的尺寸标注，在属性编辑器中输入相应

的属性值，如图 4-125 所示。

② 做法套用 本工程中的台阶在绘制时连同地面一起都画在了图中，按照工程量计算规则应将台阶与平台地面进行分离，这就需要灵活运用软件中台阶构件提供的工程量代码来解决。台阶的做法结果如图 4-126 所示。

（2）台阶的绘制 台阶定义完毕后，回到绘图界面进行绘制。台阶属于面式构件，因此可以用直线绘制也可以用点绘制或矩形画法。此处选用矩形画法，即点击相关轴线交点，输入偏移值，确定后再点击“设置台阶踏步边”，输入“300”即可，如图 4-127 所示。

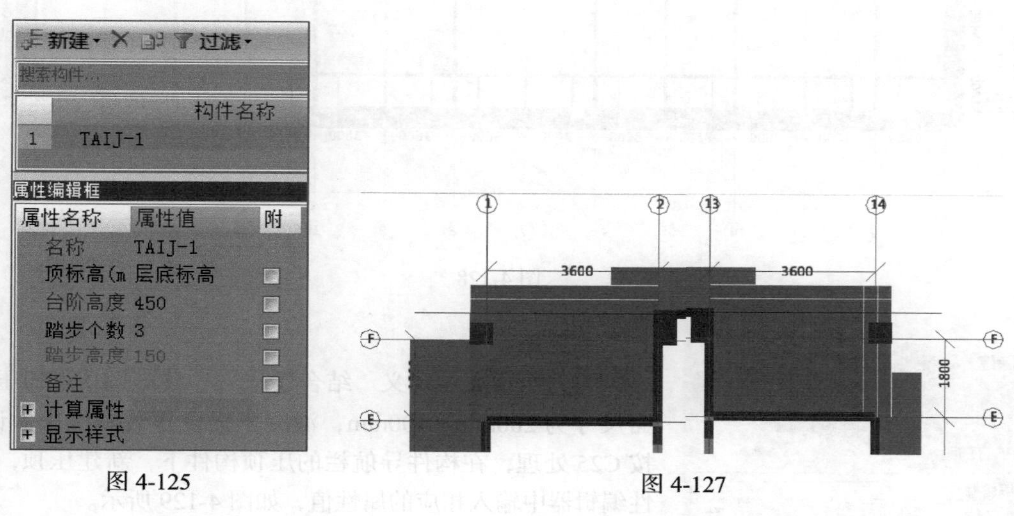

图 4-125　图 4-127

	编码	类别	项目名称	项目特征	单位	工程量表达式	表达式说明	单价	综合单价	措施项	专业
1	010404001	项	垫层（台阶）	1.垫层材料种类、配合比、厚度:80厚压实碎石，底部素土夯实	m3	0.08*MJ	0.08*MJ<台阶整体水平投影面积>			☐	建筑工程
2	1-99	定	原土打底夯 地面		m2	MJ	MJ<台阶整体水平投影面积>	12.04		☐	土建
3	4-99	定	碎石垫层 干铺		m3	0.08*MJ	0.08*MJ<台阶整体水平投影面积>	175.5		☐	土建
4	010507004	项	台阶	1.踏步高、宽:高150，宽300，3 步 2.混凝土种类:非泵送商品混凝土 3.混凝土强度等级:C15	m2	MJ	MJ<台阶整体水平投影面积>			☐	建筑工程
5	6-351	定	(C20非泵送商品砼) 台阶		水平投影	MJ	MJ<台阶整体水平投影面积>	735.22		☐	土建
6	6-342	定	(C20非泵送商品砼) 楼梯、雨篷、阳台、台阶混凝土含量每增减		m3	(TJ-0.1638*MJ)*1.015	(TJ<体积>-0.1638*MJ<台阶整体水平投影面积>)*1.015	473.53		☐	土建
7	011702027	项	台阶 模板	1.台阶踏步宽:300mm 2.模板种类:复合木模板	m2	MJ	MJ<台阶整体水平投影面积>			☑	建筑工程
8	21-82	定	现浇台阶模板		m2水平投	MJ	MJ<台阶整体水平投影面积>	277.44		☑	土建
9	011107004	项	水泥砂浆台阶面	1.找平层厚度、砂浆配合比:20厚水泥砂浆1:3	m2	TBSPTYMJ	TBSPTYMJ<踏步水平投影面积>			☐	建筑工程
10	13-25	定	水泥砂浆 台阶		m2水平投	TBSPTYMJ	TBSPTYMJ<踏步水平投影面积>	408.18		☐	土建
11	011101001	项	水泥砂浆楼地面	1.面层厚度、砂浆配合比:20厚水泥砂浆1:3	m2	PTSPTYMJ	PTSPTYMJ<平台水平投影面积>			☐	建筑工程
12	13-22	定	水泥砂浆 楼地面 厚20mm		m2	PTSPTYMJ	PTSPTYMJ<平台水平投影面积>	165.31		☐	土建

图 4-126

散水、坡道、台阶全部绘制完成后如图 4-128 所示。

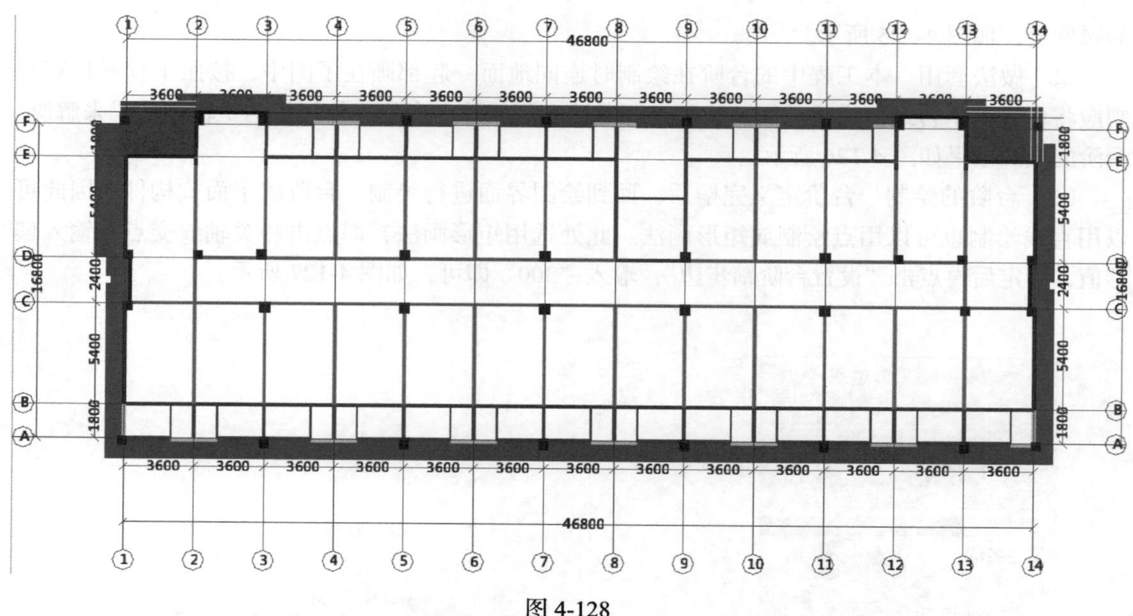

图 4-128

新建 ▾ ✕ 过滤 ▾

搜索构件…

	构件名称
1	压顶

属性编辑框

属性名称	属性值	附
名称	压顶	
材质	预拌混凝土(非泵送型)	
砼类型	(粒径31.5砼32.5级坍	
砼标号	(C25)	
截面宽度	200	
截面高度	100	
截面面积	0.02	
起点顶标	墙顶标高	
终点顶标	墙顶标高	
轴线距左	(100)	
备注		
+ 计算属性		
+ 显示样式		

图 4-129

5. 压顶

（1）压顶属性定义　结合建施 -3、建施 -10 可知压顶截面尺寸为 200mm×100mm，混凝土强度等级图纸未做说明，按 C25 处理，在构件导航栏的压顶构件下，新建压顶，在属性编辑器中输入相应的属性值，如图 4-129 所示。

（2）做法套用　压顶做法的结果如图 4-130 所示。

（3）压顶的绘制　压顶定义完毕后，回到绘图界面进行绘制，可利用“智能布置”中按“墙中心线”进行布置即可。压顶构件也有可用圈梁构件来代替，但要注意套用压顶的清单和定额项目。

6. 建筑面积

结合建施 -01、建施 -03 可以得到建筑面积的信息。

根据《建筑面积计算规则》（GB 50353—2013）修订版的规定，出入口外墙外侧坡道有顶盖的部位，应按其外墙结构外围水平面积的 1/2 计算面积。所以本工程中Ⓔ、Ⓕ轴与①、②轴以及Ⓔ、Ⓕ轴与 ⑬、⑭ 轴围成的区域也应计算建筑面积。

（1）建筑面积的属性定义　新建建筑面积如图 4-131 所示。

添加清单　添加定额　✕ 删除　项目特征　查询 ▾　换算 ▾　选择代码　编辑计算式　做法刷　做法查询　选配　提取做法　当前构件自动套用做法　五金…

	编码	类别	项目名称	项目特征	单位	工程量表达式	表达式说明	单价	综合单价	措施项	专业
1	010507005	项	压顶	1. 断面尺寸:200*100 2. 混凝土种类:非泵送商品混凝土 3. 混凝土强度等级:C25	m3	TJ	TJ<体积>			☐	建筑工程
2	6-349 H8 0212115 FB802101	换	(C20非泵送商品砼) 压顶 换为【C25砼16mm42.5坍落度35~50mm(非泵送)】		m3	TJ	TJ<体积>	500.64		☐	土建
3	011702025	项	其他现浇构件 模板	1. 构件类型:压顶 2. 模板种类:复合木模板	m2	MBMJ	MBMJ<模板面积>			☑	建筑工程
4	21-94	定	现浇压顶 复合木模板		m2	MBMJ	MBMJ<模板面积>	620.11		☑	土建

图 4-130

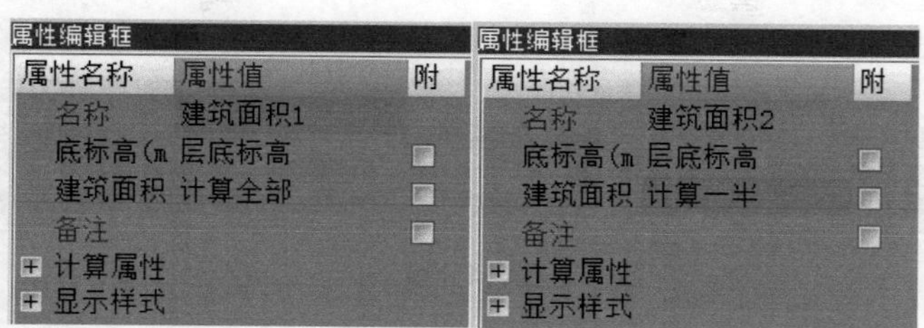

属性名称	属性值	附
名称	建筑面积1	
底标高(m	层底标高	☐
建筑面积	计算全部	☐
备注		☐
⊞ 计算属性		
⊞ 显示样式		

属性名称	属性值	附
名称	建筑面积2	
底标高(m	层底标高	☐
建筑面积	计算一半	☐
备注		☐
⊞ 计算属性		
⊞ 显示样式		

图 4-131

（2）建筑面积的绘制　建筑面积属于面式构件，因此可以直线绘制也可以点绘制。点式绘制时，软件自动搜寻建筑物的外墙外边线，如果能找到外墙外边线形成的封闭区域，则在这个区域内自动生成“建筑面积”，如果软件找不到外墙外边线围成的封闭区域，则给出错误提示。本工程在绘制散水时已经自动校验过外墙外边线，所以这里采用点式画法。

选择构件“建筑面积 1”鼠标点击建筑物内的任意一点，完成“建筑面积 1”的绘制；选择“建筑面积 2”，采用“矩形”画法结合“偏移功能”将其绘制到图中相应位置，如图 4-132 所示。

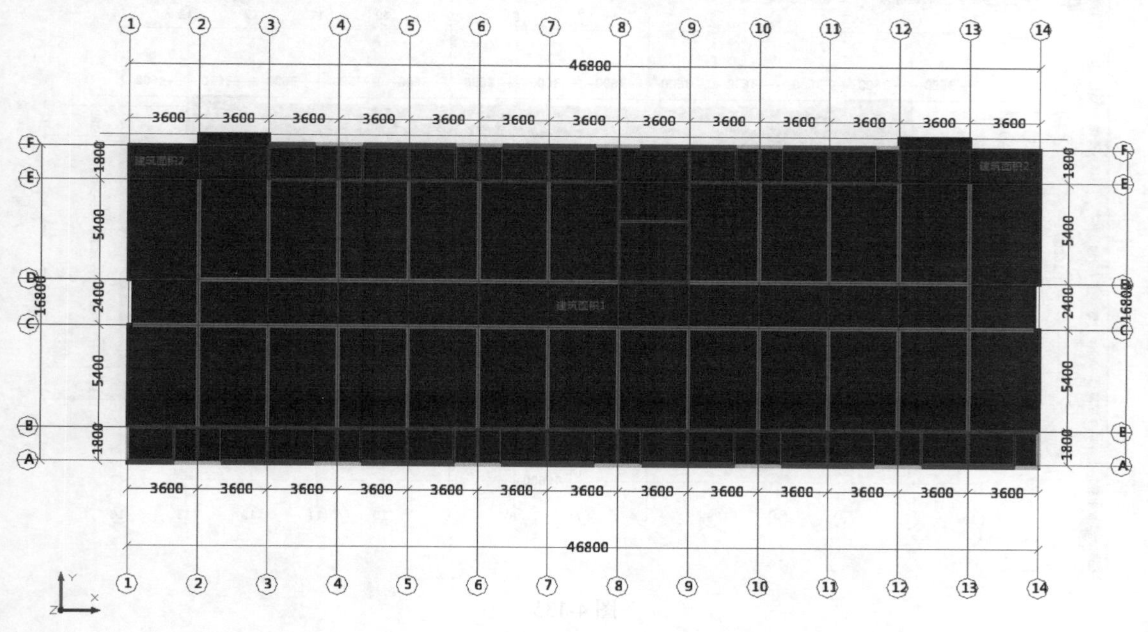

图 4-132

7. 平整场地

（1）平整场地的定义　结合建施 -01、建施 -03 可以得到平整场地的信息。

① 平整场地的属性定义　新建平整场地 1，如图 4-133 所示。

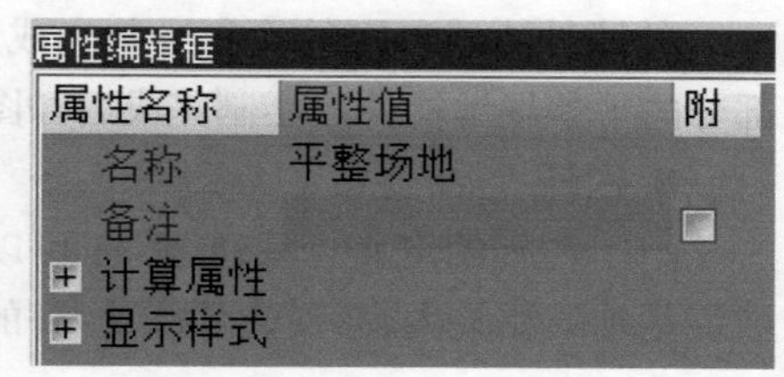

属性名称	属性值	附
名称	平整场地	
备注		☐
⊞ 计算属性		
⊞ 显示样式		

图 4-133

② 做法套用　平整场地可能采用人工平整，也可以采用机械平整，这里采用人工平整的方法，所以平整场地的做法套用结果如图 4-134 所示。

添加清单 添加定额 删除 项目特征 查询 换算 选择代码 编辑计算式 做法刷 做法查询 选配 提

	编码	类别	项目名称	项目特征	单位	工程量表达式	表达式说明	单价	综合单价	措施项	专业
1	010101001	项	平整场地	1. 土壤类别：三类土	m2	MJ	MJ<面积>				建筑工程
2	1-98	定	平整场地		m2	WF2MMJ	WF2MMJ<外放2米的面积>	60.13			土建

图 4-134

值得说明的是，《江苏省建筑与装饰工程计价定额》（2014 版）计算平整场地的工程量以建筑物外墙外边线每边加 2m 后的面积计算。因为台阶部分也计算了建筑面积，所以此部分也需要计算平整场地的工程量。

（2）平整场地的绘制　平整场地属于面式构件，因此可以直线绘制也可以点绘制，建议采用点式画法。这里采用智能布置法，点击“智能布置”，选“外墙轴线”即可，如图 4-135 所示。

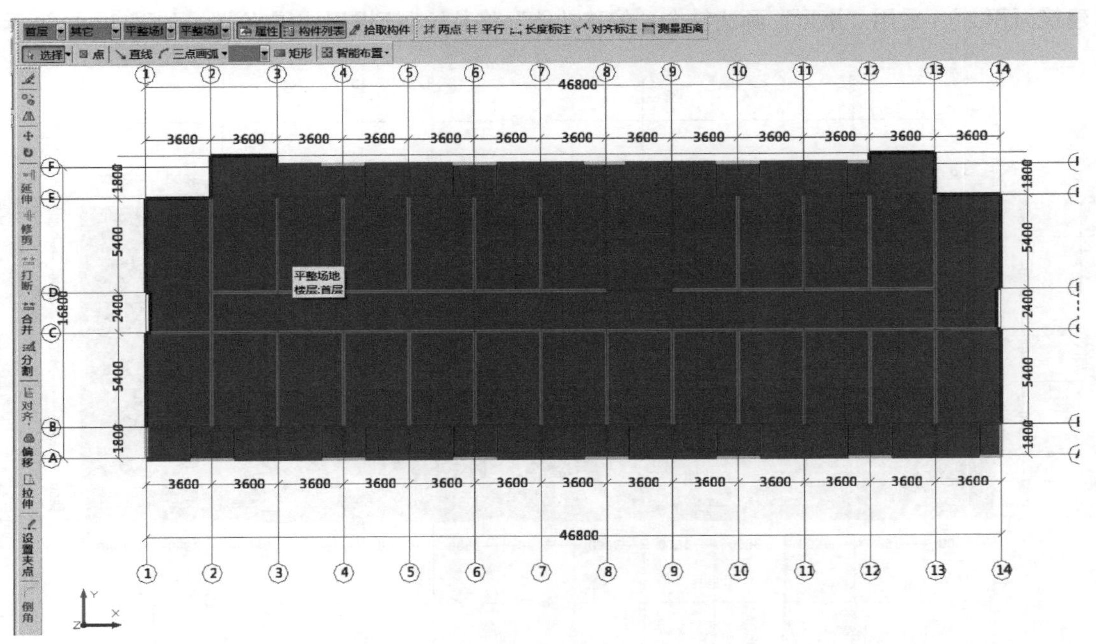

图 4-135

细心的读者可以发现，当在图形中选择“建筑面积”时，它是延伸到外墙外边线的，而当选择“平整场地”构件时，它是延伸到外墙轴线的。所以，采用智能布置时不要忘记将平整场地的边沿延伸到外墙外边线。由此可见，采用点式画法要比采用智能画法简单。

外墙外边线包围的面积绘制完成后，再采用矩形加偏移的方法绘制室外台阶计算建筑面积部分的平整场地构件。绘制完成后如图 4-136 所示。

8. 栏杆

（1）栏杆的定义　从建施 -11 可以得知无障碍坡道的栏杆信息。在定义坡道栏杆的同时，将坡道基础的相关内容一起完成。栏杆的定义如图 4-137 所示。

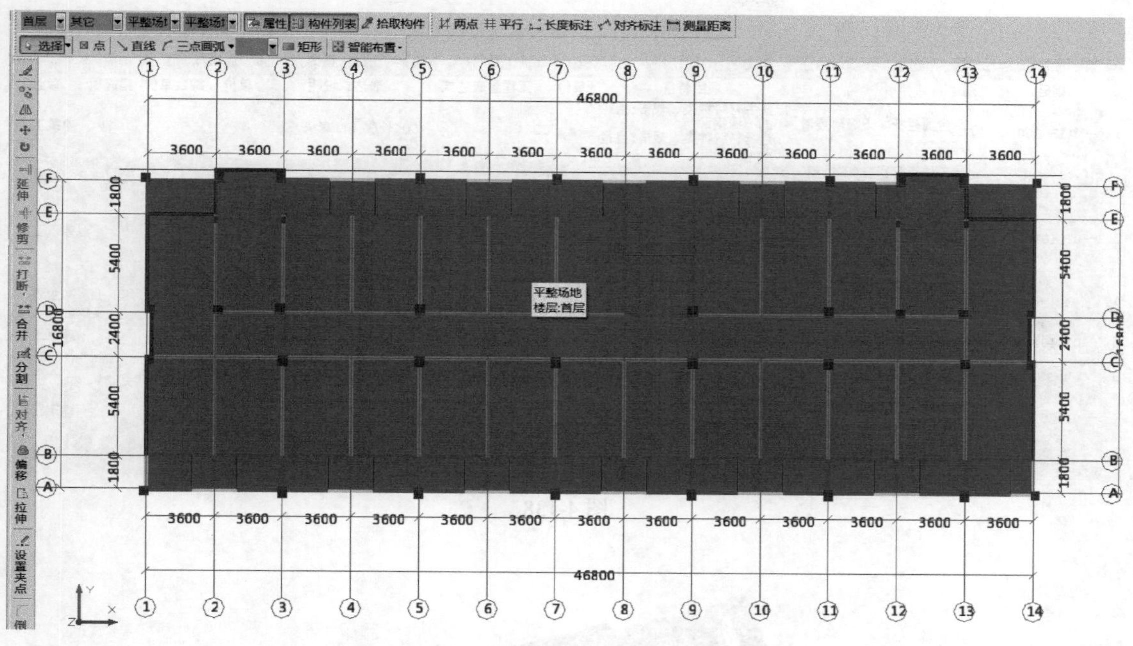

图 4-136

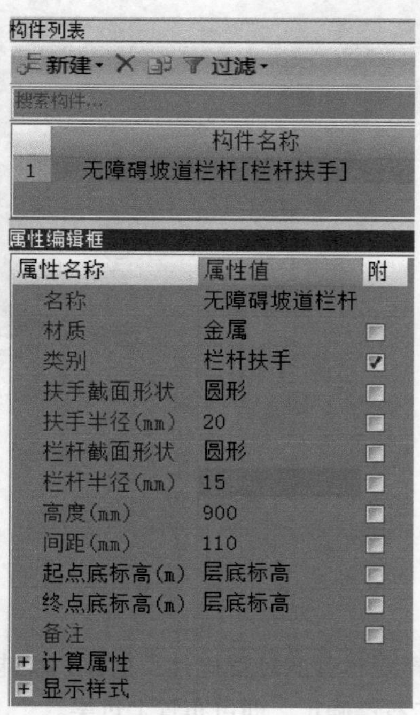

图 4-137

（2）做法套用　栏杆及相关项目的做法如图 4-138 所示。

（3）栏杆的绘制　栏杆的绘制方法有点式、直线和智能布置等，本工程中采用直线绘制方法。绘制完成后设置栏杆的弯头，设置完成后的栏杆如图 4-139 所示。

添加清单 添加定额 删除 项目特征 查询 换算 选择代码 编辑计算式 做法刷 做法查询 选配 提取做法 当前构件自动套用

	编码	类别	项目名称	项目特征	单位	工程量表达式	表达式说明	单价	综合单价	措施项	专业
1	011503001	项	金属栏杆（无障碍坡道）	1.扶手材料种类、规格:直径40的不锈钢管 2.栏杆材料种类、规格:直径30的不锈钢管	m	CD	CD<长度（含弯头）>			☐	建筑工程
2	13-149	定	不锈钢管栏杆 不锈钢管扶手		m	CD	CD<长度（含弯头）>	5025.16		☐	土建
3	010401001	项	砖基础(坡道基础)	1.砖品种、规格、强度等级:MU10实心砖 2.基础类型:条形 3.砂浆强度等级:M7.5水泥砂浆	m3	TYCDD*(0.2*0.36+0.24*0.8+0.14*0.1)*2	TYCDD<投影长度>*(0.2*0.36+0.24*0.8+0.14*0.1)*2			☐	建筑工程
4	4-1-1	定	直形砖基础（M7.5水泥砂浆）		m3	TYCDD*(0.2*0.36+0.24*0.8+0.14*0.1)*2	TYCDD<投影长度>*(0.2*0.36+0.24*0.8+0.14*0.1)*2	406.7		☐	土建
5	010404001	项	垫层（坡道基础）	1.垫层材料种类、配合比、厚度:80厚碎石	m3	TYCDD*(0.36*0.08*2)	TYCDD<投影长度>*(0.36*0.08*2)			☐	建筑工程
6	4-99	定	碎石垫层 干铺		m3	TYCDD*(0.36*0.08*2)	TYCDD<投影长度>*(0.36*0.08*2)	175.5		☐	土建
7	011201001	项	墙面一般抹灰（坡道基础外侧）	1.墙体类型:外墙 2.底层厚度、砂浆配合比:水泥砂浆20厚	m2	TYCDD*0.45*2	TYCDD<投影长度>*0.45*2			☐	建筑工程
8	14-8	定	砖墙外墙抹水泥砂浆		m2	TYCDD*0.45*2	TYCDD<投影长度>*0.45*2	254.64		☐	土建

图 4-138

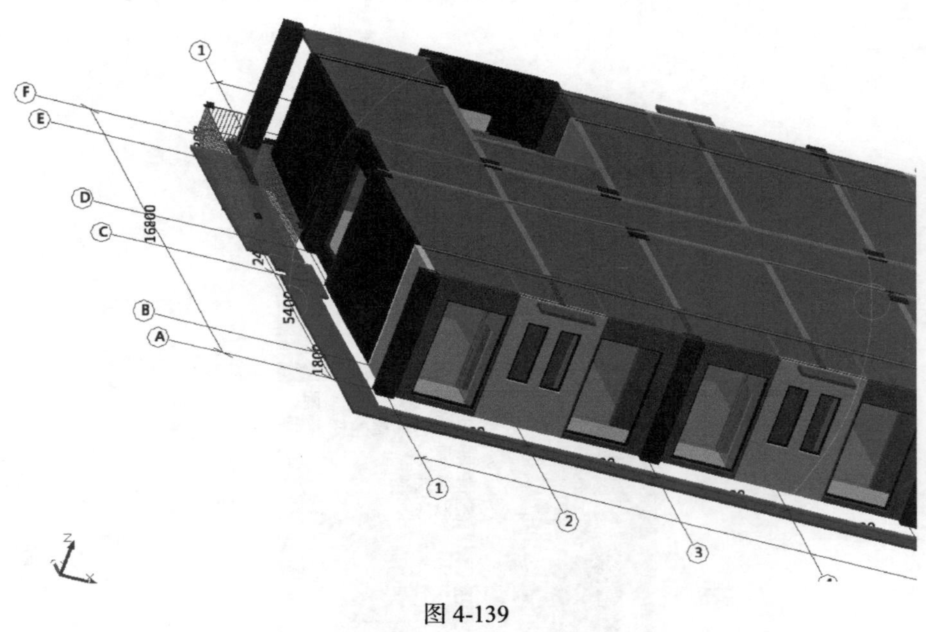

图 4-139

（五）总结拓展

（1）过梁的智能布置：选择要布置的过梁构件，选择“智能布置”命令，拉框选择或者点选要布置过梁的门窗洞口，单击右键确定，即可布置上过梁。

（2）当一层建筑面积计算规则不一样时，有几个区域就要建立几个建筑面积属性，利用虚墙的方法分别进行绘制。

（3）台阶绘制后，还要根据实际图纸设置台阶起始边。

（4）涉及一些在软件中不容易建模或软件中没有的构件，可以通过表格输入的方式计算其工程量。在模块导航栏中点击表格输入，选择要计算的构件，如没有都归纳为其他（如本工程的蹲坑、小便槽等)；鼠标左键点击构件列表中新建按钮，新建构件如图 4-140 所示；直接套用清单定额，在工程量表达式中输入计算式即可，无需绘制图元。

本工程采用标准设计图纸，是江苏地区的卫生、洗涤设施的建设参考标准。实际工程中也可根据图纸中规定的当地标准图集（苏 J06-2006），选择对应的清单和定额项目即可。如现浇盥洗池的套用结果如图 4-141 所示。

构件列表

新建 × 删除 过滤▾

	名称	数量	备注
1	蹲坑	51	
2	洗漱台	43	
3	现浇盥洗池	5	
4	卫生间隔断	8	
5	洗涤池	43	
6	小便槽	2	

图 4-140

添加清单 添加定额 × 删除 项目特征 查询▾

	编码	类别	项目名称	项目特征	单位	工程量表达式	工程量	措施项	专业
1	010507007	项	现浇盥洗池	1. 构件的类型:盥洗池 2. 构件规格:3.3*0.16*0.45 3. 混凝土种类:预拌 4. 混凝土强度等级:C20	m3	3.3*0.16*0.45-3.18*0.1*0.33	0.1327	☐	建筑工程
2	6-350	定	(C20非泵送商品砼) 现浇小型构件		m3	3.3*0.16*0.45-3.18*0.1*0.33	0.1327	☐	土建
3	011702025	项	现浇盥洗池 模板	1. 构件类型:现浇盥洗池	m2	3.3*0.45+3.18*0.33+0.45*0.16*2+0.33*0.2*2+0.16*3.3*2+0.1*3.18*2	4.5024	☑	建筑工程
4	21-90	定	现浇池槽 木模板		m2	3.3*0.45+3.18*0.33+0.45*0.16*2+0.33*0.2*2+0.16*3.3*2+0.1*3.18*2	4.5024	☑	土建
5	010401012	项	零星砌砖	1. 零星砌砖名称、部位:现浇盥洗池池脚 2. 砖品种、规格、强度等级:标准砖 3. 砂浆强度等级、配合比:水泥砂浆M5.0	m3	0.45*0.3*0.24*4	0.1296	☐	建筑工程
6	4-57-1	定	(M5水泥砂浆) 标准砖零星砌砖		m3	0.45*0.3*0.24*4	0.1296	☐	土建
7	011203001	项	零星项目一般抹灰（盥洗池池脚）	1. 基层类型、部位:盥洗池池脚 2. 底层厚度、砂浆配合比:12厚1：3水泥砂浆 3. 面层厚度、砂浆配合比:8厚1：2水泥砂浆	m2	0.45*0.3*2*4+0.3*0.24*4	1.368	☐	建筑工程
8	14-18	定	零星项目抹水泥砂浆		m2	0.45*0.3*2*4+0.3*0.24*4	1.368	☐	土建
9	011206002	项	块料零星项目（盥洗池）	1. 面层材料品种、规格、颜色:5 厚白色磁砖	m2	3.18*0.33+3.18*0.1*2+0.33*0.1*2+0.06*(3.3*2+0.45*2)+3.3*0.16+0.45*0.16	2.8014	☐	建筑工程
10	14-81	定	单块面积0.06m2以内墙砖砂浆粘贴 柱、梁、零星面		m2	3.18*0.33+3.18*0.1*2+0.33*0.1*2+0.06*(3.3*2+0.45*2)+3.3*0.16+0.45*0.16	2.8014	☐	土建

图 4-141

(六) 思考与练习

（1）完成首层构造柱、过梁、圈梁、散水、台阶、平整场地、建筑面积、楼梯工程量计算。

（2）考虑绘制这些零散构件需要注意的问题。

（3）考虑“分割”功能在分割板与散水时的不同使用方法。

（4）无障碍坡道下的基础及相关工程量代码设置的原理是什么？

十、装饰构件布置

（1）能够根据房间的构造定义房间，分类统计装修工程量；

（2）能够应用造价软件定义并绘制构件，能够准确套用清单及定额。

（1）了解楼地面、墙柱面、天棚等装饰工程的施工工艺；

（2）具备相应装饰工程的手工计算知识；

（3）能读懂图纸装修做法表；

（4）能够熟练掌握清单和定额的计算规则。

（一）基础知识

1. 装饰构件种类

常见装饰构件包括楼地面、天棚、墙面、踢脚等。

（1）楼地面　地面构造一般为垫层、结合层、面层，楼面构造为结构层、结合层、面层。面层做法很多。根据做法不同主要有三类：一类是整体面层，主要有水泥砂浆、现浇水磨石、细石混凝土；第二类块料面层，主要有大理石、花岗岩、预制水磨石、缸砖、地砖、广场砖、马赛克等；第三类是其他材料面层，主要有塑胶地板、地毯、木地板、防静电地板、金属复合地板等。

（2）墙面　根据做法不同，主要分为抹灰、镶贴石材、块料、墙柱饰面、隔断、幕墙等面层。

抹灰面层又分两种一般抹灰和装饰抹灰，一般抹灰常用材料为石灰砂浆、混合砂浆、水泥砂浆、聚合物合砂浆、膨胀珍珠岩水泥砂浆、纸筋灰等材料；装饰抹灰主要有斩假石、拉毛、甩毛做法。

镶贴石材、块料类主要有大理石、花岗岩、瓷砖、釉面砖、抛光砖、玻化砖及马赛克等面层材料。

饰面类主要有夹板、饰面夹板、防火板、铝塑板、织物包饰、塑料装饰、金属饰面、装饰石膏板、硬质纤维板、玻璃等类别材料。

隔断幕墙主要有骨架隔墙、板材隔墙、活动隔墙、玻璃隔墙等。

（3）天棚　根据做法不同主要分为两类：一是天棚抹灰，二是天棚吊顶。天棚抹灰类面层材料主要有石灰砂浆、混合砂浆、水泥砂浆等；天棚吊顶常用面层材料有胶合板、石膏板、塑料板、硬质纤维板、矿棉板、吸音板、防火板、铝塑板、铝合金扣板、条板、镜面胶板、镜面不锈钢板、玻璃等材料。

（4）踢脚　是外墙内侧和内墙两侧与室内地坪交接处的构造。踢脚的作用除防止扫地时污染墙面外，主要是防潮和保护墙脚。踢脚材料一般和地面相同，踢脚的高度一般在120～150mm。

2. 计算规则

（1）清单计算规则

① 楼地面

整体面层：按设计图示尺寸以面积计算，应扣除凸出地面的构筑物、设备基础、室内铁道、地沟等所占面积，不扣除0.3m^{2}以内的柱、垛、间壁墙、附墙烟囱及孔洞所占面积，但门洞、空圈、暖气包槽、壁龛的开口部分也不增加面积。

块料面层：按设计图示尺寸以面积计算。门洞、空圈、暖气包槽和壁龛的开口部分并入相应工程量内。

踢脚：可按设计图示长度乘以高度以面积计算，也可以按延长米计算。

② 墙柱面工程

抹灰类：按设计图示尺寸以面积计算。扣除墙裙、门窗洞口及单个孔洞在 0.3m^2 以上的孔洞面积，不扣除踢脚线、挂镜线和墙与构件交界处的面积，门窗洞口和孔洞的侧壁及顶面不增加面积，附墙柱、垛、烟囱侧壁并入相应墙面面积内。块料类：按镶贴表面积计算。

③ 天棚工程

抹灰类：按设计图示尺寸以水平投影面积计算。不扣除间壁墙、垛、柱、附墙烟囱、检查口和管道所占的面积，带梁天棚的梁两侧抹灰面积并入天棚面积内。

④ 油漆涂料

抹灰面油漆：按设计图示尺寸以面积计算。

（2）定额计算规则 《江苏省建筑与装饰工程计价定额》(2014 版）涉及上述方面的工程量计算规则，除踢脚线与清单工程量计算规则不同外，其他项目均与清单相同，不再重复描述。

水泥砂浆、水磨石踢脚线按延长米计算，其洞口、门口长度不予扣除，但洞口、门口、垛、附墙烟囱等侧壁也不增加；块料面层踢脚线按图示尺寸以实贴延长米计算，门洞扣除、侧壁另加。

3. 软件操作步骤

完成装饰构件布置的基本步骤是：先进行构件定义，编辑属性，然后绘制构件，最后汇总计算得出相应工程量。

（二）任务说明

（1）完成首层楼地面、天棚、墙面、踢脚的定义与绘制。

（2）完成各个构件清单项目和定额子目的做法套用。

（三）任务分析

（1）分析建施 -01～03 相关图纸，查看室内装修做法表，首层有门厅、楼梯间、宿舍、管理室、阳台、盥洗室等。装修做法有楼地面、楼面、踢脚板、内墙面、顶棚等。在定义装饰装修构件做法的时候，我们需要熟知各个装修构件的信息和要求，即要熟知图纸中的内容。

（2）考虑到装饰做法较多，在这里将用房间的定义与绘制为例进行处理。

（四）任务实施

软件中绘制装饰装修部分时，所有需要做装修的部分都在软件“模块导航栏”、“装修”下拉菜单的下面，主要有“房间”、“楼地面”、“踢脚”、“墙裙”、“墙面”、“天棚”、“吊顶”等。下面我们就通过“装修”下拉菜单下不同的装修逐一进行介绍。

1. 楼地面

（1）楼地面的属性定义 首先进行楼地面的定义。以宿舍楼地面为例，进入“装修”→“楼地面”，如图 4-142 所示。如有房间需要计算防水，要在“是否计算防水”选择“是”。楼地面构件定义时，可以按房间名称定义，也可以

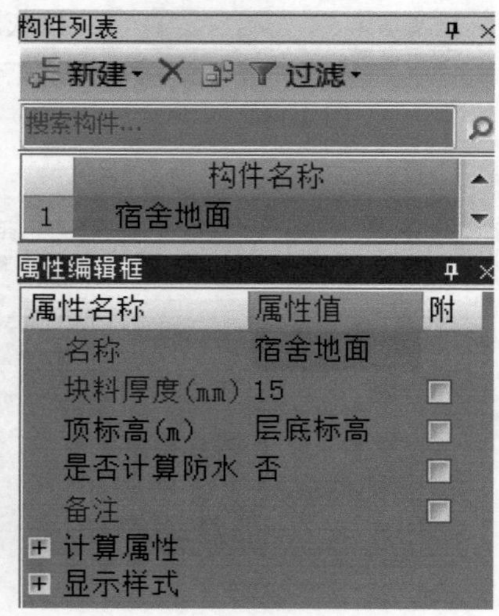

图 4-142

按做法名称定义。

（2）做法套用　在做楼地面的做法套用的时候需要根据装修做法表进行套用，但是需要注意的是套用清单完成之后要把项目特征描述清楚，宿舍楼地面的做法套用结果如图 4-143 所示。值得说明的是，图中未说明水泥砂浆找平层的厚度，这里暂按 20mm 考虑，如果有明确的厚度，则按定额规定进行调整和换算。

添加清单 添加定额 × 删除 | 项目特征 查询 换算 | 选择代码 编辑计算式 | 做法刷 做法查询 选配 提取做法 当前构件自动套

	编码	类别	项目名称	项目特征	单位	工程量表达式	表达式说明	单价	综合单价	措施项目	专业
1	011102003	项	块料楼地面（走道、阳台、宿舍）	1. 找平层厚度、砂浆配合比：水泥砂浆一道（内掺建筑胶） 2. 结合层厚度、砂浆配合比：；30厚1：3水泥砂浆结合层，表面撒水泥粉 3. 面层材料品种、规格、颜色:10~15厚地砖、干水泥擦缝	m2	KLDMJ	KLDMJ<块料地面积>				建筑工程
2	13-81	定	楼地面单块0.4m2以内地砖干硬性水泥砂浆粘贴		m2	KLDMJ	KLDMJ<块料地面积>	1007.7			土建
3	13-15	定	找平层 水泥砂浆(厚20mm)混凝土或硬基层上		m2	DMJ	DMJ<地面积>	130.68			土建
4	010501001	项	垫层	1. 混凝土种类:非泵送商品混凝土 2. 混凝土强度等级:C15	m3	DMJ*0.06	DMJ<地面积>*0.06				建筑工程
5	6-301-1	定	(C15非泵送商品砼) 基础无筋砼垫层		m3	DMJ*0.06	DMJ<地面积>*0.06	416.01			土建
6	010404001	项	垫层	1. 垫层材料种类、配合比、厚度:150MM厚碎石	m3	DMJ*0.15	DMJ<地面积>*0.15				建筑工程
7	4-99	定	碎石垫层 干铺		m3	DMJ*0.15	DMJ<地面积>*0.15	175.5			土建

图 4-143

2. 踢脚

（1）踢脚的属性定义　以宿舍为例，进入“装修”→“踢脚”，如图 4-144 所示。本工程中只有三种踢脚线，所以采用按做法名称进行定义的方法。

（2）做法套用　与楼地面的做法一样，在这里需要把项目特征描述清楚，根据装修做法表，宿舍踢脚做法套用结果如图 4-145 所示。值得说明的是，《江苏省建筑与装饰工程计价定额》（2014 版）中，踢脚线的高度是按 150mm 高度进行编制的，打底砂浆是按 12mm、抹面砂浆是按 8mm 进行编制的，所以踢脚线的高度和抹灰厚度在计价时均应进行相应调整，其调整留待第七章 BIM 建筑工程计价案例实务中进行。

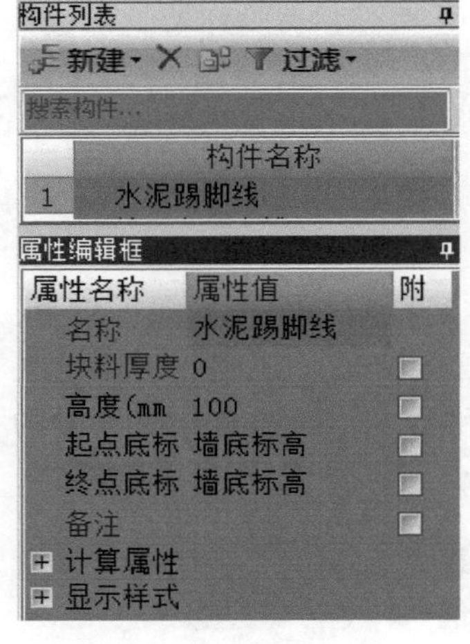

图 4-144

添加清单 添加定额 × 删除 | 项目特征 查询 换算 | 选择代码 编辑计算式 | 做法刷 做法查询 选配 提取做法 当前构

	编码	类别	项目名称	项目特征	单位	工程量表达式	表达式说明	单价	综合单价	措施项目	专业
1	011105001	项	水泥砂浆踢脚线	1. 踢脚线高度:100mm 2. 底层厚度、砂浆配合比:素水泥浆一道（内掺建筑胶），8厚1：3水泥砂浆打底压出纹道 3. 面层厚度、砂浆配合比:素水泥浆一道（内掺建筑胶），6厚1：2.5水泥砂浆后面压实赶光	m	TJMHCD	TJMHCD<踢脚抹灰长度>				建筑工程
2	13-27 H8 0010123 80010124	换	水泥砂浆 踢脚线 换为【水泥砂浆 比例 1:2.5】		m	TJMHCD	TJMHCD<踢脚抹灰长度>	62.94			土建
3	14-78	定	混凝土墙、柱、梁面每增一遍 刷901胶素水泥浆		m2	TJMHMJ*2	TJMHMJ<踢脚抹灰面积>*2	15.75			土建

图 4-145

3. 内墙面

（1）内墙面的属性定义　以宿舍为例，进入“装修”→“内墙面”，如图 4-146 所示。本工程中只有两种内墙面的做法，故采用按做法名称进行构件定义的方法。

（2）做法套用　同样这里需要把项目特征描述清楚，根据装修做法表，宿舍内墙面的做法套用如图 4-147 所示。墙面抹灰的厚度留待第七章 BIM 建筑工程计价案例实务中进行。本工程图纸中未说明白色面浆的种类和涂刷遍数，暂按刷二遍白水泥浆处理。

外墙与内墙的定义方式一致，这里就不再介绍了。

4. 天棚

（1）天棚的属性定义　以宿舍为例，进入“装修”→“天棚”，如图 4-148 所示。本工程中天棚的做法只有一种，所以按做法名称的方法进行定义。

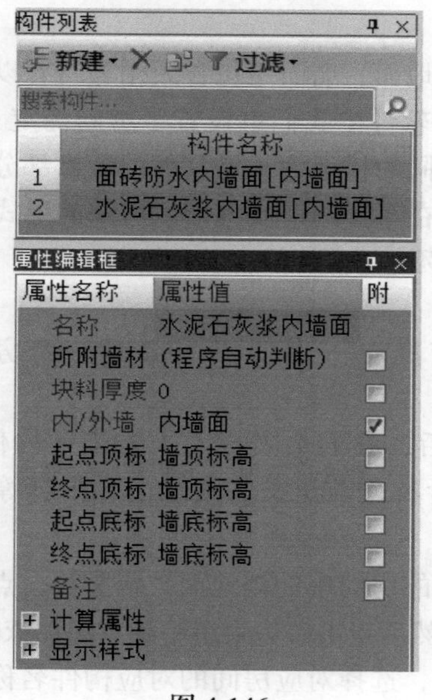

图 4-146

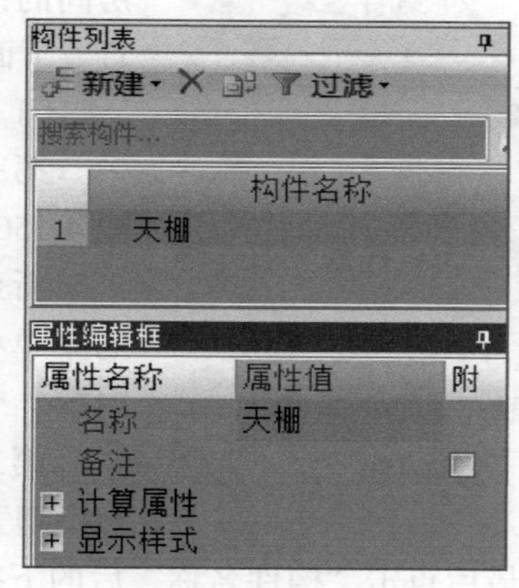

图 4-148

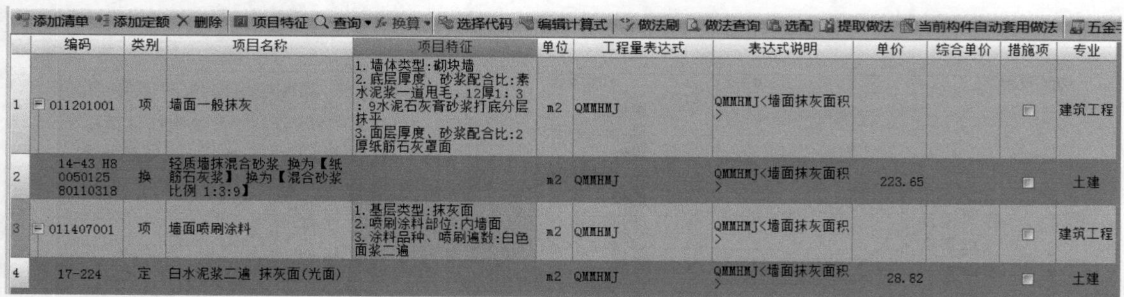

	编码	类别	项目名称	项目特征	单位	工程量表达式	表达式说明	单价	综合单价	措施项	专业
1	011201001	项	墙面一般抹灰	1. 墙体类型:砌块墙 2. 底层厚度、砂浆配合比:素水泥浆一道甩毛，12厚1:3:9水泥石灰膏砂浆打底分层抹平 3. 面层厚度、砂浆配合比:2厚纸筋石灰罩面	m2	QMMHMJ	QMMHMJ<墙面抹灰面积>			☐	建筑工程
2	14-43 H8 0050125 80110318	换	轻质墙抹混合砂浆 换为【纸筋石灰浆】 换为【混合砂浆 比例 1:3:9】		m2	QMMHMJ	QMMHMJ<墙面抹灰面积>	223.65		☐	土建
3	011407001	项	墙面喷刷涂料	1. 基层类型:抹灰面 2. 喷刷涂料部位:内墙面 3. 涂料品种、喷刷遍数:白色面浆二遍	m2	QMMHMJ	QMMHMJ<墙面抹灰面积>			☐	建筑工程
4	17-224	定	白水泥浆二遍 抹灰面(光面)		m2	QMMHMJ	QMMHMJ<墙面抹灰面积>	28.82		☐	土建

图 4-147

（2）做法套用　在这里需要把项目特征描述清楚，宿舍天棚的做法套用如图 4-149 所示。天棚抹灰的厚度和材料种类的调整留待第七章 BIM 建筑工程计价案例实务中进行。

添加清单 添加定额 删除 项目特征 查询 换算 选择代码 编辑计算式 做法刷 做法查询 选配 提取做法 当前构件自动套用做法 五金

	编码	类别	项目名称	项目特征	单位	工程量表达式	表达式说明	单价	综合单价	措施项	专业
1	011301001	项	天棚抹灰	1. 基层类型:现浇混凝土楼板 2. 抹灰厚度、材料种类:素水泥浆一道（内掺建筑胶），5厚1: 0.5: 3水泥石膏砂浆打底扫毛，3厚1: 0.5: 2.5水泥石灰膏砂浆找平	m2	TPMHMJ	TPMHMJ<天棚抹灰面积>			□	建筑工程
2	15-87 H8 0050129 80050312	换	混凝土天棚 混合砂浆面 现浇 换为【混合砂浆 比例 1:0.5 :3】		m2	TPMHMJ	TPMHMJ<天棚抹灰面积>	191.05		□	土建
3	011406001	项	抹灰面油漆（天棚）	1. 基层类型:一般抹灰面 2. 油漆品种、刷漆遍数:白色乳胶漆，二遍	m2	TPMHMJ	TPMHMJ<天棚抹灰面积>			□	建筑工程
4	17-177 R *1.1	换	内墙面 在抹灰面上 901胶白水泥腻子批、刷乳胶漆各三遍 柱、梁、天棚面批腻子、刷乳胶漆 人工*1.1		m2	TPMHMJ	TPMHMJ<天棚抹灰面积>	255.26		□	土建
5	17-183	定	抹灰面上 增减批901胶白水泥腻子 一遍		m2	-TPMHMJ	-TPMHMJ<天棚抹灰面积>	42.34		□	土建
6	17-184	定	抹灰面上 增减刷乳胶漆 一遍		m2	-TPMHMJ	-TPMHMJ<天棚抹灰面积>	36.89		□	土建

图 4-149

5. 房间的设置

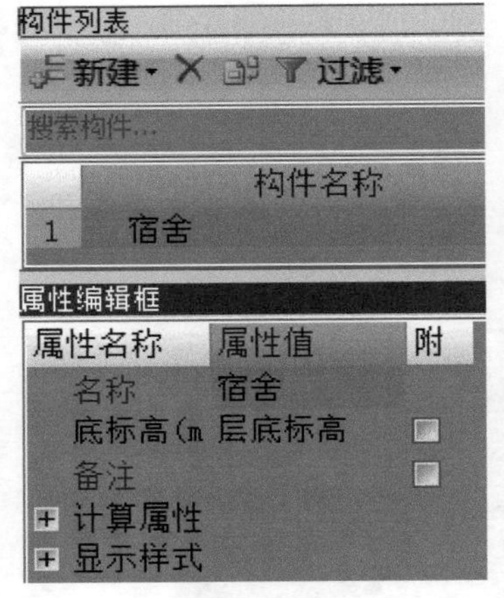

图 4-150

房间的装修不仅有地面、墙面还包含天棚等所有以上介绍的装修的部分，所以在软件中我们也设置了房间的定义功能，即根据不同房间中有不同的楼地面或是其他的装修部分，按照房间的设置进行合并，在布置的时候直接以房间的形式进行布置。下面依然以宿舍为例介绍房间的定义和绘制。

（1）房间的定义

第一步：进入“装修”→“房间”→新建一个房间。如图 4-150 所示。

新建完成房间之后，我们会发现在右边有“构件类型”的菜单栏，里面就包含有之前定义的楼地面、踢脚等的装修内容。

第二步：选择对应的房间中的楼地面、踢脚等，点击“构件类型”中的楼地面，然后点击右边菜单中的“添加依附构件”的按钮，最后点击“构件名称”后的下拉三角选择按钮，选择对应房间的对应构件名称。用同样的方法，将宿舍房间中的其他的构件通过“添加依附构件”，建立房间中的装修构件。宿舍房间选择完成后的结果如图 4-151 所示。

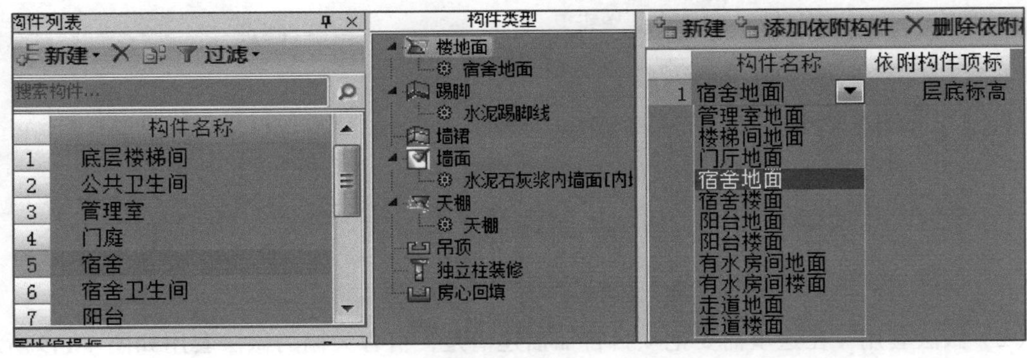

图 4-151

（2）房间的绘制

点画法：对照建施 -03 中宿舍的位置，选择“宿舍”，在要布置的房间位置点一下，房间中的装修即自动布置上去。

用同样的方法对其他房间的装修布置进行定义和绘制。首层各个房间布置完成后如图 4-152 所示。

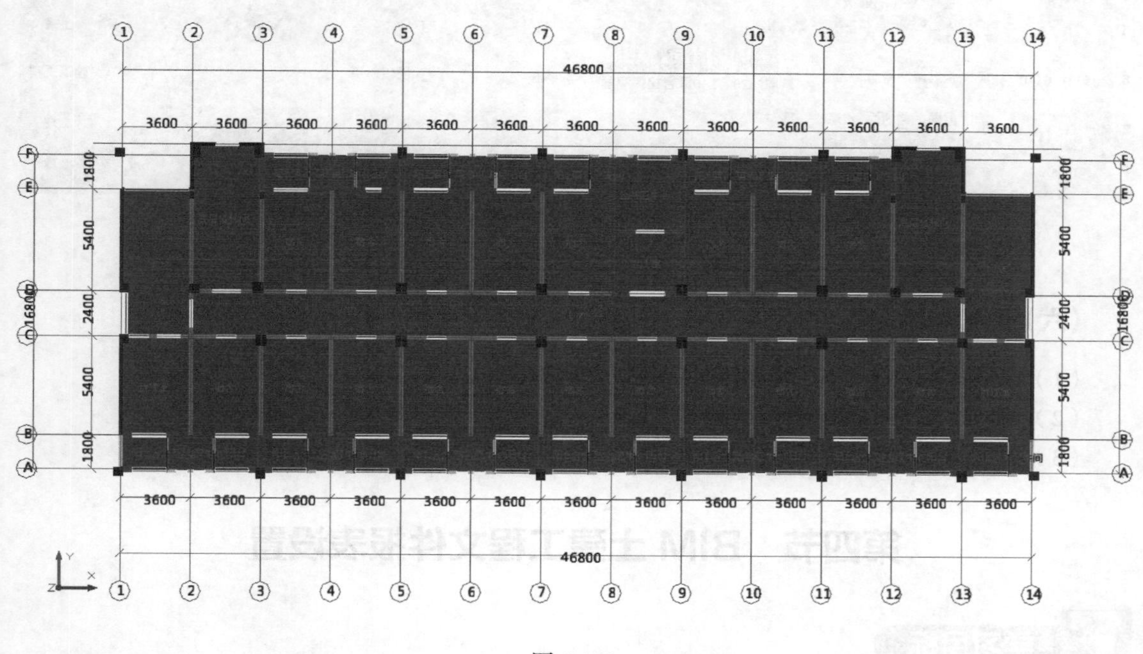

图 4-152

（五）总结拓展

（1）定义立面防水高度：切换到楼地面的构件，点击“定义立面防水高度”，点击卫生间地面，选中要设置的立面防水的边，待变成蓝色后，右键确认，弹出“请输入立面防水高度”的对话框，输入相应尺寸即可。也可以利用“构件”菜单下的“批量选择构件图元”，一次完成需要计算防水的楼地面构件的“立面防水高度”设置。

（2）由于装饰工程的做法很多，需要多熟悉相应的清单与定额。

（3）房间在绘制时要求是封闭区域，不封闭的情况下要检查墙体的布置是否封闭。

（4）屋面的定义方法同楼地面、墙柱面、天棚，根据图纸做法具体套清单定额即可，结果如图 4-153 所示。然后采用“点画”或“智能布置”即可，“点画”布置同房间一样需要在封闭的空间，有防水的要设置卷边高度。

屋面保温材料的换算留待第七章 BIM 建筑工程计价案例实务中进行。

添加清单 添加定额 删除 项目特征 查询 换算 选择代码 编辑计算式 做法刷 做法查询 选配 提取做法 当前构件自动套

	编码	类别	项目名称	项目特征	单位	工程量表达式	表达式说明	单价	综合单价	措施项	专业
1	010902003	项	屋面刚性层	1. 刚性层厚度:40MM 2. 混凝土种类:非泵送商品混凝土 3. 混凝土强度等级:C20	m2	MJ	MJ<面积>				建筑工程
2	10-77	定	细石砼 刚性防水屋面 有分格缝 40mm厚		m2	FSMJ	FSMJ<防水面积>	417.07			土建
3	010902001	项	屋面卷材防水	1. 卷材品种、规格、厚度:20厚1：3水泥砂浆打平层，骂我掺 丙烯或锦纶 2. 防水层数:3+3SBS卷材防水层（防水卷材上翻500MM）	m2	FSMJ	FSMJ<防水面积>				建筑工程
4	10-33	定	双层SBS改性沥青防水卷材(热熔满铺法)		m2	FSMJ	FSMJ<防水面积>	743.45			土建
5	10-72	定	水泥砂浆 有分格缝 20mm厚		m2	MJ	MJ<面积>	166.19			土建
6	011001001	项	保温隔热屋面	1. 保温隔热材料品种、规格、厚度:1：8膨胀珍珠岩找坡最薄处20，160厚岩棉保湿层	m2	MJ	MJ<面积>				建筑工程
7	11-3	定	屋面、楼地面 水泥珍珠岩块保温隔热		m3	MJ*0.16	MJ<面积>*0.16	469.51			土建
8	11-6	定	屋面、楼地面 现浇水泥珍珠岩保温隔热		m3	MJ*(6.6*0.02+0.02*2)/2	MJ<面积>*(6.6*0.02+0.02*2)/2	356.69			土建

图 4-153

（六）思考与练习

（1）请描述房间各个构件在绘制时有哪些绘制方法？

（2）请考虑屋面 3 的定义与绘制方法。

（3）请计算首层所有房间的工程量。

第四节　BIM 土建工程文件报表设置

学习目标

（1）掌握图形算量软件中图形报表的作用及操作步骤。

（2）掌握图形算量软件中报表导出的操作难点和技巧。

（3）根据实际工程图纸，对图形导表进行操作，熟练掌握各命令按钮的操作及作用。

一、报表导出设置

（一）基础知识

1. 图形导表的定义

图形导表，亦称图形工程量表的导出。是指在广联达图形算量软件中将图形的工程量导出到 Excel 中，然后对表进行修改，最终得出图形的各项指标信息的一种操作方法。

2. 图形导表的作用

（1）操作过程简单明了。

（2）在操作过程中可以实时地对工程的各项指标进行检查和校核。

（3）直观反映了房屋土方、混凝土、油漆、涂料等的用量以及各部位的明细。

（4）有利于对工程施工材料采购进行指导以及工程各项指标的分类、统计和汇总。

（5）有利于工程指标的存档，为以后进行类似工程的筹划、建造提供依据。

（二）任务说明

结合《BIM 算量一图一练》专用宿舍楼案例工程，完成图形工程量的导表操作流程。

（三）任务分析

（1）针对图形工程量导表，在实际中应首先明确哪些图形报表是我们需要的，哪些是我们不需要。然后选择工程实际需要的表导出即可。

（2）根据任务，结合实际案例，提取出工程需要的表格（例如清单汇总表、清单定额汇总表、单方混凝土指标表等），然后将其导入到 Excel 表格中即可。

（四）任务实施

（1）对报表进行预览　进入报表预览界面如图 4-154 所示，在界面左方是模块导航栏，在模块导航栏中点击相应的表格即可预览查询表格中的信息。在工具栏中点击设置报表范围，选择要导出的报表，然后点击导出按钮即可导出所需要的表格。

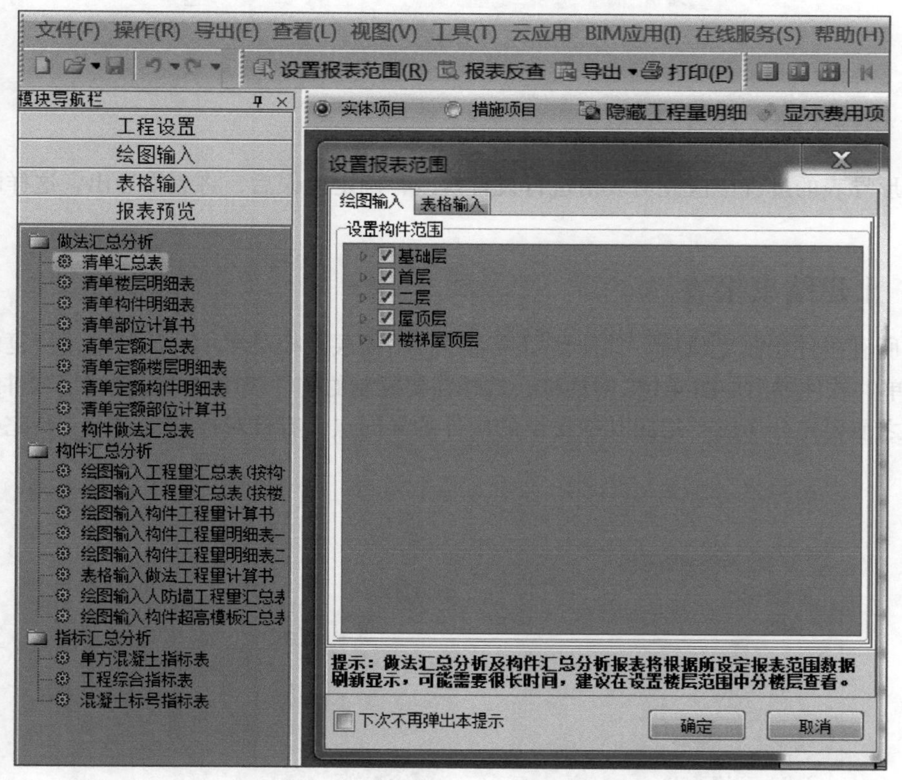

图 4-154

（2）设置报表范围　图形导表可以一次性将全楼的工程量导出，也可以通过进行报表范围设置一次只导出某层某种构件的工程量。例如只想导出首层的柱、梁、墙、板、楼梯、门窗构件，则在首层相应构件前的方框中打勾即可，如图 4-155 所示。

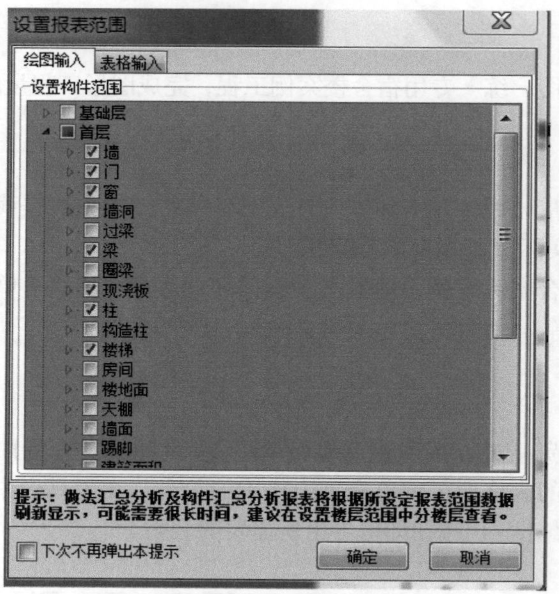

图 4-155

（五）总结拓展

在图形导表的过程中应先对表格进行设置修改，确定无误后，将表格导出，这样既准确又高效。

二、土建结果报表

首层所有构件绘制完成后，其他楼层可通过点击楼层下拉菜单中“从其他楼层复制构件图元”子菜单，软件弹出如图 4-156 对话框，选择需要复制的构件快速完成其他楼层构件绘制。当然在复制之前要充分考虑首层跟其他楼层的构件的异同点，有针对性的复制，一些完全不同的

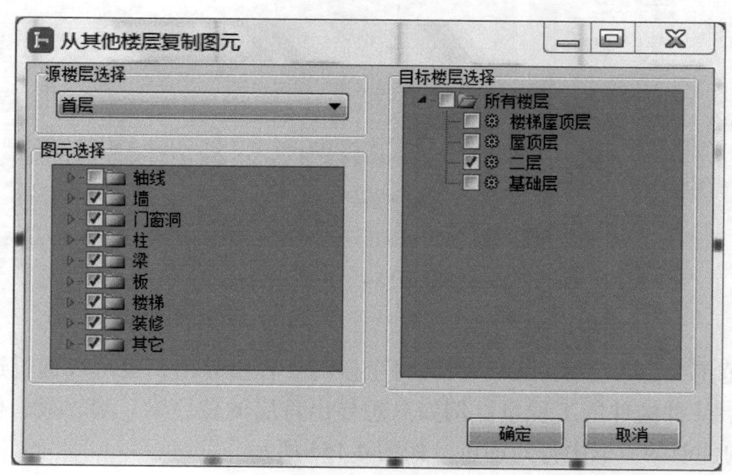

图 4-156

构件需要在其他楼层再新建，如基础层的构件跟首层都不同，通过新建、复制等方法最终完成案例工程土建工程量的计算，结果如表 4-27。上述所讲方法都是基于手动建模的基础上的，实际工程中如果土建工程的钢筋模型已经完成，可利用钢筋模型直接导入土建算量软件中，再套做法即可。还可通过软件中的 CAD 导入功能实现建模（具体操作详见第六章 BIM 算量 CAD 导图案例实务），并支持国际通用交换标准 IFC 文件的一键读取，同时，通过广联达三维设计模型与造价算量模型交互插件 GFC 可以实现将 Revit 三维模型中的主体、基础、装修、零星等构件一键导入土建算量 GCL 2013 中，构件导入率可以达到 100%。

表 4-27

序号	编码	项目名称	单位	工程量	工程量明细	
					绘图输入	表格输入
1	010101001001	平整场地 土壤类别：三类土	m^2	810.38	810.38	0
2	010101004001	挖基坑土方 1. 土壤类别：三类土 2. 挖土深度：3m 内	m^3	1577.5299	1577.5299	0
3	010103001001	回填方（房芯） 1. 密实度要求：0.94 以上 2. 填方材料品种：素土	m^3	181.8915	181.8915	0
4	010103001002	回填方 1. 密实度要求：0.94 以上 2. 填方材料品种：素土 3. 填方来源、运距：1km 以内	m^3	1264.6915	1264.6915	0
5	010103002001	余方弃置 1. 废弃料品种：素土 2. 运距：1km 以内	m^3	312.8384	312.8384	0
6	010401001001	砖基础（坡道基础） 1. 砖品种、规格、强度等级：MU10 实心砖 2. 基础类型：条形 3. 砂浆强度等级：M7.5 水泥砂浆	m^3	8.1176	8.1176	0
7	010401012001	零星砌砖（小便池） 1. 零星砌砖名称、部位：小便池 2. 砖品种、规格、强度等级：标准砖 3. 砂浆强度等级、配合比：水泥砂浆 M5.0	m^3	0.4564	0	0.4564
8	010401012002	零星砌砖 1. 零星砌砖名称、部位：现浇盥洗池池脚 2. 砖品种、规格、强度等级：标准砖 3. 砂浆强度等级、配合比：水泥砂浆 M5.0	m^3	0.648	0	0.648
9	010402001001	砌块墙 1. 砌块品种、规格、强度等级：200 厚加气混凝土砌块墙 2. 墙体类型：外墙 3. 砂浆强度等级：水泥石灰砂浆 M5.0	m^3	50.8725	50.8725	0

续表

序号	编码	项目名称	单位	工程量	工程量明细	
					绘图输入	表格输入
10	010402001002	砌块墙 1. 砌块品种、规格、强度等级：200 厚加气混凝土砌块墙 2. 墙体类型：外墙 3. 砂浆强度等级：水泥砂浆 M5.0	m^3	107.723	107.723	0
11	010402001003	砌块墙 1. 砌块品种、规格、强度等级：300 厚加气混凝土砌块墙 2. 墙体类型：外墙 3. 砂浆强度等级：水泥砂浆 M5.0	m^3	16.8765	16.8765	0
12	010402001004	砌块墙 1. 砌块品种、规格、强度等级：100 厚加气混凝土砌块 2. 墙体类型：内墙 3. 砂浆强度等级：水泥砂浆 M5.0	m^3	17.7409	17.7409	0
13	010402001005	砌块墙 1. 砌块品种、规格、强度等级：200 厚加气混凝土砌块 2. 墙体类型：内墙 3. 砂浆强度等级：水泥石灰砂浆 M5.0	m^3	189.9948	189.9948	0
14	010402001006	砌块墙 1. 砌块品种、规格、强度等级：200 厚加气混凝土砌块墙 2. 墙体类型：女儿墙 3. 砂浆强度等级：水泥石灰砂浆 M5.0	m^3	36.6606	36.6606	0
15	010402001007	砌块墙 1. 砌块品种、规格、强度等级：200 厚加气混凝土砌块墙 2. 墙体类型：外墙 3. 砂浆强度等级：水泥砂浆 M5.0	m^3	26.9966	26.9966	0
16	010404001002	垫层（台阶） 垫层材料种类、配合比、厚度：80 厚压实碎石，底部素土夯实	m^3	0.7084	0.7084	0
17	010404001003	垫层（坡道基础） 垫层材料种类、配合比、厚度：80 厚碎石	m^3	0.841	0.841	0
18	010404001004	垫层（地面） 垫层材料种类、配合比、厚度：150mm 厚碎石	m^3	104.514	104.514	0
19	010501001001	垫层（地面） 1. 混凝土种类：非泵送商品混凝土 2. 混凝土强度等级：C15	m^3	39.684	39.684	0

续表

序号	编码	项目名称	单位	工程量	工程量明细	
					绘图输入	表格输入
20	010501001002	垫层（小便池） 1. 混凝土种类：非泵送商品混凝土 2. 混凝土强度等级：C15	m^3	0.2528	0	0.2528
21	010501001003	垫层（基础） 1. 混凝土种类：泵送商品混凝土 2. 混凝土强度等级：C15	m^3	46.395	46.395	0
22	010501001004	垫层（地面） 1. 混凝土种类：非泵送商品混凝土 2. 混凝土强度等级：C15	m^3	2.1216	2.1216	0
23	010501001005	垫层（蹲坑） 1. 混凝土种类：非泵送商品混凝土 2. 混凝土强度等级：C15	m^3	8.262	0	8.262
24	010501003001	独立基础 1. 混凝土种类：泵送商品混凝土 2. 混凝土强度等级：C30	m^3	235.2725	235.2725	0
25	010502001001	矩形柱 1. 混凝土种类：商品泵送混凝土 2. 混凝土强度等级：C30 3. 泵送高度：30m 以下	m^3	108.795	108.795	0
26	010502002002	构造柱 1. 混凝土种类：非泵送商品混凝土 2. 混凝土强度等级：C25	m^3	18.3778	18.3778	0
27	010503002001	矩形梁 1. 混凝土种类：泵送商品混凝土 2. 混凝土强度等级：C30 3. 泵送高度：30m 以内 4. 梁的坡度：0	m^3	66.161	66.161	0
28	010503004001	圈梁 1. 混凝土种类：非泵送商品混凝土 2. 混凝土强度等级：C25	m^3	4.6703	4.6703	0
29	010503005001	过梁 1. 混凝土种类：非泵送商品混凝土 2. 混凝土强度等级：C25	m^3	5.6267	5.6267	0
30	010505001001	防水坎台 1. 混凝土种类：泵送商品混凝土 2. 混凝土强度等级：C30 3. 泵送高度：30m 以内	m^3	15.206	15.206	0
31	010505001002	有梁板 1. 混凝土种类：商品泵送混凝土 2. 混凝土强度等级：C30 3. 泵送高度：30m 以内 4. 板底是否为锯齿形：否 5. 板的坡度：0	m^3	266.4323	266.4323	0

续表

序号	编码	项目名称	单位	工程量	工程量明细	
					绘图输入	表格输入
32	010505008001	挑檐板 1. 混凝土种类：商品泵送混凝土 2. 混凝土强度等级：C30 3. 泵送高度：30m 以内	m^3	7.7583	7.7583	0
33	010505008002	雨篷 1. 混凝土种类：商品泵送混凝土 2. 混凝土强度等级：C30 3. 泵送高度：30m 以内	m^3	0.4164	0.4164	0
34	010505008003	空调板 1. 混凝土种类：商品泵送混凝土 2. 混凝土强度等级：C30 3. 泵送高度：30m 以内	m^3	1.95	1.95	0
35	010506001001	直形楼梯 1. 混凝土种类：泵送商品混凝土 2. 混凝土强度等级：C30 3. 泵送高度：30m 以内	m^2	80.3603	80.3603	0
36	010507001001	散水 1. 垫层材料种类、厚度：素土夯实，80 厚压实碎石 2. 面层厚度：70 厚 C15 混凝土提浆抹光 3. 混凝土种类：非泵送商品混凝土 4. 混凝土强度等级：C15 5. 变形缝填塞材料种类：沥青胶结料	m^2	105.31	105.31	0
37	010507001002	无障碍坡道 1. 垫层材料种类、厚度：素土夯实，80 厚碎石垫层 2. 面层厚度：70 厚 C15 混凝土层，20 厚耐磨砂浆面层，表面每 100mm 划出横向纹道 3. 混凝土种类：非泵送商品混凝土 4. 混凝土强度等级：C15	m^2	10.35	10.35	0
38	010507004001	台阶 1. 踏步高、宽：高 150mm，宽 300mm，3 步 2. 混凝土种类：非泵送商品混凝土 3. 混凝土强度等级：C15	m^2	8.855	8.855	0
39	010507005001	压顶 1. 断面尺寸：200mm × 100mm 2. 混凝土种类：非泵送商品混凝土 3. 混凝土强度等级：C25	m^3	0.912	0.912	0
40	010507007001	现浇盥洗池 1. 构件的类型：盥洗池 2. 构件规格：3300mm × 160mm × 450mm 3. 混凝土种类：预拌 4. 混凝土强度等级：C20	m^3	0.6635	0	0.6635

续表

序号	编码	项目名称	单位	工程量	工程量明细	
					绘图输入	表格输入
41	010514002001	其他构件（洗涤池） 1. 单件体积：$2m^3$ 内 2. 构件的类型：洗涤池 3. 混凝土强度等级：C30	m^3	2.1543	0	2.1543
42	010801004001	木质防火门 门代号及洞口尺寸：FHM 乙，1000mm × 2100mm	樘	2	2	0
43	010801004002	木质防火门 门代号及洞口尺寸：FHM 乙 -1，1500mm × 2100mm	樘	2	2	0
44	010802001001	金属（塑钢）门 1. 门代号及洞口尺寸：M-4,1750mm × 2700mm 2. 门框、扇材质：塑钢 3. 玻璃品种、厚度：中空安全玻璃（5+9A+5）	樘	41	41	0
45	010802001002	金属（塑钢）门 1. 门代号及洞口尺寸：M-1，1000mm × 2700mm 2. 门框、扇材质：塑钢 3. 玻璃品种、厚度：中空安全玻璃（5+9A+5）	樘	41	41	0
46	010802001003	金属（塑钢）门 1. 门代号及洞口尺寸：M-2，1500mm × 2700mm 2. 门框、扇材质：塑钢 3. 玻璃品种、厚度：中空安全玻璃（5+9A+5）	樘	6	6	0
47	010802001004	金属（塑钢）门 1. 门代号及洞口尺寸：M-3，800mm × 2100mm 2. 门框、扇材质：塑钢 3. 玻璃品种、厚度：中空安全玻璃（5+9A+5）	樘	45	45	0
48	010802001005	金属（塑钢）门 1. 门代号及洞口尺寸：M-5，3300mm × 2700mm 2. 门框、扇材质：塑钢 3. 玻璃品种、厚度：中空安全玻璃（5+9A+5）	樘	2	2	0
49	010807001001	金属（塑钢、断桥）窗 1. 窗代号及洞口尺寸：C-1，1200mm × 1450mm 2. 框、扇材质：塑钢 3. 玻璃品种、厚度：中空安全玻璃（5+9A+5）	樘	4	4	0
50	010807001002	金属（塑钢、断桥）窗 1. 窗代号及洞口尺寸：C-2，1750mm × 2850mm 2. 框、扇材质：塑钢 3. 玻璃品种、厚度：中空安全玻璃（5+9A+5）	樘	46	46	0

续表

序号	编码	项目名称	单位	工程量	工程量明细	
					绘图输入	表格输入
51	010807001003	金属（塑钢、断桥）窗 1. 窗代号及洞口尺寸：C-3，600mm × 1750mm 2. 框、扇材质：塑钢 3. 玻璃品种、厚度：中空安全玻璃（5+9A+5）	樘	46	46	0
52	010807001004	金属（塑钢、断桥）窗 1. 窗代号及洞口尺寸：C-4，2200mm × 2550mm 2. 框、扇材质：塑钢 3. 玻璃品种、厚度：中空安全玻璃（5+9A+5）	樘	4	4	0
53	010807002001	金属防火窗 窗代号及洞口尺寸：FHC,1200mm × 1800mm, 乙级防火窗	樘	2	2	0
54	010902001001	屋面卷材防水（屋面 1） 1. 卷材品种、规格、厚度：20 厚 1：3 水泥砂浆打平层，内掺丙烯或锦纶 2. 防水层数：3mm 厚 SBS 卷材防水层（防水卷材上翻 500mm）	m^2	860.16	860.16	0
55	010902001002	屋面卷材防水（屋面 2） 1. 卷材品种、规格、厚度：20 厚 1：3 水泥砂浆打平层，内掺丙烯或锦纶 2. 防水层数：3mm 厚 SBS 卷材防水层（防水卷材上翻 500mm）	m^2	73.68	73.68	0
56	010902002001	屋面涂膜防水（屋面 3） 1. 防水膜品种：聚氨酯防水涂膜 2. 涂膜厚度、遍数：1.5mm；20 厚 1：2 水泥砂浆保护层 3. 增强材料种类：1：3 水泥砂浆找坡	m^2	4.62	4.62	0
57	010902003001	屋面刚性层（屋面 1） 1. 刚性层厚度：40mm 2. 混凝土种类：非泵送商品混凝土 3. 混凝土强度等级：C20	m^2	779.86	779.86	0
58	010903002001	内墙面涂膜防水（有水房间） 1. 防水膜品种：聚合物水泥基复合防水涂料 2. 涂膜厚度、遍数：1.5mm 3. 增强材料种类：素水泥浆一道甩毛，聚合物水泥砂浆修补墙基面	m^2	902.3827	902.3827	0
59	010904002001	楼（地）面涂膜防水 1. 防水膜品种：聚合物水泥基防水涂料 2. 涂膜厚度、遍数：1mm，两遍 3. 反边高度：500mm	m^2	65.09	65.09	0

续表

序号	编码	项目名称	单位	工程量	工程量明细	
					绘图输入	表格输入
60	010904002002	楼（地）面涂膜防水 1. 防水膜品种：聚合物水泥基防水涂料 2. 涂膜厚度、遍数：1mm，两遍 3. 反边高度：250mm	m^2	85.6375	85.6375	0
61	011001001001	保温隔热屋面（屋面 3） 保温隔热材料品种、规格、厚度：1∶8 水泥珍珠岩找坡最薄处 20 厚	m^2	4.62	4.62	0
62	011001001002	保温隔热屋面（屋面 1） 保温隔热材料品种、规格、厚度：1∶8 膨胀珍珠岩找坡最薄处 20 厚，160 厚岩棉保湿层	m^2	779.86	779.86	0
63	011001001003	保温隔热屋面（屋面 2） 保温隔热材料品种、规格、厚度：1∶8 膨胀珍珠岩找坡最薄处 20 厚，50 厚挤塑板保温层	m^2	51.68	51.68	0
64	011001003001	保温隔热墙面（外墙面） 1. 保温隔热部位：墙体 2. 保温隔热方式：外保温 3. 保温隔热面层材料品种、规格、性能：50 厚挤塑泡沫保温板 4. 黏结材料种类及做法：15 厚 1∶3 水泥砂浆打底扫毛	m^2	844.4675	844.4675	0
65	011001006001	其他保温隔热（空调板） 1. 保温隔热部位：空调板 2. 保温隔热面层材料品种、规格、性能：挤塑保温板 3. 保温隔热材料品种、规格及厚度：30mm	m^2	44.6	44.6	0
66	011001006002	其他保温隔热（挑檐） 1. 保温隔热部位：空调板 2. 保温隔热面层材料品种、规格、性能：挤塑保温板 3. 保温隔热材料品种、规格及厚度：30mm	m^2	105.36	105.36	0
67	011101001001	水泥砂浆楼地面（台阶） 面层厚度、砂浆配合比：20 厚水泥砂浆 1∶3	m^2	16.355	16.355	0
68	011102001001	石材楼地面（门厅） 1. 找平层厚度、砂浆配合比：水泥砂浆一道（内掺建筑胶） 2. 结合层厚度、砂浆配合比：30 厚 1∶3 干硬性水泥砂浆结合层，表面撒水泥粉 3. 面层材料品种、规格、颜色：20 厚花岗岩石材	m^2	51.0583	51.0583	0

续表

序号	编码	项目名称	单位	工程量	工程量明细	
					绘图输入	表格输入
69	011102003001	块料楼地面（宿舍） 1. 找平层厚度、砂浆配合比：水泥砂浆一道（内掺建筑胶） 2. 结合层厚度、砂浆配合比：30 厚 1 : 3 水泥砂浆结合层，表面撒水泥粉 3. 面层材料品种、规格、颜色：10 ～ 15 厚地砖、干水泥擦缝	m^2	731.3314	731.3314	0
70	011102003002	块料楼地面（管理室） 1. 找平层厚度、砂浆配合比：水泥砂浆一道（内掺建筑胶） 2. 结合层厚度、砂浆配合比：30 厚 1 : 3 干硬性水泥砂浆结合层，表面撒水泥粉 3. 面层材料品种、规格、颜色：15 厚地砖，干水泥擦缝	m^2	35.1349	35.1349	0
71	011102003003	块料楼地面（有水房间） 1. 找平层厚度、砂浆配合比：水泥砂浆一道（内掺建筑胶），30 厚 C20 细石混凝土找坡层 2. 结合层厚度、砂浆配合比：20 厚 1 : 3 干硬性水泥砂浆结合层，表面撒水泥粉 3. 面层材料品种、规格、颜色：15 厚地砖，干水泥擦缝	m^2	139.8284	139.8284	0
72	011102003004	块料楼地面（楼梯间） 1. 找平层厚度、砂浆配合比：水泥砂浆一道（内掺建筑胶） 2. 结合层厚度、砂浆配合比：30 厚 1 : 3 干硬性水泥砂浆结合层，表面撒水泥粉 3. 面层材料品种、规格、颜色：15 厚地砖，干水泥擦缝	m^2	50.655	50.655	0
73	011102003005	块料楼地面（走道） 1. 找平层厚度、砂浆配合比：水泥砂浆一道（内掺建筑胶） 2. 结合层厚度、砂浆配合比：30 厚 1 : 3 水泥砂浆结合层，表面撒水泥粉 3. 面层材料品种、规格、颜色：10 ～ 15 厚地砖、干水泥擦缝	m^2	90.045	90.045	0
74	011102003006	块料楼地面（阳台） 1. 找平层厚度、砂浆配合比：水泥砂浆一道（内掺建筑胶） 2. 结合层厚度、砂浆配合比：30 厚 1 : 3 水泥砂浆结合层，表面撒水泥粉 3. 面层材料品种、规格、颜色：10 ～ 15 厚地砖、干水泥擦缝	m^2	161.3295	161.3295	0

续表

序号	编码	项目名称	单位	工程量	工程量明细	
					绘图输入	表格输入
75	011102003007	块料楼地面（管理室） 1. 找平层厚度、砂浆配合比：水泥砂浆一道（内掺建筑胶） 2. 结合层厚度、砂浆配合比：30 厚 1∶3 水泥砂浆结合层，表面撒水泥粉 3. 面层材料品种、规格、颜色：10 ～ 15 厚地砖、干水泥擦缝	m^2	103.6619	103.6619	0
76	011102003008	块料楼地面（蹲坑） 面层材料品种、规格、颜色：5 厚白色磁砖	m^2	123.93	0	123.93
77	011105001001	水泥砂浆踢脚线 1. 踢脚线高度：100mm 2. 底层厚度、砂浆配合比：素水泥砂浆一道（内掺建筑胶），8 厚 1∶3 水泥砂浆打底压出纹道 3. 面层厚度、砂浆配合比：素水泥砂浆一道，6 厚 1∶2.5 水泥砂浆抹面压实抹光	m	102.4	102.4	0
78	011105001002	水泥砂浆踢脚线（门庭、管理室除外） 1. 踢脚线高度：100mm 2. 底层厚度、砂浆配合比：素水泥浆一道（内掺建筑胶），8 厚 1∶3 水泥砂浆打底压出纹道 3. 面层厚度、砂浆配合比：素水泥浆一道（内掺建筑胶），6 厚 1∶2.5 水泥砂浆后面压实赶光	m	1235.9814	1235.9814	0
79	011105002001	大理石踢脚线（门庭） 1. 踢脚线高度：100mm 2. 黏结层厚度、材料种类：素水泥浆一道（内掺建筑胶），12 厚 1∶2 水泥砂浆（内掺建筑胶）黏结层 3. 面层材料品种、规格、颜色：15 厚大理石石材板（涂防污剂），稀水泥浆擦缝	m	109.7848	109.7848	0
80	011105002002	花岗岩踢脚线（管理室） 1. 踢脚线高度：100mm 2. 黏结层厚度、材料种类：素水泥浆一道（内掺建筑胶），12 厚 1∶2 水泥砂浆（内掺建筑胶）黏结层 3. 面层材料品种、规格、颜色：15 厚大理石石材板（涂防污剂），稀水泥浆擦缝	m	59.0616	59.0616	0
81	011106001001	石材楼梯面层 1. 黏结层厚度、材料种类：1∶2 水泥砂浆 2. 面层材料品种、规格、颜色：花岗岩 3. 防滑条材料种类、规格：铜质防滑条	m^2	80.3603	80.3603	0
82	011107004001	水泥砂浆台阶面 找平层厚度、砂浆配合比：20 厚水泥砂浆 1∶3	m^2	8.855	8.855	0

续表

序号	编码	项目名称	单位	工程量	工程量明细	
					绘图输入	表格输入
83	011108003001	块料零星项目（小便池） 1. 工程部位：小便池 2. 面层材料品种、规格、颜色：5厚白色瓷砖	m^2	7.371	0	7.371
84	011108004001	水泥砂浆零星项目 1. 工程部位：空调板 2. 面层厚度、砂浆厚度：20厚水泥砂浆	m^2	44.6	44.6	0
85	011201001001	墙面一般抹灰 1. 墙体类型：外墙 2. 底层厚度、砂浆配合比：刷聚合物水泥砂浆一遍，5厚1：3水泥砂浆找底扫毛 3. 面层厚度、砂浆配合比：刷素水泥砂浆一道，12厚1：2.5水泥砂浆抹光	m^2	473.057	473.057	0
86	011201001002	墙面一般抹灰 1. 墙体类型：砌块墙 2. 底层厚度、砂浆配合比：素水泥浆一道甩毛，12厚1：3：9水泥石灰膏砂浆打底分层抹平 3. 面层厚度、砂浆配合比：2厚纸筋石灰罩面	m^2	3953.1354	3953.1354	0
87	011201001003	墙面一般抹灰（坡道基础外侧） 1. 墙体类型：外墙 2. 底层厚度、砂浆配合比：水泥砂浆20厚	m^2	13.14	13.14	0
88	011201001004	墙面一般抹灰（挑檐板） 1. 墙体类型：外墙 2. 底层厚度、砂浆配合比：刷聚合物水泥砂浆一遍，5厚1：3水泥砂浆找底扫毛 3. 面层厚度、砂浆配合比：刷素水泥砂浆一道，12厚1：2.5水泥砂浆抹光	m^2	105.36	105.36	0
89	011203001001	零星项目一般抹灰（盥洗池池脚） 1. 基层类型、部位：盥洗池池脚 2. 底层厚度、砂浆配合比：12厚1：3水泥砂浆 3. 面层厚度、砂浆配合比：8厚1：2水泥砂浆	m^2	6.84	0	6.84
90	011204003001	块料墙面（外墙面） 1. 安装方式：1：2建筑胶水泥砂浆结合层 2. 面层材料品种、规格、颜色：白色外墙饰面砖	m^2	921.887	921.887	0
91	011204003002	块料内墙面 1. 墙体类型：内墙 2. 安装方式：粘贴 3. 面层材料品种、规格、颜色：10厚墙面砖，4厚强力胶粉黏结层	m^2	920.7524	920.7524	0
92	011206002001	块料零星项目（盥洗池） 面层材料品种、规格、颜色：5厚白色瓷砖	m^2	14.007	0	14.007

续表

序号	编码	项目名称	单位	工程量	工程量明细	
					绘图输入	表格输入
93	011210005001	成品隔断	间	8	0	8
94	011301001001	天棚抹灰 1. 基层类型：现浇混凝土楼板 2. 抹灰厚度、材料种类：素水泥浆一道（内掺建筑胶），5 厚 1：0.5：3 水泥石膏砂浆打底扫毛，3 厚 1：0.5：2.5 水泥石灰膏砂浆找平	m^2	1393.6998	1393.6998	0
95	011405001001	金属面油漆	m^2	230.1992	230.1992	0
96	011406001001	抹灰面油漆（天棚） 1. 基层类型：一般抹灰面 2. 油漆品种、刷漆遍数：白色乳胶漆，两遍	m^2	1393.6998	1393.6998	0
97	011407001001	墙面喷刷涂料 1. 喷刷涂料部位：女儿墙内外侧面 2. 腻子种类：白水泥腻子二遍 3. 涂料品种、喷刷遍数：白色涂料两遍	m^2	473.057	473.057	0
98	011407001002	墙面喷刷涂料 1. 基层类型：抹灰面 2. 喷刷涂料部位：内墙面 3. 涂料品种、喷刷遍数：白色面浆两遍	m^2	3953.1354	3953.1354	0
99	011407001003	墙面喷刷涂料（挑檐板） 1. 喷刷涂料部位：女儿墙内外侧面 2. 腻子种类：白水泥腻子两遍 3. 涂料品种、喷刷遍数：白色涂料两遍	m^2	105.36	105.36	0
100	011503001002	金属栏杆（无障碍坡道） 1. 扶手材料种类、规格：直径 40mm 的不锈钢管 2. 栏杆材料种类、规格：直径 30mm 的不锈钢管	m	14.6146	14.6146	0
101	011503001003	金属栏杆（楼梯） 1. 扶手材料种类、规格：不锈钢管 ϕ60mm×2mm 2. 栏杆材料种类、规格：不锈钢管斜栏杆 ϕ30mm×1.5mm，不锈钢管立柱 ϕ40mm×2mm 3. 栏板材料种类、规格、颜色：不锈钢管竖直栏杆 ϕ20mm×1.5mm，不锈钢管立柱 ϕ40mm×2mm	m	36.1994	36.1994	0
102	011503001004	金属栏杆（C4 内侧） 1. 扶手材料种类、规格：50mm×50mm×2mm 不锈钢管 2. 栏杆材料种类、规格：30mm×30mm×2mm 不锈钢管	m	11.2003	11.2003	0
103	011503001005	金属栏杆（C2 外侧） 1. 扶手材料种类、规格：50mm×50mm×2mm 方钢管 2. 栏杆材料种类、规格：30mm×30mm×2mm 方钢管	m	80.5029	80.5029	0

序号	编码	项目名称	单位	工程量	工程量明细	
					绘图输入	表格输入
104	011503001006	金属栏杆（空调） 1. 扶手材料种类、规格：50mm×50mm×2mm方钢管 2. 栏杆材料种类、规格：30mm×30mm×2mm方钢管	m	52.0025	52.0025	0
105	011503001007	金属栏杆（楼梯栏杆水平段） 栏杆高度：1050mm	m	3.5	0	3.5
106	011503005001	金属靠墙扶手 扶手材料种类、规格：不锈钢管 ϕ60mm×2mm	m	62.3161	62.3161	0
107	011505001001	洗漱台 材料品种、规格、颜色：大理石板	个	43	0	43

三、钢筋算量模型在土建软件中的应用

（1）能将钢筋软件导入到土建软件中；

（2）能将钢筋软件中已有构件快速套用做法并绘制未完成的图元。

（1）了解钢筋导入土建后需要修改哪些图元；

（2）了解土建软件中哪些构件是钢筋算量软件中无法处理的图元。

（一）任务说明

在土建算量软件中导入完成的钢筋算量模型。

（二）任务分析

（1）土建算量与钢筋算量的接口是什么地方？

（2）钢筋算量软件与土建算量软件有什么不同？

（三）任务实施

1. 新建工程，导入钢筋工程

参照第三章第二节的方法，新建工程。

① 新建完毕后，进入土建算量的起始界面，点击“文件”，选择“导入钢筋（GGJ 2013）工程”，如图4-157所示。

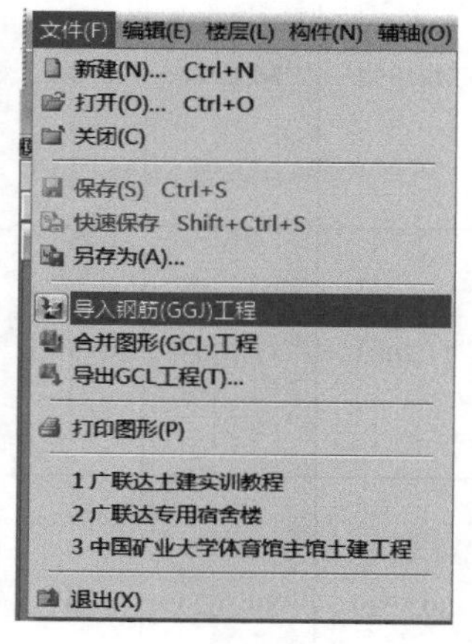

图4-157

② 弹出“打开”对话框，选择钢筋工程文件所在位置，单击打开，如图 4-158 所示。

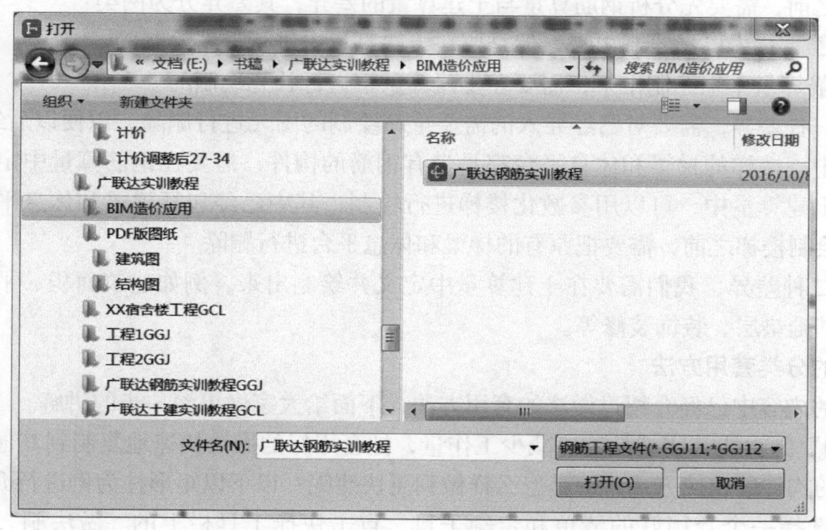

图 4-158

③ 弹出“提示”对话框，单击“确定”，出现“层高对比”对话框，选择“按钢筋层高导入”，即可将钢筋的楼层导入进去。

④ 然后会出现图 4-159，在楼层列表下方点击“全选”，在构建列表中“轴网”构件后的方框中打钩选择，然后单击“确定”。

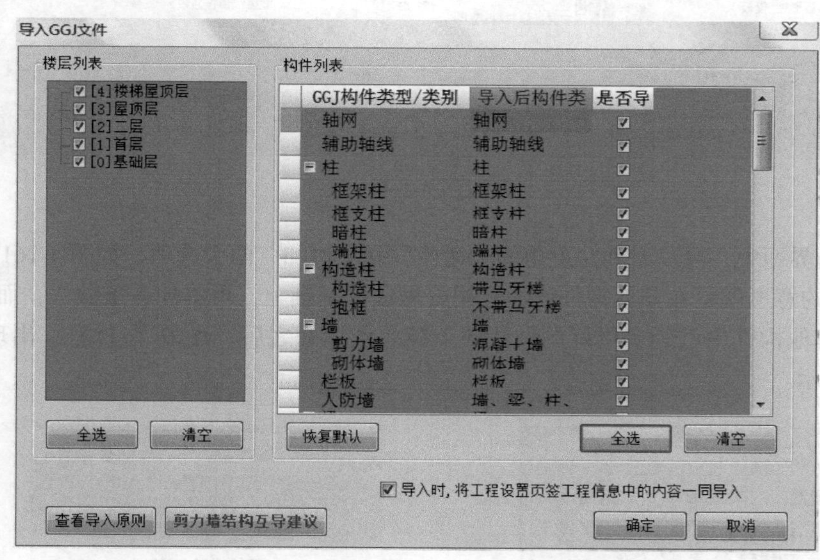

图 4-159

⑤ 导入完成后出现提示的对话框，点击“确定”完成导入。

在此之后，软件会提示你是否保存工程，建议立即保存。

2. 分析差异

因为钢筋算量只是计算了钢筋的工程量，所以在钢筋算量中不存在钢筋的构件没有进行绘制，需要在土建算量中将它们补充完整。

在补充之前，需要先分析钢筋算量与土建算量的差异，其差异分为两类：

① 在钢筋算量中已经绘制出来，但是要在土建算量中进行重新绘制的。

② 在钢筋算量中未绘制出来，需要在土建算量中进行补充绘制的。

对于第一种差异，需要对已经导入的需要重新绘制的图元进行删除，以便以后绘制。例如，在钢筋算量中，楼梯的梯梁和休息平台都是带有钢筋的构件，需要在钢筋算量中定义并进行绘制，但是在土建算量中，可以用参数化楼梯进行绘制，其中已经包括梯梁和休息平台，所以在土建算量中绘制楼梯之前，需要把原有的梯梁和休息平台进行删除。

对于第二种差异，我们需要在土建算量中定义并绘制出来。例如建筑面积、平整场地、散水、台阶、基础垫层、装饰装修等。

3. 做法的分类套用方法

在前面的内容中已经介绍过做法的套用方法，下面给大家做更深一步的讲解。

“做法刷”的功能其实就是为了减少工作量，把套用好的做法快速地复制到其他同样需要套用此种做法的构件的快捷方式，但是怎么样做到更快捷呢？以下以矩形柱为例进行介绍。

首先，选择一个套用好的清单和定额子目，点击快捷工具栏上的“做法刷”，如图 4-160 所示。

添加清单 添加定额 删除 项目特征 查询 换算 选择代码 编辑计算式 做法刷 做法查询 选配 提取做法 当前构件自动套用做法 五金手

	编码	类别	项目名称	项目特征	单位	工程量表达式	表达式说明	单价	综合单价	措施项	专业
1	010502001	项	矩形柱	1. 混凝土种类:商品泵送混凝土 2. 混凝土强度等级:C30 3. 泵送高度:30m以下	m3	TJ	TJ<体积>			□	建筑工程
2	6-190	定	（C30泵送商品砼）矩形柱		m3	TJ	TJ<体积>	468.12		□	土建
3	011702002	项	矩形柱 模板	1. 模板种类:复合木模板 2. 支撑高度:3.95m 3. 截面周长:2m 4. 钢筋保护层措施材料:塑料卡	m2	MBMJ	MBMJ<模板面积>			☑	建筑工程
4	21-27 R*1.3,H32020115 32020115 *1.07,H32020132 32020132 *1.07,H	换	现浇矩形柱 复合木模板 框架柱（墙）、梁、板净高在5m以内 人工*1.3,材料[32020115] 含量*1.07,材料[32020132] 含量*1.07 现浇构件和现场预制构件不用砂浆垫块而改用塑料卡 材料[34130187] 含量为30		m2	MBMJ	MBMJ<模板面积>	616.33		☑	土建

图 4-160

在做法刷界面中，可以看到左上角的“覆盖”和“追加”两个选项，如图 4-161 所示。

“追加”的意思就是在其他构件已经套用好做法的基础上，再添加一条做法，而“覆盖”的意思就是把其他构件中已经套用好的做法覆盖掉。选择好之后，点击“过滤”，出现下拉菜单，如图 4-162 所示。

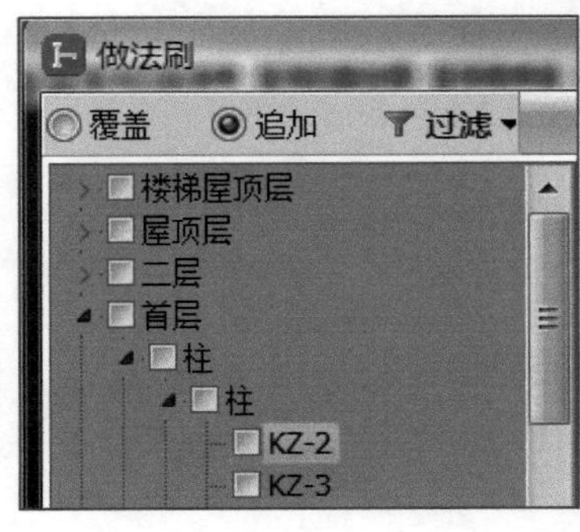

图 4-161

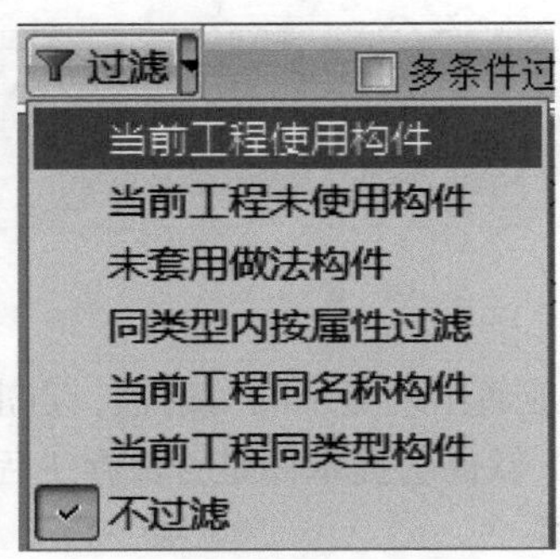

图 4-162

在“过滤”的下拉菜单中有很多种选项，以“同类型内按属性过滤”为例，介绍“过滤”的功能。

首先，选择“同类型内按属性过滤”，出现“构件属性过滤条件”对话框。可以在前面的方框中勾选需要的属性。以“截面周长”属性为例进行介绍，勾选“截面周长”前面的方框，在属性内容栏中可以输入需要的数值（格式需要和默认的一致），如图 4-163 所示，然后单击“确定”。此时在对话框左面的构件列表中显示的构件均为已经过滤并符合条件的构件，这样便于选择且不会出现错误。

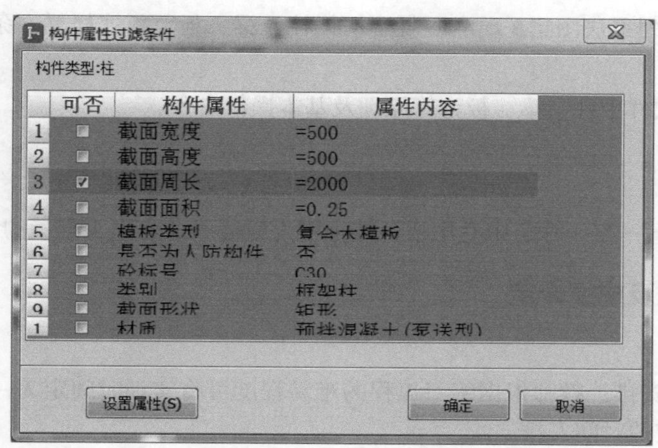

图 4-163

（四）总结拓展

框剪结构的暗柱、暗梁作为剪力墙结构中的局部加强构件，是剪力墙结构的一部分，在施工时无论是支设模板、脚手架还是混凝土浇筑都是和剪力墙一起施工。通常情况下，根据《房屋建筑与装饰工程工程量计算规范》(GB 50854—2013）和《江苏省建筑与装饰工程计价定额》(2014 版）的规定，暗柱的工程量也要并入剪力墙计算。在导入钢筋工程时一般不建议导入，同时在钢筋、土建中建议剪力墙满画，特殊情况下可以绘制或导入（可参照当地定额规则）。例如，某地区的定额计算规则中要求暗柱、暗梁要按体积计算增加费，这时候就需要将暗柱、暗梁的工程量单独提出来，需要绘制或导入暗柱。

第五节　土建算量综合实训

学习目标

利用土建算量软件独立完成练习案例的土建工程量的计算。

学习要求

（1）熟读建筑施工图、结构施工图。

（2）土建算量软件相关功能操作熟练。

（一）实训的性质和目的

通过实训使学生更好地应用软件建模并计算土建工程量，训练学生动手能力，达到理论联系实际的目的。

（二）实训需掌握的知识点

（1）《房屋建筑与装饰工程工程量计算规范》(GB 50854—2013）对各构件的计算规定；

（2）《江苏省建筑与装饰工程计价定额》(2014 版）对各构件的计算规定；

（3）16G101 系列平法图集（现浇混凝土框架柱、梁、板、板式楼梯、条形基础）制图规则及标准；

（4）土建算量软件中柱、梁、板计算原理及基本操作命令。

（三）实训任务

完成《BIM 算量一图一练》中专用宿舍楼工程土建清单及定额工程量的计算。

（四）实训组织及成绩评定

1. 实训组织

① 实训的时间安排：教师根据练习工程的难易程度可将实训时间定为一周或二周，或根据学校培养大纲所确定的时间安排。

② 实训的主要组织形式可以为集中安排，也可以分散安排，可以分组进行，也可以每个人独立完成。

③ 实训的管理：由任课教师负责实训指导与检查、督促与验收。

2. 成绩评定

建议强化学生自我管理，实施二级考核，具体考核评价人为实训小组的组长和实训指导老师。成绩比例构成：实训成绩＝实训过程 ×50%+ 实训成果 ×40%+ 实训报告 ×10%，

其中：

① 过程考核（50%）：依据学生实训过程中的学习态度、考勤、实训任务完成进度；学生对所学专业理论知识的应用能力，独立思考问题和处理问题的能力，团队协作、沟通协调能力方面考核，具体由各小组长进行每天一考核，由实训指导负责人抽查审核，实训结束后，由实训指导负责人在各小组长考核的基础上结合实训教学中学生的总体表现，最终综合评定学生的过程考核评分；

② 实训成果（40%）：依据所完成练习工程的土建工程量计算书内容的完整性、计算结果的准确率进行评分，可借助评分软件测评；

③ 实训总结报告（10%）：依据实训报告表述是否清楚、层次是否分明，是否能清楚表达自己的想法，条理、逻辑性是否合理等方面评分。

（五）实训步骤

（1）熟悉并认真研读建筑施工图、结构施工图，确定计算范围。

（2）确定软件新建工程相关信息，如：练习工程的室外地坪标高、地下常水位标高、各构件混凝土强度等级、层数、层高等。

（3）建立轴网，根据建筑施工图、结构施工图定义构件，套做法并绘制构件，绘制完成后并检查确认信息输入无误后汇总计算。

（六）实训指导要点

（1）识图

① 了解结构类型、抗震等级、室内外标高、土壤类别等基本数据；

② 查看基础类型，如为桩基础，查找桩顶标高、承台尺寸等基本数据；

③ 查看砌体类型，了解砌体所用材料种类、砂浆强度等级，查找砌体尺寸等基本数据，注意砌体中的构造柱、圈梁、过梁、门窗分布情况；

④ 查看混凝土构件类型与种类、混凝土强度等级和供应方式等基本情况；

⑤ 查看有无木结构构件，如有查找相关尺寸基本数据；

⑥ 查看有无金属结构工程，如有确定是几类构件；

⑦ 查看屋面类型，了解屋面构造组成情况；

⑧ 查看有无防腐、隔热、保温工程量，如有注意其类型、材料种类；

⑨ 了解楼地面、墙柱面、天棚工程装饰做法。

（2）工程量计算规则　清单和定额计算规则在本章第三节中已经介绍，不再重复。未涉及部分请读者参阅《房屋建筑与装饰工程工程量计算规范》（GB 50854—2013）和《江苏省建筑与装饰工程计价定额》(2014 版)。

（七）软件建模顺序

按施工图的顺序：先结构后建筑，先地上后地下，先主体后屋面，先室内后室外。土建算量将一套图分成建筑、装饰、基础、其他四个部分，再把每部分的构件分组，分别一次性处理完每组构件的所有内容，做到清楚、完整。本练习工程为框架结构建议建模顺序：柱→梁→板→基础→砌体结构→门窗→装饰→其他构件。

第五章

BIM 算量软件案例工程测评

第一节 BIM 土建评分测评软件应用

一、软件介绍

广联达钢筋 / 土建算量评分软件以选定工程作为评分标准工程，通过计算结果的对比，按照一定的评分规则，最终计算出学员工程的得分。其主要功能包括“评分设置”、“导入评分工程”、“计算得分”、“导出评分结果”、“导出评分报告”等。

二、评分软件使用场景

利用评分软件可以评测不同角色对广联达钢筋软件的应用水平；

（1）学校老师——学生学习软件效果进行评测；

（2）企业——工程造价业务人员软件应用技能测评；

（3）算量大赛——参赛选手软件应用技能测评；

（4）学生——自评、小组互评。

三、使用要求

（1）不同版本的评分软件支持的广联达钢筋 / 土建算量软件版本也不同，如 GGJPF 2013 评分软件（ 版本号：2015.04.23.2000）支持 12.6.0.2158 版本以下的广联达 BIM 钢筋算量软件 GGJ 2013；GCLPF 2013 评分软件（版本号：2015.04.23.2000）支持 10.6.1.1325 版本以下的广联达广联达 BIM 土建算量软件 GCL 2013。

（2）针对相同版本的钢筋 / 土建算量结果进行评分。

（3）要求提交工程文件前要进行计算保存，否则会产生计算的结果与报表内容中数据不一致的情况，从而影响评分结果。

（4）要求在进行评分时，能够确保评与被评工程的楼层划分与构件划分保持一致，对有灵活处理方式的构件给予明确规定。

四、操作流程解析

本节以广联达 BIM 钢筋算量评分软件 GGJPF 2013 的操作为例进行介绍，广联达 BIM 土建算量评分软件 GCLPF 2013 的操作与钢筋评分软件的操作相同，不再赘述。

（一）操作基本流程

广联达 BIM 钢筋算量评分软件 GGJPF 2013 的操作流程如图 5-1 所示。

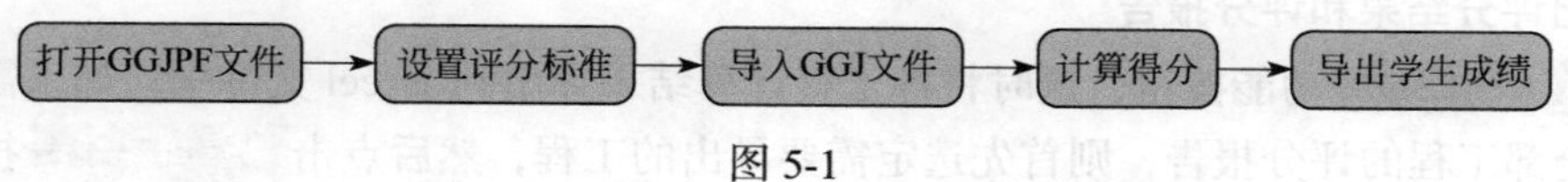

图 5-1

（二）具体操作方法

1. 启动软件

点击桌面快捷图标 或是通过单击【开始】→【所有程序】→【广联达建设工程造价管理整体解决方案】→【广联达钢筋算量评分软件】即可。

2. 设置评分标准

第一步：点击 评分设置 功能按钮；软件会弹出评分设置对话框。

第二步：导入“标准工程”或“评分标准”如图 5-2 所示。

评分设置

1.导入： 标准工程(O) 或 评分标准(I) ◉ 使用一套评分标准 ○ 使用两套评分标准

2.设置评分： 设置总分：100

	构件类型	图元数量	工程量（千	分配分数	锁定
1	⊟ 柱	118	21101.004	9.8827	
2	⊟ 屋顶层	8	1337.604	0.67	
3	ΦC8, 屋顶层,	523	635.342	0.599	
4	ΦC16, 屋顶层,	8	36.959	0.0092	
5	ΦC18, 屋顶层,	20	121.236	0.0229	
6	ΦC20, 屋顶层,	34	544.067	0.0389	
7	⊟ 二层	36	5506.057	3.0151	
8	ΦC8, 二层, 柱	2389	2488.455	2.6887	
9	ΦC16, 二层, 柱	72	434.674	0.081	
10	ΦC18, 二层, 柱	88	832.544	0.099	
11	ΦC20, 二层, 柱	90	1352.745	0.1013	
12	ΦC22, 二层, 柱	40	397.639	0.045	
13	⊟ 首层	38	6610.382	3.1826	
14	ΦC8, 首层, 柱	2649	2677.462	2.8339	
15	ΦC16, 首层, 柱	8	39.184	0.0086	
16	ΦC18, 首层, 柱	92	883.008	0.0984	
17	ΦC20, 首层, 柱	56	1010.457	0.0599	
18	ΦC22, 首层, 柱	134	1359.631	0.1434	
19	ΦC25, 首层, 柱	36	640.640	0.0385	
20	⊟ 基础层	36	7646.961	3.0151	
21	ΦC10, 基础层,	1136	1451.795	1.9753	
22	ΦC12, 基础层,	306	1530.244	0.5321	

3.设置得分范围(%)： 5　　5.设置基础分范围： 0 到 0

4.设置满分范围(%)： 2　　6.评分维度： 按照钢筋型号工程量　　排序(S)　　按图元比例重新分配

导出评分标准(E)　　确定　　取消

图 5-2

第三步：对各构件类型项进行分数比例分配及得分范围、满分范围设定。

第四步：点击“确定”退出该窗体，评分标准设定完毕。

3. 评分

通过点击按［按目录添加］或［批量添加］导入需要评分的广联达BIM钢筋算量工程。

4. 计算得分

点击“计算得分”功能按钮，这时软件就按设定的评分标准条件对各工程进行评分。

5. 导出评分结果和评分报告

点击［导出评分结果］功能按钮，这时将各工程计算结果导出到Excel文件中；如果需要导出某个工程或全部工程的评分报告，则首先选定需要导出的工程，然后点击［导出评分报告］按钮，软件会将选定工程详细的得分情况导出到Excel文件中，便于详细核对。

五、功能详解

（一）主界面介绍

广联达BIM钢筋算量评分软件的主界面如图5-3所示，分为四个区域：

（1）菜单栏 每一个菜单里包括若干操作功能。

（2）工具栏 将常用功能进行罗列，便于快速选择功能。

（3）工程列表 将添加的工程全部在该区域显示，在计算得分后，会显示每个工程得分情况。

（4）评分报告 与左侧工程列表对应，当选中一个工程后，右侧会显示该工程的详细评分情况，便于查询分析。

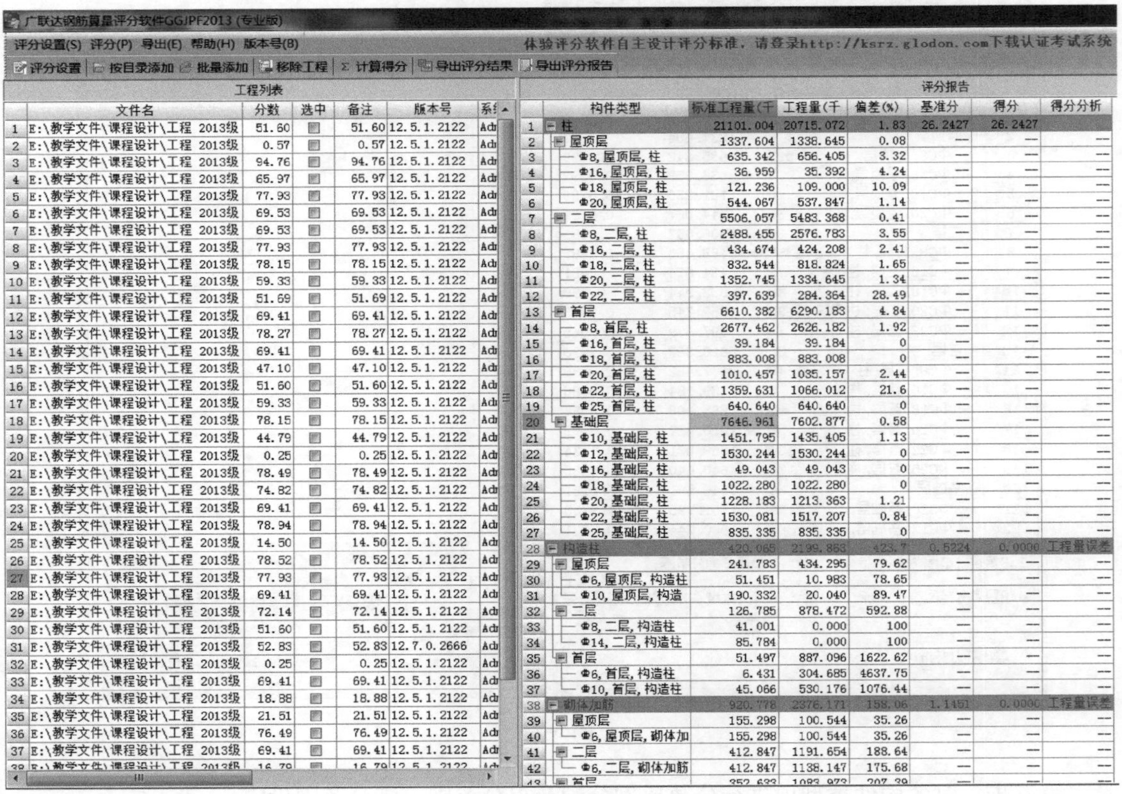

广联达钢筋算量评分软件GGJPF2013（专业版）

评分设置(S) 评分(P) 导出(E) 帮助(H) 版本号(B) 体验评分软件自主设计评分标准，请登录http://ksrz.glodon.com下载认证考试系统

评分设置 按目录添加 批量添加 移除工程 Σ 计算得分 导出评分结果 导出评分报告

工程列表

	文件名	分数	选中	备注	版本号	系
1	E:\教学文件\课程设计\工程 2013级	51.60		51.60	12.5.1.2122	Ad
2	E:\教学文件\课程设计\工程 2013级	0.57		0.57	12.5.1.2122	Ad
3	E:\教学文件\课程设计\工程 2013级	94.76		94.76	12.5.1.2122	Ad
4	E:\教学文件\课程设计\工程 2013级	65.97		65.97	12.5.1.2122	Ad
5	E:\教学文件\课程设计\工程 2013级	77.93		77.93	12.5.1.2122	Ad
6	E:\教学文件\课程设计\工程 2013级	69.53		69.53	12.5.1.2122	Ad
7	E:\教学文件\课程设计\工程 2013级	69.53		69.53	12.5.1.2122	Ad
8	E:\教学文件\课程设计\工程 2013级	77.93		77.93	12.5.1.2122	Ad
9	E:\教学文件\课程设计\工程 2013级	78.15		78.15	12.5.1.2122	Ad
10	E:\教学文件\课程设计\工程 2013级	59.33		59.33	12.5.1.2122	Ad
11	E:\教学文件\课程设计\工程 2013级	51.69		51.69	12.5.1.2122	Ad
12	E:\教学文件\课程设计\工程 2013级	69.41		69.41	12.5.1.2122	Ad
13	E:\教学文件\课程设计\工程 2013级	78.27		78.27	12.5.1.2122	Ad
14	E:\教学文件\课程设计\工程 2013级	69.41		69.41	12.5.1.2122	Ad
15	E:\教学文件\课程设计\工程 2013级	47.10		47.10	12.5.1.2122	Ad
16	E:\教学文件\课程设计\工程 2013级	51.60		51.60	12.5.1.2122	Ad
17	E:\教学文件\课程设计\工程 2013级	59.33		59.33	12.5.1.2122	Ad
18	E:\教学文件\课程设计\工程 2013级	78.15		78.15	12.5.1.2122	Ad
19	E:\教学文件\课程设计\工程 2013级	44.79		44.79	12.5.1.2122	Ad
20	E:\教学文件\课程设计\工程 2013级	0.25		0.25	12.5.1.2122	Ad
21	E:\教学文件\课程设计\工程 2013级	78.49		78.49	12.5.1.2122	Ad
22	E:\教学文件\课程设计\工程 2013级	74.82		74.82	12.5.1.2122	Ad
23	E:\教学文件\课程设计\工程 2013级	69.41		69.41	12.5.1.2122	Ad
24	E:\教学文件\课程设计\工程 2013级	78.94		78.94	12.5.1.2122	Ad
25	E:\教学文件\课程设计\工程 2013级	14.50		14.50	12.5.1.2122	Ad
26	E:\教学文件\课程设计\工程 2013级	78.52		78.52	12.5.1.2122	Ad
27	E:\教学文件\课程设计\工程 2013级	77.93		77.93	12.5.1.2122	Ad
28	E:\教学文件\课程设计\工程 2013级	69.41		69.41	12.5.1.2122	Ad
29	E:\教学文件\课程设计\工程 2013级	72.14		72.14	12.5.1.2122	Ad
30	E:\教学文件\课程设计\工程 2013级	51.60		51.60	12.5.1.2122	Ad
31	E:\教学文件\课程设计\工程 2013级	52.83		52.83	12.7.0.2666	Ad
32	E:\教学文件\课程设计\工程 2013级	0.25		0.25	12.5.1.2122	Ad
33	E:\教学文件\课程设计\工程 2013级	69.41		69.41	12.5.1.2122	Ad
34	E:\教学文件\课程设计\工程 2013级	18.88		18.88	12.5.1.2122	Ad
35	E:\教学文件\课程设计\工程 2013级	21.51		21.51	12.5.1.2122	Ad
36	E:\教学文件\课程设计\工程 2013级	76.49		76.49	12.5.1.2122	Ad
37	E:\教学文件\课程设计\工程 2013级	69.41		69.41	12.5.1.2122	Ad

评分报告

	构件类型	标准工程量(千	工程量(千	偏差(%)	基准分	得分	得分分析
1	柱	21101.004	20715.072	1.83	26.2427	26.2427	
2	屋顶层	1337.604	1338.645	0.08	—	—	—
3	Φ8, 屋顶层, 柱	635.342	656.405	3.32	—	—	—
4	Φ16, 屋顶层, 柱	36.959	35.392	4.24	—	—	—
5	Φ18, 屋顶层, 柱	121.236	109.000	10.09	—	—	—
6	Φ20, 屋顶层, 柱	544.067	537.847	1.14	—	—	—
7	二层	5506.057	5483.368	0.41	—	—	—
8	Φ8, 二层, 柱	2488.455	2576.783	3.55	—	—	—
9	Φ16, 二层, 柱	434.674	424.208	2.41	—	—	—
10	Φ18, 二层, 柱	832.544	818.824	1.65	—	—	—
11	Φ20, 二层, 柱	1352.745	1334.645	1.34	—	—	—
12	Φ22, 二层, 柱	397.639	284.364	28.49	—	—	—
13	首层	6610.382	6290.183	4.84	—	—	—
14	Φ8, 首层, 柱	2677.462	2626.182	1.92	—	—	—
15	Φ16, 首层, 柱	39.184	39.184	0	—	—	—
16	Φ18, 首层, 柱	883.008	883.008	0	—	—	—
17	Φ20, 首层, 柱	1010.457	1035.157	2.44	—	—	—
18	Φ22, 首层, 柱	1359.631	1066.012	21.6	—	—	—
19	Φ25, 首层, 柱	640.640	640.640	0	—	—	—
20	基础层	7646.961	7602.877	0.58	—	—	—
21	Φ10, 基础层, 柱	1451.795	1435.405	1.13	—	—	—
22	Φ12, 基础层, 柱	1530.244	1530.244	0	—	—	—
23	Φ16, 基础层, 柱	49.043	49.043	0	—	—	—
24	Φ18, 基础层, 柱	1022.280	1022.280	0	—	—	—
25	Φ20, 基础层, 柱	1228.183	1213.363	1.21	—	—	—
26	Φ22, 基础层, 柱	1530.081	1517.207	0.84	—	—	—
27	Φ25, 基础层, 柱	835.335	835.335	0	—	—	—
28	构造柱	420.065	2199.863	423.7	0.5224	0.0000	工程量误差
29	屋顶层	241.783	434.295	79.62	—	—	—
30	Φ6, 屋顶层, 构造柱	51.451	10.983	78.65	—	—	—
31	Φ10, 屋顶层, 构造	190.332	20.040	89.47	—	—	—
32	二层	126.785	878.472	592.88	—	—	—
33	Φ8, 二层, 构造柱	41.001	0.000	100	—	—	—
34	Φ14, 二层, 构造柱	85.784	0.000	100	—	—	—
35	首层	51.497	887.096	1622.62	—	—	—
36	Φ6, 首层, 构造柱	6.431	304.685	4637.75	—	—	—
37	Φ10, 首层, 构造柱	45.066	530.176	1076.44	—	—	—
38	砌体加筋	920.778	2376.171	158.06	1.1451	0.0000	工程量误差
39	屋顶层	155.298	100.544	35.26	—	—	—
40	Φ6, 屋顶层, 砌体加	155.298	100.544	35.26	—	—	—
41	二层	412.847	1191.654	188.64	—	—	—
42	Φ6, 二层, 砌体加筋	412.847	1138.147	175.68	—	—	—

图5-3

（二）评分设置

在主界面点击“评分设置”功能按钮后，弹出如图 5-4 所示。

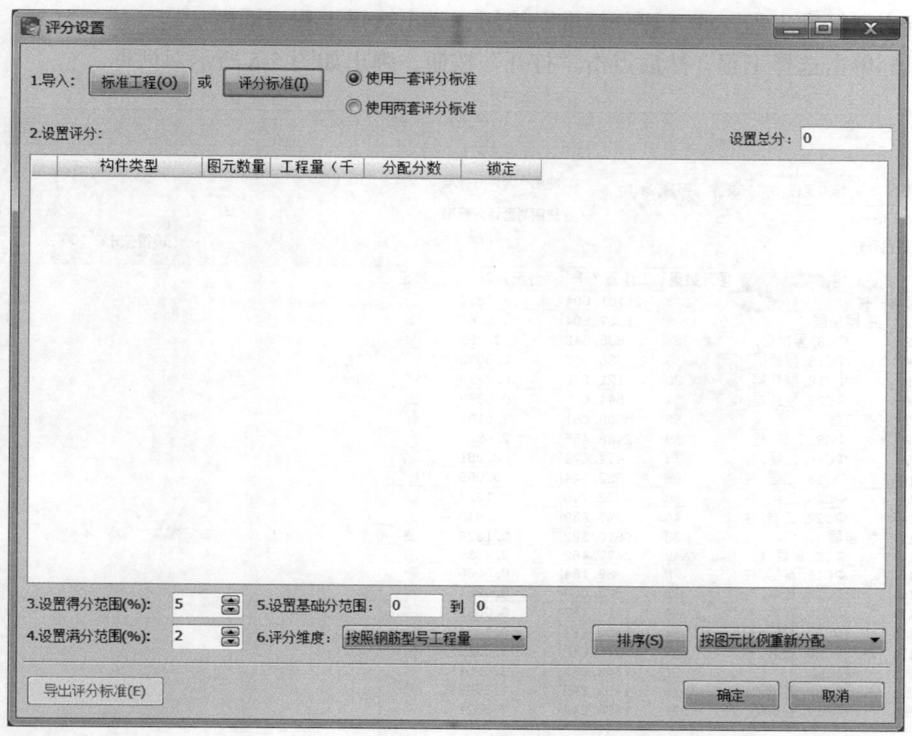

图 5-4

1. 相关功能：

（1）标准工程　标准模板工程，被评分工程与该标准工程进行对比，然后得出分数。

（2）评分标准　将设定好的标准工程进行导出，形成“评分标准”文件，方便以后调用。

（3）设置评分　在该区域可以对各构件类型分配分数。

（4）设置得分范围　得分范围是指计算结果与标准结果之间的差值，该得分范围按线性差值计算法，计算得分。结果在得分范围内，则该结果给分，超出得分范围则为 0 分，利用该功能可以设置得分范围。

（5）设置满分范围　满分范围是指计算结果与标准结果之间的差值，该满分范围按线性差值计算法，计算得分。结果在得分范围内，则该结果给分，超出满分范围则为 0 分，利用该功能可以设置满分范围。

（6）设置基础分范围　基础分范围是可设置可不设置的内容，如老师需要对学生的 0 分工程给予分数，就设置基础分范围，基础分范围的设置原则是后面数值总要大于前面数值，且得出的分数均为整数。

（7）排序　可以按分数的高低 对界面的各项进行按分数升序、按分数降序、恢复排序三种操作 。

（8）按图元比例重新分配　当调整分数后，对没有锁定的构件类型，软件按图元数量的比例自动分配分数。

（9）导出评分标准　将设置好的评分标准导出为文件，可以作为统一的评分标准。

2. 具体操作方法

（1）导入"标准工程"或"评分标准"

① 点击"标准工程"或"评分标准"按钮，弹出选择工程对话框。

② 鼠标单击选择工程，然后点击"打开"按钮，弹出如图 5-5 所示对话框。

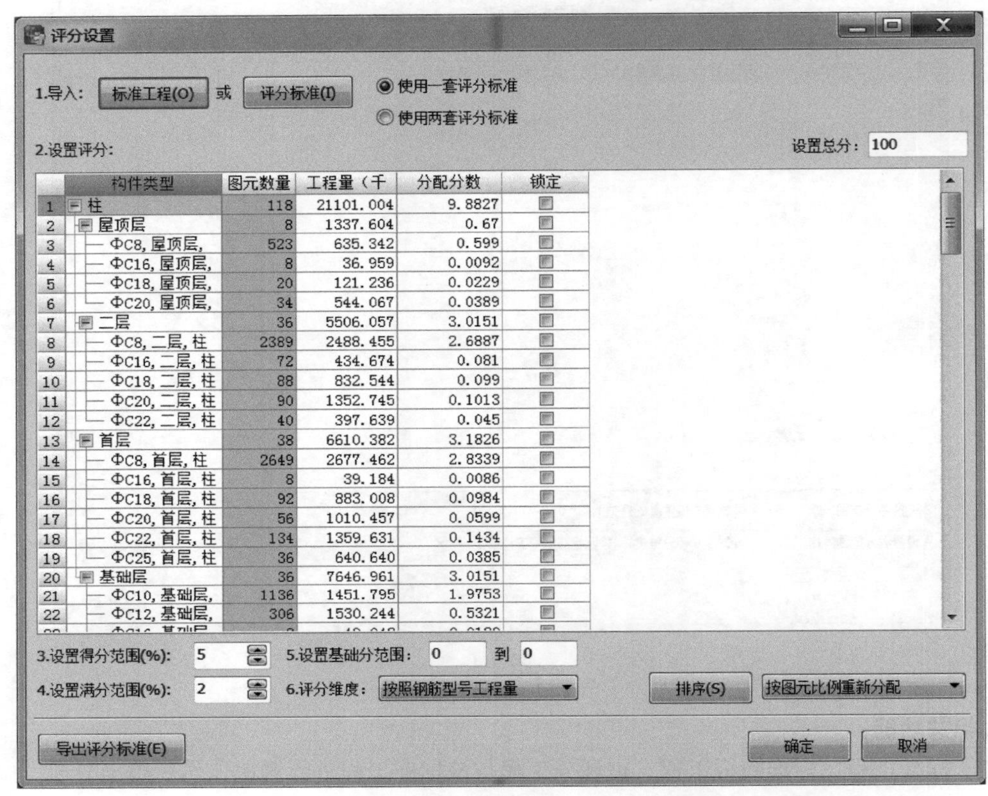

图 5-5

（2）设置评分　软件提供了"按照钢筋型号工程量"、"按照楼层构件工程量"和"按照工程量"三种评分维度，按照图元比例和按照工程量比例分配分数的两种方式。软件默认的评分维度是"按照钢筋型号工程量"，默认的分数分配方式为"按图元比例重新分配"。

将标准工程导入后，软件根据图元数量自动分配各构件的得分；也可根据具体情况修改评分维度和分数分配方式。

如需要调整各图元的分数，可在构件类型对应的"分配分数"单元格进行修改，并勾选锁定按钮。修改完毕确认后，点击"确定"按钮。

（3）注意事项

① 设置评分，软件按 100 分计算。

② 各类构件按标准工程中所绘制图元的数量进行分数分配，分配的原则是每个图元分数 = 100 分 / 工程图元总数。

③ 只有构件类型一级可以对分数进行调整，构件类型下各层构件的得分由软件按图元数量自动分配，不可以手动进行调整。

④分数调整后，需要进行锁定，锁定时，软件自动按图元数量分配剩余的分数。

⑤在“设置评分”区域点击右键，可以将该区域内容进行快速折叠与展开，如图5-6所示。

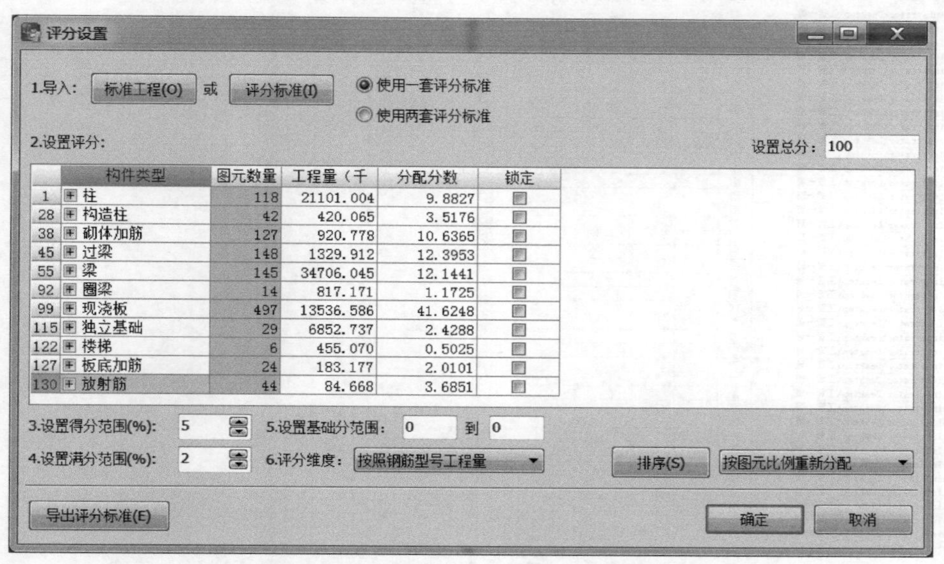

图5-6

（三）导入评分工程

导入需要评分的GGJ 2013工程有两种方法。

1. 按目录添加

利用该功能可以选中一个目录，将一个目录下的所有工程全部添加，操作方法如下：

点击“按目录添加”按钮，弹出“浏览文件夹”对话框，选择需要进行评分的GGJ 2013工程文件目录，如图5-7所示（工管一班广联达作业）。点击“确定”，这时就将该目录下所有文件进行载入，如图5-8所示。

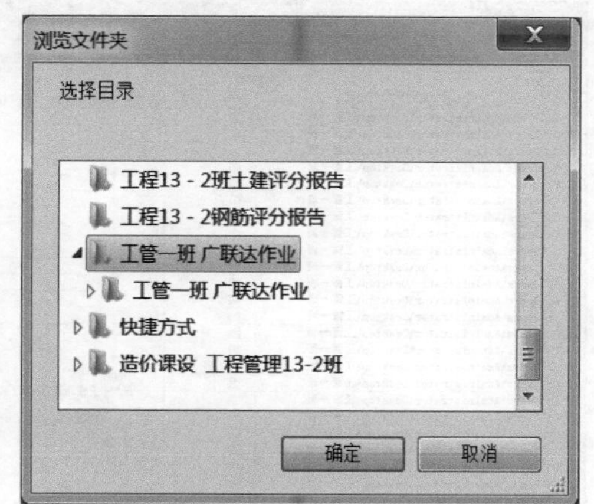

图5-7

2. 批量添加

利用该功能可批量选中需要评分的工程文件，操作方法如下：

点击“批量添加”功能按钮，弹出“打开”对话框，选择需要进行评分的广联达钢筋工程文件，点击确定即可。

（四）计算得分

当添加完需要评分的GGJ 2013工程后，需要对这些工程进行汇总计算以计算得分，这时可以利用此功能。操作方法如下。

（1）点击“计算得分”功能按钮，这时软件对各构件按设定标准条件进行评分，界面上会显示计算的进度，如图5-9所示。

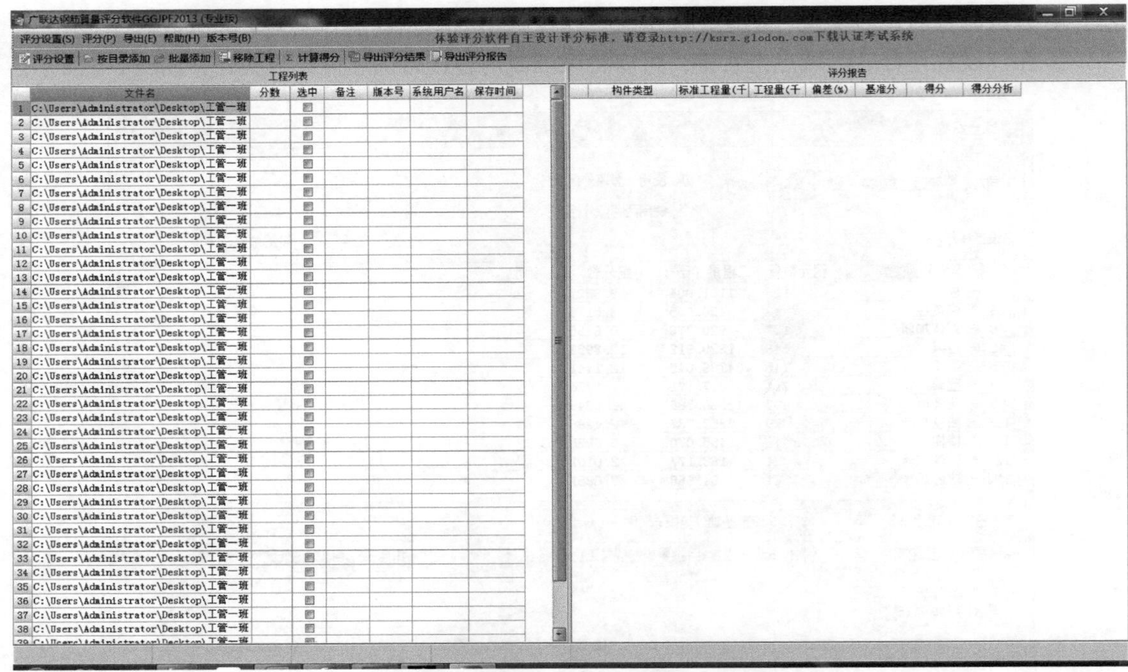

图 5-8

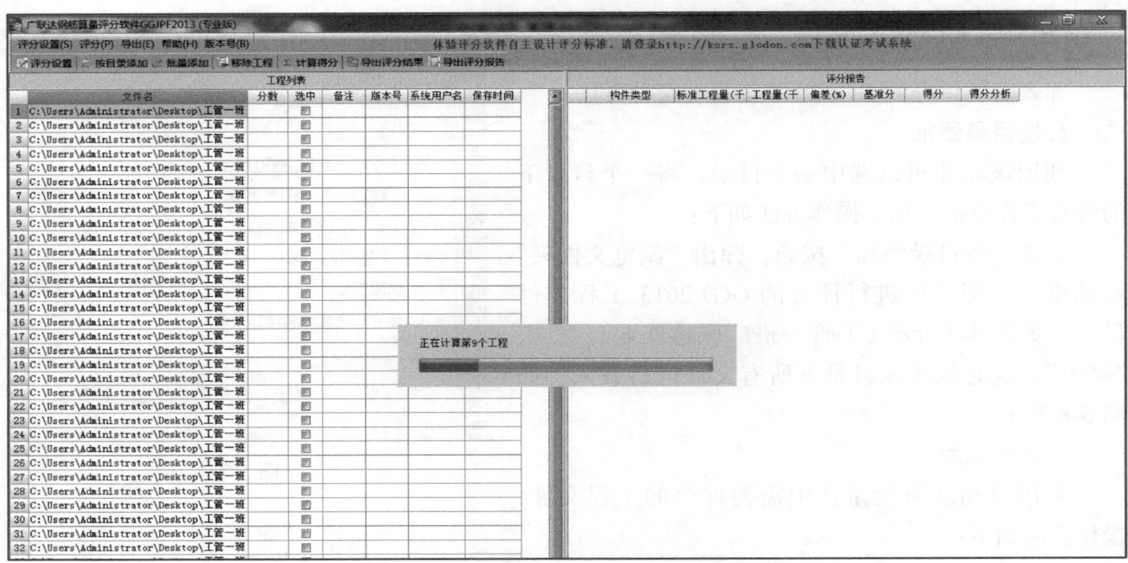

图 5-9

（2）计算完毕后，需要评分的各 GGJ 2013 工程文件得分会在左侧区域显示，如图 5-10 所示。

（五）导出

1. 导出评分结果

利用该功能可以将评分后的结果导出到 EXCEL。

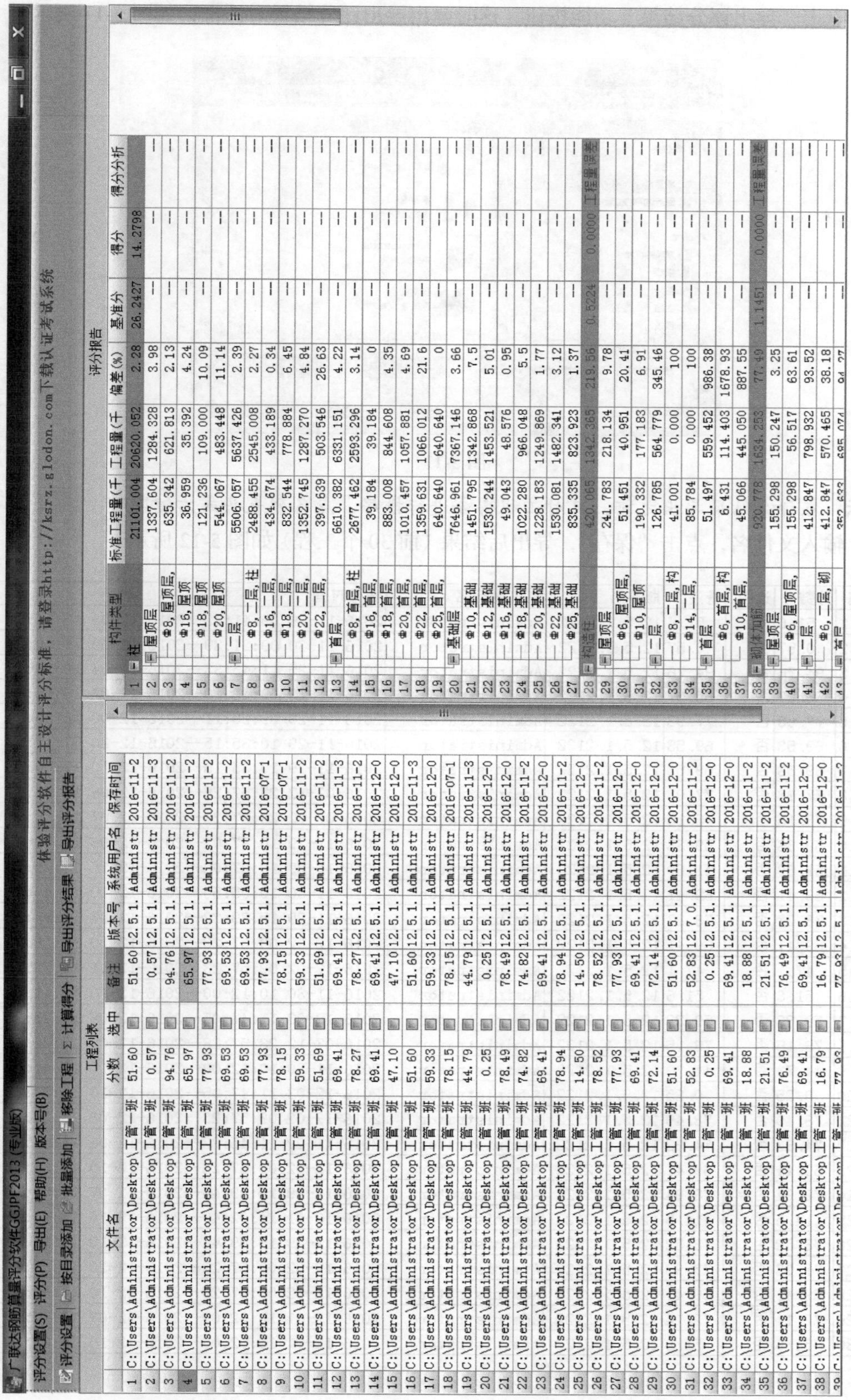

图 5-10

（1）点击“导出评分结果”功能按钮，这时弹出导出评分结果对话框，如图 5-11 所示。

图 5-11

提示：在评分结果导出之前，可对工程得分进行排序，点各列表头或右键即可。

（2）输入文件名，点击“保存”，导出后结果（前 30 个工程）如图 5-12 所示。

	文件名	分数	选中	备注	版本号	系统用户名	保存时间
1	1	51.6	否	51.6	12.5.1.2122	Administrator	2016-11-29 09:41:23--2016-12-06 13:56:34
2	2	0.57	否	0.57	12.5.1.2122	Administrator	2016-11-30 09:21:39--2016-12-09 14:40:22
3	3	94.76	否	94.76	12.5.1.2122	Administrator	2016-11-29 11:45:33--2016-12-04 19:26:48
4	4	65.97	否	65.97	12.5.1.2122	Administrator	2016-11-29 09:42:10--2016-12-07 16:05:21
5	5	77.93	否	77.93	12.5.1.2122	Administrator	2016-11-29 09:25:11--2016-12-08 18:56:30
6	6	69.53	否	69.53	12.5.1.2122	Administrator	2016-11-29 10:35:15--2016-12-10 17:12:23
7	7	69.53	否	69.53	12.5.1.2122	Administrator	2016-11-29 10:35:15--2016-12-10 17:50:43
8	8	77.93	否	77.93	12.5.1.2122	Administrator	2016-07-12 23:57:28--2016-12-06 11:54:09
9	9	78.15	否	78.15	12.5.1.2122	Administrator	2016-07-12 23:57:28--2016-12-07 16:38:51
10	10	59.33	否	59.33	12.5.1.2122	Administrator	2016-11-29 10:37:02--2016-12-06 11:52:54
11	11	51.69	否	51.69	12.5.1.2122	Administrator	2016-11-29 10:37:02--2016-12-10 12:09:49
12	12	69.41	否	69.41	12.5.1.2122	Administrator	2016-11-30 10:05:50--2016-12-10 14:46:26
13	13	78.27	否	78.27	12.5.1.2122	Administrator	2016-11-29 15:39:32--2016-12-07 16:55:33
14	14	69.41	否	69.41	12.5.1.2122	Administrator	2016-12-02 09:57:23--2016-12-10 17:28:12
15	15	47.1	否	47.1	12.5.1.2122	Administrator	2016-12-02 09:57:23--2016-12-11 10:23:12
16	16	51.6	否	51.6	12.5.1.2122	Administrator	2016-11-30 10:12:00--2016-12-10 17:41:31
17	17	59.33	否	59.33	12.5.1.2122	Administrator	2016-12-03 11:47:05--2016-12-08 17:25:25
18	18	78.15	否	78.15	12.5.1.2122	Administrator	2016-07-12 23:57:28--2016-12-07 17:02:39
19	19	44.79	否	44.79	12.5.1.2122	Administrator	2016-11-30 10:12:00--2016-12-10 17:41:03
20	20	0.25	否	0.25	12.5.1.2122	Administrator	2016-12-03 11:47:05--2016-12-10 16:33:28
21	21	78.49	否	78.49	12.5.1.2122	Administrator	2016-12-02 09:57:23--2016-12-08 15:34:11
22	22	74.82	否	74.82	12.5.1.2122	Administrator	2016-11-29 11:45:33--2016-12-06 11:04:31
23	23	69.41	否	69.41	12.5.1.2122	Administrator	2016-12-02 09:57:23--2016-12-10 11:06:57
24	24	78.94	否	78.94	12.5.1.2122	Administrator	2016-11-29 15:09:44--2016-12-07 15:52:16
25	25	14.5	否	14.5	12.5.1.2122	Administrator	2016-12-01 14:02:49--2016-12-10 13:16:38
26	26	78.52	否	78.52	12.5.1.2122	Administrator	2016-11-29 15:09:44--2016-12-10 15:17:17
27	27	77.93	否	77.93	12.5.1.2122	Administrator	2016-12-02 09:57:23--2016-12-10 10:58:48
28	28	69.41	否	69.41	12.5.1.2122	Administrator	2016-12-02 09:57:23--2016-12-10 16:52:45
29	29	72.14	否	72.14	12.5.1.2122	Administrator	2016-12-01 10:02:00--2016-12-07 10:46:30
30	30	51.6	否	51.6	12.5.1.2122	Administrator	2016-12-01 10:02:00--2016-12-10 16:00:14

图 5-12

2. 导出评分报告

利用该功能可以将评分后的评分报告导出到 Excel，具体操作方法如下。

（1）点击“导出评分报告”功能按钮。

（2）选择导出哪些工程的评分报告。

（3）在“选中”列选择需要导出的工程文件，然后点击“确定”按钮，弹出“浏览文件夹”对话框，在此选择导出路径；然后点击“确定”按钮，软件就将刚刚被选中工程的评分报告导出为以钢筋文件名命名的 Excel 评分报告，里面有详细的情况分析，如图 5-13 所示。

	构件类型	标准工程量/kg	工程量/kg	偏差/%	基准分	得分	得分分析
1	柱	21101.004	21289.388	0.89	26.2427	26.2427	
2	屋顶层	1337.604	1330.952	0.5			
3	ΦC8,屋顶层,柱	635.342	639.569	0.67	—	—	—
4	ΦC16,屋顶层,柱	36.959	35.392	4.24	—	—	—
5	ΦC18,屋顶层,柱	121.236	117.64	2.97	—	—	—
6	ΦC20,屋顶层,柱	544.067	538.351	1.05	—	—	—
7	二层	5506.057	5849.508	6.24	—	—	—
8	ΦC8,二层,柱	2488.455	0	100	—	—	—
9	ΦC16,二层,柱	434.674	0	100	—	—	—
10	ΦC18,二层,柱	832.544	0	100	—	—	—
11	ΦC20,二层,柱	1352.745	0	100	—	—	—
12	ΦC22,二层,柱	397.639	0	100	—	—	—
13	首层	6610.382	6488.152	1.85	—	—	—
14	ΦC8,首层,柱	2677.462	2755.772	2.92	—	—	—
15	ΦC16,首层,柱	39.184	39.184	0	—	—	—
16	ΦC18,首层,柱	883.008	883.008	0	—	—	—
17	ΦC20,首层,柱	1010.457	1010.457	0	—	—	—
18	ΦC22,首层,柱	1359.631	1066.482	21.56	—	—	—
19	ΦC25,首层,柱	640.64	640.64	0	—	—	—
20	基础层	7646.961	7620.775	0.34	—	—	—
21	ΦC10,基础层,柱	1451.795	1451.795	0	—	—	—
22	ΦC12,基础层,柱	1530.244	1504.059	1.71	—	—	—
23	ΦC16,基础层,柱	49.043	49.043	0	—	—	—
24	ΦC18,基础层,柱	1022.28	1022.28	0	—	—	—
25	ΦC20,基础层,柱	1228.183	1228.183	0	—	—	—
26	ΦC22,基础层,柱	1530.081	1530.081	0	—	—	—
27	ΦC25,基础层,柱	835.335	835.335	0	—	—	—

图 5-13

第二节 BIM 土建对量分析软件应用

学习目标

（1）熟练掌握钢筋/土建对量软件中对量模式、审量模式两种对量业务模式的操作流程；

（2）能使用钢筋/土建对量软件快速对量。

学习要求

（1）熟悉广联达钢筋 / 土建对量软件的基本功能；
（2）熟悉广联达钢筋 / 土建对量软件的基本操作流程；
（3）熟悉对量流程。

一、对量应用场景

实际工程中，需要对量的主要是工程的招投标、施工、结算阶段，不同阶段的对量业务不同。

（一）结算阶段：对量方式和合同形式有关系

1. 单价合同

合同签订时约定了综合单价，工程量主要靠竣工结算时对比；这也是最常见的一种形式，甲方委托咨询单位与施工方进行竣工结算对量。

2. 总价合同

前期订合同，约定了合同工程量。但施工过程中有变更，导致工程量的差别，在最后需要将结算工程和前期合同工程进行对比，主要看合同变更的工程量。

（二）招投标阶段

（1）甲方自己不算，委托咨询单位来做标底，这样就需要和甲方进行对量。

（2）如果是两家咨询，一个主做，一个主审，会和另一个咨询来对。

（3）另外我们有的中介内部也会有多级审核，包括为了防止产生偏差，可以找之前的工程数据作为相似工程参考。如果预算员是新人，可能会找两个人同时做，进行内部核对把关。

（三）施工阶段

如果是全过程控制的业务，很多咨询单位就会在工地常驻成本核算部，完成一个标段结算一个标段，按实结算。如工程有设计变更，需要对设计变更前后的工程量增减作对比、和图纸作对比；因此各个环节都涉及对量，对量场景多且灵活，贯穿整个施工阶段。

二、手工对量流程

对于双方不同人做的两个工程，计算的工程量往往差别很大，量差存在是必然的。通常手工对量的时候，都是采用先总后分、先粗后细的原则。手工对量时一般先看双方的总量，后查分量，反复加加减减计算不同层级的量差。双方找到量差原因后需要确定正确结果，此时要回归图纸找到依据。这时就要找出 CAD 或蓝图同位置确认。确认后错误一方要回到算量工程中找到该图元位置进行修改，修改后重新汇总查看结果是否一致，如不一致则跳回至第一个问题阶段加减工程量，重新找量差分析原因解决问题。如此反复循环直到量差趋近调平或进入双方可接受范围内则对量过程结束。由此可知，手工对量工作量大、效率低，而且大量的数据反复加减汇总很容易出错。

三、软件对量优势

软件对量只需要将送审工程和审核工程加载到对量软件中，点击对比计算，便得到所有量差，并按从总到分展示，如图 5-14 所示。

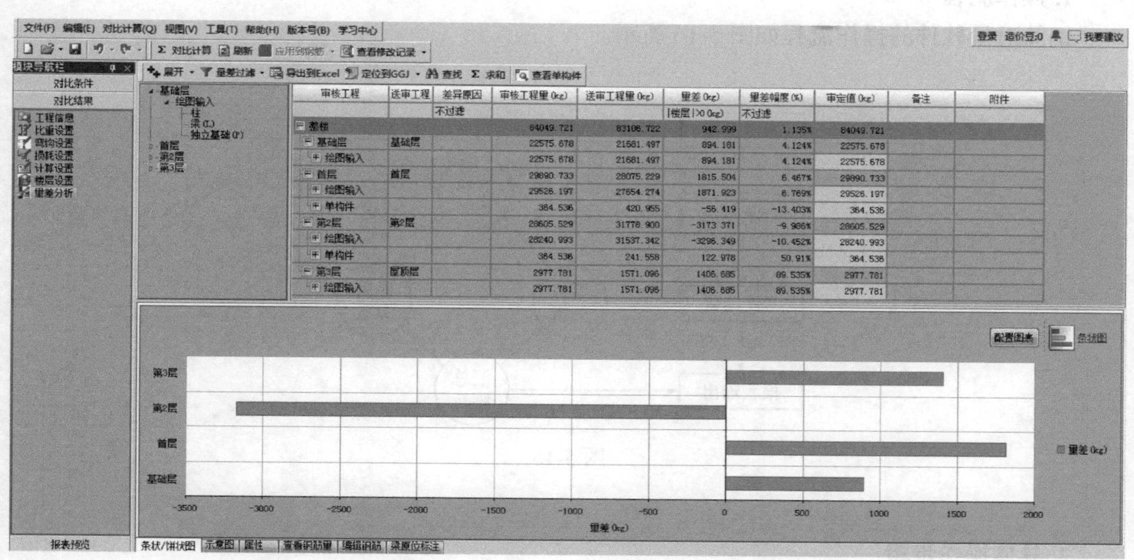

文件(F) 编辑(E) 对比计算(Q) 视图(V) 工具(T) 帮助(H) 版本号(B) 学习中心
登录 造价豆:0 我要建议
对比计算 刷新 应用到钢筋 查看修改记录
展开 量差过滤 导出到Excel 定位到GGJ 查找 求和 查看单构件
对比条件
对比结果
工程信息
比重设置
弯钩设置
损耗设置
计算设置
楼层设置
量差分析
基础层
绘图输入
首层
第2层
第3层
审核工程 送审工程 差异原因 审核工程量(kg) 送审工程量(kg) 量差(kg) 量差幅度(%) 审定值(kg) 备注 附件
不过滤 |楼层|>0(kg) 不过滤
整楼 84049.721 83106.722 942.999 1.135% 84049.721
基础层 基础层 22575.678 21681.497 894.181 4.124% 22575.678
绘图输入 22575.678 21681.497 894.181 4.124% 22575.678
首层 首层 29890.733 28075.229 1815.504 6.467% 29890.733
绘图输入 29526.197 27654.274 1871.923 6.769% 29526.197
单构件 364.536 420.955 -56.419 -13.403% 364.536
第2层 第2层 28605.529 31778.900 -3173.371 -9.986% 28605.529
绘图输入 28240.993 31537.342 -3296.349 -10.452% 28240.993
单构件 364.536 241.558 122.978 50.91% 364.536
第3层 屋顶层 2977.781 1571.096 1406.685 89.535% 2977.781
绘图输入 2977.781 1571.096 1406.685 89.535% 2977.781
配置图表 条状图
第3层
第2层
首层
基础层
量差(kg)
-3500 -3000 -2500 -2000 -1500 -1000 -500 0 500 1000 1500 2000
量差(kg)
报表预览
条状/饼状图 示意图 属性 查看钢筋量 编辑钢筋 梁原位标注

图 5-14

还可以通过量差过滤排序，直观得到想关注的主要量差，这也是整个对量最为核心的部分。并且应用软件操作起来比较简单，也可以抓大放小进行重点审查，满足不同精度要求（如图 5-15 所示），大大提高了对量工作效率，简化了对量程序。

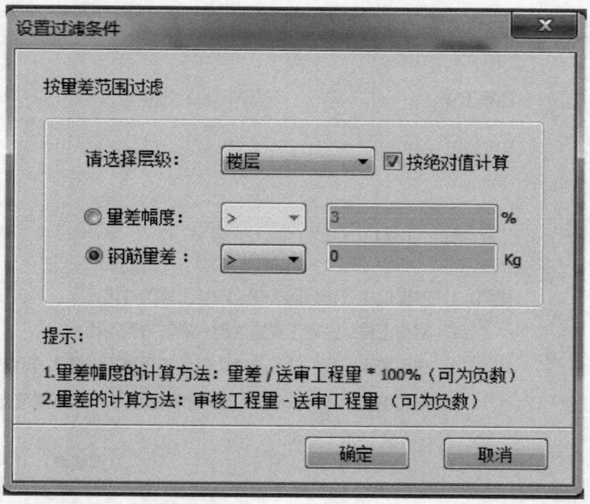

设置过滤条件
按量差范围过滤
请选择层级： 楼层 按绝对值计算
量差幅度： > 3 %
钢筋量差： > 0 Kg
提示：
1.量差幅度的计算方法：量差 / 送审工程量 * 100%（可为负数）
2.量差的计算方法：审核工程量 - 送审工程量 （可为负数）
确定 取消

图 5-15

四、对量软件具体操作

本节以钢筋对量软件为例详细介绍对量软件的操作，土建对量软件的操作与钢筋对量软件的操作相同。

（一）对量模式

1. 操作流程

钢筋对量软件的操作流程如图 5-16 所示。

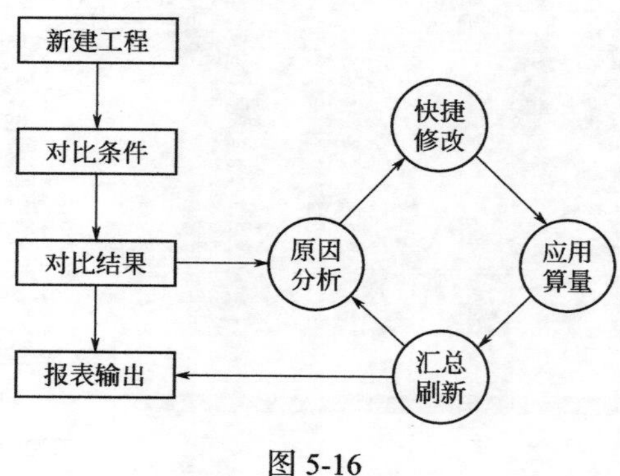

图 5-16

2. 具体操作步骤

第一步：新建工程，如图 5-17 所示。

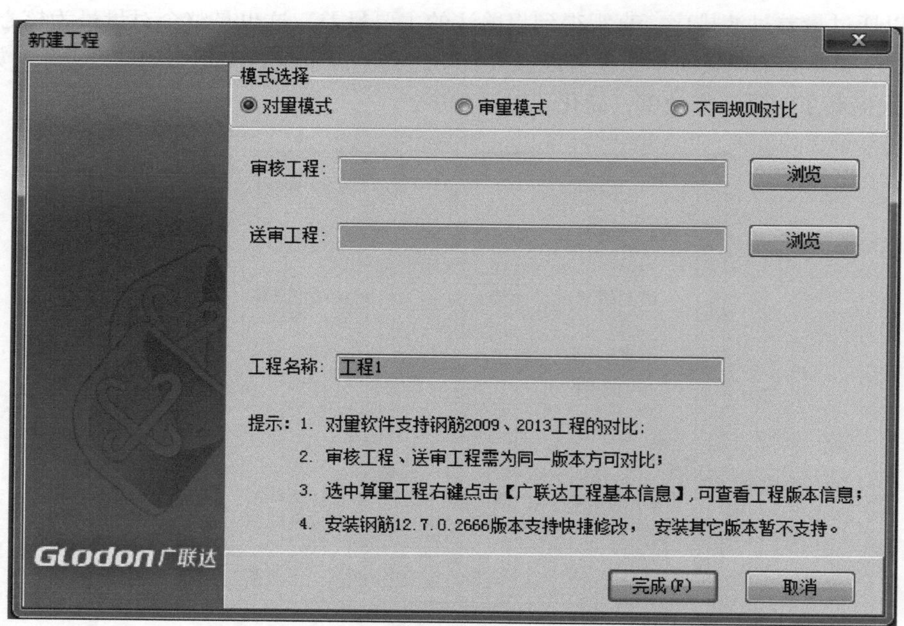

图 5-17

第二步：设置对比条件，根据工程实际需求，从工程信息、计算设置、楼层设置、属性设置四个方面任意设置对比条件，如图 5-18 所示。

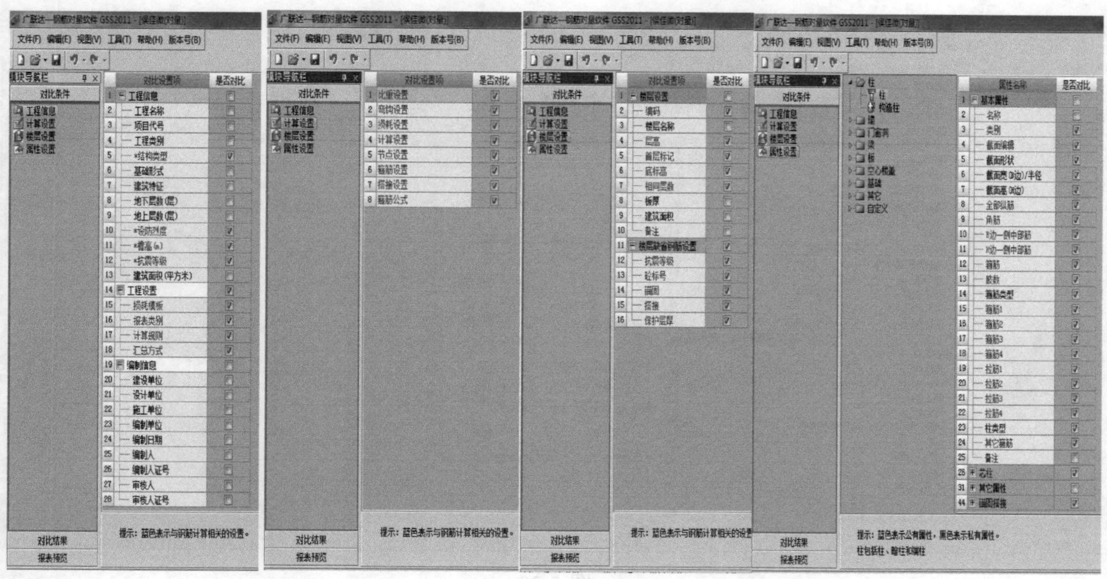

图 5-18

第三步：根据设定的对比条件，将送审工程和审核工程从工程信息开始逐项对比。两者不同之处，软件会通过黄色高亮显示，如图 5-19 所示。错误的工程信息设置可直接在对量软件中修改。

	属性名称	审核工程	送审工程
1	工程信息		
2	工程名称	工程2	广联达宿舍楼
3	项目代号		
4	工程类别		
5	*结构类型	框架结构	框架结构
6	基础形式		
7	建筑特征		
8	地下层数(层)		
9	地上层数(层)		
10	*设防烈度	7	7
11	*檐高(m)	35	11.6
12	*抗震等级	二级抗震	二级抗震
13	建筑面积(平方米)		
14	工程设置		
15	损耗模板	不计算损耗	不计算损耗
16	报表类别	85	85
17	计算规则	11系平法规则	11系平法规则
18	汇总方式	按外皮计算钢筋长度(不考虑弯曲调整值)	按外皮计算钢筋长度(不考虑弯曲调整值)
19	编制信息		
20	建设单位		
21	设计单位		
22	施工单位		
23	编制单位		
24	编制日期	2016-11-29	2016-07-12
25	编制人		
26	编制人证号		
27	审核人		
28	审核人证号		

图 5-19

第四步：对比计算，选择需要计算的楼层，点选“对比计算”，如图 5-20 所示。

注意：*在对比计算之前需先定义基准点，否则无法计算。*

第五步：量差分析如图 5-21 所示。各层各构件有多少量差一目了然；还可以通过量差过滤排序，直观得到想关注的主要量差，如图 5-22 所示。

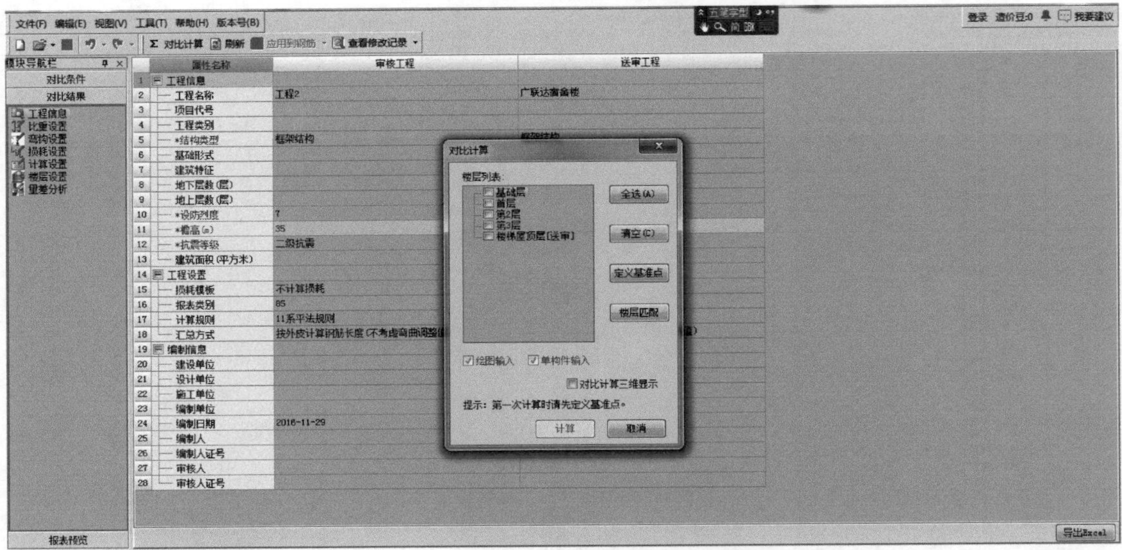

图 5-20

审核工程	送审工程	差异原因	审核工程量(kg)	送审工程量(kg)	量差(kg)	量差幅度(%)	审定值(kg)	备注	附件
		不过滤			|楼层|>0(kg)	不过滤			
⊟ 整楼			84049.721	83106.722	942.999	1.135%	84049.721		
⊟ 基础层	基础层		22575.678	21681.497	894.181	4.124%	22575.678		
⊟ 绘图输入			22575.678	21681.497	894.181	4.124%	22575.678		
⊞ 柱组合			7621.160	7609.189	11.971	0.157%	7621.160		
⊟ 梁组合			8101.781	7222.155	879.626	12.18%	8101.781		
⊞ 梁			8101.781	7222.155	879.626	12.18%	8101.781		
⊟ 基础组合			6852.737	6850.154	2.583	0.038%	6852.737		
⊟ 独立基础			6852.737	6850.154	2.583	0.038%	6852.737		
⊞ DJ-1	DJ-01	属性	391.786	391.430	0.356	0.091%	391.786		
⊞ DJ-2	DJ-02	属性	154.493	154.396	0.097	0.063%	154.493		
⊞ DJ-3	DJ-03	属性	478.144	477.950	0.194	0.041%	478.144		
⊞ DJ-4	DJ-04	属性	2208.976	2208.008	0.968	0.044%	2208.976		
⊞ DJ-5	DJ-05	属性	807.506	807.118	0.388	0.048%	807.506		
⊞ DJ-6	DJ-06	属性	127.479	127.415	0.064	0.05%	127.479		
⊞ DJ-7	DJ-07	属性	264.334	264.255	0.079	0.03%	264.334		
⊞ DJ-8	DJ-08	属性	2420.020	2419.581	0.439	0.018%	2420.020		
⊞ 首层	首层		29890.733	28075.229	1815.504	6.467%	29890.733		
⊞ 第2层	第2层		28605.529	31778.900	-3173.371	-9.986%	28605.529		
⊞ 第3层	屋顶层		2977.781	1571.096	1406.685	89.535%	2977.781		

图 5-21

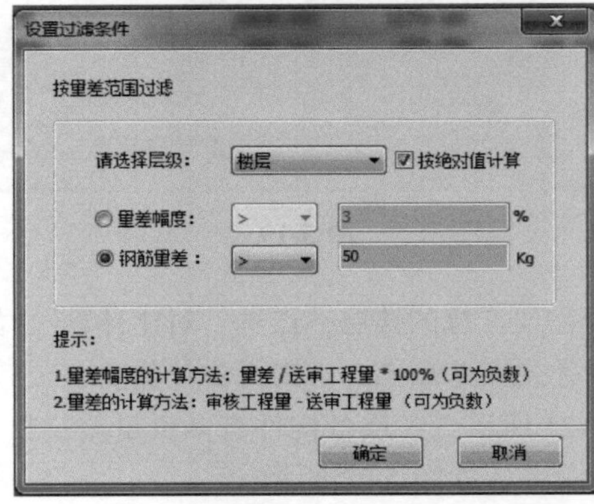

图 5-22

第六步：逐个构件进行量差分析，如图 5-23 和图 5-24 所示。

审核工程	送审工程	差异原因	审核工程量(kg)	送审工程量(kg)	量差(kg)	量差幅度(%)	审定值(kg)	备注	附件
		不过滤			|楼层|>50(kg)	不过滤			
⊟ 整楼			84049.721	83106.722	942.999	1.135%	84049.721		
⊟ 基础层	基础层		22575.678	21681.497	894.181	4.124%	22575.678		
⊟ 绘图输入			22575.678	21681.497	894.181	4.124%	22575.678		
⊟ 柱组合			7621.160	7609.189	11.971	0.157%	7621.160		
⊟ 柱			7621.160	7609.189	11.971	0.157%	7621.160		
⊞ KZ1	KZ-1	属性	208.308	207.950	0.358	0.172%	208.308		
⊞ KZ2	KZ-1	属性	208.308	207.950	0.358	0.172%	208.308		
⊞ KZ3	KZ-1	属性	208.308	207.950	0.358	0.172%	208.308		
⊞ KZ4	KZ-4	属性	146.200	145.994	0.206	0.141%	146.200		
⊞ KZ5	KZ-1	属性	208.308	207.950	0.358	0.172%	208.308		
⊞ KZ6	KZ-6	属性	1066.354	1038.785	27.569	2.654%	1066.354		
⊞ KZ7	KZ-7	属性	271.780	271.293	0.487	0.18%	271.780		
⊞ KZ8	KZ-8	属性	1013.371	1012.077	1.294	0.128%	1013.371		
⊞ KZ9	KZ-8	属性	202.674	202.415	0.259	0.128%	202.674		
⊞ KZ10	KZ-10	属性	736.430	735.148	1.282	0.174%	736.430		
⊞ KZ11	KZ-8	属性	608.023	607.246	0.777	0.128%	608.023		
⊞ KZ12	KZ-12	属性	195.038	220.467	-25.429	-11.534%	195.038		
⊞ KZ13	KZ-13	属性	410.125	409.451	0.674	0.165%	410.125		
⊞ KZ14	KZ-14	属性	261.159	260.697	0.462	0.177%	261.159		

图 5-23

基础层
绘图输入
柱
梁(L)
独立基础(P)
首层
第2层
第3层

审核工程	送审工程	差异原因	审核工程量(kg)	送审工程量(kg)	量差(kg)	量差幅度(%)	审定值(kg)	备注	附件
		不过滤			|楼层|>50(kg)	不过滤			
⊟ 柱组合			7621.160	7609.189	11.971	0.157%	7621.160		
⊟ 柱			7621.160	7609.189	11.971	0.157%	7621.160		
⊟ KZ1	KZ-1	属性	208.308	207.950	0.358	0.172%	208.308		
"<1,A	"<1-99,A	属性	208.308	207.950	0.358	0.172%	208.308		
⊟ KZ2	KZ-1	属性	208.308	207.950	0.358	0.172%	208.308		
"<1,C	"<1+150,	属性	208.308	207.950	0.358	0.172%	208.308		
⊟ KZ3	KZ-1	属性	208.308	207.950	0.358	0.172%	208.308		
"<1,D	"<1+150,	属性	208.308	207.950	0.358	0.172%	208.308		
⊞ KZ4	KZ-4	属性	146.200	145.994	0.206	0.141%	146.200		

审核工程：[数量：1]　[审核(kg): 208.308; 量差(kg): 0.358]

显示参数图

	属性名称	属性值
1	名称	KZ1
2	类别	框架柱
3	截面编辑	否
4	截面宽(B边)(mm)	500
5	截面高(H边)(mm)	500
6	全部纵筋	
7	角筋	4⌀22
8	B边一侧中部筋	2⌀22
9	H边一侧中部筋	2⌀22
10	箍筋	⌀10@100
11	肢数	4*4
12	柱类型	(边柱-B)
13	其它箍筋	
14	备注	

送审工程：[数量：1]　[送审(kg): 207.95; 量差(kg): 0.358]

	属性名称	属性值
1	名称	KZ-1
2	类别	框架柱
3	截面编辑	否
4	截面宽(B边)(mm)	500
5	截面高(H边)(mm)	500
6	全部纵筋	
7	角筋	4⌀22
8	B边一侧中部筋	2⌀22
9	H边一侧中部筋	2⌀22
10	箍筋	⌀10@100
11	肢数	4*4
12	柱类型	(角柱)
13	其它箍筋	
14	备注	

条状/饼状图 | 示意图 | 属性 | 查看钢筋量 | 编辑钢筋 | 梁原位标注

图 5-24

（二）审量模式

1. 操作流程

钢筋对量软件在审量模式下的操作流程如图 5-25 所示。

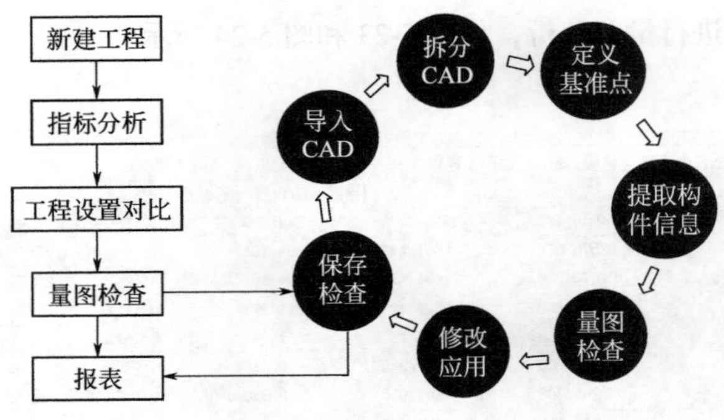

图 5-25

2. 具体操作步骤

第一步：新建工程，如图 5-26 所示。点击界面中的浏览按钮，找到需要审量的工程后，点击“打开”按钮，如图 5-27 所示。点击“完成”，完成新建工程，并出现单方指标分析界面 。

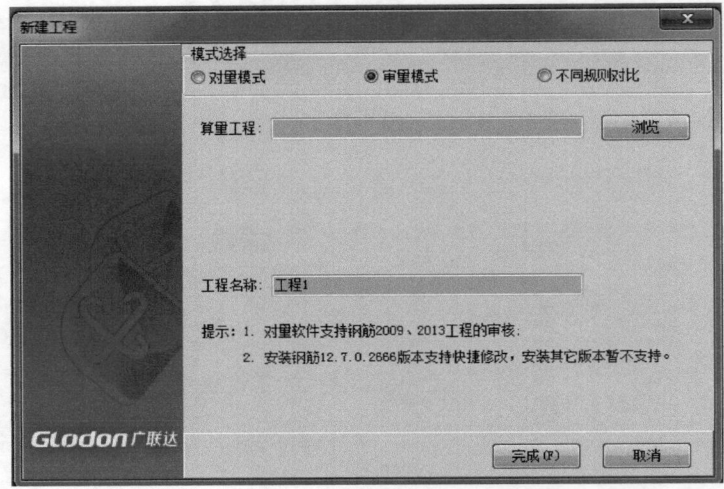

图 5-26

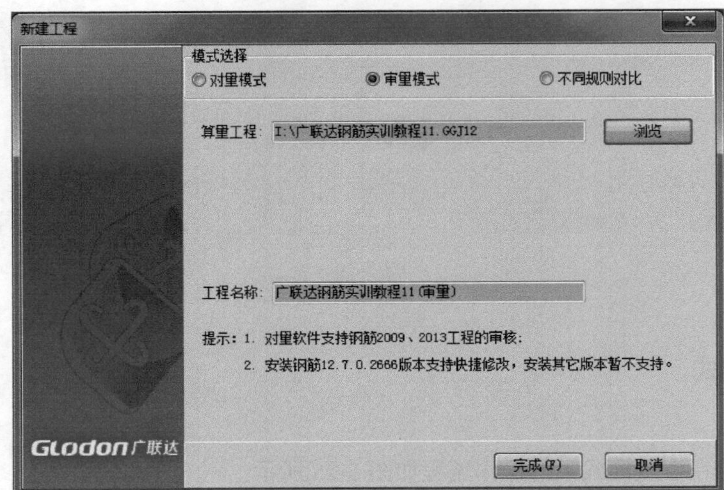

图 5-27

第二步：指标分析中按楼层、构件两个维度分析指标，如图 5-28 和图 5-29 所示。双击定位问题构件，可对构件工程量及单方含量快速核查，如图 5-30 所示。

	楼层		建筑面积(m2)	钢筋(kg)	钢筋含量(kg/m2)
1	整楼		1676.000	79284.353	47.306
2	地下部分	基础层	804.000	22544.854	28.041
3		地下面积	804.000	22544.854	28.041
4	地上部分	首层	804.000	28999.550	36.069
5		二层	811.000	23755.133	29.291
6		屋顶层	61.000	3761.801	61.669
7		楼梯屋顶层	61.000	223.014	3.656
8		地上面积	1676.000	56739.498	33.854

图 5-28

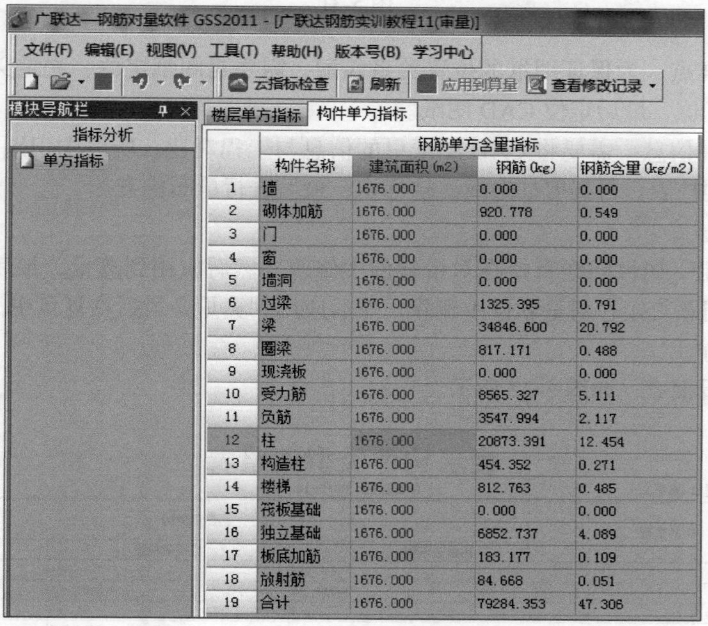

	构件名称	建筑面积(m2)	钢筋(kg)	钢筋含量(kg/m2)
1	墙	1676.000	0.000	0.000
2	砌体加筋	1676.000	920.778	0.549
3	门	1676.000	0.000	0.000
4	窗	1676.000	0.000	0.000
5	墙洞	1676.000	0.000	0.000
6	过梁	1676.000	1325.395	0.791
7	梁	1676.000	34846.600	20.792
8	圈梁	1676.000	817.171	0.488
9	现浇板	1676.000	0.000	0.000
10	受力筋	1676.000	8565.327	5.111
11	负筋	1676.000	3547.994	2.117
12	柱	1676.000	20873.391	12.454
13	构造柱	1676.000	454.352	0.271
14	楼梯	1676.000	812.763	0.485
15	筏板基础	1676.000	0.000	0.000
16	独立基础	1676.000	6852.737	4.089
17	板底加筋	1676.000	183.177	0.109
18	放射筋	1676.000	84.668	0.051
19	合计	1676.000	79284.353	47.306

图 5-29

维度选择　○楼层构件工程量　◉构件楼层工程量

	送审工程	钢筋(kg)	问题	审定值	备注
			不过滤		
1	柱	20873.391		20873.391	
2	基础层	7646.961		7646.961	
64	首层	6265.954		6265.954	
126	二层	5599.925		5599.925	
188	屋顶层	1360.552		1360.552	

图 5-30

第三步：工程设置对比。直接过滤显示修改了默认值的设置项。

第四步：图量检查。

（1）导入 CAD 图纸　以柱为例，在 CAD 蓝图界面导入图纸后拆分到对应的楼层和构件。

（2）拆分 CAD 图纸　如图 5-31 所示。

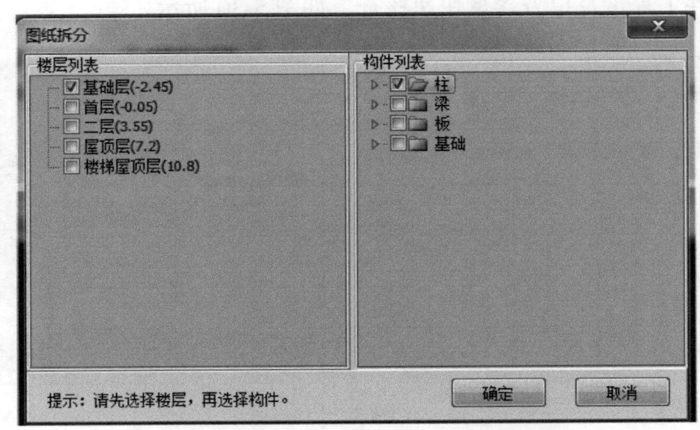

图 5-31

（3）定义基准点　为保证图纸的位置关系匹配，需要对图纸定位，先定义基准点，再提取轴线边线、轴线标识，最后定位 CAD 图纸。

（4）提取构件信息　需要将 CAD 图纸里的信息与工程对比，所以先识别 CAD 图，再进行量图检查，先识别柱表，再提取柱边线、柱标识，最后进行量图检查。

（5）量图检查。

（6）修改应用　属性问题直接在对量软件中修改，然后应用到算量，最后在算量中汇总计算、保存。多画问题直接在对量软件中删除，然后应用到算量，最后在算量中汇总计算、保存。

（7）保存检查。

第五步：查看报表，如图 5-32 所示。

楼层构件类型调整表

工程名称：广联达钢筋实训教程11（审量）　　编制日期：2016-12-17　　单位：kg

楼层名称	构件类型	钢筋总重kg		
		初始送审量	最终审核量	修改量
基础层	柱	7646.961	7646.961	0
	梁	7983.458	7983.458	0
	现浇板	61.699	61.699	0
	独立基础	6852.737	6852.737	0
	合计	22544.854	22544.854	0
首层	柱	6265.954	6265.954	0
	构造柱	85.784	85.784	0
	砌体加筋	352.633	352.633	0
	过梁	670.466	670.466	0
	梁	14712.272	14712.272	0
	现浇板	5831.834	5831.834	0
	楼梯	812.763	812.763	0
	板底加筋	183.177	183.177	0
	放射筋	84.668	84.668	0
	合计	28999.55	28999.55	0
二层	柱	5599.925	5599.925	0
	构造柱	126.785	126.785	0
	砌体加筋	412.847	412.847	0
	过梁	630.631	630.631	0
	梁	11291.986	11291.986	0
	现浇板	5692.959	5692.959	0
	合计	23755.133	23755.133	0

图 5-32

第六章

BIM 算量 CAD 导图案例实务

学习目标

（1）了解 CAD 导图的基本原理，了解构件 CAD 识别基本流程以及导图的构件范围；

（2）掌握 CAD 图纸的添加、删除、分割、定位以及图纸楼层构件的对应的方法；

（3）掌握通过识别楼层信息建立楼层的流程和方法；

（4）掌握识别轴网、柱、梁、板、墙、门窗洞口、基础等构件的流程和方法；

（5）具备使用 CAD 识别功能进行钢筋工程量计算的能力。

学习要求

（1）具备 Autocad 的基本知识，熟练使用下拉菜单、工具栏、屏幕菜单、常用命令；

（2）能够用 CAD 编辑命令快速编辑建筑物平面图、立面图、剖面图、详图、结构布置图、柱、梁、板配筋图等。

第一节　CAD 图纸管理

一、CAD 图纸导入

（一）基础知识

1.CAD 导图的基本原理

CAD 图纸导入是软件根据建筑工程制图规则，快速从 AutoCAD 图纸中拾取构件、图元，快速完成工程建模的方法。同绘图输入法一样，需要先识别构件（定义构件），然后再通过图纸上构件边线与标注的关系，建立构件与图元的联系（建模），检查无误后计算对应工程量。

CAD 导图是绘图建模的补充，CAD 导图的效率取决于图纸的标准化程度和对钢筋算量软件的熟悉程度。图纸的标准程度主要是指各类构件是否严格的按照制图层进行区分，各类尺寸或配筋信息是否按图层进行区分，是否按照制图标准进行绘图等。

广联达 BIM 钢筋计算软件 GGJ 2013 提供的图纸管理功能，可以识别设计图纸文件（.dwg），能快速完成工程建模工作，提高工作效率。其能够识别的文件类型主要包括：

（1）CAD 图纸文件（.dwg）。包括 AutoCAD2011 /2010 /2009 /2008 /2007 /2006 /2005 /2004 /2000 以及 AutoCAD R14 版生成的图形格式文件。

（2）GGJ2013 软件图纸分解（.CADI）文件。CAD 制图过程中，通常会将多张 CAD 图纸保存在一个 CAD 文件内，形成 CAD 图纸集，而在软件识别过程中，需要分层分构件按每张图纸识别。用软件提供的图纸分解功能形成的文件即为 .CADI 格式。

2.GGJ 2013 软件 CAD 导图能够识别的构件类型

广联达 BIM 钢筋算量软件 GGJ 2013CAD 导图能够识别的构件类型如表 6-1 所示。

表 6-1　CAD 导图能够识别的构件类型

构件类型	表格类	构件类
构件范围	楼层表	轴网
	门窗表	柱、柱大样
	连梁表	梁
	墙表	墙、门窗、墙洞
	柱表、广东柱表	板、板钢筋（受力筋、跨板受力筋、钢筋）
	暗柱表	独立基础
		承台
		桩

3.CAD 识别计算钢筋工程量的步骤

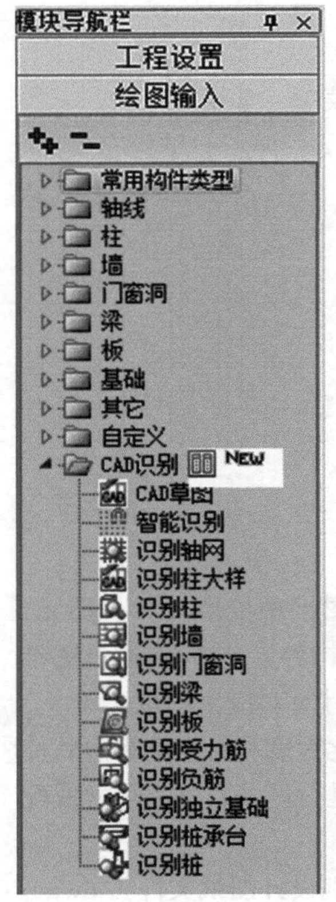

图 6-1

利用 BIM 钢筋软件 CAD 识别功能计算钢筋工程量的步骤如下：新建工程→分割图纸→识别楼层表→建立图纸楼层构件对应关系→修改工程设置→识别构件→汇总计算→查看结果。

4.CAD 识别功能模块

“CAD 识别”本身是绘图模块中的一个功能模块，因此在广联达 GGJ 2013 软件中作为一类构件进行管理，位于 BIM 钢筋计算软件绘图输入模块中各个构件的最下方。除可以识别如表 6-1 所示的各种构件外，还包括“CAD 草图”和“智能识别”两大功能，如图 6-1 所示。其中“CAD 草图”可对图纸进行管理，“智能识别”可以进行天正 CAD 图的直接识别，还可以对整个工程利用“一键识别”的功能来快速完成识别。

5. 图纸管理工具栏

利用 CAD 识别功能进行钢筋工程量的计算，必须先将 CAD 图导入广联达 BIM 钢筋算量软件 GGJ 2013 中来。该软件提供了图纸管理功能，主要通过“图纸管理工具栏”实现。

点击“CAD 识别”下的“CAD 草图”，出现“图纸管理”工具栏。在“图纸管理”工具栏中有两个子页签，分别是“图纸文件列表”和“图纸楼层对照表”。“图纸文件列表”包括“图纸名称”和“图纸比例”两项内容。表格上方即为“图纸文件列表”的功能按钮，包括“添加图纸”、“整理图纸”、“定位图纸”、“手动分割”和“删除图纸”五个按钮，在未导入任何图纸之前，只有“添加图纸”按钮是可用的，其他几个按钮都处于不可用状态。要对图纸进行管理，首先必须将图纸导入到绘图工作区中来；导入图纸就是通过“添加图纸”功能来完成的，如图 6-2 所示。

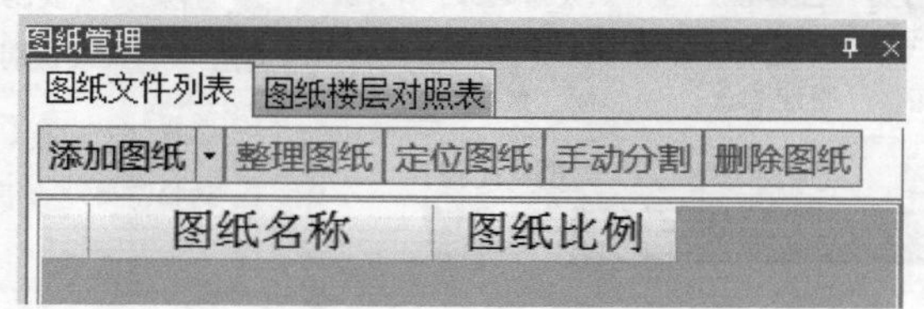

图 6-2

（二）任务说明

本节的任务是导入专用宿舍楼工程的建筑施工图和结构施工图。

（三）任务分析

完成本任务需要使用“图纸管理器”中的“添加图纸”功能。

（四）任务实施

本案例中，专用宿舍楼工程的建筑与结构施工图存放在硬盘的“BIM 造价应用”文件夹下，图纸名称分别为“教材图纸 - 建施图 04（修）”和“教材图纸 - 结施图 04（修）”，需要进行两次添加图纸的操作才能完成。先导入结施图，再导入建施图。

1. 添加结构施工图

点击“添加图纸”按钮，打开“批量添加 CAD 图纸文件”对话框，如图 6-3 所示。

图 6-3

找到要添加的图纸（教材图纸 - 结施图 04（修）），点击“打开”按钮，即可导入 CAD 图，如图 6-4 所示。

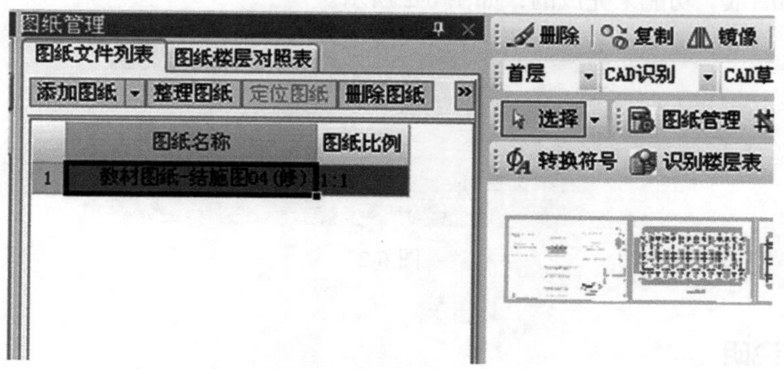

图 6-4

2. 添加建筑施工图

再次点击“添加图纸”按钮，导入建施 04 到绘图工作区中，则在图纸文件列表中又增加了一张图纸，同时工作区中的图纸被替换成了建筑施工图，如图 6-5 所示。

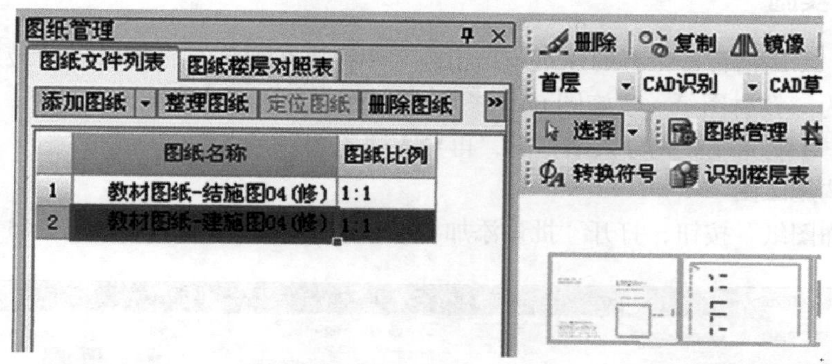

图 6-5

（五）总结拓展

本节主要介绍了“CAD 识别”的基础步骤之一“添加图纸”。利用软件提供的此功能可以将计算钢筋工程量时需要的所有图纸逐一添加到软件中来，以备后期使用。

该功能不但可以添加利用 AutoCAD 软件绘制的图纸，还可以添加使用天正 CAD 软件绘制的图纸。有时需要将版本较高的天正 CAD 图纸转换为 T3 格式才可以被正确识别。

（六）思考与练习

（1）点击 CAD 草图后，绘图工作区上的工具条会发生哪些变化？
（2）要使图纸管理工具栏在屏幕上消失，有几种实现方式？
（3）要使图纸管理工具栏再次出现在屏幕上，有几种实现方式？
（4）将案例工程的建筑图与结构图添加到图纸文件列表中。

二、自动识别图纸信息

（一）基础知识

为了提高 CAD 识别的准确性，软件提供了 CAD 识别选项设置，可以通过“CAD 识别”菜单下的“CAD 识别选项”子菜单调出，如图 6-6 所示。

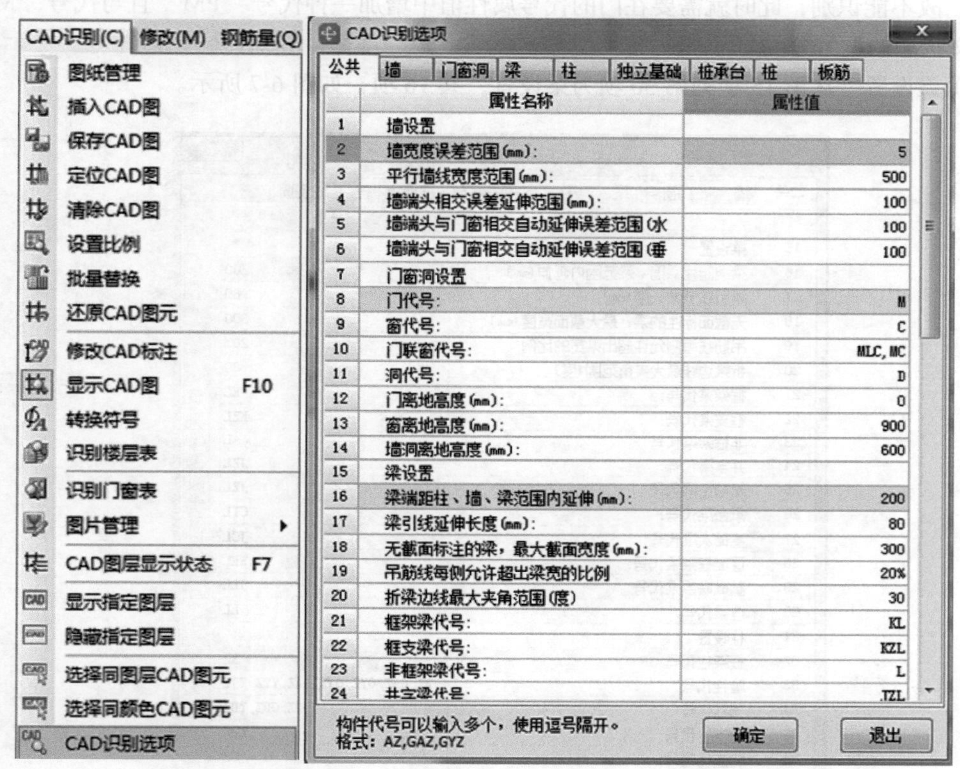

图 6-6

CAD 识别选项提供了八大类构件的 CAD 识别设置属性，全部列在了“公共”页签内，共包括属性 54 项。这些属性设置的正确与否直接关系到构件识别的准确率，在识别构件的过程中可以根据图纸的规范程度随时修改各构件的属性设置。

（1）墙设置　墙的设置有 6 项，下面简要说明各个属性的含义。

第 2 项，墙宽度误差范围：5mm。该项表示是 200mm 的墙，但实际上 CAD 墙线间宽度在（200 ± 5）mm 时，软件都判断为 200 的墙。如果此时用户的 CAD 墙线间距是 206mm，软件是不能识别到墙的，需要把这个误差范围修改为 10mm，重新识别才可以。

第 3 项，平行墙线宽度范围：500mm，是指软件可以识别的平行墙线的最大宽度是 500mm。

第 4 项，墙端头相交误差延伸范围：100mm。因为一般 CAD 墙线都画到了柱边，这个时候识别过来的墙会形成非封闭区域，导致导入图形后布置不上房间，而软件自动延伸 100mm，就能把这个缺口堵上，导入图形就不会出现问题。

第 5、6 项，墙端头与门窗相交自动延伸误差范围（水平或垂直）：100mm。墙端头在水平或垂直方向中，与门窗相交时，在此误差范围内识别时会自动进行延伸。

（2）门窗洞设置　从第 7 项到第 14 项为门窗洞设置，共有 8 项，各项的意义比较简单，其中门、窗、门连窗和洞口的代号是指 CAD 图纸中所用的关键字标识。通过识别门窗表建立各种门窗洞口构件后，用 CAD 识别各个门窗或洞口分别在什么具体的位置，就只能靠这些关键字标识来实现构件与图元的关联。

以门为例，一般情况下门的代号为 M；如果图纸中用 PM 代表平开门，而软件默认的门代号为 M，故不能识别，此时就需要在门的代号属性值中增加一种代号“PM”且与代号“M”之间用英文状态的逗号分隔。

（3）梁设置　从第 15 项到第 30 项为梁设置，共 16 项，如图 6-7 所示。

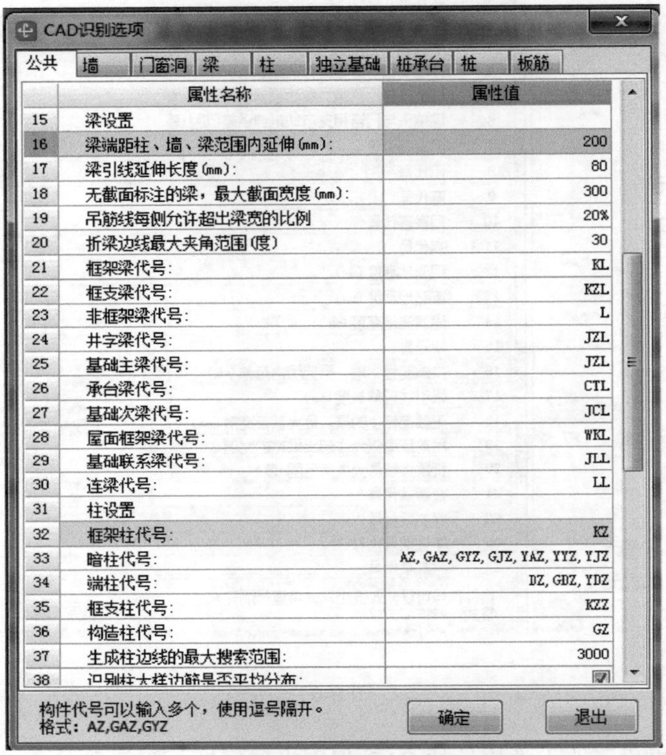

CAD识别选项

公共 | 墙 | 门窗洞 | 梁 | 柱 | 独立基础 | 桩承台 | 桩 | 板筋

	属性名称	属性值
15	梁设置	
16	梁端距柱、墙、梁范围内延伸(mm):	200
17	梁引线延伸长度(mm):	80
18	无截面标注的梁，最大截面宽度(mm):	300
19	吊筋线每侧允许超出梁宽的比例	20%
20	折梁边线最大夹角范围(度)	30
21	框架梁代号:	KL
22	框支梁代号:	KZL
23	非框架梁代号:	L
24	井字梁代号:	JZL
25	基础主梁代号:	JZL
26	承台梁代号:	CTL
27	基础次梁代号:	JCL
28	屋面框架梁代号:	WKL
29	基础联系梁代号:	JLL
30	连梁代号:	LL
31	柱设置	
32	框架柱代号:	KZ
33	暗柱代号:	AZ, GAZ, GYZ, GJZ, YAZ, YYZ, YJZ
34	端柱代号:	DZ, GDZ, YDZ
35	框支柱代号:	KZZ
36	构造柱代号:	GZ
37	生成柱边线的最大搜索范围:	3000
38	识别柱大样边筋是否平均分布:	[illegible]

构件代号可以输入多个，使用逗号隔开。
格式：AZ,GAZ,GYZ

确定　退出

图 6-7

第 16 项，梁端距柱、墙、梁范围内延伸：200mm。此项表示一般 CAD 梁线都绘制到了柱边，但是此时识别过来的梁并未与柱接触，导致钢筋计算错误，而软件自动延伸 200mm，就能把这个缺口堵上，就能正确计算梁的锚固。

第 17 项，梁引线延伸长度：80mm。引线是用于关连梁图元与名称的，没有引线，软件就无法识别该梁名称等相关属性。此处的 80mm 是指引线与梁边线之间的距离，如果梁引线与梁之间的距离超过 80mm，软件就不能识别，则需要修改此值。

第 18 项，无截面标注的梁，最大截面宽度：300mm。若在 CAD 图纸中存在未标注截面尺寸的梁，如果梁线宽度在 300mm 以内，软件仍然可以识别，超过则不能识别。

第 19 项，吊筋线每侧允许超出梁宽的比例：20%。如果在 CAD 图中绘制的吊筋线超过梁宽但未超过此值，仍然可以识别成功。

第 20 项，折梁边线最大夹角范围（度）30°。此值表示如果一根折梁形成的夹角在 150° 以上时是可以识别成一根梁的，小于 150° 则不能识别成一根梁。

第 21 到 30 项代号，根据梁名称确定梁的类型，因为各种类型梁的钢筋计算方式不同，所以在识别时必须分开。

（4）柱设置　从第 31 项到第 38 项为柱的设置，共 8 项属性，如图 6-7 所示。

第 32 ～第 36 项，根据柱的名称确定其类型。

第 37 项，生成柱边线的最大搜索范围：3000mm。使用生成柱边线功能时软件自动以鼠标点为圆心，在半径 3000mm 范围内搜索封闭的区间。

（5）独立基础、桩承台和桩设置　独立基础、桩承台、桩和板钢筋的设置如图 6-8 所示。其中独立基础、桩承台和桩三者在名称的使用上有时发生交叉，所以在进行这三类构件的 CAD 识别时一定要根据实际情况对这三类构件的 CAD 识别选项进行修改。

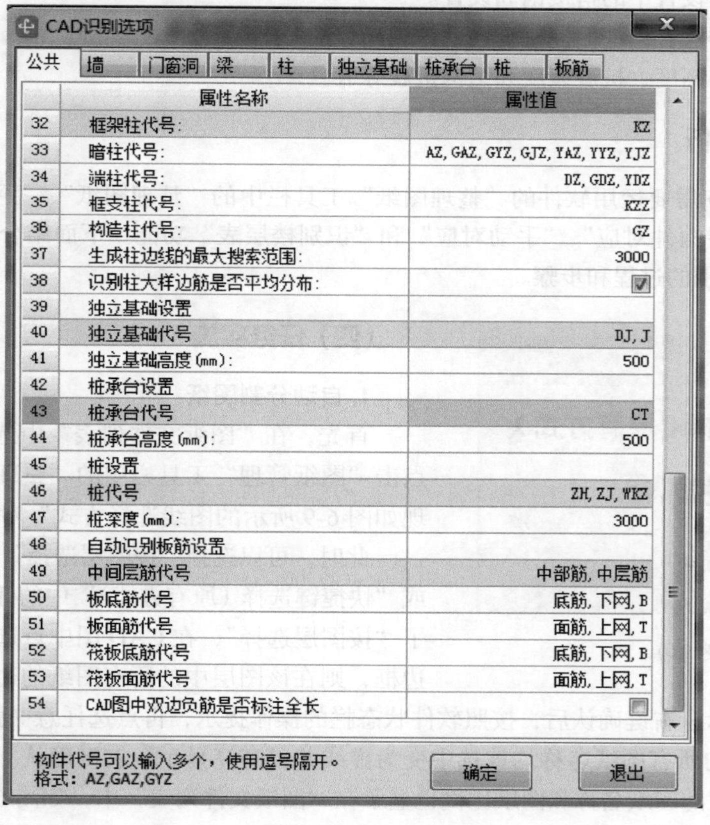

CAD识别选项

公共 | 墙 | 门窗洞 | 梁 | 柱 | 独立基础 | 桩承台 | 桩 | 板筋

	属性名称	属性值
32	框架柱代号:	KZ
33	暗柱代号:	AZ, GAZ, GYZ, GJZ, YAZ, YYZ, YJZ
34	端柱代号:	DZ, GDZ, YDZ
35	框支柱代号:	KZZ
36	构造柱代号:	GZ
37	生成柱边线的最大搜索范围:	3000
38	识别柱大样边筋是否平均分布:	☑
39	独立基础设置	
40	独立基础代号	DJ, J
41	独立基础高度(mm):	500
42	桩承台设置	
43	桩承台代号	CT
44	桩承台高度(mm):	500
45	桩设置	
46	桩代号	ZH, ZJ, WKZ
47	桩深度(mm):	3000
48	自动识别板筋设置	
49	中间层筋代号	中部筋, 中层筋
50	板底筋代号	底筋, 下网, B
51	板面筋代号	面筋, 上网, T
52	筏板底筋代号	底筋, 下网, B
53	筏板面筋代号	面筋, 上网, T
54	CAD图中双边负筋是否标注全长	☐

构件代号可以输入多个，使用逗号隔开。
格式：AZ,GAZ,GYZ

确定　退出

图 6-8

第 40、43、46 项为独立基础、桩承台和桩的代号。在识别时，通过名称来判断构件类型。软件默认 DJ，J 为独立基础，CT 是桩承台，ZH，ZJ，WKZ 是桩基，但是有些设计者把承台也用 ZJ 来表示，这时就需要把 ZJ 增加到桩承台代号的后面。在平法图集中独立基础分为阶形和坡形，代号分别为 DJJ 和 DJP，因此，识别规范表示的独立基础时也要将 DJJ，DJP 增加到独立基础的代号后面。

第 41、44、47 项独立基础、桩承台和桩单元的默认高度。因为识别独立基础、桩承台和桩时是不能识别高度的，此处的高度是为了以后修改时省去——修改基础单元高度的麻烦。

（6）自动识别板筋设置　从第 48 项到第 54 项为自动识别板筋设置，共 7 项属性，如图 6-8 所示。

第 50 项～第 53 项是各种钢筋的代号，在识别时通过这个名称来判断构件类型。

第 54 项，在一些图纸中只标注了全长未进行两边标注，勾选此项可进行识别，否则不进行识别。

（二）任务说明

本节的任务是：

（1）通过识别楼层信息表建立专用宿舍楼工程的楼层并修改层高。

（2）建立图纸楼层构件的对应关系。

（3）修改工程设置中的搭接锚固设置。

（4）修改各楼层各构件的混凝土强度等级。

（5）修改檐口高度、抗震裂度和结构抗震等级。

（三）任务分析

完成此项任务需要运用软件的“整理图纸”工具栏中的“整理图纸”、“手动分割”、“定位图纸”、“图纸楼层构件对应”、“手动对应”和“识别楼层表”功能。下面结合专用宿舍楼案例工程讲解 CAD 识别的过程和步骤。

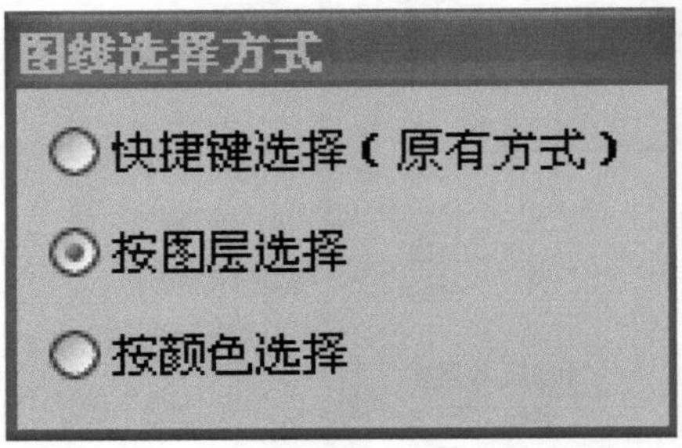

（四）任务实施

1. 自动分割图纸

首先，在“图纸文件列表”中选中结施 -04(修)，点击“图纸管理”工具栏中的“整理图纸”按钮，出现如图 6-9 所示的图线选择方式”对话框。

图线选择方式

○ 快捷键选择（原有方式）

◉ 按图层选择

○ 按颜色选择

图 6-9

此时，可以选择“按图层选择”或“按颜色选择”或“快捷键选择（原有方式）”中的任意一种。若选中了“按图层选择”，在 CAD 图中点选任意一张图纸的边框，则在该图层中的所有图纸的边框均被选中，变为虚线并高亮显示，右键确认后，按照软件状态栏的操作提示，再点选任意一张 CAD 图纸的名称，在该图层中的所有图纸名称均被选中变为虚线并以高亮显示，右键确认，软件开始整理图纸。同时被分割后的图纸名称和图纸比例也显示在“图纸文件列表”中，如图 6-10 所示。

再双击建施 -04（修）图纸，出现如图 6-11 所示的界面。

前面 5 张图纸的边框变成了红色，说明已经被正确分割，且出现在“图纸文件列表”中；后面 6 张图纸未被正确分割，可能是图纸没有名称或名称不规范。这类图纸就必须采用手动分割的方式来完成图纸分割。

2. 手动分割

“手动分割”功能在“图纸管理”工具栏中，点击“手动分割”按钮即可。下面以手动分割带有门窗表的图纸为例讲述手动分割的操作过程。

在绘图工作区找到带有门窗表的图纸，按鼠标左键选择门窗表范围内的 CAD 图元，被选

中的部分高亮显示；选择完成后，按右键确认，弹出“请输入图纸名称”对话框，并输入图纸

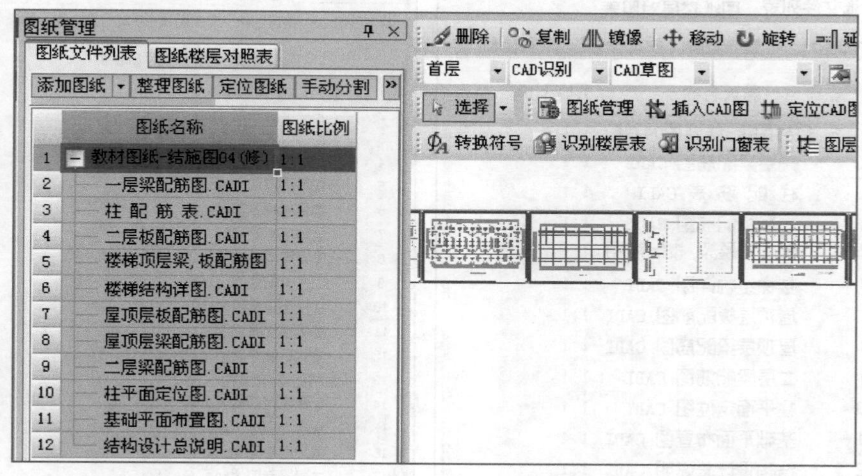

图 6-10

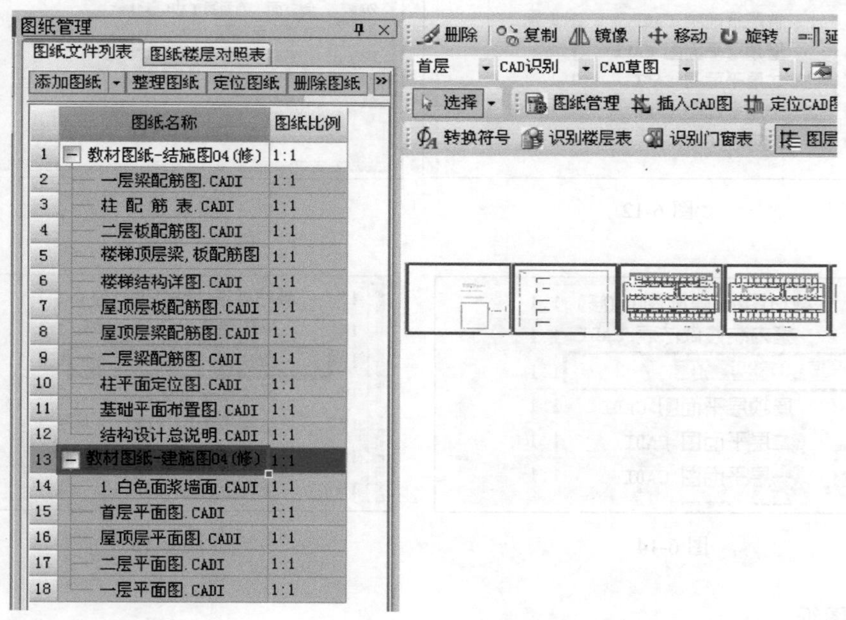

图 6-11

名称“门窗表”，点击“确定”按钮，该张图纸分割完成，并出现在图纸文件列表中，如图 6-12 所示。

3. 修改图纸名称

手动分割完成后，图纸管理器的界面如图 6-13 所示。双击序号即可对其名称进行修改。以修改“首层平面图”为“建筑设计总说明”为例说明其操作过程：

（1）鼠标单击图纸名称（首层平面图），再次点击，该图纸名称高亮显示，如图 6-14 所示。

（2）输入正确的图纸名称“建筑设计总说明”，回车确认，名称修改完成，如图 6-15 所示。

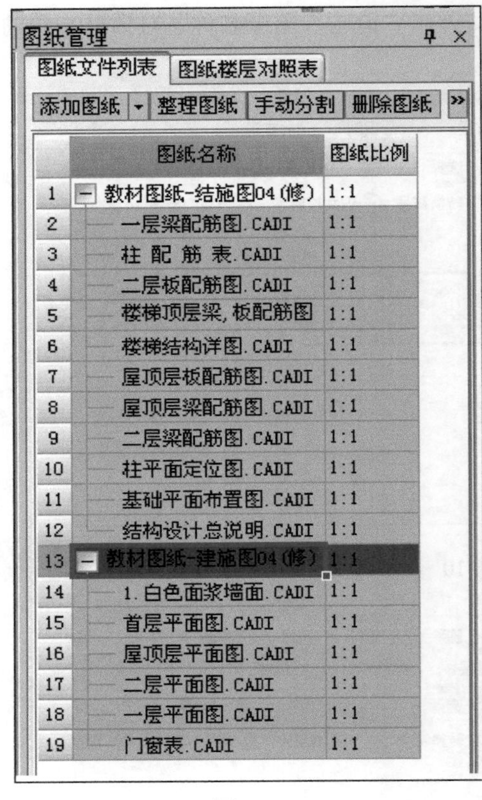

图 6-12

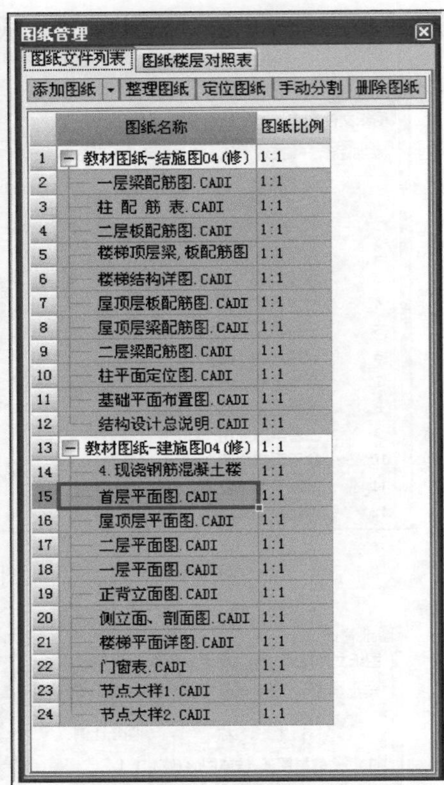

图 6-13

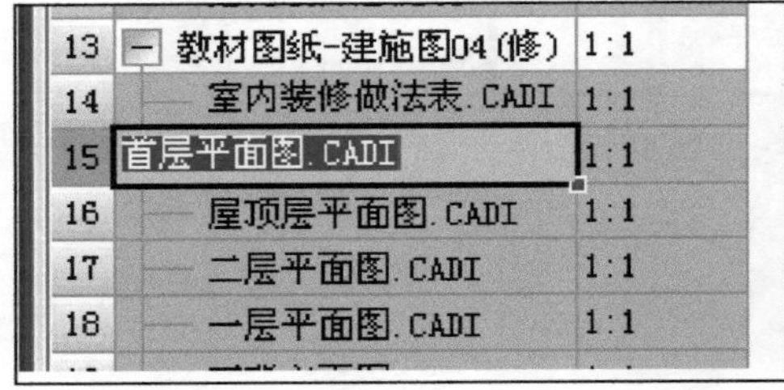

图 6-14

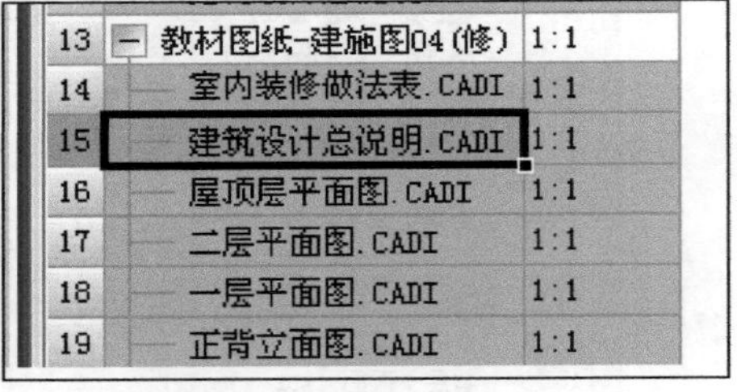

图 6-15

4. 删除图纸

删除图纸的操作过程如下：

（1）点击要删除的图纸（如正背立面图），点击“删除图纸”按钮；点击“是（Y）”按钮，删除选中图纸，点击“否（N）”，取消删除操作；

（2）点击“是（Y）”按钮，删除选中图纸，其结果如图 6-16 所示。

5. 定位图纸

点击“定位图纸”按钮，软件以图纸左下角的轴线交点为原点将分割好的图纸进行定位。同时“图纸文件列表”中各张图纸所在行的填充色也发生了变化，已经定位图纸所在行的填充色变为白色，未被定位图纸所在行的填充色仍为黄色，如图 6-17 所示。

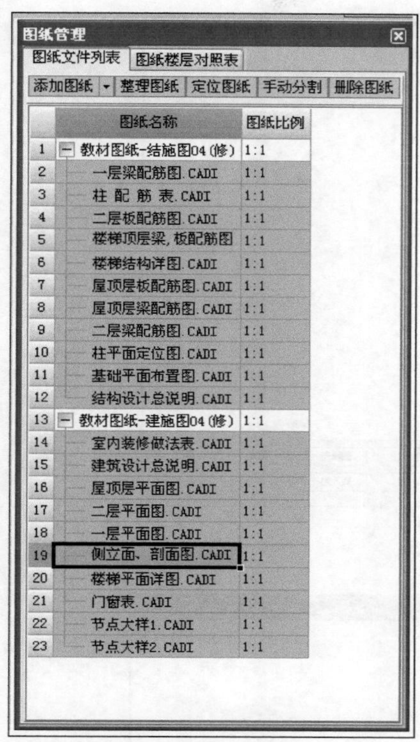

图 6-16

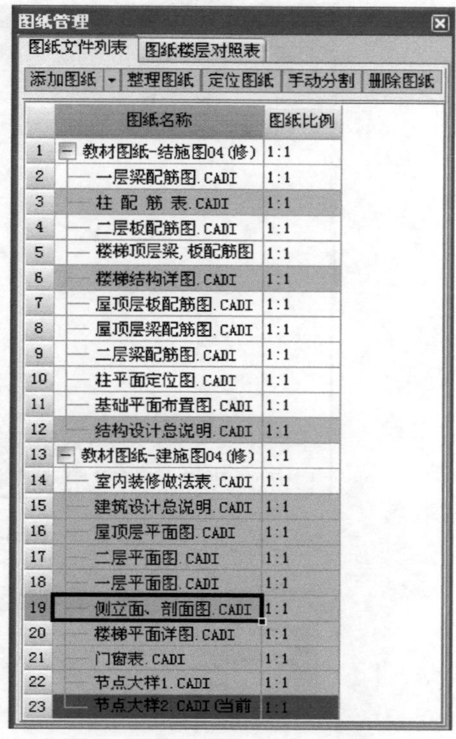

图 6-17

6. 识别楼层表建立新楼层

通过识别楼层表新建楼层需要提取“楼层名称”、“层底标高”和“层高”三项内容，具体操作步骤如下：

（1）双击含有楼层信息表的CAD图（本例为结构设计总说明），将其调入绘图工作区并将结构楼层信息表的部分调整到适当大小，如图6-18所示。

结构楼层信息表

类型 楼层	标高	结构层高	单位	备 注
首层	-0.050	3.6	m	-0.050为梁顶标高
二层	3.550	3.650	m	
屋顶层	7.200	3.6	m	
楼梯屋顶层	10.800			

图 6-18

（2）点击工具栏上的“识别楼层表”，鼠标拉框选择楼层信息表，右键确认，弹出如图6-19所示的选择楼层对应列对话框。

（3）正确选择列对应关系。如图6-19第一行的前三列分别显示楼层、标高和层高，与楼层信息表前三列的内容需一致，若不一致，则需要重新选择对应关系，如图6-20所示。其他各列关系对应请读者自行完成。之后点击“确定”按钮，软件给出楼层信息表识别完毕提示框，如图6-21所示。

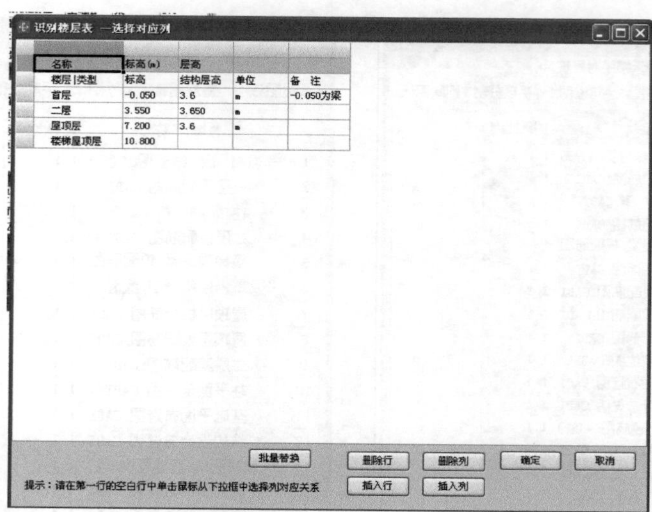

图 6-19

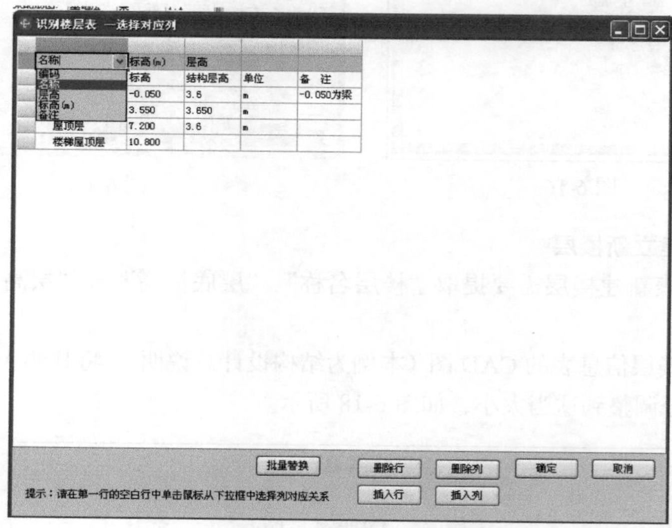

图 6-20

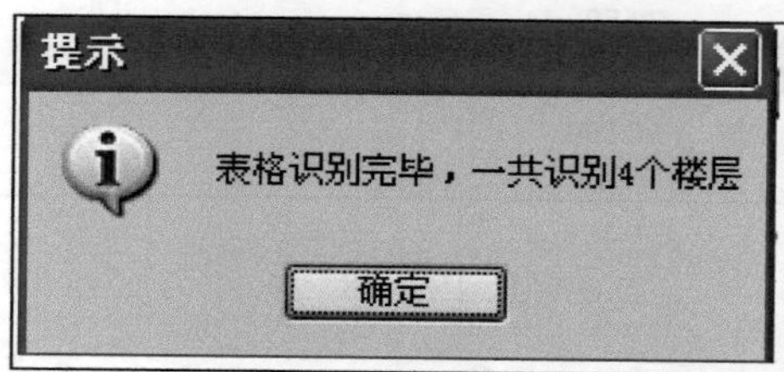

图 6-21

7. 图纸楼层关系对应

图纸楼层手动对应的步骤如下。

（1）鼠标左键点击该图“对应楼层”列直到右端出现…按钮；

（2）点击此按钮，出现“对应楼层”选择框，如图 6-22 所示；

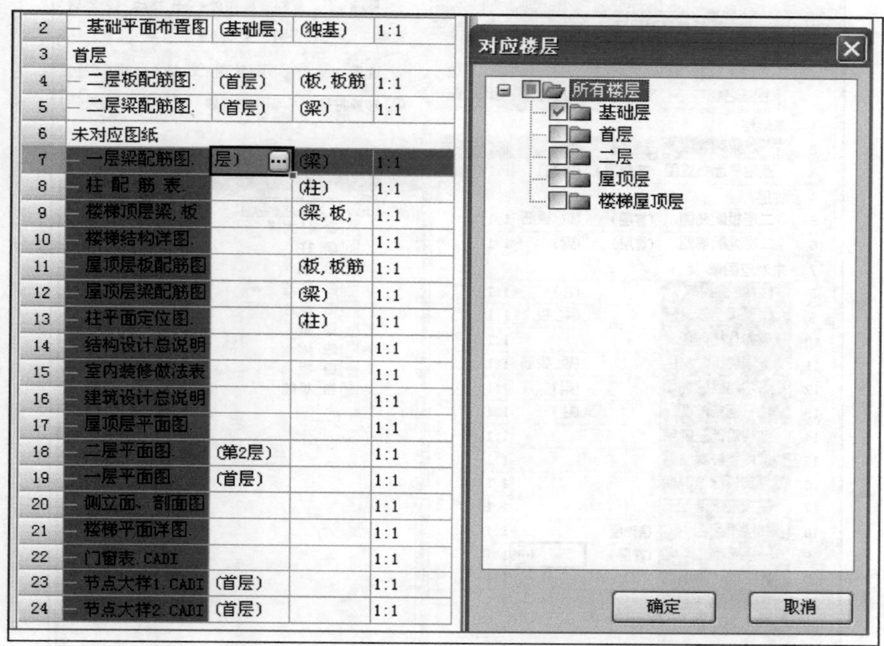

2	— 基础平面布置图	(基础层)	(独基)	1:1
3	首层			
4	— 二层板配筋图.	(首层)	(板, 板筋	1:1
5	— 二层梁配筋图.	(首层)	(梁)	1:1
6	未对应图纸			
7	— 一层梁配筋图.	层) …	(梁)	1:1
8	— 柱 配 筋 表.		(柱)	1:1
9	— 楼梯顶层梁, 板		(梁, 板,	1:1
10	— 楼梯结构详图.			1:1
11	— 屋顶层板配筋图		(板, 板筋	1:1
12	— 屋顶层梁配筋图		(梁)	1:1
13	— 柱平面定位图.		(柱)	1:1
14	— 结构设计总说明			1:1
15	— 室内装修做法表			1:1
16	— 建筑设计总说明			1:1
17	— 屋顶层平面图.			1:1
18	— 二层平面图.	(第2层)		1:1
19	— 一层平面图.	(首层)		1:1
20	— 侧立面、剖面图			1:1
21	— 楼梯平面详图.			1:1
22	— 门窗表. CADI			1:1
23	— 节点大样1. CADI	(首层)		1:1
24	— 节点大样2. CADI	(首层)		1:1

图 6-22

（3）勾选“基础层”前的复选框□，点击“确定”按钮，图纸楼层对照表如图 6-23 所示，一层梁配筋图被正确对应到基础层的梁构件了。

	图纸名称	对应楼层	对应构件	图纸比例
1	基础层			
2	— 一层梁配筋图.	基础层	梁	1:1
3	— 基础平面布置图	(基础层)	(独基)	1:1
4	首层			
5	— 二层板配筋图.	(首层)	(板, 板筋	1:1
6	— 二层梁配筋图.	(首层)	(梁)	1:1
7	未对应图纸			
8	— 柱 配 筋 表.		(柱)	1:1
9	— 楼梯顶层梁, 板		(梁, 板,	1:1
10	— 楼梯结构详图.			1:1
11	— 屋顶层板配筋图		(板, 板筋	1:1
12	— 屋顶层梁配筋图		(梁)	1:1

图 6-23

图纸构件对应的步骤如下：

（1）点击一层平面图所对应的“对应构件”列，直到右端出现…按钮；点击此按钮，出现“对应构件类型”选择框，如图 6-24 所示；

（2）勾选“墙”构件前的复选框□，并点击“确定”按钮。一层平面图对应成功，如图 6-25 所示。

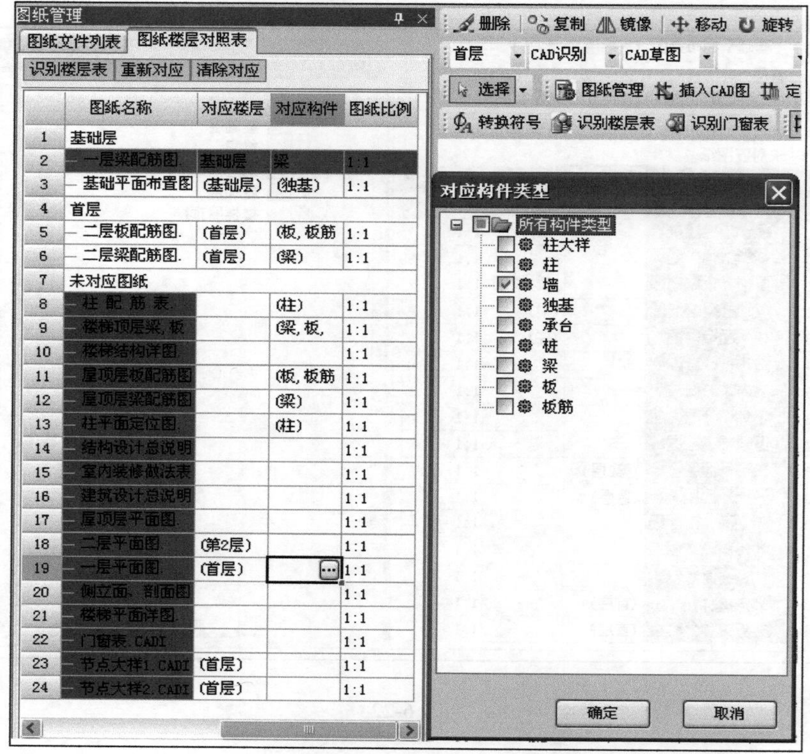

图 6-24

4	首层			
5	— 二层板配筋图.	(首层)	(板，板筋	1:1
6	— 二层梁配筋图.	(首层)	(梁)	1:1
7	— 一层平面图.	(首层)	墙	1:1
8	未对应图纸			
9	— 柱 配 筋 表.		(柱)	1:1
10	— 楼梯顶层梁，板		(梁，板，	1:1
11	— 楼梯结构详图.			1:1
12	— 屋顶层板配筋图		(板，板筋	1:1
13	— 屋顶层梁配筋图		(梁)	1:1

图 6-25

其他未对应图纸，请读者采用同样的方法自行完成。完成图纸楼层构件对应后的界面如图 6-26 所示。

（五）总结拓展

本节主要介绍了自动识别图纸信息的相关操作，包括自动分割图纸、手动分割图纸、删除图纸、定位图纸、图纸楼层构件关系对应，清除对应、重新对应和通过识别楼层信息新建楼层。

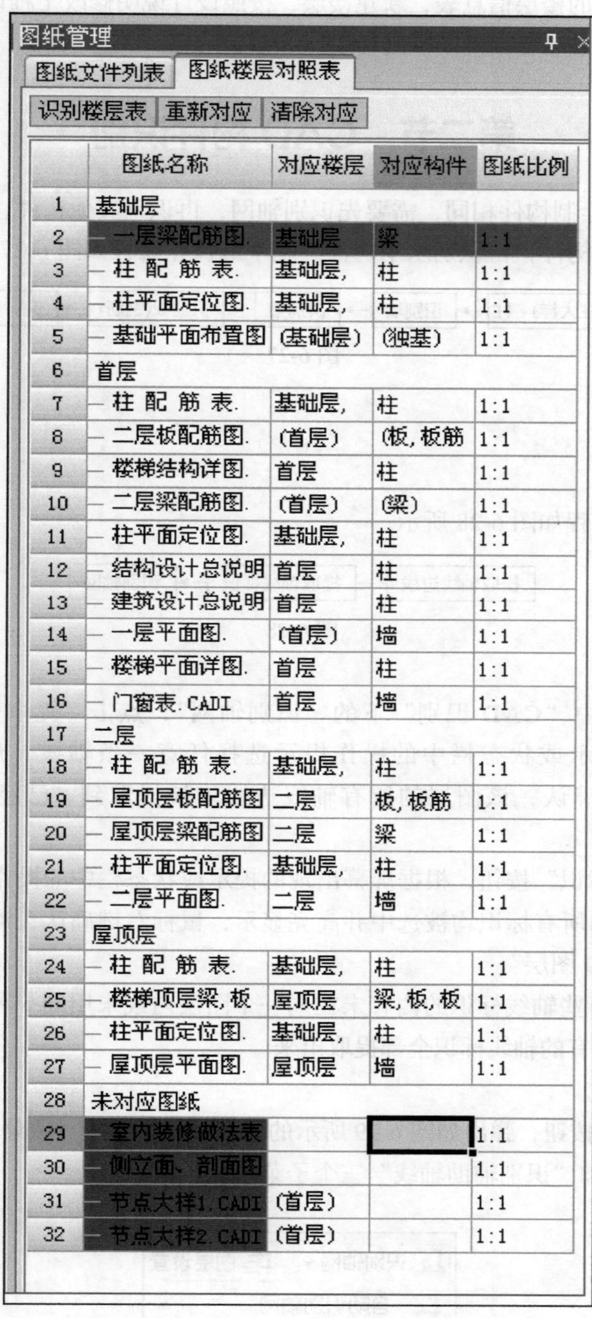

图纸管理

图纸文件列表 | 图纸楼层对照表

识别楼层表 | 重新对应 | 清除对应

	图纸名称	对应楼层	对应构件	图纸比例
1	基础层			
2	— 一层梁配筋图.	基础层	梁	1:1
3	— 柱 配 筋 表.	基础层,	柱	1:1
4	— 柱平面定位图.	基础层,	柱	1:1
5	— 基础平面布置图	(基础层)	(独基)	1:1
6	首层			
7	— 柱 配 筋 表.	基础层,	柱	1:1
8	— 二层板配筋图.	(首层)	(板, 板筋	1:1
9	— 楼梯结构详图.	首层	柱	1:1
10	— 二层梁配筋图.	(首层)	(梁)	1:1
11	— 柱平面定位图.	基础层,	柱	1:1
12	— 结构设计总说明	首层	柱	1:1
13	— 建筑设计总说明	首层	柱	1:1
14	— 一层平面图.	(首层)	墙	1:1
15	— 楼梯平面详图.	首层	柱	1:1
16	— 门窗表. CADI	首层	墙	1:1
17	二层			
18	— 柱 配 筋 表.	基础层,	柱	1:1
19	— 屋顶层板配筋图	二层	板, 板筋	1:1
20	— 屋顶层梁配筋图	二层	梁	1:1
21	— 柱平面定位图.	基础层,	柱	1:1
22	— 二层平面图.	二层	墙	1:1
23	屋顶层			
24	— 柱 配 筋 表.	基础层,	柱	1:1
25	— 楼梯顶层梁, 板	屋顶层	梁, 板, 板	1:1
26	— 柱平面定位图.	基础层,	柱	1:1
27	— 屋顶层平面图.	屋顶层	墙	1:1
28	未对应图纸			
29	— 室内装修做法表			1:1
30	— 侧立面、剖面图			1:1
31	— 节点大样1. CADI	(首层)		1:1
32	— 节点大样2. CADI	(首层)		1:1

图 6-26

(六) 思考与练习

(1) 多张图纸已经被添加到软件中，要对其进行整理需要点击几次整理图纸按钮？

(2) 识别楼层表时需要注意哪些事项？

（3）分割后的图纸上在同一图框内还有多张图纸如何再分割？

（4）识别案例工程的楼层信息表，新建楼层，按照设计说明修改工程设置。

（5）将案例工程的各层各构件图纸进行定位和楼层对应。

第二节　CAD 构件识别

CAD 识别构件与绘制构件相同，需要先识别轴网，再识别其他构件；在识别构件时，按照绘图的顺序先识别竖向构件，再识别水平构件。基本的操作流程如图 6-27 所示。

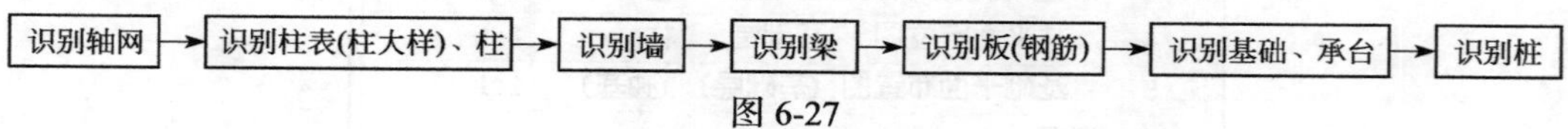

图 6-27

一、识别轴网

（一）基本知识

识别轴网的一般流程如图 6-28 所示。

提取轴线边线 → 提取轴线标识 → 识别轴网

图 6-28

1. 提取轴线边线

点击模块导航栏中“CAD 识别”下的“识别轴网”，点击“提取轴线边线”，按钮后，可以按屏幕出现的提示或状态栏中的操作提示选择任意一条轴线，所有轴线均被选中并高亮显示，鼠标右键确认，该图层的所有轴线边线均被提取到“已经提取的 CAD 图层”。

2. 提取轴线标识

点击“提取轴线标识”按钮，根据屏幕出现的提示或状态栏中的操作提示选择任意一处的轴线标识，该图层中的所有标识均被选中并高亮显示，鼠标右键确认，该图层的轴线标识被提取到“已经提取的 CAD 图层”。

值得注意的是，有些轴线标识的内容未在同一个图层内或未用同一种颜色标注，就需要多次进行提取，直到将所有的轴线标识全部提取出来。

3. 识别轴网

点击“识别轴网”按钮，弹出如图 6-29 所示的识别轴网子菜单。该菜单下“自动识别轴网”、“选择轴网组合识别”和“识别辅助轴线”三个子菜单。

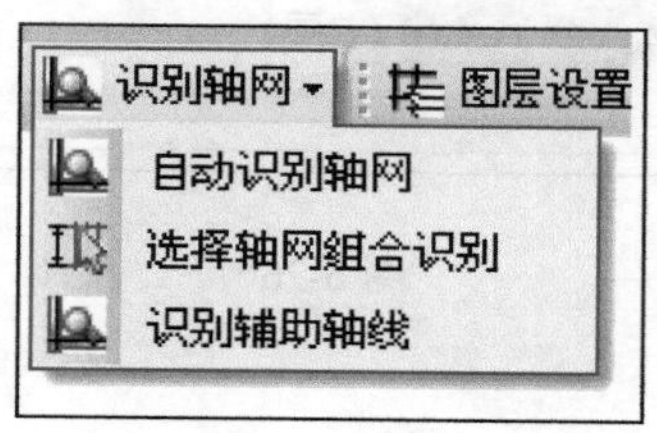

图 6-29

“自动识别轴网”用于自动识别 CAD 图中的轴线，自动完成轴网的识别。“选择轴网组

合识别”用于手动识别 CAD 图中的轴线，该功能可以将用户选定的轴线识别成主轴线。“识别辅助轴线”可以手动识别 CAD 图中的辅助轴线。

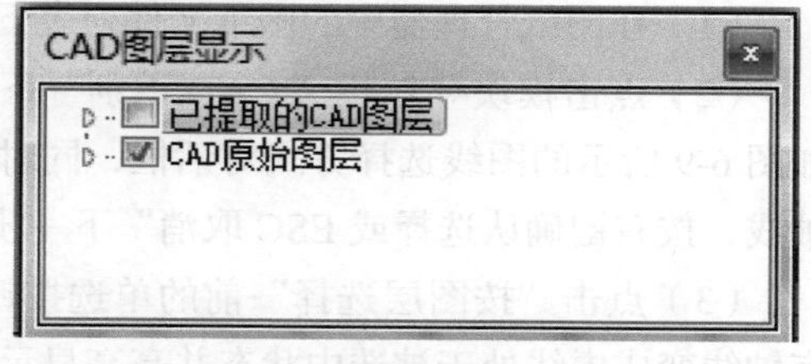

图 6-30

4. 补画 CAD 线和修改 CAD 标注

有时 CAD 图纸绘制的不规范，可能缺少了某些线条，导致软件提取的信息不完善，所以在提取相关信息之前要先对 CAD 图纸进行分析，发现缺少的线条元素时，可以使用软件提供的“补画 CAD 线”功能补充完整。同样，如果发现 CAD 图上的标注不完整或有错误，也可以使用软件提供的“修改 CAD 标注”功能进行完善和补充。

5. 图层设置

当 CAD 图纸被调入到工作区时，软件默认打开“CAD 图层显示”工具栏，如图 6-30 所示。

该工具栏中显示两个分类图层，一个是“CAD 原始图层”，另一个是“已提取的 CAD 图层”。在大的分类图层下又分别包括了各个构件所在的图层。当需要有选择的显示各构件时，可以点击分类图层前面的右三角标志，将该分类图层下所有的图层打开，点击各图层前面的复选框“□”，如图 6-31 所示。如果不需要显示某个图层的内容，只需将该图层前的勾去掉即可。

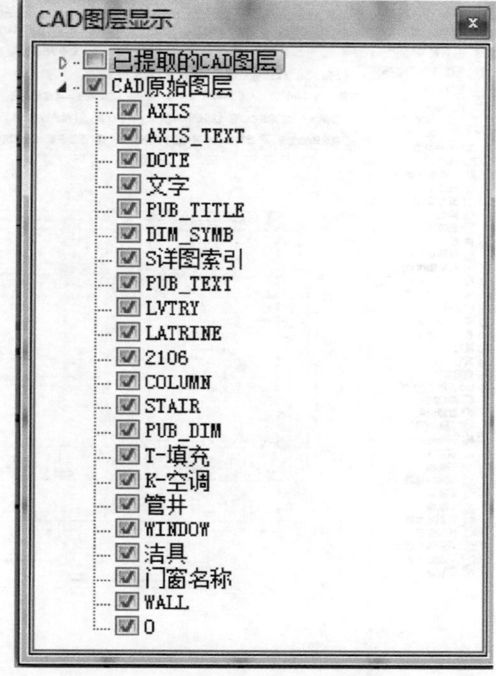

图 6-31

（二）任务说明

本节的任务是：

（1）通过识别一层平面图中的轴线建立轴网。

（2）熟悉图层设置、显示指定图层、隐藏指定图层的操作。

（3）熟悉选择同图层 CAD 图元、选择同颜色 CAD 图元的操作。

（三）任务分析

一层平面图中开间方向的主轴线有 14 条，进深方向的主轴线有 6 条，Ⓓ、Ⓔ轴线间还有一条未标轴号的轴线。

（四）任务实施

1. 提取轴线边线

提取轴线边线的操作步骤如下：

（1）在图纸管理器中的图纸文件列表下，双击“一层平面图”，将其调入绘图工作区。

（2）点击模块导航栏“CAD识别”下的“识别轴网”，点击“提取轴线边线”按钮，出现如图6-9所示的图线选择方式对话框，同时软件状态栏出现“按左键或按CTRL/ALT+左键选择轴线，按右键确认选择或ESC取消”下一步的操作提示。

（3）点击“按图层选择”前的单选按钮，按照软件状态栏中的提示选择任意一条轴线，所有轴线变成虚线处于被选中状态并高亮显示，如图6-32所示。

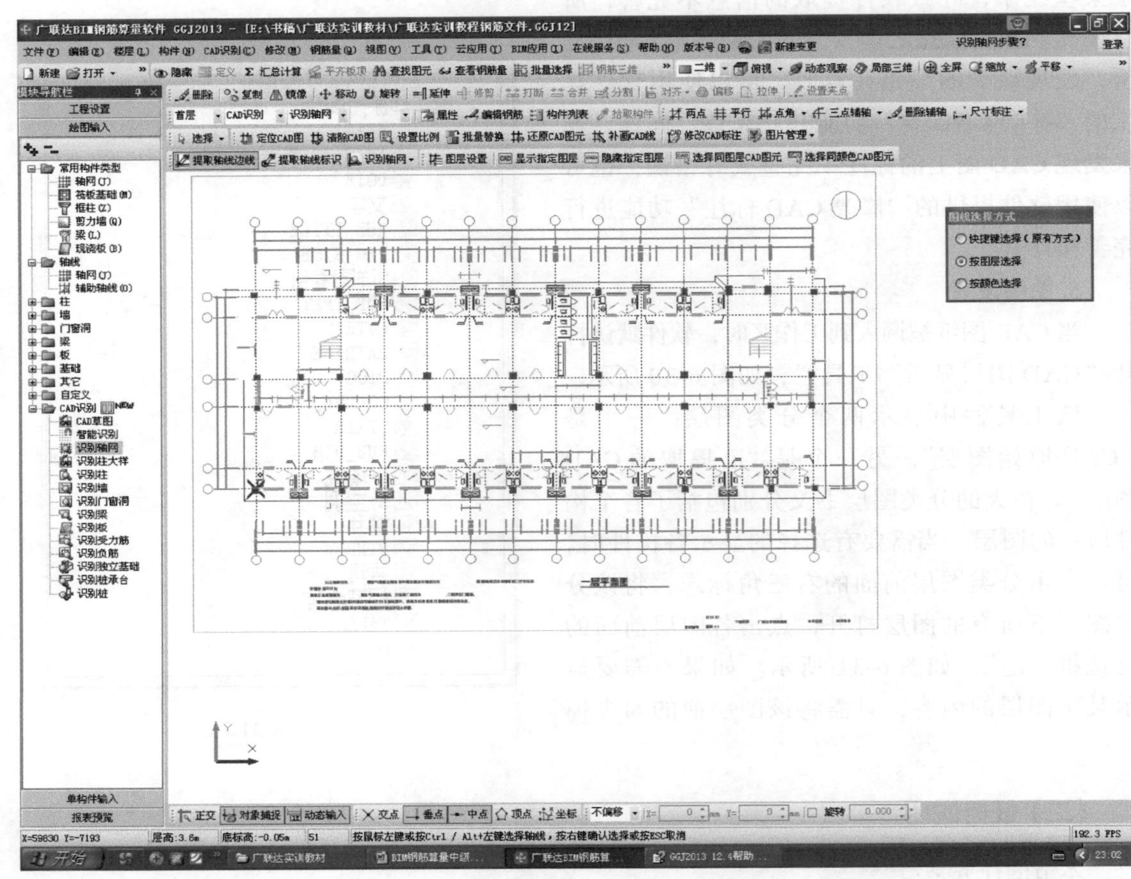

图6-32

（4）右键确认，所有轴线从CAD图中消失，如图6-33所示，并被存放到“已提取的CAD图层”中。

点击选择轴线的操作也可以改用鼠标拉框选择的方式进行。

2. 提取轴线标识

提取轴线标识的步骤如下：

（1）点击工具栏上的“提取轴线标识”，出现“图线选择方式”对话框，选择“按图层选择”，鼠标左键依次点击轴线的组成部分。

（2）鼠标右键确认，轴线标识从图中消失，出现如图6-34所示的界面，轴线标识被存放到“已经提取的CAD图层”中。

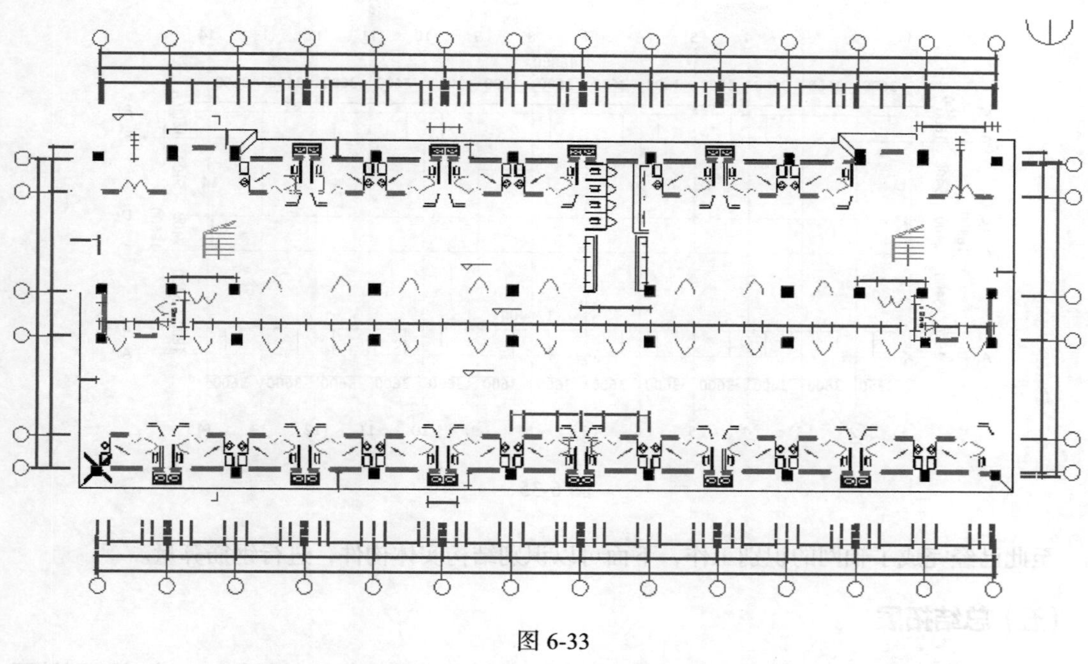

图 6-33

图 6-34

提取轴线标识的过程中，如果轴线的各个组成部分在同一个图层中或用同一种颜色进行绘制，则只需一次提取即可；如果轴线包括的部分不在一个图层中或未用同一种颜色绘制，则需要依次点击标识所在的各个图层或各种颜色，直到将所有的轴线标识全部选中。点击选择轴线标识的操作也可以改用鼠标拉框选择的方式进行。

3. 识别轴网

点击“自动识别轴网”子菜单，出现如图 6-35 所示的轴网。

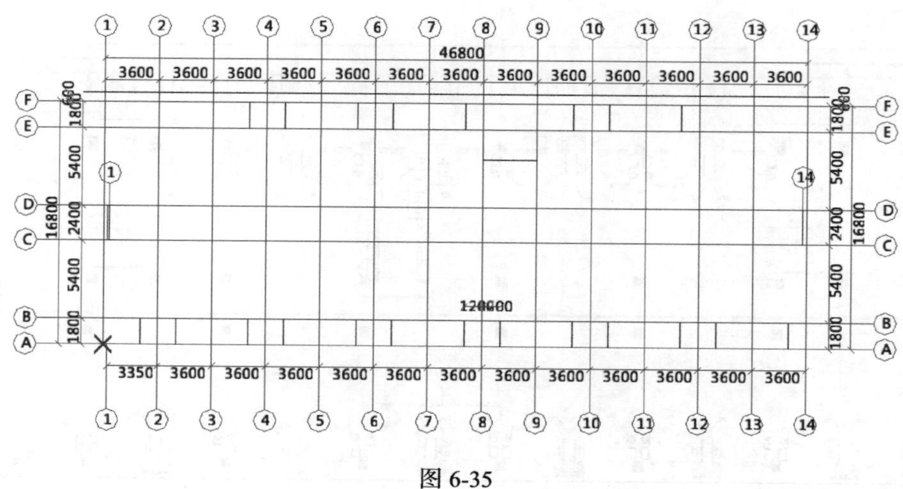

图 6-35

至此已经完成了轴网的识别工作，下面可以识别结构实体构件，进行钢筋算量。

（五）总结拓展

本节主要介绍识别轴网的步骤和流程，包括提取轴线边线、提取轴线标识、自动识别轴网、选择轴网组合识别、识别辅助轴线及补画 CAD 线和修改 CAD 标注等功能。

二、识别独立基础

（一）基本知识

1. 识别流程

广联达 BIM 钢筋算量软件提供了识别独立基础的功能。识别独立基础的方法有两种，一种是先定义构件，再识别构件的位置生成图元；另一种是先识别构件的位置生成图元，再选中图元修改构件的属性。推荐使用第一种方法进行识别。无论采作哪种方法，识别独立基础的流程相同，如图 6-36 所示。

提取基础边线 → 提取基础标识 → 识别基础 → 基础图元校核

图 6-36

2. 识别独立基础工具栏

独立基础识别工具栏如图 6-37 所示。

图 6-37

3. 提取独立基础边线

独立基础各个单元均有边线，这里所说的边线是指最下一个单元的边线，即独立基础最外侧的边线。提取独立基础边线的步骤如下：

（1）点击“提取独立基础边线”工具，点击工具栏中“提取独立基础边线”，弹出“图线选择方式”对话框。同时，在软件状态栏出现“按鼠标左键或按 Ctrl/Alt+ 左键选择独立基础边线，右键确认选择或 ESC 取消”的下一步操作提示。

（2）选择独立基础边线。利用“选择相同图层的 CAD 图元”或“选择相同颜色的 CAD 图元”的功能，按照状态栏的提示，选择任意一个独立基础的最外侧边线，所有在该图层的独立基础的边线全部被选中并高亮显示。

（3）右键确认选择，全部独立基础的边线从 CAD 图中消失，并被保存到“已经提取的 CAD 图层”中。

4. 提取独立基础标识

提取独立基础标识的步骤如下。

（1）点击绘图工具栏“提取独立基础标识”，弹出“图线选择方式”对话框，同时在状态栏出现“按鼠标左键或按 Ctrl/Alt+ 左键选择独立基础标识，右键确认选择或 ESC 取消”的下一步操作提示。

（2）选择独立基础标识。利用“选择相同图层的 CAD 图元”或“选择相同颜色的 CAD 图元”的功能选中需要提取的独立基础标识 CAD 图元。

（3）点击鼠标右键确认选择，则选择的 CAD 图元自动消失，并存放在“已提取的 CAD 图层”中。

5. 识别独立基础的方式

在完成“提取独立基础边线”和“提取独立基础标识”后，就可以进入识别独立基础了。识别独立基础的方式有“自动识别”、“点选识别”和“框选识别”三种，如图 6-38 所示。

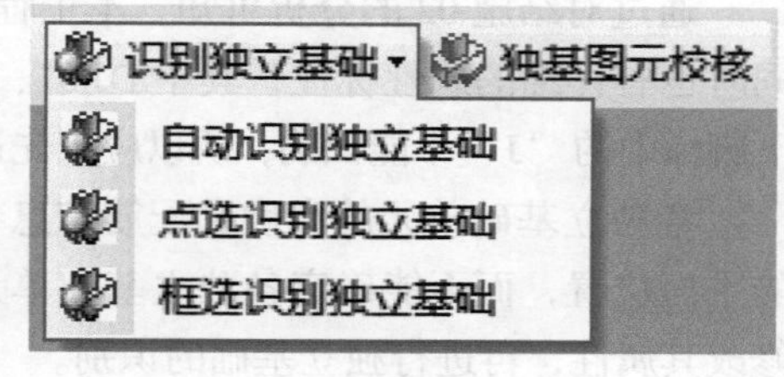

图 6-38

“自动识别”可以将提取的独立基础边线和独立基础标识一次全部识别成独立基础构件；“点选识别”以通过选择独立基础边线和独立基础标识的方法进行独立基础识别成独立基础构件；“框选识别”与自动识别独立基础非常相似，只是在执行“框选识别独立基础”命令后在绘图区域拉框确定一个范围，则此范围内提取的所有独立基础边线和独立基础标识将被识别成独立基础构件。

6. 独立基础校核

独立基础识别完成后，如果图纸中存在标注问题导致独立基础识别出现错误，软件自动进行校核并弹出提示。其操作步骤如下。

（1）自动识别或框选识别独立基础完成后，如果出现图纸与识别结果不一致，自动弹出如图 6-39 所示的提示，目前软件只提供“无名称标识”和“有名称，但尺寸匹配错误”两项内容进行校核。

（2）双击定位到存在问题的独立基础，软件自动定位并选择此独立基础图元，用户可进行修改。

（3）当对有问题的独立基础修改后，点击刷新，软件重新进行校核，直到将所有错误修改完毕为止。

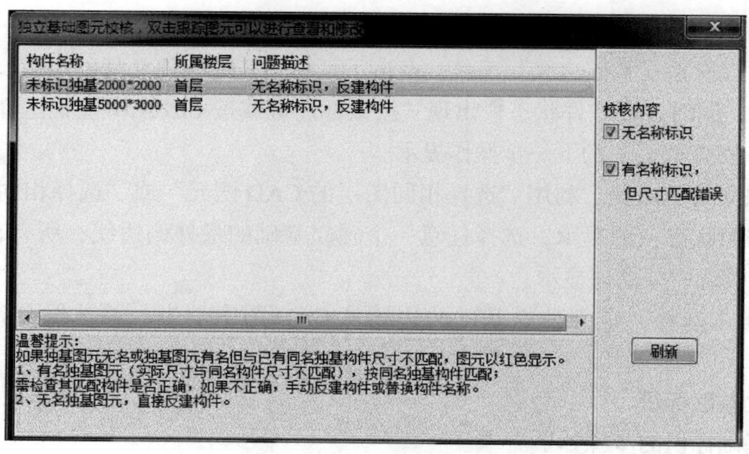

图 6-39

（二）任务说明

本节的任务是：

（1）修改阶形独立基础识别选项及计算设置。

（2）按照独立基础大样图建立独立基础单元并修改单元属性。

（3）识别基础层的所有独立基础图元。

（三）任务分析

通过对结施 02 的分析可知，本工程中有 8 个二阶型独立基础，编号分别为 DJ$_J$01 ～ DJ$_J$08，同时也有详细的属性标注，其中 DJ$_J$01、DJ$_J$03、DJ$_J$04、DJ$_J$05 和 DJ$_J$08 只标注了名称。在识别时下脚标中的“J”不能识别，所以应该先进行批量替换，将“DJ”替换为“DJJ”后再进行识别。

各独立基础单元的高度和配筋信息各不相同，通过识别独立基础只能识别出这些独立基础的平面位置，而不能确定各独立基础单元层的具体属性。因此，先新建独立基础及顶底单元并修改其属性，再进行独立基础的识别。

（四）任务实施

1. 批量替换独立基础名称

切换到基础层，双击“基础平面布置图”，将其调入绘图工作区；点击工具栏“批量替换”，弹出批量替换窗口，在“查找内容”框内填写“DJ”，在替换为框内填写“DJJ”，如图 6-40 所示。点击“全部替换”按钮，完成名称的替换。

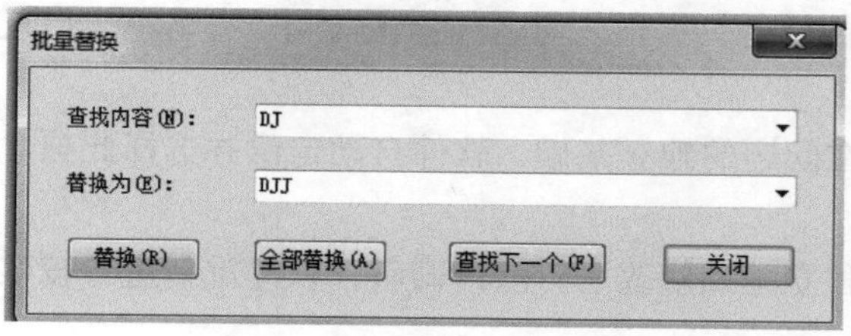

批量替换

查找内容(N)： DJ

替换为(E)： DJJ

替换(R)　全部替换(A)　查找下一个(F)　关闭

图 6-40

值得注意的是，对独立基础名称进行批量替换后，需要调整独立基础识别选项第 40 项，增加独立基础代号为“DJJ”的识别标识。

2. 新建独立基础构件

新建独立基础构件的操作不再赘述，$\mathrm{DJ_J}$ 01 的底层单元属性如图 6-41 所示。

搜索构件...

- 独立基础
  - DJJ 01,250/200
    - (顶)DJJ 01,250/200-2
    - (底)DJJ 01,250/200-1
  - DJJ 02,300/250
    - (顶)DJJ 02,300/250-2
    - (底)DJJ 02,300/250-1
  - DJJ 03,350/250
    - (顶)DJJ 03,350/250-2
    - (底)DJJ 03,350/250-1
  - DJJ 04,350/250
    - (顶)DJJ 04,350/250-1
    - (底)DJJ04,350/250-1
  - DJJ 05,350/250
    - (顶)DJJ 05,350/250-2
    - (底)DJJ 05,350/250-1

属性编辑

	属性名称	属性值	附加
1	名称	DJJ 01,250/200-1	
2	截面长度(mm)	2700	☐
3	截面宽度(mm)	2700	☐
4	高度(mm)	250	☐
5	相对底标高(m)	(0)	☐
6	横向受力筋	⌀12@150	☐
7	纵向受力筋	⌀12@150	☐
8	短向加强筋		☐
9	顶部柱间配筋		☐
10	其它钢筋		
11	备注		☐
12	⊞ 锚固搭接		

图 6-41

$\mathrm{DJ_J}$ 01 顶层单元的属性如图 6-42 所示。其他七个构件依次建立即可。

搜索构件...

- 独立基础
  - DJJ 01,250/200
    - (顶)DJJ 01,250/200-2
    - (底)DJJ 01,250/200-1
  - DJJ 02,300/250
    - (顶)DJJ 02,300/250-2
    - (底)DJJ 02,300/250-1
  - DJJ 03,350/250
    - (顶)DJJ 03,350/250-2
    - (底)DJJ 03,350/250-1
  - DJJ 04,350/250
    - (顶)DJJ 04,350/250-1
    - (底)DJJ04,350/250-1
  - DJJ 05,350/250
    - (顶)DJJ 05,350/250-2
    - (底)DJJ 05,350/250-1

属性编辑

	属性名称	属性值	附加
1	名称	DJJ 01,250/200-2	
2	截面长度(mm)	2300	☐
3	截面宽度(mm)	2300	☐
4	高度(mm)	200	☐
5	相对底标高(m)	(0.25)	☐
6	横向受力筋		☐
7	纵向受力筋	...	☐
8	短向加强筋		☐
9	顶部柱间配筋		☐
10	其它钢筋		
11	备注		☐
12	⊞ 锚固搭接		

图 6-42

3. 提取独立基础边线

点击“提取独立基础边线”，按照软件默认的图线选择方式和软件状态栏的提示，选择任意一个独立基础的外边线，则所有独立基础边线被选中并高亮显示，如图 6-43 所示。右键确认选择，所有独立基础边线全部消失并被保存到“已经提取的 CAD 图层”中。

4. 提取独立基础标识

点击“提取独立基础标识”，按照软件默认的图线选择方式和软件状态栏的提示，选择任意一个独立基础的标识，则所有独立基础标识被选中并高亮显示，如图 6-44 所示。右键确认选择，所有独立基础标识全部消失并被保存到“已经提取的 CAD 图层”中。

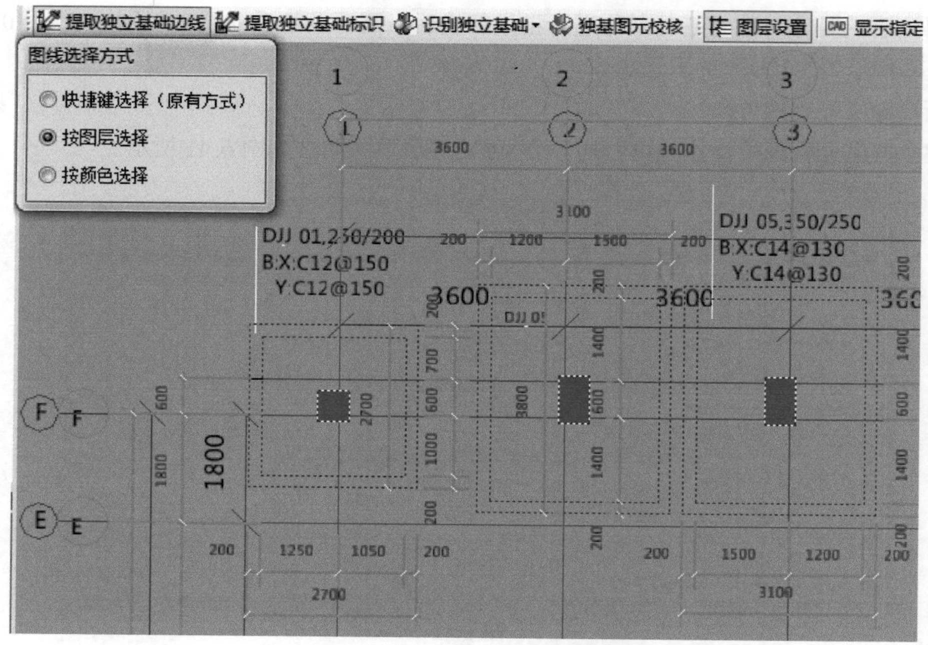

图 6-43

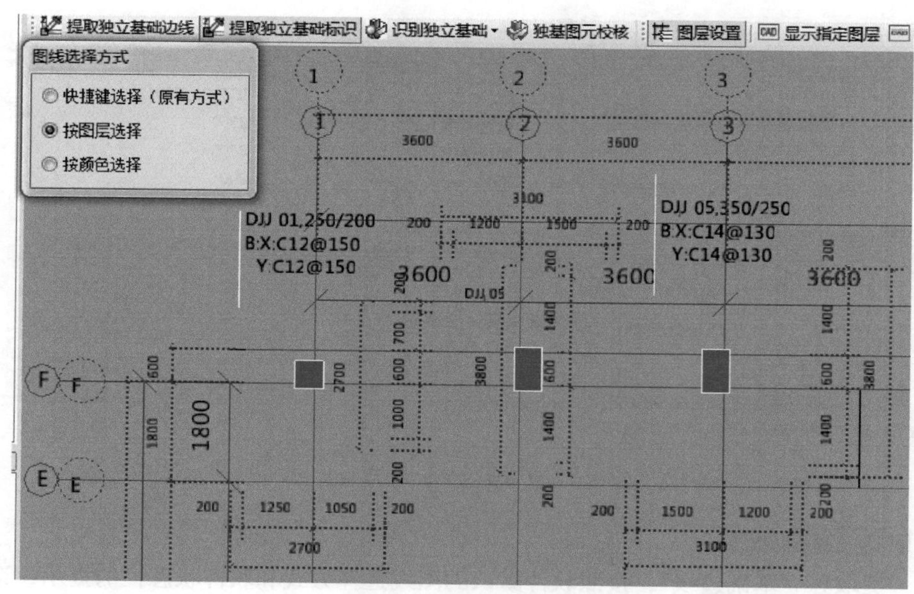

图 6-44

5. 识别独立基础

识别独立基础的操作步骤如下：

（1）点击“识别独立基础”→“自动识别独立基础”，软件弹出识别完成提示，共识别到29个独立基础图元。

（2）点击“确定”，弹出未发现错误图元的“独立基础校核”窗口。

（3）点击“确定”，结束独立基础的识别。

6. 校对独立基础

本工程中只有 8 种独立基础，软件却识别到 13 个独立基础构件，其中 8 个名称中含有尺寸信息，5 个只有名称不含尺寸信息，如图 6-45 所示。

通过前面的分析可知，DJ_J 01、DJ_J 03、DJ_J 04、DJ_J 05 与 DJ_J 08 是重复的，本例只保留图 6-45 中后 8 个构件的独立基础名称。

切换到绘图界面，点击“构件”菜单→“批量选择”，在弹出的窗口中，选中 DJ_J 01 如图 6-46 所示的窗口。

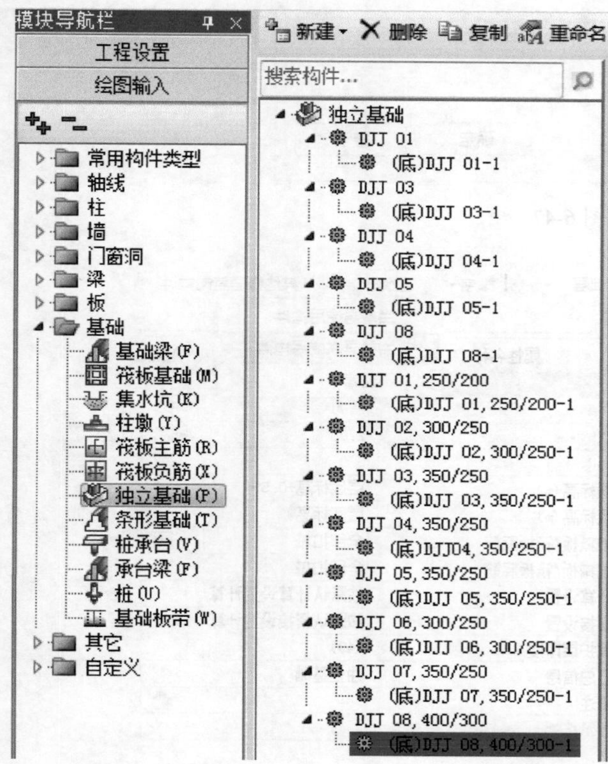

图 6-45

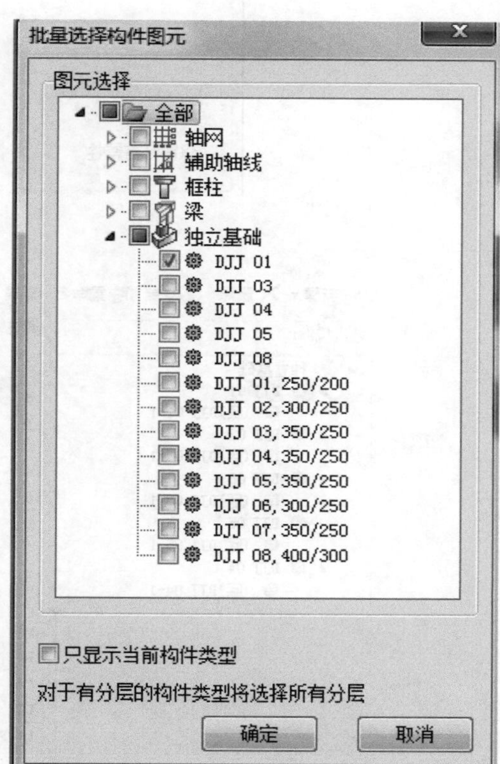

图 6-46

点击“确定”按钮，所有的 DJ_J 01 被选中并高亮显示，点击鼠标右键，在弹出的快捷菜单中点击“修改构件图元名称”，弹出如图 6-47 所示的“修改构件图元名称”对话框，选中 DJ_J 01，250/200，点击“确定”按钮，完成 DJ_J 01 的修改。

按照前述的过程依次将“ DJ_J 03”修改为“ DJ_J 03，350/250”，“ DJ_J 04”修改为“ DJ_J 04，350/250”，“DJ_J 05”修改为“DJ_J 05，350，250”，“DJ_J 08”修改为“DJ_J 08，400/300”。

最后在定义界面，通过“过滤”功能，如图 6-48 所示，找到本层未使用的构件并将其删除。删除方法和过程不再赘述。

独立基础识别完成后，基础层构件如图 6-49 所示。

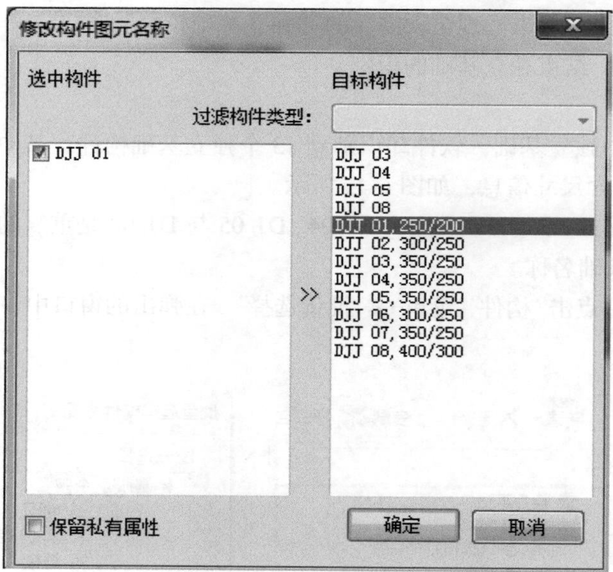

图 6-47

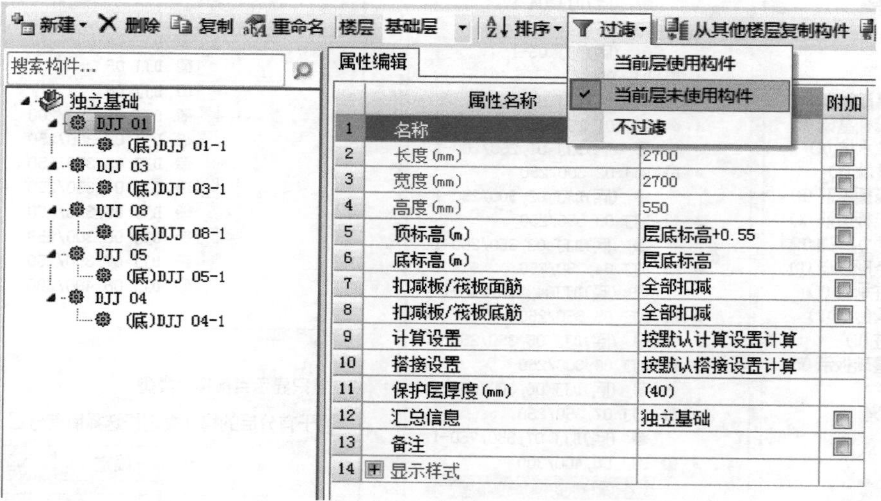

图 6-48

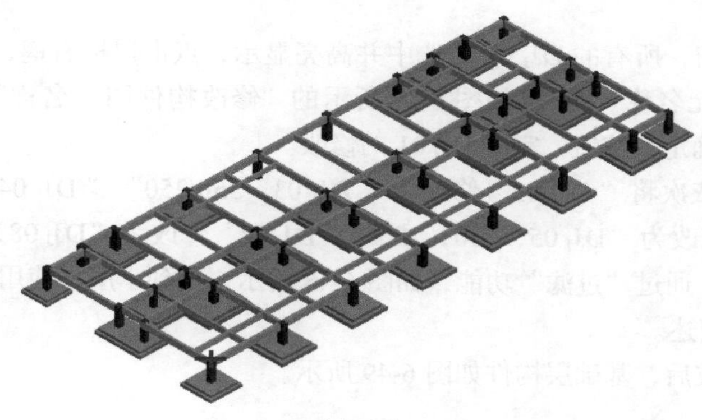

图 6-49

(五)总结拓展

(1)本节主要介绍了识别独立基础的流程以及具体操作方法和步骤。从案例工程的操作可以看到，CAD 识别只能确定图元位置。当图中的名称与构件定义不同时，则会识别成另一种新构件，还需要进行改名等操作才能达到目的。所以 CAD 识别独立基础构件的效率并不高，读者要根据工程中图纸的具体情况来选择绘图的方式。

(2)实际工程中桩基也是常用的一种基础形式，软件识别步骤如下。

1)提取桩边线

① 在“CAD 草图”中导入 CAD 图。

② 点击导航条“CAD 识别”→“识别桩”。

③ 点击绘图工具栏“提取桩边线”。

④ 利用“选择相同图层的 CAD 图元”或“选择相同颜色的 CAD 图元”的功能选中需要提取的桩边线 CAD 图元。

⑤ 点击鼠标右键确认选择，则选择的 CAD 图元自动消失，并存放在“已提取的 CAD 图层”中。

2)提取桩标识

① 在完成提取桩边线的基础上，点击绘图工具栏“提取桩标识”。

② 利用“选择相同图层的 CAD 图元”或“选择相同颜色的 CAD 图元”的功能选中需要提取的桩标识 CAD 图元(此过程中也可以点选或框选需要提取的 CAD 图元)。

③ 点击鼠标右键确认选择，则选择的 CAD 图元自动消失，并存放在“已提取的 CAD 图层”中。

3)识别桩　识别桩的方式有三种，自动识别、点选识别及框选识别。

① 自动识别　此功能可以将提取的桩边线和桩标识一次全部识别。其操作非常简单，只需要一步即可完成。在完成提取桩边线和提取桩标识操作后，点击绘图工具栏“识别桩”→“自动识别桩”，则提取的桩边线和桩标识被识别为软件的桩构件，并弹出识别成功的提示。

② 点选识别　此功能可以通过选择桩边线和桩标识的方法进行桩识别。点选识别的步骤如下：

a. 完成提取桩边线和提取桩标识操作后，点击绘图工具栏“识别桩”→“点选识别桩”；弹出如图 6-50 所示对话框；

b. 按照提示选择桩的标识，然后修改桩的类别、桩深度和顶标高属性，点击确定，对话框关闭。

如果 CAD 图上桩没有标识，可以手动输入桩标识，目前软件只提供了人工桩、机械钻孔桩、振动管灌注桩和预应力管桩四种类型，供用户在下拉列表框中选择，未提供修改的功能，建议广联达将此种下拉框修改为既可以选择又可以新增内容的下拉列表框。

c. 按照提示选择桩的边线，点击右键确定，完成桩的点选识别；然后可以点击确定退出点选识别命令，也可以重复上述步骤继续识别桩。

图 6-50

(六) 思考与练习

(1) 识别独立基础的流程有哪几步?
(2) 如何提取独立基础的边线?
(3) 如何提取独立基础的标识?
(4) 如何自动识别独立基础?
(5) 如何点选识别独立基础?
(6) 如何框选识别独立基础?
(7) 如何进行独立基础图元的校核?
(8) 以阶形独立基础为例说明独立基础的CAD识别选项包括哪几项属性?
(9) 以阶形独立基础为例说明如何替换独立基础的名称?
(10) 完成案例工程的独立基础的识别

三、识别柱

(一) 基础知识

柱的识别可以通过识别柱表和识别柱大样两种方式来完成。

1. 转换符号

CAD设计图中的钢筋符号是以一定数量的字符串表示的，如一级钢为“%%130”，软件中用A表示；二级钢为“%%131”，软件中用B表示；三级钢为“%%132”，软件中用C表示，如图6-51所示。CAD设计图中的钢筋符号与软件中的钢筋级别不符，在进行CAD图识别前需要进行钢筋符号的转换。广联达BIM钢筋算量软件可以对常见钢筋符号“%%130”系列进行自动匹配并转换。如果遇到特殊符号未能自动转换，则可以按照以下的步骤进行钢筋符号的转换。

(1) 点击导航条“CAD识别”→“CAD草图”。

(2) 点击绘图工具栏“转换符号”按钮，此时将弹出“转换钢筋级别符号”窗口，如图6-52所示。

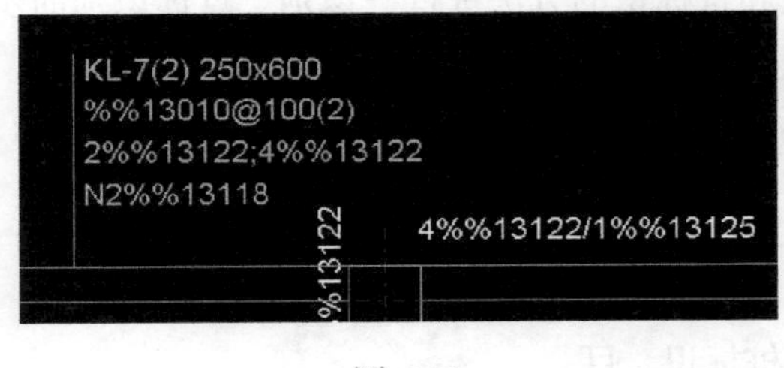

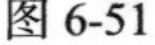
图 6-51

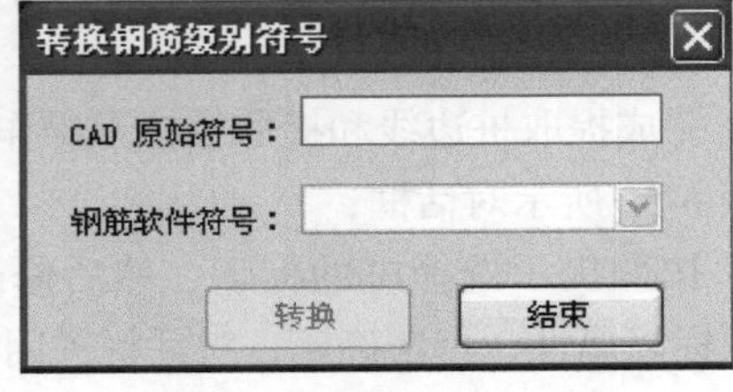

图 6-52

(3) 在图形中点击需要转换的字符，或在“CAD原始符号”处直接输入字符，如图6-53所示。

(4) 根据内置默认值软件自动判断CAD原始符号与钢筋软件符号进行对应，如“%%130”为“A一级钢”；如果在输入钢筋符号后软件不能自动识别出软件符号，可以在钢筋软件符号下拉列表中选择。

(5) 点击“转换”按钮则弹出转换确认框，如图6-54所示。

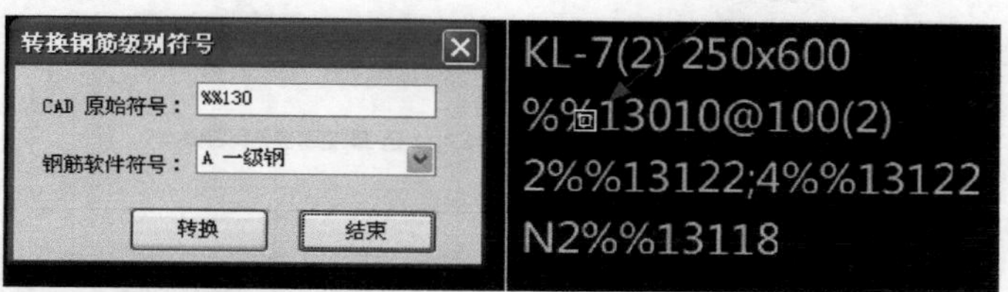

图 6-53

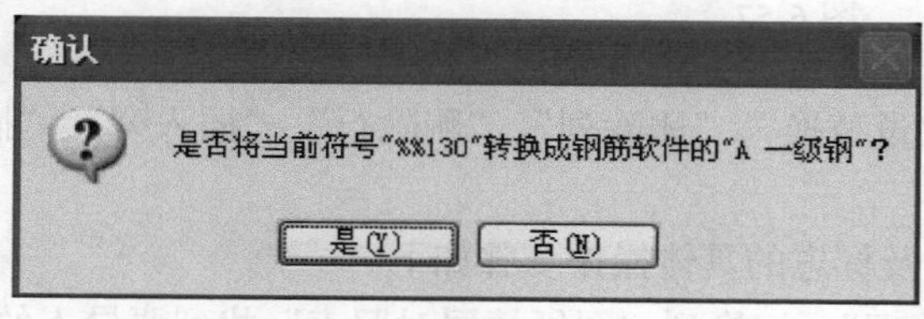

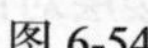

图 6-54

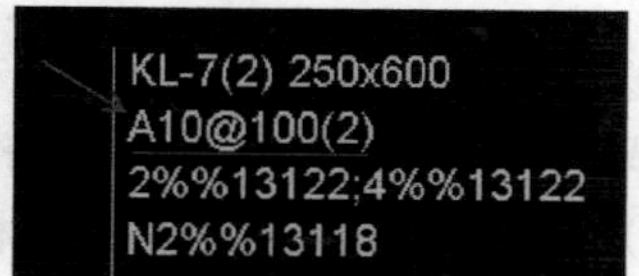

图 6-55

（6）点击“是”按钮，则 CAD 图中的全部“%%130”的符号均被转换成 A（软件中的一级钢），如图 6-55 所示。

（7）点击“结束”按钮结束命令操作。

2. 识别柱表生成构件

识别柱表功能适用于 CAD 图纸中给出了按 03G101-1、11G101-1 或 16G101-1 规定的柱表形式的柱配筋表的工程。柱配筋表一般有两种，普通柱表和广东柱表。

（1）识别柱表的步骤如下。

① 将包含柱配筋表的 CAD 图纸调入绘图工作区；

② 点击模块导航栏“识别柱”；

③ 点击工具栏“识别柱表”→“识别柱表”；

④ 鼠标框选柱配筋表的范围，右键确认；

⑤ 选择柱表对应列，点击“确定”按钮，弹出识别完毕确认对话框如图 6-56 所示；

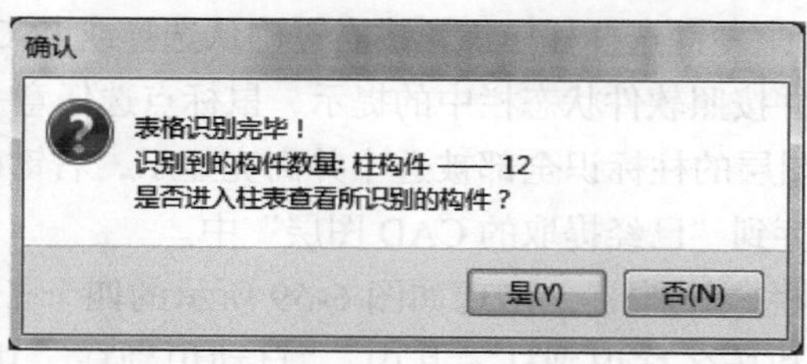

图 6-56

⑥ 点击“是（Y）”按钮，柱表定义窗口中出现了识别完成的构件；

⑦ 检查识别构件的属性无误后，点击“确定”按钮，退出柱表定义界面；点击“生成构件”按钮，则生成柱构件；点击“取消”则不生成构件。

识别柱配筋表过程中值得注意的是，在选择完柱配筋表的范围并右键确认后，如果工程中已经存在识别过名称相同的构件，软件会给出对这类构件的处理选择对话框，如图 6-57 所示。

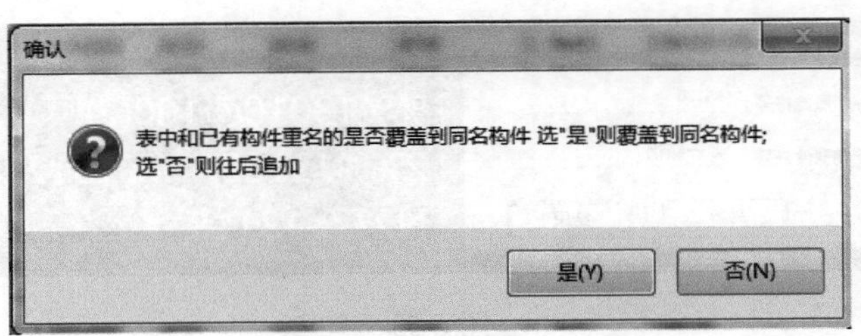

图 6-57

在选择柱表对应列对话框中还有“批量替换”、“删除列”、“删除行”、“插入列”、“插入行”等相关操作，可利用其进行相关操作。

（2）提取柱边线及标志　提取柱边线及标志的具体操作步骤如下。

① 导入柱平面定位图。打开“图纸管理”，切换到“图纸楼层对照表”找到要导入的柱平面定位图，双击该图，将其调入到绘图工作区。

② 点击导航栏下的“CAD 识别”→“识别柱”，工具栏如图 6-58 所示。

图 6-58

③ 提取柱边线。点击工具栏“提取柱边线”，出现图线选择方式窗口，同时状态栏出现“按鼠标左键或按 Ctrl/Alt+ 左键选择柱边线，按右键确认选择或 ESC 取消”的操作提示。选择“按图层选择”方式，按照状态栏中的操作提示，鼠标点选任意一根柱的边线，则该边线所在图层的柱边线全部被选中并高亮显示，右键确认选择，则选中的柱边线从 CAD 图中消失并被保存到“已经提取的 CAD 图层”中。

④ 提取柱标识。点击工具栏“提取柱标识”，出现图线选择方式窗口，同时软件状态栏出现“按鼠标左键或按 Ctrl/Alt+ 左键选择柱标识，按右键确认选择或 ESC 取消”操作提示对话框。选择‘按图层选择’方式，并按照软件状态栏中的提示，鼠标点选任意一根柱的标识（包括名称、截面信息），则该标识所在图层的柱标识全部被选中并高亮显示，右键确认选择，则选中的柱标识从 CAD 图中消失并被保存到“已经提取的 CAD 图层”中。

⑤ 识别柱。点击工具栏“识别柱”，出现如图 6-59 所示的四个子菜单，包括自动识别柱、点选识别柱、框选识别柱和按名称识别柱。其中，“自动识别柱”功能可以将提取的柱边线和柱标识一次全部识别；“框选识别柱”功能与自动识别柱非常相似，只是在执行“框选识别柱”命令后在绘图区域拉一个框确定一个范围，则此范围内提取的所有柱边线和柱标识将被识别；“点选识别柱”功能可以通过选择柱边线和柱标识的方法进行柱识别操作；“按名称识别柱”功能与点选识别柱非常相似，只是在选择完柱标识后不需要选择柱边线即可识别柱构件。

点击“自动识别柱”子菜单，出现“识别完毕”提示框并给出识别出的柱子数量，如图 6-60 所示。

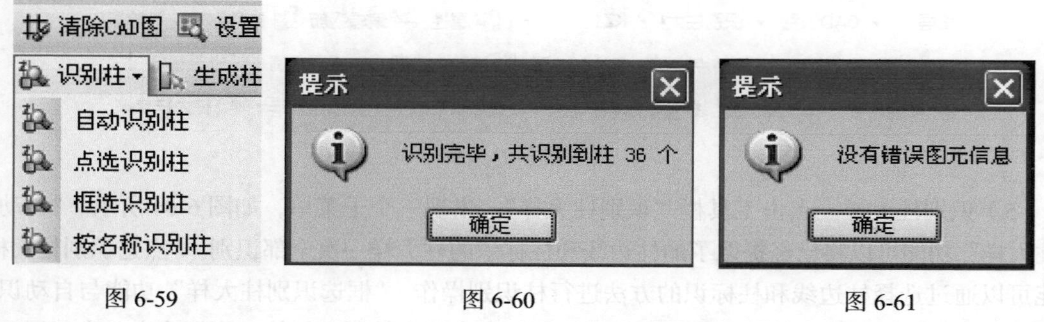

图 6-59　　图 6-60　　图 6-61

⑥ 柱图元校核。点击“确定”按钮，软件开始对柱图元进行校核，如果没有错误图元，则出现“柱校核结果”提示框，如图 6-61 所示。如果有错误信息图元就会弹出如图 6-62 所示的提示框。

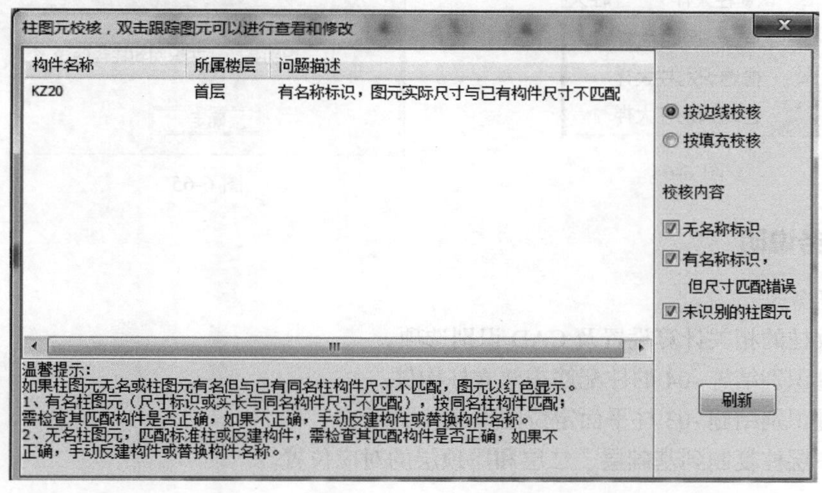

图 6-62

按照上图对话框中的提示，对错误图元进行修改即可。如果修改正确后校核仍然出错时，则可将校核方式换为“按填充校核”。

3. 识别柱大样生成构件

识别柱大样功能一般用于识别异形框架柱或暗柱。具体步骤如下：

（1）点击模块导航栏下的“CAD 识别”→“识别柱大样”，相关工具栏如图 6-63 所示。

（2）提取柱大样边线。点击工具栏“提取柱边线”按钮，操作方式同上述识别柱表中提取柱边线。

（3）提取柱标识。点击工具栏“提取柱标识”，操作方式同上述识别柱表中提取柱标识。

（4）提取钢筋线。点击工具栏的“提取钢筋线”，“图线选择方式”窗口再次出现；采用软件默认的图线选择方式，点击任意一根柱大样的配筋（包括直线、圆圈钢筋线），直到钢筋线或点全部高亮显示，右键确认选择，钢筋线从 CAD 图中消失，并被提取到“已经提取 CAD 图层”中。

图 6-63

（5）识别柱大样。点击工具栏“识别柱大样”，出现三个子菜单，如图 6-64 所示。“自动识别柱大样”功能可以将已经提取了的柱边线和柱标识的柱大样一次全部识别。“点选识别柱大样”功能可以通过选择柱边线和柱标识的方法进行柱识别操作。“框选识别柱大样”功能与自动识别柱大样非常相似，只是在执行“框选识别柱大样”命令后在绘图区域拉一个框确定一个范围，则此范围内提取的所有柱大样边线和柱大样标识将被识别。点击“自动识别柱大样”子菜单，弹出如图 6-65 所示的柱大样识别完毕提示框，框中还给出了识别到的柱大样的个数。

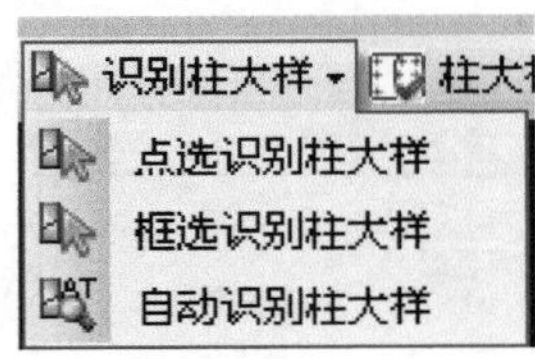

图 6-64

图 6-65

（二）任务说明

本节的任务是：

（1）修改柱的相关计算设置及 CAD 识别选项。

（2）通过识别结施 -04 的柱配筋表建立柱构件。

（3）通过识别结施 -03 柱平面定位图生成柱图元。

（4）将一层柱复制到基础层、二层和屋顶层的对应位置。

（三）任务分析

通过识别柱配筋表建立构件，需要用到软件提供的识别柱表功能。通过识别柱平面定位图生成柱图元需要用到软件提供的识别柱功能。

（四）任务实施

1. 识别柱表

下面结合专用宿舍楼案例工程介绍识别柱表的流程。

（1）导入柱配筋表 切换到有柱配筋表的 CAD 图（本教程中将在首层中进行操作），双击柱配筋表

（2）选择柱配筋表 具体操作流程如下。

① 点击模块导航栏“CAD 识别”→“识别柱”。

② 点击工具栏“识别柱表”，出现两个子菜单“识别柱表”和“识别广东柱表”，点击“识别柱表”，工作区中出现该图中包含的所有柱配筋表，本张 CAD 电子图中有两张柱表，每张柱表中各有 12 根柱的配筋信息，为了截图的清晰，只截取 KZ1 ～ KZ4，如图 6-66 所示。

柱配筋表

柱号	标高	截面尺寸	角筋	b边一侧中部筋	h边一侧中部筋	箍筋类型号	箍筋	备注
KZ1	基础顶~-0.050	500x500	4C22	2C22	2C22	1.(4x4)	C10@100	
	-0.050~3.550	500x500	4C22	2C22	2C22	1.(4x4)	C8@100	
	3.550~7.200	500x500	4C22	2C22	2C22	1.(4x4)	C8@100	
KZ2	基础顶~-0.050	500x500	4C22	2C22	2C22	1.(4x4)	C10@100	
	-0.050~3.550	500x500	4C22	2C22	2C22	1.(4x4)	C8@100/150	
	3.550~7.200	500x500	4C22	2C20	△C20	1.(4x4)	C8@100/150	
KZ3	基础顶~-0.050	500x500	4C22	2C22	2C22	1.(4x4)	C10@100	
	-0.050~3.550	500x500	4C20	2C18	2C18	1.(4x4)	C8@100/150	
	3.550~7.200	500x500	4C18	2C18	2C18	1.(4x4)	C8@100/150	
KZ4	基础顶~-0.050	500x500	4C18	2C16	2C16	1.(4x4)	C10@100	
	-0.050~3.550	500x500	4C18	2C16	2C16	1.(4x4)	C8@100	
	3.550~7.200	500x500	4C18	2C16	2C16	1.(4x4)	C8@100	

图 6-66

③拉框选择第一个柱表中的数据，框选的柱表范围用黄色虚线框框住，按右键确认选择；弹出“识别柱表——选择对应列”窗口，如图 6-67 所示。

识别柱表 —选择对应列

柱号	标高(m)	b*h(圆柱直	角筋	B边一侧中部	H边一侧中部	箍筋类型号	箍筋	
	柱号|标 高	截面尺寸	角 筋	中部筋|b边	h边一侧|中	箍筋类型号	箍 筋	备 注
KZ1	基础顶~-0.	500x500	4C22	2C22	2C22	1.(4x4)	C10@100	
	-0.050~3.5	500x500	4C22	2C22	2C22	1.(4x4)	C8@100	
	3.550~7.20	500x500	4C22	2C22	2C22	1.(4x4)	C8@100	
KZ2	基础顶~-0.	500x500	4C22	2C22	2C22	1.(4x4)	C10@100	
	-0.050~3.5	500x500	4C22	2C22	2C22	1.(4x4)	C8@100/150	
	3.550~7.20	500x500	4C22	2C20	2C20	1.(4x4)	C8@100/150	
KZ3	基础顶~-0.	500x500	4C22	2C22	2C22	1.(4x4)	C10@100	
	-0.050~3.5	500x500	4C20	2C18	2C18	1.(4x4)	C8@100/150	
	3.550~7.20	500x500	4C18	2C18	2C18	1.(4x4)	C8@100/150	
KZ4	基础顶~-0.	500x500	4C18	2C16	2C16	1.(4x4)	C10@100	
	-0.050~3.5	500x500	4C18	2C16	2C16	1.(4x4)	C8@100	
	3.550~7.20	500x500	4C18	2C16	2C16	1.(4x4)	C8@100	
KZ5	基础顶~-0.	500x500	4C22	2C22	2C22	1.(4x4)	C10@100	
	-0.050~3.5	500x500	4C22	2C22	2C22	1.(4x4)	C8@100/150	
	3.550~10.8	500x500	4C20	2C20	2C18	1.(4x4)	C8@100/150	
KZ6	基础顶~-0.	500x800	4C20	2C20	3C20	1.(4x5)	C12@100	
	-0.050~3.5	500x800	4C20	2C20	3C20	1.(4x5)	C8@100	
	3.550~10.8	500x800	4C20	2C20	3C20	1.(4x5)	C8@100	
KZ7	基础顶~-0.	500x600	4C25	2C25	3C22	1.(4x4)	C10@100	
	-0.050~3.5	500x600	4C25	2C25	3C22	1.(4x4)	C8@100/200	
	3.550~7.20	500x600	4C20	2C20	2C20	1.(4x4)	C8@100/200	
KZ8	基础顶~-0.	550x600	4C20	2C18	2C18	1.(4x4)	C12@100	
	-0.050~3.5	550x600	4C20	2C18	2C18	1.(4x4)	C8@100/150	

批量替换　删除行　删除列　确定　取消

提示：请在第一行的空白行中单击鼠标从下拉框中选择列对应关系　插入行　插入列

图 6-67

识别完所有柱表后，在图 6-68 中检查识别完成的各个构件的相关信息，确认信息识别无误后，生成柱构件。

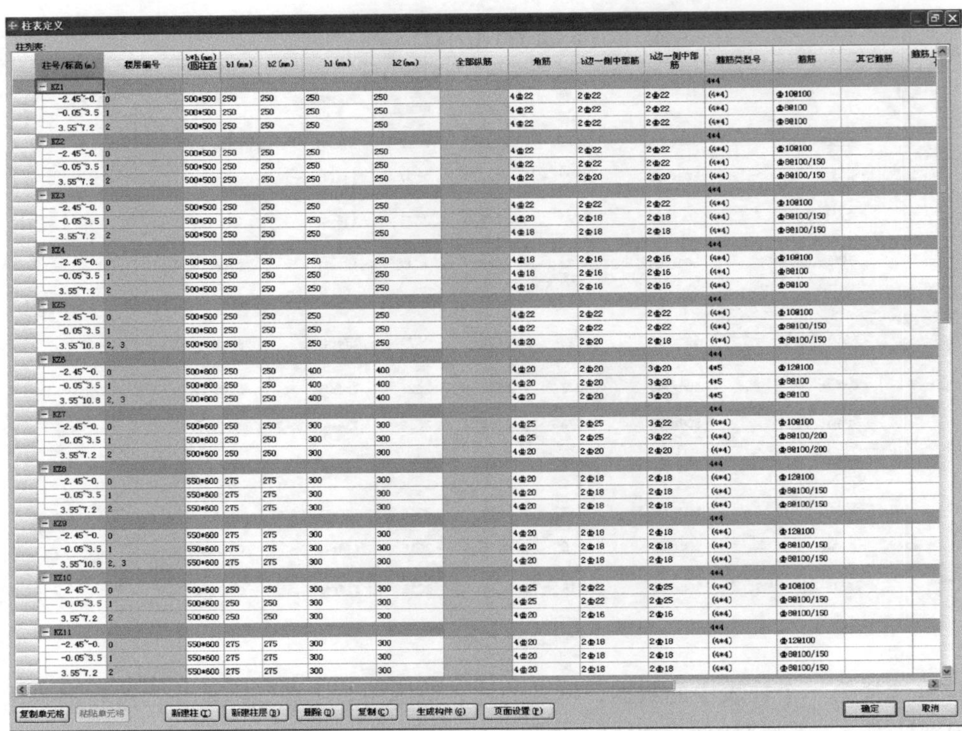

柱号/标高(m)	楼层编号	b*h(mm)(圆柱直径)	b1(mm)	b2(mm)	h1(mm)	h2(mm)	全部纵筋	角筋	b边一侧中部筋	h边一侧中部筋	箍筋类型号	箍筋	其它箍筋	箍筋上
KZ1											4*4			
-2.45~-0.	0	500*500	250	250	250	250		4Φ22	2Φ22	2Φ22	(4*4)	Φ10@100		
-0.05~3.5	1	500*500	250	250	250	250		4Φ22	2Φ22	2Φ22	(4*4)	Φ8@100		
3.55~7.2	2	500*500	250	250	250	250		4Φ22	2Φ22	2Φ22	(4*4)	Φ8@100		
KZ2											4*4			
-2.45~-0.	0	500*500	250	250	250	250		4Φ22	2Φ22	2Φ22	(4*4)	Φ10@100		
-0.05~3.5	1	500*500	250	250	250	250		4Φ22	2Φ22	2Φ22	(4*4)	Φ8@100/150		
3.55~7.2	2	500*500	250	250	250	250		4Φ22	2Φ20	2Φ20	(4*4)	Φ8@100/150		
KZ3											4*4			
-2.45~-0.	0	500*500	250	250	250	250		4Φ22	2Φ22	2Φ22	(4*4)	Φ10@100		
-0.05~3.5	1	500*500	250	250	250	250		4Φ20	2Φ18	2Φ18	(4*4)	Φ8@100/150		
3.55~7.2	2	500*500	250	250	250	250		4Φ18	2Φ18	2Φ18	(4*4)	Φ8@100/150		
KZ4											4*4			
-2.45~-0.	0	500*500	250	250	250	250		4Φ18	2Φ16	2Φ16	(4*4)	Φ10@100		
-0.05~3.5	1	500*500	250	250	250	250		4Φ18	2Φ16	2Φ16	(4*4)	Φ8@100		
3.55~7.2	2	500*500	250	250	250	250		4Φ18	2Φ16	2Φ16	(4*4)	Φ8@100		
KZ5											4*4			
-2.45~-0.	0	500*500	250	250	250	250		4Φ22	2Φ22	2Φ22	(4*4)	Φ10@100		
-0.05~3.5	1	500*500	250	250	250	250		4Φ22	2Φ22	2Φ22	(4*4)	Φ8@100/150		
3.55~10.8	2, 3	500*500	250	250	250	250		4Φ20	2Φ20	2Φ18	(4*4)	Φ8@100/150		
KZ6											4*4			
-2.45~-0.	0	500*800	250	250	400	400		4Φ20	2Φ20	3Φ20	4*5	Φ12@100		
-0.05~3.5	1	500*800	250	250	400	400		4Φ20	2Φ20	3Φ20	4*5	Φ8@100		
3.55~10.8	2, 3	500*800	250	250	400	400		4Φ20	2Φ20	3Φ20	4*5	Φ8@100		
KZ7											4*4			
-2.45~-0.	0	500*600	250	250	300	300		4Φ25	2Φ25	3Φ22	(4*4)	Φ10@100		
-0.05~3.5	1	500*600	250	250	300	300		4Φ25	2Φ25	3Φ22	(4*4)	Φ8@100/200		
3.55~7.2	2	500*600	250	250	300	300		4Φ20	2Φ20	2Φ20	(4*4)	Φ8@100/200		
KZ8											4*4			
-2.45~-0.	0	550*600	275	275	300	300		4Φ20	2Φ18	2Φ18	(4*4)	Φ12@100		
-0.05~3.5	1	550*600	275	275	300	300		4Φ20	2Φ18	2Φ18	(4*4)	Φ8@100/150		
3.55~7.2	2	550*600	275	275	300	300		4Φ20	2Φ18	2Φ18	(4*4)	Φ8@100/150		
KZ9											4*4			
-2.45~-0.	0	550*600	275	275	300	300		4Φ20	2Φ18	2Φ18	(4*4)	Φ12@100		
-0.05~3.5	1	550*600	275	275	300	300		4Φ20	2Φ18	2Φ18	(4*4)	Φ8@100/150		
3.55~10.8	2, 3	550*600	275	275	300	300		4Φ20	2Φ18	2Φ18	(4*4)	Φ8@100/150		
KZ10											4*4			
-2.45~-0.	0	500*600	250	250	300	300		4Φ25	2Φ22	2Φ25	(4*4)	Φ10@100		
-0.05~3.5	1	500*600	250	250	300	300		4Φ25	2Φ22	2Φ25	(4*4)	Φ8@100/150		
3.55~7.2	2	500*600	250	250	300	300		4Φ20	2Φ16	2Φ16	(4*4)	Φ8@100/150		
KZ11											4*4			
-2.45~-0.	0	550*600	275	275	300	300		4Φ20	2Φ18	2Φ18	(4*4)	Φ12@100		
-0.05~3.5	1	550*600	275	275	300	300		4Φ20	2Φ18	2Φ18	(4*4)	Φ8@100/150		
3.55~7.2	2	550*600	275	275	300	300		4Φ20	2Φ18	2Φ18	(4*4)	Φ8@100/150		

图 6-68

（3）生成柱构件　点击“生成构件”按钮，出现“柱构件生成成功”提示窗口，如图 6-69 所示。点击“确定”按钮，退出识别柱表界面，完成柱构件的定义工作。

柱表定义

柱列表:

提示

构件生成成功!

确定

柱号/标高(m)	楼层编号	b*h(mm)(圆柱直径)	b1(mm)	b2(mm)	h1(mm)	h2(mm)	全部纵筋	角筋	b边一侧中部筋	h边一侧中部筋	箍筋类型号	箍筋	其它箍筋
KZ1											4*4		
-2.45~-0.	0	500*500	250	250	250	250		4Φ22	2Φ22	2Φ22	(4*4)	Φ10@100	
-0.05~3.5	1	500*500	250	250	250	250		4Φ22	2Φ22	2Φ22	(4*4)	Φ8@100	
3.55~7.2	2	500*500	250	250	250	250		4Φ22	2Φ22	2Φ22	(4*4)	Φ8@100	
KZ2											4*4		
-2.45~-0.	0	500*500	250	250	250	250		4Φ22	2Φ22	2Φ22	(4*4)	Φ10@100	
-0.05~3.5	1	500*500	250	250	250	250		4Φ22	2Φ22	2Φ22	(4*4)	Φ8@100/150	
3.55~7.2	2	500*500	250	250	250	250		4Φ22	2Φ20	2Φ20	(4*4)	Φ8@100/150	
KZ3											4*4		
-2.45~-0.	0	500*500	250	250	250	250		4Φ22	2Φ22	2Φ22	(4*4)	Φ10@100	
-0.05~3.5	1	500*500	250	250	250	250		4Φ20	2Φ18	2Φ18	(4*4)	Φ8@100/150	
3.55~7.2	2	500*500	250	250	250	250		4Φ18	2Φ18	2Φ18	(4*4)	Φ8@100/150	
KZ4											4*4		
-2.45~-0.	0	500*500	250	250	250	250		4Φ18	2Φ16	2Φ16	(4*4)	Φ10@100	
-0.05~3.5	1	500*500	250	250	250	250		4Φ18	2Φ16	2Φ16	(4*4)	Φ8@100	
3.55~7.2	2	500*500	250	250	250	250		4Φ18	2Φ16	2Φ16	(4*4)	Φ8@100	
KZ5											4*4		
-2.45~-0.	0	500*500	250	250	250	250		4Φ22	2Φ22	2Φ22	(4*4)	Φ10@100	
-0.05~3.5	1	500*500	250	250	250	250		4Φ22	2Φ22	2Φ22	(4*4)	Φ8@100/150	
3.55~10.8	2, 3	500*500	250	250	250	250		4Φ20	2Φ20	2Φ18	(4*4)	Φ8@100/150	
KZ6											4*4		
-2.45~-0.	0	500*800	250	250	400	400			2Φ20	3Φ20	4*5	Φ12@100	
-0.05~3.5	1	500*800	250	250	400	400			2Φ20	3Φ20	4*5	Φ8@100	
3.55~10.8	2, 3	500*800	250	250	400	400			2Φ20	3Φ20	4*5	Φ8@100	
KZ7											4*4		
-2.45~-0.	0	500*600	250	250	300	300			2Φ25	3Φ22	(4*4)	Φ10@100	
-0.05~3.5	1	500*600	250	250	300	300		4Φ25	2Φ25	3Φ22	(4*4)	Φ8@100/200	
3.55~7.2	2	500*600	250	250	300	300		4Φ20	2Φ20	2Φ20	(4*4)	Φ8@100/200	
KZ8											4*4		
-2.45~-0.	0	550*600	275	275	300	300		4Φ20	2Φ18	2Φ18	(4*4)	Φ12@100	
-0.05~3.5	1	550*600	275	275	300	300		4Φ20	2Φ18	2Φ18	(4*4)	Φ8@100/150	
3.55~7.2	2	550*600	275	275	300	300		4Φ20	2Φ18	2Φ18	(4*4)	Φ8@100/150	
KZ9											4*4		
-2.45~-0.	0	550*600	275	275	300	300		4Φ20	2Φ18	2Φ18	(4*4)	Φ12@100	
-0.05~3.5	1	550*600	275	275	300	300		4Φ20	2Φ18	2Φ18	(4*4)	Φ8@100/150	
3.55~10.8	2, 3	550*600	275	275	300	300		4Φ20	2Φ18	2Φ18	(4*4)	Φ8@100/150	
KZ10											4*4		
-2.45~-0.	0	500*600	250	250	300	300		4Φ25	2Φ22	2Φ25	(4*4)	Φ10@100	
-0.05~3.5	1	500*600	250	250	300	300		4Φ25	2Φ22	2Φ25	(4*4)	Φ8@100/150	
3.55~7.2	2	500*600	250	250	300	300		4Φ20	2Φ16	2Φ16	(4*4)	Φ8@100/150	
KZ11											4*4		
-2.45~-0.	0	550*600	275	275	300	300		4Φ20	2Φ18	2Φ18	(4*4)	Φ12@100	
-0.05~3.5	1	550*600	275	275	300	300		4Φ20	2Φ18	2Φ18	(4*4)	Φ8@100/150	
3.55~7.2	2	550*600	275	275	300	300		4Φ20	2Φ18	2Φ18	(4*4)	Φ8@100/150	

图 6-69

切换到柱构件的定义界面，就可以看到刚刚通过识别定义的 24 个柱构件，如图 6-70 所示。

搜索构件...

框柱：KZ1、KZ2、KZ3、KZ4、KZ5、KZ6、KZ7、KZ8、KZ9、KZ10、KZ11、KZ12、KZ13、KZ14、KZ15、KZ16、KZ17、KZ18、KZ19、KZ20、KZ21、KZ22、KZ23、KZ24

属性编辑

	属性名称	属性值	附加
1	名称	KZ1	
2	类别	框架柱	☐
3	截面编辑	否	
4	截面宽(B边)(mm)	500	☐
5	截面高(H边)(mm)	500	☐
6	全部纵筋		☐
7	角筋	4⌀22	☐
8	B边一侧中部筋	2⌀22	☐
9	H边一侧中部筋	2⌀22	☐
10	箍筋	⌀10@100	☐
11	肢数	4*4	
12	柱类型	(中柱)	☐
13	其它箍筋		
14	备注		☐
15	+ 芯柱		
20	+ 其它属性		
33	+ 锚固搭接		
48	+ 显示样式		

图 6-70

2. 提取柱边线及标识

通过识别柱表，已经建立了各个柱构件，通过识别可将这些柱在平面图中定位。在“图纸管理器”的“图纸楼层对照表”中，双击“柱平面定位图”，“柱平面定位图”被调入工作区中，如图 6-71 所示。

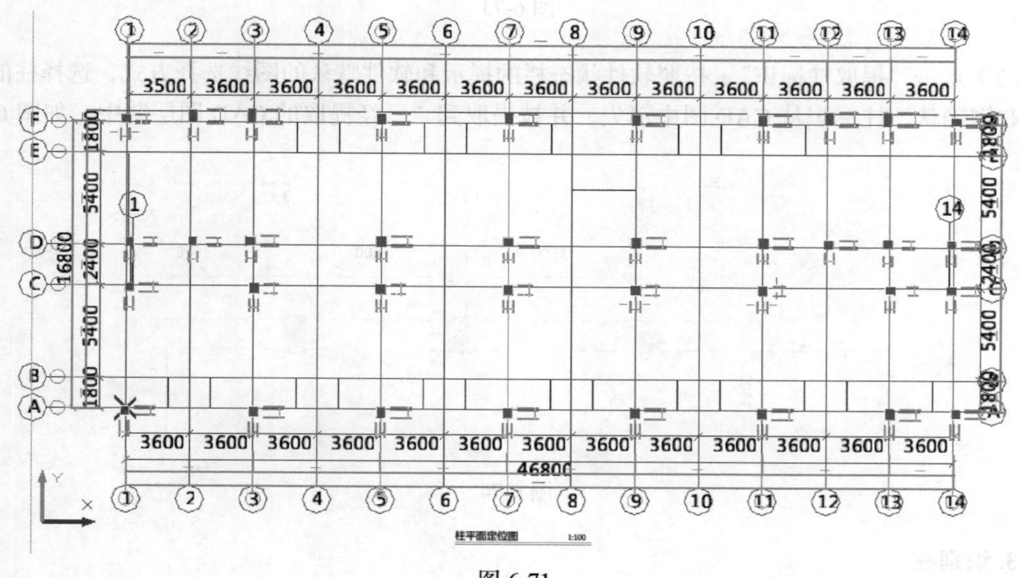

图 6-71

（1）在“CAD 识别”下点击“识别柱”。

（2）点击工具栏上的“提取柱边线”，如图6-72所示。按照状态栏的提示并用软件默认的图线选择方式选择柱边线，所有柱的边线被选中并高亮显示，如图6-73所示。右键确认，柱边线被提取到“已经提取的CAD图层”中。

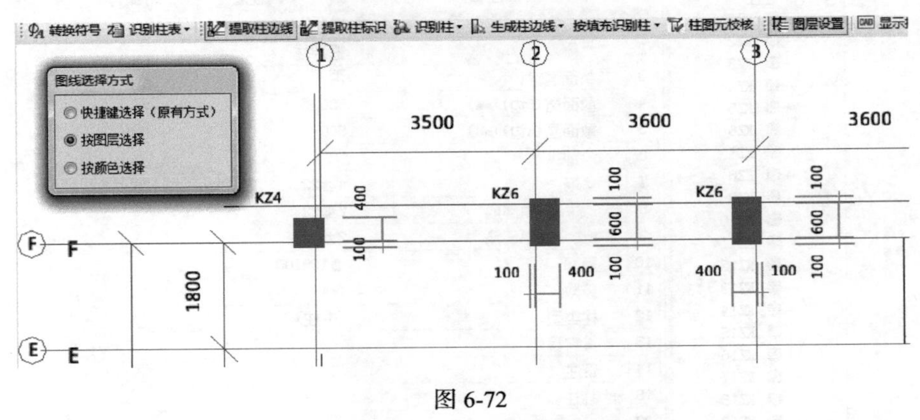

图6-72

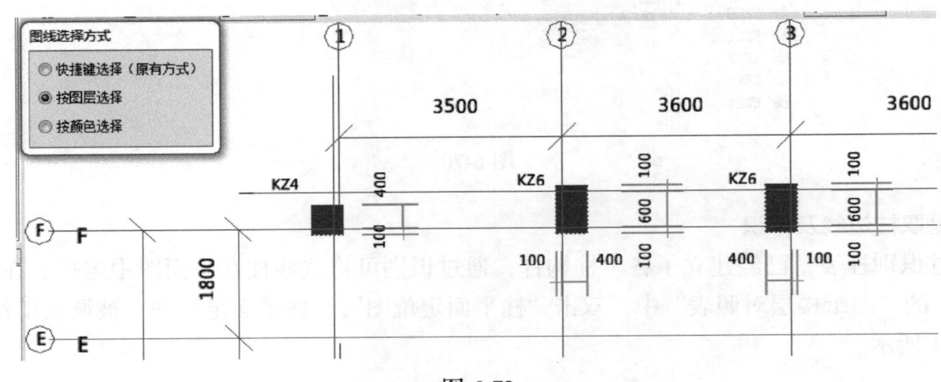

图6-73

（3）点击“提取柱标识”。按照软件状态栏的提示和软件默认的图线选择方式，选择柱的标识。右键确认，柱标识从CAD图中消失，并被提取到“已经提取的CAD图层”中，如图6-74所示。

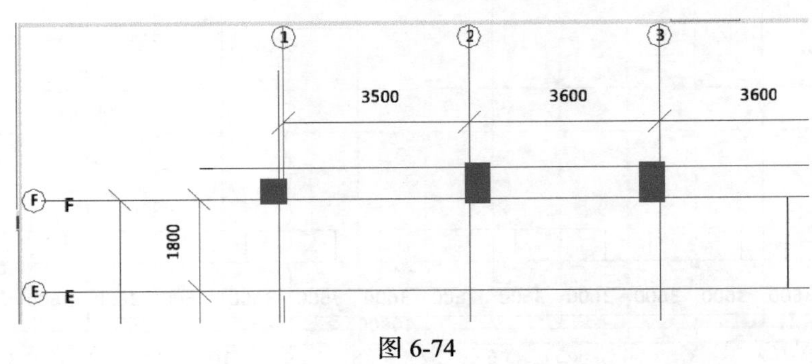

图6-74

3. 识别柱

点击工具栏“识别柱”→“自动识别柱”，软件共识别到36个柱，弹出柱识别完成对话框，如图6-75所示。识别后柱平面定位如图6-76所示。

图 6-75

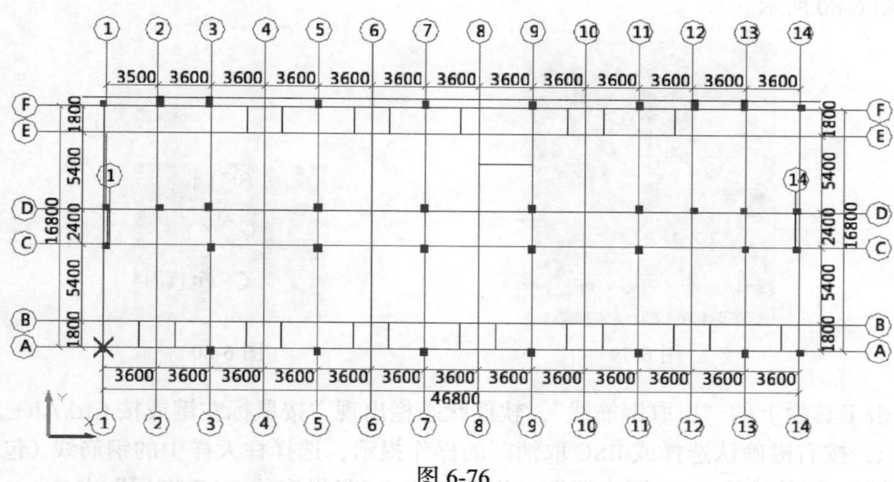
图 6-76

4. 复制柱到其他层的对应位置

选择一层的所有柱图元，点击“楼层”菜单调出楼层子菜单，选择“将选定图元复制到其他楼层”，如图 6-77 所示的对话框。勾选基础层、二层前的复选框，点击“确定”按钮，弹出如图 6-78 所示的对话框。

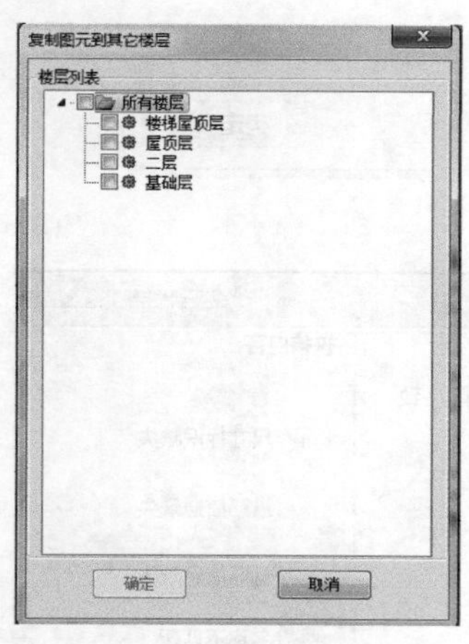

图 6-77

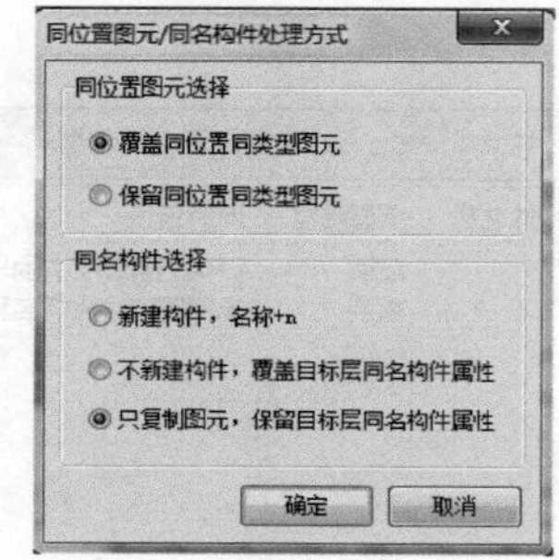

图 6-78

用同样的方法，将一层的②、③、⑫、⑬ 轴和Ⓓ、Ⓕ轴相交处的柱，复制到屋顶层。

5. 识别柱大样

本工程中只有梯柱大样图，下面介绍识别梯柱大样的步骤。

① 将楼梯结构详图调入工作区，并放大图纸使 TZ1 详图能够被看清，如图 6-79 所示。

② 点击模块导航栏下的“CAD 识别”→“识别柱大样”。

③ 点击工具栏上的“提取柱边线”，按照软件默认的选择方式，点击柱大样的任意一条边

线，柱大样边线变为虚线并高亮显示，右键确认选择，选中的边线从 CAD 图中消失并保存到“已经提取的 CAD 图层”中。

④ 点击工具栏上的“提取柱标识”，软件状态栏出现“按鼠标左键或按 Ctrl/Alt+ 左键选择柱大样标识，按右键确认选择或 ESC 取消”的操作提示，选择柱大样中的一项标识，如果柱标识未被全部选中，则再选择未选中的标识。全部选择完成后，右键确认选择，提取柱标识后的 CAD 图如图 6-80 所示。

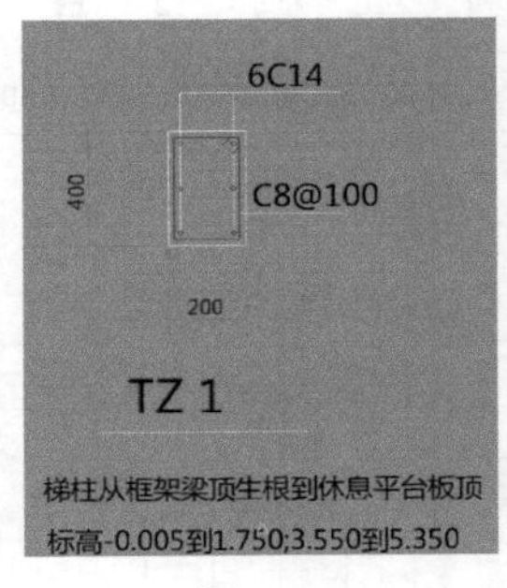

图 6-79

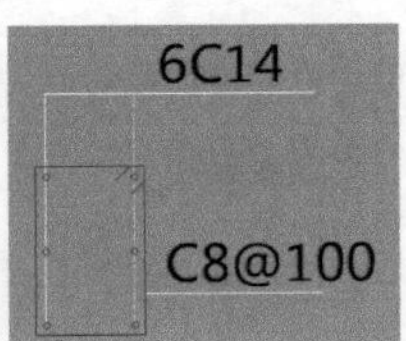

图 6-80

⑤ 点击工具栏上的“提取钢筋线”，软件状态栏出现“按鼠标左键或按 Ctrl/Alt+ 左键选择柱大样标识，按右键确认选择或 ESC 取消”的操作提示，选择柱大样中的钢筋线（包括圆点），右键确认选择，钢筋线从 CAD 图中消失，并保存到“已经提取的 CAD 图层”中。

⑥ 点击工具栏上的“识别柱大样”→“自动识别柱大样”，如图 6-81 所示；软件自动弹出柱大样校核窗体，如图 6-82 所示。

图 6-81

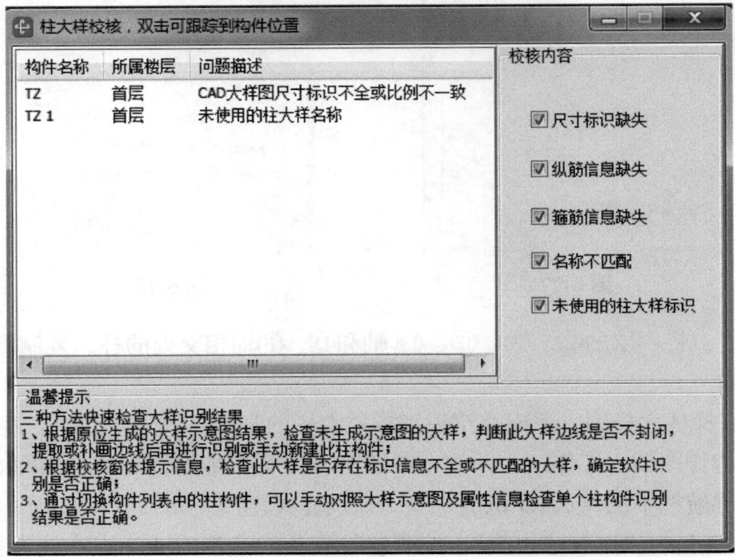

图 6-82

根据柱大样校核结果进行修改，重新定义一个构造柱 TZ1 构件进行绘制。

6. 绘制 TZ1

按照楼梯大样图上标注的 TZ1 的位置信息，将其绘制②、Ⓔ轴的交点上，利用“镜像”功能复制到③、Ⓔ轴上，再利用“镜像”功能复制到 ⑫、Ⓔ、⑬、Ⓔ轴上。

选中 TZ1，利用“楼层”菜单下的“复制选定构件到其他楼层”功能将其复制到二、三层，首层西南轴测图如图 6-83 所示。

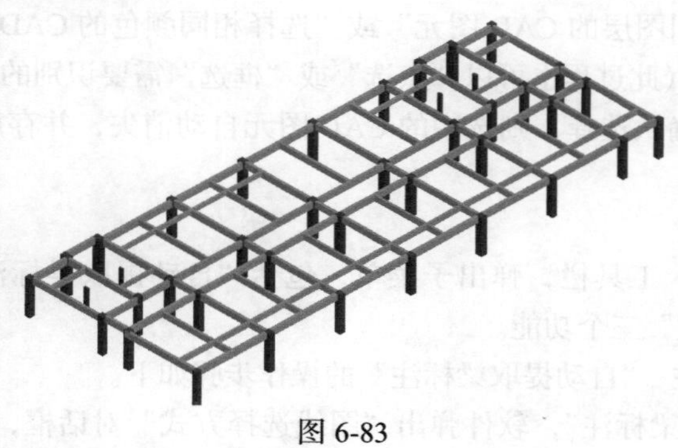

图 6-83

（五）总结拓展

本节主要介绍了识别柱表、识别柱大样、识别柱图元的操作流程和步骤，介绍了识别柱大样时设置图纸比例的操作，柱大样校核和柱图元校核的方法以及对出错图元的处理方法。结合 TZ1 的识别过程介绍了图纸比例不统一、名称识别错误时的处理方法；结合绘制 TZ1 的过程强调了构件绘制经常用到的镜像功能和楼层间构件复制功能。

（六）思考与练习

（1）识别柱表分为几步？

（2）识别柱大样时首先要进行的一项工作是什么？

（3）柱大样识别错误的如何修改？

（4）识别柱图元的步骤是怎样的？

（5）如何设置绘图比例？

（6）楼层间复制构件的方法有几种，分别如何操作？

（7）完成案例工程的柱的识别。

四、识别梁

（一）基本知识

利用软件计算钢筋的工程量，可以采用手工建模的方式，也可以采用软件提供的识别梁构件自动建模的方式来完成。下面简单介绍一下软件提供的识别梁构件的各项功能及操作流程。识别梁的流程分为四个步骤，如图 6-84 所示。

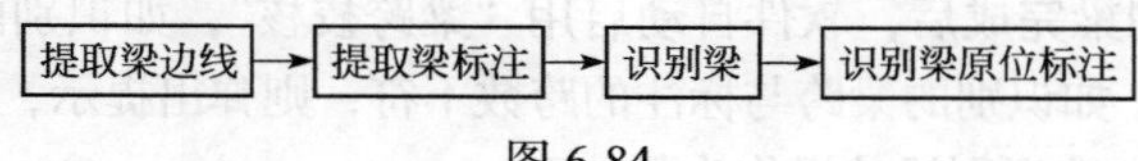

图 6-84

1. 提取梁边线

提取梁边线的操作步骤如下。

（1）导入用于识别梁的 CAD 图纸。在“图纸管理器”中调入包含梁的 CAD 图纸。

（2）点击“CAD 识别”下的“识别梁”。

（3）点击工具栏上的“提取梁连线”，软件弹出“图线选择方式”对话框，同时在状态栏出现“按鼠标左键或按 Ctrl/Alt+ 左键选择梁边线，按右键确认选择或 ESC 取消”的下一步操作提示。

（4）利用“选择相同图层的 CAD 图元”或“选择相同颜色的 CAD 图元”的功能选中需要提取的梁边线 CAD 图元（此过程也可以“点选”或“框选”需要识别的梁边线）。

（5）点击鼠标右键确认选择，则选中的 CAD 图元自动消失，并存放在“已提取的 CAD 图层”中。

2. 提取梁标注

点击“提取梁标注”工具栏，弹出子菜单，包括“自动提取梁标注”、“提取梁集中标注”和“提取梁的原状位标注”三个功能。

（1）自动提取梁标注　“自动提取梁标注”的操作步骤如下。

1）点击“自动提取梁标注”，软件弹出“图线选择方式”对话框，状态栏同时出现下一步操作提示。

2）利用“选择相同图层的 CAD 图元”或“选择相同颜色的 CAD 图元”的功能选中需要提取的梁标注 CAD 图元（此过程中也可以点选或框选需要提取的 CAD 图元）。

3）点击鼠标右键确认选择，则选中的 CAD 图元自动消失，并存放在“已提取的 CAD 图层”中。

（2）提取梁集中标注　“提取梁集中标注”的操作与“自动提取梁标注”相同，不再赘述，提取成功后的集中标注也变为黄色。

（3）提取梁原位标注　“提取梁原位标注”的操作与“自动提取梁标注”相同，不再赘述，只不过此操作只提取到了梁的原位标注信息，提取成功后的梁原位标注也变为粉色。

3. 识别梁

提取梁边线和标注完成后，进行识别梁构件的操作。识别梁包括“自动识别梁”、“点选识别梁”和“框选识别梁”三种方法。

（1）自动识别梁

1）完成提取梁边线和提取梁集中标注操作后，点击绘图工具栏“识别梁”→“自动识别梁”，软件弹出如图 6-85 所示的提示。

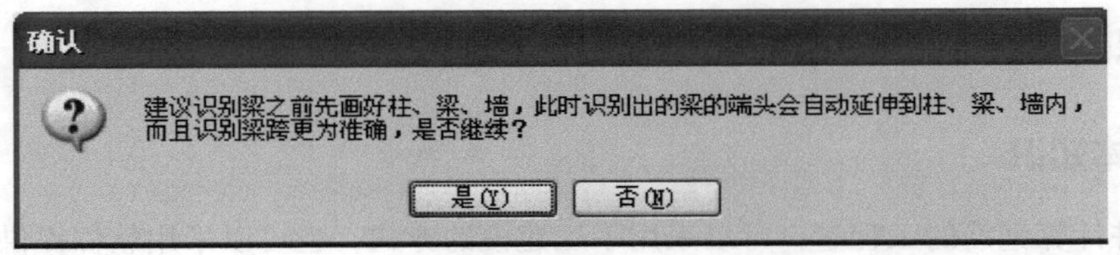

图 6-85

2）点击“是”按钮，则提取的梁边线和梁集中标注被识别为软件的梁构件。

3）梁跨校核。识别梁完成后，软件自动启用“梁跨校核”，如识别的梁跨与标注的跨数相符，则该梁用粉色显示；如识别的梁跨与标注的跨数不符，则弹出提示，并且该梁用红色显示。

（2）点选识别梁　点选识别梁的操作步骤如下。

1）完成提取梁边线和提取梁集中标注操作后，点击绘图工具栏"识别梁"→"点选识别梁"，则弹出如图 6-86 所示的"梁集中标注信息"窗口。

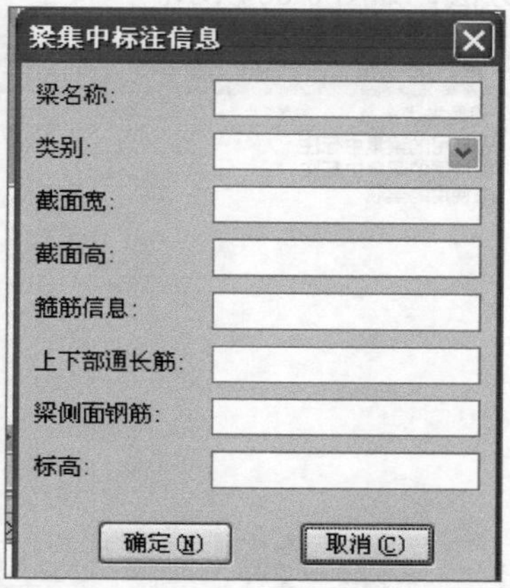

梁集中标注信息

梁名称：

类别：

截面宽：

截面高：

箍筋信息：

上下部通长筋：

梁侧面钢筋：

标高：

确定(N)　取消(C)

图 6-86

2）点击需要识别的梁集中标注 CAD 图元，则"梁集中标注信息"窗口自动识别梁集中标注信息，如图 6-87 所示。

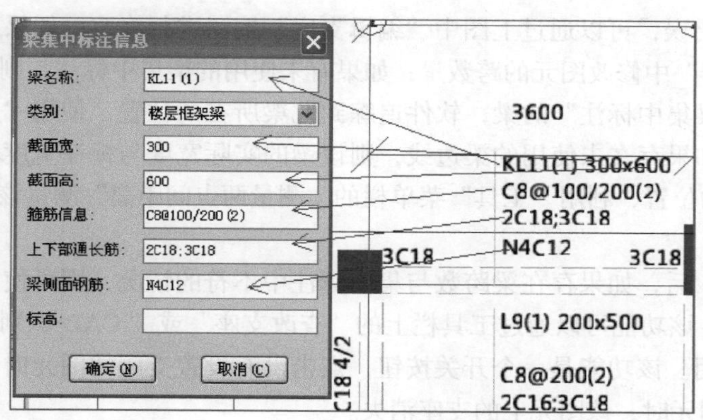

图 6-87

3）点击"确定"按钮，在图形中选择符合该梁集中标注的梁边线，被选中的梁边线以高亮显示。

4）点击右键确认选择，此时所选梁边线则被识别为梁构件，并以粉色显示。

（3）框选识别梁　框选识别梁的操作与自动识别梁的操作基本相同，只是将鼠标框选范围内的一次识别出来而已。操作步骤如下：

① 完成提取梁边线和提取梁集中标注操作后，点击绘图工具栏"识别梁"→"框选识别梁"，状态栏出现"鼠标框选要识别的梁，右键确认或 ESC 取消"的操作提示。

② 拉框选择要识别的梁边线，右键确定，即可完成识别。

4. 梁跨校核

当识别梁完成之后，软件提供了能够自动进行"梁跨校核"、智能检查的功能。梁跨校核的操作步骤如下：

（1）点击工具栏上的“查改支座”按钮→“梁跨校核”命令，软件对图中的梁进行梁跨校核。

（2）如果存在梁跨数与标注不符的梁，则弹出提示并在窗口中列出跨数不符的梁，在提示窗口的下部还给出修改的建议和方法，如图 6-88 所示。

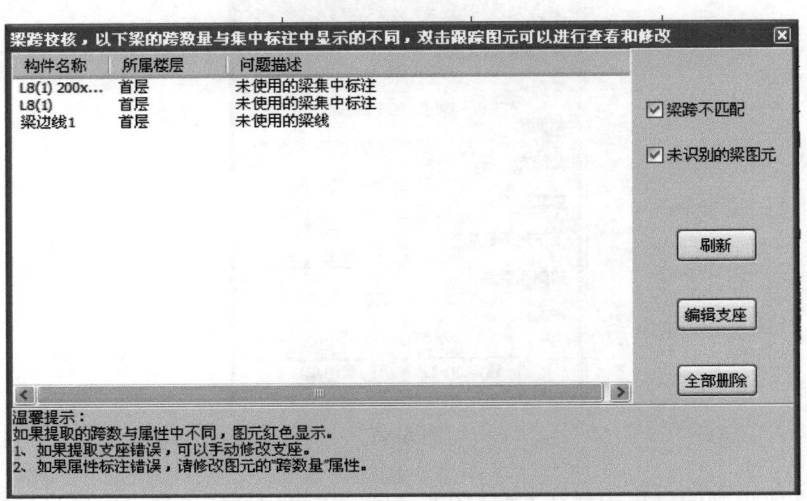

图 6-88

如果提取支座错误，可以通过上图中“编辑支座”按钮进行修改；如果属性标注错误可以在“构件属性编辑器”中修改图元的跨数量；如果有未使用的梁集中标注，则此梁未被识别，鼠标双击“未使用的梁集中标注”的梁，软件追踪到此梁所在的位置，使用“点选识别梁”的方法重新进行识别；如果存在未使用的梁边线，则该梁的实际宽度与标注宽度不符，鼠标双击跟踪到该梁边线所在的位置，利用“工具”菜单栏的“测量两点间距离”测量该梁的实际宽度。

5. 编辑支座

当“梁跨校核”后，如果存在梁跨数与集中标注中不符的情况，则可使用此功能进行支座的增加、删除工作。该功能可以通过工具栏上的“查改支座”或“CAD 识别”菜单栏上的“查改支座”来进行调用。该功能是一个开关按钮，点击没有设置支座的图元时，在此图元上增加支座，再次点击该图元时，该图元上的支座消失。

为某根梁设置支座时，设为支座的图元必须与该梁相交，否则软件会弹出该图元与梁不相交的提示，支座设置失败。

6. 识别梁原位标注

识别梁构件完成后，应识别梁原位标注。识别梁原位标注的方法有四种：“自动识别梁原位标注”可以将已经提取的梁原位标注一次性全部识别；“框选识别梁原位标注”可以将框选的某一区域内梁的原位标注识别出来；“点选识别梁原位标注”功能可以将提取的梁原位标注一次全部识别；“单构件识别梁原位标注”功能可以将提取的单根梁原位标注进行识别。

7. 梁原位标注校核

自动识别完梁原位标注后，软件自动进行“梁原位标注校核”，智能进行检查。其操作步骤如下：

（1）自动识别梁原位标注命令执行完毕后，弹出梁原位标注校核命令，或是点击工具栏→“梁原位标注校核”命令进行校核。

（2）当梁的原位标注没有识别时，则弹出提示，并将未识别到的原位标注所属的梁以及所在楼层号一并显示在提示窗口中。在对话框中双击没有识别的原位标注时，软件可以自动追踪定位到此根梁没有识别的原位标注。点击“手动识别”按钮，状态栏提示“按鼠标左键选择梁图元”，选择梁图元之后，提示“按鼠标左键选择标注框，按右键确认”，选择标注框，右键后结束命令；识别完成后，点击“刷新”按钮，重新校核。

（二）任务说明

本节的任务是：

（1）修改梁的 CAD 识别选项及计算设置。

（2）建立二层、屋顶层和楼梯顶层梁配筋图上的梁构件。

（3）生成二层、屋顶层和楼梯顶层配筋图的梁图元并校核。

（4）完成二层、屋顶层和楼梯顶层梁的原位标注并校核。

（三）任务分析

修改梁相关的计算设置需要根据结构设计总说明中梁的构造要求进行；建立梁构件需要使用软件提供的“提取梁边线”、“提取梁标识”，生成梁图元需要使用软件提供的“识别梁”、“点选识别梁”功能，原位标注需要使用软件提供的“识别梁原位标注”和“梁原位标注校核”功能；检查识别后的梁的空间位置需要用到视图工具栏上的各种视图命令以及“三维显示”命令。

（四）任务实施

1. 修改梁的相关计算设置

根据结构设计总说明框架梁“计算设置”第 26 项为 6，如图 6-89 所示；修改非框架梁的计算设置第 29 项为“6”。修改框架梁悬臂梁节点设置第 27 项“悬挑端钢筋号选择”为“3# 弯起钢筋图”，如图 6-90 所示，修改非框架梁的悬臂梁节点设置第 19 项“悬挑端钢筋号选择”为“3# 弯起钢筋图”。

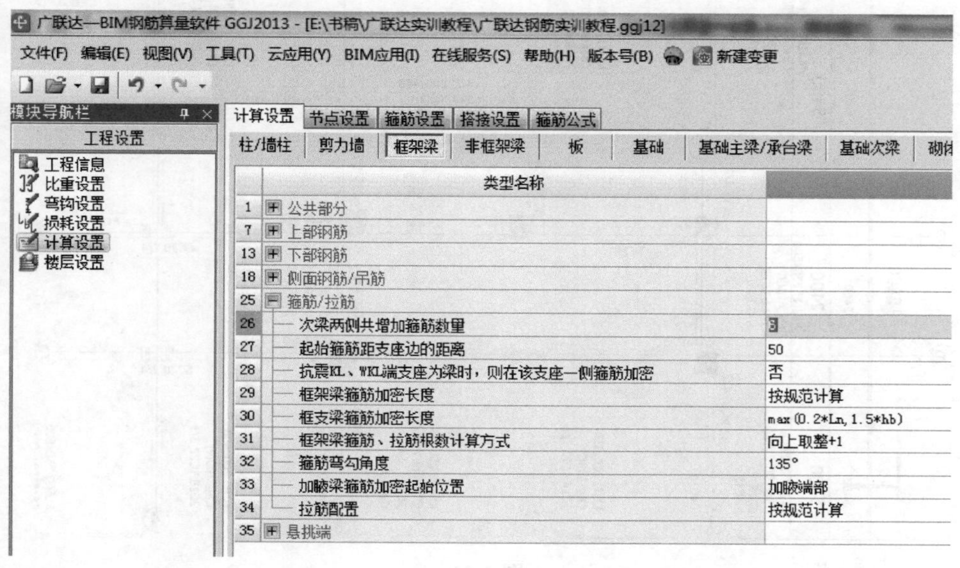

图 6-89

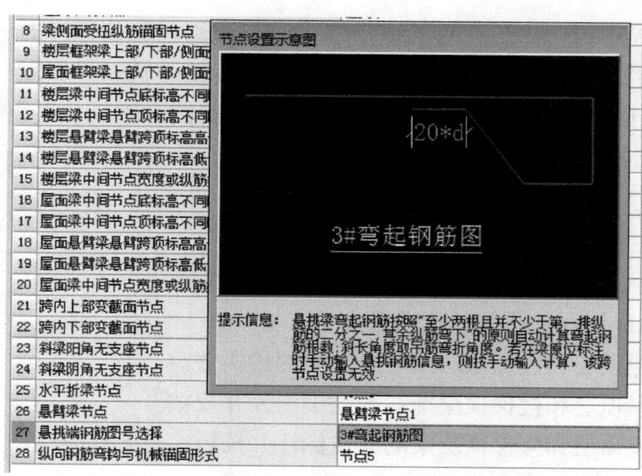

图 6-90

2. 提取梁边线

（1）将二层梁配筋图调入工作区中，截取其中一部分，如图 6-91 所示。

（2）点击模块导航栏“CAD 识别”→识别梁→提取梁边线，右键确认。所有的梁边线从 CAD 图中消失，并被提取到“已经识别的图层”中，如图 6-92 所示。

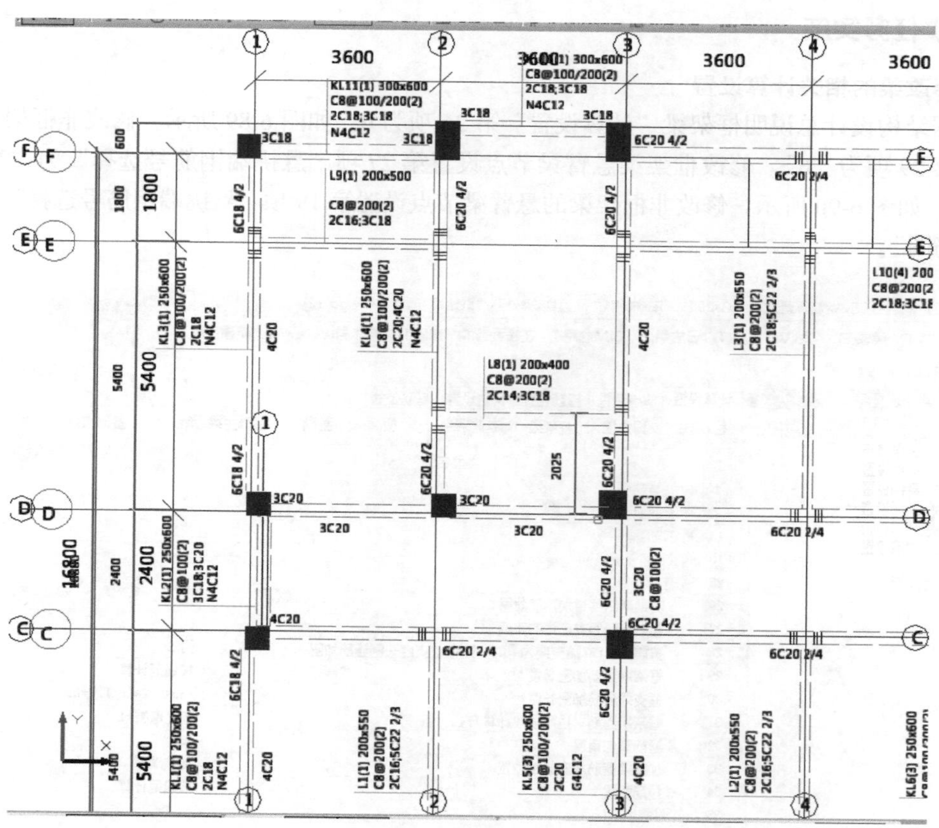

图 6-91

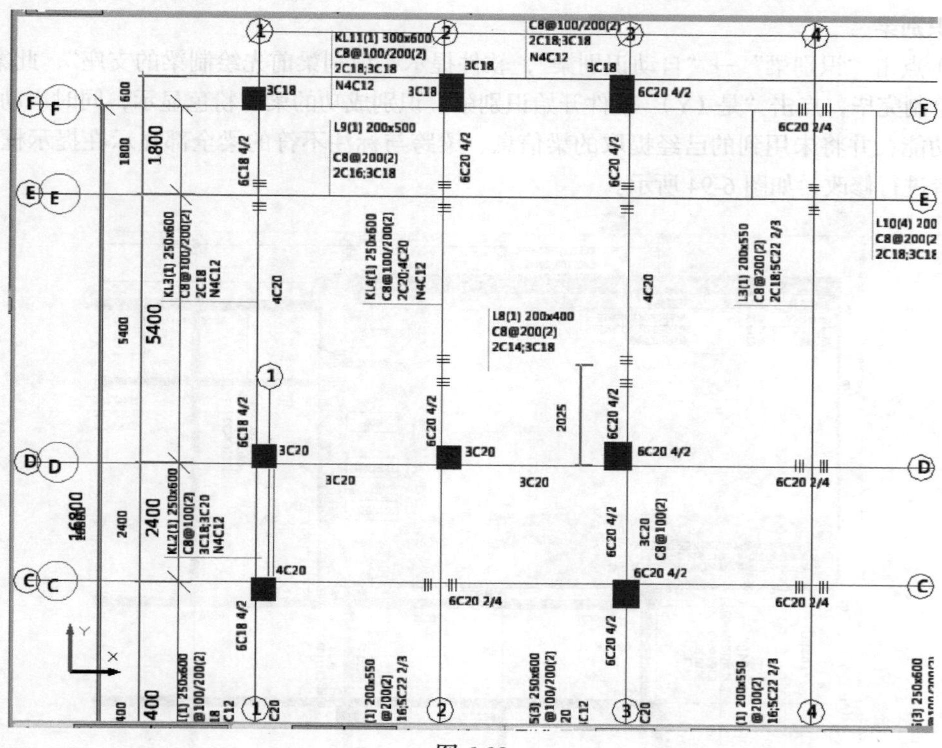

图 6-92

3. 提取梁标注

点击“提取梁标注”→“自动提取梁标注”。鼠标点击梁的标注，右键确认，所有的梁标注从 CAD 图中消失并被提取到“已经识别的 CAD 图层中”，如图 6-93 所示。

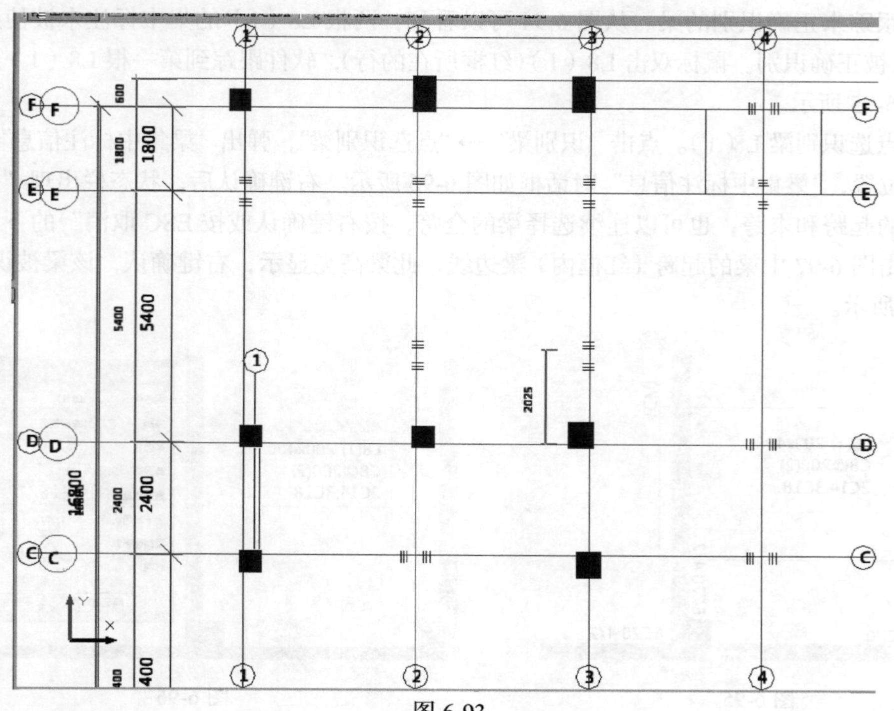

图 6-93

4. 识别梁

（1）点击“识别梁”→“自动识别梁”，软件提示“识别梁前先绘制梁的支座”，此案例中，柱已经绘制完毕，点击“是（Y）”软件开始识别梁，识别成功的梁以粉色显示，同时启动“梁跨校核”功能，并将未用到的已经提取的梁信息、梁跨与标注不符的梁全部显示在提示框中，以方便读者进行修改，如图 6-94 所示。

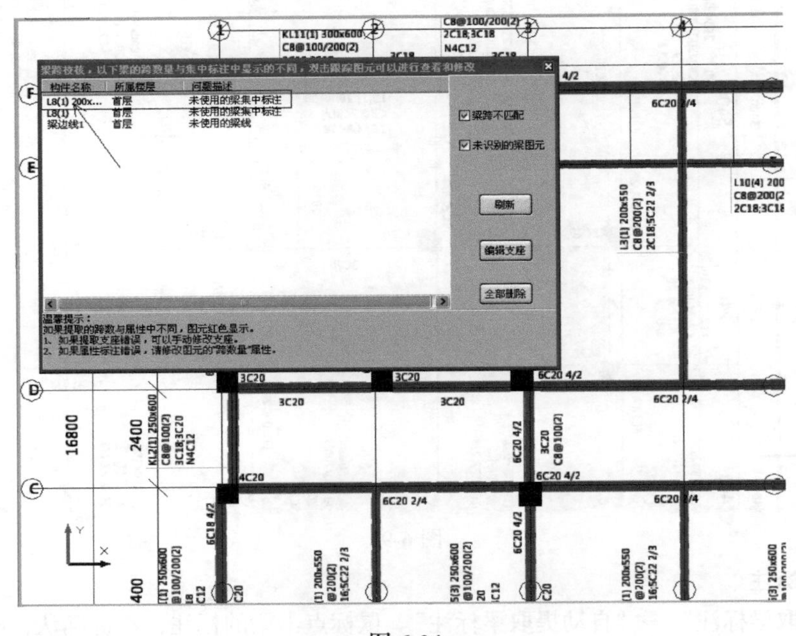

图 6-94

（2）跟踪未正确识别的梁。从图 6-94 可以看到，两根 L8（1）的集中标注未被使用，说明 L8（1）未被正确识别。鼠标双击 L8（1）(红框所在的行)，软件跟踪到第一根 L8（1）所在的位置，如图 6-95 所示。

（3）点选识别梁 L8(1)。点击“识别梁”→“点选识别梁”，弹出“梁集中标注信息”对话框；点击红框位置，“梁集中标注信息”对话框如图 6-96 所示。右键确认后，状态栏出现“按鼠标左键选择梁的起跨和末跨，也可以连续选择梁的全跨，按右键确认或按 ESC 取消”的下一步操作提示。点击图 6-97 中梁的起跨（红框内）梁边线，此梁高亮显示，右键确认，该梁被识别出来，如图 6-98 所示。

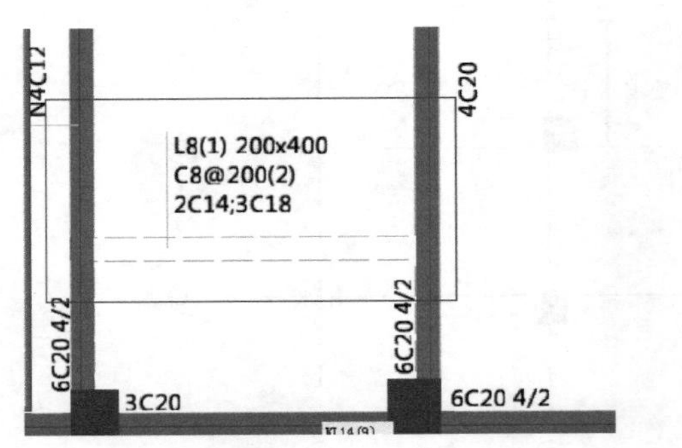

图 6-95

图 6-96

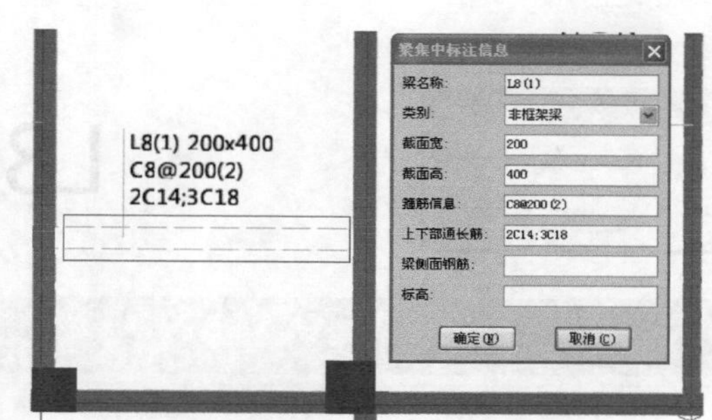

图 6-97

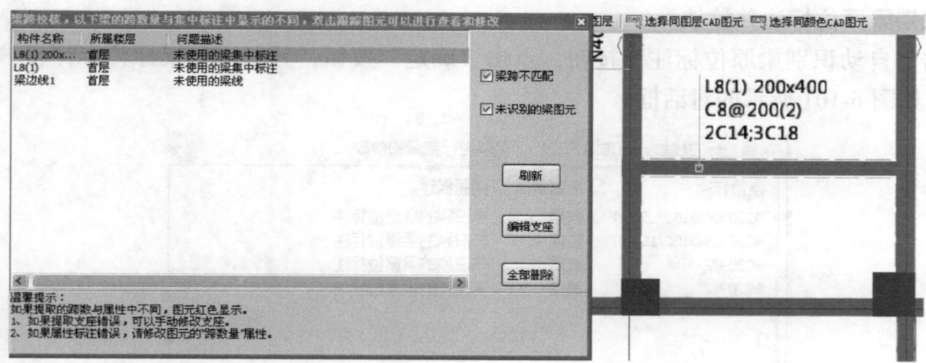

图 6-98

5. 梁跨校核

（1）刷新梁跨校核窗口　点击“刷新”按钮，梁跨校核窗口如图 6-99 所示。图 6-98 中第一行的错误信息消失。继续采用“点选识别梁”的方法识别第二根 L8（1）。

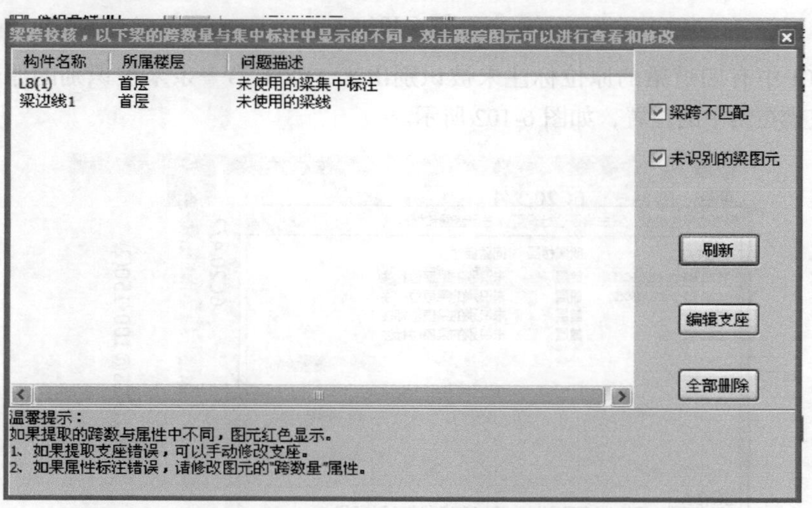

图 6-99

（2）检查“梁边线 1”代表的梁宽度　双击图 6-99 中“梁边线 1”所在的行，跟踪到该边线所代表的梁，如图 6-100 所示。该梁的绘制宽度为 250mm，标注的尺寸为 200mm。

图 6-100

6. 识别梁原位标注并校核

点击“自动识别梁原位标注”按钮，点击“确定”按钮，开始进行梁原位标注校核，校核完毕弹出如图 6-101 所示的对话框。

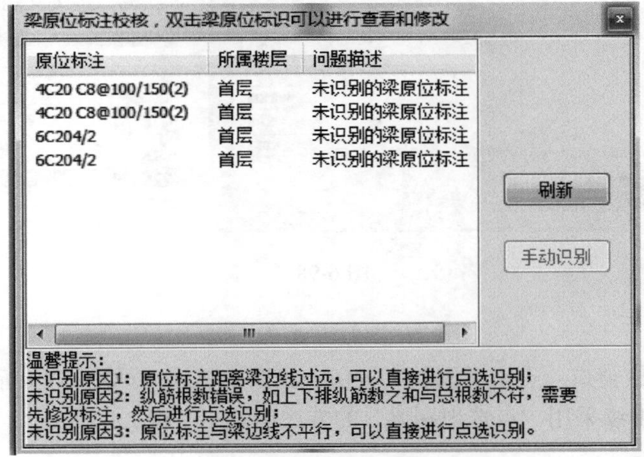

图 6-101

在图 6-101 中有四道梁的原位标注未被识别出来，双击第一条未被识别的原位标注信息，软件定位到该梁在图中的位置，如图 6-102 所示。

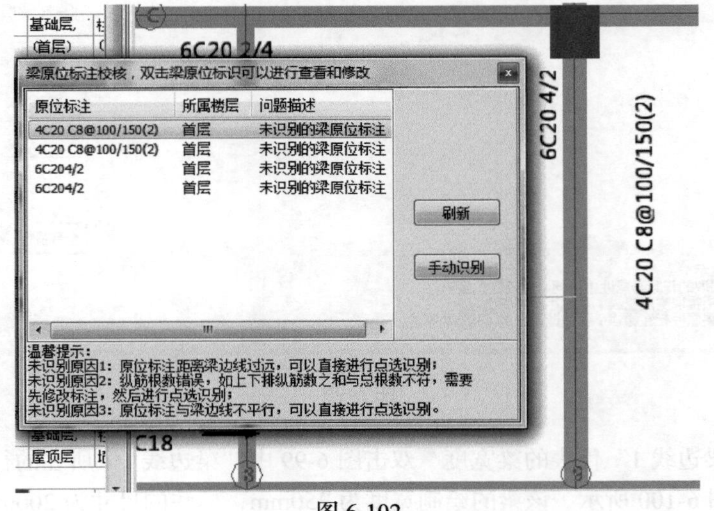

图 6-102

点击“手动识别”按钮，按照屏幕下方的提示“按鼠标左键选择梁图元，按右键确定”，右键确认后，屏幕下方提示“按鼠标左键选择梁原位标注（按 Ctrl 键可选择其他标注框），按右键确定”，右键确认后，该处的原位标注被识别出来，并被标注在梁下部配筋的位置，如图 6-103 所示。

点击“刷新”按钮，软件重新进行梁原位标注的校核，直到校核正确，全部识别完成。

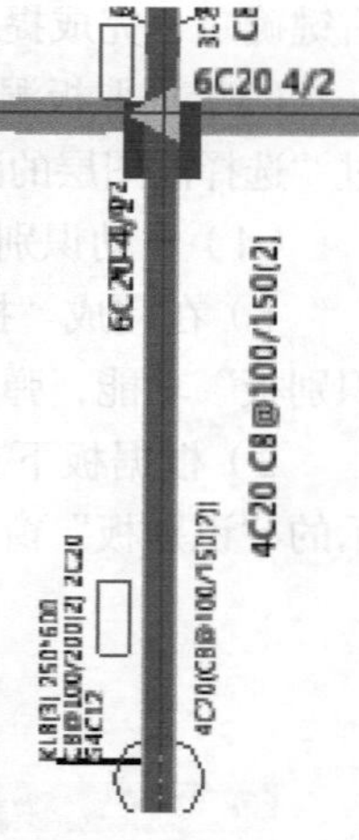

图 6-103

（五）总结拓展

本节主要介绍了识别梁的基本操作，包括“提取梁边线”、“提取梁标识”、“自动识别梁”、“自动识别梁原位标注”、“梁跨校核”和“梁原位标注校核”以及“编辑支座”等功能，还介绍了“点选识别梁”、“框选识别梁”、“点选识别梁原位标注”、“框选识别梁原位标注”、“单构件识别梁原位标注”功能。

（六）思考与练习

（1）如果同一层梁的 *X* 向和 *Y* 向配筋图绘制在两张 CAD 电子图上，如何进行梁的识别操作？

（2）提取梁边线的方法有几种？分别如何操作？

（3）提取梁标识的方法有几种？分别如何操作？

（4）识别梁构件的方法有几种？分别如何操作？

（5）识别梁原位标注的方法有几种？分别如何操作？

（6）如何进行梁跨校核和梁原位标注校核？

（7）如何手动识别梁原位标注？

（8）如何修改不正确的 CAD 钢筋标注？

五、识别板

（一）基本知识

1. 识别板

识别板的操作流程如图 6-104 所示。

图 6-104

（1）提取板标注　提取板标注的操作步骤如下：

1）导入板配筋图。

2）点击绘图工具栏“提取板标注”；“图线选择方式”对话框出现，状态栏显示“按鼠标左键或 Ctrl/Alt+ 左键选择板 / 筏板负筋线标注，按右键确认选择或 ESC 取消”。

3）利用“选择相同图层的 CAD 图元”或“选择相同颜色的 CAD 图元”的功能选中需要提取的板钢筋标注 CAD 图元，也可以点选或框选需要提取的 CAD 图元。

4）点击鼠标右键确认选择，则选择的 CAD 图元自动消失，并存放在“已提取的 CAD 图层”中。

（2）提取板支座线　在“识别板”的绘图工具栏，点击“提取支座线”，按照状态栏的提示，通过“选择同图层的图元”或是“选择同颜色的图元”功能选择所有板的支座线（如梁线、墙线），右键确定，完成提取。

（3）提取板洞线　在“识别板”的绘图工具栏，点击“提取板洞线”，按照状态栏的提示，通过“选择同图层的图元”或是“选择同颜色的图元”功能选择所有板洞线，右键确定，完成提取。

（4）自动识别板

1）在完成“提取板标注”和“提取支座线”之后，在“识别板”绘图工具栏，点击“自动识别板”功能，弹出如图 6-105 所示的识别板选项提示。

2）根据板下支座的实际情况选择板的支座，点击“确定”。识别完成后弹出如图 6-106 所示的“识别板”窗体。

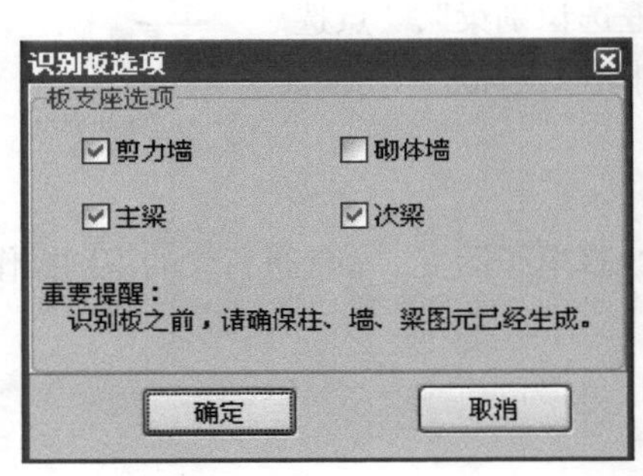

图 6-105

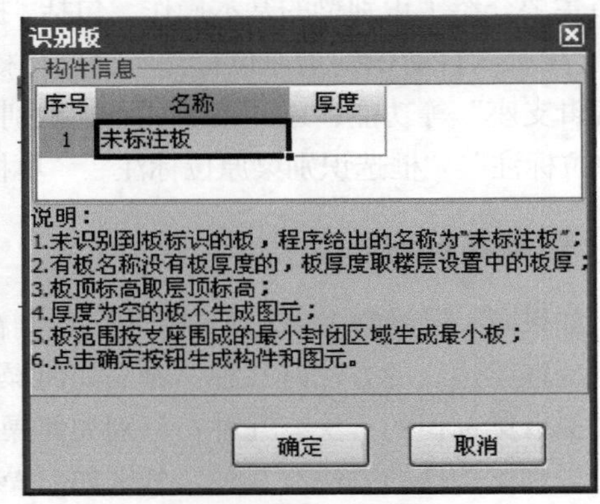

图 6-106

3）如果图中存在没有标注信息的板的厚度，可以查找到并在此对话框中输入无标注的板厚度。

4）输入完成后，点击“确定”，软件对提取的板标注和板的支座线自动生成板，并弹出“板图元校核”的对话框。

（5）按填充选择板图元　“按填充选择板”根据同填充自动反选中其下的板图元，选中板图元后，通过属性编辑器修改相应属性值 。

1）在“识别板”的绘图工具栏，点击“按填充选择板图元”选择板中的填充，右键确定，弹出选择填充相同的所有板图元。

2）直接在选择板的属性中修改板的顶标高。

2. 识别板受力筋

识别板受力筋的流程如图 6-107 所示。

（1）提取板钢筋线　操作步骤如下。

1）导入板配筋图。

2）点击绘图工具栏“提取板钢筋线”，弹出“图线选择方式”对话框，状态栏显示“按鼠标左键或 Ctrl/Alt+ 左键选择板 / 筏板钢筋线标注，按右键确认选择或 ESC 取消”。

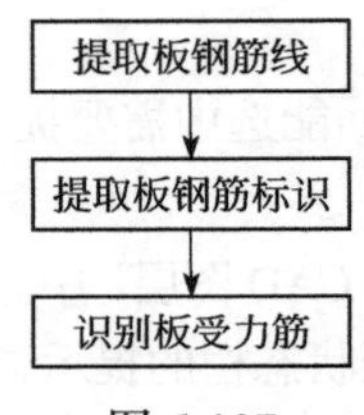

图 6-107

3）利用“选择相同图层的 CAD 图元”或“选择相同颜色的 CAD 图元”的功能选中需要提取的板钢筋线 CAD 图元，此过程中也可以点选或框选需要提取的 CAD 图元。

4）点击鼠标右键确认选择，则选择的 CAD 图元自动消失，并存放在“已提取的 CAD 图层”中。

（2）提取钢筋标识操作步骤如下：

1）在提取板钢筋线的基础上，点击绘图工具栏“提取板钢筋标注”。

2）利用“选择相同图层的CAD图元”或“选择相同颜色的CAD图元”的功能选中需要提取的板钢筋标注CAD图元；此过程中也可以点选或框选需要提取的CAD图元。

3）点击鼠标右键确认选择，则选择的CAD图元自动消失，并存放在“已提取的CAD图层”中。

（3）识别板受力筋 操作步骤如下。

1）完成提取板钢筋线、提取板钢筋标注和绘制板操作后，点击绘图工具栏“识别板受力筋”按钮，则弹出“受力筋信息”窗口，如图6-108所示。

需要说明的是，名称为软件自动默认，从SLJ-1开始。构件类别选择板或者筏板；类别需要手动选择，可选类别如图6-109所示，默认为底筋。钢筋信息为识别的钢筋标注，该项不允许为空。长度调整默认为空，可根据实际调整。

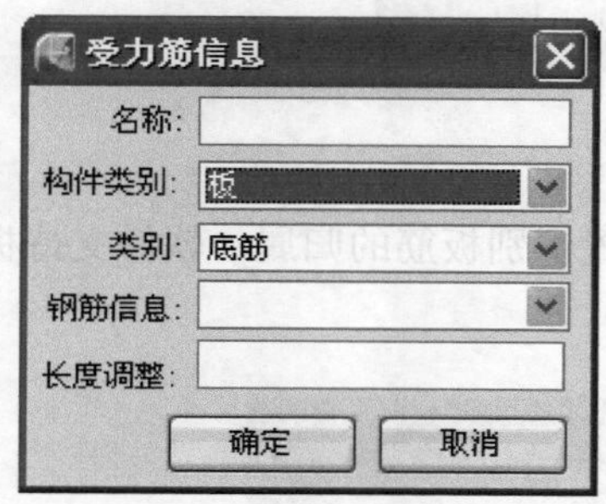

图6-108

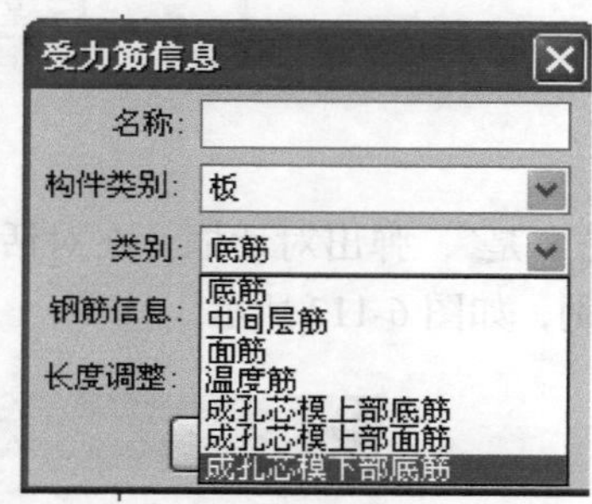

图6-109

2）在已经提取的CAD图元中单击受力钢筋线，此时软件会自动寻找与其最近的钢筋标注作为该钢筋线的钢筋信息，并识别到“受力筋信息”窗口中，确认无误后，单击“确定”按钮，再将光标移动到该受力筋所属板内，板边线加亮显示，此亮色区域即为受力筋布筋范围。

3）单击鼠标左键，则提取的板钢筋线和板钢筋标注被识别为板受力筋构件。

（4）识别跨板受力筋

1）完成提取板钢筋线、提取板钢筋标注和绘制板操作后，点击绘图工具栏“识别跨板受力筋”按钮，则弹出“受力筋信息”窗口，如图6-110所示。

图中，左、右标注：为识别的钢筋标注，可允许其中一项为空。分布筋取自计算设置中的设置，也可以根据设计要求进行修改。标注长度位置即左右标注的长度是否包含支座宽，默认为支座内边线，识别时根据CAD图自行判断。其他与识别受力筋的界面意义相同。

2）在已提取的CAD图元中点击受力筋钢筋线，此时软件自动找与其最近的钢筋标注作为该钢筋线钢筋信息，并识别到“跨板钢筋信息”窗口中。

3）确认“跨板钢筋信息”窗口准确无误后点击“确定”按钮，然后将光标移动到该跨板受力筋所属的板内，板边线加亮显示，此亮色区域即为受力筋的布筋范围。

4）点击鼠标左键，则提取的板钢筋线和板钢筋标注被识别为软件的跨板受力筋构件图元。

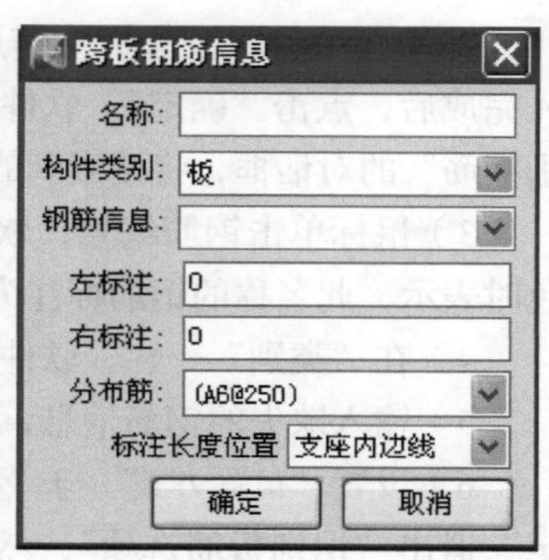

图6-110

（5）识别放射筋 “弧边识别放射筋”与“圆心识别放射筋”

的操作与“识别受力筋”的操作相同，“弧边识别跨板受力筋”的操作与“识别跨板受力筋”的操作相同，此处不再赘述。

（6）自动识别板筋

1）“提取支座线”完成之后，在“识别受力筋”绘图工具栏，点击“自动识别板筋”功能，弹出提示，如图 6-111 所示。

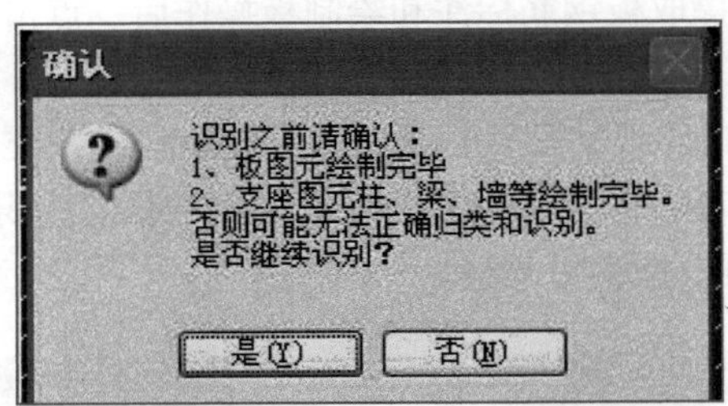

图 6-111

2）点击“是”，弹出对话框，在对话框中，可设置识别板筋的归属，软件支持板和筏板钢筋的自动识别，如图 6-112 所示。

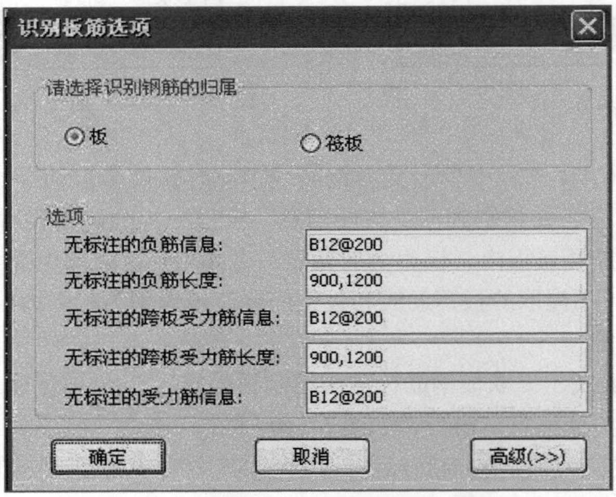

识别板筋选项
请选择识别钢筋的归属
板　筏板
选项
无标注的负筋信息: B12@200
无标注的负筋长度: 900,1200
无标注的跨板受力筋信息: B12@200
无标注的跨板受力筋长度: 900,1200
无标注的受力筋信息: B12@200
确定　取消　高级(>>)

图 6-112

如果图中存在没有标注信息的板钢筋线，可以在此对话框中输入无标注的钢筋线信息。输入完成后，点击“确定”，软件自动对提取的钢筋线及标注进行搜索，搜索完成后弹出“自动识别板筋”的对话框，将搜索到的钢筋信息建立构件列表，供查看和修改。

3）鼠标单击钢筋编号，软件自动定位到图中此项钢筋，钢筋先加粗显示；单元格为红色底色时表示，此名称的钢筋标注为空，需要输入钢筋信息，方便查找与编辑。

4）在“类别”一栏，软件提供选择，可通过下拉项修改钢筋类别。

5）输入缺失的钢筋信息，确定钢筋类别后，点击“识别选项”，弹出对话框。

6）设置“布置方式”与“受力筋匹配范围”之后，确定无标注的钢筋信息无误后，点击“确定”退出“识别板筋选项”，然后在“自动识别板筋”对话框中点击“确定”。软件根据提取的板筋信息（包含受力筋及负筋）自动识别钢筋，识别完成后，识别成功的板筋变为黄色显示。识别完成后，软件会自动弹出“板筋校核”进行识别板钢筋的校核。

（7）识别板负筋　点击“CAD 识别”下的“识别板负筋”，绘图工作区上方出现“识别板负筋”的工具栏，识别板负筋的流程与识别板受力筋的操作流程相同，操作步骤相似，不再赘述。

（二）任务说明

本节的任务是：

（1）修改板及板筋的 CAD 识别选项及计算设置。

（2）识别二层、屋顶层和楼梯顶层板。

（3）识别二层、屋顶层和楼梯顶层板钢筋。

（4）绘制空调板及配筋。

（5）绘制雨篷板及配筋。

（6）计算填充墙下无梁处的板底加筋。

（7）计算楼梯板及休息平台板的钢筋。

（三）任务分析

板的配筋信息有的绘制在在图纸上，有的在设计说明中进行了说明，板负筋的种类较多，包括受力筋、跨板受力筋和负筋，需要分别利用识别板受力筋、识别负筋或自动识别板钢筋的功能建立各种钢筋构件的定义和绘制。

二层空调板和屋顶层雨篷板均突出于外墙外边，绘制时可以采用直线画法或矩形画法。空调板或雨篷板钢筋的绘制可以采用板面筋或负筋类型。

（四）任务实施

1. 识别板（二层）

（1）提取板标注　提取板标注的操作步骤如下。

1）将二层板配筋图调入工作区，点击模块导航栏“CAD 识别”，再点击“识别板。

2）点击工具栏“提取板标注”，软件“图线选择方式”对话框。

3）按照状态栏出现的操作提示，选择板的钢筋线标注，选中的钢筋标注线全部高亮显示并变为虚线状态，部分选中内容如图 6-113 所示。

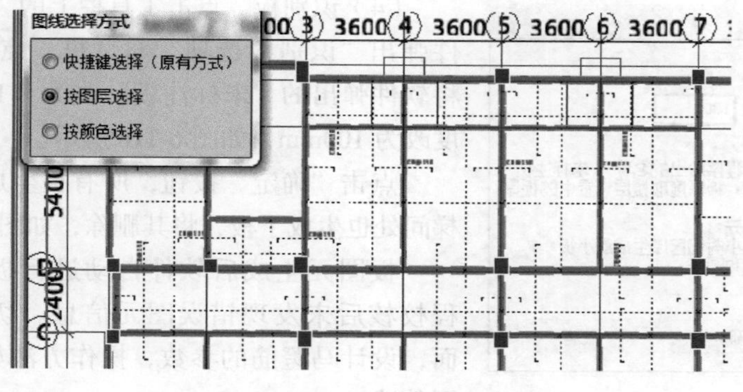

图 6-113

4）右键确认选择，所有被选中的钢筋标注线全部从 CAD 图中消失，并被保存到“已经识别的 CAD 图层”中；如图 6-114 所示。

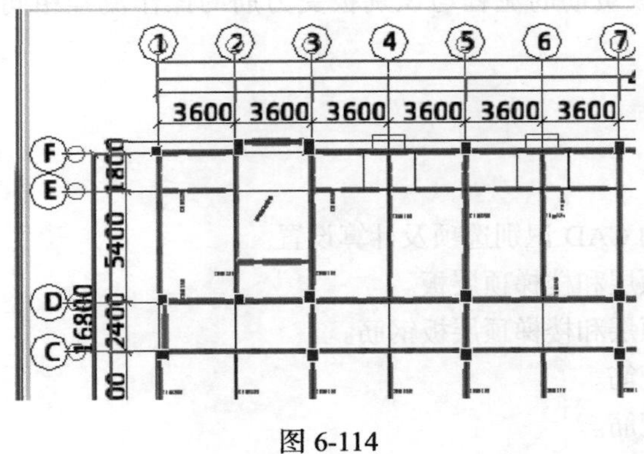

图 6-114

（2）提取支座线　点击“提取支座线”后，点击梁的任意一条边线，则全部梁边线被选中，右键确认选择，所有作为支座线的梁连线全部从 CAD 图中消失，如图 6-115 所示。

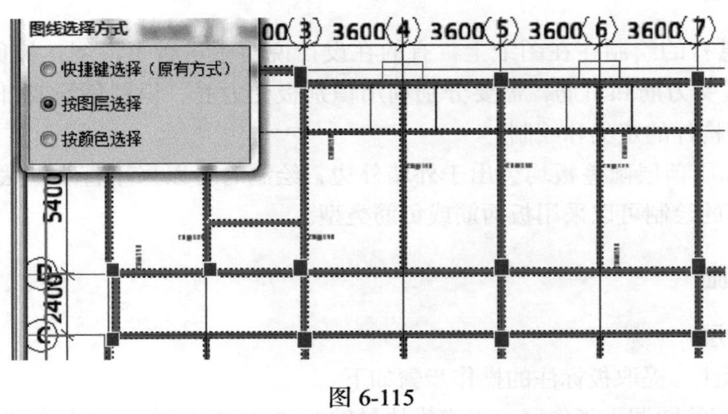

图 6-115

（3）提取板洞线　此图中只有楼梯间不需要布置板，所以楼梯间周围的支座线即为板洞线。点击“提取板洞线”，鼠标左键点选右边一个楼梯间周围的一条梁边线，右键确认，完成洞边线的提取。

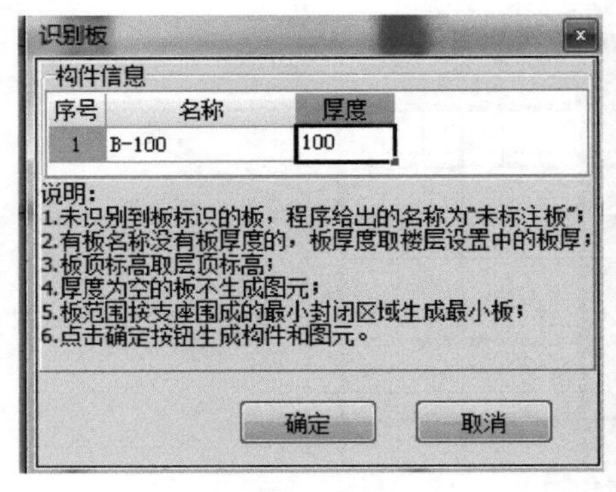

图 6-116

（4）识别板　点击工具栏上的“自动识别板”，软件弹出“识别板选项”对话框，点击“确定”按钮，将软件弹出的“未标注板”改为“B-100”，同时将厚度改为 100mm，如图 6-116 所示。

点击“确定”按钮，所有板生成完毕，在左边楼梯间处也生成了板，将其删除，如图 6-117 所示。

板图元生成后软件自动进行板图元校核，本工程校核后未发现错误图元信息。切换到板的定义界面，设计马蹬筋的参数，操作方法如新建板，在此不再赘述。

2. 识别屋顶层板

识别屋顶层板的方法与步骤与识别二层板的方法与步骤相同。

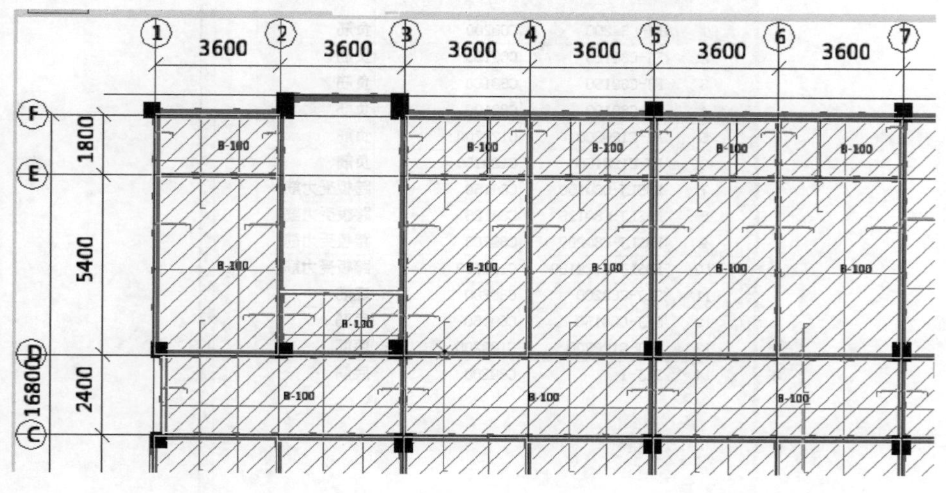

图 6-117

3. 识别板钢筋（二层）

（1）提取板钢筋线　操作步骤详见本部分内容基本知识部分。

（2）提取板钢筋标注操作步骤详见本部分内容基本知识部分。

（3）提取支座线　操作步骤如下。

1）点击“自动识别板钢筋”，再点击“提取支座线”。

2）按照状态栏的提示，选择全部梁的边线作为负筋的支座线

3）右键确认，全部支座线全部消失，并被保存到“已经提取的 CAD”图层中。

（4）自动识别板钢筋　操作步骤如下。

1）点击“自动识别板钢筋”，修改未标注的负筋，如图 6-118 所示。

2）点击“确定”按钮，识别完成。弹出如图 6-119 所示的窗口。

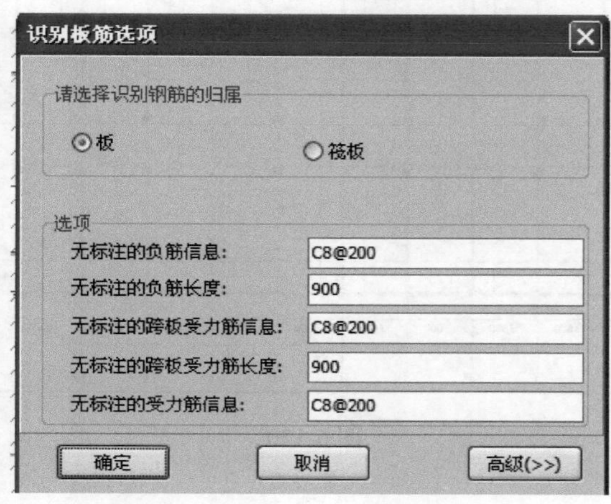

图 6-118

自动识别板筋

编号	名称	钢筋信息	类别
1	FJ-C8@200	C8@200	负筋
2	FJ-C8@125	C8@125	负筋
3	FJ-C8@150	C8@150	负筋
4	FJ-C8@100	C8@100	负筋
5	FJ-C12@200	C12@200	负筋
6	FJ-C12@150	C12@150	负筋
7	KBSLJ-C8@150	C8@150	跨板受力筋
8	KBSLJ-C8@125	C8@125	跨板受力筋
9	KBSLJ-C8@200	C8@200	跨板受力筋
10	KBSLJ-C12@100	C12@100	跨板受力筋
11	SLJ-C8@200	C8@200	底筋
12	SLJ-C8@150	C8@150	底筋
13	SLJ-C12@200	C12@200	底筋
14	SLJ-1	C8@200	底筋

构件归类依赖于支座判断，无支座的钢筋被归为"未分类钢筋"，可以手动调整。

识别选项　确定　取消

图 6-119

（5）板钢筋校核　对板布置的各类钢筋进行校核，直到板筋校核不提示错误信息为止。绘制完成如图 6-120 所示。

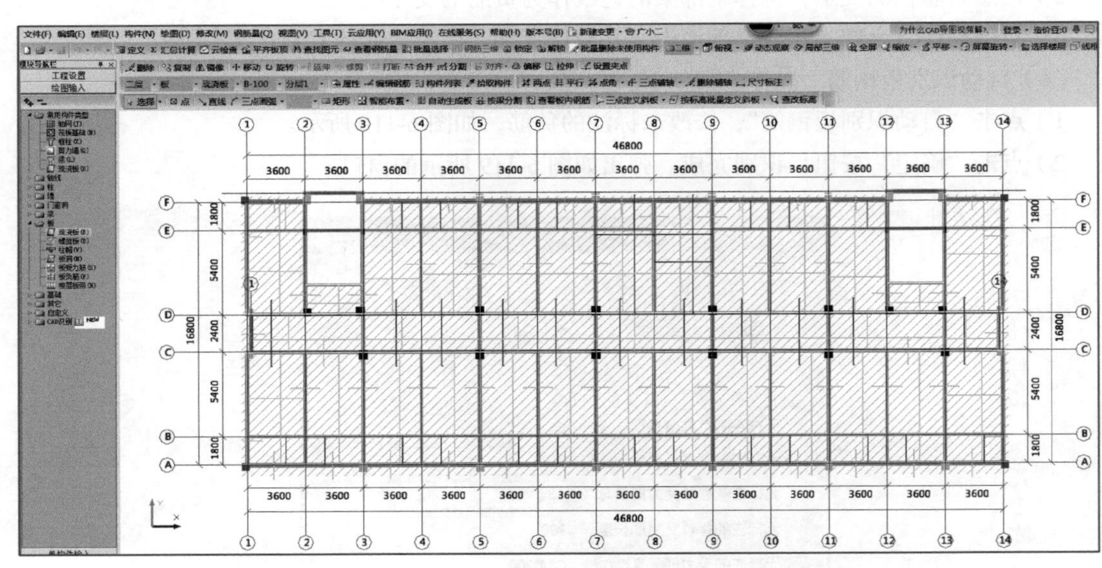

图 6-120

4. 识别屋顶层钢筋

采用同样的方法将屋顶层板的绘制完毕，绘制过程不再赘述。全部板钢筋绘制完成后的西南轴测图如图 6-121 所示。

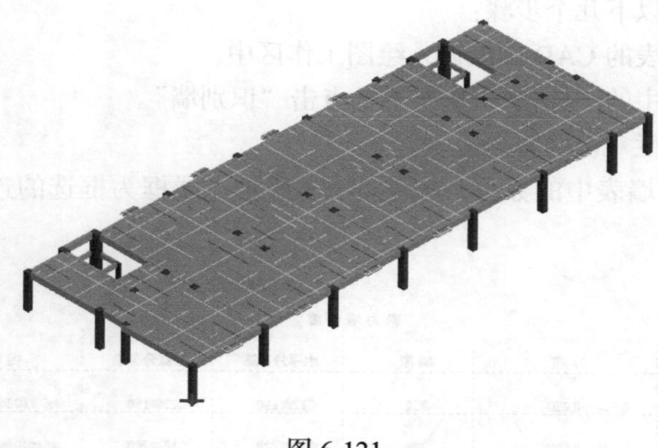

图 6-121

（五）总结拓展

本节主要介绍了识别板和板钢筋的方法和流程。板钢筋的识别，对于已经绘制的板底受力筋识别效率较高，但对于未绘制的钢筋则要自已定义并绘制；对于负筋的识别尽量采用较短跨的设置进行识别，效率也较高；对于跨板受力筋的识别效率，当跨过的板的在与钢筋垂直的方向上长度不一致时，识别正确率较低，建议手动绘制。

板中的钢筋有些是可以识别的，有些是不能识别的，对于不能识别的钢筋则要用单构件输入的方法进行计算，不得遗漏。

（六）思考与练习

（1）板的计算设置有哪些？
（2）如何提取板标注？
（3）如何提取板支座线？
（4）如何提取板洞线？
（5）识别板的方法有几种？
（6）如何提取板钢筋线？
（7）如何提取板钢筋标识？
（8）识别板钢筋的方法有几种？
（9）如何校核板图元和板钢筋图元？
（10）马蹬筋如何定义？
（11）楼梯梯段板钢筋的计算方法有几种？
（12）楼梯休息平台板的钢筋计算方法几种？
（13）画挑檐板的方法的几种？

六、识别墙

（一）基础知识

识别剪力墙可以分为五个步骤，如图 6-122 所示。

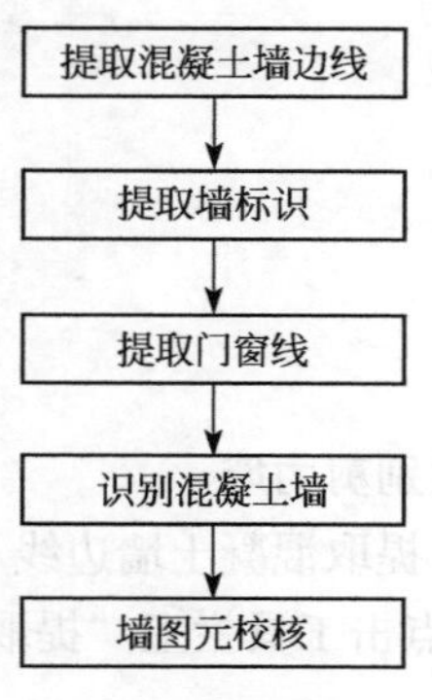

图 6-122

1. 识别剪力墙表

识别剪力墙表分为以下几个步骤：

（1）将带有剪力墙表的 CAD 图纸调入绘图工作区中。

（2）在模块导航栏中的“CAD 识别”下，点击“识别墙”。

（3）点击绘图工具栏“识别剪力墙表”。

（4）拉框选择剪力墙表中的数据，如图 6-123 所示虚线框为框选的连梁表范围，右键确认选择。

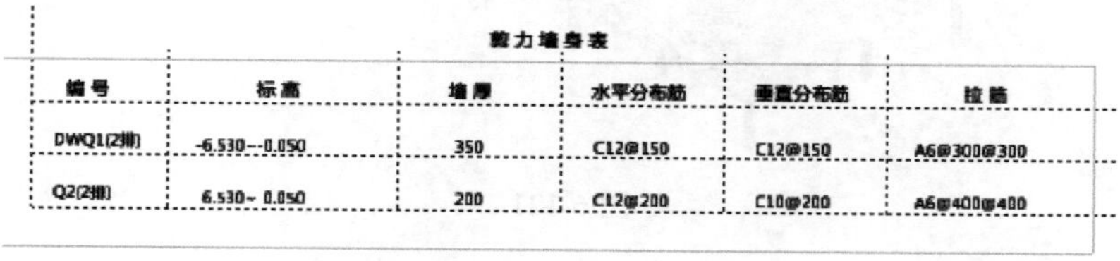

剪力墙身表

编号	标高	墙厚	水平分布筋	垂直分布筋	拉筋
DWQ1(2排)	-6.530~-0.050	350	C12@150	C12@150	A6@300@300
Q2(2排)	6.530~ 0.050	200	C12@200	C10@200	A6@400@400

图 6-123

（5）弹出“识别剪力墙表——选择对应列”窗口，识别时是自动匹配表头，减少用户手动操作，提高易用性和效率。图 6-124 中黄色区域代表自动匹配项。

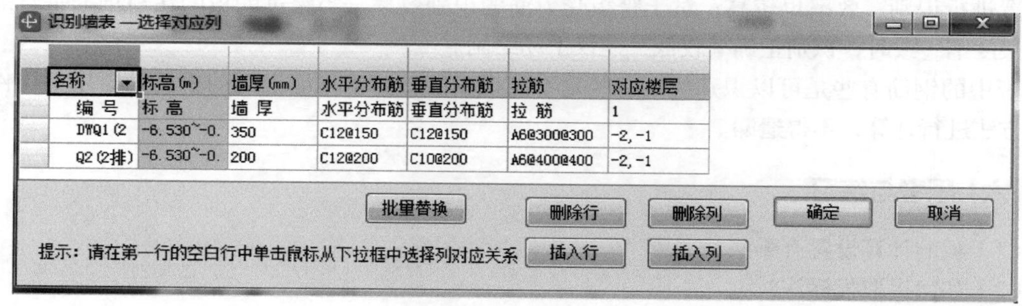

图 6-124

（6）点击“确定”按钮即可将“选择对应列”窗口中的剪力墙信息识别到软件的剪力墙表中并给出如图 6-125 所示的提示，点击“确定”按钮，完成剪力墙表的识别。

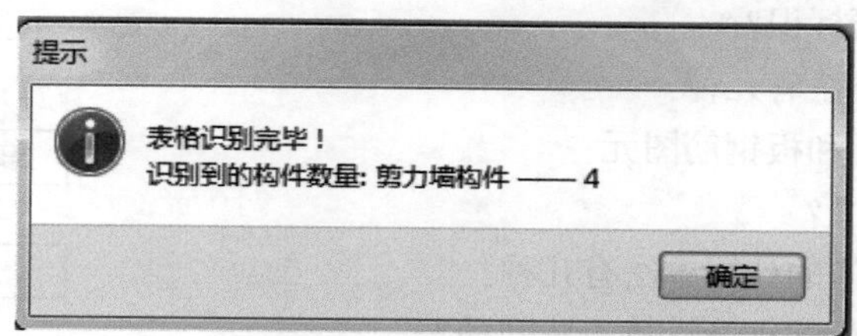

图 6-125

2. 识别剪力墙

（1）提取混凝土墙边线　提取混凝土墙边线的步骤如下。

1）点击工具栏上“提取混凝土墙边线”，“图线选择方式”对话框出现，同时软件状态栏出现“按 Alt/Ctrl+ 左键选择混凝土墙边线，按右键确认选择或 ESC 取消”的操作提示。

2）选择软件默认的图线选择方式，选择任意一条混凝土墙边线，则在同一图层上的所有混凝土墙边线全部被选中并高亮显示。

3）右键确认选择，所有混凝土墙边线全部消失并保存到“已经提取的 CAD 图层”中。

（2）提取墙标识　提取墙标识的步骤如下。

1）点击工具栏上“提取墙标识”，“图线选择方式”对话框出现，同时软件状态栏出现“按 Alt、Ctrl+ 左键选择墙标识，按右键确认选择或 ESC 取消”的操作提示。

2）选择软件默认的图线选择方式，选择任意一个混凝土墙标识，则在同一图层上的所有混凝土墙标识全部被选中并高亮显示。

3）右键确认选择，所有混凝土墙标识全部消失并保存到“已经提取的 CAD 图层”中。

（3）提取门窗线　提取门窗线的操作步骤如下。

1）点击工具栏上“提取门窗”，弹出“图线选择方式”对话框，同时软件状态栏出现“按 Alt、Ctrl+ 左键选择门窗线，按右键确认选择或 ESC 取消”的操作提示。

2）选择软件默认的图线选择方式，选择任意一条门窗线，则在同一图层上的所有门窗线全部被选中并高亮显示。

3）右键确认选择，所有门窗线全部消失并保存到“已经提取的 CAD 图层”中。

（4）识别混凝土墙　识别方式分为“自动识别”、“框选识别”和“点选识别”三种。识别混凝土墙的步骤如下。

1）点击工具栏上的“识别墙”。

2）点击“剪力墙”前的单选按钮。值得注意的是如果是提取混凝土墙边线，软件默认选择“剪力墙”；如果提取的是砌体墙边线，软件默认选择砌体墙。

3）根据墙体配筋表添加水平筋、垂直筋和拉筋的配筋信息。

4）在构件列表中添加或删除构件，选择需要生成的墙体构件。

5）根据 CAD 图的规范情况选择一种识别方式后，软件开始识别。如果有些墙体构件的信息不完整，软件会弹出提示，如图 6-126 所示。

6）将错误信息全部修改后，重新进行识别操作，直至识别完成。

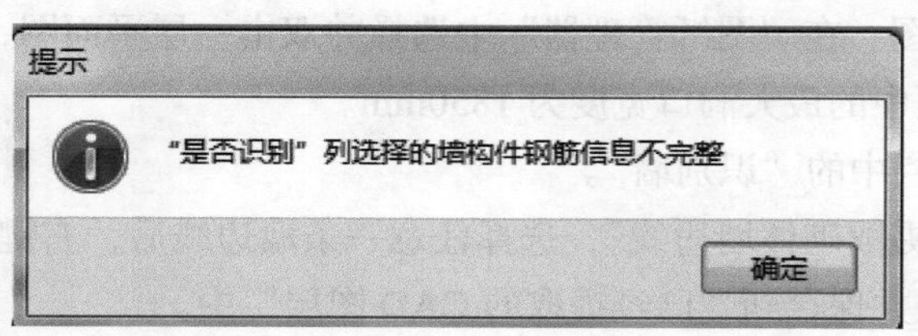

图 6-126

（5）墙图元校核　墙体识别完成后，软件自动进行墙图元的校核，弹出如图 6-127 所示的窗口。根据软件给出的提示修改错误信息后，点击“刷新”按钮，软件重新校核，修改过的错误信息会从表中消失。

3. 识别砌体墙

识别砌体墙的步骤与识别剪力墙的步骤类似，此处不再赘述。

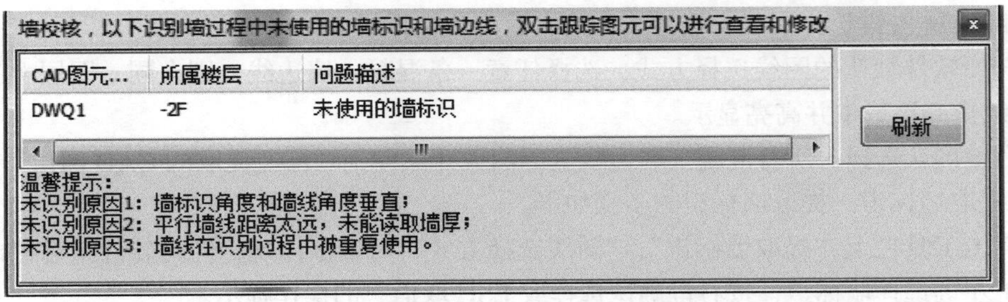

墙校核，以下识别墙过程中未使用的墙标识和墙边线，双击跟踪图元可以进行查看和修改

CAD图元...	所属楼层	问题描述
DWQ1	-2F	未使用的墙标识

刷新

温馨提示：
未识别原因1：墙标识角度和墙线角度垂直；
未识别原因2：平行墙线距离太远，未能读取墙厚；
未识别原因3：墙线在识别过程中被重复使用。

图 6-127

（二）任务说明

本节的任务是：

（1）修改墙的 CAD 识别选项。

（2）识别一层、二层、屋顶层的砌体墙。

（3）复制屋顶层的楼梯间墙到楼梯屋顶层并修改顶面标高。

（三）任务分析

一层和二层墙体识别时，需要用到提取墙边线、提取门窗线、提取墙标识、识别墙（自动识别、点选识别和框选识别）的功能，还要用到墙体延伸、修剪、直线绘制、单对齐等简单的编辑功能；屋顶层墙体识别时，除用到与识别墙的有关功能外，还需要用到构件属性编辑器；楼梯顶层的墙体识别时还要用到构件的楼层间复制功能。

关于墙体拉结筋根据设计总说明的要求进行布置，即所有的柱、构造柱均要与相连墙进行拉结，可以采用砌体加筋构件来实现。

（四）任务实施

1. 一层砌体墙的识别

（1）调入一层平面图。在“图纸管理器”中选择并双击一层平面图，将其调入绘图工作区，并修改墙 CAD 识别选项中的最大洞口宽度为 1850mm。

（2）点击模块导航栏中的“识别墙”。

（3）点击工具栏“提取砌体墙边线”，选择任意一条墙边线后，右键确认选择，所有选中的墙边线从 CAD 图中消失并保存到“已经提取的 CAD 图层”中。

（4）点击工具栏“提取门窗线”，选择任意一条门窗边线后，右键确认，所有选中的门窗边线从 CAD 图中消失并保存到“已经提取的 CAD 图层”中。

（5）点击工具栏“识别墙”，为了使用上的方便，可以将其名称分别修改为 QTQ-200、QTQ-300 和 QTQ-100，如图 6-128 所示。

（6）自动识别砌体墙。确认各种厚度的墙所在位置无误后，点击“自动识别”按钮。

（7）墙图元校核。识别完成后，软件弹出墙“墙图元校核”窗口校核，如图 6-129 所示。软件校核到有两条墙边线未被使用，不影响识别的结果，此错误可以忽略。

图 6-128

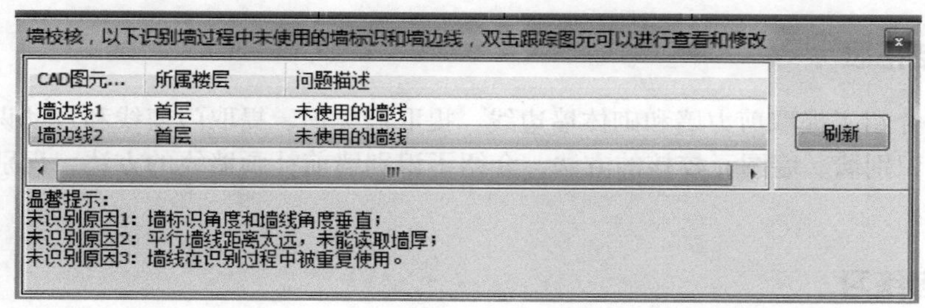

图 6-129

（8）识别后，若发现墙体位置不正确等，可将其全部删除，改用点选识别的方法重新逐一识别，直至完成。

2. 二层墙体的识别

二层墙体的识别，与一层墙体的识别过程相同，不再赘述。

3. 屋顶层和楼梯顶层砌体墙的识别

屋顶层砌体墙的识别与属性修改步骤如下。

（1）切换到屋顶层，将屋顶层平面图调入绘图工作区。

（2）提取砌体墙边线。本层采用点选识别的方法。只需点选楼梯间、外侧的女儿墙进行识别即可。

（3）选中女儿墙，在属性编辑器中修改其名称为“QTQ-200-1500”，“起点顶标高”和“终点顶标高”均为“层底标高 +1.5”，如图 6-130 所示。

楼梯顶层砌体墙与屋顶层的砌体墙绘制在同张图纸上，比较简单，不再需要识别，将屋顶层楼梯间墙体复制到楼梯顶层，然后修改顶面标高为“层底标高 +0.9”即可。

图 6-130

全部识别或绘制完成后的全部楼层墙的轴测图如图6-131所示。

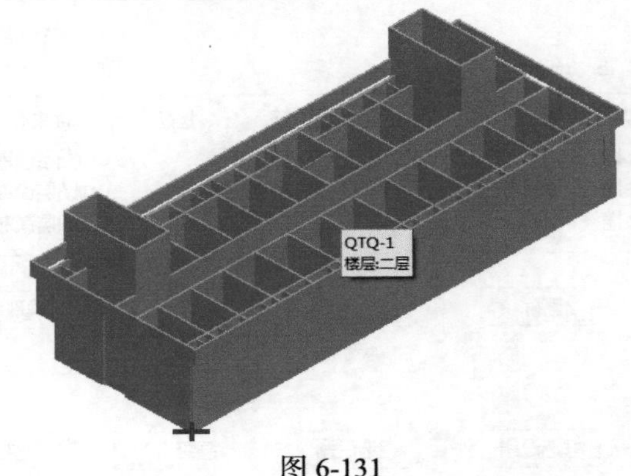

图6-131

4. 墙中构造柱、圈梁、砌体加筋、墙底混凝土条带的绘制

本案例中此类构件，均采用新建命令进行绘制，在此不再赘述。

（五）总结拓展

本节主要介绍了提取剪力墙和砌体墙边线、提取墙标识、提取门窗线和自动识别墙、点选识别墙、框选识别墙、墙图元校核的方法，介绍了识别墙前补画墙线的方法，识别后出现错误时的修改方法。

（六）思考练习

（1）如何提取剪力墙和砌体墙的边线？
（2）如何提取门窗线？
（3）如何提取墙标识？
（4）如何点选识别墙？
（5）如何框选识别墙？
（6）如何自动识别墙？
（7）如何进行墙图元的校核？
（8）如何增加软件未自动识别到的墙体构件？
（9）如何删除不需要识别的墙体构件？
（10）如何增加剪力墙的钢筋信息？
（11）补画墙CAD线的方法有几种？
（12）F4的作用是什么？

七、识别门窗洞口

（一）基本知识

1. 识别门窗洞的流程

识别门窗洞口的流程如图6-132所示。

识别门窗表 → 提取墙边线 → 提取门窗洞标识 → 识别门窗洞

图6-132

2. 识别门窗表

（1）调入门窗表，点击“CAD 识别”→“识别门窗表”，软件状态栏出现“鼠标左键拉框选择门窗表，右键确认选择或 ESC 取消”的操作提示。

（2）拉框选择门窗表。鼠标左键拉框选择门窗表，右键确认选择，软件弹出“识别门窗表——选择对应列”窗口。软件自动进行对应列的匹配，如果匹配不正确，则手动匹配。

（3）删除多余的行和列。对应列匹配成功后，使用界面中的“删除行”删除多余的行，使用“删除列”删除多余的列。

（4）添加缺少的行和列。如果有些洞口在门窗表中未列出，则可以利用界面上的“插入行”添加构件，使用“插入列”添加其他属性，如窗离地高度等。

（5）点击“确定”，软件识别完成，弹出识别到的门和窗的数量，结束门窗表的识别。

3. 识别门窗洞口

（1）将一层平面图调入绘图工作区。

（2）点击模块导航栏“识别门窗洞”。

（3）提取砌体墙边线。点击工具栏上“提取砌体墙边线”，按照状态栏的提示，选择砌体墙边线，右键确认选择。

（4）提取门窗洞标识。点击工具栏上“提取门窗洞标识”，按照状态栏的操作提示，选择门窗洞口标识，右键确认。

（5）识别门窗洞口。点击工具栏上的“识别门窗洞口”，根据 CAD 图纸的规范程度选择一种识别门窗洞口的方式。其中，“自动识别门窗”功能可以将提取的门窗标识一次全部识别。如果 CAD 图纸比较规范，可以选择自动识别方式；“框选识别门窗”功能和自动识别门窗非常相似，只是在执行“框选识别门窗”命令后在绘图区域拉一个框确定一个范围，则此范围内提取的所有门窗标识将被识别，“点选识别门窗”功能可以通过选择门窗标识的方法进行门窗洞识别操作。如果图纸规范程度较低，则可以考虑采用点选识别的方法；“精确识别门窗”功能可以通过选择门窗标识的方法进行门窗洞的精确定位操作。

（二）任务说明

本节的任务是：

（1）修改门窗洞口 CAD 识别选项并识别门窗表建立门窗洞口构件。

（2）识别一层、二层、屋顶层门窗和洞口并生成图元。

（3）根据图纸设计要求修改门窗洞口的各项属性。

（三）任务分析

本工程的门窗表中，M-2 的宽度为 1500mm，高度为 2700mm，而在剖面图上该窗的高度为 2200mm，因此可以推断，门窗表 M-2 标注错误，应该修改。

建立门窗洞口构件需要使用软件提供的识别门窗表命令。生成门窗洞口图元需要使用软件提供的识别门窗洞口命令。

绘制门窗洞口过梁需要根据结构设计总说明定义过梁，根据各层门窗洞口所在位置分析是否需要过梁，然后进行绘制。

（四）任务实施

1. 识别门窗表

识别门窗表的操作步骤如下。

（1）调入门窗表。双击带有门窗表的 CAD 图纸将其调入绘图工作区。

（2）点击“CAD 识别”→“识别门窗表”，软件状态栏出现“鼠标左键拉框选择门窗表，右键确认选择或 ESC 取消”的操作提示。

（3）拉框选择门窗表。鼠标左键拉框选择门窗表，右键确认选择，软件弹出“识别门窗表 - 选择对应列”窗口，软件自动匹配各个对应列，如图 6-133 所示。

	名称	宽度*高度		离地高度	类型	对应楼层
类别	门窗名称	洞口尺寸	门窗数量	备　注	墙洞	0
窗	C-1	1200x1350	4	墨绿色塑钢	窗	0
	C-2	1750x2850	48	墨绿色塑钢	窗	0
	C-3	600x1750	46	墨绿色塑钢	窗	0
	C-4	2200x2550	4	墨绿色塑钢	窗	0
门	M-1	1000x2700	40	塑钢门	门	0
	M-2	1500x2700	6	塑钢门	门	0
	M-3	800x2100	40	塑钢门	门	0
	M-4	1750x2700	44	墨绿色塑钢	门	0
	M-5	3300x2700	2	墨绿色塑钢	门	0
防火门	FHM乙	1000x2100	2	乙级防火门,	门	0
	FHM乙-1	1500x2100	2	乙级防火门,	门	0
防火窗	FHC	1200x1800	2	乙级防火窗,	窗	0
	JD1	1800x2700	2	洞口高2700	门	0
	JD2	1500x2700	2	洞口高2700	门	0

图 6-133

从图中可以看到，第 1、4 列未匹配；第 5 列备注自动匹配为“离地高度”；JD1 和 JD2 的类型应为“墙洞”，自动匹配为“门”，匹配错误；M-2 的高度应为 2200mm，需要修改。将“离地高度”列修改为“备注”列，将 M-2 的尺寸修改为“1500 × 2200”，将 JD1 和 JD2 的类别修改为“墙洞”。

（4）删除多余的行和列，添加缺少的行和列。对应列匹配成功后，使用界面中的“删除行”删除多余的行（如第 2 行），“删除列”删除多余的列（如第 1、4、7 列）；如果有些洞口在门窗表中未列出，则可以利用界面上的“插入行”添加构件，也可以利用“插入列”功能添加“离地高度”列等。

（5）点击“确定”，软件识别完成，弹出识别到的门、窗和洞口的数量，如图 6-134 所示。

2. 修改门窗离地高度

切换到模块导航栏的“门窗洞”→“窗”→“定义”，调出窗的属性编辑器，依次修改各个窗的离地高度属性。如 C-1 的属性修改如图 6-135 所示，其他窗的属性请读者自行修改。

3. 识别门窗洞

（1）识别首层门窗洞口　识别首层门窗洞口的操作步骤如下。

1）将一层平面图调入绘图工作区，点击模块导航栏“识别门窗洞”。

2）提取砌体墙边线。点击工具栏上“提取砌体墙边线”，图线选择方式对话框出现，状态

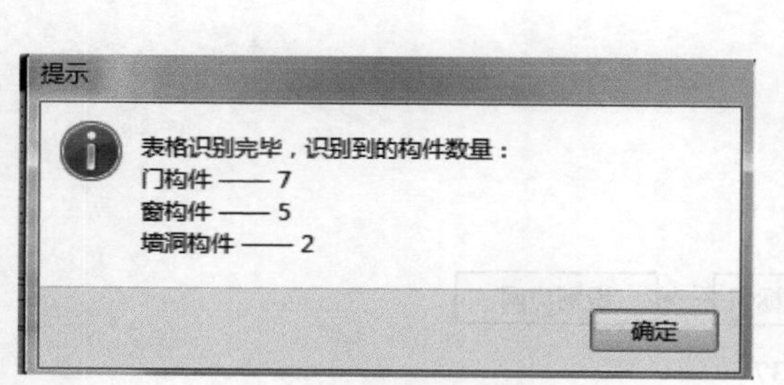

图 6-134

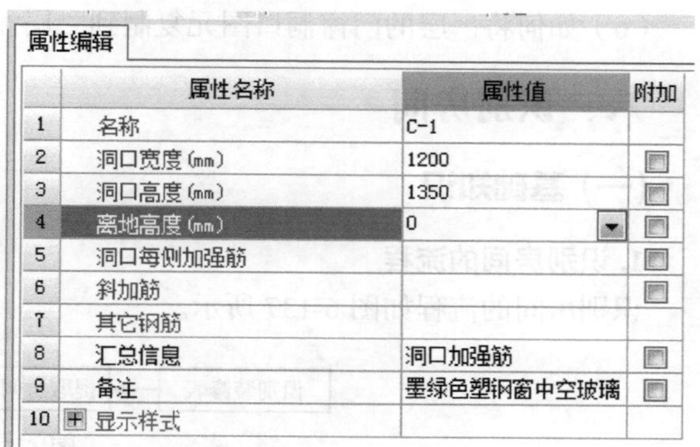

图 6-135

栏出现“鼠标左键或按 Ctrl/Alt+ 左键选择砌体墙边线，右键确认选择或 ESC 取消”的操作提示；选择砌体墙边线，右键确认，所有砌体墙边线消失并被保存到“已经提取的 CAD 图层”中。

3）提取门窗洞标识。点击工具栏“提取门窗洞标识”，按照状态栏的提示，选择任意一个门窗洞的标识，所有门窗洞标识被选中，右键确认选择，所有选中的门窗洞标识从 CAD 图中消失并被保存到“已经提取的 CAD 图层”中。

4）识别门窗洞。点击“识别门窗洞”→“自动识别门窗洞”，识别完成后弹出如图 6-136 所示的窗口，点击“确定”，结束门窗洞口识别。

图 6-136

（2）识别二层门窗洞口　二层门窗洞口的识别，除需要修改 D2 为 JD2，补标注 ⑬ 与 ⑭ 轴间的管理室门洞标识 M-1 外，其他操作与一层相同。识别完成后检查发现，山墙上的 C-4 位置识别错误，为了计算的准确性，将其删除后，再点画布置即可。具体过程不再赘述。

（五）总结拓展

本节主要介绍了识别门窗表、识别门窗洞口的流程与方法，修改门、窗和过梁图元的属性的方法。

（六）思考与练习

（1）识别门窗表的流程是怎样的？

（2）识别门窗洞口的流程是怎样的？

（3）门窗表中洞口宽度或高度有错误如何进行修改？有几种修改方法？

（4）如何在门窗表中添加门窗洞口离地高度？

（5）如何将一层的门窗洞口构件复制到二层？

（6）如何将一层的门窗洞口图元复制到二层？

八、识别房间

（一）基础知识

1. 识别房间的流程

识别房间的流程如图 6-137 所示。

图 6-137

2. 按房间识别装修表

“按房间识别装修表”的步骤如下：

（1）添加一张带有房间装修表的 CAD 图纸。

（2）在“识别房间”界面选择“按房间识别装修表”。

（3）左键拉框选中该房间装修表，点击右键确认。

（4）在“识别房间表——选择对应列”对话框中，在第一行的空白行中单击鼠标左键，在下拉框中选择对应关系，点击“确定”按钮。

识别成功后软件会提示识别到的构件个数。

3. 按装修构件识别装修表

“按装修构件识别装修表”的步骤如下：

（1）添加一张带有装修构件表的 CAD 图纸。

（2）在“识别房间”界面，点击“按房间识别装修表”后的下拉箭头，再点击“按装修构件识别装修表”。

（3）左键拉框选择装修表，点击右键确认。

（4）在“识别装修表——选择对应列”对话框中，在第一行的空白行中单击鼠标左键双下拉框中选择对应关系，点击“确定”按钮。

识别成功后软件会提示识别到的构件个数。

4. 提取房间标识

提取房间标识人操作步骤如下：

（1）在完成识别装修表或房间定义之后，点击模块导航栏“识别房间”，再点击绘图工具栏上“提取房间标识”。

（2）按鼠标左键或 Ctrl+ 鼠标左键选择房间标识，右键确认选择，这些图元从 CAD 图中消失，保存到“已经提取的 CAD 图层”中；如果一次未能将房间标识全部提取，还可以继续提取直到提取完毕。

5. 识别房间

软件提供了三种识别房间的方式：“自动识别”、“框选识别”和“点选识别”。其中“自动识别”用于一次性识别 CAD 图中的所有房间；“框选识别”用于框选识别 CAD 图中的房间；“点选识别”用于手动单个识别 CAD 图中的房间，当某些房间无法自动识别时可以用点选识别单独把它们识别出来。

（二）任务说明

本节的任务是：

（1）识别房间装修表。

（2）识别装修表并套用装修构件做法。

（3）识别房间。

（4）定义并绘制屋面及防水构件。

（5）定义并绘制外墙（包括女儿墙内侧）。

（6）定义并绘制外墙保温层。

（7）定义并绘制一层散水、台阶（包括屋顶层台阶）、无障碍坡道及栏杆。

（8）计算建筑面积、平整场地工程量、综合脚手架。

（三）任务分析

分析建施 -02 室内装修做法表，既有房间又有装修做法表，满足使用“按房间识别装修表”的要求，对于楼梯部分的楼梯间要分别建立底层楼梯间、中间层楼梯间和顶层楼梯间三种房间类型。

（四）任务实施

1. 识别房间装修表 识别装修表的操作步骤如下：

（1）在“CAD 草图”模块，双击“图纸管理器”中带有做法表的 CAD 图纸。

（2）删除做法表中多余的分格线和具体的做法，只保留做法名称。

（3）点击工具栏“按房间识别装修表”，左键拉框选择装修做法表，右键确认选择，如图 6-138 所示。

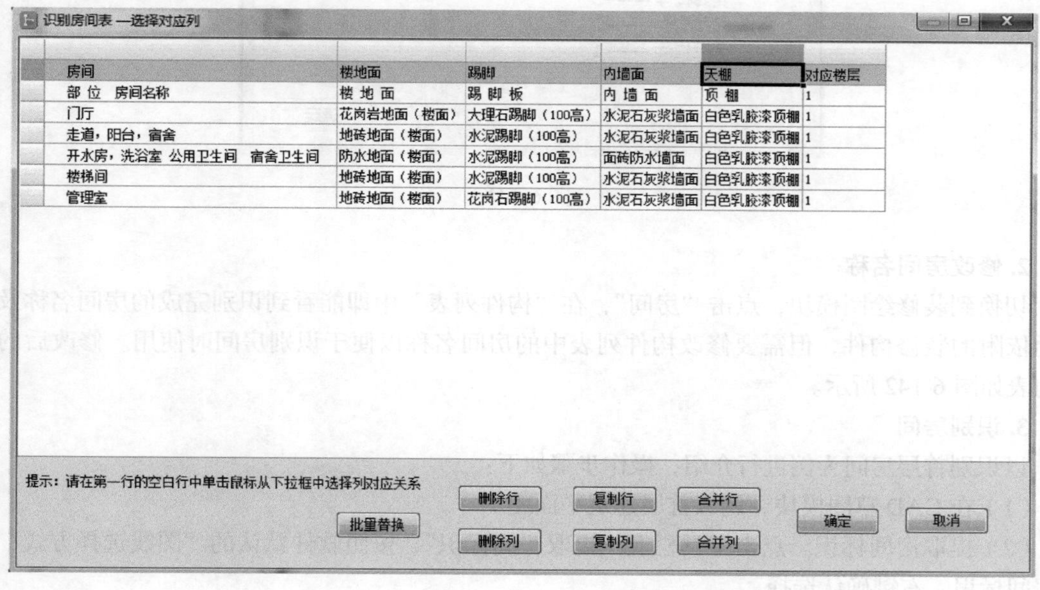

房间	楼地面	踢脚	内墙面	天棚	对应楼层
部 位　房间名称	楼 地 面	踢 脚 板	内 墙 面	顶 棚	1
门厅	花岗岩地面（楼面）	大理石踢脚（100高）	水泥石灰浆墙面	白色乳胶漆顶棚	1
走道，阳台，宿舍	地砖地面（楼面）	水泥踢脚（100高）	水泥石灰浆墙面	白色乳胶漆顶棚	1
开水房，洗浴室 公用卫生间　宿舍卫生间	防水地面（楼面）	水泥踢脚（100高）	面砖防水墙面	白色乳胶漆顶棚	1
楼梯间	地砖地面（楼面）	水泥踢脚（100高）	水泥石灰浆墙面	白色乳胶漆顶棚	1
管理室	地砖地面（楼面）	花岗石踢脚（100高）	水泥石灰浆墙面	白色乳胶漆顶棚	1

图 6-138

（4）选择第二行，点击“删除行”按钮，弹出如图 6-139 所示的窗口。

图 6-139

（5）点击“是”按钮，再点击“确定”按钮，弹出“重名的构件是否识别”的提示，如图 6-140 所示。

图 6-140

（6）点击“是”按钮，识别完成后弹出如图 6-141 所示。

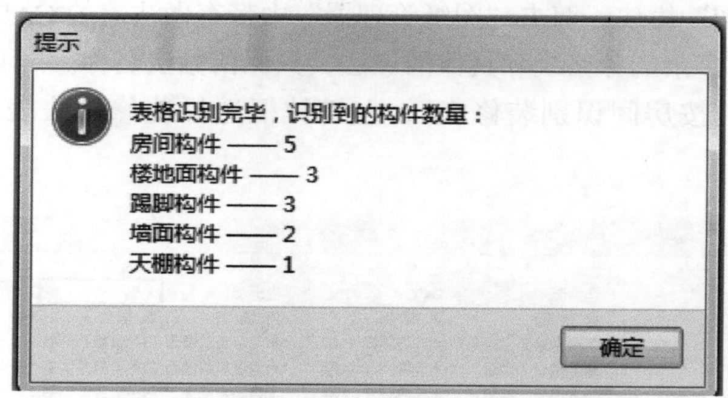

图 6-141

2. 修改房间名称

切换到装修绘图模块，点击“房间”，在“构件列表”中即能看到识别完成的房间名称及其自动依附的装修构件，但需要修改构件列表中的房间名称以便于识别房间时使用。修改后的房间列表如图 6-142 所示。

3. 识别房间

以识别首层房间为例进行介绍，操作步骤如下：

（1）在 CAD 草图模块，调入首层建筑平面图。

（2）提取房间标识。点击工具栏上“提取房间标识”，按照软件默认的“图线选择方式”选择房间标识，右键确认选择。

（3）自动识别房间。点击工具栏上“识别房间”→“自动识别房间”，软件识别完成后弹出识别完毕提示窗口，如图 6-143 所示。

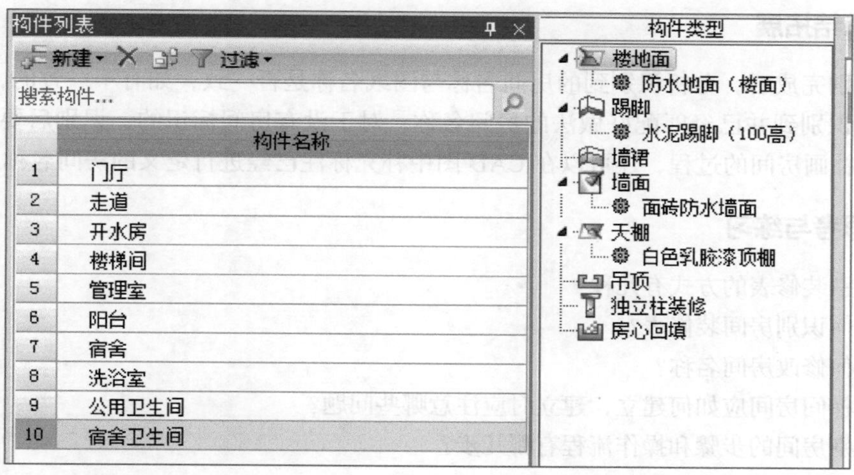

图 6-142

图 6-143

（4）点击“确定”按钮，完成首层房间的识别，如图 6-144 所示。

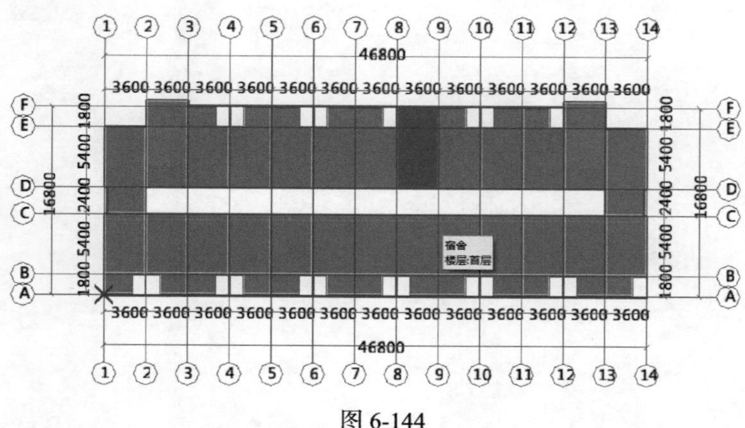

图 6-144

从图 6-144 可以看到，走道和宿舍卫生间未被识别出来，手动绘制即可。同时首层的公共卫生间名称标为“卫生间”，将此房间的名称修改为“公共卫生间”。

4. 识别二层房间

切换到二层，在定义界面，利用“从其他楼层复制构件”功能将一层识别并修改后的房间（包括构件）定义复制到二层。识别二层房间的步骤以及补画走道和宿舍卫生间的过程与首层相同，操作过程不再赘述。

（五）总结拓展

房间识别完成后，分析识别到的房间名称与图纸名称是否一致，如有不一致的，修改房间图元名称为识别到并已经匹配好做法的房间名称；对于没有房间标识的，识别后要进行补画；如果想省略补画房间的过程，还可以在CAD图中补充标注已经进行定义的房间名称后再识别。

（六）思考与练习

（1）识别装修表的方式有几种？

（2）如何识别房间装修表？

（3）如何修改房间名称？

（4）楼梯间房间应如何建立，建立时应注意哪些问题？

（5）识别房间的步骤和操作流程有哪几步？

第七章

BIM 建筑工程计价案例实务

第一节　招标控制价编制要求

（1）了解工程概况及招标范围；
（2）了解招标控制价编制依据；
（3）了解造价编制要求；
（4）掌握工程量清单样表。

学习要求

（1）具备相应招投标理论知识；
（2）了解编制招标控制价的程序及要求。

一、工程概况及招标范围

（1）工程概况　工程名称为专用宿舍楼工程，总建筑面积为 1675.62m^2，基底面积为 810.4m^2，建筑高度为 7.650m，地上主体为两层，室内外高差为 0.45m，本工程采用现浇混凝土框架结构。工程地点：徐州市区。

（2）招标范围　建筑施工图全部内容。本工程计划工期为 120d。质量标准为合格。

二、招标控制价编制依据

编制依据：该工程的招标控制价依据《建设工程工程量清单计价规范》（GB 50500—2013）、《房屋建筑与装饰工程工程量计算规范》(GB 50854—2013）和《江苏省建筑与装饰工程计价定额》（2014 版）及配套解释、相关规定，结合工程设计及相关资料、施工现场情况、工程特点及合理的施工方法，以及建设工程项目的相关标准、规范、技术资料等进行编制。

三、造价编制要求

1. 取费及价格约定

（1）管理费费率为 26%。

（2）利润率为 12%。

（3）总价措施费　总价措施费计取安全文明施工费、夜间施工、雨季施工、冬季施工、已完工程及设备保护、临时设施和住宅分户验收，其他项目不计。其中：

1）安全文明施工费只计取基本费，不考虑省级标化增加费。

2）夜间施工费按 0.1% 计取。

3）冬雨季施工增加费按 0.1% 计取。

4）已完工程及设备保护费按 0.05% 计取。

5）临时设施费按 2% 计取。

6）分户验收费按 0.4% 计取。

（4）材料价格的取定

1）除暂估材料及甲供材料外，材料价格按“徐州市 2016 年 10 月建筑工程信息价”计取。

2）人工费：一类 85 元 / 工日、二类 82 元 / 工日，三类 77 元 / 工日。

（5）暂列金额

1）本工程的暂列金额为 15 万元。

2）不考虑总承包服务费。

（6）规费　规费计取社会保险费、住房公积金和工程排污费，其中社会保险费按 3.2% 计取，住房公积金按 0.53% 计取，工程排污费按 0.1% 计取。

（7）税金　税金按 11% 计取。

2. 其他要求

（1）土方外运距离 1km 以内。

（2）全部采用商品混凝土，运距 10km。

四、工程量清单样表

1. 甲供材含税单价一览表（表 7-1）

表 7-1

序号	名称	规格型号	单位	单价 / 元
1	C15 商品混凝土　泵送	最大粒径 20mm	m^3	300
2	C30 商品混凝土　泵送	最大粒径 20mm	m^3	315
3	C15 商品混凝土　非泵送	最大粒径 20mm	m^3	290
4	C20 商品混凝土　非泵送	最大粒径 20mm	m^3	295
5	C25 商品混凝土　非泵送	最大粒径 20mm	m^3	300

2. 暂估价材料含税价（表 7-2）

表 7-2

序号	名称	规格型号	单位	单价 / 元
1	花岗岩板		m^2	180
2	大理石板		m^2	150
3	同质地砖	600 × 600	m^2	50
4	防滑地砖	200 × 200	m^2	50
5	普通地砖	200 × 200	m^2	50

续表

序号	名称	规格型号	单位	单价 / 元
6	内墙釉面砖	200×300	m^2	200
7	外墙面砖	200×50	m^2	230
8	塑钢平开门		m^2	350
9	塑钢推拉窗		m^2	260
10	木质防火门			750
11	防火窗			800

3. 计日工表（表 7-3）

表 7-3

序号	名称	工程量	单位	单价 / 元	备注
1	人工				
	木工	10	工日	81	
	钢筋工	10	工日	81	
2	材料				
	黄砂（中粗）	1	m^3	120	
	水泥	5	t	460	
3	施工机械				
	载重汽车	1	台班	800	

4. 评分办法（表 7-4）

表 7-4

序号	评标内容	分值范围	说明
1	工程造价	70	不可竞争费单列（样表参考见《报价单》）
2	工程工期	5	按招标文件要求工期进行评定
3	工程质量	5	按招标文件要求质量进行评定
4	施工组织设计	20	按招标工程的施工要求、性质等进行评审

5. 报价单（表 7-5）

表 7-5

工程名称： 标段：

序号	汇总内容	金额 / 元	其中：暂估价 / 元
1	分部分项工程		
1.1	人工费		
1.2	材料费		
1.3	施工机具使用费		
1.4	企业管理费		
1.5	利润		
2	措施项目		
2.1	单价措施项目费		
2.2	总价措施项目费		

续表

序号	汇总内容	金额 / 元	其中：暂估价 / 元
2.2.1	其中：安全文明施工措施费		
3	其他项目		
3.1	其中：暂列金额		
3.2	其中：专业工程暂估价		
3.3	其中：计日工		
3.4	其中：总承包服务费		
4	规费		
5	税金		
招标控制价合计 =1+2+3+4+5			

6. 工程量清单样表参见《建设工程工程量清单计价规范》(GB 50500—2013)

工程量清单计价样表如下：

（1）封面：扉-02。

（2）总说明：表-01。

（3）单项工程招标价汇总表：表-03。

（4）单位工程招标控制价汇总表：表-04。

（5）分部分项工程和单价措施项目清单与计价表：表-08。

（6）综合单价分析表：表-09。

（7）总价措施项目清单与计价表：表-11。

（8）其他项目清单与计价汇总表：表-12。

（9）暂列金额明细表：表-12-1。

（10）材料（工程设备）暂估单价及调整表：表-12-2。

（11）专业工程暂估价及结算表：表-12-3。

（12）计日工表：表-12-4。

（13）总承包服务费计价表：表-12-5。

（14）规费、税金项目计价表：表-13。

（15）主要材料价格表。

第二节　新编招标控制价

（1）了解算量软件导入计价软件的基本流程；

（2）掌握计价软件的常用功能；

（3）运用计价软件完成预算工作。

一、新建招标项目结构

（1）会建立建设项目、单项工程及单位工程；

（2）会编辑修改工程属性。

掌握建设项目、单项工程及单位工程概念及其之间的联系。

（一）基础知识

1. 基本建设项目的组成

基本建设项目按照合理确定工程造价和基本建设管理工作的要求，划分为建设项目、单项工程、单位工程、分部工程、分项工程五个层次。

（1）建设项目　指在一个总体范围内，由一个或几个单项工程组成，经济上实行独立核算，行政上实行统一管理，并具有法人资格的建设单位。例如一所学校、一个工厂等。

（2）单项工程　指在一个建设项目中，具有独立的设计文件，能够独立组织施工，竣工后可以独立发挥生产能力或效益的工程。例如一所学校的教学楼、实验楼、图书馆等。

（3）单位工程　指竣工后不可以独立发挥生产能力或效益，但具有独立设计，能够独立组织施工的工程。例如土建、电器照明、给水排水等。

（4）分部工程　按照工程部位、设备种类和型号、使用材料的不同划分。例如基础工程、砖石工程、混凝土及钢筋混凝土工程、装修工程、屋面工程等。

（5）分项工程　按照不同的施工方法、不同的材料、不同的规格划分。例如砖石工程可分为砖砌体、毛石砌体两类，其中砖砌体可按部位不同分为内墙、外墙、女儿墙。分项工程是计算工、料及资金消耗的最基本的构造要素。

确定工程造价顺序：单位工程造价⟶单项工程造价⟶建设项目工程造价。一般最小单位是以单位工程为对象编制确定工程造价。

2.“营改增”概述

营业税改征增值税（以下简称“营改增”）是指以前缴纳营业税的应税项目改成缴纳增值税，增值税只对产品或者服务的增值部分纳税，减少了重复纳税的环节，是党中央、国务院根据经济社会发展新形势，从深化改革的总体部署出发做出的重要决策，目的是加快财税体制改革、进一步减轻企业赋税，调动各方积极性，促进服务业尤其是科技等高端服务业的发展，促进产业和消费升级、培育新动能、深化供给侧结构性改革。

营业税和增值税是我国两大主体税种。营改增在全国的推开，大致经历了以下三个阶段。2011 年，经国务院批准，财政部、国家税务总局联合下发营业税改增值税试点方案。从 2012 年 1 月 1 日起，在上海交通运输业和部分现代服务业开展营业税改征增值税试点。自 2012 年 8 月 1 日起至年底，国务院将扩大“营改增”试点至 8 省市；2013 年 8 月 1 日，“营改增”范围已推广到全国试行，将广播影视服务业纳入试点范围。2014 年 1 月 1 日起，将铁路运输和邮政服务业纳入营业税改征增值税试点，至此交通运输业已全部纳入“营改增”范围；2016 年 3 月 18 日召开的国务院常务会议决定，自 2016 年 5 月 1 日起，中国将全面推开“营改增”试点，将建筑业、房地产业、金融业、生活服务业全部纳入“营改增”试点。至此，营业税退出历史舞台，增值税制度将更加规范。这是自 1994 年分税制改革以来，财税体制的又一次深刻变革。

“营改增”后对工程造价的计算和确定发生的主要影响有以下几个方面：

（1）两种身份　一般纳税人 + 小规模纳税人。

一般纳税人是指应税行为的年应征增值税销售额（以下简称应税销售额）超过财政部和国家

税务总局规定标准的纳税人，会计核算健全、能够准确提供税务资料的、并向主管税务机关进行一般纳税人资格登记。

小规模纳税人是指应税服务的年应征增值税销售额（以下简称年应税销售额）未超过规定标准的纳税人。年应税销售额超过规定标准的其他个人不属于一般纳税人。年应税销售额超过规定标准但不经常发生应税行为的单位和个体工商户可选择按照小规模纳税人纳税。

（2）两种计税方法　一般计税方法 + 简易计税方法。

① 一般计税方法基本概念　一般计税方法的应纳税额，是指当期销售额抵扣当期进项税额后的余额。

应纳税额计算公式：

应纳税额 = 当期销项税额 − 当期进项税额

销项税额是指纳税人发生纳税行为按照销售额和增值税税率计算并收取的增值税额。

销项税额计算公式：

销项税额 = 销售额 × 税率

进项税额是指纳税人购进货物、加工修理修配劳务、无形资产或者不动产，支付或者负担的增值税额。

② 简易计税方法基本概念　简易计税方法的应纳税额是指按照销售额和增值税征收率计算的增值税额，不得抵扣进项税额。

应纳税额计算公式：

应纳税额 = 销售额 × 征收率

（3）税率和征收率　增值税税率分为以下三种：

① 纳税人发生应税行为，除特别规定外，税率为 6%；

② 提供交通运输、邮政、基础信电、建筑、不动产租赁服务，销售不动产，转让土地使用权，税率为 11%；

③ 提供有形动产租赁服务，税率为 17%。境内单位和个人发生的跨境应税行为，税率为零。

增值税征收率为 3%。

（4）计价依据调整原则：价税分离。

① 建筑业营改增后，工程造价按“价税分离”计价规则计算，具体要素价格适用增值税税率执行财税部门的相关规定。税前工程造价为人工费、材料费、施工机械使用费、企业管理费、利润和规费之和，各费用项目均以不包含增值税（可抵扣进项税额）的价格进行计算。

② 企业管理费包括预算定额的原组成内容，城市维护建设税、教育费附加以及地方教育费附加，营改增增加的管理费用等。

③ 建筑安装工程费用的税金是指国家税法规定应计入建筑安装工程造价内的增值税销项税额。

（5）工程项目计税方式的选择

① 一般计税方式：《建筑工程施工证》注明的开工日期或未取得《建筑工程施工许可证》的建筑工程承包合同注明的开工日期（以下简称“开工日期”）在 2016 年 5 月 1 日（含）之后的房屋建筑和市政基础设施工程（以下简称“建筑工程”）。

② 简易计税方式

a. 一般纳税人以清包工方式提供的建筑服务，可以选择适用简易方法计税。

以清包工方式提供建筑劳务，是指施工方不采购建筑工程所需的材料或只采购辅助材料，并收取人工费、管理费或者其他费用的建筑服务。

b. 一般纳税人为甲供工程提供的建筑服务，可以选择适用简易计税方法计税。

甲供工程是指全部或部分设备、材料、劳力由工程发包方自行采购的建筑工程。

c. 一般纳税人为建筑工程老项目提供的建筑服务，可以选择适用简易计税方法计税。

建筑工程老项目是指以下几种情况：《建筑工程施工许可证》注明的开工日期在 2016 年 4 月 30 日前的建筑工程项目；未取得《建筑工程施工许可证》的，建筑工程承包合同注明的开工日期在 2016 年 4 月 30 日前的建筑工程项目。

（二）任务说明

结合《BIM 算量一图一练》专用宿舍楼案例工程（该项目为 2016 年 5 月 1 日开工，为增值税项目工程）建立招标项目并完成招标控制价的编制。

（三）任务分析

本招标项目标段为专用宿舍楼，依据招标文件的要求建立招标项目结构并完成招标控制价的编制。

（四）任务实施

编制招标工程的招标控制价，以前是由 GBQ4.0 软件来完成的，实行营改增后，广联达公司开发了云计价平台 GCCP5.0，该计价平台包括编制、调价、报表、指标和电子标五大模块，以下的操作均在 GCCP5.0 云计价软件中进行。

1. 新建项目　双击桌面图标打开云计价平台进入软件登录界面，登录或点击离线使用软件后，进入广联达云计价平台 GCCP5.0。单击“新建项目”，如图 7-1 所示。

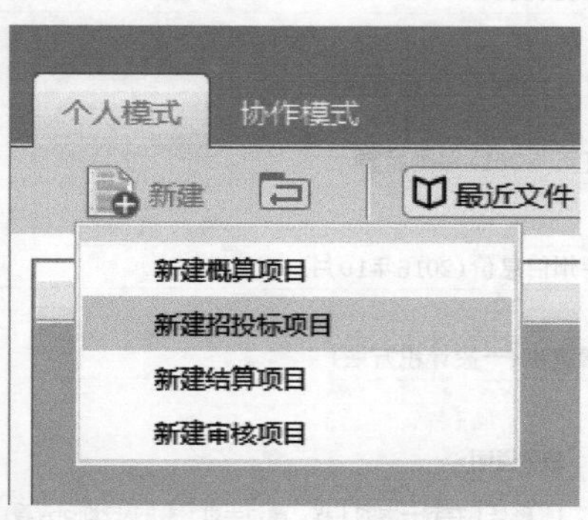

图 7-1

2. 点击“新建”，进入新建工程界面，如图 7-2 所示。

本项目采用的计价方式：清单计价、招标，采用的招标工程接口标准为“江苏 13 接口招标工程”。

项目名称：专用宿舍楼。

项目编号：20160101。

3. 新建招标项目。点击图 7-2 中“新建招标项目”，输入项目名称和项目编码，并通过价格文件后的“浏览”按钮查找需要的价格文件，如图 7-3 所示。

新建工程
地区 江苏
清单计价
定额计价
新建招标项目
新建投标项目
新建单位工程
模板新建
江苏13招标工程
建筑工程
1号楼土建
2号楼土建
安装工程
1号楼安装
2号楼安装
江苏13接口招标工程
南京13投标工程
南京13E路阳光投标工程
江苏13投标工程
江苏13接口投标工程
南京13招标工程
南京13E路阳光招标工程

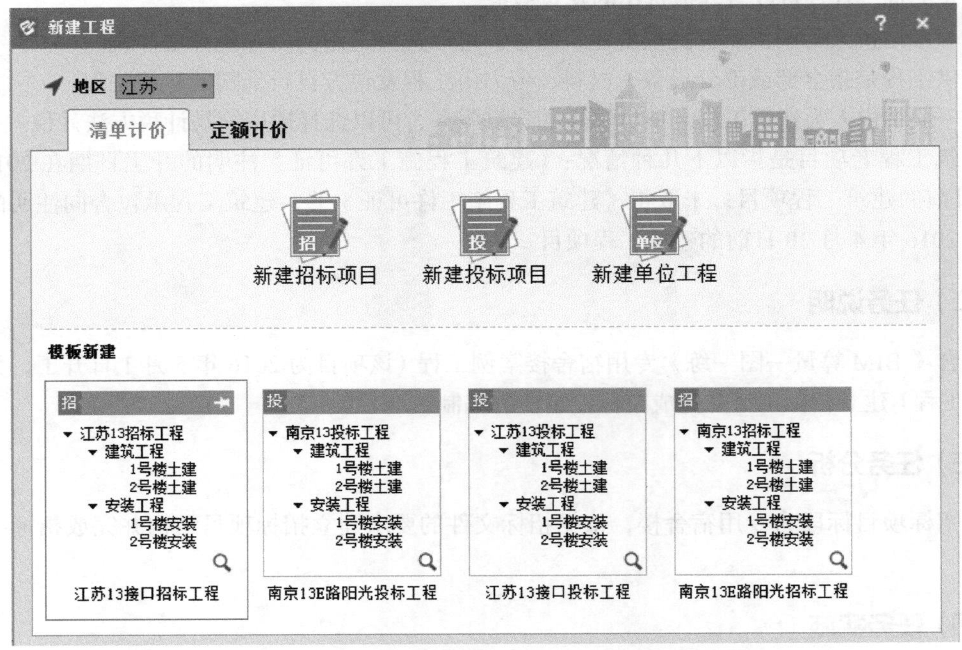

图 7-2

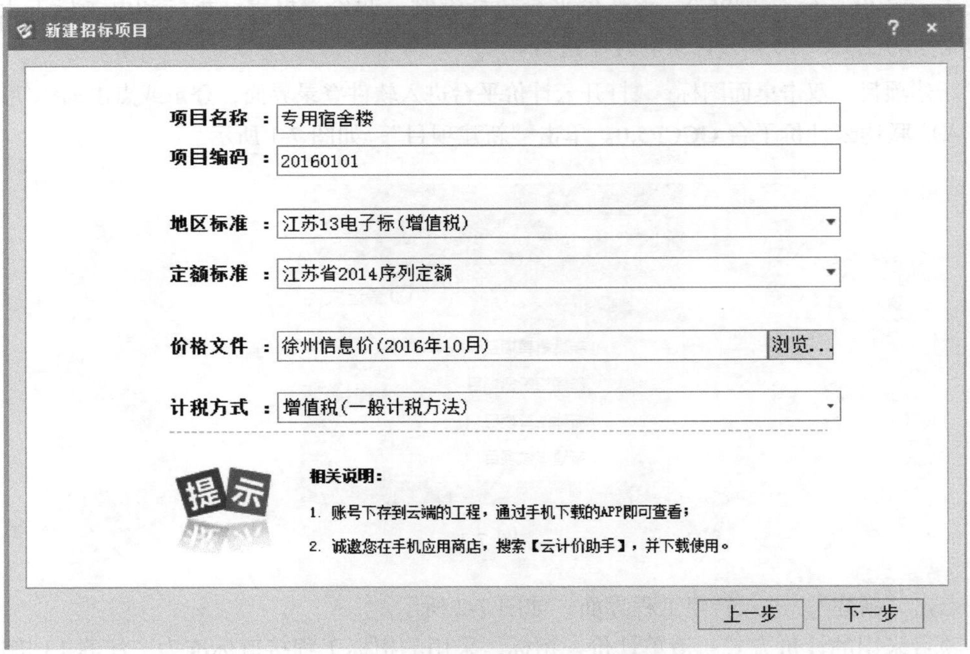

新建招标项目
项目名称 ：专用宿舍楼
项目编码 ：20160101
地区标准 ：江苏13电子标(增值税)
定额标准 ：江苏省2014序列定额
价格文件 ：徐州信息价(2016年10月)
浏览...
计税方式 ：增值税(一般计税方法)
提示
相关说明：
1. 账号下存到云端的工程，通过手机下载的APP即可查看；
2. 诚邀您在手机应用商店，搜索【云计价助手】，并下载使用。
上一步
下一步

图 7-3

4. 点击“下一步”，进入“新建单项工程”和“新建单位工程”界面，如图 7-4 所示。

新建招标项目
新建单项工程
新建单位工程
修改当前工程
工程名称
清单库
清单专业
定额库
定额专业
专用宿舍楼
上一步
完成

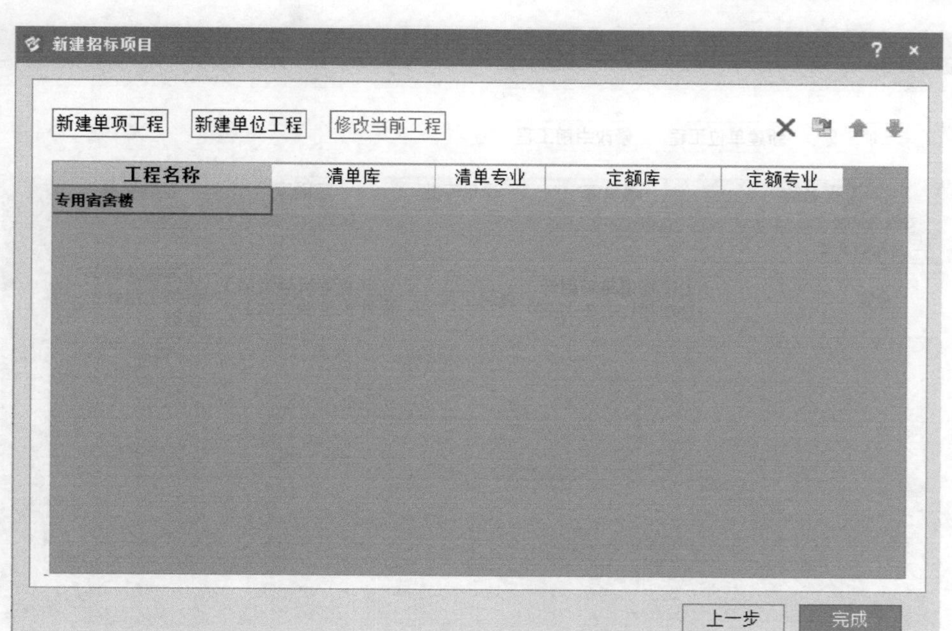

图 7-4

5. 新建单项工程。

点击“新建单项工程”，进入新建工程界面，输入单项工程名称为：“专用宿舍楼”，勾选对应的单位工程专业：“建筑”，如图 7-5 所示。

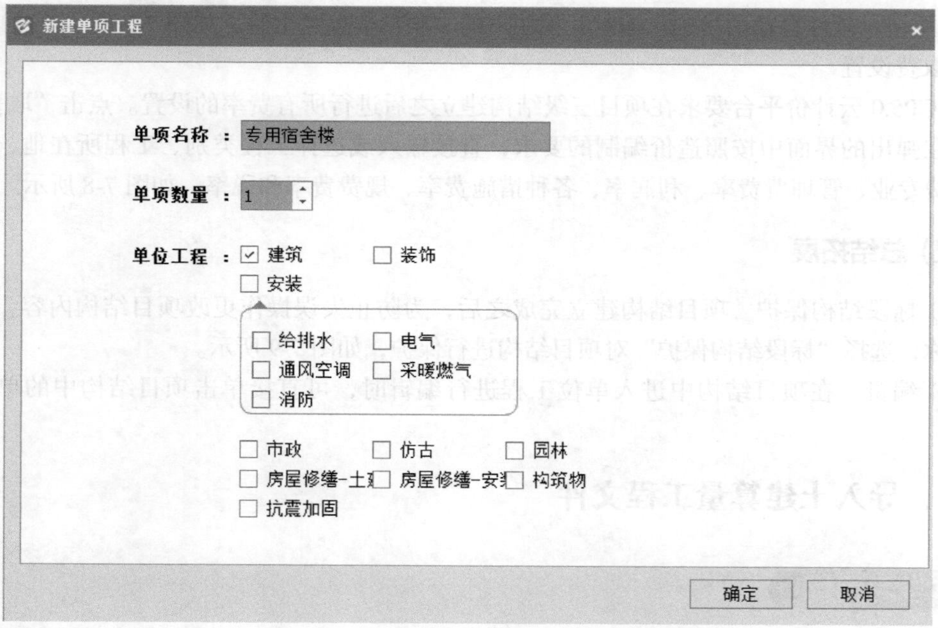

新建单项工程
单项名称 ：
专用宿舍楼
单项数量 ：
1
单位工程 ：
建筑
装饰
安装
给排水
电气
通风空调
采暖燃气
消防
市政
仿古
园林
房屋修缮-土建
房屋修缮-安装
构筑物
抗震加固
确定
取消

图 7-5

6. 完成新建工程。点击“确定”招标项目的三级项目结构如图 7-6 所示。

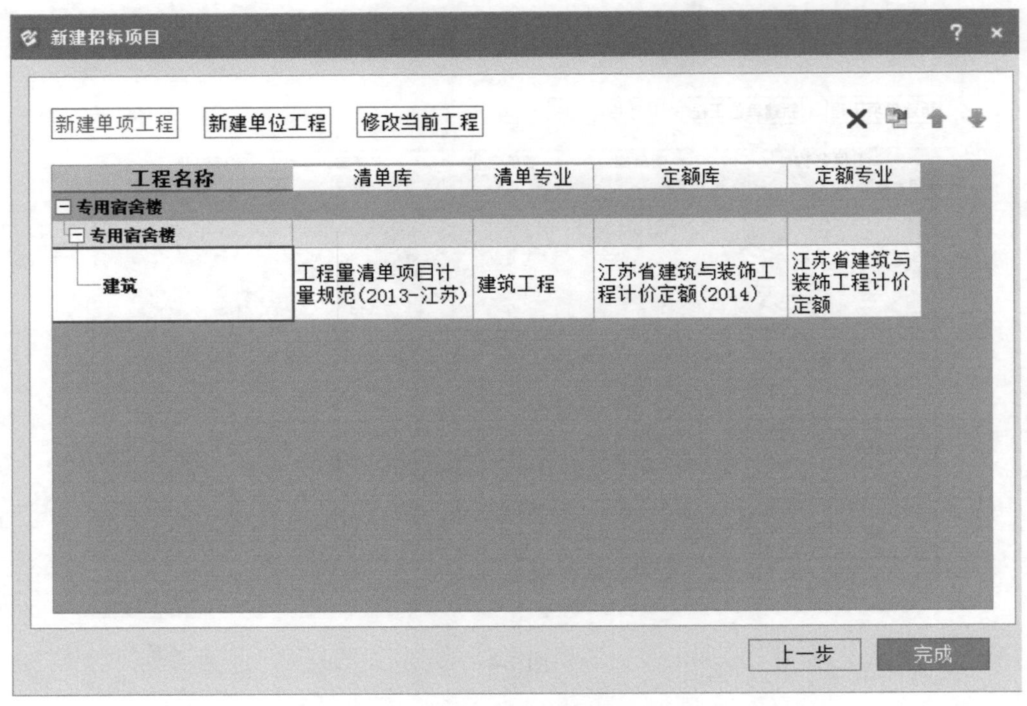

图 7-6

如果想修改单位工程的名称“建筑”，可通过点击“修改当前工程”按钮，在弹出的“修改单位工程”对话框中，输入单位工程的名称，如“专用宿舍楼 - 土建”，点击“确定”后，点击“完成”按钮，软件自动切换到“编制”模块下的“项目信息”页签，如图 7-7 所示。

7. 取费设置

GCCP5.0 云计价平台要求在项目三级结构建立之后进行所有费率的设置。点击“取费设置”页签，在弹出的界面中按照造价编制的要求，直接输入或选择工程类别、工程所在地、计税方式、取费专业、管理费费率、利润率、各种措施费率、规费费率和税率，如图 7-8 所示。

（五）总结拓展

（1）标段结构保护　项目结构建立完成之后，为防止失误操作更改项目结构内容，可右击项目名称，选择“标段结构保护”对项目结构进行保护，如图 7-9 所示。

（2）编辑　在项目结构中进入单位工程进行编辑时，可直接单击项目结构中的单位工程名称。

二、导入土建算量工程文件

（1）会导入图形算量文件；

（2）会进行清单项整理，完善项目特征描述；

（3）会增加补充清单项。

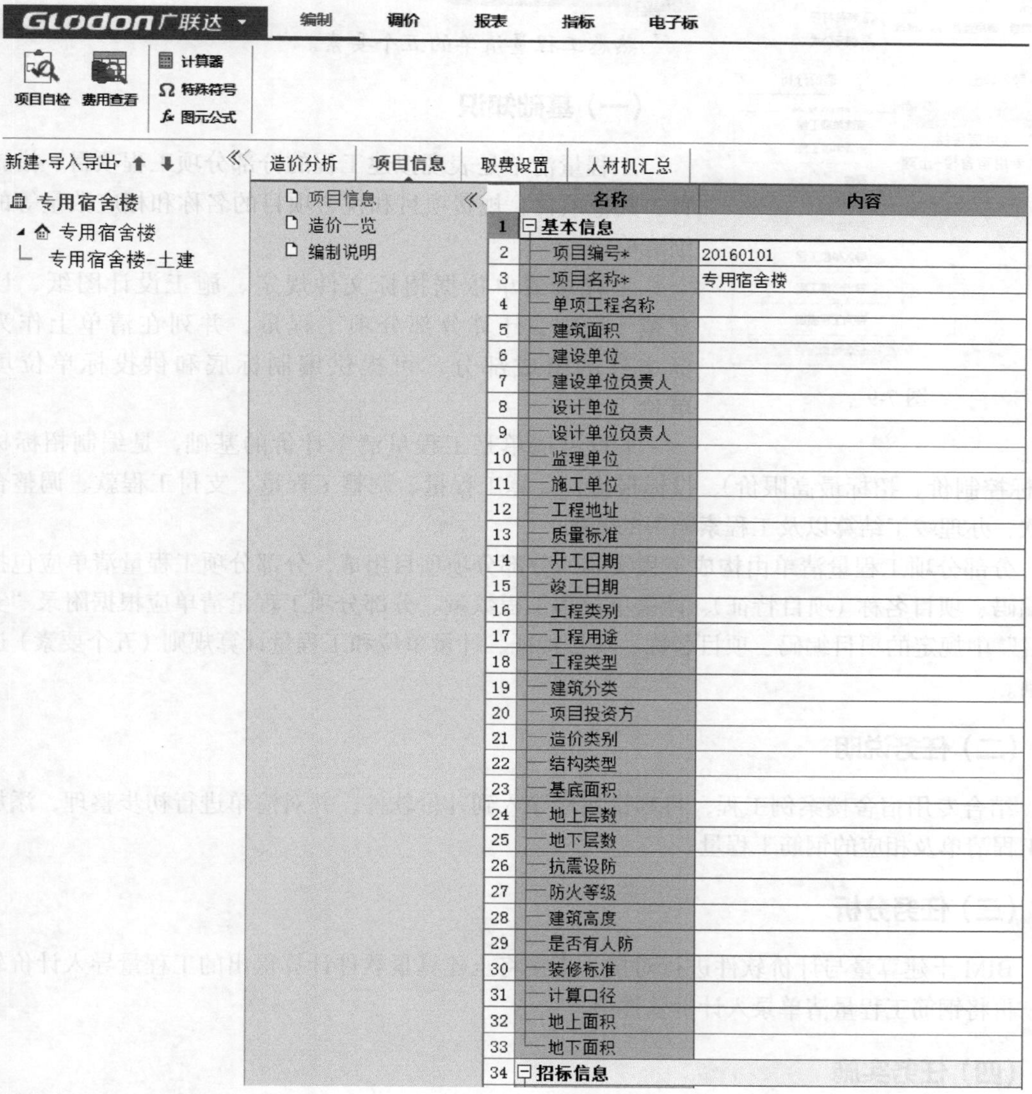

Glodon广联达 编制 调价 报表 指标 电子标

项目自检 费用查看 计算器 特殊符号 图元公式

新建·导入导出· 造价分析 项目信息 取费设置 人材机汇总

专用宿舍楼
专用宿舍楼
专用宿舍楼-土建

项目信息
造价一览
编制说明

	名称	内容
1	基本信息	
2	项目编号*	20160101
3	项目名称*	专用宿舍楼
4	单项工程名称	
5	建筑面积	
6	建设单位	
7	建设单位负责人	
8	设计单位	
9	设计单位负责人	
10	监理单位	
11	施工单位	
12	工程地址	
13	质量标准	
14	开工日期	
15	竣工日期	
16	工程类别	
17	工程用途	
18	工程类型	
19	建筑分类	
20	项目投资方	
21	造价类别	
22	结构类型	
23	基底面积	
24	地上层数	
25	地下层数	
26	抗震设防	
27	防火等级	
28	建筑高度	
29	是否有人防	
30	装修标准	
31	计算口径	
32	地上面积	
33	地下面积	
34	招标信息	

图 7-7

注：在“新建招标项目”界面，可以新建单项工程，也可以新建单位工程。

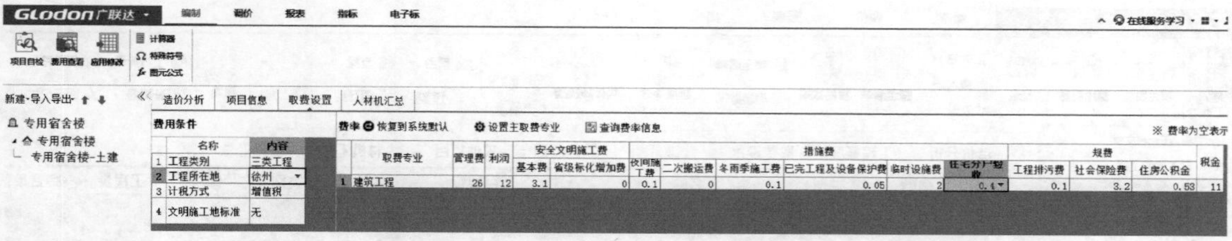

Glodon广联达 编制 调价 报表 指标 电子标　在线服务学习

项目自检 费用查看 应用修改 计算器 特殊符号 图元公式

新建·导入导出· 造价分析 项目信息 取费设置 人材机汇总

专用宿舍楼
专用宿舍楼
专用宿舍楼-土建

费用条件

	名称	内容
1	工程类别	三类工程
2	工程所在地	徐州
3	计税方式	增值税
4	文明施工地标准	无

费率　恢复到系统默认　设置主取费专业　查询费率信息　※ 费率为空表示

	取费专业	管理费	利润	安全文明施工费		措施费						规费			税金
				基本费	省级标化增加费	夜间施工费	二次搬运费	冬雨季施工费	已完工程及设备保护费	临时设施费	住宅分户验收	工程排污费	社会保险费	住房公积金	
1	建筑工程	26	12	3.1	0	0.1	0	0.1	0.05	2	0.4	0.1	3.2	0.53	11

图 7-8

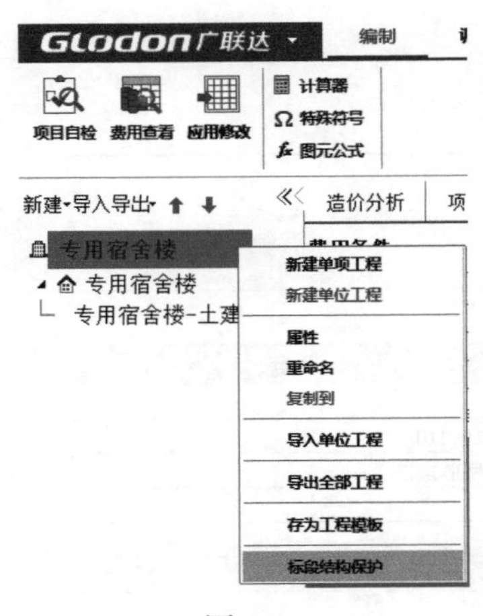

图 7-9

学习要求

熟悉工程量清单的五个要素。

(一) 基础知识

工程量清单是表现拟建工程的分部分项工程项目、措施项目、其他项目、规费项目和税金项目的名称和相应数量等的明细清单。

工程量清单依据招标文件规定、施工设计图纸、计价规范（规则）计算分部分项工程量，并列在清单上作为招标文件的组成部分，可提供编制标底和供投标单位填报单价。

工程量清单是工程量清单计价的基础，是编制招标标底（招标控制价、招标最高限价）、投标报价、计算工程量、调整工程量、支付工程款、调整合同价款、办理竣工结算以及工程索赔等的依据。

分部分项工程量清单由构成工程实体的分部分项项目组成，分部分项工程量清单应包括项目编码、项目名称（项目特征）、计量单位和工程数量。分部分项工程量清单应根据附录“实体项目”中规定的项目编码、项目名称、项目特征、计量单位和工程量计算规则（五个要素）进行编制。

(二) 任务说明

结合专用宿舍楼案例工程，将算量文件导入到计价软件，并对清单进行初步整理，添加钢筋工程清单及相应的钢筋工程量。

(三) 任务分析

BIM 土建算量与计价软件进行对接，直接将土建算量软件计算得出的工程量导入计价软件中，再将钢筋工程量清单录入计价软件中。

(四) 任务实施

(1) 进入单位工程界面，切换到“分部分项”，单击“导入”，点击“导入算量文件”，如图 7-10 所示。

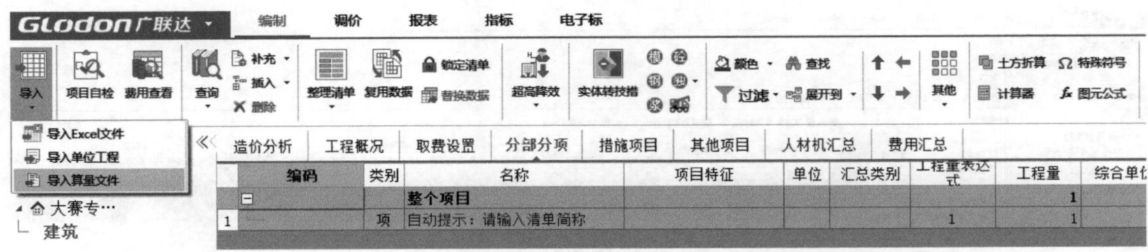

图 7-10

（2）导入图形算量文件　在弹出的打开文件对话框中，找到算量文件所在的位置，点击打开，出现“算量工程文件导入”对话框，如图 7-11 所示。选择需要导入的“清单项目”和“措施项目”中清单和定额项目后，点击“导入”按钮，完成图形算量文件的导入。

算量工程文件导入

清单项目　措施项目

全部选择　全部取消

	导入	编码	类别	名称	单位	工程量
1	☑	010101001001	项	平整场地	m2	810.38
2	☑	1-98	定	平整场地	10m2	108.828 * 10
3	☑	010101004001	项	挖基坑土方	m3	1577.5299
4	☑	1-7	定	人工挖三类干土深<1.5m	m3	157.753
5	☑	1-14	定	人工挖土深>1.5m增加费 深<3m	m3	157.753
6	☑	1-205	定	反铲挖掘机(1m3以内)挖土不装车	1000m3	1.4198 * 1000
7	☑	010103001001	项	回填方(房芯)	m3	181.8915
8	☑	1-100	定	原土打底夯 基(槽)坑	10m2	75.7881 * 10
9	☑	1-104	定	回填土夯填基(槽)坑	m3	181.8915
10	☑	010103001002	项	回填方	m3	1264.6915
11	☑	1-100	定	原土打底夯 基(槽)坑	10m2	59.0182 * 10
12	☑	1-104	定	回填土夯填基(槽)坑	m3	1264.6915
13	☑	010103002001	项	余方弃置	m3	312.8384
14	☑	1-202	定	正铲挖掘机(1m3以内)挖土装车	1000m3	0.3128 * 1000
15	☑	1-262	定	自卸汽车运土运距在<1km	1000m3	0.3128 * 1000
16	☑	010401001001	项	砖基础(坡道基础)	m3	8.1176
17	☑	4-1-1	定	直形砖基础 (M7.5水泥砂浆)	m3	8.1176
18	☑	010401012001	项	零星砌砖（小便池）	m3	0.4564
19	☑	4-57-1	定	(M5水泥砂浆) 标准砖零星砌砖	m3	0.4564
20	☑	010401012002	项	零星砌砖	m3	0.648
21	☑	4-57-1	定	(M5水泥砂浆) 标准砖零星砌砖	m3	0.648
22	☑	010402001001	项	砌块墙	m3	50.8725
23	☑	4-7	定	(M5混合砂浆) 普通砂浆砌筑加气砼砌块墙 200…	m3	50.8725

☐ 清空导入　导入　关闭

图 7-11

三、分部分项清单

学习目标

（1）会进行分部分项清单项整理，完善项目特征描述；
（2）会增加补充清单项，主要包括钢筋工程量清单；
（3）会进行定额子目的调整和换算。

学习要求

（1）根据工程实际，能手工编清单，并完整描述项目特征；
（2）根据项目特征的描述，准确套用定额子目并进行换算。

（一）基础知识

工程量清单五要素的确定方法如下：

（1）分部分项工程量清单项目按规定编码。分部分项工程量清单项目编码以五级设置，用 12 位数字表示，前 9 位全国统一，不得变动；后 3 位是清单项目名称顺序码，由清单编制人设置，同一招标工程的项目编码不得有重码。

（2）分部分项工程量清单的项目名称与项目特征应结合拟建工程的实际情况确定。

项目名称原则上以形成工程实体而命名。分部分项工程量清单项目名称的设置应考虑三个因素：一是计算规范中的项目名称；二是计算规范中的项目特征；三是拟建工程的实际情况（计算规范中的工作内容）。

项目特征是构成分部分项工程量清单项目、措施项目自身价值的本质特征。分部分项工程量清单项目特征应按《房屋建筑与装饰工程工程量计算规范》（GB 50854—2103）中规定的项目特征，考虑该项目的规格、型号、材质等特征要求，结合拟建工程的实际情况，使其工程量项目名称具体化、细化，对影响工程造价的因素都应予以描述。

（3）分部分项工程量清单的计量单位按规定的计量单位确定。工程量的计量单位均采用基本单位计量。编制清单或报价时按规定的计量单位计量。具体如下：

长度计量：m；面积计量：m^2；体积计量：m^3；重量计量：t、kg；自然计量：台、套、个、组。

当计量单位有两个或两个以上时，应根据所编工程量清单项目特征要求，选择最适宜表现该项目特征并方便计量的单位。

（4）实物数量（工程量）严格按清单工程量计算规则计算。

（二）任务说明

结合《BIM 算量一图一练》专用宿舍楼案例工程，将导入的计价软件清单项进行初步整理，并添加钢筋工程清单及相应的钢筋工程量，完善项目特征描述。

（三）任务分析

对分部分项清单进行整理，完善项目特征的描述，对分部分项工程清单定额套用做法进行检查与分部整理，结合清单的项目特征对照分析是否需要进行换算。

（四）任务实施

1. 整理清单

（1）在分部分项界面进行分部分项整理清单项。单击“整理清单”→“分部整理”，如图 7-12 所示，弹出分部整理对话框如图 7-13 所示。

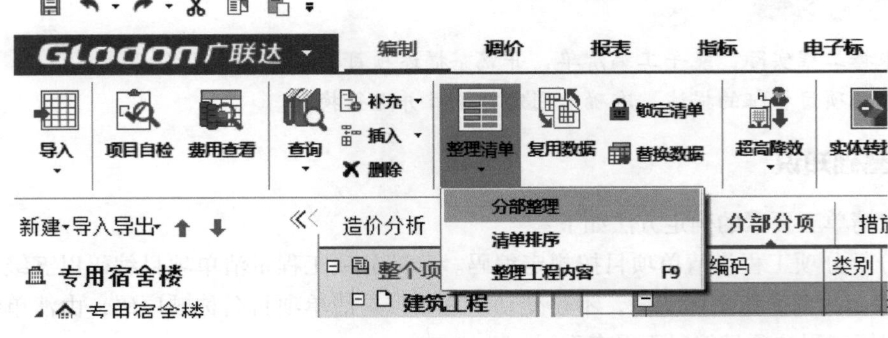

图 7-12

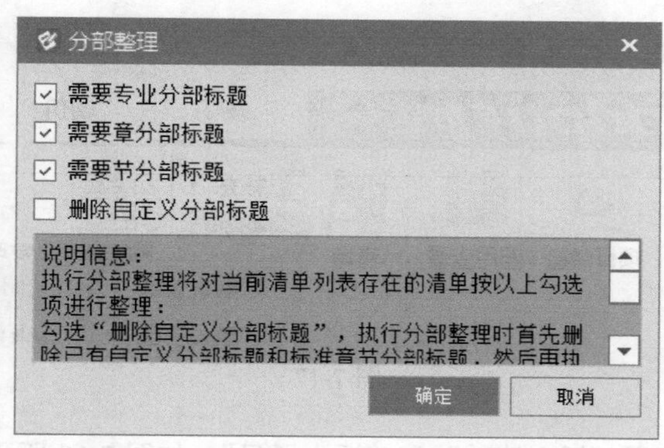

图 7-13

（2）选择按专业、章、节整理后，单击“确定”按钮。

（3）清单整理完成后，如图 7-14 所示。

	编码	类别	名称	项目特征	单位	汇总类别	工程量表达式	工程量	综合单价	综合合价	备注
	⊟		整个项目					1		2139680.13	
B1	⊟A	部	建筑工程					1		2139680.13	
B2	⊟A.1	部	土石方工程					1		69812.44	
B3	⊟A.1.1	部	土方工程					1		18482.97	
1	⊟010101…	项	平整场地	1.土壤类别:三类土	m2		810.38*1	810.38	8.13	6588.39	
	1-98	定	平整场地		10m2		1088.28	108.828	60.57	6591.71	
2	⊟010101004001	项	挖基坑土方	1.土壤类别:三类土 2.挖土深度:3m 内	m3		1577.5299*1	1577.53	7.54	11894.58	
	1-7	定	人工挖三类干土深<1.5m		m3		157.753	157.753	32.94	5196.38	
	1-14	定	人工挖土深>1.5m增加费 深<3m		m3		157.753	157.753	9.56	1508.12	
	1-205	定	反铲挖掘机(1m3以内)挖土不装车		1000m3		1419.8	1.4198	3640.06	5168.16	

图 7-14

2. 项目特征描述

项目特征描述主要有以下三种方法：

（1）BIM 土建算量中已包含项目特征描述的，软件默认将其全部导入到云计价平台中来。

（2）选择清单项，在“特征及内容”界面可以进行添加或修改来完善项目特征，如图 7-15 所示。

（3）直接单击“项目特征”对话框，进行修改或添加，如图 7-16 所示。

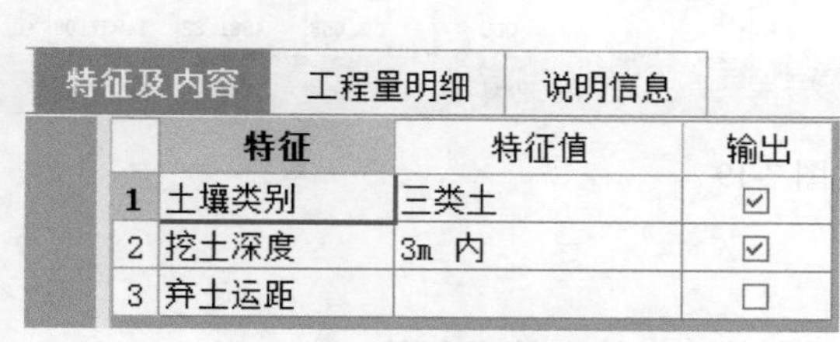

图 7-15

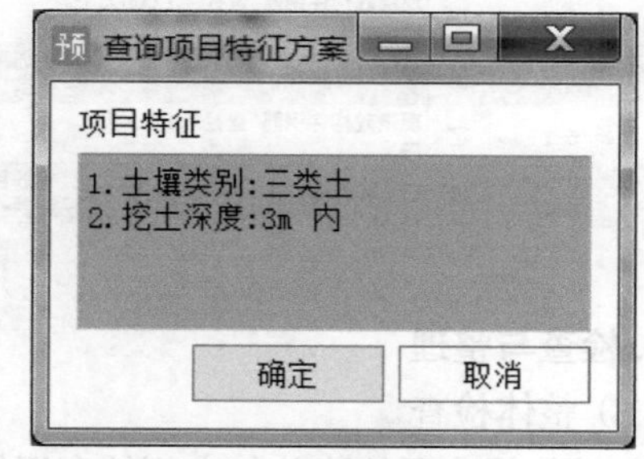

图 7-16

3. 补充清单项

（1）完善分部分项清单，将项目特征补充完整。

方法一：单击“插入”，选择“插入清单”和“插入子目”，如图 7-17 所示。

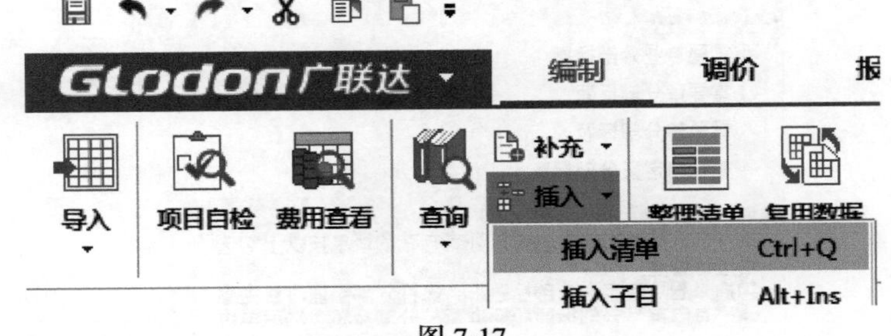

图 7-17

方法二：单击右键选择“插入清单”和“插入子目”，如图 7-18 所示。

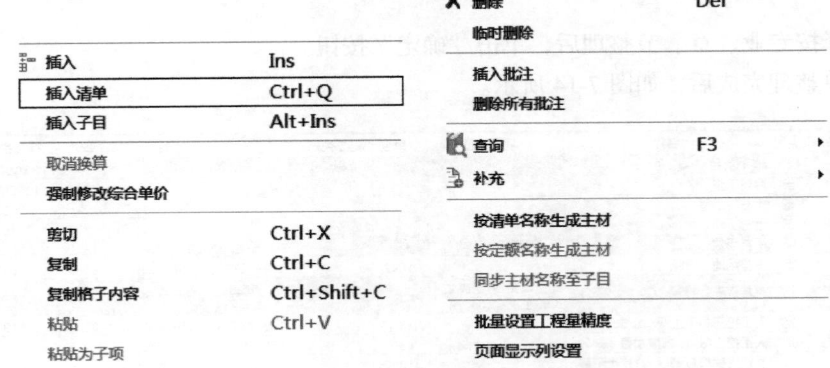

图 7-18

（2）该工程需补充的清单子目，如增加钢筋工程量清单如图 7-19 所示。

	编码	类别	名称	项目特征	单位	汇总类别	工程量表达式	工程量	综合单价	综合合价	备注
108	010515001001	项	现浇构件钢筋	1. 钢筋种类、规格:Φ6.5 一级钢	t		1.343	1.343	4881.32	6555.61	
	5-1	定	现浇砼构件钢筋 直径 φ12mm以内		t		QDL	1.343	4881.32	6555.61	
109	010515001002	项	现浇构件钢筋	1. 钢筋种类、规格:Φ6.5 三级钢	t		3.189	3.189	4881.32	15566.53	
	5-1	定	现浇砼构件钢筋 直径 φ12mm以内		t		QDL	3.189	4881.32	15566.53	
110	010515001003	项	现浇构件钢筋	1. 钢筋种类、规格:Φ8 三级钢	t		23.826	23.826	4881.32	116302.33	
	5-1	定	现浇砼构件钢筋 直径 φ12mm以内		t		QDL	23.826	4881.32	116302.33	
111	010515001004	项	现浇构件钢筋	1. 钢筋种类、规格:Φ10 三级钢	t		3.058	3.058	4881.32	14927.08	
	5-1	定	现浇砼构件钢筋 直径 φ12mm以内		t		QDL	3.058	4881.32	14927.08	
112	010515001005	项	现浇构件钢筋	1. 钢筋种类、规格:Φ12 三级钢	t		9.442	9.442	4881.32	46089.42	

图 7-19

4. 检查与整理

（1）整体检查

① 对分部分项的清单与定额的套用做法进行检查，核查是否有误。

② 查看整个的分部分项中是否有空格，如有要进行删除。

③ 按清单项目特征描述校核套用定额的一致性，并进行修改。

④ 查看清单工程量与定额工程量的数据差别是否正确。

（2）整体进行分部整理：对于分部整理完成后出现的“补充分部”清单项，可以调整专业章节位置至应该归类的分部，操作如下。

右键单击清单项编辑界面，选择“页面显示列设置”，在弹出对话框下选择“指定章节位置”。

5. 单价构成

此页签的主要作用是查看或修改分部分项清单和定额子目单价的构成，也适合单价措施项目清单和定额子目的单价构成的查看和修改，具体操作如下。

（1）点击“单价构成”，如图 7-20 所示。

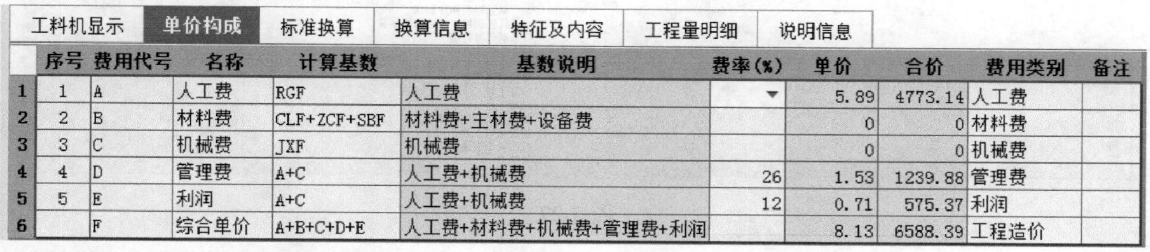

工料机显示 | 单价构成 | 标准换算 | 换算信息 | 特征及内容 | 工程量明细 | 说明信息

	序号	费用代号	名称	计算基数	基数说明	费率(%)	单价	合价	费用类别	备注
1	1	A	人工费	RGF	人工费		5.89	4773.14	人工费	
2	2	B	材料费	CLF+ZCF+SBF	材料费+主材费+设备费		0	0	材料费	
3	3	C	机械费	JXF	机械费		0	0	机械费	
4	4	D	管理费	A+C	人工费+机械费	26	1.53	1239.88	管理费	
5	5	E	利润	A+C	人工费+机械费	12	0.71	575.37	利润	
6		F	综合单价	A+B+C+D+E	人工费+材料费+机械费+管理费+利润		8.13	6588.39	工程造价	

图 7-20

（2）根据清单计价规范和计价定额的有关规定修改计费基数，如图 7-21 所示。

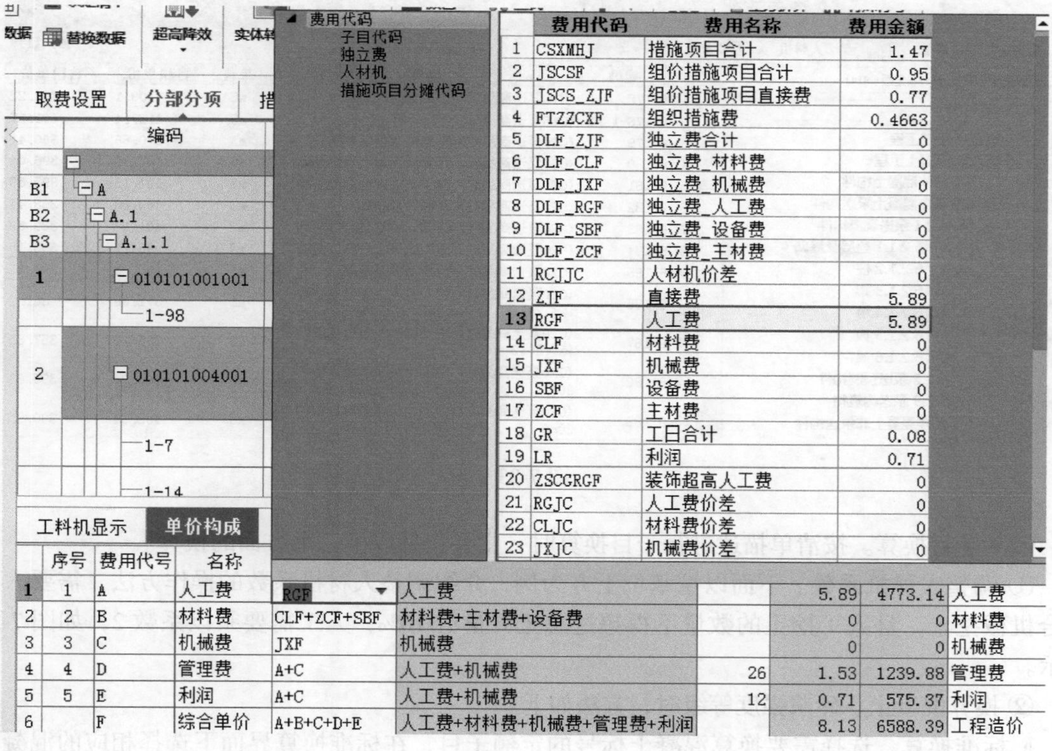

费用代码：子目代码、独立费、人材机、措施项目分摊代码

	费用代码	费用名称	费用金额
1	CSXMHJ	措施项目合计	1.47
2	JSCSF	组价措施项目合计	0.95
3	JSCS_ZJF	组价措施项目直接费	0.77
4	FTZZCXF	组织措施费	0.4663
5	DLF_ZJF	独立费合计	0
6	DLF_CLF	独立费_材料费	0
7	DLF_JXF	独立费_机械费	0
8	DLF_RGF	独立费_人工费	0
9	DLF_SBF	独立费_设备费	0
10	DLF_ZCF	独立费_主材费	0
11	RCJJC	人材机价差	0
12	ZJF	直接费	5.89
13	RGF	人工费	5.89
14	CLF	材料费	0
15	JXF	机械费	0
16	SBF	设备费	0
17	ZCF	主材费	0
18	GR	工日合计	0.08
19	LR	利润	0.71
20	ZSCGRGF	装饰超高人工费	0
21	RGJC	人工费价差	0
22	CLJC	材料费价差	0
23	JXJC	机械费价差	0

	序号	费用代号	名称	计算基数	基数说明	费率	单价	合价	费用类别
1	1	A	人工费	RGF	人工费		5.89	4773.14	人工费
2	2	B	材料费	CLF+ZCF+SBF	材料费+主材费+设备费		0	0	材料费
3	3	C	机械费	JXF	机械费		0	0	机械费
4	4	D	管理费	A+C	人工费+机械费	26	1.53	1239.88	管理费
5	5	E	利润	A+C	人工费+机械费	12	0.71	575.37	利润
6		F	综合单价	A+B+C+D+E	人工费+材料费+机械费+管理费+利润		8.13	6588.39	工程造价

图 7-21

（3）修改费率 根据专业修改管理费和利润的取费费率，如图 7-22 所示。

6. 计价换算

（1）替换子目。根据清单项目特征描述校核套用定额的一致性，如果套用子目不合适，可单击“查询”→“查询定额”，选择相应子目进行“替换”，如图 7-23 所示。

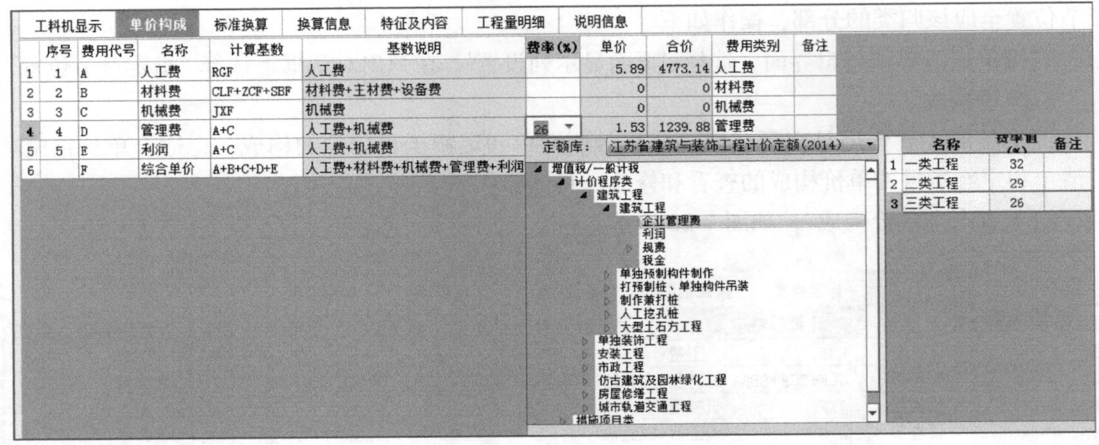

图 7-22

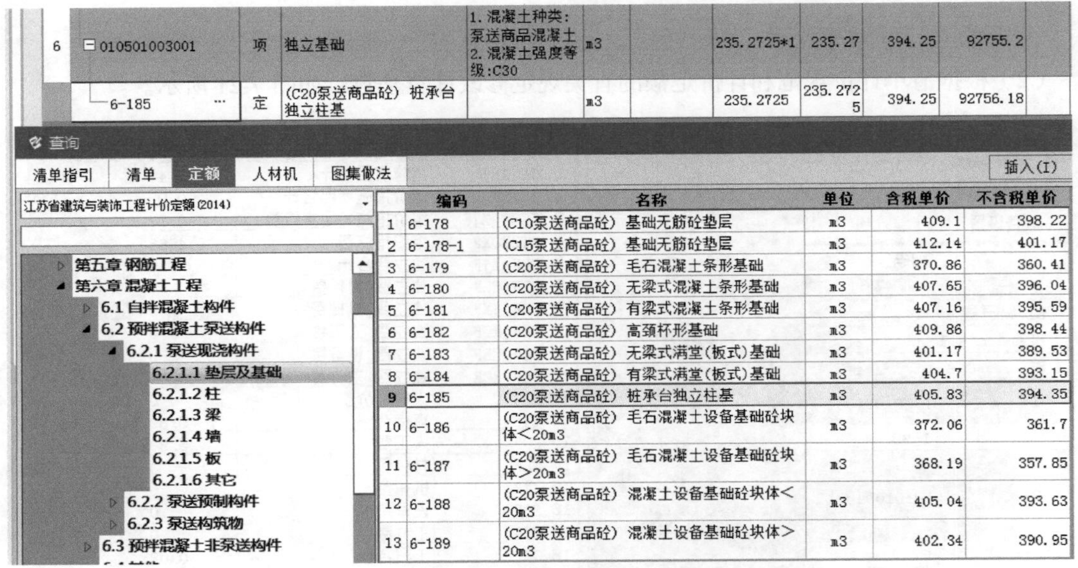

图 7-23

（2）子目换算。按清单描述进行子目换算时，主要包括以下三个方面的换算。

① 调整人材机系数。下面以挖基坑土方为例，介绍调整人材机系数的操作方法，需要人工配合机械挖土，且人工挖土的数量不得超过总土方量的10%，人工需要乘以系数2，如图7-24所示。

② 换算混凝土、砂浆强度等级时，方法如下。

a. 标准换算。选择需要换算混凝土标号的定额子目，在标准换算界面下选择相应的混凝土强度等级，完成换算，如图7-25所示。

b. 材料替换。当项目特征中要求材料与子目相对应人材机材料不相符时，需要对材料进行替换。在工料机操作界面，点开材料名称进行查询，选择需要的材料后，点击“替换”按钮，完成修改，如图7-26所示。有时工程中需要用到定额中不存在的材料，则可以在需要替换的材料名称、规格型号处直接修改即可。

	编码	类别	名称	项目特征	单位	汇总类别	工程量表达式	工程量	综合单价	综合合价	备注	指定专业章节位置
B3	A.1.1		土方工程					1		23657.26		
1	010101001001	项	平整场地	1.土壤类别:三类土	m2		810.38*1	810.38	8.13	6588.39		101010000
	1-98	定	平整场地		10m2		1088.28	108.828	60.57	6591.71		101010700
2	010101004001	项	挖基坑土方	1.土壤类别:三类土 2.挖土深度:3m内	m3		1577.5299*1	1577.53	10.82	17068.87		101010000
	1-7 R*2	换	人工挖三类干土深<1.5m 人工*2		m3		157.753	157.753	65.88	10392.77		101010200
	1-14	定	人工挖土深>1.5m增加费 深<3m		m3		157.753	157.753	9.56	1508.12		101010200
	1-205	定	反铲挖掘机(1m3以内)挖土 不装车		1000m3		1419.8	1.4198	3640.06	5168.16		101020300

图 7-24

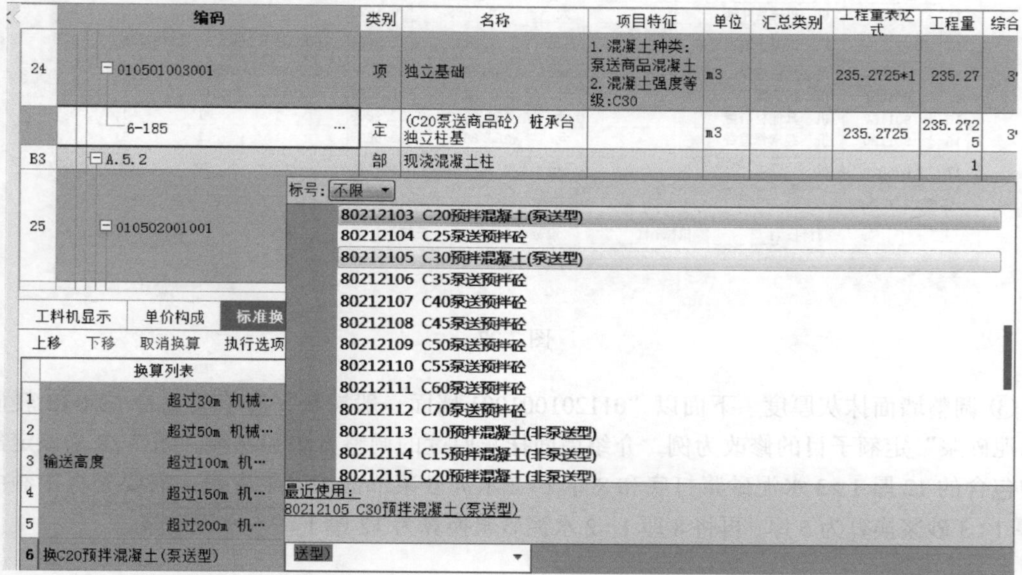

图 7-25

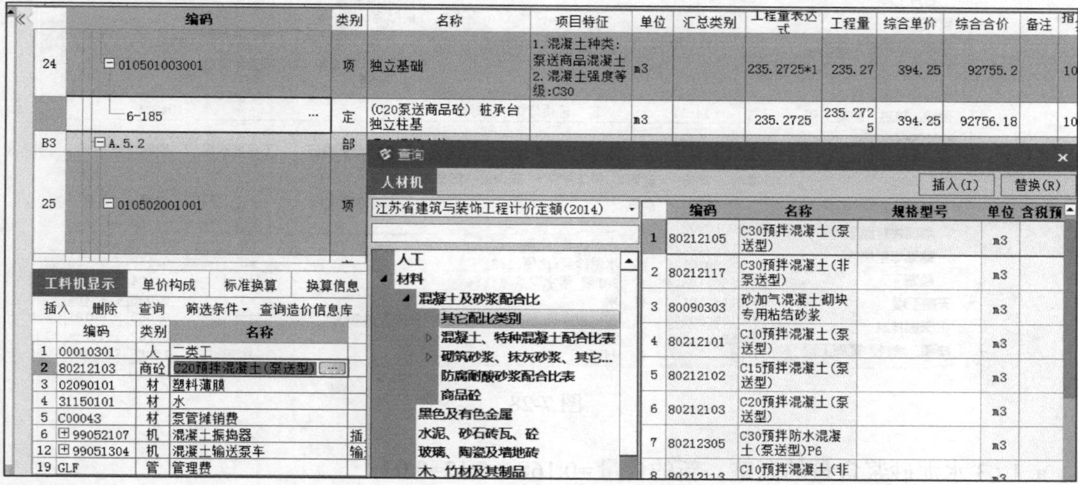

图 7-26

c. 批量系数换算。当清单中的材料进行换算的系数相同时，可选中所有换算内容相同的清单项，单击常用功能中的“其他”→“批量换算”对材料进行换算，如图 7-27 所示。

批量换算

替换人材机　删除人材机　恢复

	编码	类别	名称	规格型号	单位	调整系数前数量	调整系数后数量	不含税预算价	不含税市场价	含税市场价	税率
1	00010301	人	二类工		工日	70.5818	70.5818	82	82	82	0
2	C00043	材	泵管摊销费		元	58.8181	58.8181	0.86	0.86	1.0028	16.61
3	02090101	材	塑料薄膜		m2	190.5707	190.5707	0.69	0.69	0.8046	16.61
4	80212105	商砼	C30预拌混凝土(泵送型)		m3	239.978	239.978	351.66	351.66	361.9988	2.94
5	31150101	材	水		m3	216.4507	216.4507	4.57	4.57	4.7044	2.94
6	99052107	机	混凝土振捣器	插入式	台班	16.2338	16.2338	10.42	10.42	11.85	0
7	901234	机	折旧费		元	10.065	10.065	0.8547	0.8547	1	17
8	901130	机	经常修理费		元	12.013	12.013	1	1	1	0
9	901019	机	安拆费及场外运输费		元	31.9806	31.9806	0.9381	0.9381	1	6.6
10	JX707009	机	电		kW···	155.8445	155.8445	0.76	0.76	0.8862	16.61
11	JXFBC	机	机械费补差		元	0.1623	0.1623	1	1	1	0
12	99051304	机	混凝土输送泵车	输送量60m3/h	台班	1.6469	1.6469	1600.52	1600.52	1767.45	0
13	901058	机	大修理费		元	97.7606	97.76	0.8547	0.8547	1	17
14	901234	机	折旧费		元	731.6233	731.6189	0.8547	0.8547	1	17
15	901167	机	其他材料费		元	392.9033	392.9009	1	1	1	0
16	901130	机	经常修理费		元	266.8653	266.8637	1	1	1	0
17	000020	机	二类工(机械二次分析用)		工日	4.1173	4.1173	82	82	82	0

设置工料机系数

人工：1　材料：1　机械：1　设备：1　主材：1　单价：1　高级

确定　取消

图 7-27

③ 调整墙面抹灰厚度　下面以“011201001001 墙面一般抹灰”清单项下的“14-12 轻质墙抹水泥砂浆”定额子目的修改为例，介绍墙面抹灰厚度的调整方法和过程。图 7-28 是该定额子目中包含的 12 厚 1∶3 水泥砂浆打底和 8 厚 1∶2 水泥砂浆罩面的砂浆含量，需要先将定额中的 12 厚 1∶3 砂浆换算为 5 厚，再将 8 厚 1∶2 水泥砂浆换算为 12 厚 1∶2.5 水泥砂浆。

	编码	类别	名称	项目特征	单位	汇总类别
B3	A.12.1		墙面抹灰			
1	011201001001	项	墙面一般抹灰	1. 墙体类型:外墙 2. 底层厚度、砂浆配合比:刷聚合物水泥砂浆一遍，5厚1：3水泥砂浆找底扫毛 3. 面层厚度、砂浆配合比:刷素水泥砂浆一道，12厚1：2.5水泥砂浆抹光	m2	
	14-12	定	轻质墙抹水泥砂浆		10m2	

工料机显示　单价构成　标准换算　换算信息　特征及内容　工程量明细　说明信息

插入　删除　查询　筛选条件　查询造价信息库

	编码	类别	名称	规格及型号	单位	损耗率	含量	数量
1	00010302	人	二类工		工日		1.46	69.06···
2	80010123	浆	水泥砂浆 比例 1:2		m3		0.102	4.82518
7	80010125	浆	水泥砂浆 比例 1:3		m3		0.168	7.94736
12	80110314	浆	901胶 素水泥浆 1:1:4		m3		0.004	0.18922
17	31150101	材	水		m3		0.095	4.49404
18	99050503	机	灰浆搅拌机	拌筒容量200L	台班		0.055	2.60181
26	CLF	管	管理费		元		31.62	1495.···
27	LR	利	利润		元		15.18	718.1···

图 7-28

a. 1∶3 水泥砂浆含量的调整，新的含量=0.168×5/12=0.07

b. 1∶2 水泥砂浆换算为 1∶2.5 水泥砂浆，可通过标准换算窗口来完成。

c. 1∶2.5 水泥砂浆含量的调整，新的含量=0.102×12/8=0.153

换算后如图 7-29 所示。

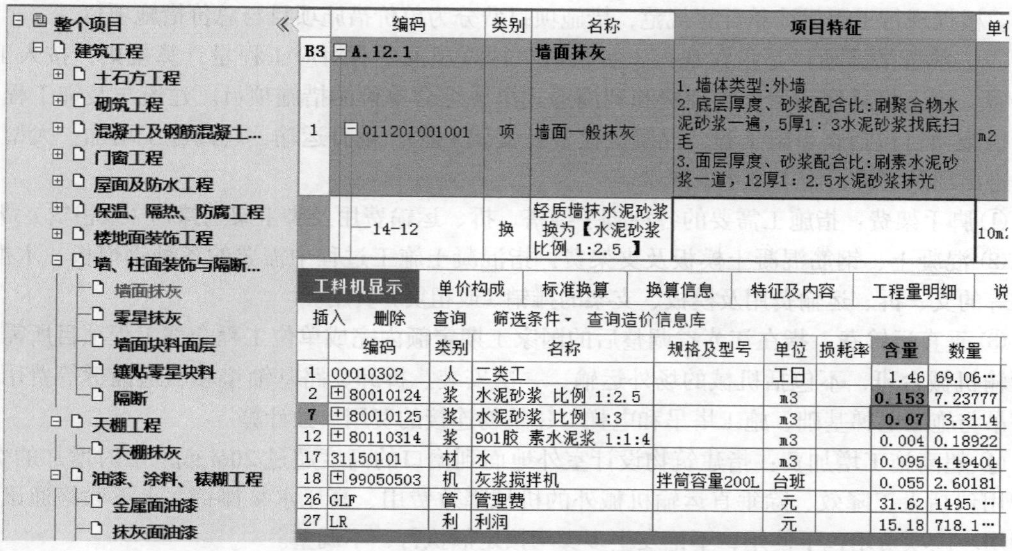

整个项目
- 建筑工程
  - 土石方工程
  - 砌筑工程
  - 混凝土及钢筋混凝土...
  - 门窗工程
  - 屋面及防水工程
  - 保温、隔热、防腐工程
  - 楼地面装饰工程
  - 墙、柱面装饰与隔断...
    - 墙面抹灰
    - 零星抹灰
    - 墙面块料面层
    - 镶贴零星块料
    - 隔断
  - 天棚工程
    - 天棚抹灰
  - 油漆、涂料、裱糊工程
    - 金属面油漆
    - 抹灰面油漆

	编码	类别	名称	项目特征	单位
B3	A.12.1		墙面抹灰		
1	011201001001	项	墙面一般抹灰	1.墙体类型:外墙 2.底层厚度、砂浆配合比:刷聚合物水泥砂浆一遍，5厚1：3水泥砂浆找底扫毛 3.面层厚度、砂浆配合比:刷素水泥砂浆一道，12厚1：2.5水泥砂浆抹光	m2
	—14-12	换	轻质墙抹水泥砂浆 换为【水泥砂浆 比例 1:2.5】		10m2

工料机显示　单价构成　标准换算　换算信息　特征及内容　工程量明细　说

插入　删除　查询　筛选条件　查询造价信息库

	编码	类别	名称	规格及型号	单位	损耗率	含量	数量
1	00010302	人	二类工		工日		1.46	69.06…
2	80010124	浆	水泥砂浆 比例 1:2.5		m3		0.153	7.23777
7	80010125	浆	水泥砂浆 比例 1:3		m3		0.07	3.3114
12	80110314	浆	901胶 素水泥浆 1:1:4		m3		0.004	0.18922
17	31150101	材	水		m3		0.095	4.49404
18	99050503	机	灰浆搅拌机	拌筒容量200L	台班		0.055	2.60181
26	GLF	管	管理费		元		31.62	1495.…
27	LR	利	利润		元		15.18	718.1…

图 7-29

（五）总结拓展

在所有清单补充完整之后，可运用“锁定清单”对所有清单项进行锁定，锁定之后的清单项将不能再进行添加和删除等操作。若要进行修改，需先对清单项进行解锁，如图 7-30 所示。

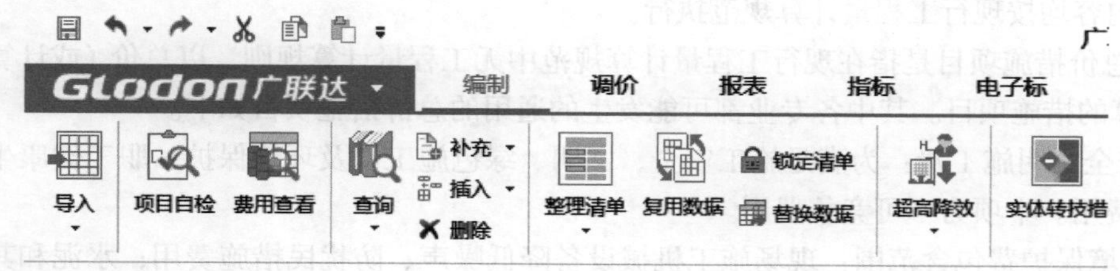

图 7-30

四、措施项目清单

（1）利用计价软件编制安全文明施工措施费；

（2）利用计价软件编制脚手架、模板、大型机械进退场等技术措施费。

熟悉措施费的构成。

（一）基础知识

措施费，是指为完成工程项目施工，发生于该工程施工前和施工过程中非工程实体项目的费用。根据现行工程量清单计算规范，措施项目费分为单价措施项目与总价措施项目。

（1）单价措施项目是指在现行工程量清单计算规范中有对应工程量计算规则，按人工费、材料费、施工机具使用费、管理费和利润形式组成综合单价的措施项目。建筑与装饰工程专业单价措施项目包括脚手架工程，混凝土模板及支架（撑），垂直运输，超高施工增加，大型机械设备进出场及安拆，施工排水、降水。

① 脚手架费：指施工需要的各种脚手架搭、拆、运输费用及脚手架的摊销（或租赁）费用。

② 混凝土、钢筋混凝土模板及支架费：指混凝土施工过程中需要的各种钢模板、木模板、支架等的支、拆、运输费用及模板、支架的摊销（或租赁）费用。

③ 垂直运输费：指在江苏省调整后的国家工期定额内完成单位工程全部工程项目所需的垂直运输机械台班，不包括机械的场外运输、一次安装、拆卸、路基铺垫和轨道铺拆等费用。施工塔吊与施工电梯基础、施工塔吊和电梯与建筑物连接的费用单独计算。

④ 超高施工增加费：指建筑物设计室外地面到檐口的高度超过 20m 或六层时增加的费用，此费用包括人工降效、除垂直运输机械外的机械降效费用、高压水泵摊销、上下联络通讯等所需费用。该项费用包干使用，不论发生多少均按定额执行，不调整。

⑤ 大型机械设备进出场及安拆费：指机械整体或分体自停放场地运至施工现场或由一个施工地点运至另一个施工地点，所发生的机械进出场运输及转移费用及机械在施工现场进行安装、拆卸所需的人工费、材料费、机械费、试运转费和安装所需的辅助设施的费用。

⑥ 施工排水、降水费：指为确保工程在正常条件下施工，采取各种排水、降水措施所发生的各种费用。

单价措施项目中各措施项目的工程量清单项目设置、项目特征、计量单位、工程量计算规则及工作内容均按现行工程量计算规范执行。

（2）总价措施项目是指在现行工程量计算规范中无工程量计算规则，以总价（或计算基础乘费率）计算的措施项目。其中各专业都可能发生的通用的总价措施项目如下。

1）安全文明施工费：为满足施工安全、文明、绿色施工以及环境保护、职工健康生活所需要的各项费用。本项为不可竞争费用。

① 环境保护费包含范围：现场施工机械设备降低噪声、防扰民措施费用；水泥和其他易飞扬细颗粒建筑材料密闭存放或采取覆盖措施等费用；工程防扬尘洒水费用；土石方、建渣外运车辆冲洗、防洒漏等费用；现场污染源的控制、生活垃圾清理外运、场地排水排污措施的费用；其他环境保护措施费用。

② 文明施工费包含范围：“五牌一图”的费用；现场围挡的墙面美化（包括内外粉刷、刷白、标语等）、压顶装饰费用；现场厕所便槽刷白、贴面砖，水泥砂浆地面或地砖费用，建筑物内临时便溺设施费用；其他施工现场临时设施的装饰装修、美化措施费用；现场生活卫生设施费用；符合卫生要求的饮水设备、淋浴、消毒等设施费用；生活用洁净燃料费用；防煤气中毒、防蚊虫叮咬等措施费用；施工现场、操作场地的硬化费用；现场绿化费用、治安综合治理费用、现场电子监控设备费用；现场配备医药保健器材、物品费用和急救人员培训费用；用于现场工人的防暑降温费、电风扇、空调等设备及用电费用；其他文明施工措施费用。

③ 安全施工费包含范围：安全资料、特殊作业专项方案的编制，安全施工标志的购置及安

全宣传的费用；“三宝”（安全帽、安全带、安全网）、“四口”（楼梯口、电梯井口、通道口、预留洞口），“五临边”（阳台围边、楼板围边、屋面围边、槽坑围边、卸料平台两侧），水平防护架、垂直防护架、外架封闭等防护的费用；施工安全用电的费用，包括配电箱三级配电、两级保护装置要求、外电防护措施；起重机、塔吊等起重设备（含井架、门架）及外用电梯的安全防护措施（含警示标志）费用及卸料平台的临边防护、层间安全门、防护棚等设施费用；建筑工地起重机械的检验检测费用；施工机具防护棚及其围栏的安全保护设施费用；施工安全防护通道的费用；工人的安全防护用品、用具购置费用；消防设施与消防器材的配置费用；电气保护、安全照明设施费；其他安全防护措施费用。

④ 绿色施工费包含范围：建筑垃圾分类收集及回收利用费用；夜间焊接作业及大型照明灯具的挡光措施费用；施工现场办公区、生活区使用节水器具及节能灯具增加费用；施工现场基坑降水储存使用、雨水收集系统、冲洗设备用水回收利用设施增加费用；施工现场生活区厕所化粪池、厨房隔油池设置及清理费用；从事有毒、有害、有刺激性气味和强光、噪声施工人员的防护器具；现场危险设备、地段、有毒物品存放地安全标识和防护措施；厕所、卫生设施、排水沟、阴暗潮湿地带定期消毒费用；保障现场施工人员劳动强度和工作时间符合国家标准《体力劳动强度等级要求》(GB 3869—1997）的增加费用等。

2）夜间施工：规范、规程要求正常作业而发生的夜班补助、夜间施工降效、夜间照明设施的安拆、摊销、照明用电以及夜间施工现场交通标志、安全标牌、警示灯安拆等费用。

3）二次搬运：由于施工场地限制而发生的材料、成品、半成品等一次运输不能到达堆放地点，必须进行的二次或多次搬运费用。

4）冬雨季施工：在冬雨季施工期间所增加的费用，包括冬季作业、临时取暖、建筑物门窗洞口封闭及防雨措施、排水、工效降低、防冻等费用。不包括设计要求混凝土内添加防冻剂的费用。

5）地上、地下设施、建筑物的临时保护设施：在工程施工过程中，对已建成的地上、地下设施和建筑物进行的遮盖、封闭、隔离等必要保护措施。在园林绿化工程中，还包括对已有植物的保护。

6）已完工程及设备保护费：对已完工程及设备采取的覆盖、包裹、封闭、隔离等必要保护措施所发生的费用。

7）临时设施费：施工企业为进行工程施工所必需的生活和生产用的临时建筑物、构筑物和其他临时设施的搭设、使用、拆除等费用。

① 临时设施包括：临时宿舍、文化福利及公用事业房屋与构筑物、仓库、办公室、加工场等。

② 建筑、装饰、安装、修缮、古建园林工程规定范围内（建筑物沿边起 50m 以内，多幢建筑两幢间隔 50m 内）围墙、临时道路、水电、管线和轨道垫层等。

③ 市政工程施工现场在定额基本运距范围内的临时给水、排水、供电、供热线路（不包括变压器、锅炉等设备）、临时道路。不包括交通疏解分流通道、现场与公路（市政道路）的连接道路、道路工程的护栏（围挡），也不包括单独的管道工程或单独的驳岸工程施工需要的沿线简易道路。 建设单位同意在施工就近地点临时修建混凝土构件预制场所发生的费用，应向建设单位结算。

8）赶工措施费：施工合同工期比我省现行工期定额提前，施工企业为缩短工期所发生的费用。如施工过程中，发包人要求实际工期比合同工期提前时，由发承包双方另行约定。

9）工程按质论价：施工合同约定质量标准超过国家规定，施工企业完成工程质量达到经有关部门鉴定或评定为优质工程所必须增加的施工成本费。

10）特殊条件下施工增加费：地下不明障碍物、铁路、航空、航运等交通干扰而发生的施工降效费用。

建筑与装饰工程专业总价措施项目中，除通用措施项目外，还包括：

① 非夜间施工照明：为保证工程施工正常进行，在如地下室、地宫等特殊施工部位施工时所采用的照明设备的安拆、维护、摊销及照明用电等费用。

② 住宅工程分户验收：按《住宅工程质量分户验收规程》（DGJ32/TJ 103—2010）的要求对住宅工程进行专门验收（包括蓄水、门窗淋水等）发生的费用。室内空气污染测试不包含在住宅工程分户验收费用中，由建设单位直接委托检测机构完成，由建设单位承担费用。

（二）任务说明

结合专用宿舍楼案例工程，编制措施项目清单并进行相应的取费。

（三）任务分析

明确措施项目中按计量与计项两种措施费的计算方法，并进行调整。

（四）任务实施

（1）总价措施项目费（编制招标控制价时，所有费率按编标要求给定值计取） 安全文明施工费为必须计取的总价措施费，招投标编制要求工程需考虑雨季施工和已完工程保护费等。在每项费用中的费率中点选即可，以安全文明施工费为例，该工程为3.1%，如图7-31所示。

造价分析 | 工程概况 | 取费设置 | 分部分项 | 措施项目 | 其他项目 | 人材机汇总 | 费用汇总

	序号	类别	名称	单位	组价方式	计算基数	基数说明	费率(%)	汇总类别	工程量表达式	工程量	综合单价	综合合价	备注
			措施项目										462918.45	
			总价措施										163839.48	
1	01170700···		安全文明施工费	项	子措施组价					1	1	88330.85	88330.85	
2	1.1		基本费	项	计算公式组价	FBFXHJ+JSCSF-SBF-JSCS_SBF-SHDLF	分部分项合计+技术措施项目合计-分部分项设备费-技术措施项目设备费-税后独立费	3.1		1	1	88330.85	88330.85	
3	1.2		增加费	项	计算公式组价	FBFXHJ+JSCSF-SBF-JSCS_SBF-SHDLF	分部分项合计+技术措施项目合计-分部分项设备费-技术措施项目设备费-税后独立费							
4	011707002001		夜间施工	项	计算公式组价	FBFXHJ+JSCSF-SBF-JSCS_SBF-SHDLF	分部分项合计+技术措施项目合计-分部分项设备费-技术措施项目设备费-税后独立费							

定额库：江苏省建筑与装饰工程计价定额(2014)

增值税/一般计税
计价程序类
措施项目类
省
建筑工程
建筑工程
措施项目费
安全文明施工措施费

	名称	费率值(%)	备注
1	基本费率	3.1	
2	省级标化增加费	0.7	

图7-31

（2）提取模板项目 在措施项目界面中选择常用工具中“技措转实体”旁的“模”，正确选择对应模板子目。如果是从图形软件导入结果，就可以省略上面的操作。

（3）计取超高降效 本工程檐口高度未超过20m，层数也未超过六层，不计算超高降效费。

（4）完成垂直运输和大型机械进退场费的编制，如图7-32所示。

（5）完成脚手架费用的编制，如图7-33所示。

（五）总结拓展

造价人员要时刻关注信息动态，保证按照最新的费率进行调整。

造价分析　工程概况　取费设置　分部分项　措施项目　其他项目　人材机汇总　费用汇总

	序号	类别	名称	单位	组价方式	计算基数	基数说明	费率(%)	汇总类别	工程量表达式	工程量	综合单价	综合合价	备注
47	01170300…		垂直运输	天	可计量清单					120	120	784.17	94100.4	
	23-8	换	建筑物垂直运输塔式起重机施工现浇框架檐高<20m，<6层　使用泵送混凝土浇注　机械[99091943] 含量*0.96，机械[99091301] 含量*0.92　仅采用塔式起重机施工，不采用卷扬机时　机械[99091943] 含量为0，机械[99091301] 含量为0.873	天						QDL	120	570.62	68474.4	
	23-52	定	自升式塔式起重机垂直运输起重能力<630kN·m(C30砼)	台						1	1	25626.21	25626.21	
48	01170500…		大型机械设备进出场及安拆	项	可计量清单					1	1	36177.1	36177.1	
	25-1	定	履带式挖掘机1m3以内场外运输费	元/次						1	1	6228.89	6228.89	
	25-38	定	塔式起重机60KNm以内场外运输费	元/次						1	1	15030.69	15030.69	
	25-39	定	塔式起重机60kNm以内组装拆卸费	元/次						1	1	14917.53	14917.53	

图 7-32

造价分析　工程概况　取费设置　分部分项　措施项目　其他项目　人材机汇总　费用汇总

	序号	类别	名称	单位	组价方式	计算基数	基数说明	费率(%)	汇总类别	工程量表达式	工程量	综合单价	综合合价	备注
			单价措施										457289.06	
4	011701001001		综合脚手架	m2	可计量清单					803.9+810.92+60.8	1675.62	16.67	27932.59	
	20-1	定	综合脚手架檐高在12m以内层高在3.6m内	1m2建筑…						QDL	1675.62	16.67	27932.59	

图 7-33

五、其他项目清单

（1）能利用计价软件编制其他项目费；

（2）能利用计价软件编制暂列金、专业工程暂估价、计日工等费用。

学习要求

熟悉其他费用的基本构成。

（一）基础知识

（1）暂列金额　指建设单位在工程量清单中暂定并包括在工程合同价款中的一笔款项。用于施工合同签订时尚未确定或者不可预见的所需材料、工程设备、服务的采购，施工中可能发生的工程变更、合同约定调整因素出现时的工程价款调整以及发生的索赔、现场签证确认等的费用。

（2）计日工　指在施工过程中，施工企业完成建设单位提出的施工图纸以外的零星项目或工作所需的费用。

（3）总承包服务费　指总承包人为配合、协调建设单位进行的专业工程发包，对建设单位自行采购的材料、工程设备等进行保管以及施工现场管理、竣工资料汇总整理等服务所需的费用。

（二）任务说明

结合《BIM 算量一图一练》专用宿舍楼案例工程，编制其他项目清单费用。

（三）任务分析

编制暂列金额、专业工程暂估价及计日工费用。

根据招标文件所述编制其他项目清单：按本工程控制价编制要求，本工程暂列金额为 15 万元。

（四）任务实施

（1）添加暂列金额　单击“其他项目”→“暂列金额”，如图 7-34 所示。按招标文件要求暂列金额为 150000 元，在名称中输入“暂列金额”，在计量单位中输入“元”，在计算公式中输入“150000”。

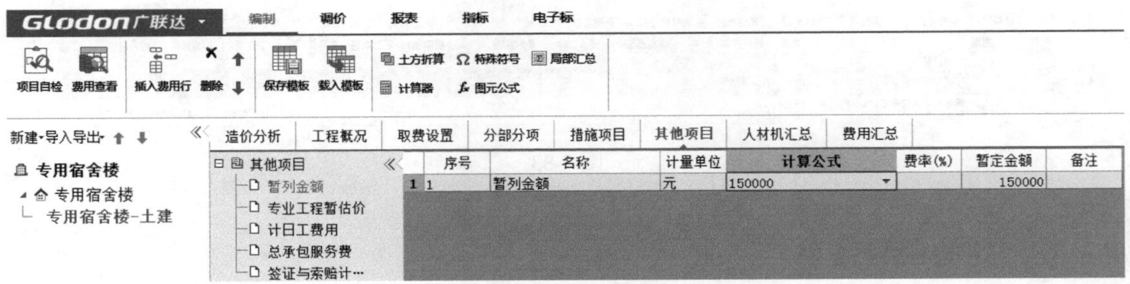

图 7-34

（2）添加计日工　单击“其他项目”→“计日工费用”，如图 7-35 所示。按招标文件要求，本项目有计日工费用，需要添加计日工，人工为 81 元 / 日，还有材料费用和机械费用，均按招标文件要求填写。

造价分析 | 工程概况 | 取费设置 | 分部分项 | 措施项目 | 其他项目 | 人材机汇总 | 费用汇总

其他项目：暂列金额、专业工程暂估价、计日工费用、总承包服务费、签证与索赔计…

	序号	名称	单位	数量	单价	合价	备注
1		计日工				4840	
2	1	人工				1620	
3	1.1	木工	工日	10	81	810	
4	1.2	钢筋工	工日	10	81	810	
5	2	材料				2420	
6	2.1	黄砂	m3	1	120	120	
7	2.2	水泥	t	5	460	2300	
8	3	机械				800	
9	3.1	载重汽车	台班	1	800	800	
10	4	企业管理费和利润				0	
11	4.1					0	

图 7-35

（五）总结拓展

暂列金额一般可按税前造价的 5% 计算。工程结算时，暂列金额应予以取消，另根据工程实际发生项目增加费用。

六、人材机汇总

学习要求

（1）调整定额工日、材料价格；
（2）增加甲供材料、暂估材料。

（一）基础知识

熟悉定额工日、甲供材料的基本概念。

（二）任务说明

根据招标文件所述导入信息价，按招标要求修正人材机价格。

（三）任务分析

按照招标文件规定，计取相应的人工费；材料价格按“徐州市 2016 年工 10 月信息价”调整；根据招标文件，编制甲供材料及暂估材料。

（四）任务实施

（1）在“人材机汇总”界面下，点击工具中的“载价”→“批量载价”，在弹出的对话框中选择招标文件要求的“徐州市 2016 年工 10 月”信息价载入，如图 7-36 所示。点击“下一步”，信息价中与定额中完全匹配的材料的价格出现在待载价格列中，如图 7-37 所示；再点击“下一步”，出现材料信息价载入后的材料费用变化率，并显示人材机占总费用的比例，如图 7-38 所示；点击“完成”按钮，材料信息价载入成功。对于未载入的材料价格还需逐一调整市场价，最后输入所有市场价格发生变化的材料的税率。

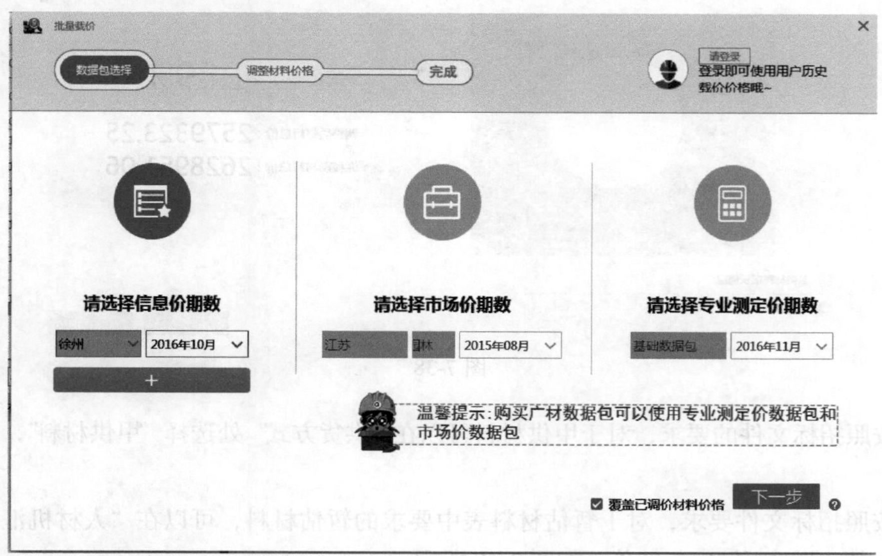

图 7-36

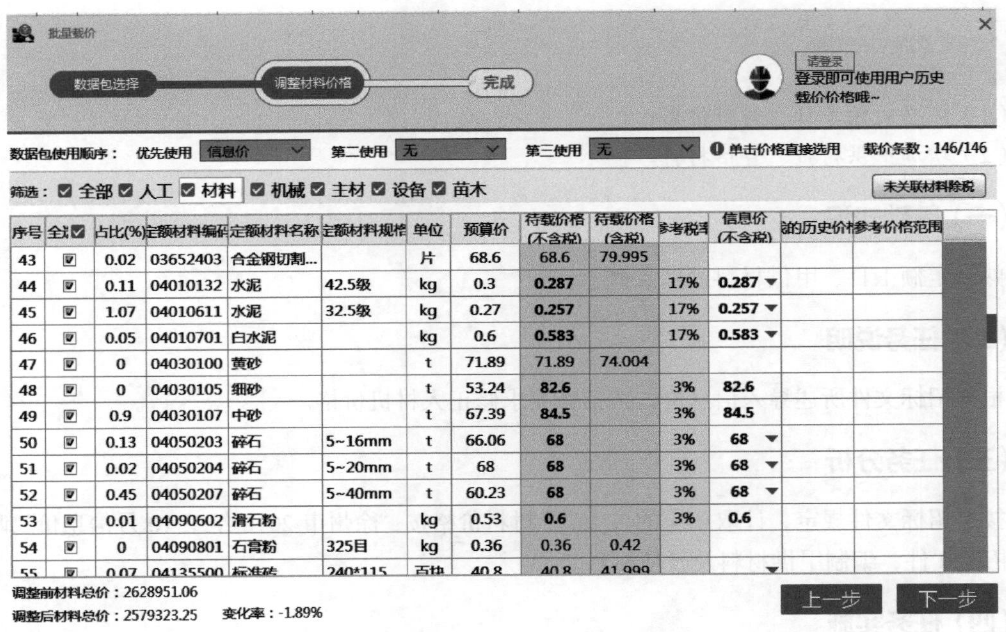

序号	全选	占比(%)	定额材料编码	定额材料名称	定额材料规格	单位	预算价	待载价格(不含税)	待载价格(含税)	参考税率	信息价(不含税)	我的历史价格	参考价格范围
43	☑	0.02	03652403	合金钢切割...		片	68.6	68.6	79.995				
44	☑	0.11	04010132	水泥	42.5级	kg	0.3	0.287		17%	0.287		
45	☑	1.07	04010611	水泥	32.5级	kg	0.27	0.257		17%	0.257		
46	☑	0.05	04010701	白水泥		kg	0.6	0.583		17%	0.583		
47	☑	0	04030100	黄砂		t	71.89	71.89	74.004				
48	☑	0	04030105	细砂		t	53.24	82.6		3%	82.6		
49	☑	0.9	04030107	中砂		t	67.39	84.5		3%	84.5		
50	☑	0.13	04050203	碎石	5~16mm	t	66.06	68		3%	68		
51	☑	0.02	04050204	碎石	5~20mm	t	68	68		3%	68		
52	☑	0.45	04050207	碎石	5~40mm	t	60.23	68		3%	68		
53	☑	0.01	04090602	滑石粉		kg	0.53	0.6		3%	0.6		
54	☑	0	04090801	石膏粉	325目	kg	0.36	0.36	0.42				
55	☑	0.07	04135500	标准砖	240*115	百块	40.8	40.8	41.999				

图 7-37

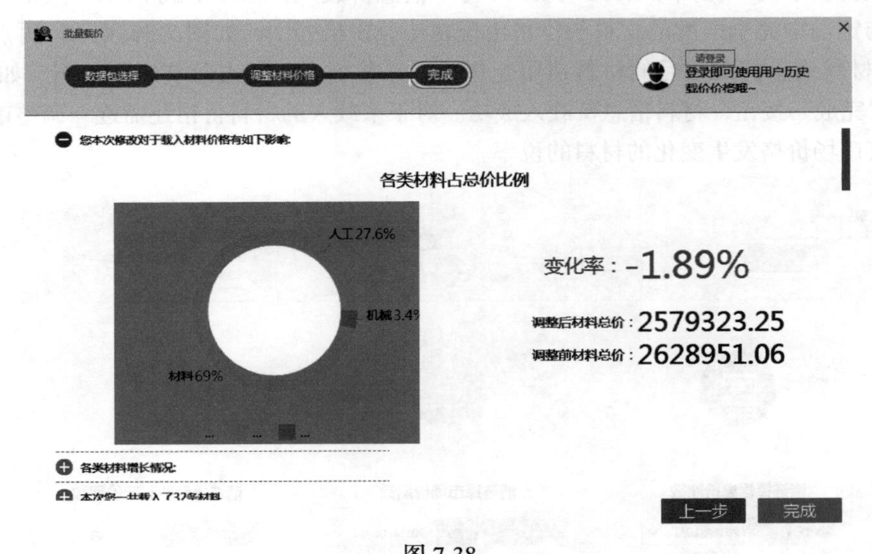

图 7-38

（2）按照招标文件的要求，对于甲供材料可以在“供货方式”处选择“甲供材料”，如图 7-39 所示。

（3）按照招标文件要求，对于暂估材料表中要求的暂估材料，可以在“人材机汇总”中将暂估材料选中，此时可锁定市场价，如图 7-40 所示。

取费设置 | 分部分项 | 措施项目 | 其他项目 | 人材机汇总 | 费用汇总

	编码	类别	名称	规格型号	单位	含税市场价	税率	不含税市场价合计	含税市场价合计
141	80212102	商砼	C15预拌混凝土(泵送型)		m3	300	2.94	13723.71	14127.28
142	80212105	商砼	C30预拌混凝土(泵送型)		m3	315	2.94	223665.23	230243.61
143	80212114	商砼	C15预拌混凝土(非泵送型)		m3	290	2.94	14388.91	14811.81
144	80212115	商砼	C20预拌混凝土(非泵送型)		m3	295	2.94	2892.8	2977.9
145	80212116	商砼	C25非泵送预拌砼		m3	300	2.94	8634.25	8888.16
146	000020	机	二类工(机械二次分析用)		工日	82	0	39571.81	39571.81
147	603002	机	柴油		kg	6.2	0	10829.91	10829.91
148	901019	机	安拆费及场外运输费		元	1	6.6	3098.64	3303.1
149	901058	机	大修理费		元	1	17	3987.8	4665.73
150	901130	机	经常修理费		元	1	0	11753.46	11753.46

图 7-39

取费设置 | 分部分项 | 措施项目 | 其他项目 | 人材机汇总 | 费用汇总　　　　不含税市场价合计:15568

	编码	类别	名称	规格型号	单位	不含税市场价合计	含税市场价合计	市场价精度	价差	价差合计	供货方式	二次分析	直接修改单价	是否暂估
58	05250502	材	锯(木)屑		m3	433.54	505.55	2位	0	0	自行采购			☐
59	06612141	材	墙面砖	200*50	m2	150061.06	174985.01	2位	0	0	自行采购			☑
60	06612143	材	墙面砖	200*300	m2	164388.59	191695.63	2位	0	0	自行采购			☑
61	06650101	材	同质地砖		m2	60704.9	70784.63	2位	0	0	自行采购			☑
62	0711213@01	材	花岗岩块料面板	20厚	m2	18978.06	22130.41	2位	0	0	自行采购			☑
63	0711213@02	材	大理石块料面板	15厚	m2	2160.61	2519.57	2位	0	0	自行采购			☑
64	0711213@03	材	花岗岩块料面板	15厚	m2	1394.87	1626.57	2位	0	0	自行采购			☑
65	0711213@05	材	大理石块料面板	20厚	m2	3484.59	4063.5	2位	0	0	自行采购			☑
66	08230121	材	耐碱玻璃纤维网格布		m2	3098.85	3613.64	2位	0	0	自行采购			☐
67	08450243	材	成品卫生间隔断		间	8314.8	9695.89	2位	0	0	自行采购			☐
68	09010234@01	材	乙级木制防火门		m2	6820.82	7953.75	2位	0	0	自行采购			☑
69	09113505@01	材	塑钢门(平开)	5+9A+5	m2	120341.9	140328.72	2位	0	0	自行采购			☑
70	09113508@01	材	防火窗		m2	2845.19	3317.76	2位	0	0	自行采购			☑
71	09113508@02	材	塑钢窗(推拉)	5+9A+5	m2	65740.47	76658.4	2位	0	0	自行采购			☑
72	09493560	材	镀锌铁脚		个	7998	9326.43	2位	0	0	自行采购			☐
73	10031503	材	钢压条		kg	208.32	242.92	2位	0	0	自行采购			☐
74	10170306	材	防滑铜条	3*40*1	m	5541.78	6462.27	2位	0	0	自行采购			☐
75	10230906	材	不锈钢盖	φ63	只	5199.22	6062.84	2位	0	0	自行采购			☐
76	11010304	材	内墙乳胶漆		kg	3155.06	3680.9	2位	-3.69	-1763.96	自行采购			☐

图 7-40

（4）批量修改人材机属性　在修改材料供货方式、市场价锁定、主要材料类别等材料属性时，可同时选中多个，单击常用工具中“其他”，选择“批量修改”，如图 7-41 所示。在弹出的“批量修改”对话框中，选择需要修改的人材机属性内容并进行修改，如图 7-42 所示。

（五）总结拓展

1. 市场价锁定

对于招标文件要求的，如甲供材料表、暂估材料表中涉及的材料价格是不能进行调整的；为了避免在调整其他材料价格时出现操作失误，可使用“市场价锁定”对修改后的材料价格进行锁定，如图 7-43 所示。

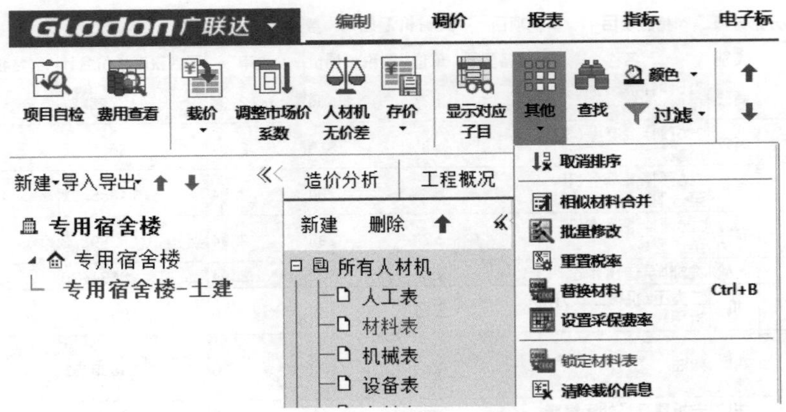

图 7-41

批量修改

设置项：供货方式　　设置值：甲供材料

	选择	编码	名称	类别	供货方式	市场价锁定	输出标记	三材类别
1	☐	01010100@1	圆钢	材料费	自行采购	☐	☑	钢筋
2	☐	01010100…	钢筋	材料费	自行采购	☐	☑	钢筋
3	☐	01010100…	钢筋	材料费	自行采购	☐	☑	钢筋
4	☐	01010100…	钢筋	材料费	自行采购	☐	☑	钢筋
5	☐	01010100…	钢筋	材料费	自行采购	☐	☑	钢筋
6	☐	01010100…	钢筋	材料费	自行采购	☐	☑	钢筋
7	☐	01010100…	钢筋	材料费	自行采购	☐	☑	钢筋
8	☐	01010100…	钢筋	材料费	自行采购	☐	☑	钢筋
9	☐	01010100@2	钢筋	材料费	自行采购	☐	☑	钢筋
10	☐	01010100@3	钢筋	材料费	自行采购	☐	☑	钢筋
11	☐	01010100@4	钢筋	材料费	自行采购	☐	☑	钢筋
12	☐	01010100@5	钢筋	材料费	自行采购	☐	☑	钢筋
13	☐	01010100@6	钢筋	材料费	自行采购	☐	☑	钢筋
14	☐	01010100@7	钢筋	材料费	自行采购	☐	☑	钢筋
15	☐	01010100@8	钢筋	材料费	自行采购	☐	☑	钢筋
16	☐	01010100@9	钢筋	材料费	自行采购	☐	☑	钢筋
17	☐	01210101	角钢	材料费	自行采购	☐	☑	钢材
18	☐	01630201	钨棒精制	材料费	自行采购	☐	☑	
19	☐	02090101	塑料薄膜	材料费	自行采购	☐	☑	
20	☐	02110301	XPS聚苯乙烯挤塑板	材料费	自行采购	☐	☑	
21	☐	02270105	白布	材料费	自行采购	☐	☑	
22	☐	02310101	无纺布	材料费	自行采购	☐	☑	
23	☐	02330104	草袋	材料费	自行采购	☐	☑	
24	☐	03032113	塑料胀管螺钉	材料费	自行采购	☐	☑	

☐ 全选　　确定　取消

图 7-42

造价分析　工程概况　取费设置　分部分项　措施项目　其他项目　人材机汇总　费用汇总

新建　删除

所有人材机
- 人工表
- 材料表
- 机械表
- 设备表
- 主材表
- 主要材料表
- 暂估材料表
- 发包人供应材…
- 承包人主要材…

	编码	类别	名称	规格型号	单位	是否暂估	价格来源	市场价锁定
58	05250502	材	锯(木)屑		m3	☐		☐
59	06612141	材	墙面砖	200*50	m2	☑		☑
60	06612143	材	墙面砖	200*300	m2	☑		☑
61	06650101	材	同质地砖		m2	☑		☑
62	07112130@1	材	花岗岩块料面板	20厚	m2	☑		☑
63	07112130@2	材	大理石块料面板	15厚	m2	☑		☑
64	07112130@3	材	花岗岩块料面板	15厚	m2	☑		☑
65	07112130@5	材	大理石块料面板	20厚	m2	☑		☑

图 7-43

2. 显示对应子目

对于人材机汇总中出现材料名称异常或数量异常的情况，可直接右击相应材料，选择显示相应子目，在分部分项中对材料进行修改，如图 7-44 所示。

	编码	类别	名称	规格型号	单位	数量	不含税…
1	01010100@1	材	圆钢	Φ6.5 —	t	1.36986	34…
2	01010100@10	材	钢筋				
3	01010100@11	材	钢筋				
4	01010100@12	材	钢筋				
5	01010100@13	材	钢筋				
6	01010100@14	材	钢筋				
7	01010100@15	材	钢筋				
8	01010100@1…	材	钢筋				

显示对应子目
载入价格文件
保存市场价
人材机无价差
清除载价信息
插入批注
删除所有批注
导出到Excel
页面显示列设置
复制格子内容 Ctrl+Shift+C

图 7-44

3. 市场价存档

对于同一个项目的多个标段，发包方会要求所有标段的材料价保持一致，在调整好一个标段的材料价后可利用“市场价存档”将此材料价运用到其他标段；此处选择“保存 Excel 市场价文件”，如图 7-45 所示。

在其他标段的人材机汇总中使用该市场价文件时，可运用“载入市场价”，此处选用已经保存好的 Excel 市场价文件，如图 7-46 所示。

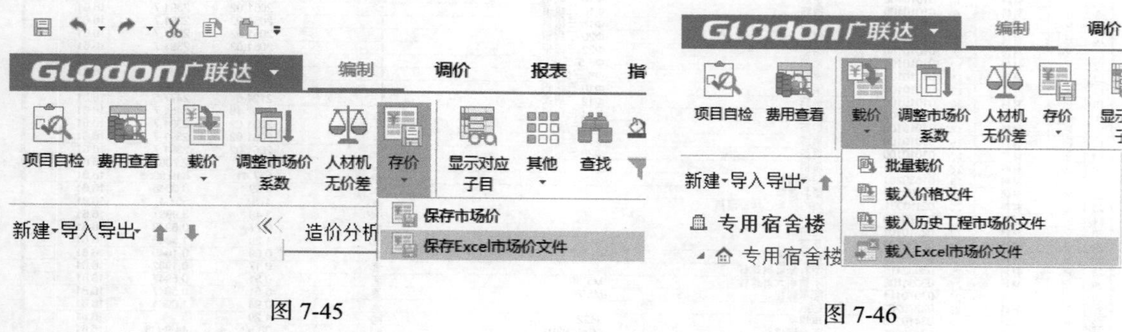

图 7-45　　图 7-46

在导入 Excel 市场价文件时，先在图 7-47 选择选择 Excel 表所在的位置，然后再选择市场价文件，最后点击打开按钮。

导入 Excel 市场价文件之后，需要先识别材料号、名称、规格、单位、单价等信息，识别完所需要的信息之后，需要选择匹配选项，然后导入即可，如图 7-48 所示。

导入Excel市场价文件
Excel表：
选择
数据表：
打开
本地文件 ▸ E: ▸ 书稿 ▸ 广联达实训教程 ▸ BIM造价应用
名称
类型
修改日期
创建日期
大小
书稿用市场价.xls
清单汇总表.xls
清单定额汇总表.xls
钢筋接头表.xls
钢筋汇总表.xls
措施钢筋表.xls
表3-2.xls
BIM造价应用-情境一第...
文件名（N）：
书稿用市场价.xls
Excel文件（*.xls;*.xlsx）
打开
取消

图 7-47

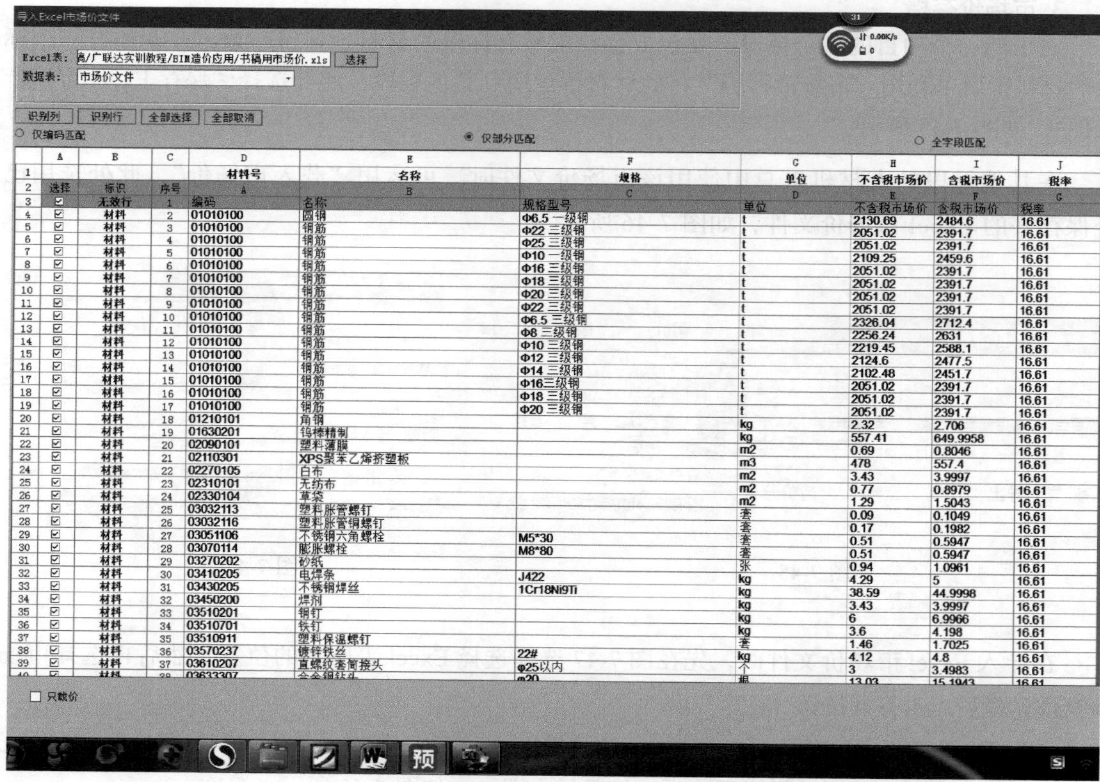
导入Excel市场价文件
Excel表：
选择
数据表：
市场价文件
识别列
识别行
全部选择
全部取消
仅编码匹配
仅部分匹配
全字段匹配
选择
标识
序号
材料号
名称
规格
单位
不含税市场价
含税市场价
税率
只载价

图 7-48

七、费用汇总

学习目标

（1）会载入相应专业费用文件模板；

（2）会调整费用、计取税金；

（3）会对项目进行自检。

学习要求

熟悉工程造价的构成。

（一）基础知识

江苏省综合单价法计价程序如图 7-49 所示。

图中各项费用的计算方法为计算基数乘以费率。费率为空默认为按 100% 取费。

	序号	费用代号	名称	计算基数	基数说明	费率(%)
1	1	F1	分部分项工程	FBFXHJ	分部分项合计	
2	1.1	F2	人工费	RGF	分部分项人工费	
3	1.2	F3	材料费	CLF+ZCF+SBF	分部分项材料费+分部分项主材费+分部分项设备费	
4	1.3	F4	施工机具使用费	JXF	分部分项机械费	
5	1.4	F5	企业管理费	GLF	分部分项管理费	
6	1.5	F6	利润	LR	分部分项利润	
7	2	F7	措施项目	CSXMHJ	措施项目合计	
8	2.1	F8	单价措施项目费	JSCSF	技术措施项目合计	
9	2.2	F9	总价措施项目费	ZZCSF	组织措施项目合计	
10	2.2.1	F10	其中：安全文明施工措施费	AQWMSCF	安全及文明施工措施费	
11	3	F11	其他项目	QTXMHJ	其他项目合计	
12	3.1	F12	其中：暂列金额	暂列金额	暂列金额	
13	3.2	F13	其中：专业工程暂估价	专业工程暂估价	专业工程暂估价	
14	3.3	F14	其中：计日工	计日工	计日工	
15	3.4	F15	其中：总承包服务费	总承包服务费	总承包服务费	
16	4	F16	规费	F17 + F18 + F19	社会保险费+住房公积金+工程排污费	
17	4.1	F17	社会保险费	F1 + F7 + F11 - SBF - JSCS_SBF - SHDLF	分部分项工程+措施项目+其他项目-分部分项设备费-技术措施项目设备费-税后独立费	3.2
18	4.2	F18	住房公积金	F1 + F7 + F11 - SBF - JSCS_SBF - SHDLF	分部分项工程+措施项目+其他项目-分部分项设备费-技术措施项目设备费-税后独立费	0.53
19	4.3	F19	工程排污费	F1 + F7 + F11 - SBF - JSCS_SBF - SHDLF	分部分项工程+措施项目+其他项目-分部分项设备费-技术措施项目设备费-税后独立费	0.1
20	5	F20	税金	F1 + F7 + F11 + F16 - (JGCLF+JGZCF+JGSBF)/1.01- SHDLF	分部分项工程+措施项目+其他项目+规费-(甲供材料费+甲供主材费+甲供设备费)/1.01-税后独立费	11
21	6	F21	工程造价	F1 + F7 + F11 + F16 + F20 - (JGCLF+JGZCF+JGSBF)/1.01	分部分项工程+措施项目+其他项目+规费+税金-(甲供材料费+甲供主材费+甲供设备费)/1.01	

图 7-49

（二）任务说明

根据招标文件所述内容和定额规定计取规费、税金，进行报表预览。

（三）任务分析

载入模板，根据招标文件所述内容和定额规定计取规费、税金，选择招标方报表。

（四）任务实施

（1）点击“费用汇总”界签，软件则根据“取费设置”填写好的费率计算各项费用，如图 7-50 所示。

（2）项目自检

① 点击常用工具中的“项目自检”，弹出项目自检界面，如图 7-51 所示。

② 在“设置检查项”界面选择需要检查的项目名称，如图 7-52 所示。

造价分析 | 工程概况 | 取费设置 | 分部分项 | 措施项目 | 其他项目 | 人材机汇总 | 费用汇总

	序号	费用代号	名称	计算基数	基数说明	费率(%)	金额	费用类别	备注	输出
1	1	F1	分部分项工程	FBFXHJ	分部分项合计		2,380,043.88	分部分项工程量清单合计		☑
2	1.1	F2	人工费	RGF	分部分项人工费		554,231.25	分部分项人工费		☑
3	1.2	F3	材料费	CLF+ZCF+SBF	分部分项材料费+分部分项主材费+分部分项设备费		1,556,816.10	分部分项材料费		☑
4	1.3	F4	施工机具使用费	JXF	分部分项机械费		42,328.51	分部分项机械费		☑
5	1.4	F5	企业管理费	GLF	分部分项管理费		155,098.79	分部分项管理费		☑
6	1.5	F6	利润	LR	分部分项利润		71,587.68	分部分项利润		☑
7	2	F7	措施项目	CSXMHJ	措施项目合计		619,354.51	措施项目清单合计		☑
8	2.1	F8	单价措施项目费	JSCSF	技术措施项目合计		456,266.65	单价措施项目费		☑
9	2.2	F9	总价措施项目费	ZZCSF	组织措施项目合计		163,087.86	总价措施项目费		☑
10	2.2.1	F10	其中：安全文明施工措施费	AQWMSGF	安全及文明施工措施费		87,925.63	安全文明施工费		☑
11	3	F11	其他项目	QTXMHJ	其他项目合计		154,840.00	其他项目清单合计		☑
12	3.1	F12	其中：暂列金额	暂列金额	暂列金额		150,000.00	暂列金额		☑
13	3.2	F13	其中：专业工程暂估价	专业工程暂估价	专业工程暂估价		0.00	专业工程暂估价		☑
14	3.3	F14	其中：计日工	计日工	计日工		4,840.00	计日工		☑
15	3.4	F15	其中：总承包服务费	总承包服务费	总承包服务费		0.00	总承包服务费		☑
16	4	F16	规费	F17 + F18 + F19	社会保险费+住房公积金+工程排污费		120,807.33	规费		☑
17	4.1	F17	社会保险费	F1 + F7 + F11 - SBF - JSCS_SBF - SHDLF	分部分项工程+措施项目+其他项目-分部分项设备费-技术措施项目设备费-税后独立费	3.2	100,935.63	社会保障费		☐
18	4.2	F18	住房公积金	F1 + F7 + F11 - SBF - JSCS_SBF - SHDLF	分部分项工程+措施项目+其他项目-分部分项设备费-技术措施项目设备费-税后独立费	0.53	16,717.46	住房公积金		☐
19	4.3	F19	工程排污费	F1 + F7 + F11 - SBF - JSCS_SBF - SHDLF	分部分项工程+措施项目+其他项目-分部分项设备费-技术措施项目设备费-税后独立费	0.1	3,154.24	工程排污费		☐
20	5	F20	税金	F1 + F7 + F11 + F16 - (JGCLF+JGZCF+JGSBF)/1.01- SHDLF	分部分项工程+措施项目+其他项目+规费-(甲供材料费+甲供主材费+甲供设备费)/1.01-税后独立费	11	331,578.26	税金		☑
21	6	F21	工程造价	F1 + F7 + F11 + F16 + F20 - (JGCLF+TGZCF+TGSBF)/1.01	分部分项工程+措施项目+其他项目+规费+税金-(甲供材料费+甲供主材费+甲供设备费)/1.01		3,345,926.06	工程造价		☑

图 7-50

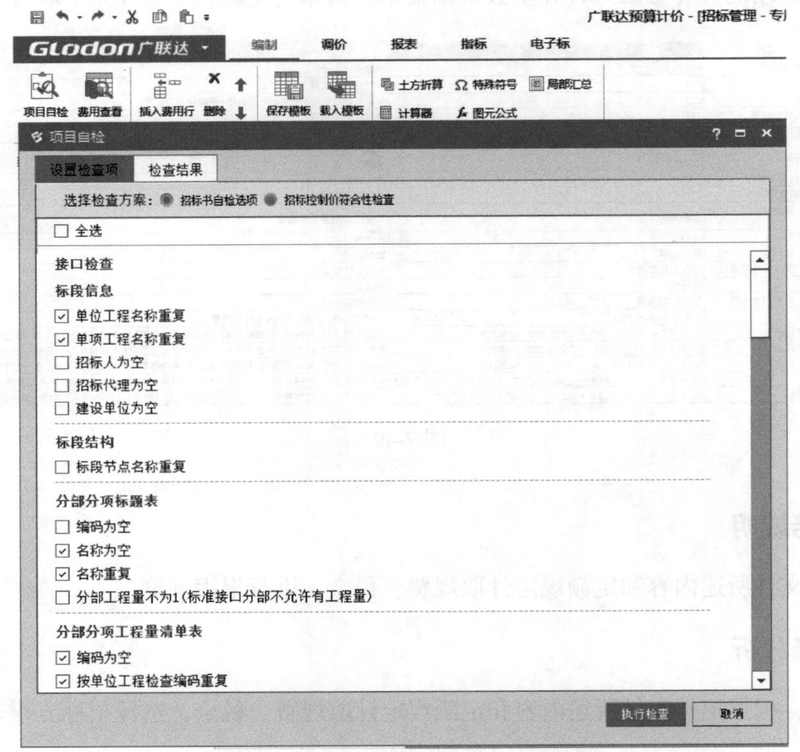

图 7-51

③ 点击“执行检查”按钮，根据生成的“检查结果”，对单位工程中的内容进行修改，检查结果如图 7-53 所示。

（3）报表预览　点击“报表”菜单，各种报表出现在预览区，根据需要可以点击需要预览的报表进行查看，点击屏幕左上角的“批量导出 Excel”，则可以选择需要导出的报表，如图 7-54 所示。

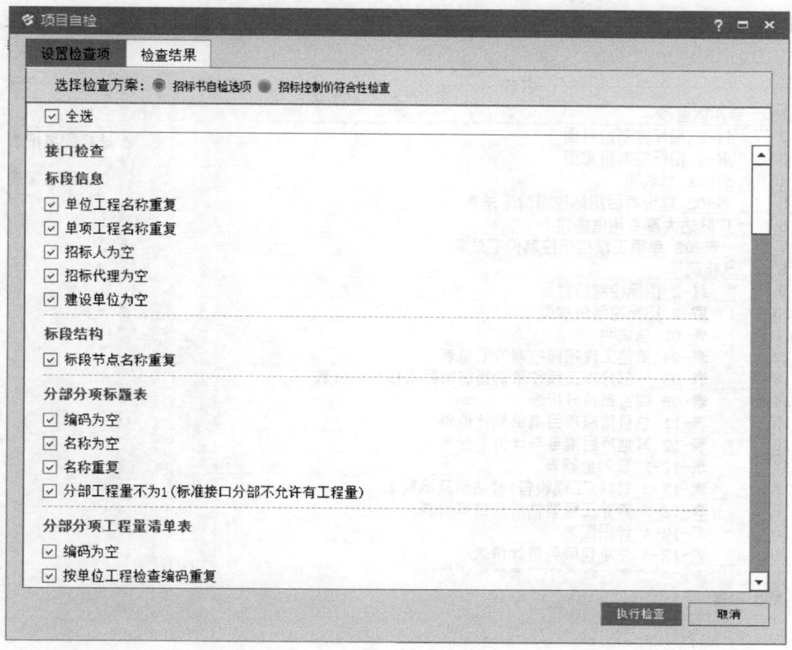

图 7-52

设置检查项 检查结果

筛选检查结果

备注：1. 双击可定位 2. 右键可复制粘贴

	编码	名称	特征	单位	单价	备注
1	检查与招标书一致性					点击查看检…
2	⊞ 措施项目清单表					
58	⊟ 总承包服务费					
59	⊟ 名称为空					
60	1					专用宿舍楼/…
61	⊟ 计日工费用表					
62	⊟ 单位为空					
63	4.1					专用宿舍楼/…
64	⊟ 工程量为空或为0					
65	4.1					专用宿舍楼/…
66	⊟ 人材机汇总表					
67	⊟ 名称为空					
68	30				0	专用宿舍楼/…
69	⊟ 单位为空					
70	30				0	专用宿舍楼/…

调整大小

执行检查 取消

图 7-53

批量导出Excel

报表类型 招标控制价 ◉ 全部 ○ 已选 ○ 未选 展开到 □ 全选

	名称	选择
1	⊟ 专用宿舍楼	□
2	封-2 招标控制价封面	□
3	扉-2 招标控制价扉页	□
4	表-01 总说明	□
5	表-02 建设项目招标控制价汇总表	□
6	⊟ 广联达大赛专用宿舍楼	□
7	表-03 单项工程招标控制价汇总表	□
8	⊟ 建筑	□
9	封-2 招标控制价封面	□
10	扉-2 招标控制价扉页	□
11	表-01 总说明	□
12	表-04 单位工程招标控制价汇总表	□
13	表-08 分部分项工程和单价措施项目清单与计价表	□
14	表-09 综合单价分析表	□
15	表-11 总价措施项目清单与计价表	□
16	表-12 其他项目清单与计价汇总表	□
17	表-12-1 暂列金额表	□
18	表-12-2 材料(工程设备)暂估价及调整表	□
19	表-12-3 专业工程暂估价及结算价表	□
20	表-12-4 计日工表	□
21	表-12-5 总承包服务费计价表	□

上移　下移　选择同名报表　取消同名报表

导出设置　导出选择表

图 7-54

（五）总结拓展

如对报表有特殊要求，进入“报表”界面，选择“招标控制价”，单击需要输出的报表，右键选择“报表设计”，或直接点击报表设计器；进入报表设计器后，调整列宽及行距，如图7-55所示。

图 7-55

八、生成电子招标文件

（1）运用“招标书自检”，会进行修改；

（2）运用软件生成招标书。

学习要求

熟悉招标控制价的概念及编制要点。

（一）基础知识

1. 编制招标控制价的一般规定

（1）招标控制价应由具有编制能力的招标人，或受其委托具有相应资质的工程造价咨询人编制。

（2）工程造价咨询人接受招标人委托编制招标控制价，不得再就同一工程接受投标人委托编制投标报价。

（3）招标控制价应在招标时公布，不应上调或下浮，招标人应将招标控制价及有关资料报送工程所在地工程造价管理机构备查。

2. 编制与复核

（1）编制依据

① 建设工程工程量清单计价规范；

② 国家或省级、行业建设主管部门颁发的计价定额和计价办法；

③ 招标文件中的工程量清单及有关要求；

④ 与建设项目相关的标准、规范、技术资料；

⑤ 工程造价管理机构发布的工程造价信息，工程造价信息没有发布的参照市场价；

⑥ 其他的相关资料。

（2）综合单价中应包括招标文件中要求投标人承担的风险费用。

（3）分部分项工程和措施项目中的单价项目，应根据拟定的招标文件和招标工程量清单项目中的特征描述及有关要求确定综合单价计算。

（4）措施项目中的总价项目应根据拟定的招标文件和常规施工方案按规定计价，其中安全文明施工费、规费和税金必须按国家或省级、行业建设主管部门的规定计算，不得作为竞争性费用。

（5）其他项目费应按下列规定计价：

① 暂列金额应按招标工程量清单中列出的金额填写；

② 暂估价中的材料单价应按招标工程量清单中列出单价计入综合单价；

③ 暂估价中的专业工程金额应按招标工程清单中列出金额填写；

④ 计日工应按招标工程清单中列出的项目根据工程特点和有关计价依据确定综合单价计算；

⑤ 总承包服务费应根据招标工程量清单列出的内容和要求估算。

（二）任务说明

根据招标文件所述内容进行招标书自检并生成招标书。

（三）任务分析

根据招标文件所述内容生成招标控制价相关文件。

（四）任务实施

（1）点击“电子标”菜单进入电子标模块，如图 7-56 所示。

（2）点击“生成招标书”，弹出提示框，如图 7-57 所示。

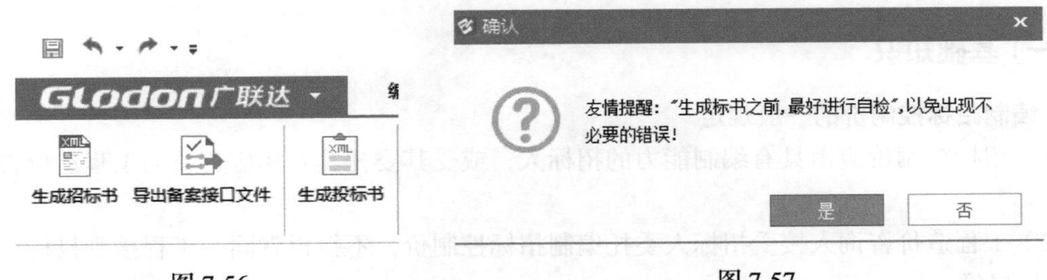

图 7-56　　图 7-57

（3）选择导出标书的存贮位置和导出内容　如果在“费用汇总”模块未进行项目自检，此时点击“是”按钮，软件开始进行自检。自检完成后，按照检查结果进行修改，修改完成后再点击“生成招标书”。如果已经完成自检并且修改了所有错误，则直接点击“否”按钮，弹出如图 7-58 所示界面。选择招标书的导出位置，同时选择是导出工程量清单还是招标控制价，或是二者都导出。

（4）完善招标信息　点击“确定”按钮，弹出招标信息窗口，如图 7-59 所示。按照招标文件的要求全部填写正确后，点击“确定”按钮，完成招标书的生成，如图 7-60 所示。

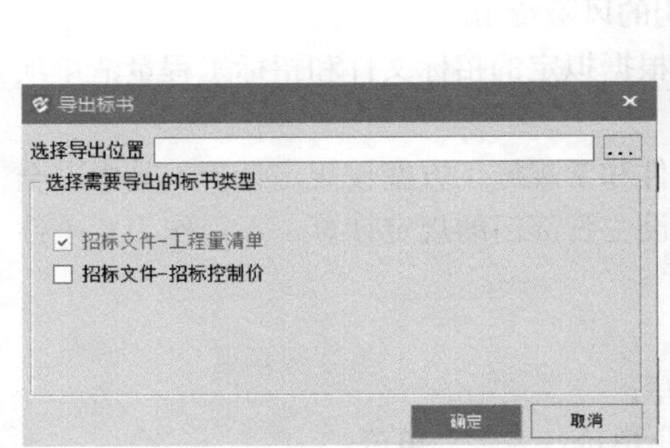

图 7-58

图 7-59

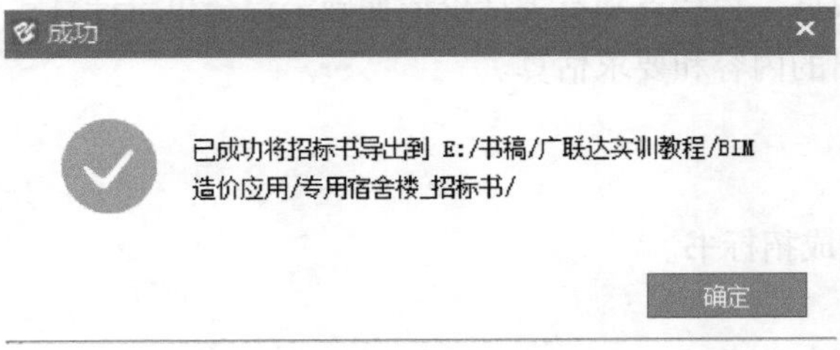

图 7-60

（5）导出备案接口文件　在生成招标书之后，若需要电子版标书，可点击“导出备案接口文件”生成电子版。

选择单位工程对应取费专业，如图 7-61 所示。

点击“确定”按钮，弹出“导出备案接口文件”对话框，如图 7-62 所示。

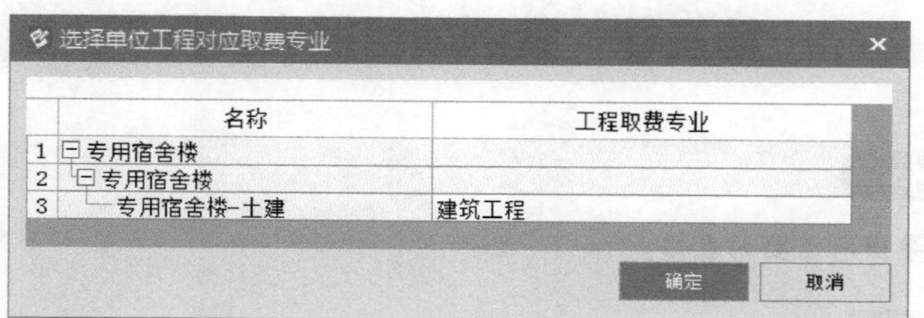

图 7-61

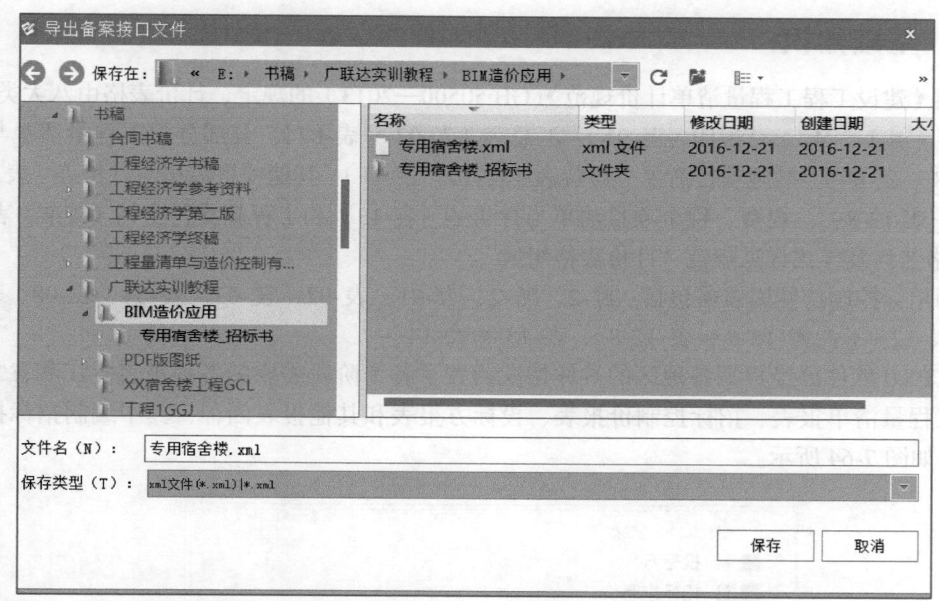

图 7-62

选择备案接口文件存贮位置后，点击“保存”按钮，弹出“备案信息”窗口，如图 7-63 所示。

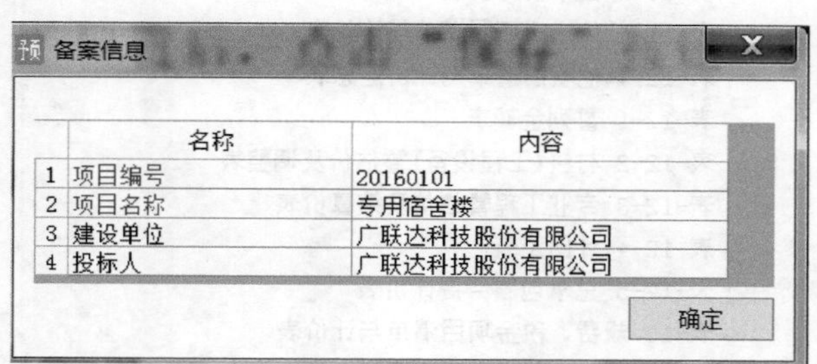

图 7-63

填写“建设单位”和“投标人”信息后，点击“确定”按钮，完成“生成备案电子接口文件”。

第三节　案例项目报表实例

能利用软件导出所需要的表格。

熟悉编制招标控制价需要的具体表格。

一、基础知识

按照《建设工程工程量清单计价规范》(GB 50500—2013）的规定，计价表格由八大类构成，包括封面（封 1 ～ 4）、总说明（表-01）、汇总表（表-02 ～表-07）、分部分项工程量清单与计价表（表-08～表-09）、措施项目清单与计价表（表-10、表-11）、其他项目清单与计价表［表 -12(含表 12-1 ～表 12-8)］、规费、税金项目清单与计价表（表-13）和工程款支付申请（核准）表（表-14)，表格名称及样式详见规范“计价表格组成”。

编制招标控制价使用表格包括：封-2、扉-2、表-01、表-02、表-03、表-04、表-08、表-09、表-11、表-12（不含表-12-6 ～表-12-8)、表-13 和表-14。

GCCP5.0 软件已经根据各地区的具体情况内置了各个阶段需要的各种报表，江苏省常用报表分为工程量清单报表、招标控制价报表、投标方报表和其他报表四种，其中编制招标控制价常用表格如图 7-64 所示。

- ☐ 工程量清单
- ■ 投标方
- ■ 招标控制价
  - ☑ 封-2 招标控制价封面
  - ☑ 扉-2 招标控制价扉页
  - ☑ 表-01 总说明
  - ☑ 表-04 单位工程招标控制价汇总表
  - ☑ 表-08 分部分项工程和单价措施项目清单与计价表
  - ☑ 表-09 综合单价分析表
  - ☑ 表-11 总价措施项目清单与计价表
  - ☑ 表-12 其他项目清单与计价汇总表
  - ☑ 表-12-1 暂列金额表
  - ☑ 表-12-2 材料(工程设备)暂估价及调整表
  - ☑ 表-12-3 专业工程暂估价及结算价表
  - ☑ 表-12-4 计日工表
  - ☑ 表-12-5 总承包服务费计价表
  - ☑ 表-13 规费、税金项目清单与计价表
  - ☑ 表-20 发包人提供材料和工程设备一览表
  - ☐ 表-21 承包人提供主要材料和工程设备一览表
  - ☐ 表-22 承包人提供主要材料和工程设备一览表
- ☐ 其他

图 7-64

二、任务说明

按照招标文件的要求，导出并打印相应的报表，装订成册。

三、任务分析

按照招标文件的内容和格式规定，检查打印前的报表是否符合要求。

四、任务实施

工程量清单招标控制价实例的相关报表主要有以下几类：

（1）招标控制价封面（见表 7-6）。

（2）单项工程招标控制价汇总表（见表 7-7）。

（3）单位工程招标控制价汇总表（见表 7-8）。

（4）分部分项工程和单价措施项目清单与计价表（见表 7-9）。

（5）综合单价分析表（见表 7-10）。

（6）总价措施项目清单与计价表（见表 7-11）。

（7）其他项目清单与计价表（见表 7-12）。

（8）暂估价材料计价与调整表（以砌块墙为例，见表 7-13）。

（9）计日工表（见表 7-14）。

（10）规费与税金项目清单计价表（见表 7-15）。

（11）发包人提供材料和工程设备一览表（见表 7-16）。

表 7-6　招标控制价封面

专用宿舍楼 - 土建　　　　　　　　　　工程

招 标 控 制 价

招 标 人：　　　　广联达科技股份有限公司

（单位盖章）

造价咨询人：

（单位盖章）

年　月　日

表 7-7　单项工程招标控制价汇总表

工程名称：专用宿舍楼　　　　　　　　　　　　　　　　　　　　第 1 页共 1 页

序号	单位工程名称	金额 / 元	其中 / 元		
			暂估价	安全文明施工费	规费
1	专用宿舍楼—土建	3336315.22	596921.74	87681.17	120487.95
合计		3336315.22	596921.74	87681.17	120487.95

表 7-8　单位工程招标控制价汇总表

工程名称：专用宿舍楼-土建　　　　标段：专用宿舍楼　　　　第 1 页 共 1 页

序号	汇总内容	金额 / 元	其中：暂估价 / 元
1	分部分项工程	2376950.03	596921.74
1.1	人工费	554231.25	
1.2	材料费	1556816.1	
1.3	施工机具使用费	40101.38	
1.4	企业管理费	154498.21	
1.5	利润	71335.35	
2	措施项目	614109.33	
2.1	单价措施项目费	451474.91	
2.2	总价措施项目费	162634.42	
2.2.1	其中：安全文明施工措施费	87681.17	
3	其他项目	154840	—
3.1	其中：暂列金额	150000	—
3.2	其中：专业工程暂估价		—
3.3	其中：计日工	4840	—
3.4	其中：总承包服务费		—
4	规费	120487.95	—
5	税金	330625.83	—
招标控制价合计 =1+2+3+4+5-(甲供材料费 _ 含设备）/1.01		3, 336, 315.22	596921.74

表 7-9 分部分项工程和单价措施项目清单与计价表

序号	项目编码	项目名称	项目特征描述	计量单位	工程量	金额 / 元		
						综合单价	综合合价	其中：暂估价
	A	建筑工程					2376950.03	
	A.1	土石方工程					73585.18	
	A.1.1	土方工程					22852.72	
1	010101001001	平整场地	土壤类别：三类土	m^2	810.38	8.13	6588.39	
2	010101004001	挖基坑土方	1. 土壤类别：三类土 2. 挖土深度：3m 内	m^3	1577.53	10.31	16264.33	
	A.1.3	回填					50732.46	
3	010103001001	回填方（房芯）	1. 密实度要求：0.94 以上 2. 填方材料品种：素土	m^3	181.89	37.44	6809.96	
4	010103001002	回填方	1. 密实度要求：0.94 以上 2. 填方材料品种：素土 3. 填方来源、运距：1km 以内	m^3	1264.69	31.9	40343.61	
5	010103002001	余方弃置	1. 废弃料品种：素土 2. 运距：1km 以内	m^3	312.84	11.44	3578.89	
	A.4	砌筑工程					172857.79	
	A.4.1	砖砌体					5891.71	
6	010401001001	砖基础（坡道基础）	1. 砖品种、规格、强度等级：MU10 实心砖 2. 基础类型：条形 3. 砂浆强度等级：M7.5 水泥砂浆	m^3	8.12	623.17	5060.14	
7	010401012001	零星砌砖（小便池）	1. 零星砌砖名称、部位：小便池 2. 砖品种、规格、强度等级：标准砖 3. 砂浆强度等级、配合比：水泥砂浆 M5.0	m^3	0.46	747.06	343.65	
8	010401012002	零星砌砖	1. 零星砌砖名称、部位：现浇盥洗池池脚 2. 砖品种、规格、强度等级：标准砖 3. 砂浆强度等级、配合比：水泥砂浆 M5.0	m^3	0.65	750.65	487.92	
	A.4.2	砌块砌体					147626.17	
9	010402001001	砌块墙	1. 砌块品种、规格、强度等级：200 厚加气混凝土砌块墙 2. 墙体类型：外墙 3. 砂浆强度等级：水泥石灰砂浆 M5.0	m^3	50.87	330.84	16829.83	

续表

序号	项目编码	项目名称	项目特征描述	计量单位	工程量	金额 / 元		
						综合单价	综合合价	其中：暂估价
10	010402001002	砌块墙	1. 砌块品种、规格、强度等级：200 厚加气混凝土砌块墙 2. 墙体类型：多水房间外墙 3. 砂浆强度等级：水泥砂浆 M5.0	m^3	107.72	327.27	35253.52	
11	010402001003	砌块墙	1. 砌块品种、规格、强度等级：300 厚加气混凝土砌块墙 2. 墙体类型：外墙 3. 砂浆强度等级：水泥砂浆 M5.0	m^3	16.88	321.54	5427.6	
12	010402001004	砌块墙	1. 砌块品种、规格、强度等级：100 厚加气混凝土砌块 2. 墙体类型：内墙 3. 砂浆强度等级：水泥砂浆 M5.0	m^3	17.74	351.04	6227.45	
13	010402001005	砌块墙	1. 砌块品种、规格、强度等级：200 厚加气混凝土砌块 2. 墙体类型：内墙 3. 砂浆强度等级：水泥石灰砂浆 M5.0	m^3	189.99	330.84	62856.29	
14	010402001006	砌块墙	1. 砌块品种、规格、强度等级：200 厚加气混凝土砌块墙 2. 墙体类型：女儿墙 3. 砂浆强度等级：水泥石灰砂浆 M5.0	m^3	36.66	330.83	12128.23	
15	010402001007	砌块墙	1. 砌块品种、规格、强度等级：200 厚加气混凝土砌块墙 2. 墙体类型：无水房间外墙 3. 砂浆强度等级：水泥砂浆 M5.0	m^3	27	329.75	8903.25	
	A.4.4	垫层					19339.91	
16	010404001002	垫层（台阶）	垫层材料种类、配合比、厚度：80 厚压实碎石，底部素土夯实	m^3	0.71	196.75	139.69	
17	010404001003	垫层（坡道基础）	垫层材料种类、配合比、厚度：80 厚碎石	m^3	0.84	182.46	153.27	
18	010404001004	垫层（地面）	垫层材料种类、配合比、厚度：150 厚碎石	m^3	104.51	182.25	19046.95	
	A.5	混凝土及钢筋混凝土工程					640010.49	
	A.5.1	现浇混凝土基础					122318.38	
19	010501001001	垫层（地面）	1. 混凝土种类：非泵送商品混凝土 2. 混凝土强度等级：C15	m^3	39.68	375.24	14889.52	
20	010501001002	垫层（小便池）	1. 混凝土种类：非泵送商品混凝土 2. 混凝土强度等级：C15	m^3	0.25	379.4	94.85	

续表

序号	项目编码	项目名称	项目特征描述	计量单位	工程量	金额 / 元		
						综合单价	综合合价	其中：暂估价
21	010501001003	垫层（基础）	1. 混凝土种类：泵送商品混凝土 2. 混凝土强度等级：C15	m^3	46.4	368.61	17103.5	
22	010501001004	垫层（地面）	1. 混凝土种类：非泵送商品混凝土 2. 混凝土强度等级：C15	m^3	2.12	375.48	796.02	
23	010501001005	垫层（蹲坑）	1. 混凝土种类：非泵送商品混凝土 2. 混凝土强度等级：C15	m^3	8.26	375.28	3099.81	
24	010501003001	独立基础	1. 混凝土种类：泵送商品混凝土 2. 混凝土强度等级：C30	m^3	235.27	366.96	86334.68	
	A.5.2	现浇混凝土柱					56375.14	
25	010502001001	矩形柱	1. 混凝土种类：商品泵送混凝土 2. 混凝土强度等级：C30 3. 泵送高度：30m 以下	m^3	108.8	428.45	46615.36	
26	010502002002	构造柱	1. 混凝土种类：非泵送商品混凝土 2. 混凝土强度等级：C25	m^3	18.38	531	9759.78	
	A.5.3	现浇混凝土梁					31866.31	
27	010503002001	矩形梁	1. 混凝土种类：泵送商品混凝土 2. 混凝土强度等级：C30 3. 泵送高度：30m 以内 4. 梁的坡度：0	m^3	66.16	408.94	27055.47	
28	010503004001	圈梁	1. 混凝土种类：非泵送商品混凝土 2. 混凝土强度等级：C25	m^3	4.67	443.01	2068.86	
29	010503005001	过梁	1. 混凝土种类：非泵送商品混凝土 2. 混凝土强度等级：C25	m^3	5.63	487.03	2741.98	
	A.5.5	现浇混凝土板					118369.11	
30	010505001001	防水坎台	1. 混凝土种类：泵送商品混凝土 2. 混凝土强度等级：C30 3. 泵送高度：30m 以内	m^3	15.21	401.13	6101.19	
31	010505001002	有梁板	1. 混凝土种类：商品泵送混凝土 2. 混凝土强度等级：C30 3. 泵送高度：30m 以内 4. 板底是否为锯齿形：否 5. 板的坡度：0	m^3	266.43	401.24	106902.37	

续表

序号	项目编码	项目名称	项目特征描述	计量单位	工程量	金额 / 元		
						综合单价	综合合价	其中：暂估价
32	010505008001	挑檐板	1. 混凝土种类：商品泵送混凝土 2. 混凝土强度等级：C30 3. 泵送高度：30m 以内	m^3	7.76	564.62	4381.45	
33	010505008002	雨篷	1. 混凝土种类：商品泵送混凝土 2. 混凝土强度等级：C30 3. 泵送高度：30m 以内	m^3	0.42	412.3	173.17	
34	010505008003	空调板	1. 混凝土种类：商品泵送混凝土 2. 混凝土强度等级：C30 3. 泵送高度：30m 以内	m^3	1.95	415.86	810.93	
	A.5.6	现浇混凝土楼梯					7287.85	
35	010506001001	直形楼梯	1. 混凝土种类：泵送商品混凝土 2. 混凝土强度等级：C30 3. 泵送高度：30m 以内	m^2	80.36	90.69	7287.85	
	A.5.7	现浇混凝土其他构件					15021.56	
36	010507001001	散水	1. 垫层材料种类、厚度：素土夯实，80 厚压实碎石 2. 面层厚度：70 厚 C15 混凝土提浆抹光 3. 混凝土种类：非泵送商品混凝土 4. 混凝土强度等级：C15 5. 变形缝填塞材料种类：沥青胶结料	m^2	105.31	78.78	8296.32	
37	010507001002	无障碍坡道	1. 垫层材料种类、厚度：素土夯实，80 厚碎石垫层 2. 面层厚度：70 厚 C15 混凝土层，20 厚耐磨砂浆面层，表面每 100mm 划出横向纹道 3. 混凝土种类：非泵送商品混凝土 4. 混凝土强度等级：C15	m^2	10.35	195.05	2018.77	
38	010507004001	台阶	1. 踏步高、宽：高 150，宽 300，3 步 2. 混凝土种类：非泵送商品混凝土 3. 混凝土强度等级：C15	m^2	8.86	448.67	3975.22	
39	010507005001	压顶	1. 断面尺寸：200×100 2. 混凝土种类：非泵送商品混凝土 3. 混凝土强度等级：C25	m^3	0.91	462.73	421.08	

续表

序号	项目编码	项目名称	项目特征描述	计量单位	工程量	金额 / 元		
						综合单价	综合合价	其中：暂估价
40	010507007001	现浇盥洗池	1. 构件的类型：盥洗池 2. 构件规格：3.3 × 0.16 × 0.45 3. 混凝土种类：预拌 4. 混凝土强度等级：C20	m^3	0.66	469.96	310.17	
	A.5.14	其他预制构件					1391.76	
41	010514002001	其他构件（洗涤池）	1. 单件体积：$2m^3$ 内 2. 构件的类型：洗涤池 3. 混凝土强度等级：C30	m^3	2.15	647.33	1391.76	
	A.5.15	钢筋工程					287380.38	
42	010515001001	现浇构件钢筋	钢筋种类、规格：ϕ6.5 一级钢	t	1.343	3533.48	4745.46	
43	010515001002	现浇构件钢筋	钢筋种类、规格：ϕ6.5 三级钢	t	3.189	3732.74	11903.71	
44	010515001003	现浇构件钢筋	钢筋种类、规格：ϕ8 三级钢	t	23.826	3661.54	87239.85	
45	010515001004	现浇构件钢筋	钢筋种类、规格：ϕ10 三级钢	t	3.058	3624.01	11082.22	
46	010515001005	现浇构件钢筋	钢筋种类、规格：ϕ12 三级钢	t	9.442	3527.27	33304.48	
47	010515001006	现浇构件钢筋	钢筋种类、规格：ϕ14 三级钢	t	4.238	3020.03	12798.89	
48	010515001007	现浇构件钢筋	1. 钢筋种类、规格：ϕ16 三级钢 2. 电渣压力焊：112 个	t	3.502	3186.88	11160.45	
49	010515001008	现浇构件钢筋	1. 钢筋种类、规格：ϕ18 三级钢 2. 电渣压力焊：296 个 3. 直螺纹连接：68 个	t	8.718	3268.73	28496.79	
50	010515001009	现浇构件钢筋	1. 钢筋种类、规格：ϕ20 三级钢 2. 电渣压力焊：372 个 3. 直螺纹连接：86 个	t	17.629	3154.99	55619.32	
51	010515001010	现浇构件钢筋	1. 钢筋种类、规格：ϕ22 三级钢 2. 电渣压力焊：36 个	t	6.325	3006.58	19016.62	
52	010515001011	现浇构件钢筋	1. 钢筋种类、规格：ϕ10 ～ ϕ20 三级钢 2. 直螺纹连接：52 个	t	1.851	3213.6	5948.37	
53	010515009001	支撑钢筋（铁马）	钢筋种类 ϕ10 一级钢 1.41t，ϕ25 三级钢 0.375t	t	1.785	3397.32	6064.22	
	A.8	门窗工程					257922.91	

续表

序号	项目编码	项目名称	项目特征描述	计量单位	工程量	金额 / 元		
						综合单价	综合合价	其中：暂估价
	A.8.1	木门					7214.04	
54	010801004001	木质防火门	门代号及洞口尺寸：FHM 乙，1000mm×2100mm	樘	2	1442.81	2885.62	2728.33
55	010801004002	木质防火门	门代号及洞口尺寸：FHM 乙 -1，1500mm×2100mm	樘	2	2164.21	4328.42	4092.49
	A.8.2	金属门					155337.75	
56	010802001001	金属（塑钢）门	1. 门代号及洞口尺寸：M-4，1750mm×2700mm 2. 门框、扇材质：塑钢 3. 玻璃品种、厚度：中空安全玻璃（5+9A+5）	樘	41	1757.41	72053.81	55820.7
57	010802001002	金属（塑钢）门	1. 门代号及洞口尺寸：M-1，1000mm×2700mm 2. 门框、扇材质：塑钢 3. 玻璃品种、厚度：中空安全玻璃（5+9A+5）	樘	41	1004.23	41173.43	31897.54
58	010802001003	金属（塑钢）门	1. 门代号及洞口尺寸：M-2，1500mm×2700mm 2. 门框、扇材质：塑钢 3. 玻璃品种、厚度：中空安全玻璃（5+9A+5）	樘	6	1227.39	7364.34	5705.25
59	010802001004	金属（塑钢）门	1. 门代号及洞口尺寸：M-3，800mm×2100mm 2. 门框、扇材质：塑钢 3. 玻璃品种、厚度：中空安全玻璃（5+9A+5）	樘	45	624.85	28118.25	21783.69
60	010802001005	金属（塑钢）门	1. 门代号及洞口尺寸：M-5，3300mm×2700mm 2. 门框、扇材质：塑钢 3. 玻璃品种、厚度：中空安全玻璃（5+9A+5）	樘	2	3313.96	6627.92	5134.73
	A.8.7	金属窗					95371.12	
61	010807001001	金属（塑钢、断桥）窗	1. 窗代号及洞口尺寸：C-1，1200mm×1450mm 2. 框、扇材质：塑钢 3. 玻璃品种、厚度：中空安全玻璃（5+9A+5）	樘	4	522.1	2088.4	1489.79
62	010807001002	金属（塑钢、断桥）窗	1. 窗代号及洞口尺寸：C-2，1750mm×2850mm 2. 框、扇材质：塑钢 3. 玻璃品种、厚度：中空安全玻璃（5+9A+5）	樘	46	1496.53	68840.38	49108.65
63	010807001003	金属（塑钢、断桥）窗	1. 窗代号及洞口尺寸：C-3，600mm×1750mm 2. 框、扇材质：塑钢 3. 玻璃品种、厚度：中空安全玻璃（5+9A+5）	樘	46	315.05	14492.3	10338.66

续表

序号	项目编码	项目名称	项目特征描述	计量单位	工程量	金额 / 元		
						综合单价	综合合价	其中：暂估价
64	010807001004	金属（塑钢、断桥）窗	1. 窗代号及洞口尺寸：C-4，2200mm×2550mm 2. 框、扇材质：塑钢 3. 玻璃品种、厚度：中空安全玻璃（5+9A+5）	樘	4	1683.32	6733.28	4803.3
65	010807002001	金属防火窗	窗代号及洞口尺寸：FHC，1200mm×1800mm，乙级防火窗	樘	2	1608.38	3216.76	2845.19
	A.9	屋面及防水工程					153556.11	
	A.9.2	屋面防水及其他					80856.54	
66	010902001001	屋面卷材防水（屋面 1）	1. 卷材品种、规格、厚度：20 厚 1：3 水泥砂浆打平层，内掺丙烯或锦纶 2. 防水层数：3mm 厚 SBS 卷材防水层（防水卷材上翻 500mm）	m^2	860.16	53.08	45657.29	
67	010902001002	屋面卷材防水（屋面 2）	1. 卷材品种、规格、厚度：20 厚 1：3 水泥砂浆打平层，内掺丙烯或锦纶 2. 防水层数：3mm 厚 SBS 卷材防水层（防水卷材上翻 500mm）	m^2	73.68	49.78	3667.79	
68	010902002001	屋面涂膜防水（屋面 3）	1. 防水膜品种：聚氨酯防水涂膜 2. 涂膜厚度、遍数：1.5mm；20 厚 1：2 水泥砂浆保护层 3. 增强材料种类：1：3 水泥砂浆找坡	m^2	4.62	121.91	563.22	
69	010902003001	屋面刚性层（屋面 1）	1. 刚性层厚度：40mm 2. 混凝土种类：非泵送商品混凝土 3. 混凝土强度等级：C20	m^2	779.86	39.71	30968.24	
	A.9.3	墙面防水、防潮					66000.07	
70	010903002001	内墙面涂膜防水（有水房间）	1. 防水膜品种：聚合物水泥基复合防水涂料 2. 涂膜厚度、遍数：1.5mm 3. 增强材料种类：素水泥浆一道甩毛，聚合物水泥砂浆修补墙基面	m^2	902.38	73.14	66000.07	
	A.9.4	楼（地）面防水、防潮					6699.5	
71	010904002001	楼（地）面涂膜防水	1. 防水膜品种：聚合物水泥基防水涂料 2. 涂膜厚度、遍数：1mm 3. 反边高度：500mm	m^2	65.09	62.85	4090.91	
72	010904002002	楼（地）面涂膜防水	1. 防水膜品种：聚合物水泥基防水涂料 2. 涂膜厚度、遍数：1mm 3. 反边高度：250mm	m^2	85.64	30.46	2608.59	

续表

序号	项目编码	项目名称	项目特征描述	计量单位	工程量	金额 / 元		
						综合单价	综合合价	其中：暂估价
	A.10	保温、隔热、防腐工程					127196.51	
	A.10.1	保温、隔热					127196.51	
73	011001001001	保温隔热屋面（屋面 3）	保温隔热材料品种、规格、厚度：1∶8 水泥珍珠岩找坡最薄处 20 厚	m^2	4.62	10.12	46.75	
74	011001001002	保温隔热屋面（屋面 1）	保温隔热材料品种、规格、厚度：1∶8 膨胀珍珠岩找坡最薄处 20 厚，160 厚岩棉保湿层	m^2	779.86	50.47	39359.53	
75	011001001003	保温隔热屋面（屋面 2）	保温隔热材料品种、规格、厚度：1∶8 膨胀珍珠岩找坡最薄处 20 厚，50 厚挤塑板保温层	m^2	51.68	50.47	2608.29	
76	011001003001	保温隔热墙面（外墙面）	1. 保温隔热部位：墙体 2. 保温隔热方式：外保温 3. 保温隔热面层材料品种、规格、性能：50 厚挤塑泡沫保温板 4. 黏结材料种类及做法：15 厚 1∶3 水泥砂浆打底扫毛	m^2	844.47	87.44	73840.46	
77	011001006001	其他保温隔热（空调板）	1. 保温隔热部位：空调板 2. 保温隔热面层材料品种、规格、性能：挤塑保温板 3. 保温隔热材料品种、规格及厚度：30mm	m^2	44.6	75.63	3373.1	
78	011001006002	其他保温隔热（挑檐）	1. 保温隔热部位：空调板 2. 保温隔热面层材料品种、规格、性能：挤塑保温板 3. 保温隔热材料品种、规格及厚度：30mm	m^2	105.36	75.63	7968.38	
	A.11	楼地面装饰工程					200709.63	
	A.11.1	整体面层及找平层					261.76	
79	011101001001	水泥砂浆楼地面（台阶）	面层厚度、砂浆配合比：20 厚水泥砂浆 1∶3	m^2	16.36	16	261.76	
	A.11.2	块料面层					159203.38	
80	011102001001	石材楼地面（门厅）	1. 找平层厚度、砂浆配合比：水泥砂浆一道（内掺建筑胶） 2. 结合层厚度、砂浆配合比：30 厚 1∶3 干硬性水泥砂浆结合层，表面撒水泥粉 3. 面层材料品种、规格、颜色：20 厚花岗岩石材	m^2	51.06	225.83	11530.88	8066.95

续表

序号	项目编码	项目名称	项目特征描述	计量单位	工程量	金额 / 元		
						综合单价	综合合价	其中：暂估价
81	011102003001	块料楼地面（宿舍）	1. 找平层厚度、砂浆配合比：水泥砂浆一道（内掺建筑胶） 2. 结合层厚度、砂浆配合比：30 厚 1 : 3 水泥砂浆结合层，表面撒水泥粉 3. 面层材料品种、规格、颜色：10 ~ 15 厚地砖、干水泥擦缝	m^2	731.33	105.82	77389.34	32107.72
82	011102003002	块料楼地面（管理室）	1. 找平层厚度、砂浆配合比：水泥砂浆一道（内掺建筑胶） 2. 结合层厚度、砂浆配合比：30 厚 1 : 3 干硬性水泥砂浆结合层，表面撒水泥粉 3. 面层材料品种、规格、颜色：15 厚地砖，干水泥擦缝	m^2	35.13	106.2	3730.81	1545.53
83	011102003003	块料楼地面（有水房间）	1. 找平层厚度、砂浆配合比：水泥砂浆一道（内掺建筑胶），30 厚 C20 细石混凝土找坡层 2. 结合层厚度、砂浆配合比：20 厚 1 : 3 干硬性水泥砂浆结合层，表面撒水泥粉 3. 面层材料品种、规格、颜色：15 厚地砖，干水泥擦缝	m^2	139.83	127.9	17884.26	6125.42
84	011102003004	块料楼地面（楼梯间）	1. 找平层厚度、砂浆配合比：水泥砂浆一道（内掺建筑胶） 2. 结合层厚度、砂浆配合比：30 厚 1 : 3 干硬性水泥砂浆结合层，表面撒水泥粉 3. 面层材料品种、规格、颜色：15 厚地砖，干水泥擦缝	m^2	50.66	107.9	5466.21	2264.97
85	011102003005	块料楼地面（走道）	1. 找平层厚度 砂浆配合比：水泥砂浆一道（内掺建筑胶） 2. 结合层厚度、砂浆配合比：30 厚 1 : 3 水泥砂浆结合层，表面撒水泥粉 3. 面层材料品种、规格、颜色：10 : 15 厚地砖、干水泥擦缝	m^2	90.05	105.1	9464.26	3938.39
86	011102003006	块料楼地面（阳台）	1. 找平层厚度、砂浆配合比：水泥砂浆一道（内掺建筑胶） 2. 结合层厚度、砂浆配合比：30 厚 1 : 3 水泥砂浆结合层，表面撒水泥粉 3. 面层材料品种、规格、颜色：10 ~ 15 厚地砖、干水泥擦缝	m^2	161.33	105.52	17023.54	7056.47
87	011102003007	块料楼地面（管理室）	1. 找平层厚度、砂浆配合比：水泥砂浆一道（内掺建筑胶） 2. 结合层厚度、砂浆配合比：30 厚 1 : 3 水泥砂浆结合层，表面撒水泥粉 3. 面层材料品种、规格、颜色：10 ~ 15 厚地砖、干水泥擦缝	m^2	103.66	105.3	10915.4	4533.97
88	011102003008	块料楼地面（蹲坑）	面层材料品种、规格、颜色：5 厚白色瓷砖	m^2	123.93	46.79	5798.68	2810.6

续表

序号	项目编码	项目名称	项目特征描述	计量单位	工程量	金额／元		
						综合单价	综合合价	其中：暂估价
	A.11.5	踢脚线					15924.35	
89	011105001001	水泥砂浆踢脚线	1. 踢脚线高度：100mm 2. 底层厚度、砂浆配合比：素水泥砂浆一道（内掺建筑胶），8厚1：3水泥砂浆打底压出纹道 3. 面层厚度、砂浆配合比：素水泥砂浆一道，6厚1：3水泥砂浆抹面压实抹光	m	102.4	6.25	640	
90	011105001002	水泥砂浆踢脚线（门庭、管理室除外）	1. 踢脚线高度：100mm 2. 底层厚度、砂浆配合比：素水泥浆一道（内掺建筑胶），8厚1：3水泥砂浆打底压出纹道 3. 面层厚度、砂浆配合比：素水泥浆一道（内掺建筑胶），6厚1：2.5水泥砂浆后面压实赶光	m	1235.98	8.2	10135.04	
91	011105002001	大理石踢脚线（门庭）	1. 踢脚线高度：100mm 2. 黏结层厚度、材料种类：素水泥浆一道（内掺建筑胶），12厚1：2水泥砂浆（内掺建筑胶）黏结层 3. 面层材料品种、规格、颜色：15厚大理石石材板（涂防污剂），稀水泥浆擦缝	m	109.78	29.12	3196.79	2160.57
92	011105002002	花岗岩踢脚线（管理室）	1. 踢脚线高度：100mm 2. 黏结层厚度、材料种类：素水泥浆一道（内掺建筑胶），12厚1：2水泥砂浆（内掺建筑胶）粘贴层 3. 面层材料品种、规格、颜色：15厚大理石石材板（涂防污剂），稀水泥浆擦缝	m	59.06	33.06	1952.52	1394.87
	A.11.6	楼梯面层					23587.27	
93	011106001001	石材楼梯面层	1. 黏结层厚度、材料种类：1：2水泥砂浆 2. 面层材料品种、规格、颜色：花岗岩 3. 防滑条材料种类、规格：铜质防滑条	m^2	80.36	293.52	23587.27	10911.09
	A.11.7	台阶装饰					354.13	
94	011107004001	水泥砂浆台阶面	找平层厚度、砂浆配合比：20厚水泥砂浆1：3	m^2	8.86	39.97	354.13	
	A.11.8	零星装饰项目					1378.74	

续表

序号	项目编码	项目名称	项目特征描述	计量单位	工程量	金额 / 元		
						综合单价	综合合价	其中：暂估价
95	011108003001	块料零星项目（小便池）	1. 工程部位：小便池 2. 面层材料品种、规格、颜色：5 厚白色瓷砖	m^2	7.37	90.25	665.14	322.39
96	011108004001	水泥砂浆零星项目	1. 工程部位：空调板 2. 面层厚度、砂浆厚度：20 厚水泥砂浆	m^2	44.6	16	713.6	
	A.12	墙、柱面装饰与隔断、幕墙工程					560221.75	
	A.12.1	墙面抹灰					108601.58	
97	011201001001	墙面一般抹灰	1. 墙体类型：外墙 2. 底层厚度、砂浆配合比：刷聚合物水泥砂浆一遍，5 厚 1∶3 水泥砂浆找底扫毛 3. 面层厚度、砂浆配合比：刷素水泥砂浆一道，12 厚 1∶2.5 水泥砂浆抹光	m^2	473.06	25.85	12228.6	
98	011201001002	墙面一般抹灰	1. 墙体类型：砌块墙 2. 底层厚度、砂浆配合比：素水泥浆一道甩毛，12 厚 1∶3∶9 水泥石灰膏砂浆打底分层抹平 3. 面层厚度、砂浆配合比：2 厚纸筋石灰罩面	m^2	3953.14	23.58	93215.04	
99	011201001003	墙面一般抹灰（坡道基础外侧）	1. 墙体类型：外墙 2. 底层厚度、砂浆配合比：水泥砂浆 20 厚	m^2	13.14	25.12	330.08	
100	011201001004	墙面一般抹灰（挑檐板）	1. 墙体类型：外墙 2. 底层厚度、砂浆配合比：刷聚合物水泥砂浆一遍，5 厚 1∶3 水泥砂浆找底扫毛 3. 面层厚度、砂浆配合比：刷素水泥砂浆一道，12 厚 1∶2.5 水泥砂浆抹光	m^2	105.36	26.84	2827.86	
	A.12.3	零星抹灰					281.12	
101	011203001001	零星项目一般抹灰（盥洗池池脚）	1. 基层类型、部位：盥洗池池脚 2. 底层厚度、砂浆配合比：12 厚 1∶3 水泥砂浆 3. 面层厚度、砂浆配合比：8 厚 1∶2 水泥砂浆	m^2	6.84	41.1	281.12	
	A.12.4	墙面块料面层					439289.12	
102	011204003001	块料墙面（外墙面）	1. 安装方式：1∶2 建筑胶水泥砂浆结合层 2. 面层材料品种、规格、颜色：白色外墙饰面砖	m^2	921.89	233.61	215362.72	150061.06

续表

序号	项目编码	项目名称	项目特征描述	计量单位	工程量	金额 / 元		
						综合单价	综合合价	其中：暂估价
103	011204003002	块料内墙面	1. 墙体类型：内墙 2. 安装方式：粘贴 3. 面层材料品种、规格、颜色：10 厚墙面砖，4 厚强力胶粉黏结层	m^2	920.75	243.2	223926.4	161866.36
	A.12.6	镶贴零星块料					3513.29	
104	011206002001	块料零星项目（盥洗池）	面层材料品种、规格、颜色：5 厚白色瓷砖	m^2	14.01	250.77	3513.29	2522.46
	A.12.10	隔断					8536.64	
105	011210005001	成品隔断		间	8	1067.08	8536.64	
	A.13	天棚工程					26340.93	
	A.13.1	天棚抹灰					26340.93	
106	011301001001	天棚抹灰	1. 基层类型：现浇混凝土楼板 2. 抹灰厚度、材料种类：素水泥浆一道（内掺建筑胶），5 厚 1 : 0.5 : 3 水泥石膏砂浆打底扫毛，3 厚 1 : 0.5 : 2.5 水泥石灰膏砂浆找平	m^2	1393.7	18.9	26340.93	
	A.14	油漆、涂料、裱糊工程					58883.32	
	A.14.5	金属面油漆					4074.54	
107	011405001001	金属面油漆		m^2	230.2	17.7	4074.54	
	A.14.6	抹灰面油漆					24361.88	
108	011406001001	抹灰面油漆（天棚）	1. 基层类型：一般抹灰面 2. 油漆品种、刷漆遍数：白色乳胶漆，二遍	m^2	1393.7	17.48	24361.88	
	A.14.7	喷刷涂料					30446.9	
109	011407001001	墙面喷刷涂料	1. 喷刷涂料部位：女儿墙内外侧面 2. 腻子种类：白水泥腻子二遍 3. 涂料品种、喷刷遍数：白色涂料二遍	m^2	473.06	32.75	15492.72	
110	011407001002	墙面喷刷涂料	1. 基层类型：抹灰面 2. 喷刷涂料部位：内墙面 3. 涂料品种、喷刷遍数：白色面浆二遍	m^2	3953.14	2.91	11503.64	

续表

序号	项目编码	项目名称	项目特征描述	计量单位	工程量	金额 / 元		
						综合单价	综合合价	其中：暂估价
111	011407001003	墙面喷刷涂料（挑檐板）	1. 喷刷涂料部位：女儿墙内外侧面 2. 腻子种类：白水泥腻子二遍 3. 涂料品种、喷刷遍数：白色涂料二遍	m^2	105.36	32.75	3450.54	
	A.15	其他装饰工程					105665.41	
	A.15.3	扶手、栏杆、栏板装饰					96501.25	
112	011503001002	金属栏杆（无障碍坡道）	1. 扶手材料种类、规格：ϕ40 的不锈钢管 2. 栏杆材料种类、规格：ϕ30 的不锈钢管	m	14.61	441.78	6454.41	
113	011503001003	金属栏杆（楼梯）	1. 扶手材料种类、规格：不锈钢管 ϕ60mm×2mm 2. 栏杆材料种类、规格：不锈钢管斜栏杆 ϕ30mm×1.5mm，不锈钢管立柱 ϕ40mm×2mm 3. 栏板材料种类、规格、颜色：不锈钢管竖直栏杆 ϕ20mm×1.5mm，不锈钢管立柱 ϕ40mm×2mm	m	36.2	441.62	15986.64	
114	011503001004	金属栏杆（C4 内侧）	1. 扶手材料种类、规格：50mm×50mm×2mm 不锈钢管 2. 栏杆材料种类、规格：30mm×30mm×2mm 不锈钢管	m	11.2	441.64	4946.37	
115	011503001005	金属栏杆（C2 外侧）	1. 扶手材料种类、规格：50mm×50mm×2mm 方钢管 2. 栏杆材料种类、规格：30mm×30mm×2mm 方钢管	m	80.5	441.65	35552.83	
116	011503001006	金属栏杆（空调）	1. 扶手材料种类、规格：50mm×50mm×2mm 方钢管 2. 栏杆材料种类、规格：30mm×30mm×2mm 方钢管	m	52	441.65	22965.8	
117	011503001007	金属栏杆（楼梯栏杆水平段）	栏杆高度：1050mm	m	3.5	441.63	1545.71	
118	011503005001	金属靠墙扶手	扶手材料种类、规格：不锈钢管 ϕ60mm×2mm	m	62.32	145.21	9049.49	
	A.15.5	浴厕配件					9164.16	
119	011505001001	洗漱台	材料品种、规格、颜色：大理石板	个	43	213.12	9164.16	3484.6
		分部分项合计					2376950.03	
		措施项目					451474.91	
120	011701001001	综合脚手架		m^2	1675.62	16.4	27480.17	
121	011702001001	基础　模板	1. 基础类型：独立基础垫层 2. 模板种类：复合木模板	m^2	42.54	66.75	2839.55	

续表

序号	项目编码	项目名称	项目特征描述	计量单位	工程量	金额/元		
						综合单价	综合合价	其中：暂估价
122	011702001002	基础　模板	1. 基础类型：独立基础 2. 模板种类：复合木模板	m^2	248.45	57.34	14246.12	
123	011702001003	基础　模板	基础类型：蹲坑模板	m^2	16.07	66.74	1072.51	
124	011702002001	矩形柱　模板	1. 模板种类：复合木模板 2. 支撑高度：3.95m 3. 截面周长：2m 4. 钢筋保护层措施材料：塑料卡	m^2	80.26	70.7	5674.38	
125	011702002002	矩形柱　模板	1. 支撑高度：2.15m 2. 截面周长：1.2m 3. 保护层措施：塑料卡	m^2	16.76	70.7	1184.93	
126	011702002003	矩形柱　模板	1. 支撑高度：3.95m 2. 截面周长：1.2m 3. 保护层措施：塑料卡	m^2	183.29	70.7	12958.6	
127	011702002004	矩形柱　模板	1. 支撑高度：3.5m 2. 截面周长：2.6m 3. 保护层措施：塑料卡	m^2	67.55	58.74	3967.89	
128	011702002005	矩形柱　模板	1. 模板种类：复合木模板 2. 支撑高度：3.5m 3. 截面周长：2.2m 4. 保护层措施：塑料卡	m^2	148.35	58.74	8714.08	
129	011702002006	矩形柱　模板	1. 模板种类：复合木模板 2. 支撑高度：3.5m 3. 截面周长：2m 4. 钢筋保护层措施材料：塑料卡	m^2	100.25	58.74	5888.69	
130	011702002007	矩形柱　模板	1. 支撑高度：3.5m 2. 截面周长：2.2m 3. 保护层措施：塑料卡	m^2	7.89	58.74	463.46	

续表

序号	项目编码	项目名称	项目特征描述	计量单位	工程量	金额/元		
						综合单价	综合合价	其中：暂估价
131	011702002008	矩形柱 模板	1. 模板种类：复合木模板 2. 支撑高度：2.0m 以内 3. 截面周长：2m 4. 钢筋保护层措施材料：塑料卡	m^2	16.32	71.21	1162.15	
132	011702002009	矩形柱 模板	1. 模板种类：复合木模板 2. 支撑高度：2.0m 以内 3. 截面周长：2m 4. 钢筋保护层措施材料：塑料卡	m^2	23.21	70.68	1640.48	
133	011702002010	矩形柱 模板	1. 支撑高度：2.0m 以内 2. 截面周长：1.2m 3. 保护层措施：塑料卡	m^2	84.29	58.74	4951.19	
134	011702003001	构造柱 模板	1. 模板种类：复合木模板 2. 钢筋保护层措施材料：塑料卡	m^2	29.98	71.21	2134.88	
135	011702003002	构造柱 模板	1. 模板种类：复合木模板 2. 支撑净高：3.95m 3. 钢筋保护层措施材料：塑料卡	m^2	64.54	71.21	4595.89	
136	011702003003	构造柱 模板	1. 支撑高度：3.45m 2. 保护层措施材料：塑料卡	m^2	65.15	71.21	4639.33	
137	011702006001	矩形梁 模板	1. 模板种类：复合木模板 2. 支撑净高：3.95m 3. 梁的坡度：0 4. 钢筋保护层措施材料：塑料卡	m^2	8.4	77.2	648.48	
138	011702006002	矩形梁 模板	1. 模板种类：复合木模板 2. 支撑净高：3.5m 3. 梁的坡度：0 4. 钢筋保护层措施材料：塑料卡	m^2	631.55	64.63	40817.08	

续表

序号	项目编码	项目名称	项目特征描述	计量单位	工程量	金额 / 元		
						综合单价	综合合价	其中：暂估价
139	011702008001	圈梁　模板	1. 模板种类：复合木模板 2. 钢筋保护层措施材料：塑料卡	m^2	47.2	53.38	2519.54	
140	011702009001	过梁　模板	1. 构件类型：过梁 2. 模板种类：复合木模板	m^2	97.46	69.8	6802.71	
141	011702014001	防水坎台　模板	1. 模板种类：复合木模板 2. 支撑高度：3.95m	m^2	72.92	55.88	4074.77	
142	011702014002	有梁板　模板	1. 模板种类：复合木模板 2. 支撑高度净高：3.95m 3. 钢筋保护层措施材料：塑料卡 4. 板的坡度：0 5. 板底面是否为锯齿形：否 6. 板做地面是否抹灰：否	m^2	1192.62	55.88	66643.61	
143	011702014003	防水坎台　模板	1. 模板种类：复合木模板 2. 支撑高度：3.5m	m^2	83.3	47.32	3941.76	
144	011702014004	有梁板　模板	1. 模板种类：复合木模板 2. 支撑高度净高：3.6m 以内 3. 钢筋保护层措施材料：塑料卡 4. 板的坡度：0 5. 板底面是否为锯齿形：否 6. 板做地面是否抹灰：否	m^2	1259.98	46.91	59105.66	
145	011702023001	挑檐板　模板	1. 构件类型：悬挑板 2. 板厚度：100mm 3. 钢筋保护层措施材料：塑料卡 4. 板面是否抹灰：是	m^2	105.36	83	8744.88	

续表

序号	项目编码	项目名称	项目特征描述	计量单位	工程量	金额 / 元		
						综合单价	综合合价	其中：暂估价
146	011702023002	雨篷模板	1. 构件类型：悬挑板 2. 板厚度：100mm 3. 钢筋保护层措施材料：塑料卡 4. 板面是否抹灰：是	m^2	4.16	83.08	345.61	
147	011702023003	空调板　模板	1. 构件类型：悬挑板 2. 板厚度：100mm 3. 钢筋保护层措施材料：塑料卡 4. 板面是否抹灰：是	m^2	25.1	83	2083.3	
148	011702024001	楼梯　模板	类型：复合木模板	m^2	80.36	275.28	22121.5	
149	011702025001	其他现浇构件　模板	1. 构件类型：压顶 2. 模板种类：复合木模板	m^2	17.28	29.44	508.72	
150	011702025002	洗涤池　模板	构件类型：洗涤池	m^2	37.84	47	1778.48	
151	011702025003	现浇盥洗池　模板	构件类型：现浇盥洗池	m^2	22.51	68.64	1545.09	
152	011702027001	台阶　模板	1. 台阶踏步宽：300mm 2. 模板种类：复合木模板	m^2	8.86	26.7	236.56	
153	011703001002	垂直运输		天	120	773.67	92840.4	
154	011705001001	大型机械设备进出场及安拆		项	1	33102.46	33102.46	
		单价措施合计					451474.91	
本页小计							154216.51	
合　计							2828424.94	596921.74

注：为计取规费等的使用，可在表中增设其中："定额人工费"。

表 7-10　综合单价分析表

项目编码		010402001001		项目名称		砌块墙		计量单位	m³	工程量	50.87
清单综合单价组成明细											
定额编号	定额项目名称	定额单位	数量	单价				合价			
				人工费	材料费	机械费	管理费和利润	人工费	材料费	机械费	管理费和利润
4-7	（M5 混合砂浆）普通砂浆砌筑加气混凝土砌块墙 200 厚（用于无水房间、底无混凝土坎台）	m³	1	86.92	207.72	2.29	33.9	86.92	207.73	2.29	33.9
综合人工工日		小计						86.92	207.73	2.29	33.9
1.06005 工日		未计价材料费									
清单项目综合单价								330.84			
材料费明细	主要材料名称、规格、型号					单位	数量	单价 / 元	合价 / 元	暂估单价 / 元	暂估合价 / 元
	水泥 32.5 级					kg	19.19	0.22	4.22		
	中砂					t	0.153	82.09	12.56		
	蒸压加气混凝土砌块 600×250×200					m³	0.915	191.23	174.98		
	其他材料费							—	15.97	—	
	材料费小计							—	207.73	—	

表 7-11　措施措施项目清单与计价表

工程名称：专用宿舍楼 - 土建　　　标段：专用宿舍楼　　　第 1 页 共 2 页

序号	项目编码	项目名称	基数说明	费率 /%	金额 / 元	调整费率 /%	调整后金额 / 元	备注
1	011707001001	安全文明施工费			87681.17			
1.1	1.1	基本费	分部分项合计 + 技术措施项目合计 - 分部分项设备费 - 技术措施项目设备费 - 税后独立费	3.1	87681.17			
1.2	1.2	增加费	分部分项合计 + 技术措施项目合计 - 分部分项设备费 - 技术措施项目设备费 - 税后独立费	0				
2	011707002001	夜间施工	分部分项合计 + 技术措施项目合计 - 分部分项设备费 - 技术措施项目设备费 - 税后独立费	0.1	2828.42			
3	011707003001	非夜间施工照明	分部分项合计 + 技术措施项目合计 - 分部分项设备费 - 技术措施项目设备费 - 税后独立费	0				
4	011707004001	二次搬运	分部分项合计 + 技术措施项目合计 - 分部分项设备费 - 技术措施项目设备费 - 税后独立费	0				
5	011707005001	冬雨季施工	分部分项合计 + 技术措施项目合计 - 分部分项设备费 - 技术措施项目设备费 - 税后独立费	0.1	2828.42			

续表

序号	项目编码	项目名称	基数说明	费率 /%	金额 / 元	调整费率 /%	调整后金额 / 元	备注
6		地上、地下设施、建筑物的临时保护设施	分部分项设备费 − 技术措施项目设备费 − 税后独立费					
7	011707007001	已完工程及设备保护	分部分项合计 + 技术措施项目合计 − 分部分项设备费 − 技术措施项目设备费 − 税后独立费	0.05	1414.21			
8	011707008001	临时设施	分部分项合计 + 技术措施项目合计 − 分部分项设备费 − 技术措施项目设备费 − 税后独立费	2	56568.5			
9	011707009001	赶工措施	分部分项合计 + 技术措施项目合计 − 分部分项设备费 − 技术措施项目设备费 − 税后独立费	0				
10	011707010001	按质论价	分部分项合计 + 技术措施项目合计 − 分部分项设备费 − 技术措施项目设备费 − 税后独立费	0				
11	011707011001	住宅分户验收	分部分项合计 + 技术措施项目合计 − 分部分项设备费 − 技术措施项目设备费 − 税后独立费	0.4	11313.7			
		合 计			162634.42			

编制人（造价人员）： 复核人（造价工程师）：

表 7-12 其他项目清单与计价表

工程名称：专用宿舍楼 - 土建 标段：专用宿舍楼 第 1 页 共 1 页

序号	项目名称	金额 / 元	结算金额 / 元	备注
1	暂列金额	150000		明细详见表 -12-1
2	暂估价			
2.1	材料（工程设备）暂估价	—		明细详见表 -12-2
2.2	专业工程暂估价			明细详见表 -12-3
3	计日工	4840		明细详见表 -12-4
4	总承包服务费			明细详见表 -12-5
5	索赔与现场签证			明细详见表 -12-6
	合计	154840		

表 7-13　暂估价材料计价与调整表

工程名称：专用宿舍楼 - 土建　　标段：专用宿舍楼　　第 1 页 共 1 页

序号	材料编码	材料（工程设备）名称、规格、型号	计量单位	数量		暂估 / 元		确认 / 元		差额 ± / 元		备注
				暂估	确认	单价	合价	单价	合价	单价	合价	
1	07112130@1	花岗岩块料面板 20 厚	m^2	122.95		154.36	18978.06					
2	07112130@2	大理石块料面板 15 厚	m^2	16.80		128.63	2160.61					
3	07112130@3	花岗岩块料面板 15 厚	m^2	9.04		154.36	1394.87					
4	07112130@5	大理石块料面板 20 厚	m^2	27.09		128.63	3484.59					
5	06650101	同质地砖	m^2	1415.69		42.88	60704.9					
6	06612141	墙面砖 200×50	m^2	760.80		197.24	150061.1					
7	06612143	墙面砖 200×300	m^2	958.48		171.51	164388.6					
8	09010234@1	乙级木制防火门	m^2	10.61		643.17	6820.82					
9	09113508@1	防火窗	m^2	4.15		686.05	2845.19					
10	09113505@1	塑钢门（平开）5+9A+5	m^2	400.94		300.15	120341.9					
11	09113508@2	塑钢窗（推拉）5+9A+5	m^2	294.84		222.97	65740.47					
合计							596921.1					

表 7-14　计日工表

工程名称：专用宿舍楼 - 土建　　标段：专用宿舍楼　　第 1 页 共 1 页

编号	项目名称	单位	暂定数量	实际数量	单价 / 元	合价 / 元	
						暂定	实际
1	人工						
1.1	木工	工日	10		81	810	
1.2	钢筋工	工日	10		81	810	
	人工小计					1620	
2	材料						
2.1	黄砂	m^3	1		120	120	
2.2	水泥	t	5		460	2300	
	材料小计					2420	
3	机械						
3.1	载重汽车	台班	1		800	800	
	机械小计					800	
4	企业管理费和利润						
4.1							
	企业管理费和利润小计						
	总计					4840	

表 7-15　规费与税金项目清单计价表

工程名称：专用宿舍楼 - 土建　　　　标段：专用宿舍楼　　　　第 1 页　共 1 页

序号	项目名称	计算基础	计算基数	计算费率 /%	金额 / 元
1	规费	社会保险费＋住房公积金＋工程排污费			120487.95
1.1	社会保险费	分部分项工程＋措施项目＋其他项目－分部分项设备费－技术措施项目设备费－税后独立费	3145899.36	3.2	100668.78
1.2	住房公积金	分部分项工程＋措施项目＋其他项目－分部分项设备费－技术措施项目设备费－税后独立费	3145899.36	0.53	16673.27
1.3	工程排污费	分部分项工程＋措施项目＋其他项目－分部分项设备费－技术措施项目设备费－税后独立费	3145899.36	0.1	3145.9
2	税金	分部分项工程＋措施项目＋其他项目＋规费－（甲供材料费＋甲供主材费＋甲供设备费）/1.01－税后独立费	3005689.39	11	330625.83
合　计					451113.78

表 7-16　发包人提供材料和工程设备一览表

工程名称：专用宿舍楼 - 土建　　　　标段：专用宿舍楼　　　　第 1 页　共 1 页

序号	材料（工程设备）名称、规格、型号	单位	数量	单价 / 元	合价 / 元	交货方式	送达地点	备注
1	C15 预拌混凝土（泵送型）	m^3	47.09	291.43	13723.71			
2	C30 预拌混凝土（泵送型）	m^3	730.93	306	223665.23			
3	C15 预拌混凝土（非泵送型）	m^3	51.08	281.72	14388.91			
4	C20 预拌混凝土（非泵送型）	m^3	10.09	286.57	2892.8			
5	C25 非泵送预拌混凝土	m^3	29.63	291.43	8634.25			

情境三

BIM 造价应用（高级篇）

第八章

BIM造价应用场景概述

（1）了解BIM造价应用场景；

（2）了解设计模型到算量模型的转化过程。

（1）提前准备案例工程Revit模型，安装基于Revit软件的广联达GFC插件；

（2）提前准备案例工程广厦结构模型，安装基于广厦结构软件的广联达GFC插件。

一、推广与应用

BIM作为一种先进的工具和工作方式，符合建筑行业的发展趋势。BIM不仅改变了建筑设计的手段和方法，而且通过在建筑全生命周期中的应用，为建筑行业提供了一个革命性的平台，并将彻底改变建筑行业的协作方式。中国BIM标委会的全寿命期划分及各阶段P-BIM应用见图8-1。

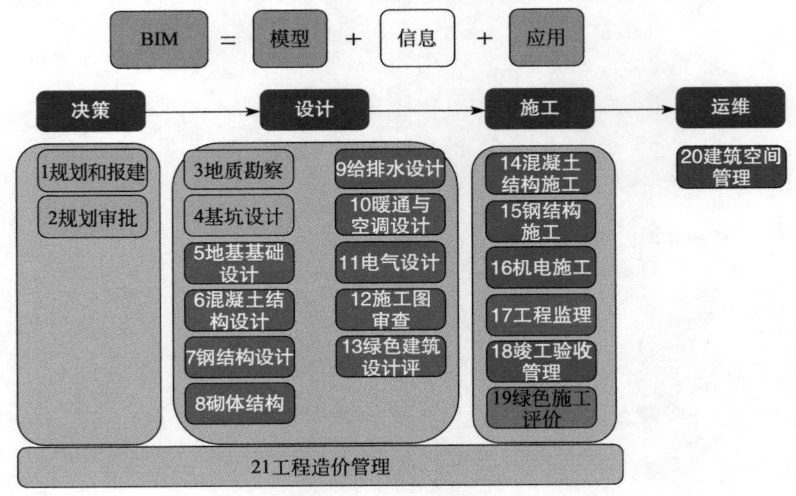

图8-1

基于BIM的工程造价管理作为BIM技术的一项重要应用，在BIM倡导的全寿命周期应用的理念下对工程造价管理的各个阶段也产生着影响。BIM 工具在工程造价管理中的应用给投资决策、规划设计、招投标、施工、结算等各个阶段的工作方式带来了新的变革，如图 8-2 所示。

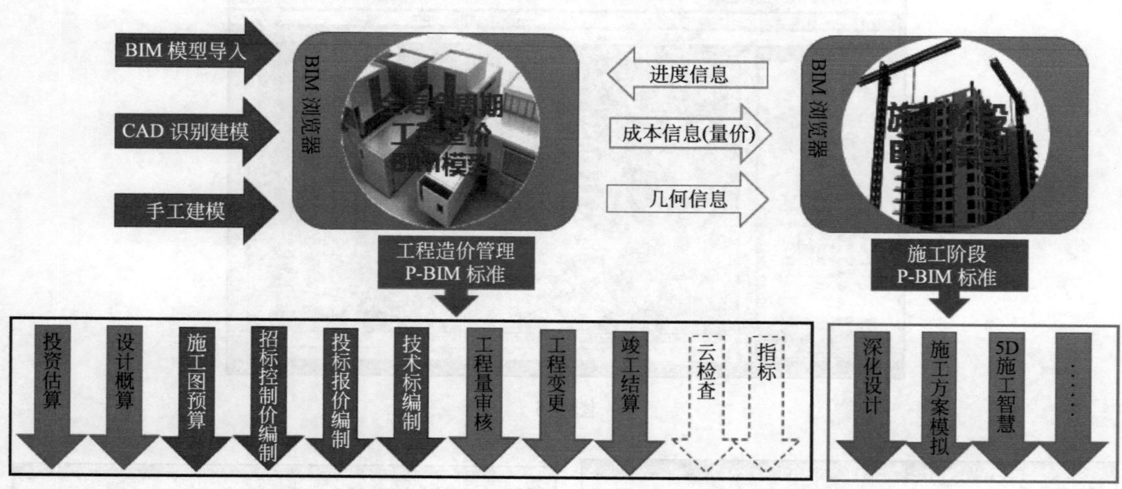

图 8-2

BIM 的推广和应用，首要解决的是模型由谁创建的问题。基于三维模型的工程量计算软件的普及和应用，为基于 BIM 的工程造价管理提供了丰富的模型来源。广联达算量系列软件具备设计 BIM 模型一键导入、CAD 识别建模、手工建模等多种建模优势，可以方便高效地完成工程造价 BIM 模型的建立（见图 8-3、图 8-4）。同时，由广联达公司主导编制的二维 CAD 图纸建模规范和 Revit 三维模型建模规范，将会对设计阶段 BIM 模型的创建过程提供有效的指导，也将极大提高模型在算量软件中的导入效果（图 8-5 ~图 8-7）。

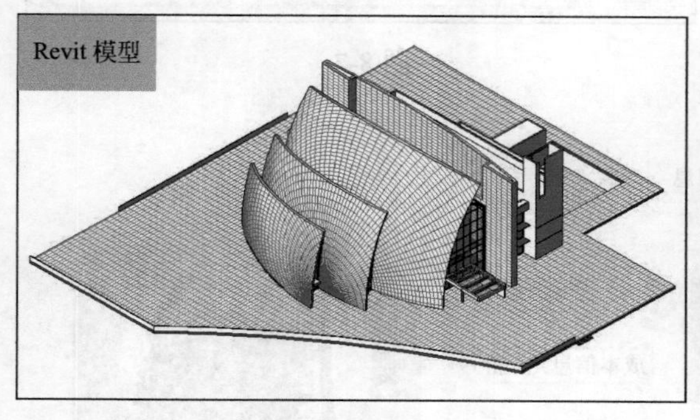

图 8-3

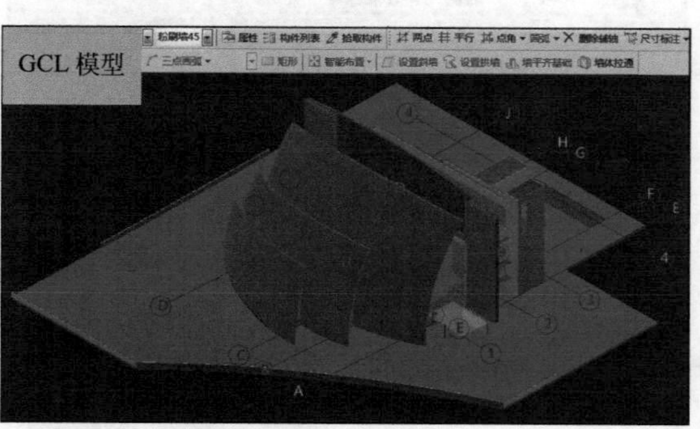

图 8-4

全寿命期工程造价 BIM 模型的核心并非模型（几何信息、可视化信息）本身，而是存放在其中的多种专业信息，如计算规则（工程量清单、各地定额、钢筋平法等）信息、材料信息、工程量信息、成本信息等。作为工程造价 BIM 模型创建者和使用者，需要掌握国家相关的计量规范、计价规范、施工规范等。

BIM 以模型为载体，信息为核心，重点是应用，关键是协同。基于全寿命期工程造价的 BIM 模型及加载在模型上的专业信息，支持在工程造价管理的各个阶段进行相应的应用，并为各参与方在各阶段的 BIM 应用输出信息（工程量、成本等），其相关流程见图 8-8。

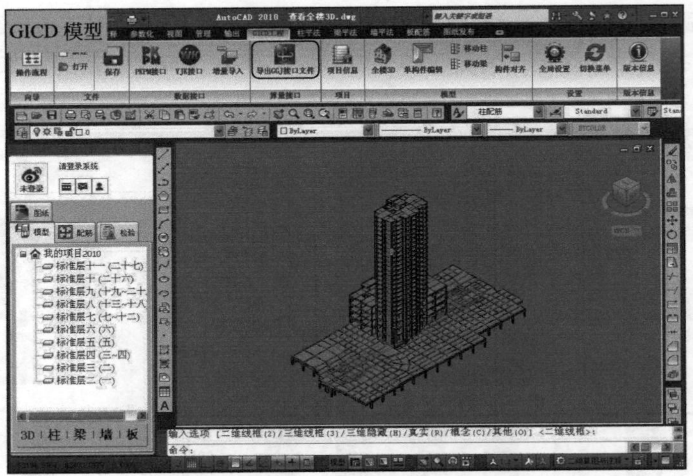

图 8-5

图 8-6

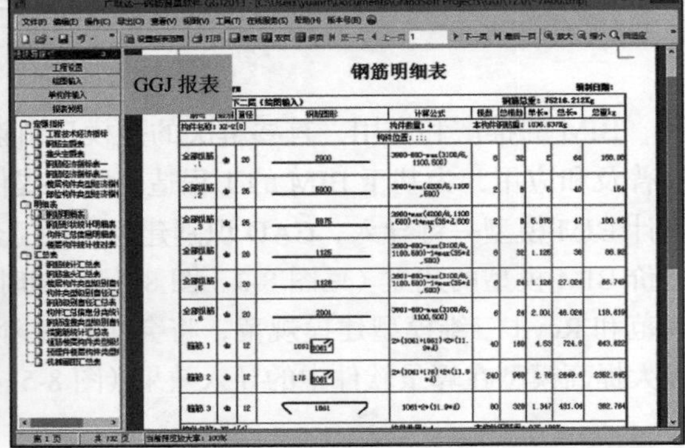

图 8-7

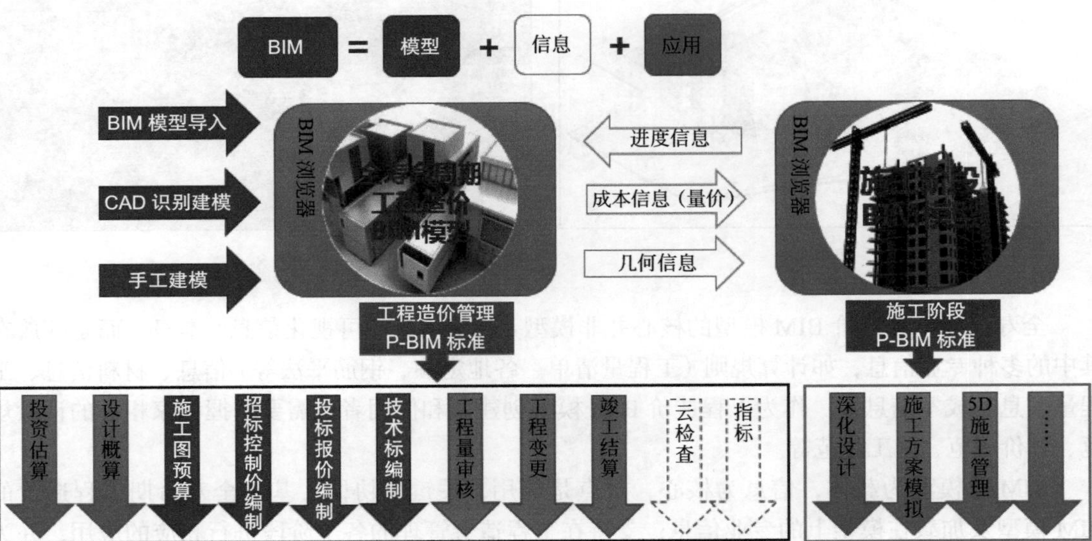

图 8-8

二、基于 BIM 的全寿命期工程造价管理解决方案

1. 投资决策——高效准确的投资估算

基于 BIM 模型的工程造价大数据管理及分析可以为企业决策层提供精准的数据支撑。通过历史项目的工程造价 BIM 模型生成指标信息库，进一步建立并完善企业数据库，从而形成企业定额。支持企业高效准确的完成项目可行性研究、投资决策、编制投资估算、方案比选等。

2. 勘查设计与招投标——快速准确编制招投标文件

广联达土建、钢筋、安装 BIM 算量产品支持对设计 BIM 模型的一键导入，可实现设计阶段的 BIM 模型（建筑、结构、机电）到工程造价 BIM 模型的信息传递，如图 8-9 所示。同时，软件具备的 CAD 识别和手工建模功能，可以很好地支持造价 BIM 模型的快速建立（图 8-10 ～图 8-12）。

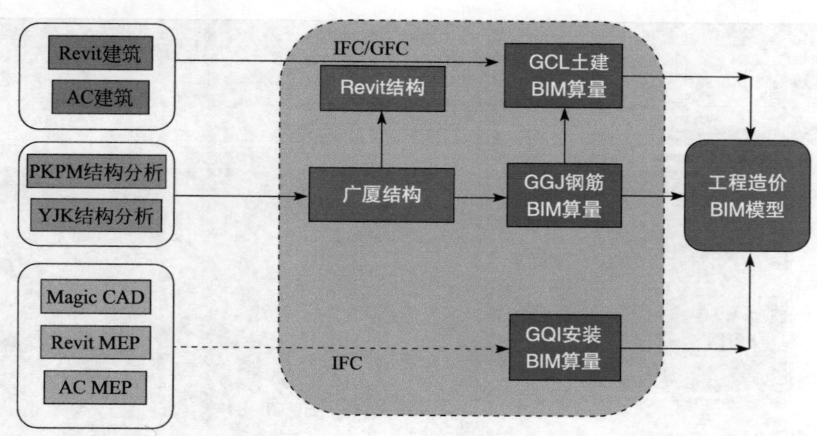

图 8-9

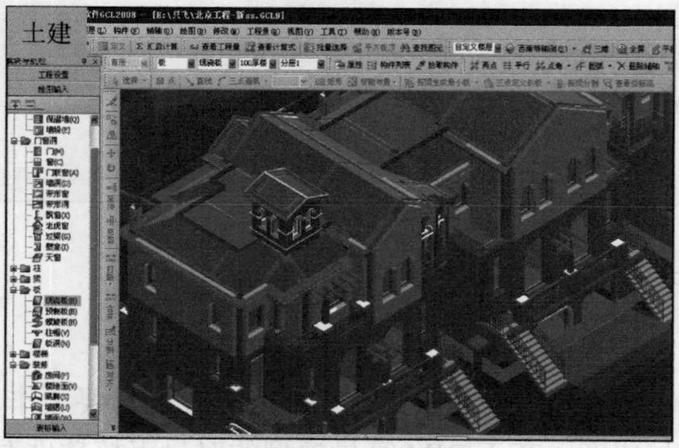

土建

图 8-10

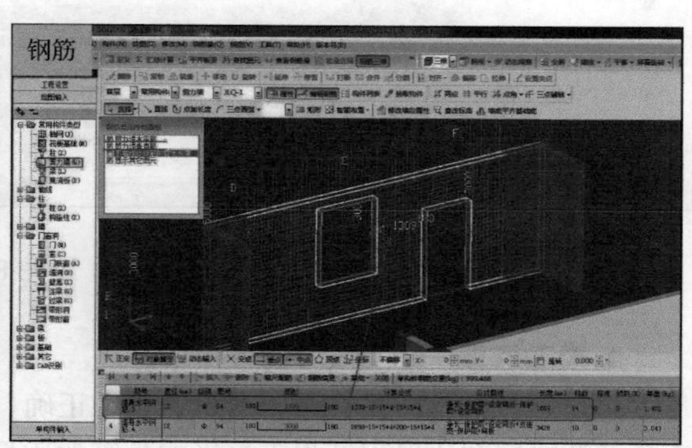

图 8-11

3. 施工阶段——变更管控可视化　过程结算更便捷

基于 BIM 造价模型的广联达变更算量软件是以施工过程和竣工结算的变更单计量业务为核心的算量软件。通过预算模型修改，快速生成变更结算数据，能够将过程变更修改详细记录、直观显示（如图 8-13 所示），并输出最终竣工模型，便于结算工作，避免造价数据与实际结算不符。

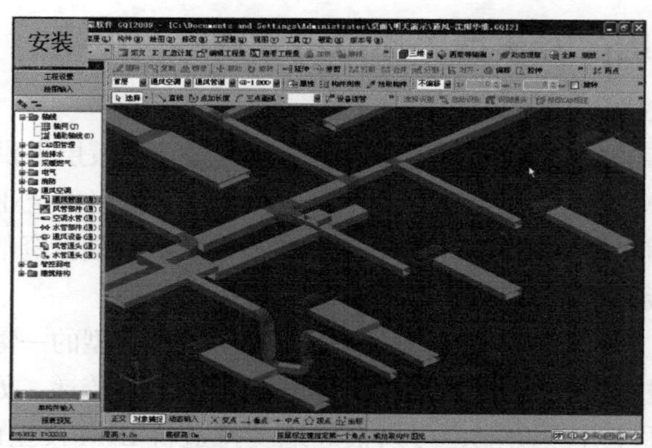

图 8-12

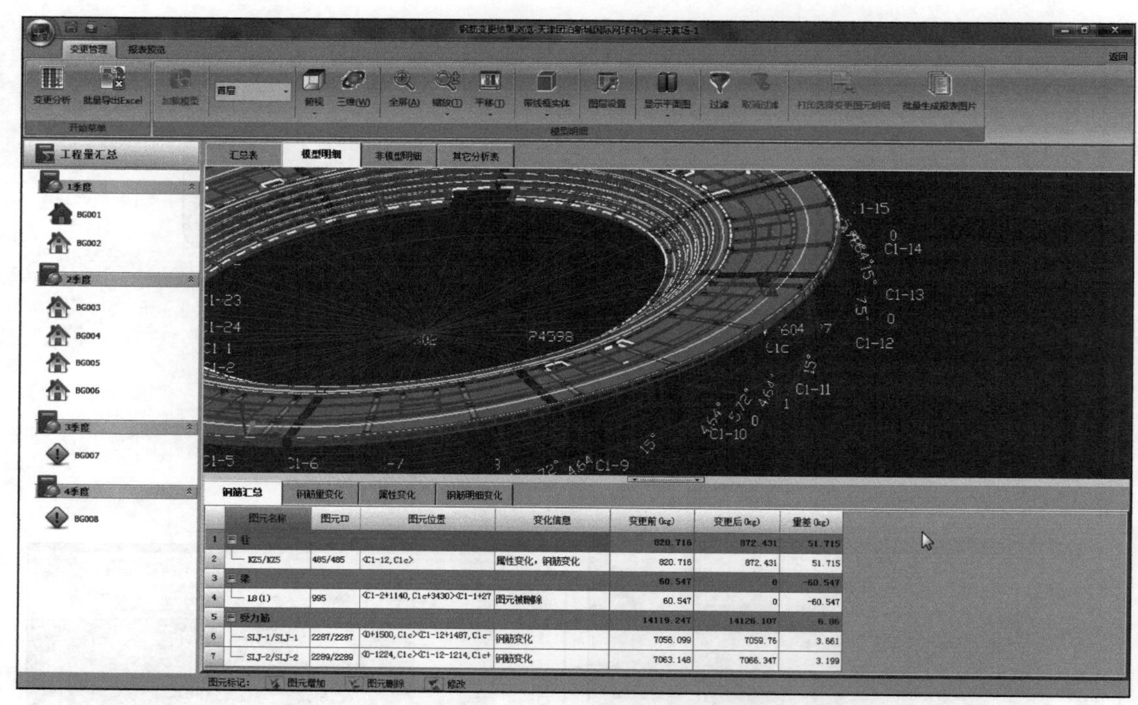

图 8-13

4. 竣工结算——高效对量轻松结算

造价审核的核心是算量、套价，其中正确、快速的计算工程量是这一核心任务的首要工作，而且其精确度和快慢程度将直接影响预算的质量与速度。基于 BIM 算量模型的对量审核软件对于提高结算效率、审定透明度都具有十分重要的意义，它通过快速对比量差，智能分析原因（见图 8-14），解决对量过程中工程量差算不清、查找难、易漏项的问题。

三、展望

模型是 BIM 应用的基础，模型的专业性和准确性将直接影响信息的准确性。对模型的云检查和碰撞检查及指标信息库的建立，将是对造价 BIM 模型应用的趋势，如图 8-15 所示。

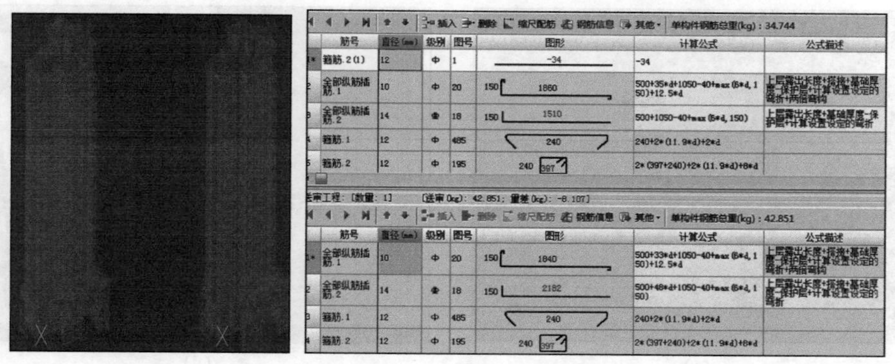

插入 删除 缩尺配筋 钢筋信息 其他 单构件钢筋总重(kg)：34.744

	筋号	直径(mm)	级别	图号	图形	计算公式	公式描述
1*	箍筋.2(1)	12	Φ	1	-34	-34	
2	全部纵筋插筋.1	10	Φ	20	150 1860	500+35*d+1050-40+max(6*d,150)+12.5*d	上层露出长度+搭接+基础厚度-保护层+计算设置设定的弯折+两倍弯钩
3	全部纵筋插筋.2	14	Φ	18	150 1510	500+1050-40+max(6*d,150)	上层露出长度+基础厚度-保护层+计算设置设定的弯折
4	箍筋.1	12	Φ	485	240	240+2*(11.9*d)+2*d	
5	箍筋.2	12	Φ	195	240 397	2*(397+240)+2*(11.9*d)+8*d	

送审工程：[数量：1]　[送审(kg)：42.851；量差(kg)：-8.107]

插入 删除 缩尺配筋 钢筋信息 其他 单构件钢筋总重(kg)：42.851

	筋号	直径(mm)	级别	图号	图形	计算公式	公式描述
1*	全部纵筋插筋.1	10	Φ	20	150 1840	500+33*d+1050-40+max(6*d,150)+12.5*d	上层露出长度+搭接+基础厚度-保护层+计算设置设定的弯折+两倍弯钩
2	全部纵筋插筋.2	14	Φ	18	150 2182	500+48*d+1050-40+max(6*d,150)	上层露出长度+搭接+基础厚度-保护层+计算设置设定的弯折
3	箍筋.1	12	Φ	485	240	240+2*(11.9*d)+2*d	
4	箍筋.2	12	Φ	195	240 397	2*(397+240)+2*(11.9*d)+8*d	

图 8-14

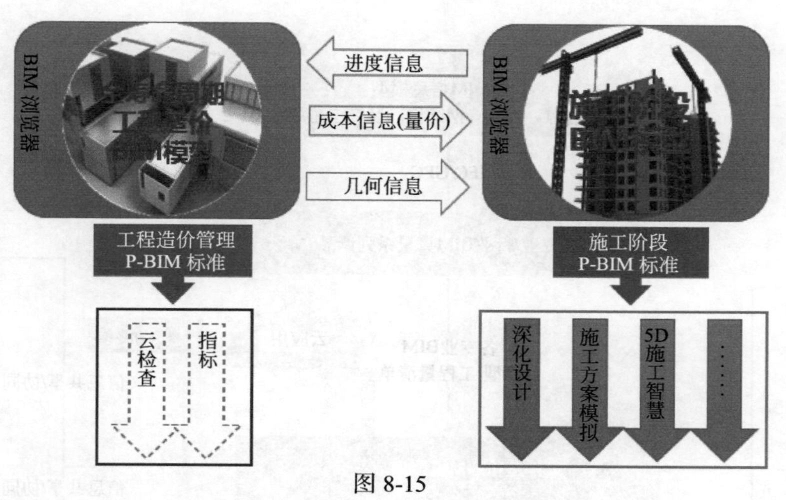

图 8-15

智能移动终端的普及和使用不仅影响着我们的生产生活，也正逐渐改变着我们的工作方式。基于智能手机、平板电脑的 BIM 模型浏览也正成为一种趋势。广联达 BIM 浏览器是一款面向建设领域的模型集成浏览工具，便捷的三维模型浏览功能，可按楼层、按专业多角度进行组合检查。将模型构件与二维码关联，使用拍照二维码，快速定位所需构件。支持批注与视点保存随时记录关键信息，方便查询与沟通。支持手机与平板电脑（图 8-16），能够做到随时随地查看模型。

BIM 模型集成平台如图 8-17 所示。

(a)　　(b)

图 8-16

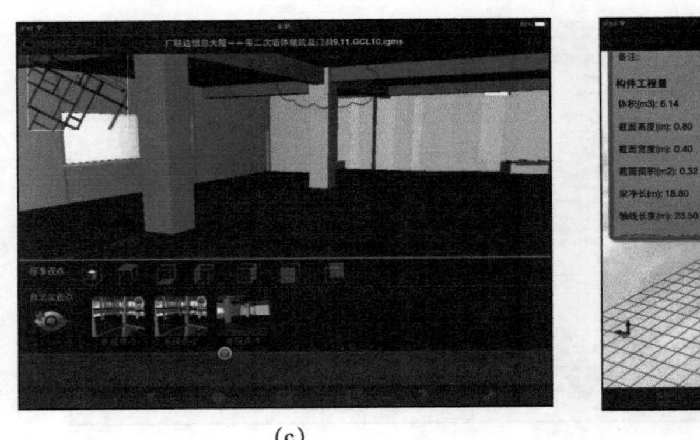
(c)

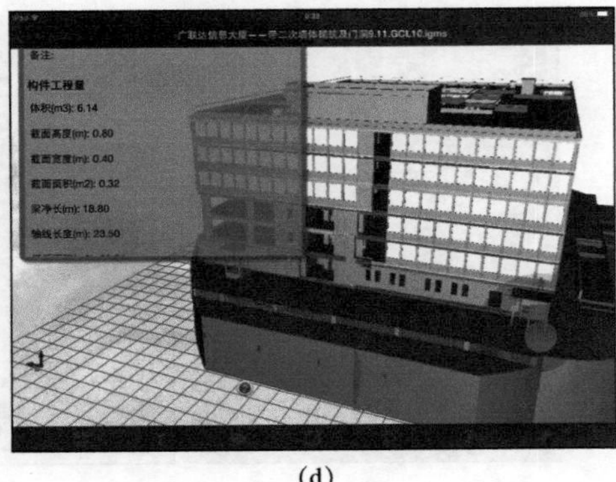
(d)

图 8-16

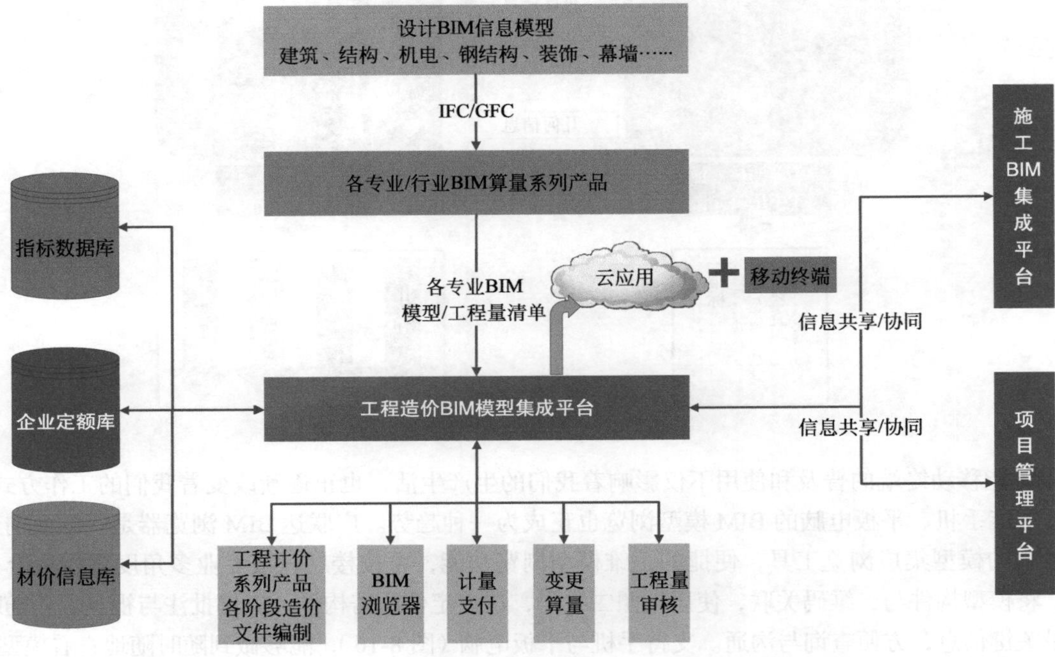
设计BIM信息模型
建筑、结构、机电、钢结构、装饰、幕墙……
IFC/GFC
各专业/行业BIM算量系列产品
指标数据库
各专业BIM
模型/工程量清单
云应用
移动终端
施工BIM集成平台
信息共享/协同
企业定额库
工程造价BIM模型集成平台
信息共享/协同
项目管理平台
材价信息库
工程计价系列产品各阶段造价文件编制
BIM浏览器
计量支付
变更算量
工程量审核

图 8-17

第九章

BIM 模型造价应用实例

(1)了解设计阶段模型创建时的建模规则，掌握 GIF 插件模型转化操作；

(2)了解 Revit、GCL 2013 与 BIM 5D 之间的关系及模型操作流程；

(3)能够掌握 Revit 模型及广厦结构模型导 GCL 2013、GGJ 2013 及 BIM 5D 软件的方法。

学习要求

(1)利用 Revit 及广厦结构软件生成案例工程建筑及结构 GFC 模型文件；

(2)申请广联云的账号及 BIM 应用授权码，完成设计模型到算量模型的打通应用操作。

第一节 BIM 建模规则及模型应用概述

目前 BIM 在设计阶段的应用已逐渐成为趋势；作为 BIM 设计模型的后价值之一，BIM 在造价阶段的应用逐渐受到建设各方的关注。

过去我们常常采用 Revit 辅助算量，通过 Revit 本身具备的明细表功能，把模型构件按各种属性信息进行筛选、汇总，并排列表达出来。但是 Revit 模型中的构件是完全纯净的，准确性完全取决于建模的方法和精细度，所以明细表中列出的工程量为“净量”，即模型构件的净几何尺寸，这与国标清单工程量还有一定差距。为了更好地探索设计模型的后价值，我们除了建立模型规则、建立统一标准、规范工作流程外，还一直在尝试与包括算量软件在内的国内外各种主流上下游软件进行对接，试图实现设计模型向算量模型等深层次应用的顺利传递，增加模型的附加值。

目前，打通设计模型到 BIM 算量模型的应用，市场用得比较多的且技术相对比较成熟的有以下两个案例：其一是广厦结构与广联达钢筋算量软件就结构设计到模型打通应用形成合作，基于在广厦结构软件和广联达钢筋算量软件中通用的模型搭建规则，顺利实现了结构设计模型向钢筋算量模型的百分百承接（广厦结构软件可以自行创建设计结构模型，也有 PKPM、盈建科、Revit 模型接口、承接结构模型）；其二是建筑模型可以利用 Revit 软件，由于在 Revit 软件和广联达土建算量软件中通用的模型搭建规则，顺利实现了建筑设计模型向土建算量模型的百分百承接，能够使得同一模型在三种软件中（广厦结构、Revit、广联达土建算量）保持一致，准确传递模型信息，实现国标算量。

随着 BIM 技术的快速发展和基于 BIM 技术的工具软件的不断完善，BIM 技术正逐渐被中国工程界人士认识与应用。BIM 技术的应用也正给工程造价管理行业带来新的机遇和挑战，基于 BIM 技术的工程量计算也正在业内悄然兴起。随着 BIM 技术的普及和深度应用，将设计阶段的 BIM 模型导入算量软件已成为必然趋势。

一、BIM 建模规则概述

（一）设计软件与广联达 BIM 算量软件

Revit 设计软件与广联达算量软件间的相关联系如图 9-1 所示。

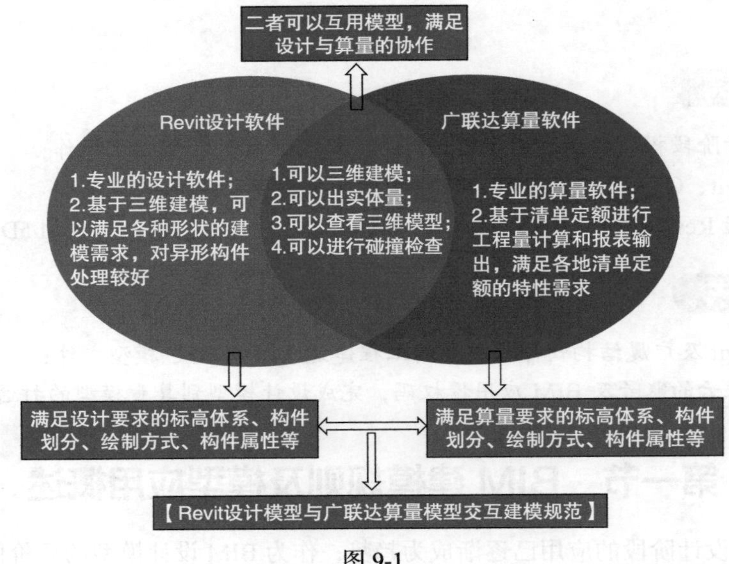

图 9-1

（二）建模规范

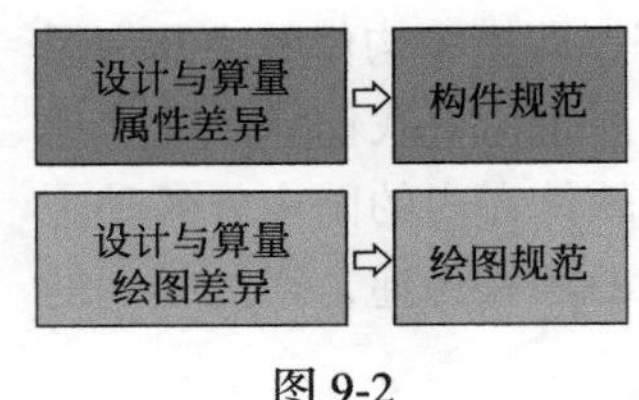

图 9-2

1. 规范分类

规范分类情况如图 9-2 所示。

2. 术语介绍

（1）构件：对建筑工程中某一具体构件所具有的属性的描述，是预先定义的某类建筑图元描述的集合体。

（2）构件图元：建筑工程中实际的具体构件的应用；软件产品中表现为绘图界面的模型。每个图元都对应有自己的构件。

构件、构件图元均具有公有属性 + 私有属性。私有属性即为同一构件名称可以有不同的私有属性；公有属性即为同一构件名称有相同的公有属性；GCL 中构件的划分与公有属性有关。

（3）线性构件：可以在长度方向上拉伸的构件图元，称为线性构件，如墙、梁、条形基础等。

（4）面式构件：厚度方向不可以被拉伸，水平可以在多个方向被拉伸的构件图元，称为面式构件，如现浇板。

（5）点式构件：本身断面不能被拉伸，高度可以被修改的构件图元，称为点式构件，如柱、独立基础。

需要注意的是，如用面式构件（结构基础），绘制点式构件（独立基础）或是线式构件（条形基础），是无法导入到 GCL 中的。

（6）不规则体：导入 GCL 后不可编辑的点、线、面构件的图元体，称为不规则体。不规则体导入到 GCL 后，其属性不能编辑和修改。

因为不规则体 GCL 无法正确分辨其形体面积，导入算量会出现工程量不正确的情况；这时应尽量通过在 Revit 变通绘图方法规避不规则体出现。

3. 基本规定

（1）建模方式　相关规定如下：

1）尽量不在 Revit 中使用体量建模和内建模型方法建模。

① 常见问题：复杂内建模型导入 GCL 中丢失。

② 解决方式：对于板的加腋（图 9-3），可以在 Revit 中通过编辑“梁”族等变通建立。对于柱帽（图 9-4），可以在 Revit 中通过编辑“桩承台”族等变通建立。

2）不推荐使用草图编辑。

① 常见问题：墙 / 板通过复杂的草图编辑导入 GCL 中丢失。

② 解决方法：对于墙 / 板通过草图编辑进行开洞者，建议通过墙 / 板洞变通处理；对于墙 / 板通过草图编辑进行绘制多个墙 / 板者，建议分别绘制单个墙 / 板处理。

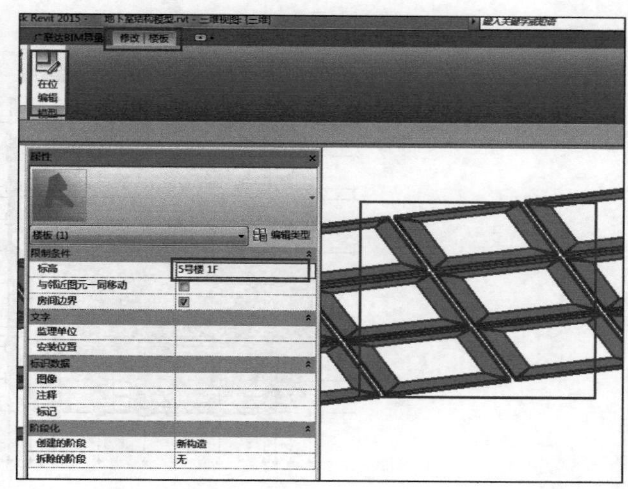

图 9-3

3）常规模型仅可以绘制“集水坑、基础垫层、挑檐、台阶、散水、压顶、踢脚线”。

① 常见问题：不属于上述范围的构件用常规模型绘制后，在构件转换页面未映射（如图 9-5“阳台栏板”所示）。

② 解决方式：用命名规范中的族代替绘制（如将阳台栏板改用墙替代绘制，名字中含‘栏板’即可）。

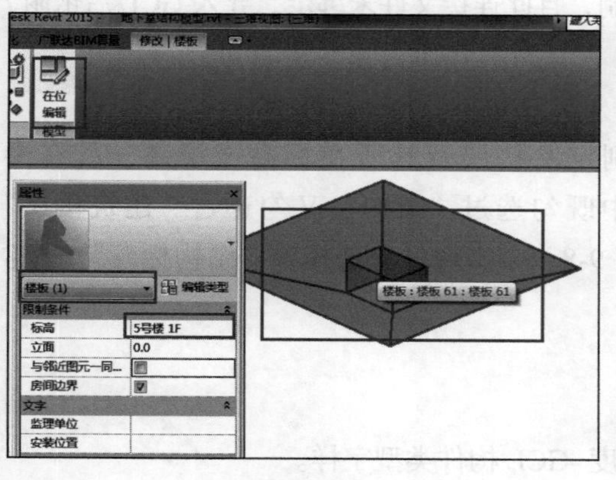

图 9-4

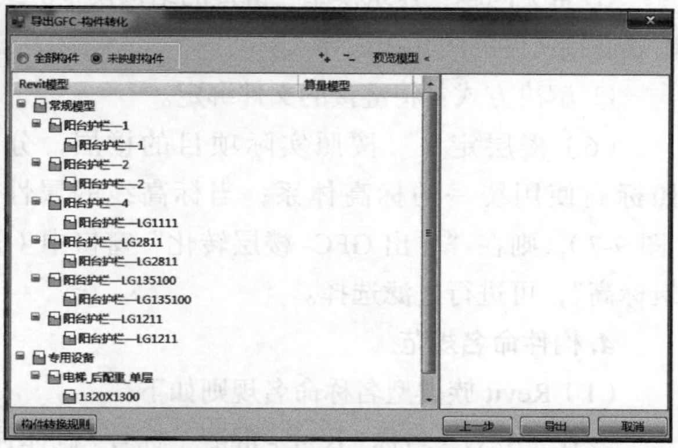

图 9-5

（2）原点定位　为了更好地进行协同工作和碰撞检测工作以及实现模型向下游有效传递，各专业在建模前，应统一规定原点位置并共同严格遵守。

① 常见问题：Revit 里面“项目基点”没有对应到模型上；导入 GCL 以后，轴网位置发生偏移，模型不在或者只有部分在轴网上。

② 解决方案：将 Revit “项目基点”对应到 Revit 模型左下角交点即可。如图 9-6 所示。

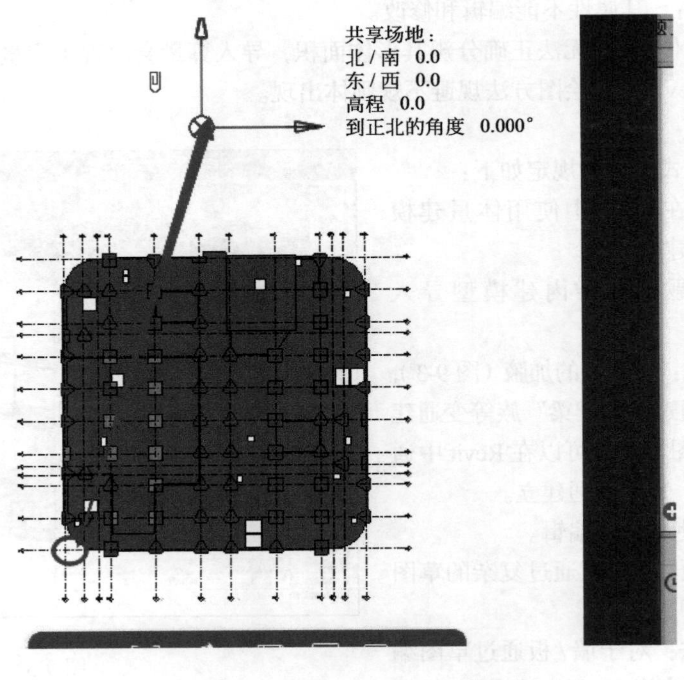

图 9-6

（3）构件命名　应符合构件命名规范（具体的构件命名规范参考广联达建模规范即可）。

（4）按层绘制图元　尽量按照构件归属楼层，分层定义、绘制各楼层的构件图。

规范解析：在 GFC 中有功能可以分割跨层图元；但对于导入 GCL 为不规则体的跨层图元则无法分割。为养成良好的建模习惯，建议分层定义及绘制各层构件图元。

（5）链接 Revit　外部链接的文件必须绑定到主文件后才能导出。

① 常见问题：建筑模型在链接的结构模型上绘制，且此连接文件未绑定，导入 GCL 后依附 / 附属链接文件的图元无法导入。

② 解决方式：将链接的文件绑定。

（6）楼层定义　按照实际项目的楼层，分别定义楼层及其所在标高或层高，所有参照标高使用统一的标高体系；当标高线的属性中既勾选过“结构”又勾选过“建筑楼层”（图 9-7），则在“导出 GFC- 楼层转化”窗口中（图 9-8）会出现过滤选择项“结构标高”/“建筑标高”，可进行过滤选择。

4. 构件命名规范

（1）Revit 族类型名称命名规则如下：

专业（A/S）- 名称 / 尺寸 - 混凝土标号 / 砌体强度 -GCL 构件类型字样。

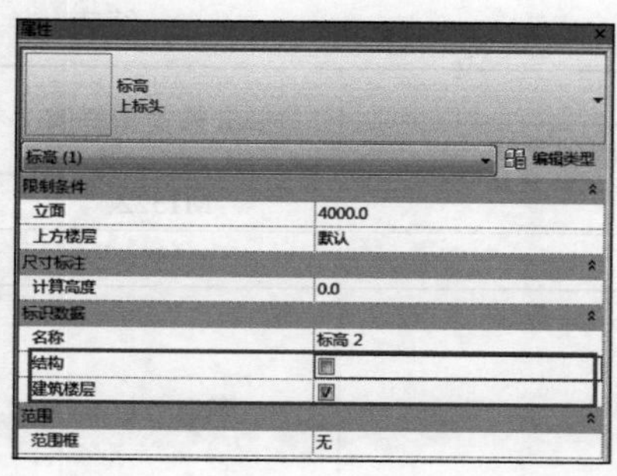

图 9-7

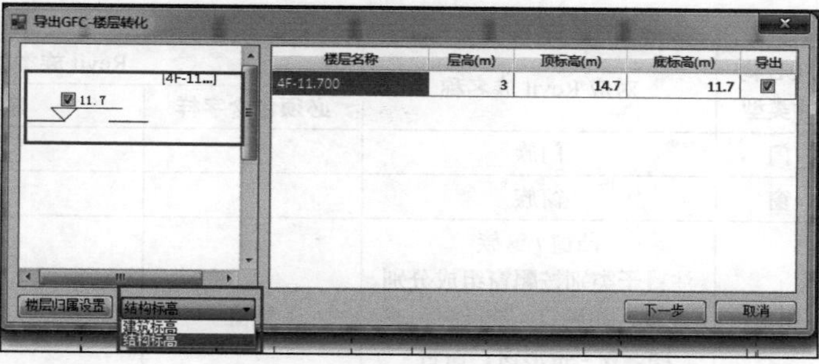

图 9-8

例如：S-厚 800-C40P10-筏板基础；其中，A 代表建筑专业，S 代表结构专业；“名称 / 尺寸”需填写构件名称或者构件尺寸（如：厚 800）；“混凝土标号 / 砌体强度”需填写混凝土或者砖砌体的强度标号（如：C40）；“GCL 构件类型字样”详见表 9-1 相应内容。

① 构件命名规则：统一两个软件的构件划分，完成构件转化。

② GCL 构件类型字样：完成构件不同类型的映射。

③ 名称 / 尺寸 / 混凝土标号 / 砌体强度：完成同类构件不同公有属性的映射。

表 9-1

GCL 构件类型	对应 Revit 族名称	Revit 族类型		Revit 族类型样例
		必须包含字样	禁止出现字样	
筏板基础	结构基础 / 基础底板 / 楼板 /	筏板基础		S-厚 800-C35P10-筏板基础
条形基础	条形基础 / 结构基础 / 结构框架			S-TJ1-C35
独立基础	独立基础 / 结构基础		承台 / 桩	S-DJ1-C30
基础梁	梁族	基础梁		S-DL1-C35-基础梁
垫层	结构板 / 基础底板 / 结构基础	×× 垫层		S-厚 150-C15-垫层
集水坑	结构基础 / 常规模型	×× 集水坑		S-J1-C35-集水坑
桩承台	结构基础 / 独立基础	桩承台		S-CT1-C35-桩承台
桩	结构柱 / 独立基础	×× 桩		S-Z1-C35-桩
现浇板	结构板 / 建筑板 / 楼板边缘		垫层 / 桩承台 / 散水 / 台阶 / 挑檐 / 雨篷 / 屋面 / 坡道 / 天棚 / 楼地面	S-厚 150-C35 S-PTB150-C35 S-TB150-C35
柱	结构柱		桩 / 构造柱	S-KZ1-C35
构造柱	结构柱	构造柱		S-GZ1-C20-构造柱
柱帽	结构柱 / 结构连接	柱帽		S-ZM1-C35-柱帽
墙	墙 / 面墙	弧形墙 / 直形墙	保温墙 / 栏板 / 压顶 / 墙面 / 保温层 / 踢脚	S-厚 400-C35-直形墙 A-厚 200-M10
梁	梁族		连梁 / 圈梁 / 过梁 / 基础梁 / 压顶 / 栏板	S-KL1-C35
连梁	梁族	连梁	圈梁 / 过梁 / 基础梁 / 压顶 / 栏板	S-LL1-C35-连梁
圈梁	梁族	圈梁	连梁 / 过梁 / 基础梁 / 压顶 / 栏板	S-QL1-C20-圈梁
过梁	梁族	过梁	连梁 / 基础梁 / 压顶 / 栏板	S-GL1-C20-过梁

续表

GCL 构件类型	对应 Revit 族名称	Revit 族类型		Revit 族类型样例
		必须包含字样	禁止出现字样	
门	门族			M1522
窗	窗族			C1520
飘窗	凸窗 / 窗族 注：子类别按飘窗组成分别设置，如洞口 - 带行洞；玻璃、窗 - 带形窗；窗台 - 飘窗板	飘窗		飘窗 /PC-1
楼梯	楼梯	直行楼梯 / 旋转楼梯		LT1- 直行楼梯
坡道	坡道 / 楼板	×× 坡道		S-C35- 坡道
幕墙	幕墙			A-MQ1
雨篷	楼板	雨篷或雨棚	垫层 / 桩承台 / 散水 / 台阶 / 挑檐 / 屋面 / 坡道 / 天棚 / 楼地面	A-YP1-C30- 雨篷
散水	楼板 / 公制常规模型	×× 散水		A-SS1-C20- 散水
台阶	楼板 / 楼板边缘 / 公制常规模型 / 基于板的公制常规模型	×× 台阶		A-TAIJ1-C20- 台阶
挑檐	楼板边缘 / 楼板 / 公制常规模型 / 檐沟	×× 挑檐		A-TY1-C20- 挑檐
栏板	墙 / 梁 / 公制常规模型	×× 栏板		A-LB1-C20- 栏板
压顶	墙 / 梁 / 公制常规模型	×× 压顶		A-YD-C20- 压顶
墙面	墙面层 / 墙	墙面 / 面层		灰白色花岗石墙面
墙裙	墙饰条	墙裙		水磨石墙裙
踢脚	墙饰条 / 墙 / 常规模型	踢脚		水泥踢脚
楼地面	楼板面层 / 楼板	楼地面 / 楼面 / 地面		花岗石楼面
墙洞	直墙矩形洞 / 弧墙矩形洞 / 墙中内环			S-QD1
板洞	普通板内环 / 屋顶内环未布置窗 / 屋顶洞口剪切 / 楼板洞口剪切			S-BD1
天棚	楼板面层 / 楼板	天棚		纸面石膏板天棚
吊顶	天花板	吊顶		石膏板吊顶

对于表 9-1 中，当族类型名称没有按照命名规范命名时，可以通过批量修改族名称，对族名称批量进行修改；当族类型名称中包含禁止出现的字样的，则在导出 GFC 时匹配为禁止出现字样对应的构件类型，这时建议先将族类型名称按照规范修改正确，如图 9-9 所示。

当族类型名称中未包含必须包含的字样的，则在导出 GFC 时默认匹配关系会有误，这时可以通过导出 GFC- 构件转化，手动匹配来修改对应关系，但仍建议将族类型名称按照规范修改正确，如图 9-10 所示。

对于族类型名称有自己公司一套命名体系的，可以通过“导出 GFC- 构件转化”中修改构件转化规则，重新匹配对应关系，如图 9-11 所示。

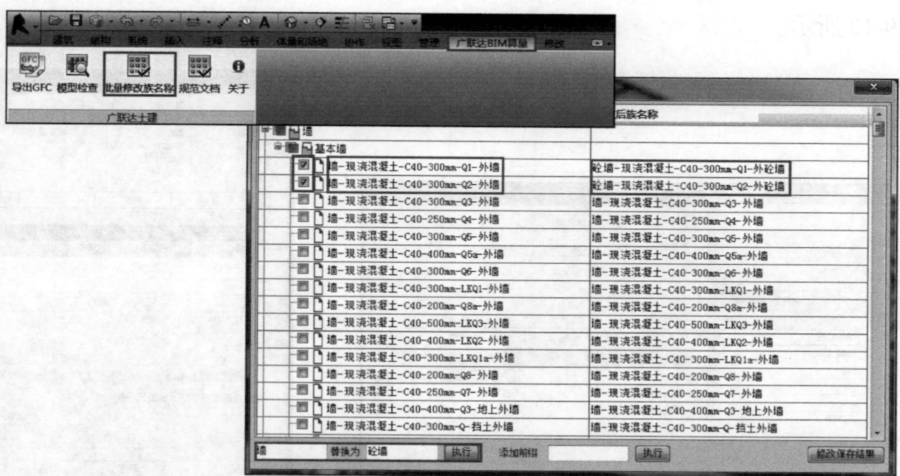

图 9-9

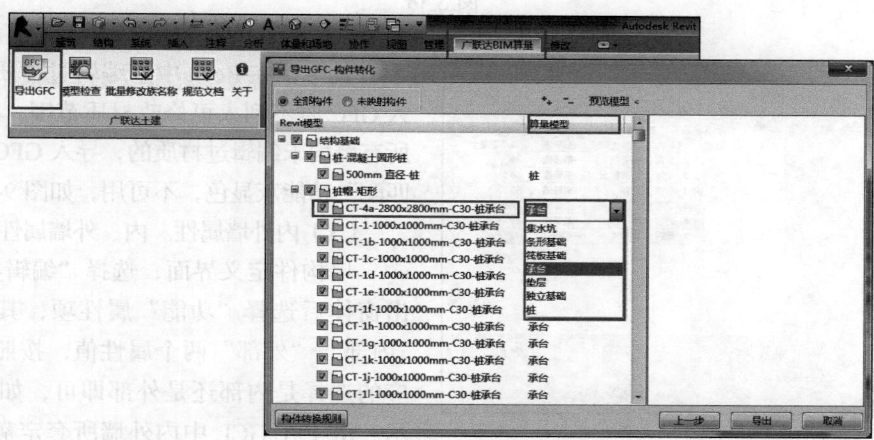

图 9-10

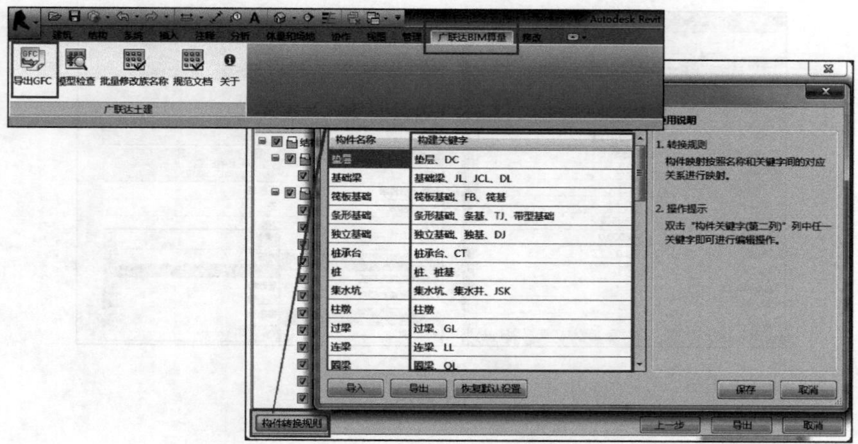

图 9-11

（2）Revit 构件材质　Revit 构件材质定义，只需在构件“结构”中编辑“核心层材质”即可，如图 9-12 所示。

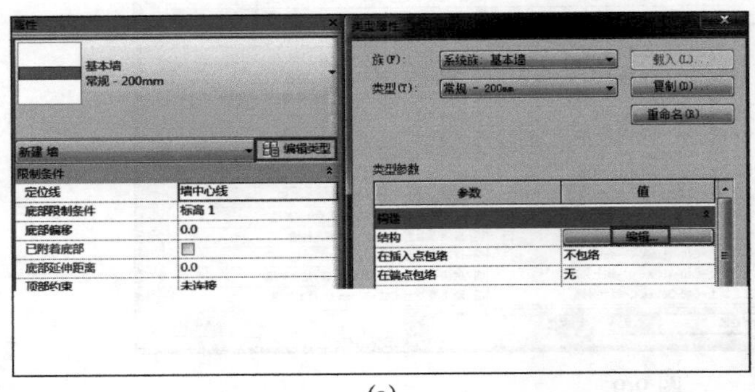

(a)

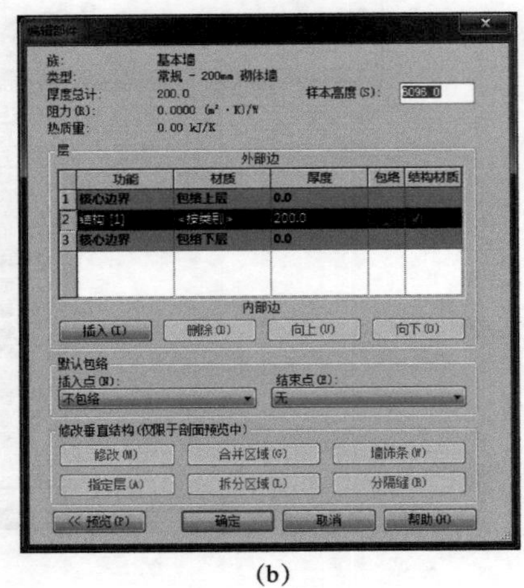

(b)

图 9-12

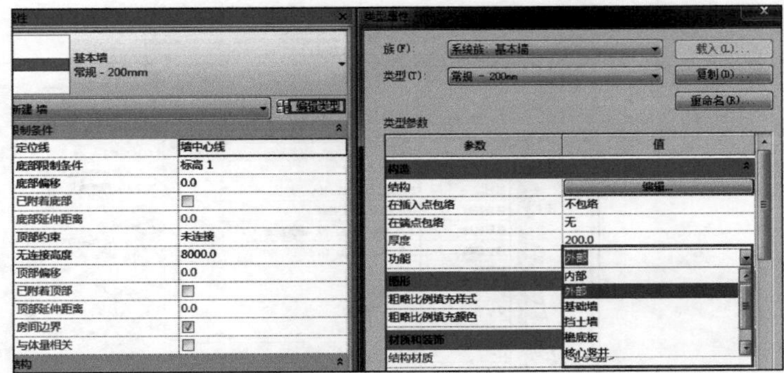

图 9-13

其中，在 Revit 中未编辑过材质的墙，导入 GFC 时不列入可修改材质范围；在 Revit 中所有墙均未编辑过材质的，导入 GFC 时“材质匹配”功能灰显色，不可用，如图 9-13 所示。

（3）内外墙属性。内、外墙属性定义如下：

墙构件定义界面，选择“编辑类型”，弹出窗体后选择“功能”属性项，其属性值有“内部”、“外部”两个属性值，按照内外墙相应的选择是内部还是外部即可，如图 9-14 所示。由于在 GCL 中内外墙所套定额不同，故需要在此区分。

图 9-14

5. 图元绘制规范

（1）同一种类构件不应重叠　绘制时应注意：墙与墙不应平行相交；梁与梁不应平行相交；板与板不应相交；柱与柱不应相交。

对于不同类型的构件，无影响，如梁与柱相交，柱与板相交等；对于墙与墙（梁与梁）平行相交，见图 9-15(a)、图 9-15(b)，均为重叠情况；对于墙与墙（梁与梁）垂直相交，见图 9-15(c)，此类情况可以存在。

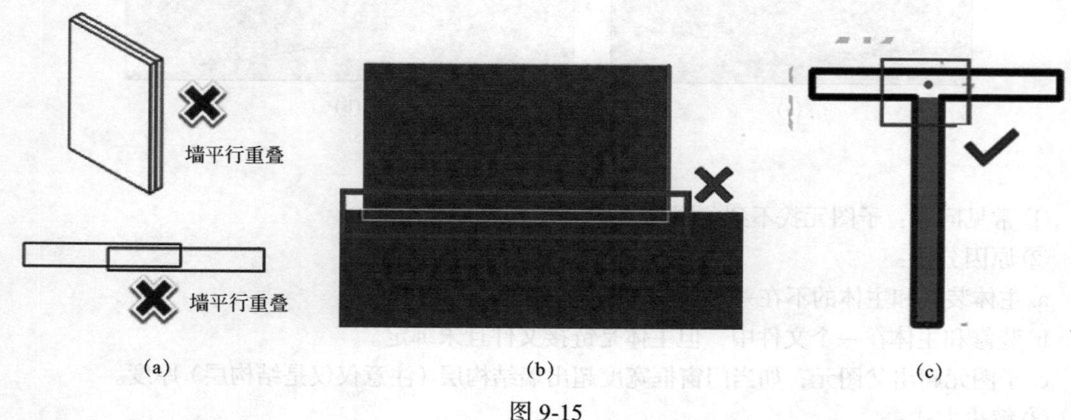

图 9-15

① 常见问题：用墙或板绘制墙或板的装修时，极易重叠相交，大面积的重叠相交会导致修改模型费时；如不修改模型，则不能顺利导入 GCL，会出现导入的进度条一直停留在导入后处理界面。

② 解决方式：

a. 绘制时注意利用捕捉、细线模式等功能精确绘制；

b. 对于在主体上绘制装修的，建议在结构编辑里增加材质方式，如图 9-16 所示；

c. 利用模型检查功能检查、定位及修改重叠部分图元。

③ 常见问题：Revit 中的不同高度垂直相交的墙未做不连接处理，导入 GCL 后墙易异型。

④ 解决方式：在 Revit 中选中墙，右键，选择不允许连接，如图 9-17 所示。

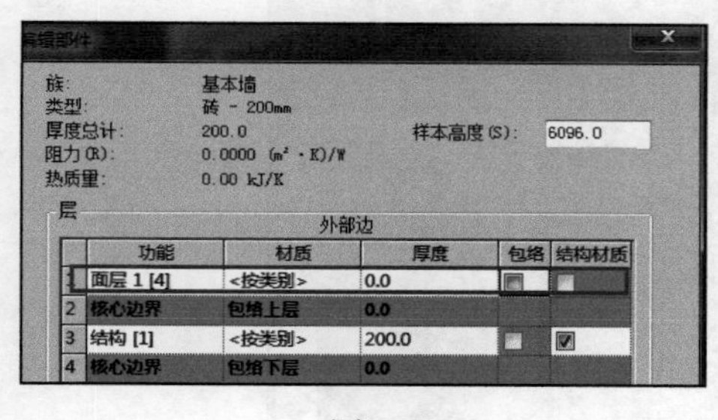

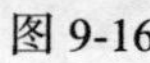
图 9-16

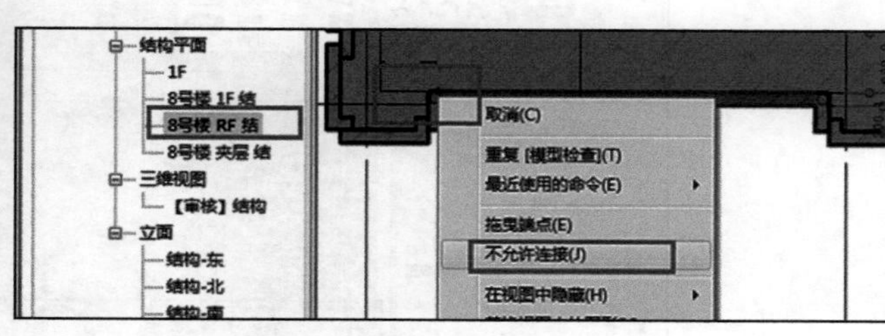

图 9-17

（2）线性图元封闭性　线性图元（墙、梁等）只有中心线相交，才是相交，否则算量软件中都视为没有相交，无法自动执行算量扣减规则。

① 常见问题：梁未绘制到柱中心，导致板为不规则体，不规则体无法正确计算体积和模板面积等。

② 解决方案：梁绘制到柱中心，如图 9-18 所示。

（3）附属构件和依附构件　附属构件和依附构件必须绘制在他们所附属和依附的构件上，否则会因为找不到父图元而无法计算工程量。

GCL 中依附构件有墙面、墙裙、踢脚、保温层（依附于墙）、天棚（依附于板）、独立柱装修（依附于柱）；GCL 中附属构件为门窗洞（依附于墙）、板洞（依附于板）、过梁（附属于门窗洞）。

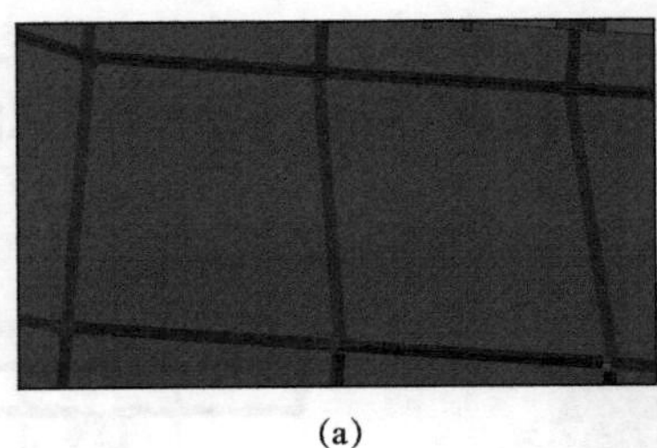

(a)

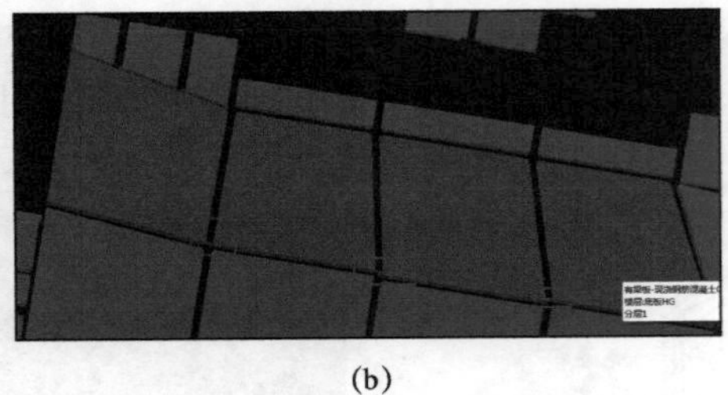

(b)

图 9-18

① 常见问题：子图元找不到父图元。

② 原因分析：

a. 主体装修和主体的不在一个 Revit 项目文件里。

b. 装修和主体在一个文件中，但主体是链接文件且未绑定。

c. 子图元超出父图元，如当门窗框宽度超出墙结构层（注意仅仅是结构层）厚度。

③ 解决方式：

a. 把装修和主体文件链接绑定，且装修层和主体层不能相离或相交。

b. 将主体链接文件绑定，之后再进行导出。

c. 通过模型检查可以对其定位及修改。

（4）草图编辑　Revit 的草图编辑非常灵活，在某些情况下构件易导出后会出现丢失或者为不规则体情况。

① 常见问题：对于墙 / 板用编辑轮廓开洞口的，导入 GCL 后板为不规则体了，如图 9-19 所示。

② 解决方式：建议使用洞口功能对墙 / 板开洞。

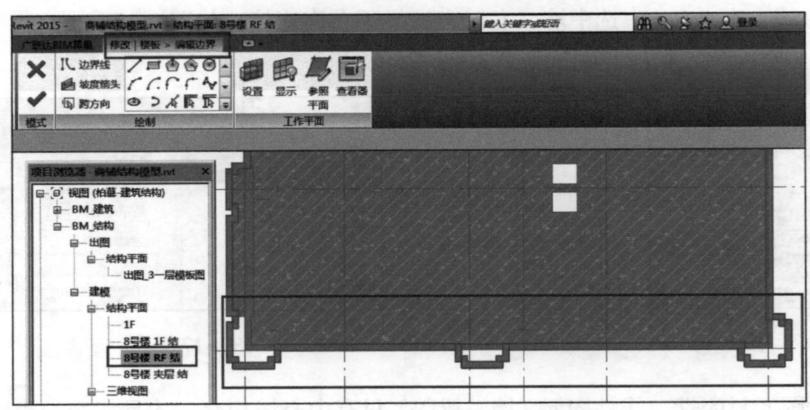

图 9-19

（5）捕捉绘制　绘制图元时，应使用捕捉功能并捕捉到相应的轴线交点或者相交构件的相交点或相交面处，严禁人为判断相交点或相交面位置，以免视觉误差导致图元位置有所偏差，造成工程量错误，如图 9-20 所示，即为板与板之间存在缝隙。对此可以利用细线模式进行捕捉。

图 9-20

（6）墙顶部、底部附着板顶板底（或者附着屋顶）平板和直墙相交时，墙顶部、底部不需要进行附着操作；斜板和墙相交时，需要顶部、底部附着，导出为不规则墙不能编辑。

当避免此类问题，在斜板和墙相交时，可以在 Revit 中取消顶部、底部附着，导入后在 GCL 中执行【平齐板顶】功能，这样导入的墙属性可编辑。

二、广厦结构模型与广联达 BIM 钢筋算量模型软件转化操作实例

（一）PKPM 模型→广厦 GSPLOT 出图→广联达算量数据转化操作

PKPM 模型→广厦 GSPLOT 出图→广联达算量数据间转化的操作流程归纳如下。

（1）将计算完毕的 PKPM 模型，放置在图 9-21 所示文件夹。

图 9-21

（2）打开广厦结构 CAD 主菜单，设置工程路径为图 9-21 所示路径，并新建一个新的广厦工程名 1.prj，如图 9-22 所示。

图 9-22

（3）在主菜单点击“图形录入”按钮，进入广厦建模软件，此时模型是空的。点击菜单“工程”→“从 PKPM 读入数据 ...”，如图 9-23 所示。

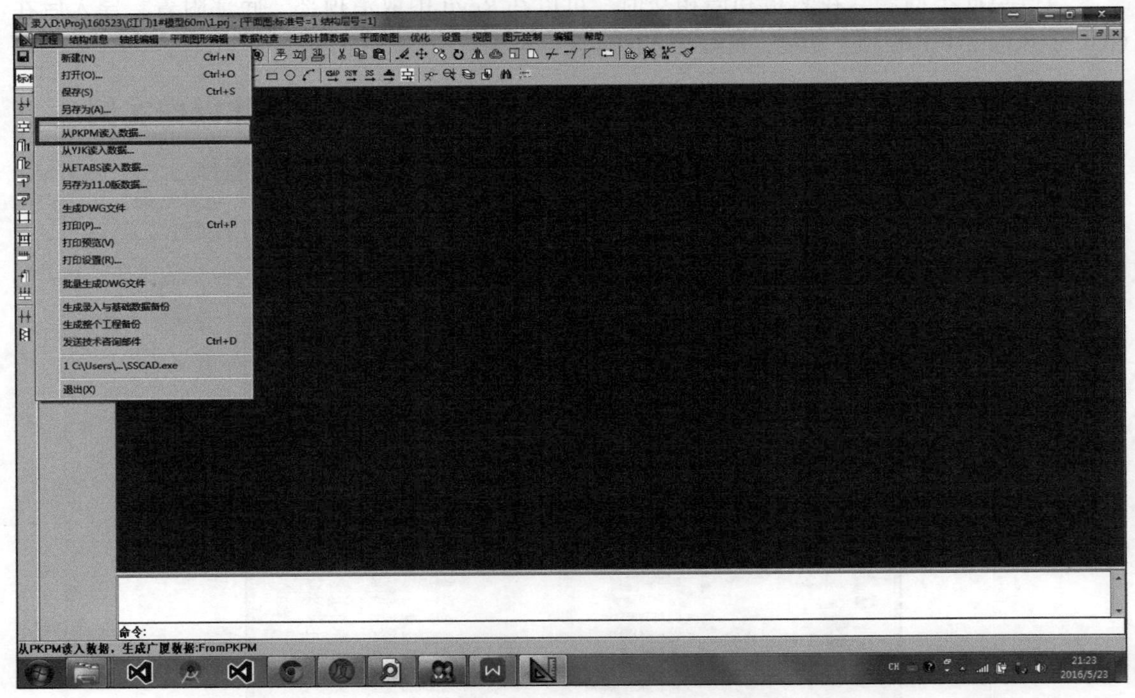

图 9-23

此时弹出如图 9-24 所示对话框。由于要采用 PKPM 的 SATWE 计算结果，因此选择“采用 SATWE 计算结果”，点击“确定”，等待转换结束。

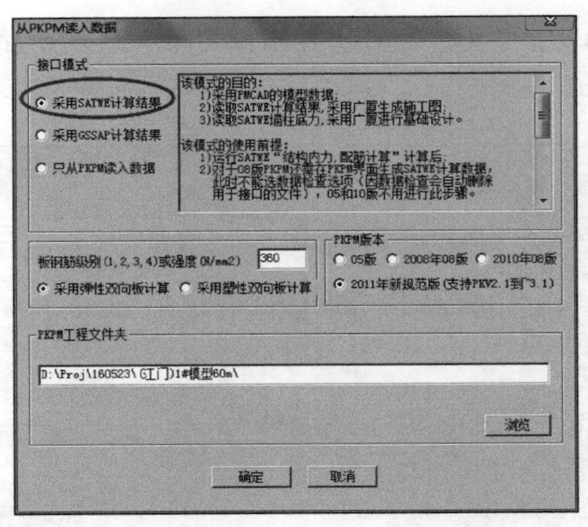

图 9-24

转换结束如图 9-25 所示。其中可能会有一些警告，大多数警告一般可忽略，直接关闭。点击水平工具栏“3D”按钮，切换到三维图，如图 9-26 所示。

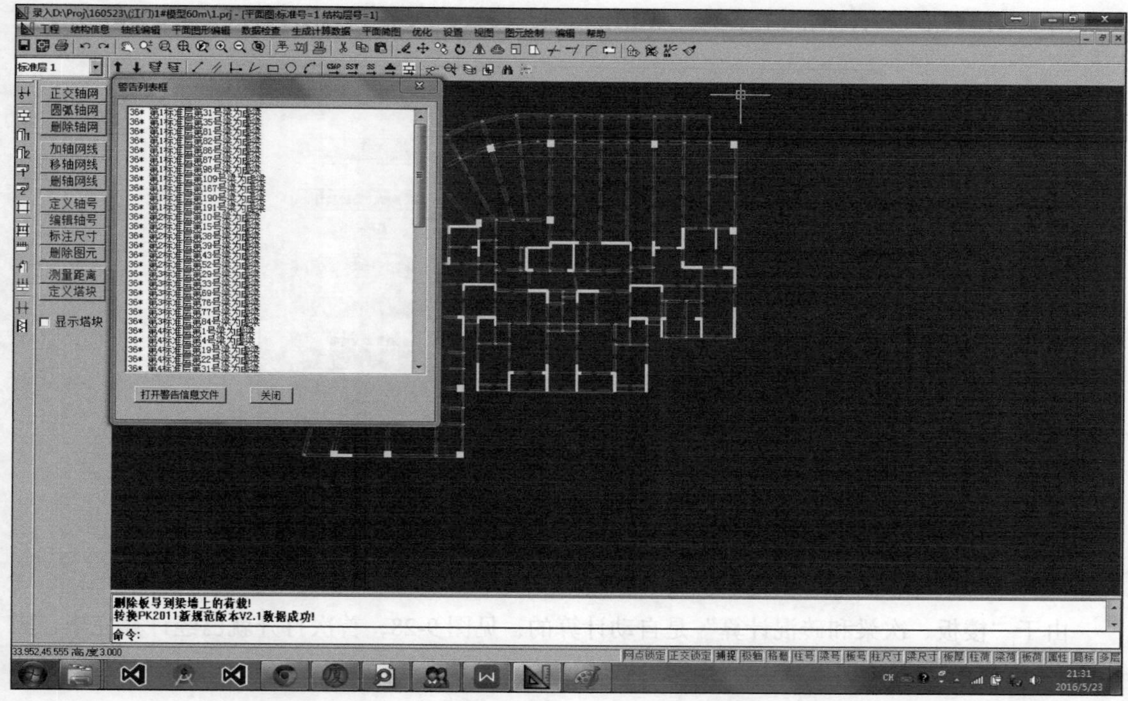

图 9-25

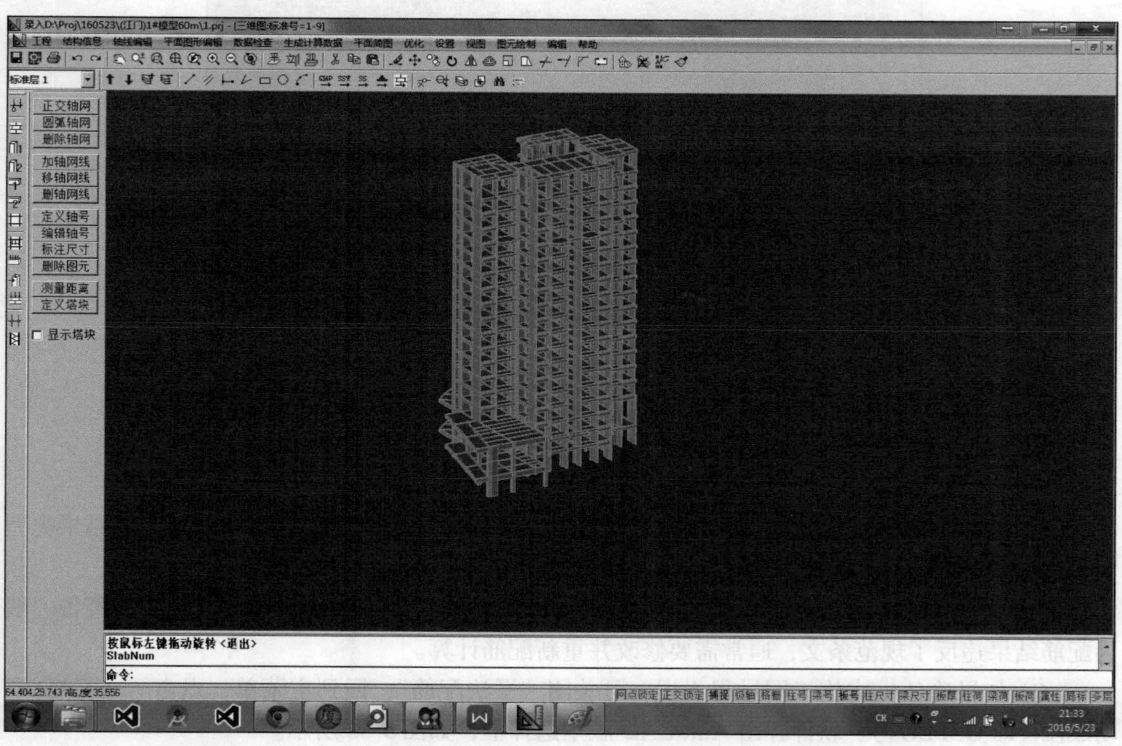

图 9-26

（4）关闭图形录入，回到主菜单，点击第二项“楼板　次梁　砖混计算”，如图 9-27 所示。

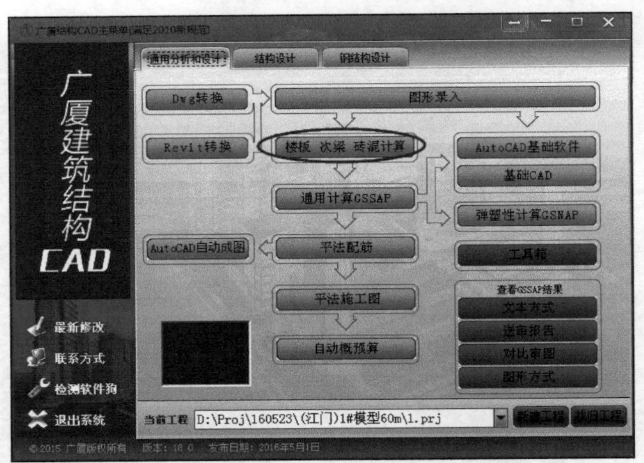

图 9-27

由于“楼板、次梁和砖混计算”是自动计算的，见图 9-28，首次打开就已经计算完毕，因此进入后等待计算完毕即可直接关闭该模块。

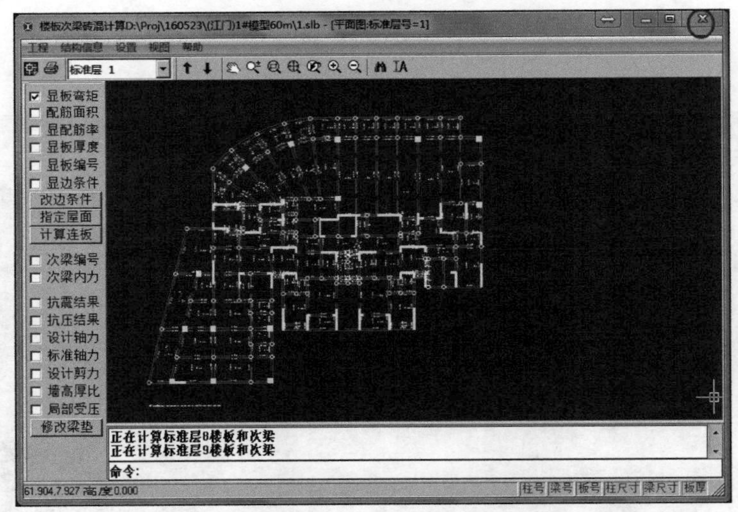

图 9-28

（5）返回主菜单，点击“平法配筋”，如图 9-29 所示。在弹出的对话框中选择计算结果类型为 SATWE，如图 9-30 所示。

点击“生成施工图”按钮，软件将进行配筋计算，如图 9-31 所示。生成过程中的警告一般为配筋结果违反了规范条文，通常需要修改并重新配筋计算。

（6）如果确认生成施工图过程无误，可关闭“平法配筋”，回到主菜单，点击 AutoCAD 自动成图（即 GSPLOT）。软件弹出 AutoCAD 版本选择框，如图 9-32 所示。

选择 CAD 版本，点击“确定”，进入自动成图模块，如图 9-33 所示。

图 9-29

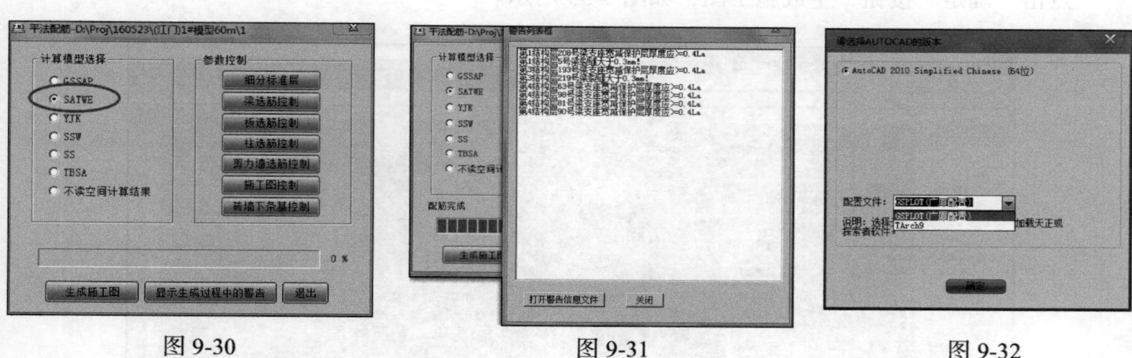

图 9-30　　图 9-31　　图 9-32

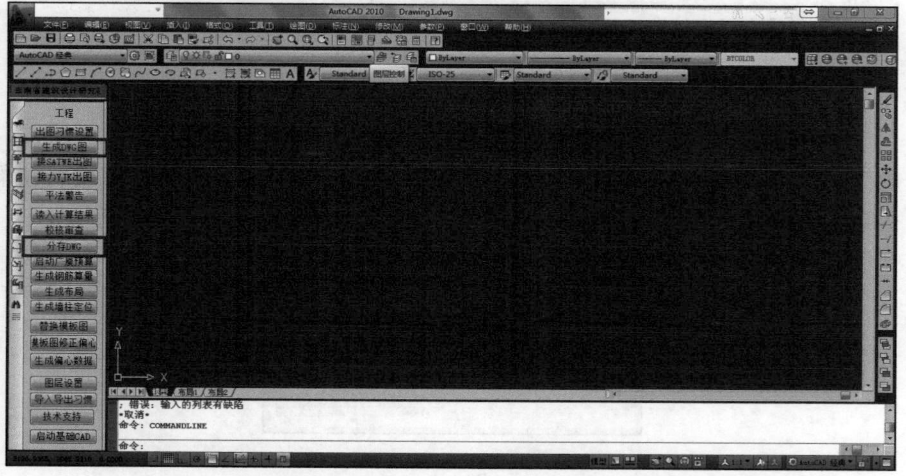

图 9-33

（7）在自动成图中，除了必要的修改外，主要有两个动作，第一是“生成 DWG 图”。点击“生成 DWG 图”按钮，弹出如图 9-34 所示对话框。

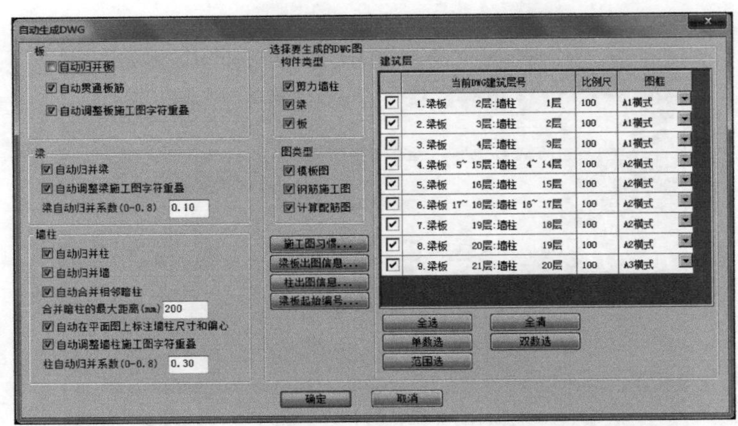

图 9-34

点击“确定”按钮，生成施工图，如图 9-35 所示。

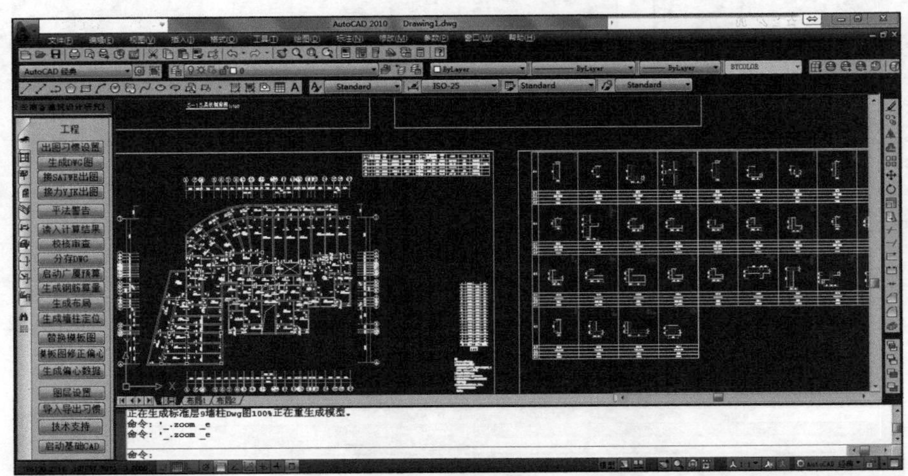

图 9-35

（8）施工图经修改完毕后，点击“分存 DWG”按钮，将生成的 DWG 图按墙柱梁板拆分，弹出如图 9-36 所示对话框。

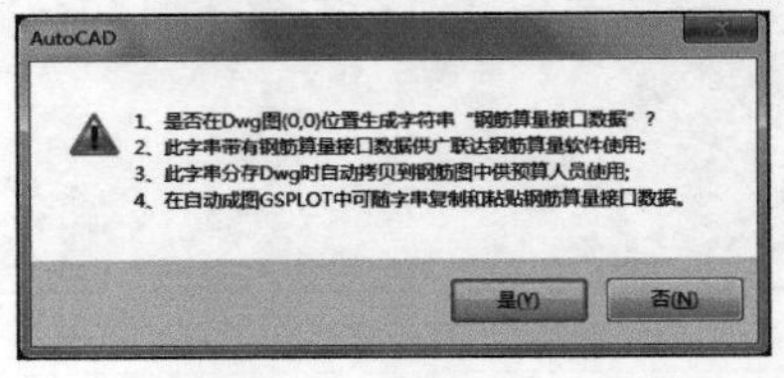

图 9-36

要生成带广联达数据的图纸，此处必须选“是”，然后弹出图 9-37 所示对话框。

此处至少要选择“钢筋施工图”，点击“确定”按钮，得到钢筋施工图如图 9-38 所示。

在图纸的左下角有“钢筋算量接口数据”字串，说明已经生成了算量数据，如图 9-39 所示。

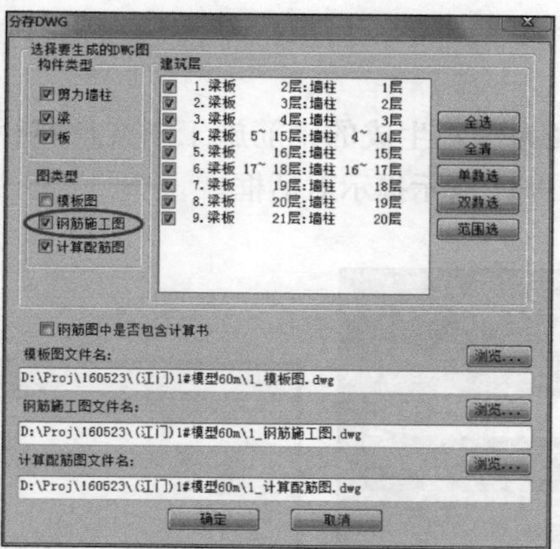

图 9-37

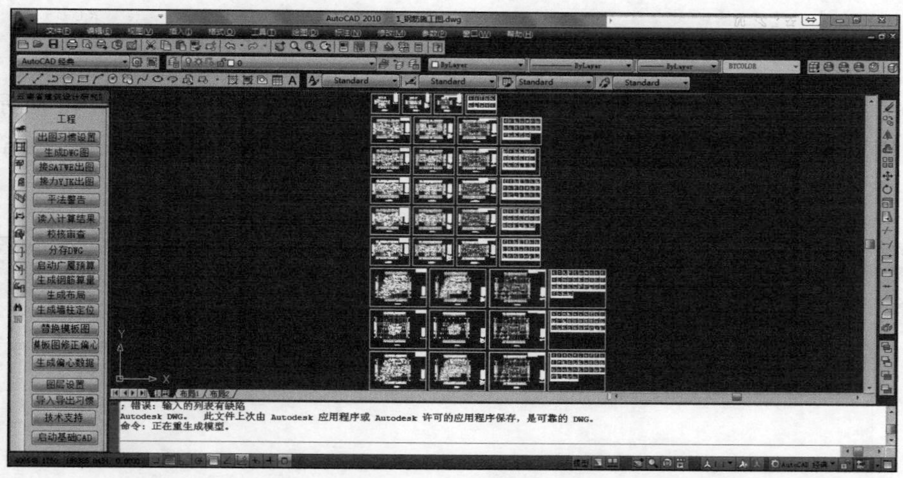

图 9-38

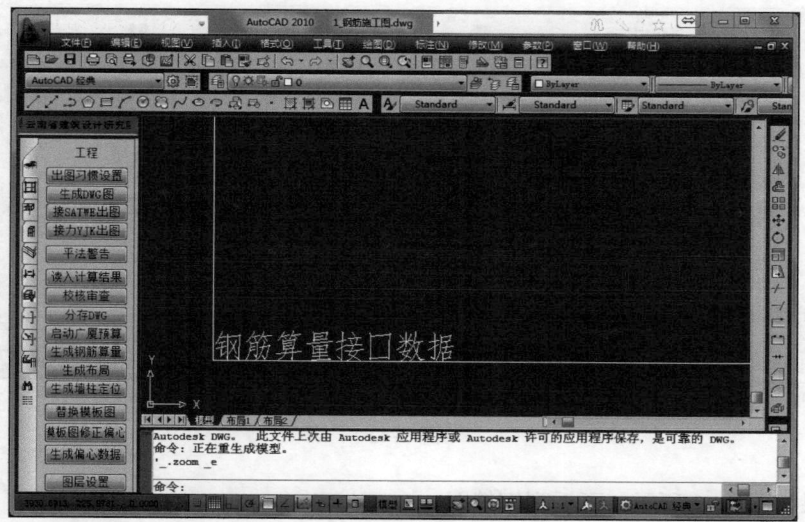

图 9-39

（9）关闭自动成图，打开桌面上的“广厦广联达接口工具”模块，弹出对话框如图 9-40 所示。

在对话框中选择图纸路径为刚刚生成的钢筋施工图文件路径，点击“一键导出接口文件”按钮，导出成功后，弹出如图 9-41 所示提示对话框。

图 9-40

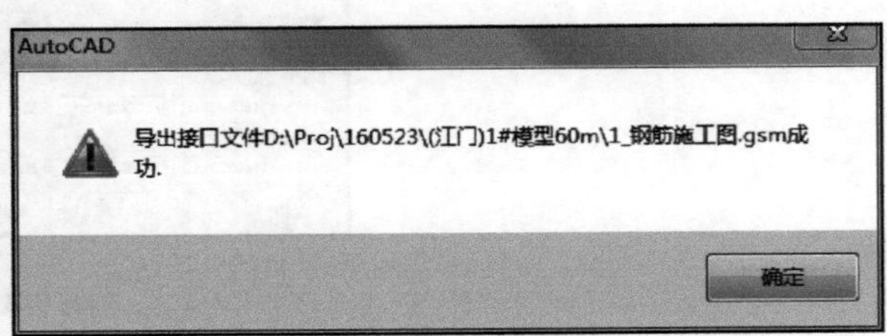

图 9-41

（10）关闭接口工具，打开“广联达 BIM 钢筋算量软件”，如图 9-42 所示，点击“BIM 应用”→“打开 GSM 交互文件”，选择刚刚导出的“1_ 钢筋施工图 .gsm”，导入模型。

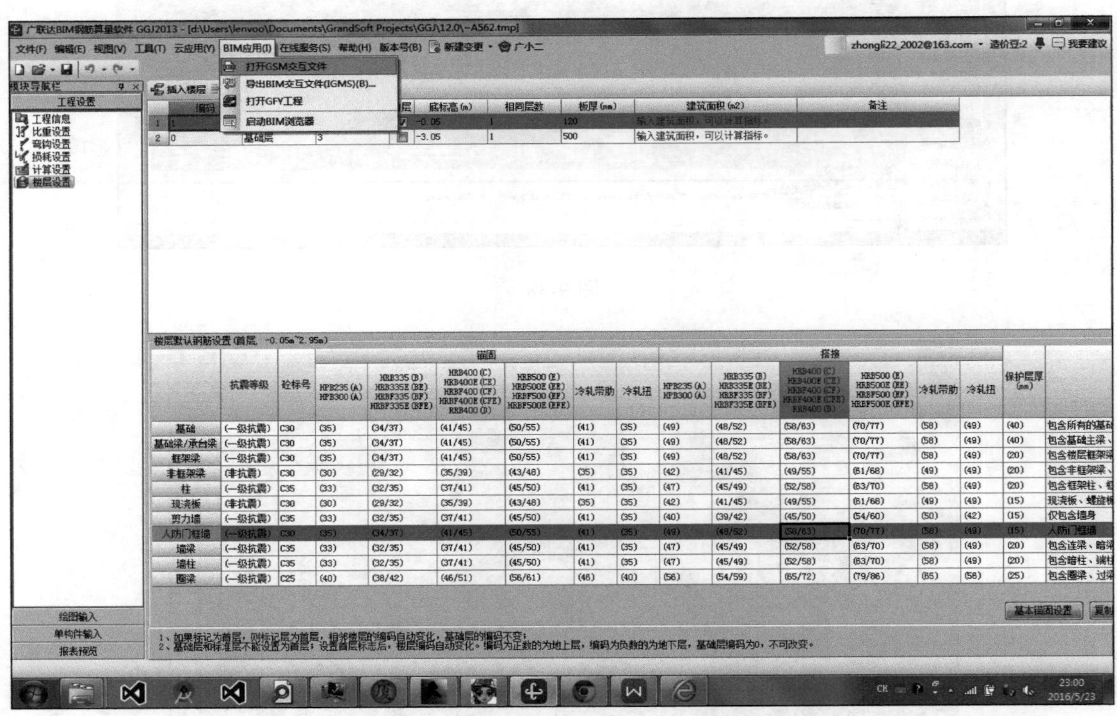

图 9-42

导出结果如图 9-43 所示，可看到钢筋图。

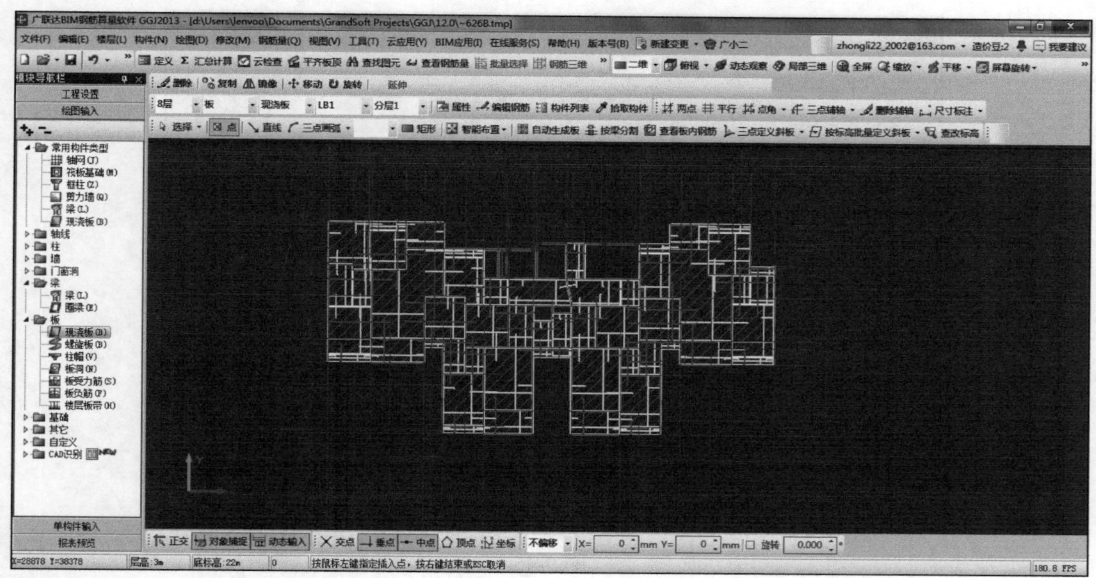

图 9-43

（二）Revit 模型→广厦结构模型→广厦计算→ GSPLOT 出图→广联达算量数据

具体转化操作流程如下。

（1）打开广厦主菜单，新建一工程名，如图 9-44 所示。

点击 Revit 转换，启动 Revit 2013/2014，在 Revit 中打开 Revit 模型，如图 9-45 所示。

点击工具“广厦数据接口”→“生成广厦模型”，弹出对话框如图 9-46 所示。

点击转换，直到软件提示转换完毕。

（2）在广厦主菜单中点击“图形录入”，点击“数据检查”查询错误；点击“生成 GSSAP 数据”，生成计算数据（如图 9-47 所示）。

图 9-44

（3）关闭“图形录入”，回到主菜单，点击“楼板次梁砖混计算”，关闭“楼板　次梁　砖混计算”，点击“通用计算 GSSAP”，如图 9-48 所示。

点击“确定”直到计算完毕，如图 9-49 所示。

（4）点击“平法配筋”，注意此时选择计算模型为“GSSAP”，然后点击“生成施工图”（见图 9-50）。

（5）如果确认生成施工图过程无误，可关闭“平法配筋”，回到主菜单，点击 AutoCAD 自动成图（即 GSPLOT）。软件弹出 AutoCAD 版本选择框，如图 9-51 所示。

选择 CAD 版本，点击“确定”，进入自动成图模块，如图 9-52 所示。

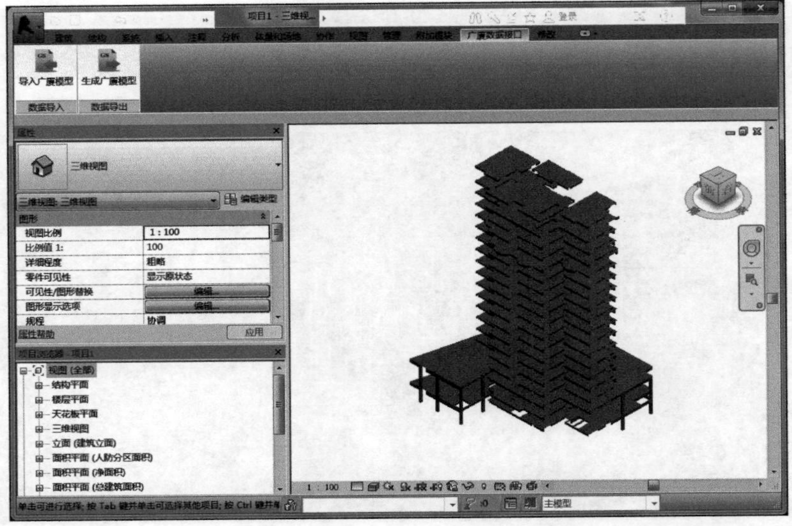
图 9-45

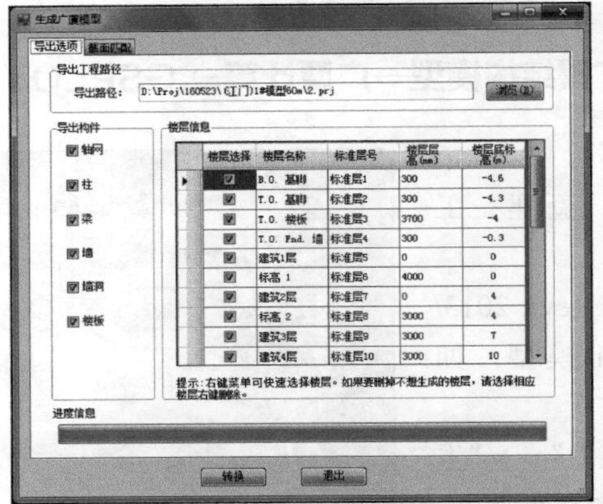
图 9-46

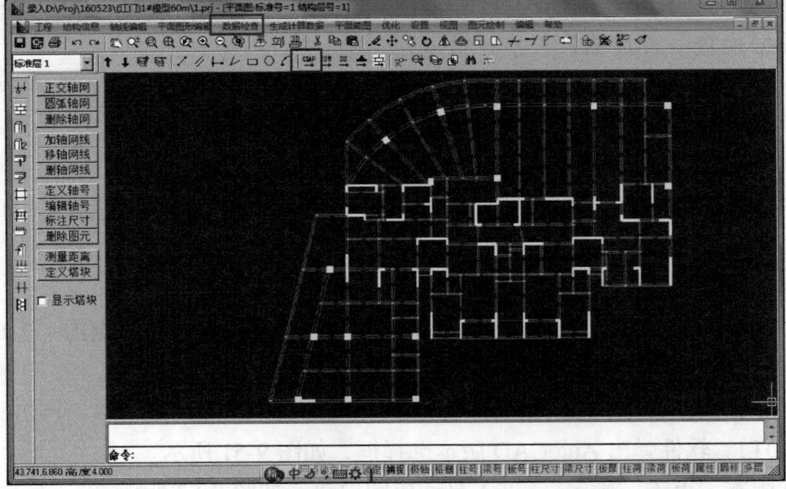
图 9-47

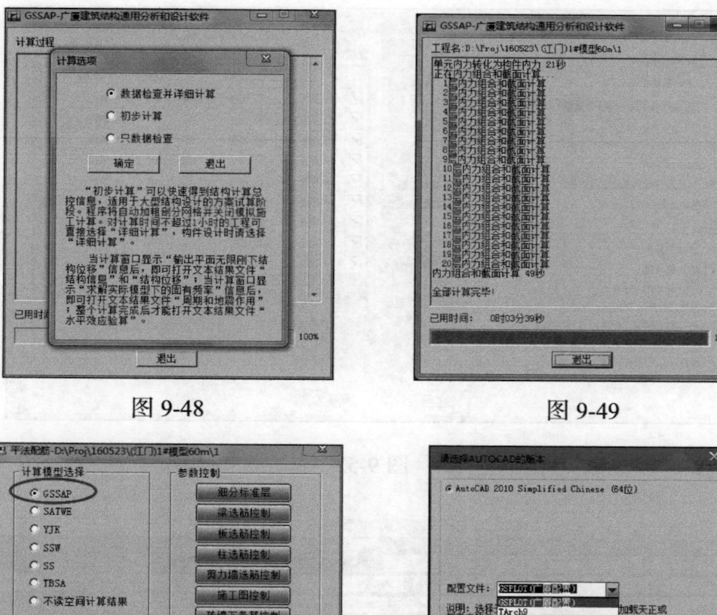

图 9-48　图 9-49

图 9-50　图 9-51

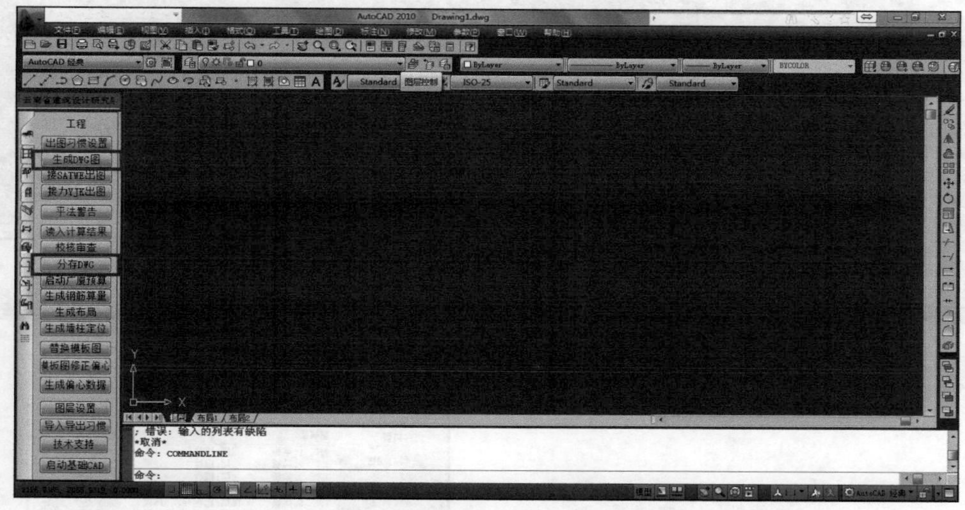

图 9-52

（6）在自动成图中，除了必要的修改外，还需“生成 DWG 图”。点击“生成 DWG 图”按钮，弹出图 9-53 所示对话框。

点击“确定”按钮，生成施工图如图 9-54 所示。

（7）施工图经修改完毕后，点击“分存 DWG”按钮，将生成的 DWG 图按墙柱梁板拆分，弹出如图 9-55 所示对话框。

要生成带广联达数据的图纸，此处必须选“是”。然后弹出图 9-56 所示对话框。

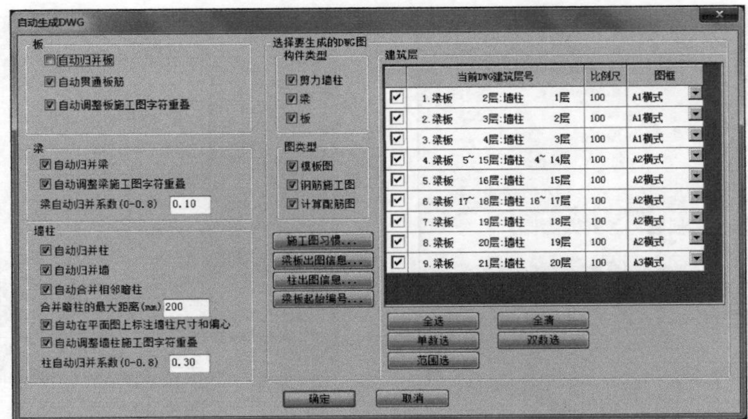

图 9-53

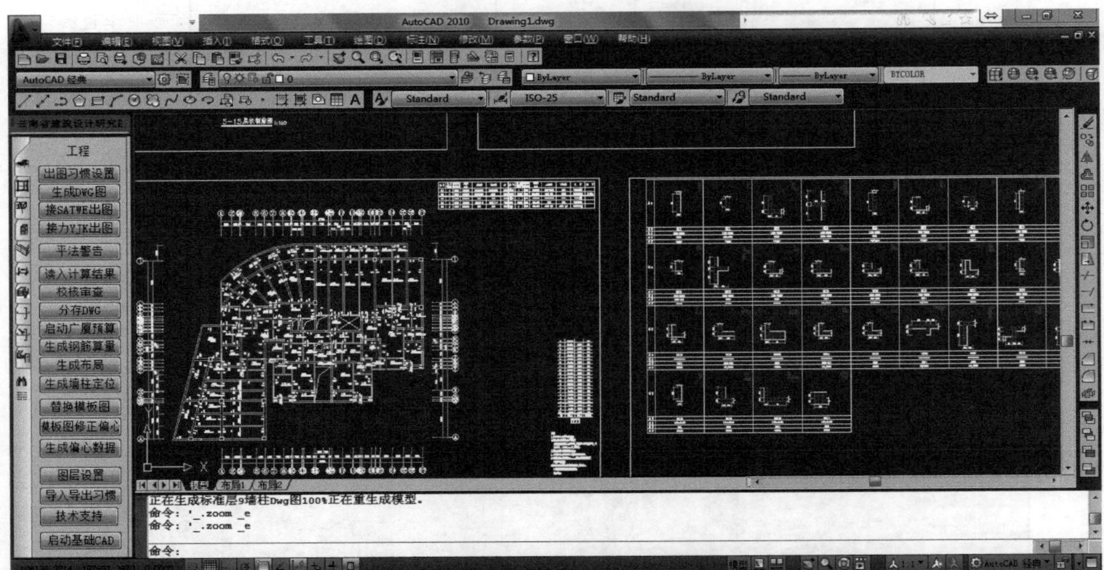

图 9-54

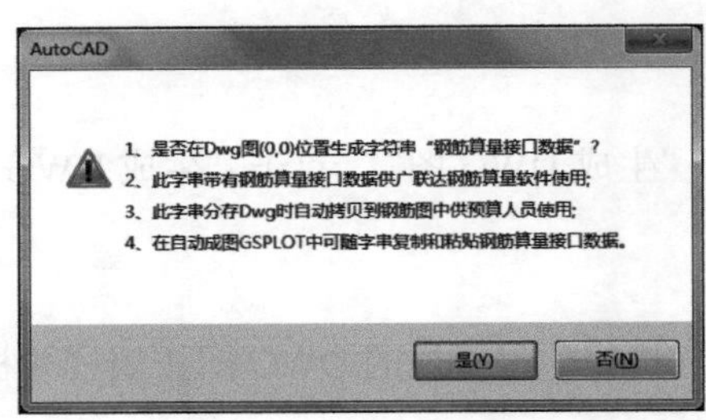

图 9-55

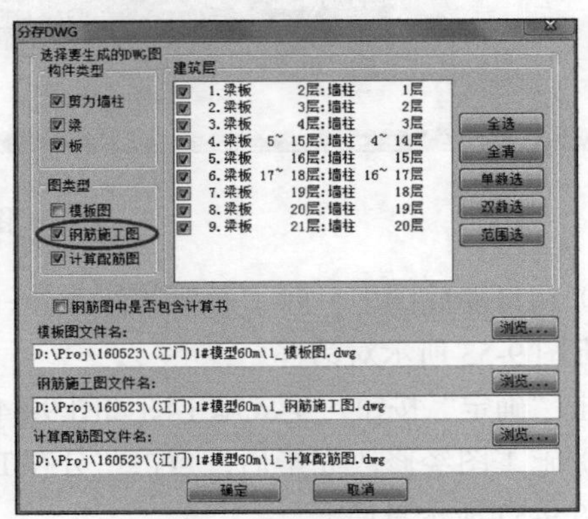

图 9-56

此处至少要选择“钢筋施工图”点击“确定”按钮，得到钢筋施工图如图 9-57 所示。

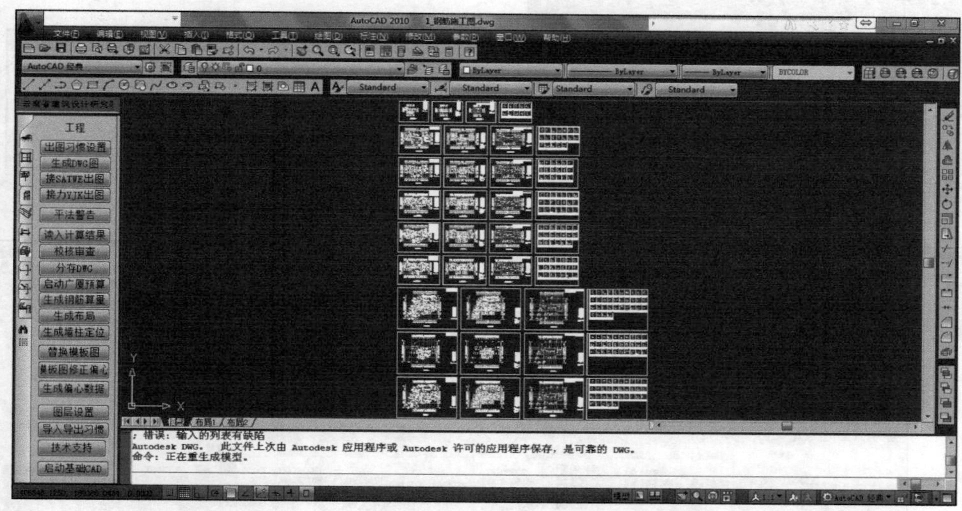

图 9-57

在图纸的左下角有“钢筋算量接口数据”字串，说明已经生成了算量数据（见图 9-58）。

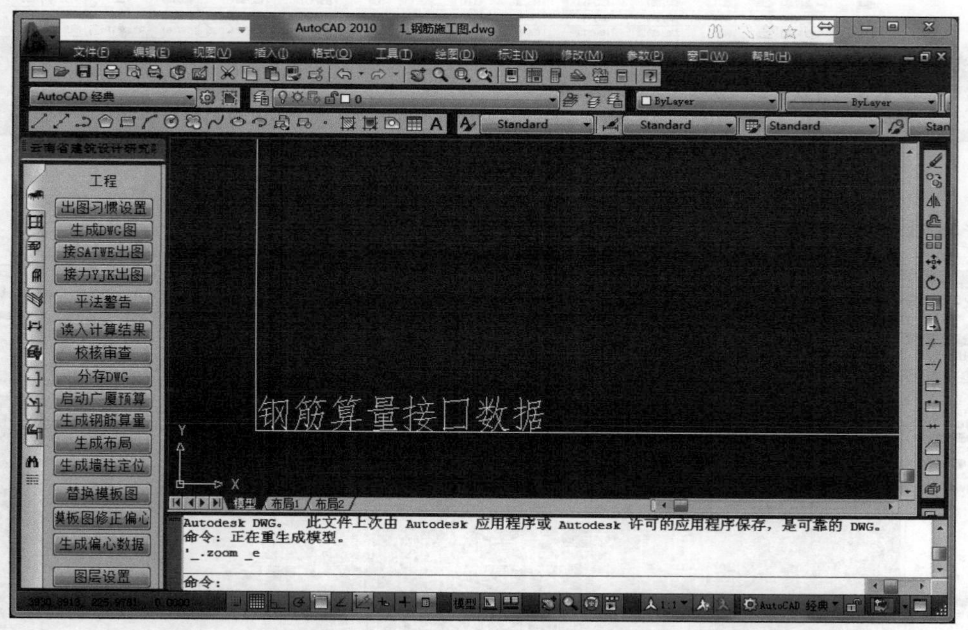

图 9-58

（8）关闭自动成图，打开桌面上的“广厦广联达接口工具”模块，弹出对话框如图 9-59 所示。

在对话框中选择图纸路径为刚刚生成的钢筋施工图文件路径，点击“一键导出接口文件”按钮，导出成功后，弹出如图 9-60 所示提示对话框。

（9）关闭接口工具，打开“广联达 BIM 钢筋算量软件”，如图 9-61 所示；点击“BIM 应用”→“打开 GSM 交互文件”，选择刚刚导出的“1_ 钢筋施工图 .gsm”，导入模型。

图 9-59

图 9-60

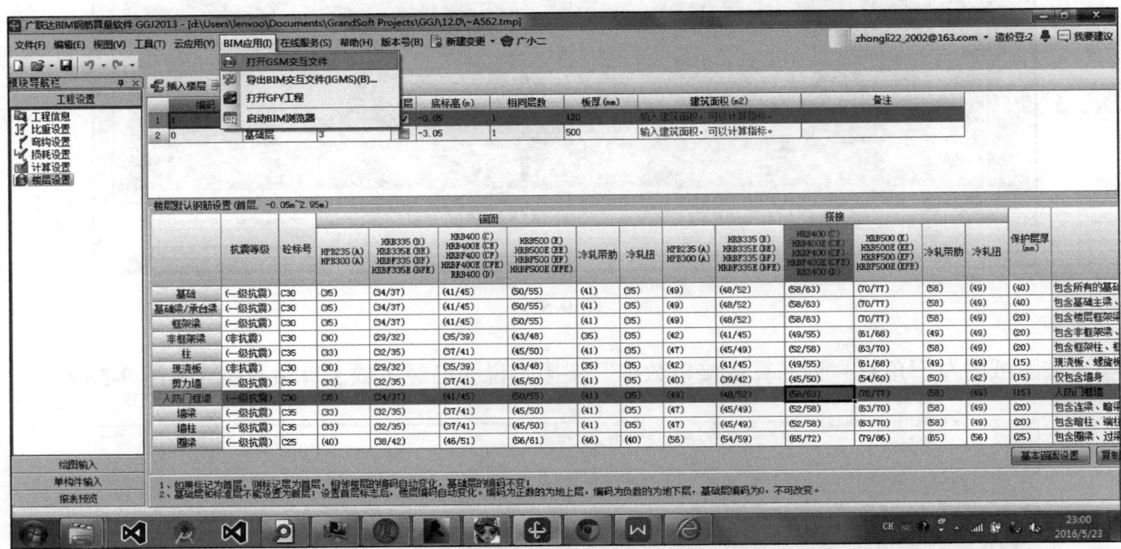

图 9-61

导出结果如图 9-62 所示，可看到钢筋图进行 BIM 钢筋算量。

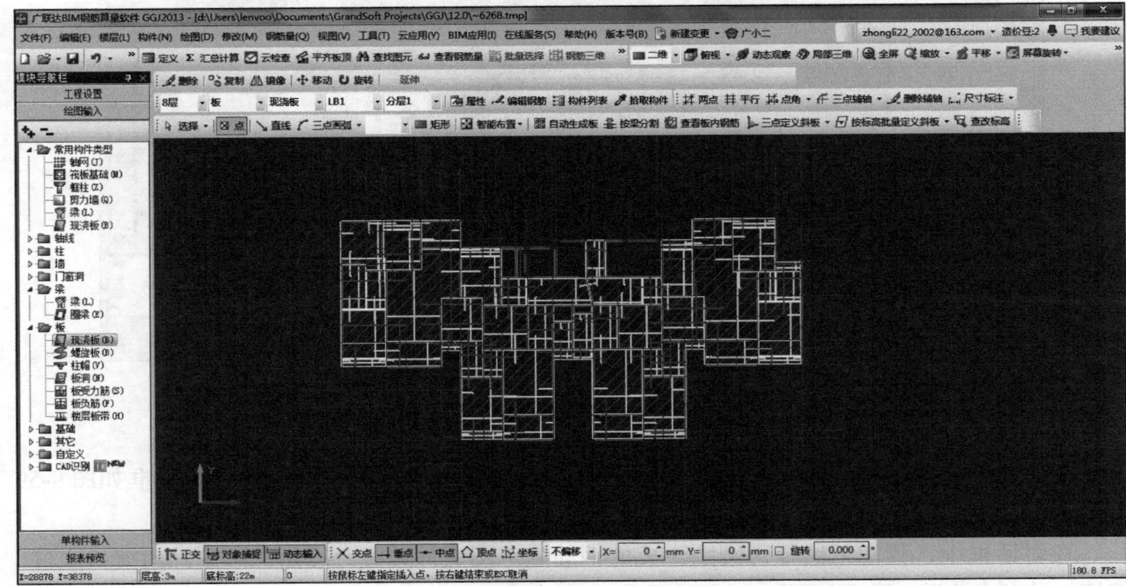

图 9-62

三、Revit 建筑模型与广联达 BIM 土建算量软件模型转化操作实例

（一）Revit 模型导出 GFC 文件操作流程

1. Revit 导出到 GFC 主流程

双击打开 Revit 2014 (2015/2016) 项目文件，出现如图 9-63 所示选项卡“广联达 BIM 算量”。

图 9-63

整体操作流程为：修改方法名称使其符合规范→模型检查→导出 GFC。

2. 操作步骤

（1）批量修改族名称　目的是使族类型名称符合“规范”中构件命名的要求，方便建立 Revit 与 GCL 构件之间转化关系及调整转化规则，如图 9-64 所示。

批量修改族名称

原族名称	修改后族名称
墙	
基本墙	
墙-现浇混凝土-C40-300mm-Q1-外墙	砼墙-现浇混凝土-C40-300mm-Q1-外砼墙
墙-现浇混凝土-C40-300mm-Q2-外墙	砼墙-现浇混凝土-C40-300mm-Q2-外砼墙
墙-现浇混凝土-C40-300mm-Q3-外墙	墙-现浇混凝土-C40-300mm-Q3-外墙
墙-现浇混凝土-C40-250mm-Q4-外墙	墙-现浇混凝土-C40-250mm-Q4-外墙
墙-现浇混凝土-C40-300mm-Q5-外墙	墙-现浇混凝土-C40-300mm-Q5-外墙
墙-现浇混凝土-C40-400mm-Q5a-外墙	墙-现浇混凝土-C40-400mm-Q5a-外墙
墙-现浇混凝土-C40-300mm-Q6-外墙	墙-现浇混凝土-C40-300mm-Q6-外墙
墙-现浇混凝土-C40-300mm-LKQ1-外墙	墙-现浇混凝土-C40-300mm-LKQ1-外墙
墙-现浇混凝土-C40-200mm-Q8a-外墙	墙-现浇混凝土-C40-200mm-Q8a-外墙
墙-现浇混凝土-C40-500mm-LKQ3-外墙	墙-现浇混凝土-C40-500mm-LKQ3-外墙
墙-现浇混凝土-C40-400mm-LKQ2-外墙	墙-现浇混凝土-C40-400mm-LKQ2-外墙
墙-现浇混凝土-C40-300mm-LKQ1a-外墙	墙-现浇混凝土-C40-300mm-LKQ1a-外墙
墙-现浇混凝土-C40-200mm-Q8-外墙	墙-现浇混凝土-C40-200mm-Q8-外墙
墙-现浇混凝土-C40-250mm-Q7-外墙	墙-现浇混凝土-C40-250mm-Q7-外墙
墙-现浇混凝土-C40-400mm-Q3-地上外墙	墙-现浇混凝土-C40-400mm-Q3-地上外墙
墙-现浇混凝土-C40-300mm-Q-挡土外墙	墙-现浇混凝土-C40-300mm-Q-挡土外墙

墙　替换为　砼墙　执行　添加前缀　执行　修改保存结果

图 9-64

（2）模型检查　目的是保证模型在源头就符合“规范”中绘图要求，可避免在导出导入过程中丢失图元；又因下游 GCL 模型修改不能联动源头 Revit 模型修改，故先进行模型检查可避免重复修改模型工作；综上建议在导出前做模型检查，如图 9-65 所示。

操作流程步骤如下：

设置检查精度→设置检查范围→检查模型→调整模型。

（3）导出 GFC　为实现由 Revit 模型到 GCL 模型的转化，需要针对 Revit 与 GCL 在楼层概念及构件归属上的差别，在导出过程时设置楼层归属，以及设置构件转化关系和规则（如图 9-66 所示）；综上形成一个中间转化模型 GFC，从 Revit 导出，后续可导入 GCL。

操作流程步骤如图 9-67 所示。

（二）GFC 文件导入到 GCL 土建算量软件操作流程

GFC 导入到 GCL 主流程

新建 GCL 工程，选项卡“ BIM 应用”→“导入 Revit 交换文件 GFC”→“单文件导入”，

如图 9-68 所示。如第一次试用，先注册“广联云”账户，再申请 GFC 试用权限即可。

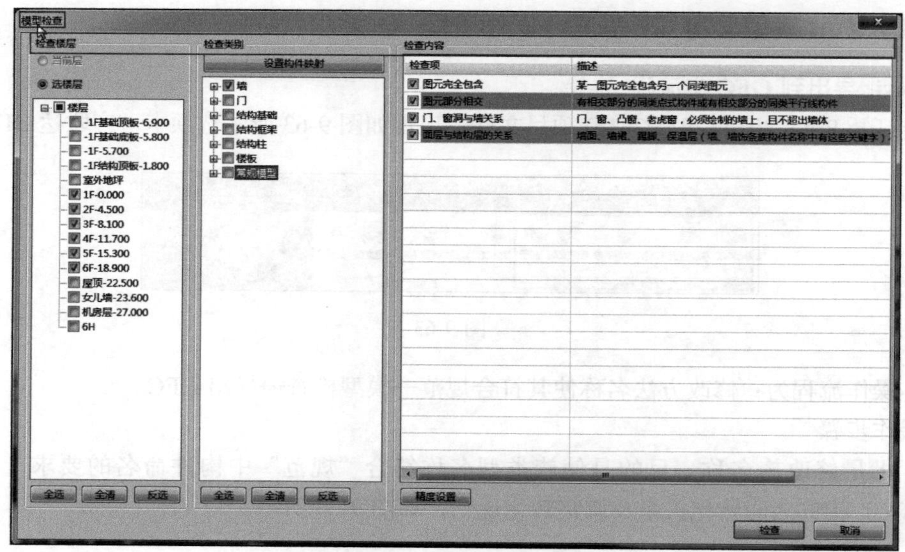

图 9-65

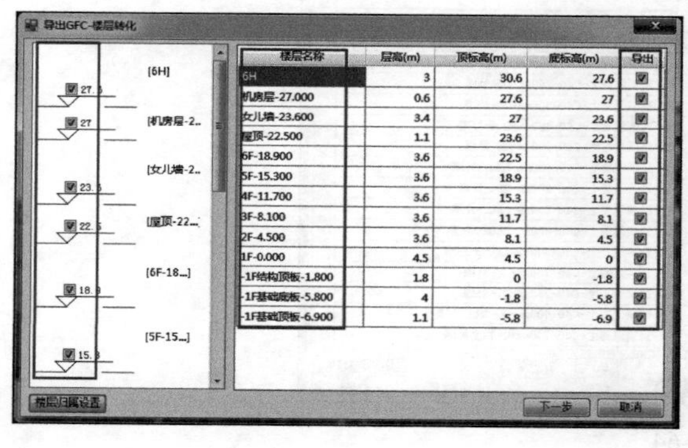

(a)

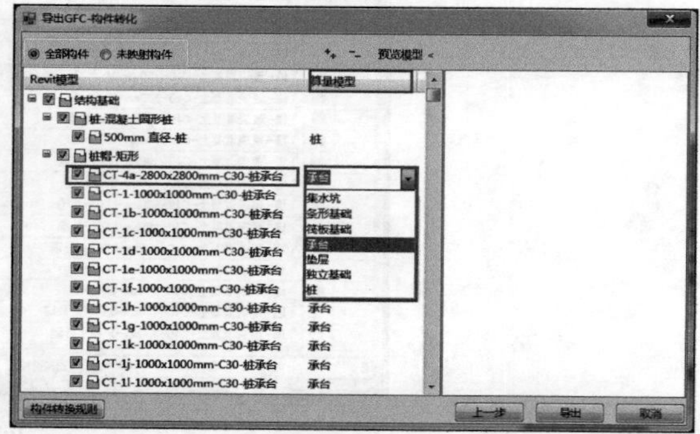

(b)

(c)

图 9-66

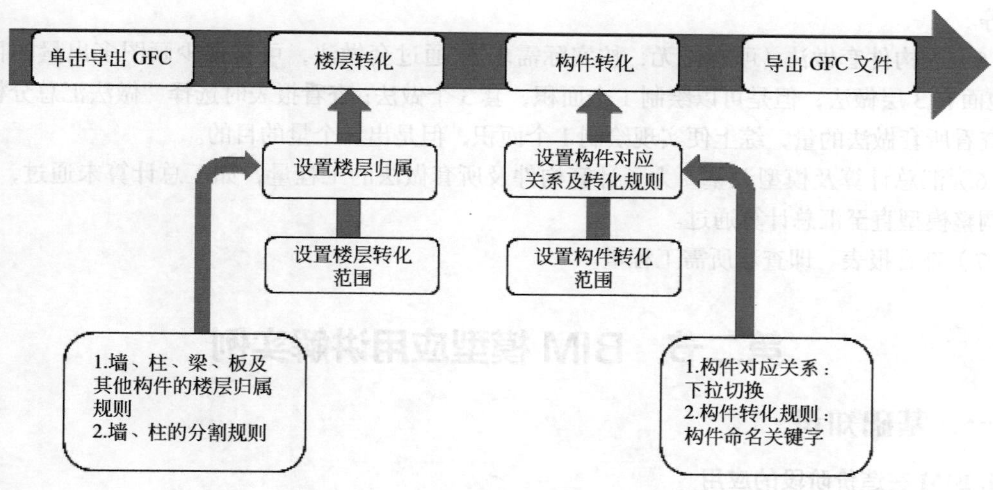

图 9-67

整体操作流程为：

（1）新建 GCL 工程

（2）申请试用权限

① 广联云账号注册通过 GCL 软件触发：单击“BIM 应用”→“导入 Revit 交换文件 GFC”→“单文件导入”。如果处于未登入状态，则弹出广联云登入界面，进行账号注册。

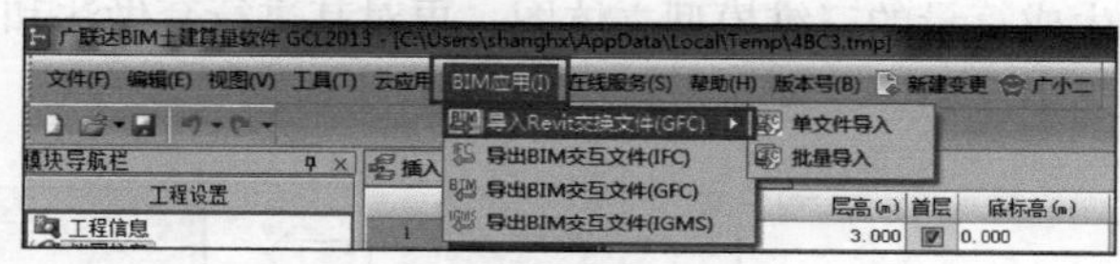

图 9-68

② 申请试用权限通过 GCL 软件触发：再次单击“BIM 应用”→“导入 Revit 交换文件 GFC”→“单文件导入”。如之前没有申请过 GFC 插件试用申请，则会弹出提示需要授权界面，单击“是”通过网址触发：<http://gfc.fwxgx.com/> 进入网页，单击“申请试用”。

（3）GFC 文件导入 GCL　为实现由 GFC 模型到 GCL 模型的导入，需选择导入范围及规则，如图 9-69、图 9-70 所示。

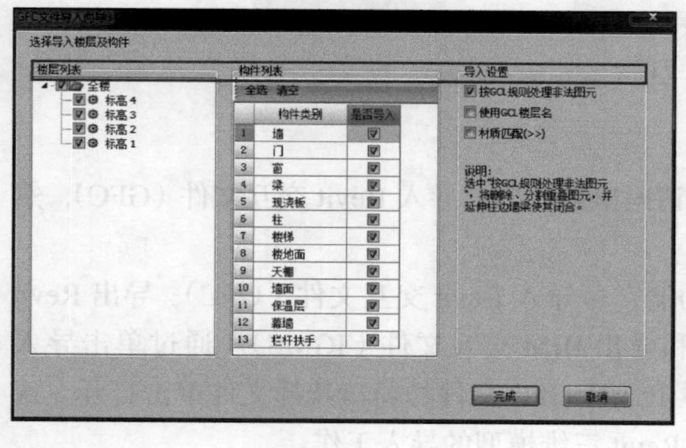

图 9-69

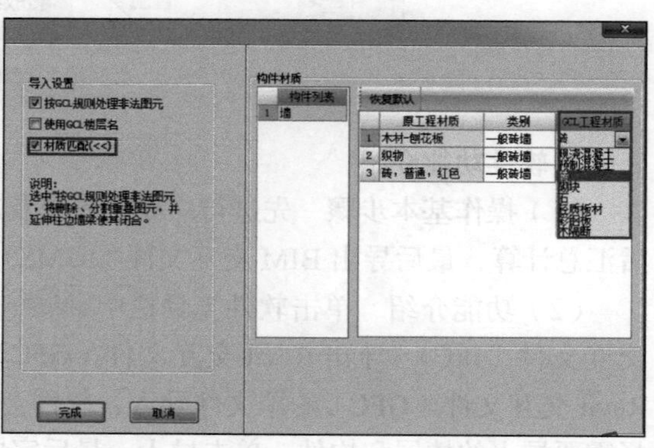

图 9-70

其操作流程步骤如下：

导入 GFC 文件→设置导入范围→设置导入规则→ GFC 文件导入 GCL。

（4）查看工程　通过三维可更形象的对比 GCL 模型与 Revit 模型差别；通过查看构件 ID 可针对性查找问题构件；通过查看构件列表及属性列表，可清楚构件转化情况及属性后续的可编辑性等。

（5）为构件套做法（可有可无，按实际需求） 通过套做法，可实现少画图多出量的目的。如：地面有3层做法，但是可以绘制1个面积，套3个做法；查看报表时选择“做法汇总分析表”即可查看所套做法的量，综上便实现绘制1个面积，但是出3个量的目的。

（6）汇总计算及模型调整 为了计算构件及所套做法的工程量，如汇总计算未通过，则需持续调整模型直至汇总计算通过。

（7）查看报表 即查看所需工程量。

第二节 BIM模型应用讲解实例

一、基础知识

1. BIM在造价阶段的应用

Revit是一款建筑设计三维软件，三维模型立体图可以直接应用到BIM土建算量软件当中，生成算量的三维模型立体图，再对其进行套做法和汇总计算，最终应用到BIM 5D施工过程管理当中。第一次使用流程图如图9-71所示。

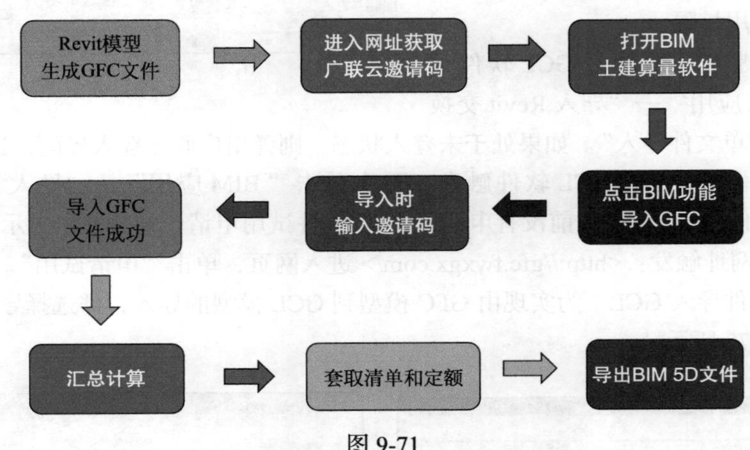

图9-71

2. 软件功能介绍

（1）操作基本步骤 先进行广联云账号及邀请码申请注册，导入Revit交互文件（GFC），然后汇总计算，最后导出BIM交互文件（IGMS）。

（2）功能介绍 单击软件工具栏中BIM应用(I)功能，可导入Revit交互文件（GFC）、导出Revit交互文件（IFC）、导出Revit交互文件（GFC）和导出BIM交互文件（IGMS）。通过单击导入Revit交互文件（GFC）的单文件导入，软件会弹出选择GFC文件的窗口选择文件单击打开，选择需要导入的楼层和构件，单击导入，最后完成Revit三维模型的导入工作。

导入的三维模型进行调整、套做法、汇总计算等工作完成土建模型算量，通过单击BIM应用(I)下面的导出BIM交互文件（IGMS）功能，选择保存路径，导出BIM 5D需要的IGMS格式三维模型。

备注：IFC格式是国际通用模型标准格式，GFC格式是广联达公司针对BIM算量产品专门做的插件，把Revit文件转换为GFC导入BIM土建，可以提高模型导入的匹配率。

二、任务说明

本节的任务是导入案例模型 - 专用宿舍楼 GFC 交互文件，并导出 IGMS 文件。

三、任务分析

要进行 BIM 应用的操作，需要申请广联云邀请码。首先单击“导入 Revit 交互文件（GFC)”的“单文件导入”，软件弹出窗口后输入广联云账号密码（如果没有账号，可以点击注册，用邮箱申请广联云账号即可）；单击“立即登录”弹出申请广联云邀请码的窗口，输入信息，进行申请即可。

四、任务实施

1. 导入专用宿舍楼案例 Revit 交互文件（GFC）

首先单击 BIM应用(I) 功能，选择“导入 Revit 交互文件（GFC)”的“单文件导入”，软件弹出窗口输入广联云账号密码，单击“立即登录”弹出选择文件的窗口，选择需要导入的 GFC 格式文件，单击“打开”，选择需要导入的楼层和构件，如图 9-72 所示，点击完成即可。导入结果如图 9-73 所示。

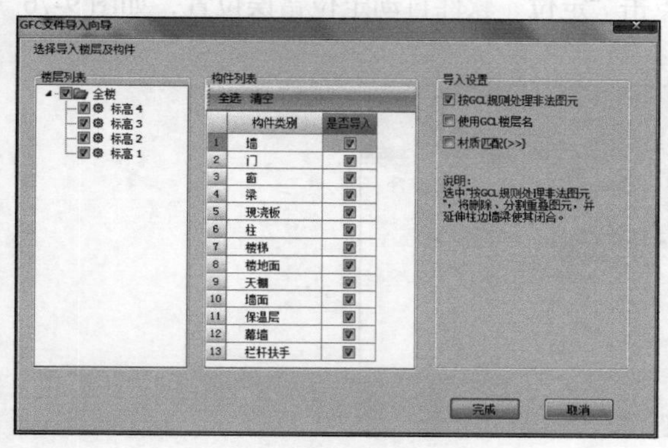

图 9-72

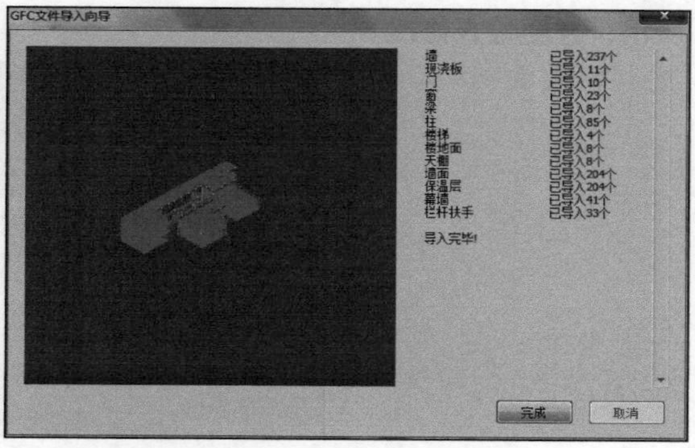

图 9-73

2. 导出 BIM 交互文件（IGMS）

首先单击 BIM应用(I) 功能，选择“导出 BIM 交互文件（IGMS)”功能，软件弹出“另存为”对话框，选择保存路径，点击“保存”即可。

五、归纳总结

BIM 在造价阶段的应用主要分为以下步骤：

（1）需要申请广联云账号及邀请码进行注册注册；

（2）导入 Revit 交互文件（GFC)，实现设计模型在造价计量中的应用；

（3）BIM 土建中导出 BIM 交互文件（IGMS)，可应用与 BIM 5D 中。

六、拓展延伸

Revit 模型导入 BIM 土建算量后，需要对模型进行合法性检查，保证符合 BIM 土建建模规则进行算量。

可以用“云检查”功能进行合法性检查。单击“云应用”下的“云检查”功能，登陆广联达云账号，软件弹出选择检查范围，如图 9-74 所示。

单击需要检查的范围，软件自动进行检查，弹出检查结果，如图 9-75 所示。

图 9-74

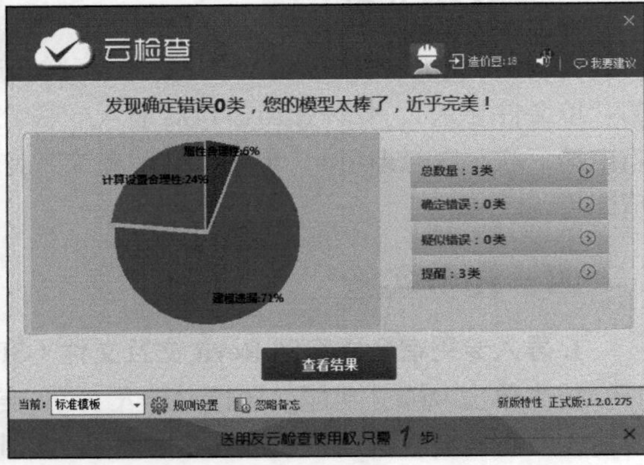

图 9-75

单击“查看结果”软件弹出问题分类明细，点击“定位”软件自动定位错误位置，如图 9-76 所示，方便检查修改。

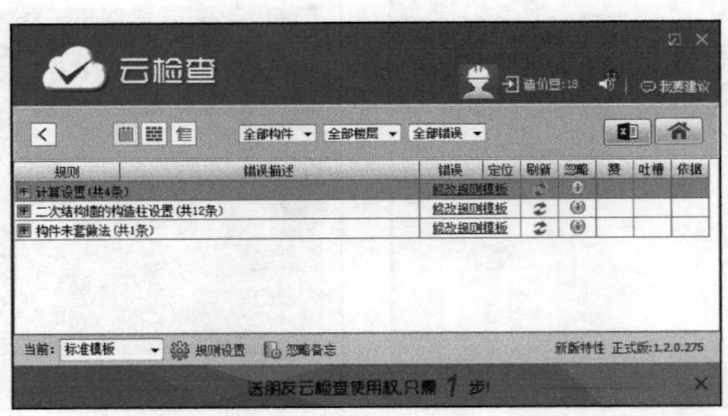

图 9-76

七、思考与练习

（1）请描述需要导入 Revit 模型的前提。

（2）请描述检查模型的方法。

第三节　BIM 模型造价应用实训

一、任务说明

将专用宿舍楼 Revit 建筑模型导入到广联达土建算量软件中，并在该软件中对构件的识别状态，最后完成各构件的算量。

二、任务分析

（1）在广联达软件中完成墙构件的算量。

（2）在广联达软件中完成梁构件的算量。
（3）在广联达软件中完成板构件的算量。
（4）在广联达软件中完成柱构件的算量。
（5）在广联达软件中完成楼梯构件的算量。
（6）在广联达软件中完成门构件的算量。
（7）在广联达软件中完成窗构件的算量。
（8）在广联达软件中完成幕墙构件的算量。

三、任务实施

（1）Revit 模型导入广联达软件　在 Revit 软件中，点击“附件模块”→“广联达 BIM 算量”→“导出 GFC”工具（如图 9-77 所示）。

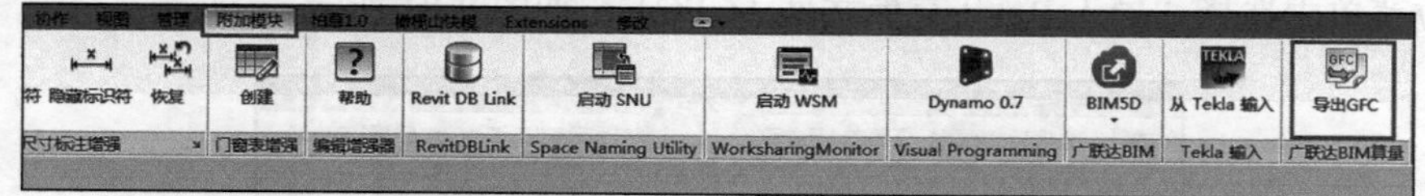

图 9-77

将模型另存为“.gfc”格式，单击“保存”。

打开广联达 BIM 土建算量软件，自动弹出“GCL 2013”界面，选择“新建导向”，如图 9-78、图 9-79 所示。

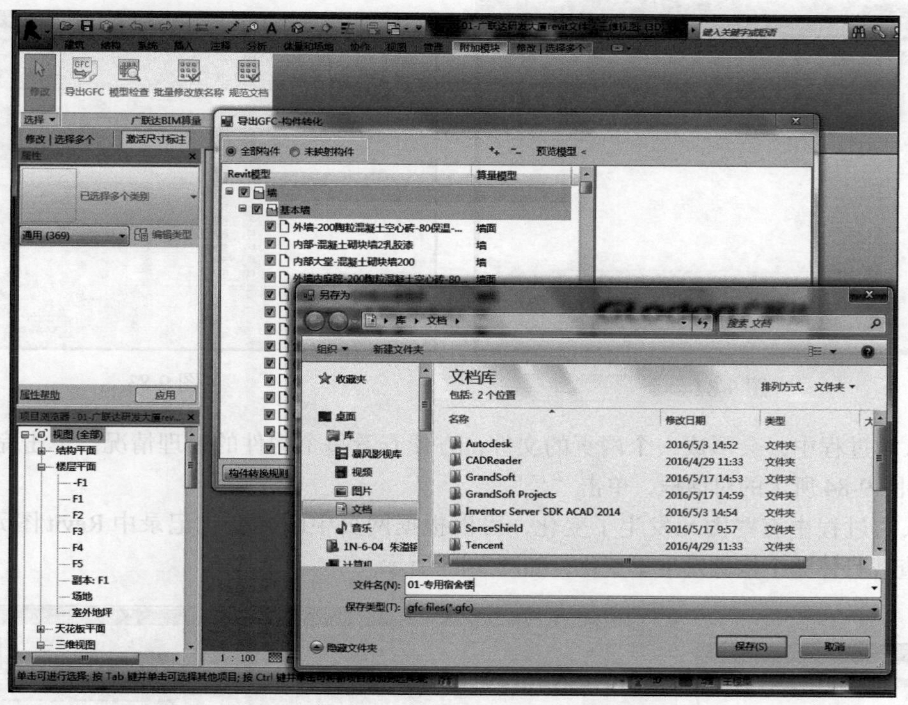

图 9-78

在弹出的对话框中具体设置如图 9-80 所示。单击“下一步”。

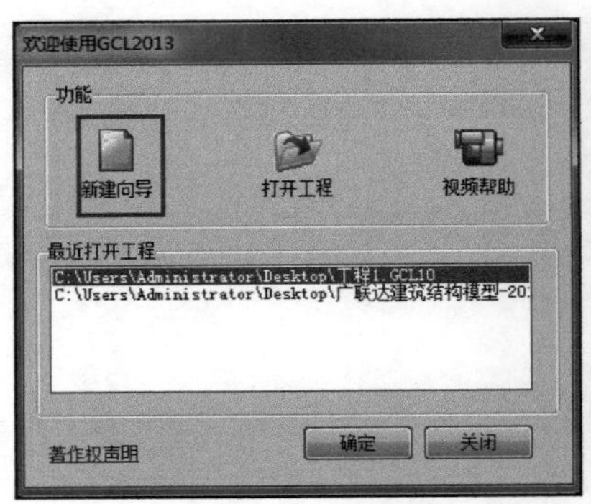

图 9-79

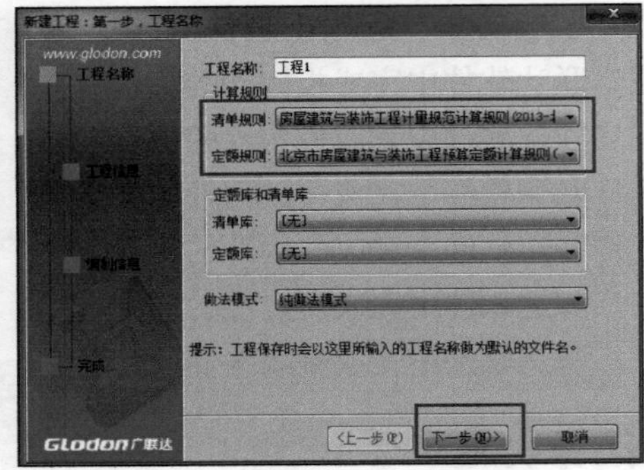

图 9-80

（2）结构模型在广联达软件中构件识别　打开广联达 BIM 土建算量软件后，在“BIM 应用”选项卡下拉菜单中选择“导入 Revit 交换文件（GFC）”，如图 9-81 所示。

图 9-81

选择导出的结构模型如图 9-82 所示　弹出的“GFC 文件导入向导”界面，一般选择默认设置，如图 9-83 所示，单击“完成”。

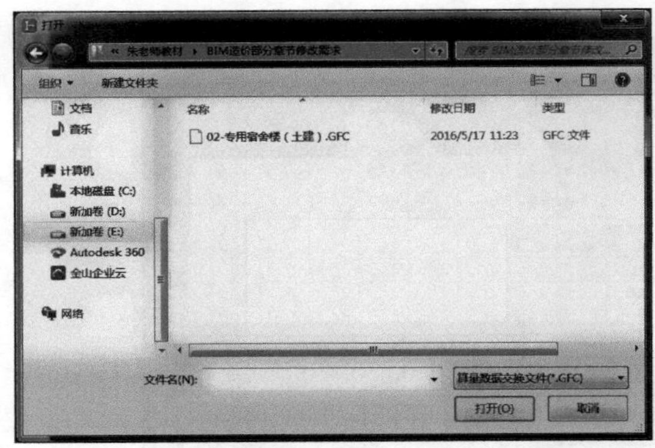

图 9-82

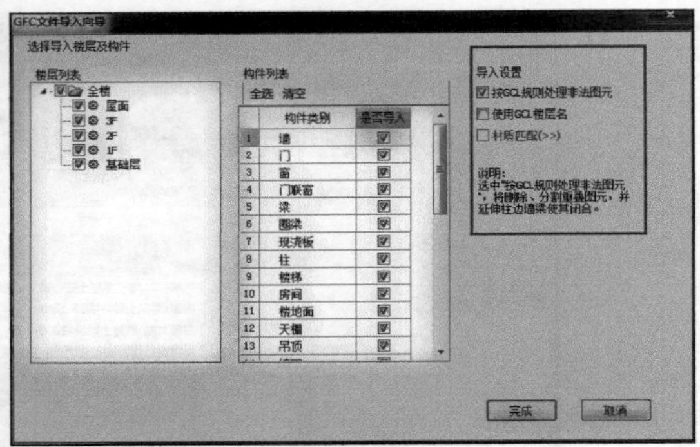

图 9-83

导入的过程中，会形成一个网页的文件，方便查看每个构件的处理情况。单击完成之后，会弹出如图 9-84 所示的对话框，单击“是”。

导入的过程中有些图元发生了变化，可以根据网页中图元变化记录中 Revit 图元 ID，在 Revit 中查找具体哪个构件发生了变化，如图 9-85 所示。

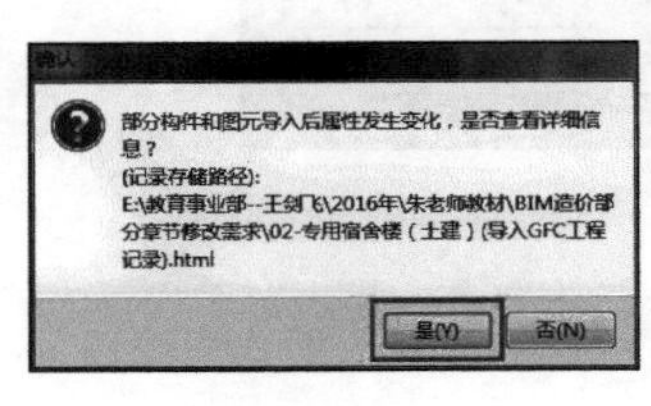

图 9-84

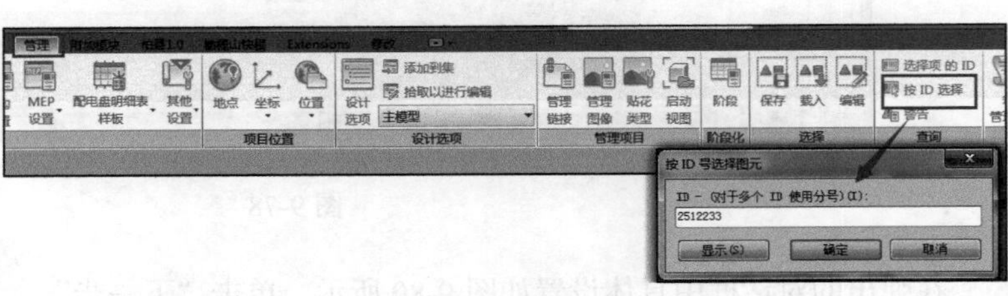

图 9-85

形成的网页文件，如图 9-86 所示。

图元变化记录							
楼层名称	导入前图元信息(GFC)			导入后图元信息(GCL)			备注
	构件类型	图元名称	Revit图元ID	构件类型	图元名称	图元ID	
-2.45	梁	S-KL6-250x600-1	323935	梁	S-KL6-250x600-1	3931	导入后自动延伸
-2.45	梁	S-KL6-250x600	323935	梁	S-KL6-250x600	1699	导入后自动延伸
-2.45	梁	S-KL3-250x600-1	326001	-	-	-	Id为 3983 的图元与Id为 1751 的图元完全重叠，自动删除
-2.45	梁	S-KL3-250x600-1	325970	-	-	-	Id为 3981 的图元与Id为 1749 的图元完全重叠，自动删除
-2.45	梁	S-KL3-250x600-1	325957	-	-	-	Id为 3979 的图元与Id为 1747 的图元完全重叠，自动删除
-2.45	梁	S-L8-200x400-1	325863	-	-	-	Id为 3977 的图元与Id为 1745 的图元完全重叠，自动删除
-2.45	梁	S-KL2-250x600-1	325727	-	-	-	Id为 3975 的图元与Id为 1743 的图元完全重叠，自动删除
-2.45	梁	S-KL4-250x600-1	325292	-	-	-	Id为 3973 的图元与Id为 1741 的图元完全重叠，自动删除
-2.45	梁	S-KL4-250x600-1	325279	-	-	-	Id为 3971 的图元与Id为 1739 的图元完全重叠，自动删除
-2.45	梁	S-KL4-250x600-1	325266	-	-	-	Id为 3969 的图元与Id为 1737 的图元完全重叠，自动删除
-2.45	梁	S-KL4-250x600-1	325037	-	-	-	Id为 3967 的图元与Id为 1735 的图元完全重叠，自动删除
-2.45	梁	S-KL4-250x600-1	325003	-	-	-	Id为 3965 的图元与Id为 1733 的图元完全重叠，自动删除
-2.45	梁	S-KL4-250x600-1	324988	-	-	-	Id为 3963 的图元与Id为 1731 的图元完全重叠，自动删除
-2.45	梁	S-KL4-250x600-1	324934	-	-	-	Id为 3961 的图元与Id为 1729 的图元完全重叠，自动删除
-2.45	梁	S-KL4-250x600-1	324918	-	-	-	Id为 3959 的图元与Id为 1727 的图元完全重叠，自动删除
-2.45	梁	S-KL4-250x600-1	324888	-	-	-	Id为 3957 的图元与Id为 1725 的图元完全重叠，自动删除
-2.45	梁	S-KL6-250x600-1	324810	-	-	-	Id为 3955 的图元与Id为 1723 的图元完全重叠，自动删除
-2.45	梁	S-KL6-250x600-1	324797	-	-	-	Id为 3953 的图元与Id为 1721 的图元完全重叠，自动删除
-2.45	梁	S-KL6-250x600-1	324785	-	-	-	Id为 3951 的图元与Id为 1719 的图元完全重叠，自动删除
-2.45	梁	S-KL6-250x600-1	324388	-	-	-	Id为 3949 的图元与Id为 1717 的图元完全重叠，自动删除
-2.45	梁	S-KL6-250x600-1	324373	-	-	-	Id为 3947 的图元与Id为 1715 的图元完全重叠，自动删除

图 9-86

完成导入后，在广联达软件“绘图输入”栏中可以看到导入的构件。查看“墙”直接双击即可。广联达软件识别“墙”族的类型名称及厚度，如图 9-87 所示。

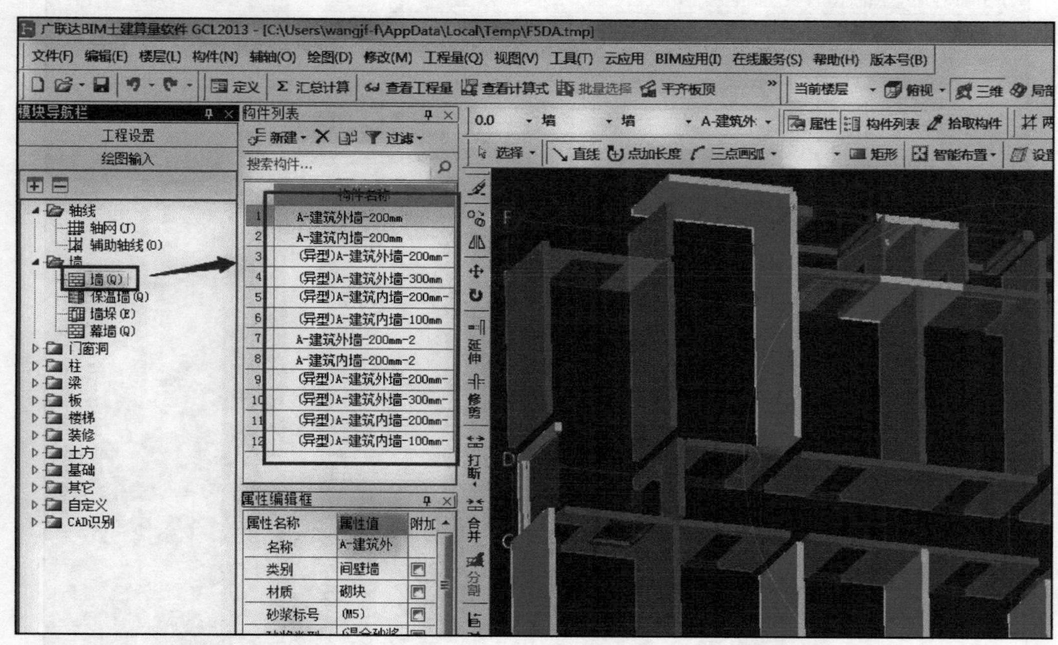

图 9-87

广联达软件识别“柱”族的类型名称及尺寸，如图 9-88 所示。

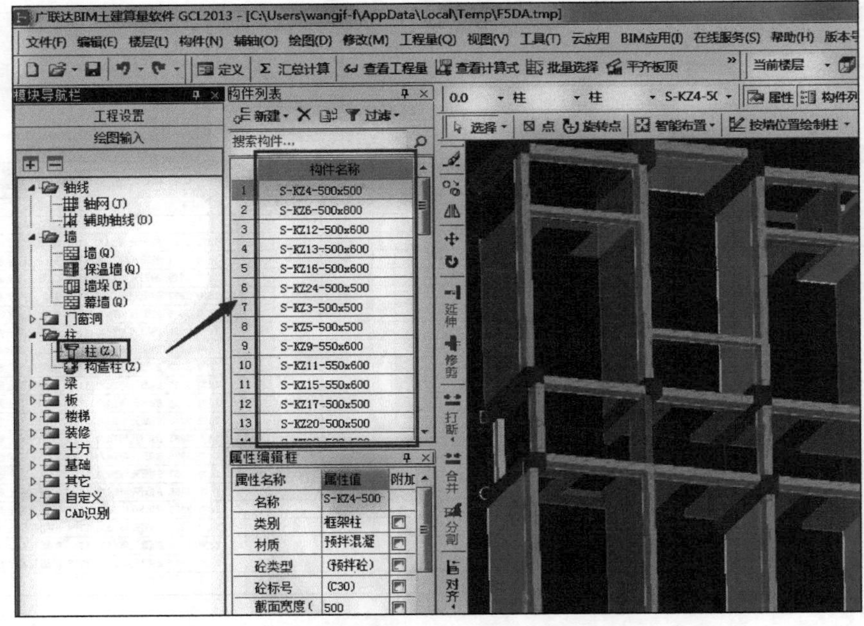

图 9-88

广联达软件识别“梁”族的类型名称及尺寸，如图 9-89 所示。

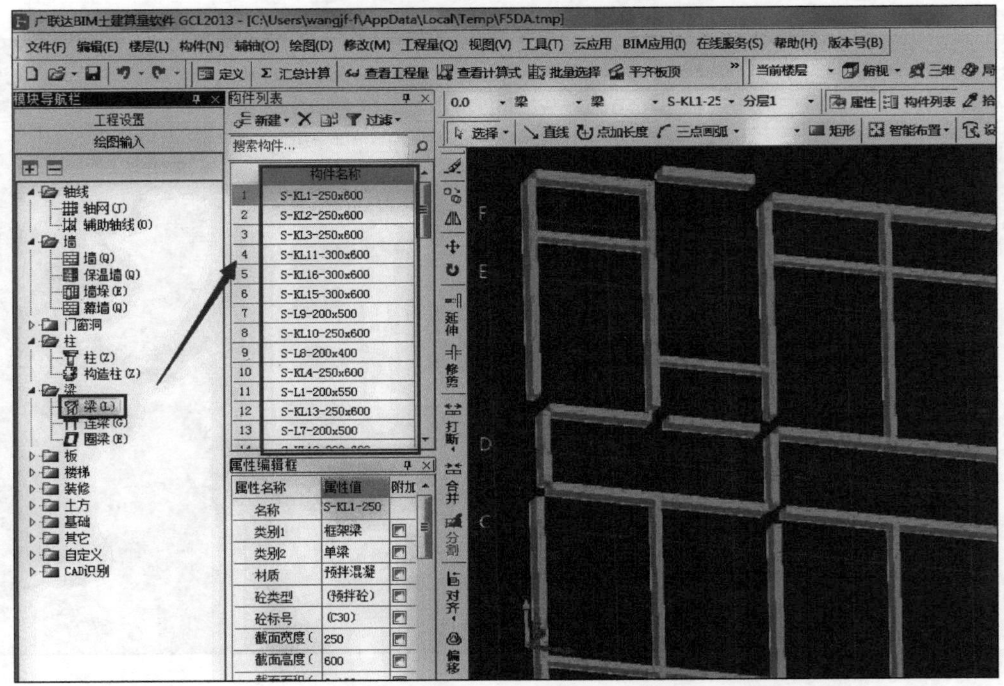

图 9-89

广联达软件识别“现浇板”族的类型名称及厚度，如图 9-90 所示。

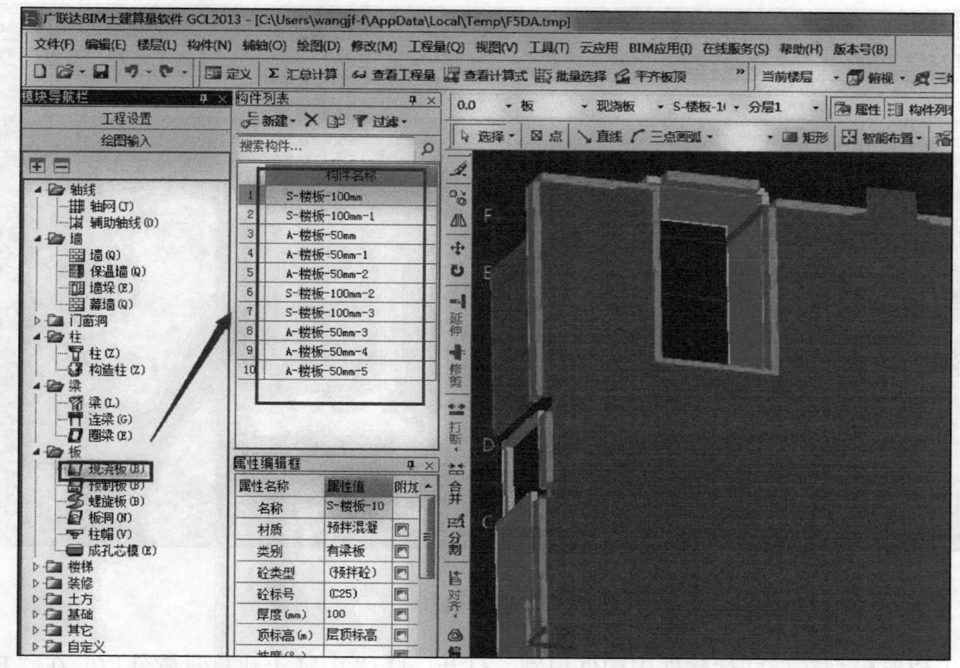

图 9-90

广联达软件识别“楼梯”族名称，如图 9-91 所示。

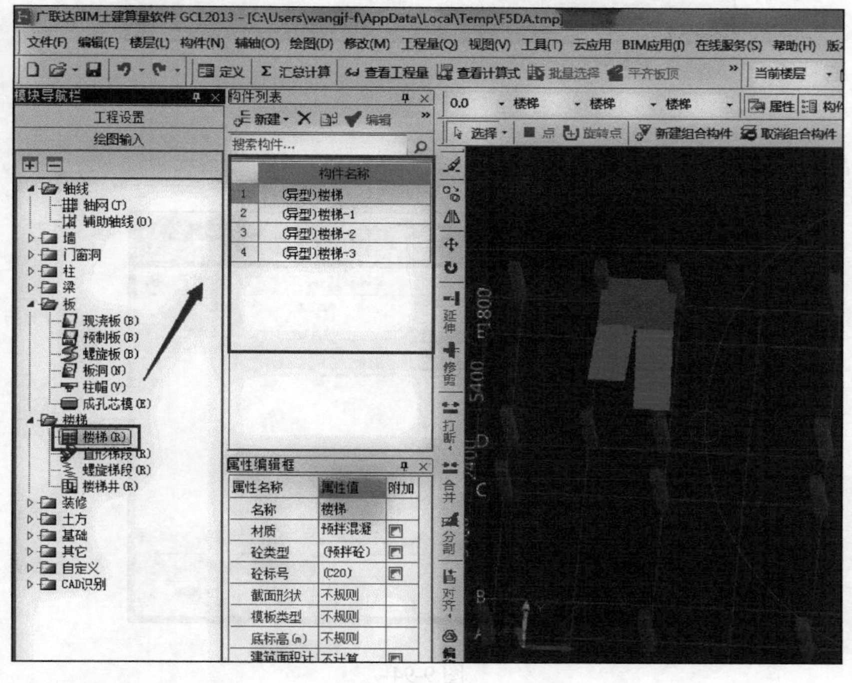

图 9-91

在三维中查看全部楼层，如图 9-92 所示。

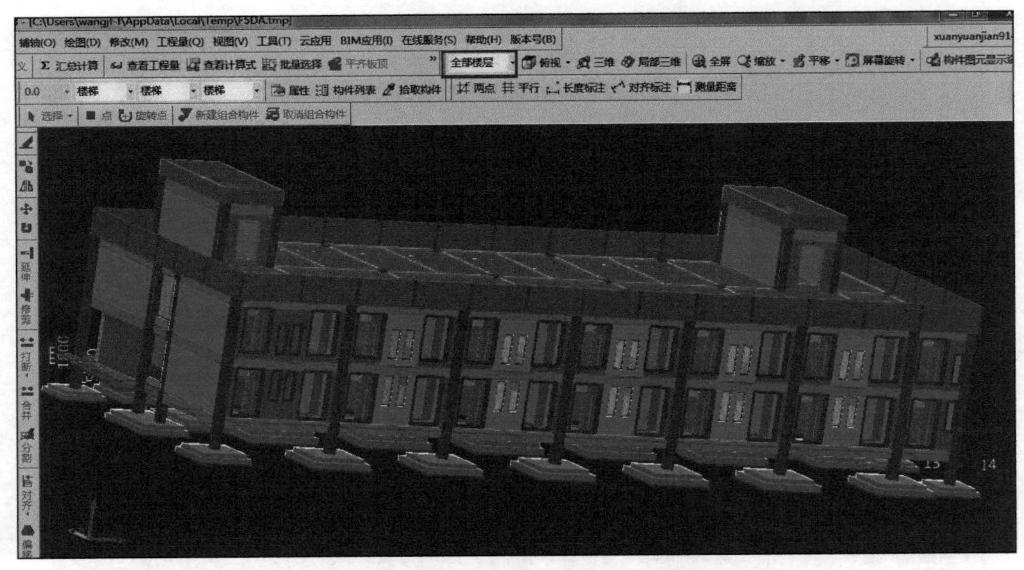

图 9-92

（3）建筑模型在广联达软件中构件识别　打开广联达 BIM 土建算量软件后，在“BIM 应用”→“导入 Revit 交换文件（GFC）”，如图 9-93 所示。

图 9-93

选择导出的建筑模型，如图 9-94 所示。

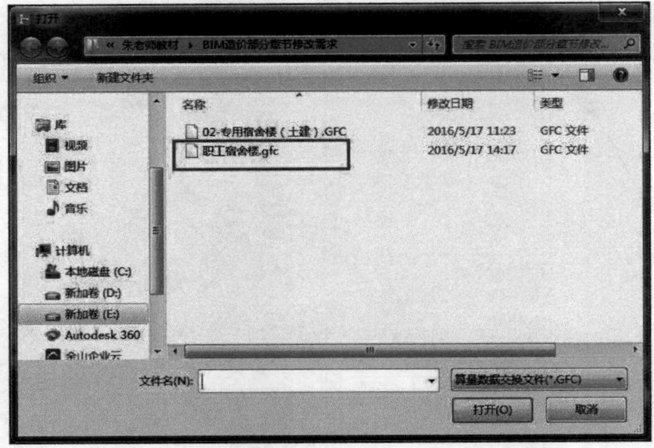

图 9-94

形成的网页文件，如图 9-95 所示。

图元变化记录							
楼层名称	导入前图元信息(GFC)			导入后图元信息(GCL)			备注
	构件类型	图元名称	Revit图元ID	构件类型	图元名称	图元ID	
1F	墙	基墙-陶粒空心砌块-200厚	2512233	-	-	-	Id为 391 的图元与Id为 383 的图元完全重叠，自动删除
1F	墙	基墙-陶粒空心砖-250厚	2455309	-	-	-	Id为 169 的图元与Id为 389 的图元完全重叠，自动删除
1F	墙	基墙-陶粒空心砖-250厚	2456251	-	-	-	Id为 167 的图元与Id为 389 的图元完全重叠，自动删除
3F	墙	基墙-陶粒空心砖-250厚	2514000	-	-	-	Id为 79 的图元与Id为 307 的图元完全重叠，自动删除
3F	墙	基墙-陶粒空心砖-250厚	2514002	-	-	-	Id为 73 的图元与Id为 307 的图元完全重叠，自动删除
4F	墙	基墙-陶粒空心砌块-200厚	2514868	-	-	-	Id为 259 的图元与Id为 251 的图元完全重叠，自动删除
4F	墙	基墙-陶粒空心砖-250厚	2514750	-	-	-	Id为 29 的图元与Id为 261 的图元完全重叠，自动删除
4F	墙	基墙-陶粒空心砖-250厚	2514752	-	-	-	Id为 27 的图元与Id为 261 的图元完全重叠，自动删除

图 9-95

完成导入后，在广联达软件中，“绘图输入”栏中可以看到导入的构件。查看“墙”直接双击即可。广联达软件识别“墙”族的类型名称及厚度，如图 9-96 所示。

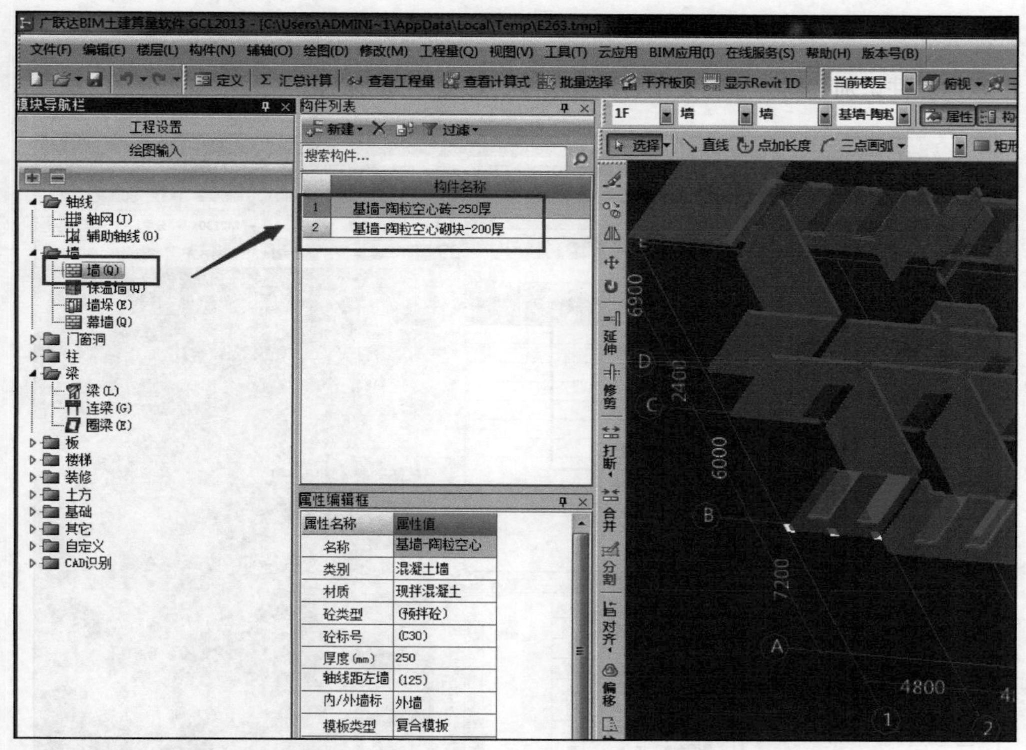

图 9-96

广联达识软件别“幕墙”构件内部，如图 9-97 所示。

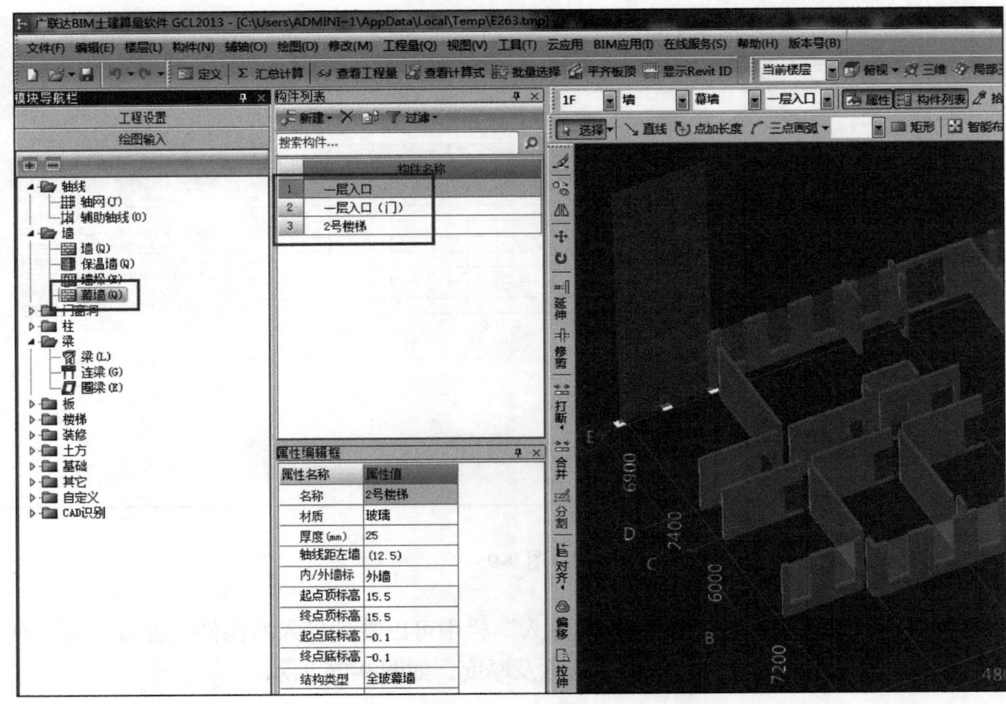

图 9-97

广联达软件识别“门”族的类型名称及尺寸，如图 9-98 所示。

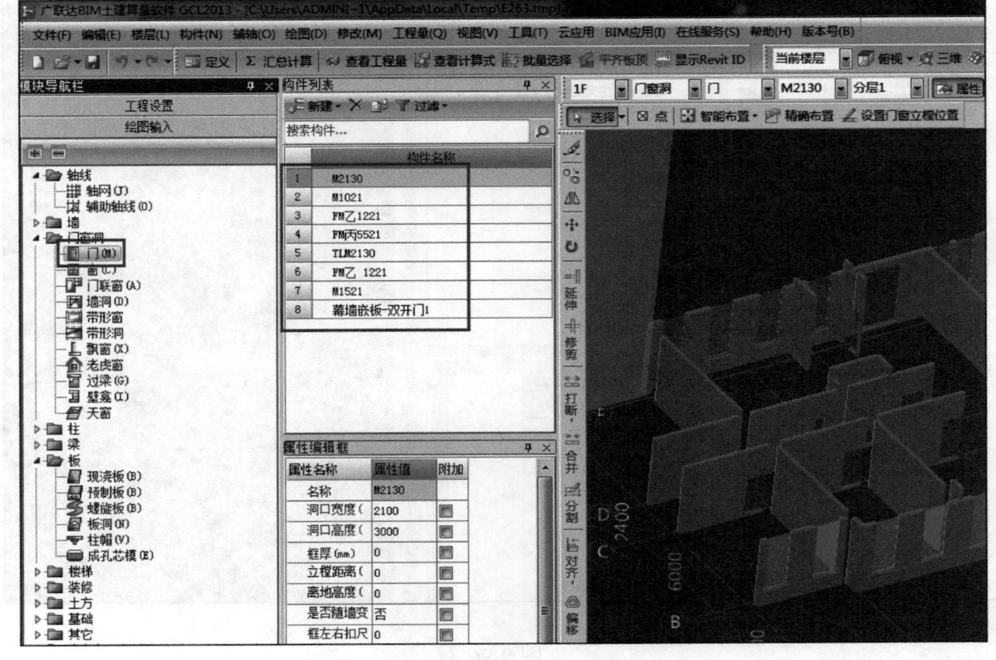

图 9-98

广联达软件识别“窗”族的类型名称，如图 9-99 所示。

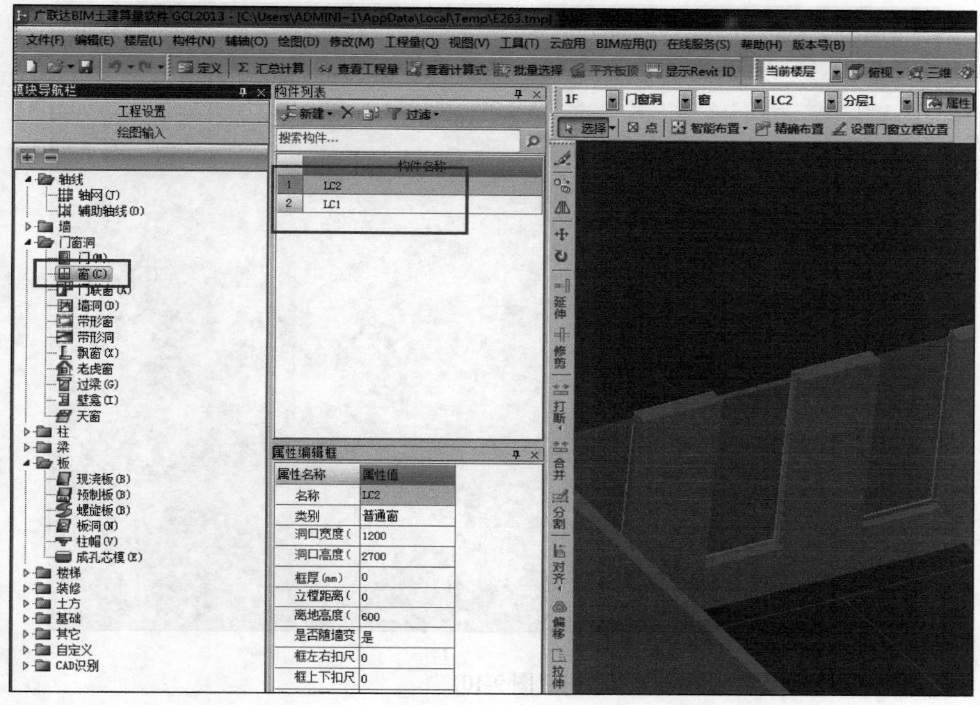

图 9-99

广联达软件识别“现浇板”族的类型名称及厚度，如图 9-100 所示。

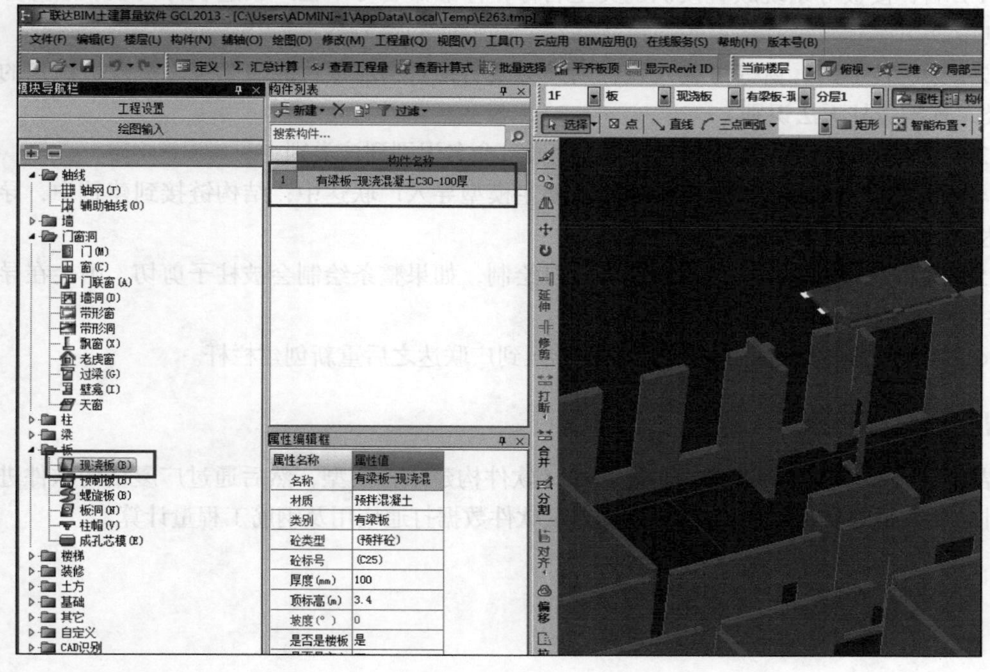

图 9-100

在三维中查看全部楼层，如图9-101所示。

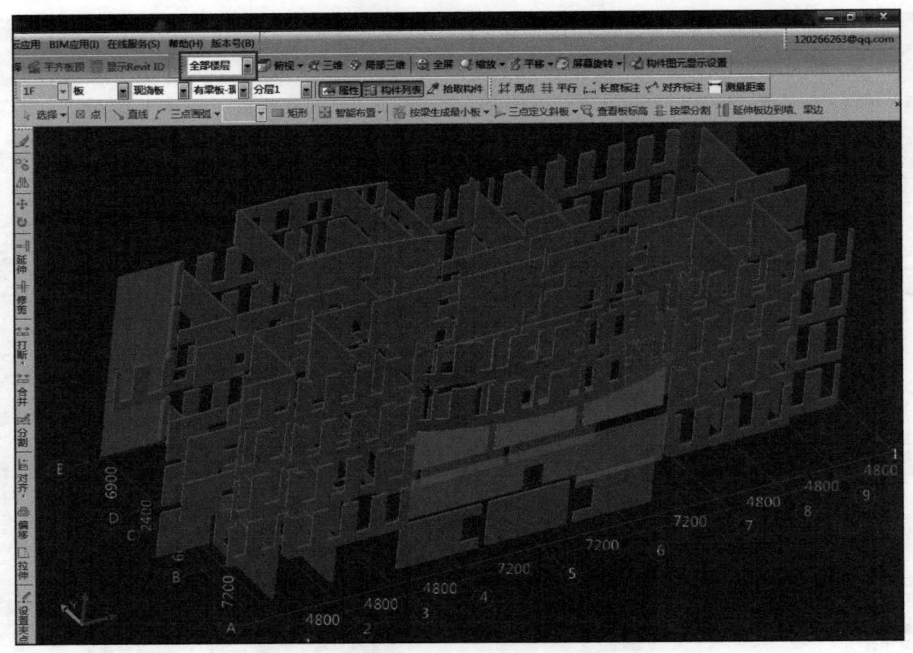

图9-101

四、任务总结

（1）墙、楼板等系统族直接识别类型名称，标准命名可以在广联达软件内被识别并分类到各类别中。

（2）梁、柱、门、窗等可载入族识别族类型名称，当前项目的命名可以符合被识别的标准及分类，现构造柱无法识别。

（3）楼地面和墙面等精装修工程可直接通过命名识别到该类别中。

（4）模型需分开导入，链接模型不能随主模型导入广联达中；结构链接到建筑中，导入到广联达后结构模型丢失。

（5）墙和梁建模需要在两柱之间一段段绘制，如果整条绘制会被柱子剪切，则会在导入广联达中丢失该构件。

（6）栏杆识别不附着在楼梯之上，需导入到广联达之后重新创建栏杆。

五、任务拓展

结合专用宿舍楼案例模型，通过PKPM软件构建结构模型，然后通过广厦结构软件进行结构设计转化，最终实现广联达BIM钢筋算量软件数据打通应用及钢筋工程量计算。

第十章

BIM数据指标应用实例

(1)了解广联达指标神器的基本功能；

(2)能够运用指标神器分析钢筋、土建和计价工程指标计算。

学习要求

(1)电脑上安装广联达指标神器；

(2)申请广联云的账号进行实践应用操作。

一、基础知识

1. 指标的基本概念

(1)造价指标的两种分类，包括：

① 经济指标——衡量一切以“价”为最终体现形式的指标数据。例如，地上部分建筑工程，单方造价为1425.73元/m^2；地上部分照明及防雷系统，单方造价为108.77元/m^2；地上部分给排水系统，单方造价为134.20元/m^2；地上部分水消防系统，单方造价为139.52元/m^2等。

② 技术指标——衡量一切以“量”为体现形式的指标数据。例如，多层砌体住宅中，钢筋30kg/m^2；混凝土0.3～0.33m^3/m^2；多层框架结构中，钢筋38～42kg/m^2；混凝土0.33～0.35m^3/m^2；小高层（11～12层）中钢筋50～52kg/m^2；混凝土0.35m^3/m^2等。

(2)指标神器（客户端）是提供指标分析、量价自检和审核、经验积累的工具。

2. 软件功能介绍

(1)操作基本步骤　单击“广联达指标神器”弹出窗口，界面显示“计价指标计算”、“钢筋指标计算”、“算量指标计算”，见图10-1。登录账号，点击“钢筋指标计算”选择需要分析的工程文件，选择工程分类，填写建筑面积，点击“下一步”即可分析出结果。

(2)功能介绍　添加钢筋工程文件后，点击“楼层详细指标表”，输入每层建筑的建筑面积，单击计算楼层指标，弹出提示窗口，单击“确定计算”，即可查看每层的详细指标。分析出来的指标也可导出Excel报表，点击“导出指标表”选择保存路径即可。

二、任务说明

本节的任务是完成专用宿舍楼钢筋工程量案例的指标分析。

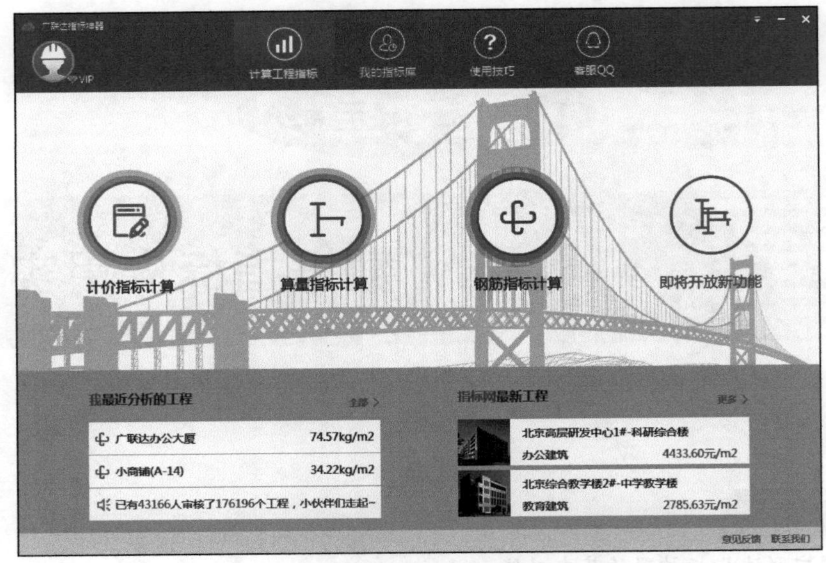

图 10-1

三、任务分析

指标分析需要提供汇总计算好的工程和建筑面积。将专用宿舍楼钢筋案例工程进行汇总计算保存，并计算出该工程总建筑面积和每层建筑面积。

四、任务实施

单击“广联达指标神器”，点击登录[图标]，输入广联达云账号进行登陆，点击“钢筋指标计算”，选择需要分析的钢筋工程文件，单击“打开”，如图 10-2 所示，在工程分类处选择相应类型，填写总建筑面积和地下建筑面积，点击“下一步”即可分析出结果。

广联达指标神器-钢筋算量指标计算

试题模型文件 ✔保存指标

工程指标分析表：工程基本信息；工程指标；钢筋汇总指标表；楼层详细指标表；钢筋种类及标号指标；钢筋直径与级别指标表；钢筋接头指标；导出指标表

部位与构件类型	钢筋总重（kg）	单方含量（kg/m2）	个人指标区间	云区间	建筑面积（m2）
▼钢筋总量	80896.71	50.31	33.19-74.57	24.5082-73.7984	1608.00
▼主体结构	78451.91	48.79	32.58-74.57	14.2925-71.3817	1608.00
▼地上部分	56868.87	35.37	23.65-74.57	13.1501-53.3191	1608.00
▼柱	13254.62	8.24	6.13-39.13	0.0599-18.2860	1608.00
框柱	13254.62	8.24	6.13-23.95	0.0025-15.1723	1608.00
梁	27050.38	16.82	13.03-22.73	2.0041-20.7976	1608.00
▼板	15935.28	9.91	4.32-4.32	5.6846-17.6462	1608.00
现浇板	15935.28	9.91	4.32-4.32	5.6846-17.6462	1608.00
楼梯	628.58	0.39	0.17-0.17	0.1448-3.2651	1608.00
▼地下部分	21583.05	0.00	-	20.1202-349.4079	0.00
▼柱	7472.23	0.00	-	14.9957-75.7982	0.00
框柱	7472.23	0.00	-	0.0895-30.9326	0.00
梁	7260.66	0.00	-	0.6620-48.1542	0.00
▼基础	6850.15	0.00	-	1.1223-107.6288	0.00
独立基础	6850.15	0.00	-	0.0568-4.5921	0.00
▼二次结构	2444.79	1.52	0.62-0.62	0.1312-11.0248	1608.00
▼地上部分	2444.79	1.52	0.60-0.60	0.1387-9.8885	1608.00
构造柱	222.55	0.14	-	0.0973-4.8602	1608.00

意见反馈 联系我们

图 10-2

在分析结果界面点击“楼层详细指标表”，如图 10-3 所示，输入每层建筑的建筑面积，单击计算楼层指标。

弹出提示窗口，单击“确定计算”，如图 10-4 所示，即可查看每层的详细指标。

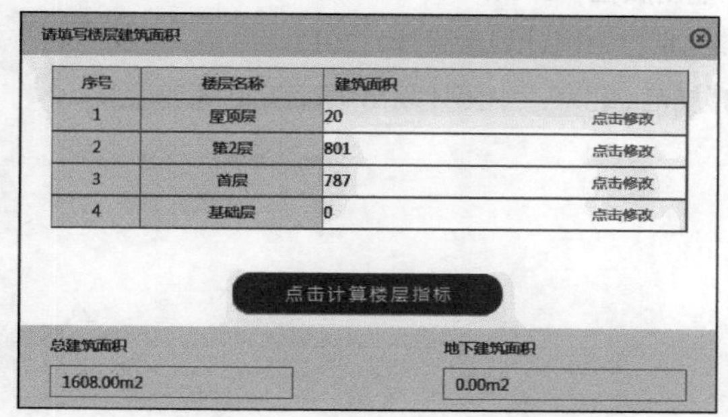

图 10-3

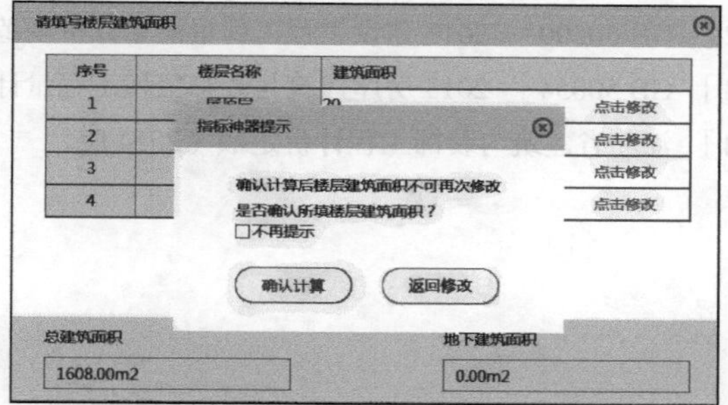

图 10-4

指标神器还可以分析钢筋种类及标号指标，钢筋直径与级别指标表，钢筋接头指标表。点击“保存指标”可以积累个人指标数据。在分析出来的数据中，软件提供“个人指标区间”和“云指标”两区间：个人指标区间是和自己的经验数据对比，云指标是和业内的经验数据对比。分析出来的指标可导出 Excel 报表，点击“导出指标表”选择保存路径即可。

五、归纳总结

广联达指标神器可以分析计价指标、钢筋指标和算量指标，指标分析分为个人指标区间和云指标，个人指标是和自己的经验数据对比，云指标是和业内的经验数据对比，个人指标数据需要自己积累保存指标数据。

六、拓展延伸

广联达指标神器还提供了综合单价查询的功能（图 10-5），综合单价查询软件提供了万条清单综合单价指标数据。选择清单类型、地区、专业、输入要查找的项目特征或者项目编码，单击“搜索”即可查询出相应地区企业实际综合单价。启动广联达指标神器后，界面旁边会弹出综合单价查询的窗口；点击窗口，自动链接到广联达指标网页，进行综合单价查询。

图 10-5

七、思考与练习

（1）分析土建工程量指标。

（2）请描述计价指标对工程造价的意义。

参考文献

[1] 阎俊爱，张素姣 . 建筑工程概预算 . 北京：化学工业出版社，2014.

[2] GB 50500—2013 建设工程工程量清单计价规范 . 北京：中国计划出版社，2013.

[3] GB 50854—2013 房屋建筑与装饰工程工程量计算规范 . 北京：中国计划出版社，2013.

[4] 江苏省建筑与装饰工程计价定额（2014 版）.